Application of Molecular Biology and Omics Technology in Food Safety

现代分子生物学及组学技术在食品安全检测中的应用

主　编 ◎ 谭贵良　赖心田

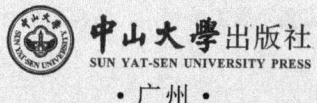

版权所有 翻印必究

图书在版编目（CIP）数据

现代分子生物学及组学技术在食品安全检测中的应用/谭贵良，赖心田主编．—广州：中山大学出版社，2014.6
ISBN 978-7-306-04887-5

Ⅰ．①现… Ⅱ．①谭…②赖… Ⅲ．①分子生物学—应用—食品安全—食品检验—研究 ②基因组—应用—食品安全—食品检验—研究 Ⅳ．①TS207

中国版本图书馆 CIP 数据核字（2014）第 099320 号

出版人	徐 劲
策划编辑	周建华 曹丽云
责任编辑	曹丽云
封面设计	曾 斌
责任校对	周 玢
责任技编	何雅涛
出版发行	中山大学出版社
电　　话	编辑部 020-84111996，84113349，84111997，84110779
	发行部 020-84111998，84111981，84111160
地　　址	广州市新港西路 135 号
邮　　编	510275　传真：020-84036565
网　　址	http://www.zsup.com.cn　E-mail：zdcbs@mail.sysu.edu.cn
印 刷 者	广东虎彩云印刷有限公司
规　　格	787mm×1092mm　1/16　21 印张　520 千字
版次印次	2014 年 6 月第 1 版　2023 年 7 月第 5 次印刷
定　　价	45.00 元

如发现本书因印装质量影响阅读，请与出版社发行部联系调换

本书编委会

主　　编：谭贵良　赖心田
副 主 编：刘　垚　杨国武　王周平　石　磊　吴小禾
编写人员：（按姓氏汉语拼音排序）

　　　　　　陈国培　陈亚波　江迎鸿　赖心田　李向丽
　　　　　　林　霖　刘　垚　石　磊　谭贵良　王周平
　　　　　　吴世嘉　吴小禾　杨国武　张世伟　周　敏

内 容 简 介

本书共分 10 章，系统全面地介绍了当前最流行的近 10 种现代分子生物学及组学技术在食品安全检测中的应用，内容包括：PCR 技术、基因芯片技术、分子印迹技术、DNA 条形码技术、LAMP 技术、纳米探针技术、ELISA 技术、蛋白质组学和代谢组学技术。深入浅出地阐述了各种技术的基本概念、基本原理、操作过程和步骤、注意事项等，并结合应用范围和实际应用示例，达到理论与实际相结合。

本书内容丰富，取材新颖，充分反映了当前食品安全检测领域的新技术和最新研究成果。

本书可供食品安全相关领域的科研人员、检验人员、管理人员及大专院校相关专业的师生阅读和参考。

前　言

　　民以食为天。食品是人类赖以生存和发展的最基本的物质条件。随着全球经济的迅猛发展，在解决食物供给的同时，食品安全问题也越来越受到世界各国的高度关注。然而，当前食品安全的形势依然严峻，食品安全事件屡有发生。在食品安全检测方面，食源性致病菌、重金属、生物毒素、农药兽药残留、违禁添加物等食品中危害因子检测以及食品真假鉴别检测一直是国内外食品安全领域致力解决的重要问题，相关的检测研究技术也在不断发展。

　　从20世纪50年代开始，分子生物学发展迅猛，已成为现代生物学的前沿学科和带头学科。在分子生物学发展的带动下，与食品科学相关的研究如食品安全检测也上升到了一个更高的阶段。分子生物学以及蛋白质组学、代谢组学技术的兴起和发展，使食品科学的面貌焕然一新，形成了很多新的研究领域，已经并将不断对人类生活产生巨大的影响。毋庸置疑，这些技术已经在食品安全检测领域扮演着越来越重要的作用。

　　本书共分10章。第1章简要介绍了食品安全的重要性及现状、食品中常见的关键危害物质、分子生物学和组学技术在食品安全检测中的重要性以及研究进展；第2至第8章分别介绍了PCR技术、基因芯片技术、分子印迹技术、DNA条形码技术、LAMP技术、纳米探针技术、ELISA技术等分子生物学技术的基本原理、操作过程和步骤、在食品安全检测中的研究进展以及应用示例；第9至第10章介绍了蛋白质组学和代谢组学技术及其在食品安全检测中的应用。

　　本书由广东省中山市质量计量监督检测所、深圳市计量质量检测研究院、江南大学、中山火炬职业技术学院共同编制而成，是国家自然科学基金项目"基于功能化金纳米探针的食源性致病菌超灵敏快速检测方法与技术研究"（No. 20805019）、国家"863"计划项目"基于纳米探针技术的真菌毒素快速检测技术研究"（No. 2008AA10Z419）、广东省科技计划项目"基于磁分离富集—上转换荧光纳米探针技术的真菌毒素新型检测技术研究"（2011B031500025）、广东省质量技术监督局科技项目"基于生物功能化纳米探针技术的食源性致病菌新型检测技术研究"（2009CZ07）、"DNA扩增技术（LAMP技术）在食用植物油转基因成分检测中的应用研究"（2009ZZ11）、"燕窝及加工产品蛋白质组学检测方法研究"（2009ZZ06）、深圳市食安委课题"深圳市场鸡蛋的蛋白质图谱分析与真伪调查"、中山市科技计划项目"水产品加工环节关键致病菌的检测与监控体系研究"（20083A279）等的研究成果之一。

　　本书各章节的具体编写人员见各章节后。全书由谭贵良负责统稿。

本书的出版得到了"中山市优秀专家、拔尖人才"专项资金的支持和中山大学出版社的大力支持和帮助，在此表示衷心的感谢。

由于本书涉及面广，编写时间仓促，加之编者水平和经验有限，书中遗漏和错误在所难免，恳请各位读者给予批评指正。

编　者
2014 年 4 月

目　　录

第1章　绪论 ... 1
1.1　食品安全的重要性及现状 ... 1
1.2　食品中常见的关键危害物质 ... 2
1.2.1　微生物污染 ... 2
1.2.2　化学污染 ... 2
1.2.3　生物毒素 ... 3
1.2.4　掺假使假 ... 4
1.3　分子生物学及组学技术在食品安全检测中的重要性 ... 5
1.4　分子生物学及组学技术在食品安全检测中的研究进展 ... 5
参考文献 ... 8

第2章　PCR技术及其在食品安全检测中的应用 ... 9
2.1　概述 ... 9
2.2　基本原理 ... 10
2.2.1　常规PCR ... 10
2.2.2　实时荧光定量PCR ... 12
2.2.3　多重PCR ... 15
2.3　操作过程和步骤 ... 16
2.3.1　常规PCR ... 16
2.3.2　实时荧光定量PCR ... 21
2.3.3　多重PCR ... 25
2.4　PCR技术在食品安全检测中的应用 ... 26
2.4.1　在食源性致病菌检测中的应用 ... 26
2.4.2　在转基因食品检测中的应用 ... 29
2.4.3　在真伪鉴别检测中的应用 ... 29
2.5　应用示例 ... 30
2.5.1　常规PCR法检测牛奶中金黄色葡萄球菌 ... 30
2.5.2　荧光定量PCR法检测食品中的沙门氏菌 ... 32
2.5.3　荧光定量PCR法检测转基因大豆 ... 34
2.5.4　多重PCR法检测水产品加工环节中的多种致病菌 ... 36
2.5.5　七重PCR法检测羊肉产品中若干动物源性成分 ... 39
参考文献 ... 41

第3章 基因芯片技术及其在食品安全检测中的应用 …… 43
3.1 发展历程 …… 43
3.2 基本原理 …… 44
3.3 基本流程 …… 45
3.3.1 探针设计 …… 45
3.3.2 芯片的制备和修饰 …… 47
3.3.3 样品DNA的制备和标记 …… 49
3.3.4 杂交反应 …… 50
3.3.5 信号收集和图像分析 …… 50
3.4 基因芯片技术在食品安全检测中的应用 …… 52
3.4.1 在食源性致病菌检测中的应用 …… 52
3.4.2 在食源性病毒检测中的应用 …… 56
3.4.3 在食品真实属性检测中的应用 …… 57
3.4.4 在转基因食品检测中的应用 …… 58
3.4.5 基因芯片的衍生技术及其应用 …… 61
3.5 应用示例 …… 63
3.5.1 基因芯片技术检测3种食源性致病菌 …… 63
3.5.2 可视芯片检测大豆、水稻和玉米中的转基因成分 …… 65
3.5.3 基因芯片技术检测牛、山羊、猪和鸡源性成分 …… 67
3.6 存在的问题及前景展望 …… 70
3.6.1 存在的问题 …… 70
3.6.2 前景展望 …… 71
参考文献 …… 71

第4章 分子印迹技术及其在食品安全检测中的应用 …… 76
4.1 概述 …… 76
4.2 基本原理 …… 77
4.3 操作过程和步骤 …… 79
4.3.1 聚合物的制备 …… 79
4.3.2 聚合方法 …… 82
4.4 分子印迹技术在食品安全检测中的应用 …… 85
4.4.1 在真菌毒素检测中的应用 …… 85
4.4.2 在抗生素检测中的应用 …… 87
4.4.3 在农药残留检测中的应用 …… 88
4.4.4 在兽药残留检测中的应用 …… 89
4.4.5 在防腐剂检测中的应用 …… 89
4.4.6 在违禁添加物检测中的应用 …… 89
4.5 应用示例 …… 91
4.5.1 分子印迹固相萃取-HPLC法测定蜂蜜中3种氟喹诺酮类抗生素残留 …… 91

4.5.2　分子印迹固相萃取-HPLC法检测酱油中的苯甲酸 ……………………… 93
　　　4.5.3　分子印迹固相萃取-GC-MS法测定鸡蛋中的三聚氰胺 ……………… 95
　4.6　存在的不足及展望 …………………………………………………………… 98
　参考文献 ……………………………………………………………………………… 100

第5章　DNA条形码技术及其在食品安全检测中的应用 …………………………… 102
　5.1　概述 …………………………………………………………………………… 102
　　　5.1.1　DNA条形码区域的选择 ……………………………………………… 103
　　　5.1.2　DNA条形码数据库 …………………………………………………… 106
　5.2　基本原理 ……………………………………………………………………… 107
　5.3　组成模块和操作步骤 ………………………………………………………… 107
　　　5.3.1　组成模块 ………………………………………………………………… 107
　　　5.3.2　操作步骤 ………………………………………………………………… 108
　5.4　DNA条形码技术在食品安全检测中的应用 ………………………………… 111
　　　5.4.1　在真假鉴别检测中的应用 ……………………………………………… 112
　　　5.4.2　在食源性病原菌及其载体检测中的应用 ……………………………… 121
　　　5.4.3　在过敏原检测中的应用 ………………………………………………… 123
　5.5　应用示例 ……………………………………………………………………… 124
　　　5.5.1　应用DNA条形码技术鉴别海参 ……………………………………… 124
　　　5.5.2　应用DNA条形码技术对鲍属物种进行鉴定 ………………………… 127
　　　5.5.3　市售鲨鱼食品的DNA条形码检测 …………………………………… 131
　5.6　结论和展望 …………………………………………………………………… 134
　参考文献 ……………………………………………………………………………… 134

第6章　LAMP技术及其在食品安全检测中的应用 ………………………………… 138
　6.1　概述 …………………………………………………………………………… 138
　6.2　基本原理 ……………………………………………………………………… 138
　　　6.2.1　扩增原理 ………………………………………………………………… 138
　　　6.2.2　检测模式 ………………………………………………………………… 139
　　　6.2.3　特点 ……………………………………………………………………… 141
　　　6.2.4　技术发展 ………………………………………………………………… 142
　6.3　操作程序与技术要点 ………………………………………………………… 144
　　　6.3.1　靶序列选择与引物设计 ………………………………………………… 144
　　　6.3.2　模板制备 ………………………………………………………………… 145
　　　6.3.3　反应条件确定 …………………………………………………………… 145
　　　6.3.4　产物检测 ………………………………………………………………… 146
　　　6.3.5　注意事项 ………………………………………………………………… 147
　6.4　LAMP技术在食品安全检测中的应用 ……………………………………… 147
　　　6.4.1　在致病菌检测中的应用 ………………………………………………… 147
　　　6.4.2　在转基因成分检测中的应用 …………………………………………… 152
　6.5　应用示例 ……………………………………………………………………… 154

6.5.1　食品中沙门氏菌的 LAMP 法检测 …………………………………… 154
　　6.5.2　转基因大豆 *Cp4 - Epsps* 转基因成分的 LAMP 检测 ……………… 157
　　6.5.3　转基因大豆加工品的 LAMP 检测 …………………………………… 160
　　6.5.4　LAMP 法检测食用大豆油、菜籽油中的转基因成分 *CaMV* 35S …… 166
6.6　展望 ………………………………………………………………………………… 169
参考文献 …………………………………………………………………………………… 169

第7章　纳米探针技术及其在食品安全检测中的应用 ……………………………… 172
7.1　概述 ………………………………………………………………………………… 172
7.2　原理及技术要点 …………………………………………………………………… 172
　　7.2.1　磁性纳米探针 ……………………………………………………………… 172
　　7.2.2　纳米金探针 ………………………………………………………………… 174
　　7.2.3　量子点探针 ………………………………………………………………… 177
　　7.2.4　上转换发光纳米探针 ……………………………………………………… 179
　　7.2.5　碳点探针 …………………………………………………………………… 183
　　7.2.6　碳纳米管探针 ……………………………………………………………… 183
7.3　纳米探针技术在食品安全检测中的应用 ………………………………………… 184
　　7.3.1　磁性纳米探针技术在食品安全检测中的应用 …………………………… 184
　　7.3.2　纳米金探针技术在食品安全检测中的应用 ……………………………… 185
　　7.3.3　量子点探针技术在食品安全检测中的应用 ……………………………… 187
　　7.3.4　稀土上转换纳米探针技术在食品安全检测中的应用 …………………… 189
　　7.3.5　碳点探针技术在食品安全检测中的应用 ………………………………… 190
　　7.3.6　碳纳米管探针技术在食品安全检测中的应用 …………………………… 191
7.4　应用示例 …………………………………………………………………………… 191
　　7.4.1　纳米金标记—银染信号放大技术检测福氏志贺氏菌 …………………… 191
　　7.4.2　磁分离—发光量子点标记技术检测玉米粉中黄曲霉毒素 B_1 ………… 194
　　7.4.3　硒化铅纳米粒子 DNA 电化学传感器检测 35S 启动子 ………………… 198
　　7.4.4　磁分离—上转换荧光标记同时检测黄曲霉毒素 B_1 和赭曲霉毒素 A
　　　　　　………………………………………………………………………………… 202
参考文献 …………………………………………………………………………………… 206

第8章　ELISA 技术及其在食品安全检测中的应用 ………………………………… 210
8.1　概述 ………………………………………………………………………………… 210
8.2　基本原理 …………………………………………………………………………… 211
　　8.2.1　间接法 ELISA ……………………………………………………………… 211
　　8.2.2　竞争法 ELISA ……………………………………………………………… 212
　　8.2.3　双抗体夹心法 ELISA ……………………………………………………… 213
　　8.2.4　双位点一步法 ELISA ……………………………………………………… 213
　　8.2.5　亲和素—生物素 ELISA …………………………………………………… 214
8.3　技术要点 …………………………………………………………………………… 215
　　8.3.1　试剂 ………………………………………………………………………… 215

8.3.2　反应条件的选择 …………………………………………………… 220
　　8.3.3　操作注意事项 ……………………………………………………… 220
8.4　ELISA技术在食品安全检测中的应用 ………………………………………… 223
　　8.4.1　在兽药残留检测中的应用 …………………………………………… 223
　　8.4.2　在农药残留检测中的应用 …………………………………………… 227
　　8.4.3　在生物毒素检测中的应用 …………………………………………… 230
　　8.4.4　在转基因检测中的应用 ……………………………………………… 232
　　8.4.5　在过敏原检测中的应用 ……………………………………………… 232
　　8.4.6　在重金属检测中的应用 ……………………………………………… 233
　　8.4.7　在食品添加剂、非法添加物以及活性物质检测中的应用 ………… 234
　　8.4.8　在食品真伪鉴别中的应用 …………………………………………… 235
8.5　应用示例 ……………………………………………………………………… 235
　　8.5.1　应用ELISA方法检测赭曲霉毒素A ………………………………… 235
　　8.5.2　ELISA法定量检测转基因玉米中Bt1蛋白 …………………………… 236
　　8.5.3　应用ELISA方法对市售鸡蛋真伪的鉴别 …………………………… 238
参考文献 ……………………………………………………………………………… 239

第9章　蛋白质组学技术及其在食品安全检测中的应用 …………………… 241
9.1　概述 …………………………………………………………………………… 241
　　9.1.1　蛋白质组学技术的产生及发展 ……………………………………… 241
　　9.1.2　研究内容 ……………………………………………………………… 242
　　9.1.3　核心技术及其划分 …………………………………………………… 242
9.2　基本原理 ……………………………………………………………………… 244
　　9.2.1　双向凝胶电泳 ………………………………………………………… 244
　　9.2.2　双向荧光差异电泳 …………………………………………………… 244
　　9.2.3　毛细管电泳 …………………………………………………………… 246
　　9.2.4　高效液相色谱技术 …………………………………………………… 246
　　9.2.5　基质辅助激光解吸电离—串联飞行时间质谱 ……………………… 247
　　9.2.6　蛋白质芯片技术 ……………………………………………………… 248
　　9.2.7　表面增强激光解吸离子化—飞行时间质谱技术 …………………… 249
　　9.2.8　基于同位素标记的相对和绝对定量技术 …………………………… 249
　　9.2.9　稳定同位素标记技术 ………………………………………………… 251
　　9.2.10　蛋白质N端测序技术 ………………………………………………… 252
　　9.2.11　生物信息学分析 ……………………………………………………… 253
9.3　研究策略 ……………………………………………………………………… 253
　　9.3.1　2-DE结合质谱鉴定技术研究策略 ………………………………… 253
　　9.3.2　多维色谱—质谱联用蛋白质鉴定技术研究策略 …………………… 255
　　9.3.3　同位素标记亲和标签法研究策略 …………………………………… 257
9.4　蛋白质组学技术在食品安全检测中的应用 ………………………………… 258
　　9.4.1　在鉴伪检测中的应用 ………………………………………………… 258

9.4.2 在品质分析中的应用 ………………………………………………………… 261
9.4.3 在转基因检测中的应用 ……………………………………………………… 263
9.4.4 在过敏原检测中的应用 ……………………………………………………… 264
9.4.5 在食源性致病菌及毒素检测中的应用 ……………………………………… 265
9.4.6 在农药、兽药残留检测中的应用 …………………………………………… 265
9.5 应用示例 …………………………………………………………………………… 265
9.5.1 鸡蛋的蛋白质图谱分析与鉴伪 ……………………………………………… 265
9.5.2 燕窝的蛋白质图谱分析及鉴伪 ……………………………………………… 268
9.5.3 双向凝胶电泳分离、质谱鉴定生鲜乳及不同热处理后的乳蛋白变化
 …………………………………………………………………………………… 274
9.6 发展趋势 …………………………………………………………………………… 276
参考文献 ………………………………………………………………………………… 277

第 10 章 代谢组学技术及其在食品安全检测中的应用 ……………………… 281
10.1 概述 ……………………………………………………………………………… 281
10.2 基本原理 ………………………………………………………………………… 285
　　10.2.1 核磁共振代谢组学技术 …………………………………………………… 285
　　10.2.2 色谱—质谱代谢组学技术 ………………………………………………… 286
　　10.2.3 数据处理 …………………………………………………………………… 288
10.3 操作过程和步骤 ………………………………………………………………… 298
　　10.3.1 样品的处理和制备 ………………………………………………………… 299
　　10.3.2 提取 ………………………………………………………………………… 299
　　10.3.3 衍生化 ……………………………………………………………………… 300
　　10.3.4 分离和检测 ………………………………………………………………… 300
　　10.3.5 数据处理、分析和结果阐释 ……………………………………………… 301
10.4 代谢组学技术在食品安全检测中的应用 ……………………………………… 303
　　10.4.1 在食源性致病菌及其毒素检测中的应用 ………………………………… 303
　　10.4.2 在真假鉴别检测中的应用 ………………………………………………… 303
　　10.4.3 在转基因农产品安全性评价中的应用 …………………………………… 304
10.5 应用示例 ………………………………………………………………………… 304
　　10.5.1 基于 GC-MS 代谢组学技术检测碎牛肉和鸡肉中的 O157:H7 和
　　　　　沙门氏菌 …………………………………………………………………… 304
　　10.5.2 基于 ^{1}H-NMR 代谢组学技术对精炼橄榄油中掺杂精炼核桃油的
　　　　　鉴伪检测 …………………………………………………………………… 309
　　10.5.3 转基因土豆和常规土豆实质等同性的代谢组学研究 …………………… 313
参考文献 ………………………………………………………………………………… 319

第1章 绪　　论

1.1 食品安全的重要性及现状

食品是人类赖以生存和发展的重要物质基础，食品的优劣和安全与否直接关系到人们的身体健康甚至生命安全，同时也关系到食品产业的有序发展和社会的和谐稳定。随着我国城市化进程的加快、食物供给链条的不断延伸，一系列食品安全问题也更加凸显了出来。关于食品安全的定义，1996年，世界卫生组织（World Health Organization，WHO）将食品安全解释为"对食品按其原定用途进行制作、食用时不会使消费者健康受到损害的一种担保"。2009年，我国颁布的《中华人民共和国食品安全法》（以下简称《食品安全法》）中明确阐明："食品安全，指食品无毒、无害，符合应当有的营养要求，对人体健康不造成任何急性、亚急性或者慢性危害。"

当前，食品工业已经成为我国国民经济的重要支柱产业，2012年，中国食品工业总产值接近9万亿元，相比2011年增长约22%。在食品工业飞速发展的背景下，食品检验合格率由1982年的61.5%，提高到如今的95%以上。客观地说，在各级政府和全社会的共同努力下，我国的食品质量与安全工作较之前已经取得了显著的进步。但近年来食品质量安全形势依然严峻，"三聚氰胺"、"苏丹红"、"瘦肉精"、"孔雀石绿"、"毒豆芽"、"塑化剂"以及"地沟油"等事件不断发生，引起了各级政府与广大人民群众对食品安全问题的高度关注，同时也加深了民众对食品安全问题的普遍担忧。2008年9月爆发的三鹿奶粉"三聚氰胺"事件敲响了我国食品安全的警钟。据统计，2006—2011年，全国涉及100人以上的食物中毒事件分别为16、11、13、13、7、9起。食品质量与安全问题可发生在食品生产过程中的原料种植或养殖、食品加工、食品包装、食品流通与销售等方方面面的环节。

面对严峻的食品安全形势，我国相关部门对此已经足够重视，并采取了必要的行动。例如，2009年2月，颁布了《食品安全法》；2010年2月，成立了国务院食品安全委员会；2011年5月，实施了《中华人民共和国刑法修正案（八）》（以下简称《刑法修正案（八）》），关于食品安全方面，修改了原来的第143、第144条，并在第408条后增加了一条；2011年6月，首次建议将食品安全作为"国家安全"的组成部分；2011年10月，成立国家食品安全风险评估中心；2012年7月，国务院出台了《关于加强食品安全工作的决定》，提出3年和5年工作目标。接着，2013年3月，通过了国务院机构改革和职能转变方案，并印发了《国务院办公厅关于印发国家食品药品监督管理总局主要职责内设机构和人员编制规定的通知》；同年5月，在国务院常务会议上，国务院总理李克强表示，在实施4年之际，我国《食品安全法》即将启动修订。

以上种种举措和决定表明了国家领导人对食品安全工作的重视，相信对于缓解我国严峻的食品安全形势、解决食品安全突出问题将具有积极的意义。

1.2 食品中常见的关键危害物质

1.2.1 微生物污染

食源性致病菌已被全世界公认为是造成食品污染的重要因素之一，甚至可能造成人的死亡。从全球已经发生的食品安全事件来看，致病性细菌污染是最常见、影响面最为广泛的一类污染。食源性疾病的危害远超违法滥用添加剂、农药残留等食品化学性污染，已成为危害食品安全的头号杀手。2012年10月22—23日，在厦门召开的2012年ICMSF（国际食品微生物标准委员会）- 中国食品安全国际研讨会上，国内外的专家一致呼吁：食源性疾病是全球食品安全面临的主要挑战，中国应尽早加大对食源性疾病的监测和预防，对于由微生物污染引起的食品安全问题给予高度关注。近年来的研究和风险分析表明，在我国由微生物引起的食源性疾病事件中，沙门氏菌和副溶血性弧菌始终是最常见和最主要的病原因子。人们食用受该菌污染的食物后会引起腹泻、呕吐等，重症患者还会脱水、休克，甚至死亡。我国工程院院士、国家食品安全风险评估中心研究员陈君石就指出，我国食品安全的"三大敌人"依次是微生物引起的食源性疾病、化学性污染（农药残留、兽药残留、重金属污染、天然毒素污染、有机污染物污染等）以及非法使用食品添加剂。因此，食品中致病菌的污染问题和对其的监测不容忽视。

1.2.2 化学污染

1.2.2.1 重金属污染

重金属污染是消费者普遍关注且亟待解决的食品质量安全问题之一。重金属容易通过食物链的生物放大作用在人体内蓄积，其半衰期长，能导致急性和慢性毒性反应，严重时可致畸、致癌和致突变。重金属在人体的蓄积途径在过去主要是自然地质原因，重金属通过土壤、水迁移到植物中，经过食物链在生物界迁移转运，层层富集放大，最终进入人体，对人体产生不良作用，导致地方病的发生和流行。这种危害经过我国政府多年来有效的治理和防范，已得到了基本的控制和防治。而现在，重金属污染途径主要来自于环境污染和食品生产加工环节，如工业"三废"、原料、生产设施、食品接触材料和添加剂污染等。研究表明，重金属污染以镉最为严重，其次是汞、铅等。如2013年发生的广州"大米镉污染"事件，再次引起人们对食品安全的关注。此外，重金属在水产品中的超标也已经成为沿海地区水产行业普遍存在的问题。

1.2.2.2 农药、兽药污染

化学农药的残留是影响食品安全的重要因素。由于农药残留对人的潜在危害极大且复杂，各国尤其是欧盟各国都对此非常重视，制定了详细而严格的管理、监测措施和具体规定。我国农业生产中存在着农药用量大、品种结构不合理的现象，杀虫剂约占农药总量的70%，而有机磷杀虫剂又占杀虫剂的70%。这些在自然环境中难以降解

的农药直接造成蔬菜、水果等农药残留超标，会直接危害人体的循环、内分泌和神经系统。农药通过大气和饮用水进入人体的仅占10%，通过食物进入人体的则占90%。这些农药在人体内无法分解时，势必损伤人体的循环、内分泌、血液、神经系统，而首当其冲的是危及少年儿童的生长发育。近年来，各地已有多例关于孕妇食用有毒农药残留超标的蔬菜、水果等导致胎儿致畸致残的报道；农药残留对儿童内分泌系统造成紊乱，使各地性早熟儿童的数量较以前有较大幅度的增长。

1.2.2.3 持久性有机污染物污染

持久性有机污染物（persistent organic pollutants，POPs）是指持久存在于环境中，具有很长的半衰期，且能通过食物链积聚，并对人类健康及环境造成不利影响的有机化学物质。持久性有机污染物的第一个来源是农业生产中所使用的有机氯农药，主要包括艾氏剂、狄氏剂、异狄氏剂、DDT、氯丹、毒杀芬、六氯苯、灭蚁灵、七氯等9种；第二个来源是工业化学品，包括多氯联苯（PCBs）和六氯苯（HCB）；第三个来源是生产过程中由于不完全燃烧等所产生的副产品二噁英和呋喃。近年来，持久性有机污染物因其有持久性、生物蓄积性，长期存在于环境中并对人类健康和环境产生严重危害而引起学者和各国政府的高度关注。在每年人类释放到环境中的污染物中，持久性有机污染物是其中最危险的高毒污染物质，可造成一系列负面影响。特别严重的情况下，可导致动物以及人类患病和畸形儿发生，甚至死亡。最新研究表明，这些污染物可能对儿童有严重的影响，会导致婴儿和儿童的免疫功能下降、被感染概率增大、大脑发育异常、神经功能损坏以及引发癌症和肿瘤的发生等。目前，《关于持久性有机污染物的斯德哥尔摩公约》确定首批禁止使用的12种持久性有机污染物为：艾氏剂、狄氏剂、异狄氏剂、DDT、七氯、氯丹、六氯苯、灭蚁灵、毒杀芬、二噁英、呋喃和多氯联苯。

1.2.2.4 食品添加剂的超范围、超量使用

食品添加剂是为改善食品品质和色、香、味，以及为防腐和加工工艺而加入食品中的化学合成物质或天然物质。食品添加剂的合理应用使得食品的花色品种、风味外观等日益丰富，使得食品的保质期延长。但如果过量使用或者滥用，就可能对人体健康带来影响或者危害，其表现为：①急、慢性中毒。由于制造添加剂时所用原料不纯而被一些有毒化合物污染，引起人们急、慢性中毒。②致癌。某些人工色素、甜味剂等经试验证实有致癌性，如奶油黄色素可诱发大鼠肝癌，甜味剂甘精和苯脲也能引起动物肿瘤。近年来还发现发色剂亚硝酸钠会与肉、鱼等食品中的胺类发生反应，形成有强致癌作用的亚硝基化合物。经过多年的监测，发现甜味剂、防腐剂容易在果脯、蜜饯等食品中出现超标现象；色素的超标则主要集中在酱卤类制品、休闲肉干制品、灌肠类制品、五彩糖等食品上。

1.2.3 生物毒素

生物毒素是由动物、植物和微生物等在一定条件下产生的对其他生物物种有毒害且不可复制的化学物质，是一大类生物活性物质的总称。食品中的生物毒素分为真菌毒素和细菌毒素。其中，真菌毒素（mycotoxins）是由曲霉菌、青霉菌、镰刀菌等真菌产生的次级代谢产物，目前已发现的真菌毒素达300多种，危害较大的主要有黄曲霉

毒素（aflatoxin，AF）、赭曲霉毒素（ochratoxin，OT）、伏马菌素（fumonisins）、玉米赤霉烯酮（zearalenone，ZEN）、脱氧雪腐镰刀菌烯醇（deoxynivalenol，DON）、展青霉素（patulin）等。这些真菌毒素已经成为大多数农产品的主要污染物之一，近年来由于各种真菌毒素污染而导致动物或人类中毒的食品安全事件屡有发生。据联合国粮农组织估算，全球每年约有25%的农产品受到真菌毒素的污染，2%的农产品因污染严重而失去营养和经济价值，造成数百亿美元的经济损失。真菌毒素可以直接或间接进入食物链，最终导致动植物、食品受到毒素污染，人畜进食被其污染的粮油食品可导致急、慢性真菌毒素中毒症（如肝肾毒性、生殖毒性、免疫抑制、中枢神经系统异常、致畸、致癌等）。例如，黄曲霉毒素（AFB_1、AFB_2、AFG_1、AFG_2、AFM_1等）是诱发人类肝癌发病的重要因素，AFB_1的毒性最强，被国际癌症研究机构规定为Ⅰ类致癌物，其毒性是氰化钾的10倍。现在世界各国纷纷制定了农产品及食品中真菌毒素的限量标准，不断加大对粮油食品的监督抽查力度，玉米、花生、小麦及其制品中真菌毒素含量也已成为各国质检部门检疫检验的重点项目之一。

细菌毒素主要是金黄色葡萄球菌肠毒素（staphylococcal enterotoxins，SE）和肉毒毒素。金黄色葡萄球菌产生的数种可引起急性胃肠炎的蛋白质类肠毒素，以及由SE引起的在细菌性食物中毒中占有相当高比例的食物中毒，是世界性公共卫生问题。由于SE具有很强的热稳定性，经过加热处理后仍然具有致病力，因此在食品卫生检查中，SE的检出是确定食物被金黄色葡萄球菌污染的决定因素。一般认为人食入金黄色葡萄球菌肠毒素A（SEA）20~100 ng即可引起食物中毒。肉毒毒素是厌氧的肉毒梭菌产生的一种外毒素，属于高分子量蛋白质类神经毒素，是迄今为止生物毒素（包括化学毒物）中毒性最强的物质，它的毒力比氰化钾强1万倍，可以经消化道摄入、呼吸道吸入、伤口或眼睛等吸收而导致人类中毒。此外，该毒素被一些国际恐怖和极端组织用来制造恐慌。

1.2.4　掺假使假

食品中掺假是指人为地、有目的地向食品中加入一些非固有的成分，以增加其重量或体积或改变某种品质，以低劣的色、香、味来迎合消费者贪图便宜的心理的行为。在食品中掺假使假不是最近才有，国内国外一直时有发生。不法商家为了追求商业利益，产品以次充好，挖空心思在食品中或加或减东西，以假乱真。当前食品掺假的形式多种多样，掺假活动也日渐猖獗。从2008年国内三鹿奶粉"三聚氰胺"事件到2013年瑞典等国的"马肉风波"，食品中掺假使假现象再次敲响了食品安全的警钟。由于蛋白粉和奶粉是孕妇和婴儿特别需要的一类食品，消费量巨大，因此有些不法商家为了降低生产成本，往往会对其进行掺假，这不仅影响蛋白粉和奶粉的品质，而且会影响消费者的人身健康。不法商家往往是通过向这些食品中添加三聚氰胺和尿素等非蛋白成分、大豆蛋白等异源蛋白、乳清粉等乳源性蛋白等物质达到掺假的目的。此外，目前国际上果汁饮料的掺假现象也十分严重。据统计，国际上有50%~80%的果汁在不同程度上被掺假。掺假果汁的大量存在，严重损害了消费者的利益和健康，不利于社会的安定与和谐。国内外研究披露的常见掺假食物有橄榄油、牛奶、蜂蜜、咖啡、橙汁、苹果汁、燕窝、淡水鱼和海鲜产品、肉类产品、食用油脂等。

1.3 分子生物学及组学技术在食品安全检测中的重要性

分子生物学是近几十年发展起来的一门新兴学科和基础学科,是当代生物科学的重要分支,也是近年来最为活跃的学科之一。分子生物学等先进技术已经大量融入食品安全的检测当中,极大地丰富了食品安全检测技术,如食品中食物源性病毒的检测,特别是一些无动物模型的病毒,如水产品中诺如病毒的检测。此外,食品中转基因成分检测,食品鉴伪检测,食品微生物、农药兽药残留以及生物毒素快速检测等采用了PCR、基因芯片等现代分子生物学和组学(如蛋白质组学、代谢组学)技术。特别是在食品安全性被高度重视的今天,对食品的分析检测技术提出了更高的要求,食品卫生检验除了要求准确之外,也需要快速获得检测结果以应对食品安全突发事件,而以分子生物学为基础的相关检测技术的应用,使食品安全快检技术迈上了一个更高的台阶。

此外,从发展趋势来看,国际上食品安全和打假的内涵已经从狭隘的食品卫生向食品卫生、食品质量、食品营养等"质"和"量"全方位发展。食品的真伪鉴别也成为食品质量安全检测的一项重要而具有挑战性的工作。分子生物学和组学技术已经在其中扮演了重要的角色,显示了巨大的应用前景,利用这些技术可以对肉类、水产品、果汁、中药、转基因食品等有效地进行鉴定或溯源,以核实食品的真实属性。

综上所述,单纯依靠过去食品行业所使用的食品分析和检测技术,已经不能满足当前我们对于食品安全的要求。如果能使分子生物学和组学的相关原理和技术在食品中的应用潜力得到充分的发挥,使其能深入应用到食品工业的各个环节,必将会给人们带来更安全、更丰富、更富有营养的食品,并带动食品工业发生革命性变化,为食品行业的发展开创崭新的更为广阔的前景。

1.4 分子生物学及组学技术在食品安全检测中的研究进展

当前在食品安全检测领域涉及的分子生物学和组学技术主要有 PCR 技术、基因芯片技术、分子印迹技术、DNA 条形码技术、环介导等温扩增(LAMP)技术、纳米探针技术、ELISA 技术、蛋白质组学和代谢组学技术。其中一些技术,如 LAMP 技术和 DNA 条形码技术等在食品检测领域的应用时间并不长,尽管如此,它们已经显示了广阔的应用前景。

1. 在食源性致病菌检测上的进展

自 20 世纪 80 年代中期以来,PCR 技术已经成为科学家用来检测食品中致病菌的重要分子工具。与传统的检测技术相比,PCR 方法具有检测灵敏度高、快速准确的优点。随着技术的发展,检测致病菌的手段已经由常规 PCR 方法发展到多重 PCR、实时荧光定量 PCR、基因芯片、LAMP、纳米探针技术等多种检测技术,检测目标致病菌也由单个扩大到多个的同时高效检出。至于 LAMP 技术,它是 2000 年才出现的一种在恒等温条件下进行核酸体外扩增的新技术,该技术具有设备简单、耗时短、特异性强、灵敏度高等特点，已被应用于病原菌诊断、食品致病菌检测等领域的研究，但是面临的主要问题是引物设计和假阳性问题。此外，继基因组学和蛋白质组学之后，新近发展起来的代谢组学在食源性致病菌检测中的应用也是当前研究的一个方向，不过，刚开始起步，研究成果尚不多见。代谢组学的目标是全面研究生物体系代谢产生的小分子代谢物，然后通过这些代谢组分的指纹分析得到有用的信息。食源性致病菌在生长过程所产生的小分子物质类似于指纹图谱，可以用来鉴别细菌的种甚至可以鉴别菌株。

2. 在重金属检测上的进展

基于ELISA免疫学的高度特异性和灵敏性，其在食品中被广泛应用，如对濑尿虾中镉的检测等。然而，用免疫分析法检测重金属必须制备出相应的单抗体，而金属离子仅是半抗原，因此，首先必须选择合适的化合物与金属离子结合，使其拥有反应原性，然后让其能成功地与蛋白载体相连，产生免疫原性。目前应用较为成熟的主要有双抗体夹心法、间接法、竞争法。虽然如Dot-ELISA法、BAS-ELISA等一些新方法目前并未完全应用到重金属残留含量的检测领域，有些还处在探索阶段，但是国内外不同的研究小组正在开展研究工作，为未来重金属快速检测技术的研究提供了思路。

在纳米金、量子点等纳米探针方面，由于该技术检测重金属离子具有灵敏度高、选择性高、成本低、设备简单等优点，主要应用于水体中 Pb^{2+}、Hg^{2+} 等的检测。但采用这些纳米探针也存在一些问题，比如纳米金颗粒保存时间过短，易受溶液pH和离子强度的影响；量子点稳定性较差，毒性较大，大量使用可能会对环境造成二次污染。因此需开发新型标记的纳米粒子，从而拓展纳米探针的应用范围。目前上述检测方法多处于实验室研究阶段，真正应用到生产环境中还面临着很多挑战。

3. 在农药、兽药残留检测上的进展

传统的农药残留分析方法有GC法、GC－MS法、HPLC法、LC－MS法等，这些方法虽然灵敏、准确，但样品前处理烦琐，检测时间长，耗资大，技术性要求高，且仪器昂贵，不适合大量样品的快速检测。自20世纪80年代开始尝试把ELISA应用于食品中农药残留检测以来，到目前国内外已有大量这方面的文献报道，检测的农药包括食品中杀虫剂、杀菌剂、除草剂等。另外，ELISA的多残留检测也成为研究的热点。在分子印迹技术方面，以农药为模板分子的分子印迹技术在农药残留检测中的应用也受到广泛关注，目前已应用于色谱固定相、固相萃取、固相微萃取、膜分离等方面，并显示出较好的效果。但是，由于农药品种多，化学结构和性质各异，因此对农药残留检测技术有更高的要求。目前，分子印迹聚合物大多只能在有机相中进行聚合和应用，如何能在水溶液或极性溶剂中进行制备和识别仍是一大难题。而纳米探针技术，如磁性纳米探针技术、纳米金探针、量子点探针技术，也是一种新兴的农药检测技术。较传统仪器分析方法，纳米探针技术展现出简单、快速、灵敏度高、成本低等独特的优越性，成为近几年的研究热点和重要的发展趋势。

在兽药残留检测上，几乎所有的常用兽药都建立了ELISA检测方法，大部分已成功运用于动物性食品中兽药残留的检测，且检测样本多样，至今已有多种动物性食品兽药残留酶联免疫快速检测试剂盒问世。

4. 在真菌毒素检测上的进展

分子印迹技术的出现为真菌毒素的快速提取和检测提供了新的方法，通过该技术制备与真菌毒素特异性结合的分子印迹聚合物，具有成本低廉、耐高温、耐酸碱并可重复使用等优点，若将其运用于固相萃取柱中则可替代免疫亲和柱，也可作为识别原件运用于传感器中制备可在线检测、重复使用的生物传感器。分子印迹技术作为一门新技术，经过数十年的发展，已经在固相萃取、手性拆分、传感器、催化和有机合成等领域得到了一定的应用，但是目前仍存在很多不足，有诸多难题亟待解决。值得一提的是，上转换纳米探针技术在某些真菌毒素的检测上表现出相当高的灵敏度，如OTA 的检测灵敏度高达 0.000 1 ng/mL，是 ELISA、色谱方法所无法比拟的（ELISA 法为 0.05 ng/mL、LC 法为 0.005 ng/mL）；但是在将来的工作中，光谱可分辨的多色上转换纳米颗粒的制备、生物功能化及其检测应用将成为研究重点。

5. 在过敏原检测上的进展

食物过敏是食品安全问题的一个重要方面。据统计，世界上约 4% 的人口对食物过敏，过敏性食物多达 180 种以上。引起食物过敏的主要成分是分子量介于 10 000 ~ 70 000 Da 之间的蛋白或糖蛋白。ELISA 方法是目前在食物过敏原的常规检测与筛选领域应用最广的免疫分析技术，特别是在检测过敏原中的蛋白成分上，ELISA 更是发挥着不可替代的作用。在检测方式上主要有竞争 ELISA 和夹心 ELISA 方法两种。近 10 年来，市场上关于杏仁、大豆、花生、甲壳类、芝麻、芥末、羽扇豆、牛奶等食物过敏原的 ELISA 检测试剂盒均有销售，这些试剂盒可在 30 ~ 60 min 内实现定性或半定量检测。然而，该技术的缺点是对识别食物过敏原的单克隆抗体的依赖，对于某些过敏原，由于缺少特异性的单克隆抗体而无法利用 ELISA 法进行检测；此外，因自身具有较低复杂度的特异蛋白识别位点，易受到食物基质中所含糖、醛等物质的影响而改变其免疫原性。这种情况下，对于缺乏特异性单抗的过敏原，PCR 法可利用已知过敏原的基因序列实现检测，该方法在动植物源性食物过敏原检测方面有极大的优势，适合国际法规所要求的食品中痕量过敏原的检测原则，已逐渐取代 ELISA 法，成为官方的食品安全检测机构或实验室的主流检测方法。至今，我国已经制定了虾/蟹、麸质、芝麻、小麦、鱼成分、芹菜、芥末、羽扇豆、荞麦、大豆、花生、腰果、开心果、胡桃、胡萝卜、榛果、杏仁共 17 个过敏原成分的 SN/T 行业标准（实时荧光定量 PCR 方法）。

此外，近年来应用蛋白质组学技术检测食品中过敏原也引起了人们的广泛关注，目前已经开始应用于食物中过敏成分的检测和定量，鉴定新的过敏原物质，判断食物中过敏原分子的遗传和表型变化。由于强大的灵敏度和蛋白分析检测能力，现在质谱已经开始替代双向电泳检测和鉴定蛋白成分，可以一次对食品中的各种过敏原蛋白进行检测，在过敏原检测方面拥有巨大的优势。

6. 在真伪鉴别检测上的进展

PCR 法是检测机构对食品真实属性进行鉴定时使用最多的方法。目前，国内学者用 PCR 法已经对保健品中的牛羊源性成分、还原橙汁和鲜榨橙汁、羊肉掺假和转基因成分等进行了分析。然而，PCR 法无法实现高通量检测，且对于每一个新物种的测定均须通过设计新引物或开发新的抗体来实现。使用 DNA 条形码技术，由通用引物的测序并与数据库序列进行比对分析，可实现对已知或未知样品的属性鉴定，该技术在海产品和淡水鱼类、肉类产品、乳制品、可食用植物及制品、混合食品的检测和鉴别上获得了很好的应用。而基因芯片技术充分利用现有的 DNA 数据库中的序列，可实现高通量检测，也可以大大缩短检测周期，在转基因、动物制品和植物制品的真实属性检测上应用广泛。

传统的感官评价和常规质量指标检测往往难以鉴别掺假食品。代谢组学的方法着重于食品所有成分组成的整体定性定量分析，在检测非特定目标物方面有其他检验方法所没有的优势，因而能对掺假的食品加以科学的区分鉴别，在分析评价转基因食品中也能发挥重要作用。目前，该技术已经应用于对油脂、果汁、肉类掺假以及转基因农产品安全性评价的鉴别当中。

7. 在违禁添加物、食品添加剂检测上的进展

在违禁添加物检测方面，目前已经建立了食品中苏丹红（Ⅰ、Ⅱ、Ⅲ、Ⅳ）、罂粟碱、黄原胶、瘦肉精、孔雀石绿、三聚氰胺的 ELISA 检测技术，瘦肉精、三聚氰胺的磁性纳米探针检测技术，以及三聚氰胺、苏丹红（Ⅰ、Ⅱ、Ⅲ、Ⅳ）的分子印迹技术。对于其他的违禁添加物，在分子生物学方法的应用上还有很大空缺。

在食品添加剂检测上，相关的研究成果不多，主要是采用分子印迹固相萃取 - HPLC 法对酱油中的防腐剂进行检测。

8. 在转基因检测上的进展

当前，国际社会对转基因作物及其制品的检测主要是针对外源蛋白质和外源 DNA 进行的。在蛋白质水平上，涉及的检测方法主要是 ELISA 技术、蛋白质组学技术、代谢组学技术。在核酸水平上，涉及的检测方法主要是 PCR 技术（包括常规 PCR、定量 PCR、多重 PCR 等）、基因芯片技术和 LAMP 技术。常规 PCR 可以实现对转基因成分的定性检测，主要缺点是操作费时，灵敏度和特异性不如荧光定量 PCR 法，且容易造成气溶胶污染。目前定量 PCR 检测技术则是对转基因产品进行定量标识的主要方法，其中，实时荧光定量 PCR 能实现核酸的定性和定量检测，已广泛应用于对转基因的检测。基因芯片技术和多重 PCR 可以实现多个外源基因的同时检测。此外，由于 LAMP 方法具有特异性强、灵敏度高、快速准确和操作简单等优点，在转基因检测方面的应用上目前也是一个研究热点，已经取得了很好的研究成果。与农作物或初级农产品相比，目前深加工食品如食用油脂中转基因的检测仍然是一个难点。

（谭贵良、赖心田）

参考文献

［1］孙宝国，周应恒. 中国食品安全监管策略研究. 北京：科学出版社，2013.

［2］陈颖，葛毅强. 现代食品分子检测鉴别技术. 北京：中国轻工业出版社，2008.

［3］王世平. 食品安全检测技术. 北京：中国农业大学出版社，2009.

［4］雷健，李晓明，梁宇斌，等. 我国食品安全及风险分析的现状与探讨. 食品研究与开发，2014，35（2）：125 - 127.

［5］中国科学技术协会，中国食品科学技术学会. 2012—2013 食品科学技术学科发展报告. 北京：中国科学技术出版社，2014.

第 2 章　PCR 技术及其在食品安全检测中的应用

PCR（polymerase chain reaction）即聚合酶链式反应，是指在 DNA 聚合酶催化下，以母链 DNA 为模板，以特定引物为延伸起点，通过变性、退火、延伸等步骤，体外复制出与母链模板 DNA 互补的子链 DNA 的过程。该技术是 20 世纪 80 年代中期发展起来的体外核酸扩增技术，具有特异、敏感、产率高、快速、简便、重复性好、易自动化等优点。PCR 技术可用于基因分离克隆、序列分析、基因表达调控、基因多态性研究等许多方面。随着 PCR 技术的不断发展，在常规 PCR 技术的基础上又衍生出了很多种类的 PCR 技术，如实时荧光定量 PCR、多重 PCR 技术等。

2.1　概述

核酸研究已有 100 多年的历史，20 世纪 60 年代末、70 年代初，人们致力于研究基因的体外分离技术。Korana 于 1971 年最早提出核酸体外扩增的设想："经过 DNA 变性，与合适的引物杂交，用 DNA 聚合酶延伸引物，并不断重复该过程便可克隆 tRNA 基因。"

1985 年，美国 PE-Cetus 公司的 Kary Mullis 等人发明了具有划时代意义的聚合酶链反应。其原理类似于 DNA 的体内复制，给 DNA 的体外合成提供一定的条件，包括模板 DNA、寡核苷酸引物、DNA 聚合酶、合适的缓冲体系，以及 DNA 变性、复性及延伸的温度与时间等。Mullis 最初使用的是大肠杆菌 DNA 聚合酶 I 的 Klenow 片段，其缺点是：①Klenow 酶不耐高温，90 ℃时会变性失活，每次循环都要重新加酶；②引物链延伸反应在 37 ℃下进行，容易发生模板和引物之间的碱基错配，其 PCR 产物特异性较差，合成的 DNA 片段不均一。此种以 Klenow 酶催化的 PCR 技术虽较传统的基因扩增优异，但由于 Klenow 酶不耐热，在 DNA 模板进行热变性时，会导致此酶钝化，每加入一次酶只能完成一个扩增反应周期，给 PCR 技术操作程序增添了不少困难。

1988 年初，Keohanog 改用 T4 DNA 聚合酶，扩增得到的 DNA 片段很均一，真实性也较高，为所期望的一种 DNA 片段；但每循环一次，仍需加入新酶。同年，Saiki 等从温泉中分离的一株水生嗜热杆菌（*Thermus aquaticus*）中提取到一种耐热 DNA 聚合酶。此酶具有以下特点：①耐高温，在 70 ℃下反应 2 h 后其残留活性大于原来的 90%，在 93 ℃下反应 2 h 后其残留活性是原来的 60%，在 95 ℃下反应 2 h 后其残留活性是原来的 40%；②在热变性时不会被钝化，不必在每次扩增反应后再重新加酶；③大大提高了扩增片段特异性和扩增效率，增加了扩增长度（2.0 kb）。由于提高了扩增的特异性和效率，因而其灵敏性也大大提高。为与大肠杆菌多聚酶 I Klenow 片段相区别，将此酶命名为 Taq DNA 聚合酶（Taq DNA polymerase）。此酶的发现使 PCR 技术得以广泛应用。

多重 PCR 技术是在常规 PCR 基础上改进并发展起来的一种新型 PCR 技术，是在同一反应体系中加入两对或两对以上引物，同时扩增多个目的 DNA 片段的方法，其反应原理、反应试剂和操作过程与一般 PCR 相同。1988 年，Chamberlain 首次应用该技术检测杜氏营养不良症（Duchenne muscular dystrophy，DMD）基因外显子缺失。1993 年，Wirz 等人首次使用多重 PCR 技术进行猪瘟病毒（HCV）和牛病毒性腹泻病毒（BVDV）的鉴别诊断。随后，多重 PCR 技术在动物疫病检测方面得到了广泛的应用和发展。目前，多重 PCR 技术已经在许多领域得到应用，包括遗传病诊断、转基因鉴定、病原体检测等。多重 PCR 技术已经广泛应用于人类生物医学、动物生物学、植物生物学、海洋生物学、法医学、食品卫生等各个方面。

实时荧光定量 PCR 技术是在常规 PCR 技术基础上，通过在 PCR 反应体系中加入荧光基团，利用特定仪器检测荧光信号积累的强弱，进而实时监测每一循环 PCR 反应产物，并对与其产物量呈正相关的初始模板进行定量分析的技术。该技术于 1996 年由美国 Applied Biosystems 公司推出，由于其不仅实现了 PCR 从定性到定量的飞跃，而且与常规 PCR 技术相比，具有特异性强、灵敏度高、重复性好、定量准确、自动化程度高、速度快、全封闭反应等优点，因而很快成为科研、临床诊断的热点技术。目前，该技术已得到广泛应用，包括对 mRNA 表达的研究、各种基因定量分析、点突变分析和等位基因分析、单核苷酸多态性分析、DNA 甲基化的检测及对各种传染病进行定量定性分析等。

2.2 基本原理

2.2.1 常规 PCR

常规 PCR 是最基础的 PCR 技术，该技术是在模板 DNA、引物和 4 种脱氧核糖核苷酸存在下，依赖于 DNA 聚合酶的酶促合成反应。DNA 聚合酶以单链 DNA 为模板，借助一小段双链 DNA 来启动合成，通过一个或两个人工合成的寡核苷酸引物与单链 DNA 模板中的一段互补序列结合，形成部分双链。在适宜的温度和环境下，DNA 聚合酶将脱氧单核苷酸加到引物 3′-OH 末端，并以此为起始点，沿模板 5′端到 3′端方向延伸，合成一条新的 DNA 互补链。常规 PCR 的整个技术过程经若干个循环组成，一个循环包括连续的 3 个步骤，即变性—退火（复性）—延伸（见图 2-1）。

2.2.1.1 模板 DNA 的变性

DNA 双链之间以氢键连接，氢键是一种次级键，能量较低，易受破坏，在某些理化因素作用下，核酸双螺旋碱基对的氢键断裂，双链变成单链，从而使核酸的天然构象和性质发生改变。变性时维持双螺旋稳定性的氢键断裂，碱基间的堆积力遭到破坏，但不涉及其一级结构的改变。凡能破坏双螺旋稳定性的因素，如加热、极端的 pH、有机试剂甲醇、乙醇、尿素及甲酰胺等，均可引起核酸分子变性。模板 DNA 经加热至 94 ℃左右一定时间后，模板 DNA 双链或经 PCR 扩增形成的双链 DNA 解离，成为单

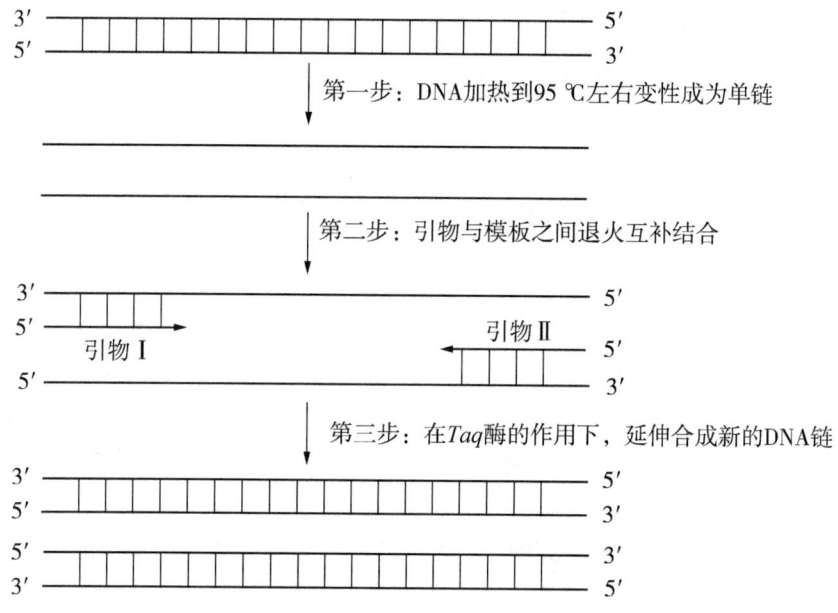

图 2-1 常规 PCR 反应原理

链，以便与引物结合，为下轮反应作准备。DNA 的变性从开始到解链完全，是在一个相当窄的温度范围内完成的，在这一范围内，紫外光吸收值增加达到最大增加值的 50% 时的温度叫作 DNA 的解链温度（melting temperature，Tm）。

2.2.1.2 模板 DNA 与引物的退火（复性）

变性的 DNA 只要消除变性条件，变性的两条互补链还可以重新结合，恢复原来的双螺旋结构，这一过程称为复性。在 DNA 热变性后，将温度缓慢降低而使 DNA 逐渐冷却，并维持在低于 Tm 值的一定范围内，变性后的单链 DNA 即可恢复双螺旋结构，因此复性过程又叫作退火。复性后的 DNA，其理化性质都能得到恢复。倘若 DNA 热变性后快速冷却，则不能复性。

PCR 反应体系的退火其实是模板与引物的复性。引物是与 DNA 模板某段序列互补的一小段 DNA 片段，是人们根据目标 DNA 序列人工合成的两段寡核苷酸序列，一个引物与目标 DNA 序列一端的一条 DNA 模板链互补，另一个引物与目标 DNA 序列另一端的另一条 DNA 模板链互补。

2.2.1.3 引物的延伸

延伸是指 DNA 模板—引物结合物在 DNA 聚合酶，即 Taq 酶的作用下，于 72 ℃ 左右，以脱氧核苷三磷酸 dNTP（dATP、dTTP、dCTP、dGTP）为反应原料，靶序列为模板，按碱基配对与半保留复制原理，合成一条新的与模板 DNA 链互补的半保留复制链，重复循环就可获得更多的"半保留复制链"，而且这种新链又可成为下次循环的模板。每完成一个循环需 2~4 min，2~3 h 就能将待扩目的基因扩增放大几百万倍。Taq 酶催化 DNA 合成的温度以 70~80 ℃ 为宜，72 ℃ 时能在 10 s 内复制一段 1 000 bp 的 DNA 片段。

2.2.2 实时荧光定量 PCR

实时荧光定量 PCR（real-time quantitative PCR，RT‐PCR）是在常规定性技术基础上发展起来的核酸定量技术，于 1996 年由美国 Applied Biosystems 公司推出。这项技术是指在常规 PCR 反应体系中加入荧光染料或荧光基团，利用特定仪器检测荧光信号积累的强弱，进而实时监测每一轮 PCR 反应产物，最后通过标准曲线对未知模板浓度进行定量分析。

在荧光定量 PCR 反应中，加入荧光染料或荧光基团，这些荧光物质有其特定的波长，随着 PCR 反应的进行，反应产物不断累积，荧光信号强度也等比例增加。每经过一个循环，收集一个荧光强度信号，这样就可以通过荧光强度变化监测产物量的变化，从而得到一条荧光扩增曲线。荧光扩增曲线包括 3 个阶段：基线期、扩增期和平台期。只有在荧光信号扩增期，PCR 产物量的对数值与起始模板量之间存在线性关系，因此可以在这个阶段进行定量分析。

实时荧光定量 PCR 的检测常用的有荧光染料嵌入法和探针法（如图 2-2 所示）。探针法又包括水解探针、杂交探针、分子信标等。

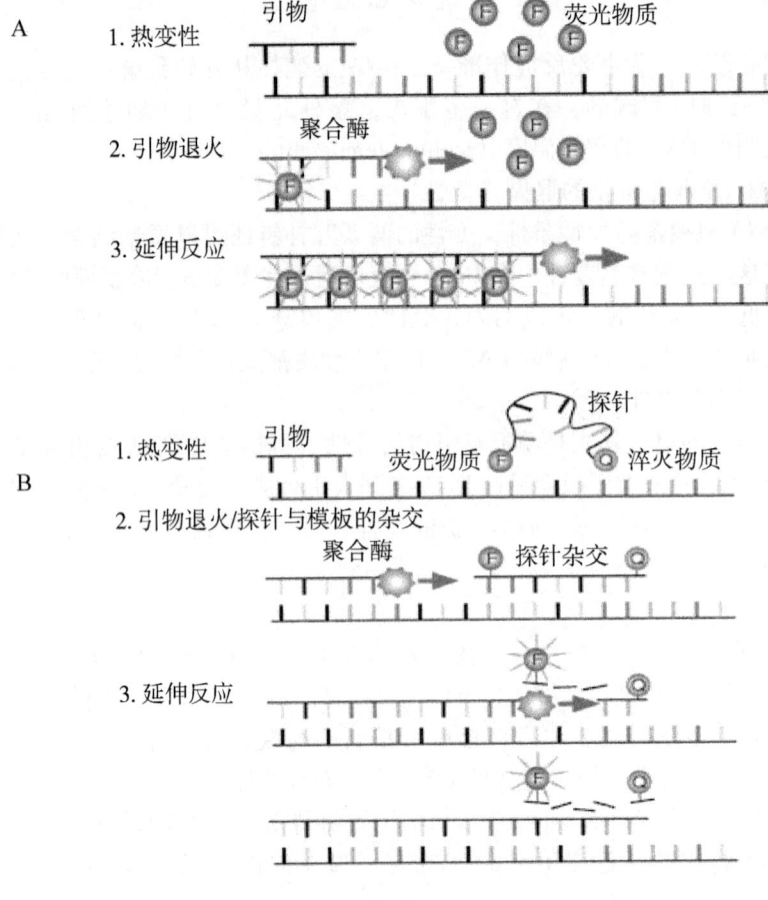

图 2-2 实时荧光定量 PCR 技术荧光标记方法
A：嵌入法；B：探针法

(1) 荧光染料嵌入法（SYBR Green intercalating dyes）。如图 2-2A 所示。常用的荧光染料有：SYBR Green I、RTGreen、EvaGreen。其中 SYBR Green I 是荧光定量 PCR 最常用的与 DNA 结合的荧光染料，染料可嵌入双链 DNA 的小沟部位，与双链 DNA 结合后可发散出绿色荧光。在游离状态下，SYBR Green I 发出微弱的荧光，但是一旦与双链 DNA 结合，其荧光强度是游离状态下的 1 000 倍。因此，实时定量 PCR 反应体系中加入 SYBR Green I 时，合成的目标双链 DNA 上就会因为嵌入 SYBR Green I 染料而发射荧光，通过荧光定量 PCR 仪检测荧光信号的强弱就可分析合成的 DNA 模板的量。

荧光染料嵌入法的优点是检测方法简单，不需要设计探针，成本低，通用性好，且能够进行溶解曲线分析检测扩增反应的特异性。其缺点是 SYBR Green I 可以与所有的双链结合，因此不能进行多重 PCR 反应，由引物二聚体、单链二级结构以及错误的扩增产物引起的假阳性会影响定量的精确性。但可通过优化 PCR 反应条件，减少或去除非特异性产物和引物二聚体的产生；另外，也可以借助溶解曲线分析产物的均一性，有助于增加定量结果的准确性。

(2) 水解探针法（TaqMan probes）。如图 2-2B 所示。PCR 扩增时，在加入一对引物的同时加入一个特异性的荧光探针，该探针为一寡核苷酸，两端分别标记一个报告荧光基团和一个淬灭荧光基团。探针完整时，5′端荧光基团吸收能量后将能量转移给邻近的 3′端荧光淬灭基团（发生荧光共振能量转移，FRET），则检测不到该探针 5′端荧光基团发出的荧光。在 PCR 扩增中，溶液中的模板变性后低温退火时，引物与探针同时与模板结合。在引物的介导下，沿模板向前延伸至探针结合处，发生链的置换，Taq 酶的 5′~3′外切酶活性将探针 5′端连接的荧光基团从探针上切割下来，游离于反应体系中，从而脱离 3′端荧光淬灭基团的屏蔽，接受光刺激发出荧光信号，即每扩增一条 DNA 链，就有一个荧光分子形成，实现了荧光信号的累积与 PCR 产物形成完全同步。直接的方法指的是标记荧光的探针与扩增产物结合后即直接产生荧光。

实时荧光定量 PCR 技术特点是：①用产生荧光信号的指示剂显示扩增产物的量，进行实时动态连续的荧光监测，避免终点定量的不准确，并且消除了标本和产物的污染，且无复杂的产物后续处理过程；②荧光信号通过荧光染料嵌入双链 DNA，或荧光探针特异结合目的检测物等方法获得，大大提高了检测的灵敏度、特异性和精确性。

2.2.2.1 几个常见概念

荧光定量 PCR 技术有几个很重要的概念，它们分别是基线、荧光阈值、域值循环数（Ct 值）、扩增曲线和标准曲线等，见图 2-3。

(1) 基线（baseline）。在实时荧光定量 PCR 反应早期，产物激发的荧光信号与背景荧光没有明显区别。随着产物量的增加，产物荧光信号不断积累增强，一般在 PCR 反应处于指数期的某一点上就可区别并检测到产物

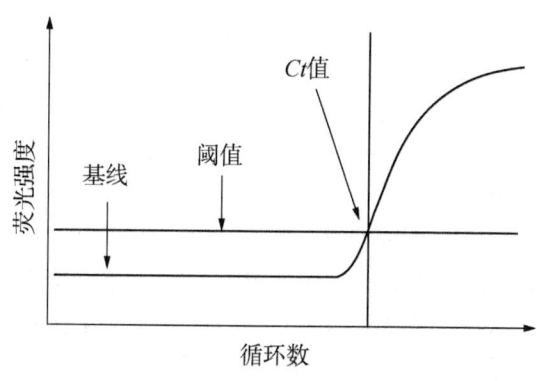

图 2-3 实时定量 PCR 的 Ct 值、阈值、基线

积累的荧光强弱。在 PCR 扩增的最初数个循环里，荧光信号变化不大，接近一条直线，这样的直线即为基线。它是产物积累的荧光信号能被仪器检测到的最下限。

（2）荧光阈值（threshold）。为便于检测比较，在实时荧光定量 PCR 反应的指数期，需设定一个荧光信号的域值，如果检测的荧光强度超过该域值，才可被认为是真正的信号，然后用该阈值来定义模板 DNA 的域值循环数（Ct）。一般以 PCR 反应的 15 个循环的荧光信号作为本底信号，荧光域值的缺省设置是 3～15 个循环的荧光信号标准偏差的 10 倍（见图 2-3）。

（3）Ct 值（cycle threshold）。Ct 值中的 C 代表 cycle，t 代表 threshold，Ct 值的含义是指进行实时荧光定量 PCR 反应时，每个反应管内的荧光信号到达设定域值时所经历的循环数。研究表明，每个模板的 Ct 值与该模板的起始拷贝数的对数存在线性关系，起始拷贝数越多，Ct 值越小。

（4）扩增曲线（amplification curve）。PCR 在循环若干次后，由于原料 dNTP 的分解、酶的活性减小等因素的影响，扩增产物的量会进入一个恒定的平台期，使循环数和扩增产物量之间呈现出"S"形的曲线，这就是扩增曲线（见图 2-4）。扩增曲线进入平台期的迟早与起始模板量呈正相关。

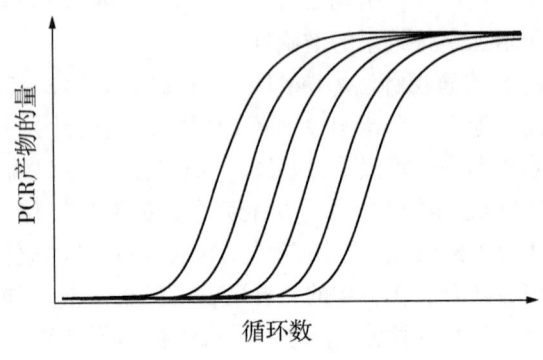

图 2-4　实时定量 PCR 的扩增曲线

（5）标准曲线（standard curve）。由于每个模板的 Ct 值与该模板的起始拷贝数的对数（$\lg X_0$）存在线性关系，因此，对标准品进行梯度稀释后，就可作出 DNA 模板与对应 Ct 值之间的线性关系，这就是标准曲线。在试验中只要获得未知样品的 Ct 值，即可从由标准曲线得到的线性方程式中计算出该样品的起始拷贝数，从而对其进行定量分析。

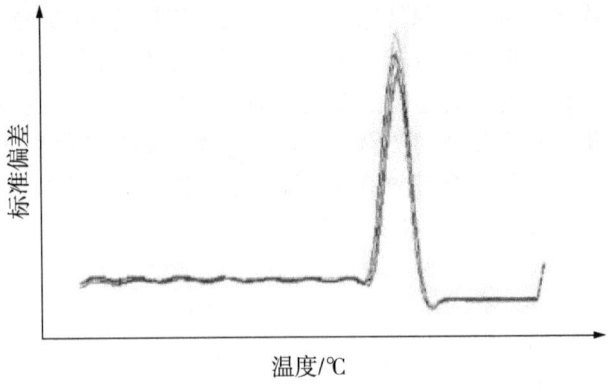

图 2-5　实时定量 PCR 的溶解曲线

（6）溶解曲线（melting curve）。溶解曲线（见图 2-5）是用来检测 PCR 扩增的特异性和重复性的曲线。一般溶解峰值在 80～85 ℃，溶解曲线峰值单一，表示为目标产物的特异性扩增，且重复性好。

2.2.2.2　定量方式

模板定量有相对定量和绝对定量两种方式。相对定量不需要知道样本的拷贝数，而是测定目的基因在两个或多个样本中含量的相对比例。绝对定量目的是测定目的基因在样本中的拷贝。

1. 标准曲线法的相对定量法

相对定量指的是在一定样本中靶序列相对于某个参照物的量而言的,因此相对定量的标准曲线比较容易制作,对于所用的标准品只要知道其相对稀释度即可。在整个实验中样本的靶序列的量来自于标准曲线,最终必须除以参照物的量,即参照物是1的样本,其他的样本为参照物量的 n 倍。在实验中为了标准化加入反应体系的 RNA 或 DNA 的量,往往在反应中同时扩增一内源控制物,如在基因表达研究中,内源控制物常为一些管家基因。

2. 比较 Ct 值的相对定量法

Ct 值比较法是 Livak 和 Schmittgen 设计的一种比较阈值法,用来测定目的基因的相对表达量。比较 Ct 法与标准曲线法的相对定量法的不同之处在于其运用了数学公式来计算相对量,前提是假设每个循环增加一倍的产物数,在 PCR 反应的指数期得到 Ct 值来反映起始模板的量。其计算公式是:相对含量 $= 2^{-\Delta\Delta Ct} \times 100\%$,公式中 Ct 是仪器检测到反应体系中荧光信号的强度值,$2^{-\Delta\Delta Ct}$ 表示实验组目的基因的表达相对于对照组的变化倍数。但是此方法是以靶基因和内源控制物的扩增效率基本一致为前提的,效率的偏移将影响实际拷贝数的估计。

3. 标准曲线法的绝对定量法

此方法与标准曲线法的相对定量法的不同之处在于其标准品的量是预先已知的。质粒 DNA 和体外转入的 RNA 常作为绝对定量标准品的制备之用。标准品的量可根据 260 nm 的吸光度值并用 DNA 或 RNA 的分子量来转换成其拷贝数来确定。目的基因与标准品在不同的反应管内同时进行扩增,用一系列已知浓度的标准品制作标准曲线,在同等条件下将目的基因测得的荧光信号量同标准曲线进行比较,从而得到目的基因的量。

2.2.3 多重 PCR

多重 PCR(multiplex PCR)是 PCR 技术的一种,是指在同一反应体系中加入两对或两对以上引物,同时扩增多目的基因或 DNA 序列。可以扩增一个物种的一个片段,也可以同时扩增多个物种的不同片段。多重 PCR 技术是在常规 PCR 基础上改进并发展起来的一种新型 PCR 扩增技术,其反应原理、反应试剂和操作过程与常规 PCR 相同。

2.2.3.1 多重 PCR 的特点

多重 PCR 技术特点包括:①高效性,在同一反应管内同时检出多种病原菌或对多个目的基因进行扩增分析;②系统性,多重 PCR 很适宜对症状相同或易污染相同食品的一组病原菌进行分析;③经济简便性,多种病原菌在同一反应管中同时检出,大大节省检测时间和试剂,为食品安全检测提供更多更准确的信息。

2.2.3.2 多重 PCR 技术的影响因素及条件优化

自然界的每一物种都有其完全不同于其他物种的高度保守的核酸(DNA 和 RNA)序列。理论上根据这些保守序列设计特异性引物,结合 DNA 聚合酶的高保真性,在多重 PCR 反应体系中可扩增出数量不限的目的 DNA 片段。Tettelin 等（1999）报道已成功进行了一对引物的多重 PCR。但是多重 PCR 反应体系较单一 PCR 更为复杂，实际操作中常遇到扩增效率下降、非特异性扩增等许多问题。

（1）模板提取。DNA 模板的量和纯度是影响 PCR 扩增结果的重要因素。模板量太少，会出现阴性结果或条带很弱；模板量太多，则会出现条带弥散，模糊不清；模板纯度低或被降解会导致扩增的不整齐。采用多重 PCR 检测食品病原细菌，首先必须对食品样品进行前处理，由于食品样品中可能存在许多非靶微生物，因此需要通过富集浓缩来获得一定纯度和数量的靶细菌。常用的有选择性培养增殖、离心、过滤或免疫吸附富集等方法。食品样品的成分复杂，其中的酚类化合物、糖类物质、重金属离子等可通过降解靶细菌 DNA、破坏 PCR 缓冲体系而成为 PCR 反应体系的抑制剂。细菌 DNA 提取目前大多采用酚—氯仿法，但提取过程中可能残留的蛋白酶 K、酚等也会抑制 PCR 反应的进行。因此，应通过改进食品样品的前处理方法和靶细菌 DNA 的提取方法来减弱这些抑制作用。

（2）引物设计。加入多重 PCR 体系中的每对引物都应当满足单引物对 PCR 体系的引物设计原则。这些原则包括：与模板紧密互补，长度一般为 18～25 bp，碱基 GC 含量在 40%～60% 之间，4 种碱基随机分布；引物之间避免相互作用形成二聚体或发夹结构；引物不能在模板的非目的位点引发 DNA 聚合反应（即错配）。由于多重 PCR 体系中同时有多对引物，因而还应注意一些特别的问题。首先，所有引物对应的最适退火温度要尽可能相同，这样有助于多重 PCR 选择的退火温度保证每对引物都有相同的扩增效率。一般退火温度比引物模板解链温度 Tm 值低 3～5 ℃，但是 Tm 值受缓冲液成分、引物、模板浓度等影响，在实际操作中应进行优化。其次，应尽量确保所有引物间没有任何形式的相互作用，在引物设计时可通过分子生物学软件进行分析，如 Primer Premier 5.0。最后，不同引物对所扩增产物的大小要能通过电泳或其他方法区分开。

（3）Mg^{2+} 浓度。Mg^{2+} 是 Taq DNA 聚合酶活性所必需的，对反应有显著影响。浓度过低，酶活力降低；浓度过高，则易催化非特异性扩增。Mg^{2+} 浓度与 dNTP 浓度有相关性。

（4）Taq DNA 聚合酶。多重 PCR 反应体系中同时存在多个 DNA 扩增反应，不同反应之间对 Taq DNA 聚合酶存在竞争，这种反应之间的竞争会使效率相对较低的 DNA 扩增受到很大程度的抑制。在多重 PCR 体系中适当多加入一些 Taq DNA 聚合酶可减弱竞争产生的抑制作用，但 Taq DNA 聚合酶过多则极易造成非特异性扩增。通常可根据不同产品的说明书进行调整优化。

2.3 操作过程和步骤

2.3.1 常规 PCR

2.3.1.1 基本操作流程

常规 PCR 检测流程主要包括实验材料的准备、设备和试剂的准备、样品 DNA 的提取、PCR 反应液的制备、PCR 反应过程和结果分析等 6 个步骤。

1. 实验材料的准备

实验材料的准备包含两个关键步骤：抽样及制样。抽取及制备的样品应具有代表性，避免交叉污染，抽样数量应满足检测要求。制样过程一般包括混合足够分量的原始样品，缩分原始样品得到实验室样品，再对实验室样品进行适当的均匀化和降低粒度来获得试样。制样过程应防止样品污染。

2. 设备和试剂的准备

（1）PCR 检测用仪器。包括普通 PCR 扩增仪、超净工作台、离心机、冰箱、漩涡振荡器、微量移液器等。

（2）PCR 检测用试剂。包括双蒸水、10×PCR 缓冲液（含 $MgCl_2$）、dNTP（dATP、dTTP、dCTP、dGTP）、Taq DNA 聚合酶、引物。

表 2-1 列举了国家标准（GB）和行业标准（SN）转基因检测中部分常规 PCR 检测用引物。

表 2-1 常规 PCR 检测用引物

检测基因	引物序列（5′→3′）	产物/bp	基因性质	适用范围
Lectin	F：GCC CTC TAC TCC ACC CCC ATC C R：GCC CAT CTG CAA GCC TTT TTG TG	118	大豆内源基因	以大豆为原料的食品
ZEIN	F：TGA ACC CAT GCA TGC AGT R：GG CAA GAC CAT TGG TGA	173	玉米内源基因	以玉米为原料的食品
tRNALeu	F：CGA AAT CGG TAG ACG CTA CG R：TTC CAT TGA GTC TCT GCA CCT	180	植物叶绿体基因	以植物为原料的食品
PE3-PEPcase	F：CCA GTT CTT GGA GCC GCT TGA R：AAG GGC CAG TCC AAA TGC AGA	121	菜籽油内源基因	以菜籽油为原料的食品
CaMV 35S	F：TCA TCC CTT ACG TCA GTG GAG R：CCA TCA TTG CGA TAA AGG AAA	165	外源筛选基因	以转基因大豆、玉米、菜籽油、马铃薯等为原料的食品
FMV 35S	F：AAG ACA TCC ACC GAA GAC TTA R：AGG ACA GCT CTT TTC CAC GTT	210	外源筛选基因	以转基因菜油、马铃薯和番茄为原料的食品

3. 样品 DNA 的提取

核酸提取包含样品的裂解和纯化两大步骤。裂解是使样品中的核酸游离在裂解体系中的过程，纯化则是使核酸与裂解体系中的其他成分，如蛋白质、多糖、盐及其他杂质彻底分离去除的过程。裂解方法包括化学裂解法（表面活性剂 SDS、CTAB、高盐等）、酶裂解法（蛋白酶 K、溶菌酶、裂解酶等）和机械裂解法（研磨等）。最常用的纯化方法，一是有机溶剂抽提再沉淀，二是介质纯化。介质纯化是利用某些固相介质，在特定的条件下选择性吸附的特点，实现核酸与蛋白质及其他杂质的分离。

（1）CTAB 法。十六烷基三甲基溴化铵（CTAB）是一种阳离子去污剂，能与核酸形成复合物，此复合物在高盐（>0.7 mol/L NaCl）浓度下可溶解并稳定存在，但在低盐浓度（0.1～0.5 mol/L NaCl）下，CTAB-核酸复合物就因溶解度降低而沉淀，而大部分的蛋白质及多糖仍溶解于溶液中。通过离心将 CTAB-核酸复合物与蛋白质及多糖等小分子物质分离。再将 CTAB-核酸复合物溶于高盐溶液中，用异丙醇/无水乙醇沉淀核酸，即可得到核酸提取物。CTAB 溶液为：0.02 g/mL CTAB，0.081 9 g/mL NaCl，0.007 5 g/mL Na_2EDTA，0.012 1 g/mL Tris，0.02 g/mL PVP-40，pH 8.0。

（2）SDS 法。利用含高浓度十二烷基磺酸钠（SDS）的抽提缓冲液在高温（55～60℃）条件下能裂解细胞，使染色体离析、蛋白质变性，同时与蛋白质和多糖结合成复合物沉淀，释放出核酸，然后用提高盐浓度（KAc）和降低温度（冰上保温）的办法沉淀去除蛋白质和多糖（在低温条件下 KAc 与蛋白质及多糖结合成不溶物），离心去除沉淀后，上清液中的 DNA 用酚—氯仿抽提，反复抽提后用乙醇沉淀水相中的 DNA。

（3）酚—三氯甲烷（即氯仿）提取法。利用酚是蛋白质的变性剂，反复抽提，使蛋白质变性，SDS（十二烷基磺酸钠）将细胞膜裂解，在蛋白酶 K、EDTA 的存在下消化蛋白质或多肽或小肽分子，核蛋白变性降解，使 DNA 从核蛋白中游离出来。氯仿有助于水相与有机相分离和去除 DNA 溶液中的酚。抽提后的 DNA 溶液用 0.6 倍体积的异丙醇和 0.1 倍体积的 3 mol/L 乙酸钠存在下沉淀 DNA，回收 DNA 用 70% 乙醇洗去 DNA 沉淀中的盐，真空干燥，用 TE 缓冲液溶解 DNA 备用。

（4）PVP 法。本法是在经典 CTAB 法的基础上，改进了提取缓冲液的配方，增加了 PVP（聚乙烯吡咯烷酮）-40 成分。PVP 是酚的络合物，能与多酚形成一种不溶的络合物质，有效去除多酚，减少 DNA 中酚的污染；同时它也能和多糖结合，有效去除多糖。在研磨过程中加入 PVP，其中的 CO—N═基有很强的结合多酚的能力，从源头上减少了酚类被氧化的机会。

（5）DNA 提取新方法。近年来出现了以螯合树脂、特异性 DNA 吸附膜、离子交换纯化柱及磁珠或玻璃粉吸附等基础 DNA 提取新方法。这些 DNA 提取新方法主要应用于提取病毒、微生物、人和动物细胞、包埋组织样品、古生物标本及土壤环境样品 DNA。目前国内外开发了多种商品化的 DNA 提取纯化试剂盒，其分离原理有的利用核酸的分子量差异，有的利用特异性膜与 DNA 结合达到分离、回收的目的，如离子交换柱、磁珠等。

4. DNA 的纯化

（1）酚—氯仿抽提。酚—氯仿抽提可算得上是核酸分离纯化技术中最经典的方法之一，该方法是由美国冷泉港实验室中的研究人员首先提出的。其原理是：在酚—氯仿的共同作用下，蛋白质会被变性，形成不溶解的物质，由于蛋白质的密度小于酚而大于水，所以离心后，会在酚相和水相之间形成蛋白质中间层，从而有效地将蛋白质和核酸分离开来。

（2）盐析法。该技术原理是在组织或细胞裂解液中，加入高浓度盐（NaCl 或 NH_4Cl、KI、KAc）来沉淀去除蛋白质，从而得到高纯度的基因组 DNA。

（3）玻璃珠法。该方法是第一个固液相核酸纯化技术，在高离液盐（盐酸胍、异硫氰酸胍、NaI）条件下，玻璃珠会同核酸发生吸附反应；而在低盐条件下，核酸又可以被洗脱下来。使用玻璃珠可作为凝胶DNA片段回收的手段。

（4）硅胶柱。该方法是将核酸抽提变成过滤操作的硅胶柱纯化技术，可以说是核酸纯化史上的一个里程碑。硅胶柱将核酸抽提或纯化变成一种简单的过滤操作，以取代传统溶液型抽提技术的离心方式。硅胶柱的纯化原理就是使用一种特殊的玻璃纤维滤膜，这种滤膜在高离液剂（盐酸胍、NaI、$NaClO_4$）的条件下，可以同核酸发生吸附反应，而在低盐条件下，核酸又可以从滤膜中释放出来，蛋白质和其他杂质不会被吸附，从而达到纯化核酸的目的。硅胶柱的过滤吸附操作大大减少了抽提过程中离心和干燥时间，并去除了耗时的醇类沉淀过程。此外，硅胶柱还第一次提供了一种高通量的纯化方式。到目前为止，硅胶柱已经成为目前核酸分离纯化最主流的技术。

（5）磁珠法。磁珠法是一种可完全自动化的核酸抽提操作。磁珠法核酸纯化技术采用了纳米级磁珠微珠，这种磁珠微珠的表面标记了一种官能团，能同核酸发生吸附反应。硅磁（magnetic silica particle）就是指磁珠微珠表面包裹一层硅材料，来吸附核酸，其纯化原理类型于玻璃珠的纯化方式。离心磁珠是指磁珠微珠表面包裹了一层可发生离心交换的材料（如DEAE、COOH）等，从而达到吸附核酸的目的。不同性质的磁珠微珠所对应的纯化原理不一致。使用磁珠法来纯化核酸的最大优点就是自动化。磁珠在磁场条件下可以发生聚集或分散，从而可彻底摆脱离心等所需的手工操作流程。

5. DNA的定量

可以用分光光度计来对核酸进行定量，可以定量溶于缓冲液的寡核苷酸、单链、双链DNA以及RNA。核酸的最高吸收峰的吸收波长为260 nm。每种核酸的分子构成不一，因此其换算系数不同。定量不同类型的核酸，要选择对应的系数。如：1 OD的吸光值分别相当于50 mg/L的dsDNA、37 mg/L的ssDNA、40 mg/L的RNA和30 mg/L的寡核苷酸。测试后的吸光值经过上述系数的换算，得出相应的样品浓度。除了核酸浓度，分光光度计同时显示几个非常重要的比值表示样品的纯度，如$A_{260\ nm}/A_{280\ nm}$的比值，用于评估样品的纯度，因为蛋白的吸收峰是280 nm。纯净的样品比值大于1.8（DNA）或者2.0（RNA）。

6. 反应溶液的配制

将PCR检测试剂从冰箱（-20 ℃）中取出，置冰上融化。检测时要设置阴性对照、阳性对照和空白对照。每个样品各做两个平行管。常规PCR反应体系见表2-2。

表2-2 常规PCR检测反应体系

试剂	终浓度
10×PCR反应缓冲液（含$MgCl_2$）	1×
dNTP	50～200 μmol/L
引物	100～500 nmol/L
Taq DNA聚合酶	0.5～2.5 U
模板DNA	10～100 ng
补水至	25 μL或50 μL

7. 常规 PCR 反应过程

将 PCR 反应管置于 PCR 仪中，设置 PCR 反应参数。例如，95 ℃ 预变性，5 min；95 ℃ 变性，30 s；60 ℃ 退火，30 s，72 ℃ 延伸，60 s，设 30 个循环，最后 72 ℃ 延伸，5 min。

8. 结果分析

反应结束后，一般用琼脂糖凝胶电泳或其他合适的方法检测 PCR 扩增产物。有必要时，可以将目的 DNA 片段从凝胶中分离出来检测。还可以通过限制性内切酶或 DNA 序列分析等方法对 PCR 产物进行确证。

2.3.1.2 操作关键

1. 引物设计

PCR 引物设计的目的是为了找到一对合适的核苷酸片段，使其能有效地扩增模板 DNA 序列。因此，引物的优劣直接关系到 PCR 的特异性与扩增成功与否。为确保引物设计成功，一般应遵循如下原则：

（1）引物最好在模板 cDNA 的保守区内设计，长度一般在 15～30 碱基之间，过长会导致其延伸温度大于 74 ℃，不适于 Taq DNA 聚合酶进行反应。GC 含量在 40%～60% 之间，T_m 值最好接近 72 ℃，上下游引物的 GC 含量不能相差太大，3′ 端不能选择 A，最好选择 T。引物中 4 种碱基的分布最好是随机的，不要有聚嘌呤或聚嘧啶的存在，尤其 3′ 端不应超过 3 个连续的 G 或 C。

（2）引物自身及引物之间不应存在互补序列，否则易导致产生引物二聚体带，并且降低引物有效浓度而使 PCR 反应不能正常进行。5′ 端和中间 ΔG 值应该相对较高，而 3′ 端 ΔG 值较低，引物 3′ 端的 ΔG 值过高，容易在错配位点形成双链结构并引发 DNA 聚合反应。

（3）引物的 5′ 端可以修饰，而 3′ 端不可修饰。引物 5′ 端修饰包括：加酶切位点、标记生物素、荧光、地高辛、Eu^{3+} 等；引入蛋白质结合 DNA 序列；引入点突变、插入突变、缺失突变序列和引入启动子序列等。引物的延伸是从 3′ 端开始的，不能进行任何修饰，3′ 端也不能有形成任何二级结构的可能。

（4）引物设计完成以后，应在 GenBank（网址为 http：// www.ncbi.nlm.nih.gov/）上对其进行同源性检索，确保设计的引物与其他基因不具有互补性。

2. DNA 模板要求

DNA 模板的量对 PCR 反应有重要影响，DNA 量太大时，会产生非特异性条带的扩增，从而影响结果的判定。DNA 模板容易发生降解，最好在 DNA 提取完毕后马上用于 PCR 扩增。当提取植物油等深加工食品或转基因成分含量较低食品的 DNA 时，建议加大样品取样量，以提高检出率。有必要时，对 DNA 模板进行纯化或浓缩。

3. 反应条件优化

（1）变性温度及时间的选择。在第一轮循环前，模板 DNA 的变性非常重要。变性不完全，往往使 PCR 失败，因为未变性完全的 DNA 双链会很快复性，减少 DNA 产量。一般变性温度与时间为 94 ℃ 1 min，双链 DNA 解链只需几秒钟即可完全，所耗时间主要是为使反应体系完全达到适当的温度。对于富含 GC 的序列，可适当提高变性温度。但变性温度过高或时间过长都会导致酶活性的损失。

（2）退火温度的选择。退火温度是 PCR 的一个关键参数。退火温度可以根据引物长度和 GC 含量来确定，其中最简单的计算方法是 $Tm = 4(G+C) + 2(A+T)$。在理想状态下，退火温度足够低，以保证引物同目的序列有效退火，同时还要足够高，以减少非特异性结合。合理的退火温度从 55～70 ℃。退火温度一般设定比引物的 Tm 低 5 ℃。

（3）延伸温度及时间的选择。延伸反应温度通常为 72 ℃，接近于 Taq DNA 聚合酶的最适反应温度 75 ℃。延伸反应时间的长短取决于目的序列的长度和浓度。在一般反应体系中，Taq DNA 聚合酶每分钟约可合成 1 kb 长的 DNA。延伸时间过长会导致产物非特异性增加。但对很低浓度的目的序列，则可适当增加延伸反应的时间。

（4）循环次数的选择。当其他参数确定之后，循环次数主要取决于 DNA 浓度。一般而言，25～30 轮循环已经足够。循环次数过多，会使 PCR 产物中非特异性产物大量增加。通常经 25～30 轮循环扩增，反应中 Taq DNA 聚合酶已经不足，如果此时产物量仍不够，需要进一步扩增，可将扩增的 DNA 样品稀释后作为模板，重新加入各种反应底物进行扩增。

4. 防污染措施

PCR 扩增反应具有极高的灵敏度，但也容易产生污染，极微量的污染就可导致假阳性结果。因此，必须采取有效的措施防止污染：①进行 PCR 操作时，操作人员严格遵守操作规程，可以极大程度地降低可能出现的 PCR 污染或杜绝污染的出现。②划分操作区。PCR 实验室应严格按照《基因检验实验室技术要求》(GB/T 19495.2—2004) 建立各功能区域，不同操作应在各自功能区完成。③分装 PCR 扩增所需要的试剂均应在装有紫外灯的超净工作台或正压工作台配制和分装。所有的加样器和吸头需固定放于其中，不能用来吸取扩增后的 DNA 和其他来源的 DNA。PCR 用水为灭菌双蒸水，引物和 dNTP 用灭菌双蒸水在无 PCR 扩增产物区配制。④操作时设立阴阳性对照和空白对照，既可验证 PCR 反应的可靠性，又可以协助判断扩增系统的可信性。

2.3.1.3 结果分析

当阳性对照、阴性对照和空白对照结果均正常时，可根据 DNA 分子量标准判读样品扩增产物片段大小。如果扩增产物条带符合预期片段大小，且平行样结果一致，则可判定该样品检出目的基因。当有非特异性扩增时，建议采用两种以上方法验证。

2.3.2 实时荧光定量 PCR

2.3.2.1 基本操作流程

实时荧光定量 PCR 检测流程包括实验材料的准备、设备和试剂的准备、样品 DNA 的提取、PCR 反应液的制备、PCR 反应过程和数据分析等 6 个步骤。

1. 实验材料的准备

根据本章 2.3.1.1 中"实验材料的准备"部分的要求制备样品。

2. 设备和试剂的准备

（1）PCR 检测用仪器。包括实时荧光定量 PCR 仪、超净工作台、离心机、冰箱、旋涡振荡器、微量移液器、光化学 PCR 反应管。

（2）PCR 检测用试剂。包括双蒸水、实时荧光 PCR 缓冲液、dNTP（包括 dATP、dTTP、dCTP、dGTP）、UNG 聚合酶、热启动 Taq 酶、引物和探针。

合成引物和探针后，加超纯水配制成 100 μmol/L 储存，直接用于 PCR 测试的引物和探针的浓度为 10 μmol/L。表 2-3 列举了 GB 和 SN 检测标准中部分实时荧光 PCR 检测用引物和 *Taq* Man 探针。

表 2-3　实时荧光 PCR 检测用引物和探针

检测基因	引物和探针序列	产物/bp	基因性质
Lectin	5′-GCCCTCTACTCCACCCCCA-3′ 5′-GCCCATCTGCAAGCCTTTTT-3′ 5′-FMA-AGCTTCGCCGCTTCCTTCAACTTCAC-TARMA-3′	118	大豆内源基因
ZEIN	5′-TGAACCCATGCATGCAGT-3′ 5′-GGCAAGACCATTGGTGA-3′ 5′-FMA-TGGCGTGTCCGTCCCTGATGC-TARMA-3′	173	玉米内源基因
Gos	5′-TTAGCCTCCCGTGCAGA-3′ 5′-AGAGTCCACAAGTGCTCCCG-3′ 5′-FMA-CGGCAGTGTGGTGGTTTCTTCGG-TARMA-3′	83	大米内源基因
HMG	5′-GGTCGTCCTCCTAAGGCGAAAG-3′ 5′-CTTCTTCGGCGGTCGTCCAC-3′ 5′-FMA-CGGAGCCACTCGGTGCCGCAACTT-TARMA-3′	99	油菜内源基因
CaMV 35S	5′-CGACAGTGGTCCCAAAGA-3′ 5′-AAGACGTGGTTGGAACGTCTTC-3′ 5′-FMA-TGGACCCCCACCCACGAGGAGCATC-TARMA-3′	100	外源筛选基因
FMV 35S	5′-AAGACATCCACCGAAGACTTA-3′ 5′-AGGACAGCTCTTTTCCACGTT-3′ 5′-FMA-TGGTCCCCACAAGCCAGCTGCTCGA-TARMA-3′	210	外源筛选基因
NOS	5′-ATCGTTCAAACATTTGGCA-3′ 5′-ATTGCGGGACTCTAATCATA-3′ 5′-FMA-CATCGCAAGACCGGCAACAGG-TARMA-3′	165	外源筛选基因
Pat	5′-GTCGACATGTCTCCGGAGAG-3′ 5′-GCAACCAACCAAGGGTATC-3′ 5′-FMA-TGGCCGCGGTTTGTGATATCGTTAA-TARMA-3′	191	转基因玉米和转基因油菜
Epsps	5′-GCAAATCCTCTGGCCTTTCC-3′ 5′-CTTGCCCGTATTGATGACGTC-3′ 5′-FMA-TTCATGTTCGGCGGTCTCGCG-TARMA-3′	145	转基因大豆和转基因玉米

3. 样品 DNA 的提取

根据本章 2.3.1.1 中"样品 DNA 的提取"部分的要求提取样品 DNA。

4. PCR 反应溶液的配制

将 PCR 检测试剂从冰箱（-20 ℃）中取出，置冰上融化。检测时要设置阴性对照、阳性对照、PCR 空白对照和 DNA 提取空白对照。每个样品各做 2 个平行管。实时荧光定量 PCR 反应体系见表 2-4、表 2-5。

表 2-4 TaqMan 探针实时荧光定量 PCR 检测反应体系

试剂	终浓度
real-time PCR 缓冲液（含 $MgCl_2$、dNTP、DNA 聚合酶、UNG 酶）	$1\times$
引物	100~900 nmol/L
荧光探针	50~300 nmol/L
模板 DNA	1~300 ng
补水至	25 μL 或 50 μL

表 2-5 SYBR Green I 实时荧光定量 PCR 检测反应体系

试剂	终浓度
SYBR real-time PCR 缓冲液（含 $MgCl_2$、dNTP、DNA 聚合酶、SYBR Green I 染料等）	$1\times$
引物	100~900 nmol/L
模板 DNA	1~300 ng
补水至	25 μL 或 50 μL

5. 实时荧光定量 PCR 反应过程

将 PCR 反应管置于实时荧光 PCR 仪中。按预先设定的样品摆放顺序将 PCR 反应管依次摆放，上机前需确认各反应管是否拧紧，以免荧光物质泄漏导致污染。选择探针荧光的报告基团类型，设置 PCR 反应参数。

6. 数据分析

实时荧光定量 PCR 反应结束后，仪器自动分析检测数据，得出各个 PCR 反应管的 Ct 值。根据 Ct 值或引物的特异性熔点值（SYBR Green I 染料）判断检测结果。实时荧光定量 PCR 数据分析一般流程包括曲线分析、标准曲线分析、定值浓度或 Ct 值的确定。

(1) 曲线分析。该步骤主要是对扩增曲线进行整体或单个的调整，主要包括对数曲线与线性曲线的转换、模板或内标检测探针的选择、基线的调整、阈值的设定等几个方面：①对数曲线与线性曲线的转换。实验扩增结束后，需先将对数扩增曲线转换为线性曲线，以便于后续的分析。②检测通道的选择。由于多色荧光检测在 PCR 检测中的广泛应用，比如含有内标的试剂，内标的检测通道与目的基因的检测通道不同，因此需选择不同的通道进行结果分析。③基线的调整。其作用直观反应为曲线基线形状的高低或均一性变化。通常情况下，选择自动分析，此时仪器会针对每条曲线进行优化分析。在自动分析的基础上，如果出现某些形状异常的曲线，则在其他结果分析完成后，再单独对异常曲线进行手动基线调整分析。手动基线设定原则：基线的结束点应在进入线性期的前几个循环；基线开始点应避开反应开始时不稳定的几个循环；

基线应选择比较平坦的区域;基线设定以刚好超过正常阴性对照品扩增曲线的最高点。④阈值设定。在基线调整后则可进行阈值设定,一般选择人工阈值设定,即通过人为的移动阈值线,到达良好的分析效果的目的。阈值的高低直接关系着最后的定量结果的准确性。阈值设定的原则:阈值线一般置于曲线的指数扩增初期,通常是曲线倾斜程度整体一致的地方。

(2) 标准曲线分析。通过对曲线各个参数的统计,可以判断实验定量的准确程度或者试剂的稳定程度。其主要包括3个参数:斜率、截距和线性相关性。

(3) 定值浓度或 Ct 值。通过上述步骤分析后,可以得到一个比较准确的定量结果或 Ct 值。如果在上述步骤中没有记录到异常曲线或者情况,则可以发出正确的报告;对于异常的曲线或者情况,则需单独分析,确定复检的必要性。

2.3.2.2 操作关键

实时荧光定量 PCR 操作关键包括:引物及探针设计、PCR 体系优化和实验过程控制等。

1. 引物设计原则

引物设计的原则为:①上下游引物要保守。为了能够扩增出所需要的保守片段,必须对保守的100～200片段进行 PCR 扩增。所以引物的选取也要非常的保守。②上下游引物的长度一般为18～30 bp 之间,且 Tm 值在58～62 ℃之间,上下游引物的 Tm 值相差最好不超过2 ℃。③确保引物中 GC 含量在30%～80%。应避免引物中多个重复的碱基出现,尤其是要避免4个或超过4个的 G 碱基出现。引物的3′端最好不为 G 或/和 C。引物 3′端的 5 个碱基不应出现 2 个 G 或/和 C。④避免引物内出现反向重复序列形成发夹二级结构,同时也应避免引物间配对形成引物二聚体。⑤跨外显子设计引物,用于区别或消除 DNA 的扩增。

2. 探针设计的基本原则

探针设计的基本原则为:①探针要绝对的保守,有时分型就仅仅依靠探针来决定。理论上有1个碱基不配对,就可能检测不出来。②TaqMan 探针的长度最好在 25～32 bp之间,且 Tm 值在68～72 ℃之间,确保探针的 Tm 值要比引物的 Tm 值高出 5～10 ℃,这样可保证探针在退火时先于引物与目的片段结合。③确保探针中 GC 含量在30%～80%之间。④避免探针中多个重复的碱基出现,尤其是要避免4个或超过4个 G 碱基出现。⑤探针的5′端不能为 G,因为即使单个 G 碱基与 FAM 荧光报告基团相连,也可以淬灭 FAM 基团所发出的荧光信号,从而导致假阴性的出现。⑥TaqMan 探针应靠近上游引物,即 TaqMan 探针应靠近与其在同一条链上的上游引物。两者的距离最好是探针的5′端离上游引物的3′有一个碱基。⑦避免探针与引物之间形成二级结构。

3. 实时荧光定量 PCR 体系的优化

(1) 基本参数的优化。①$MgCl_2$ 的浓度。$MgCl_2$ 的浓度对酶的活性是至关重要的,不仅如此,合适的 $MgCl_2$ 浓度还能在反应中得到较低的 Cp(crossing point)值(指 PCR 达到指数扩增期时,产生一定的荧光高于背景并为仪器所识别时的循环数)、较高的荧光信号强度以及良好的曲线峰值,所以对 $MgCl_2$ 浓度的选择应慎重。一般来说,对以 DNA 或 cDNA 为模板的 PCR 反应,应选择 2～5 mmol/L 浓度的 $MgCl_2$。②模板的浓度。如果研究者是进行首次实验,那么应选择一系列稀释浓度的模板来进行实验,以选择出最为合适的模板浓度，如果条件困难，也至少要选择两个稀释度（高和中、低浓度）来进行实验。一般而言，使 Cp 位于 15～30 个循环比较合适，若大于 30 则应使用较高的模板浓度，若小于 15 则应选择较低的模板深度。对于 Cp 值的确定，经验上是 SYBR Green I 探针的荧光信号比本底高 2 倍，杂交探针的荧光强度比本底高 0.3 倍。

（2）使用 SYBR Green I 测定 DNA 时的条件优化。SYBR Green I 使用浓度是实验成功与否的关键因素。使用已经优化的性能可靠的预混实时荧光 PCR 试剂体系，可以最大限度地降低反应变量，提高实验的可重复性和可靠性。

（3）杂交探针测定 DNA。①$MgCl_2$ 的浓度。$MgCl_2$ 的浓度在 2～4 mmol/L 的基础上加 0.5～1.0 mmol/L，但是不要超过 2.0 mmol/L。②杂交探针的浓度。初次实验每个探针用 0.2 μmol/L，如果信号强度达不到要求，可以增加至 0.4 μmol/L。③对照设置每一引物都要设阴性对照，每一探针都要设阴性对照。每次实验都要设阳性对照。

2.3.3　多重 PCR

2.3.3.1　基本操作流程

多重 PCR 检测流程跟常规 PCR 和荧光定量 PCR 相同，主要也包括实验材料的准备、设备和试剂的准备、样品 DNA 的提取、PCR 反应液的制备、PCR 反应过程和结果分析等 6 个步骤。操作的前 3 个步骤不再叙述。这里着重介绍 PCR 反应溶液的配制、PCR 反应过程和结果分析。

1. 多重 PCR 反应溶液制备

多重 PCR 反应溶液的配制与常规 PCR 相同，只是需要加入多对引物。

2. 多重 PCR 反应过程

将 PCR 反应管置于 PCR 仪中，设置多重 PCR 反应参数。确定多重 PCR 循环参数前，预先进行单个 PCR，分别设定各引物对反应条件。然后，依次增加引物对，不断调整反应条件直至最后保证所有的引物对都能在同一条件下扩增出目的条带。反应参数与常规 PCR 类似。

3. 结果分析

反应结束后，一般用琼脂糖凝胶电泳或其他合适的方法检测 PCR 扩增产物。

2.3.3.2　操作关键

多重 PCR 是在传统 PCR 基础上改进并发展起来的，但并不是单一 PCR 的简单混合，在实际操作中常常受到反应条件和反应体系等多种因素的影响。因此，需要对各种条件进行优化。

1. 引物设计

多重 PCR 中的每对引物必须满足单引物 PCR 体系的引物设计原则。由于多重 PCR 体系中同时存在多对引物，在引物设计时还应注意：各引物对必须保持高度的特异性，避免非特异扩增；尽可能避免所有引物间的相互作用，各引物对应保持相对一致的扩增效率，且不同引物对扩增出来的产物能通过电泳或其他方法区分开。

（1）引物位置的确定。首先需要知道所选择的基因引物位点的具体 DNA 序列信息。引物的 DNA 序列应该有很强的特异性，否则引物会结合在其他位点上发生非特异性扩增。

(2) 引物序列的测定。引物的设计是多重 PCR 成功的重要保证。可事先通过 GDB（基因数据库）、NCBI（生物技术信息中心）查引物相关位点的 DNA 序列信息。

(3) 引物序列的比较。引物间连续互补不能超过 4 bp，以防止发生交叉错配。

2. DNA 模板

模板核酸的量和纯度是 PCR 成败的两个关键因素。模板量太少，会出现阴性结果或条带很弱；模板量太多，则会出现条带弥散，模糊不清；模板纯度低或被降解，会导致扩增得不整齐。模板核酸片段还必须具有高度的特异性，以避免非特异性扩增，保证检测的准确性。另外，各片段长度应具有明显差异，以有利于扩增后产物的区分。

3. 反应条件优化

(1) 循环参数的优化。在传统 PCR 反应中，一个体系通常采用一个退火温度。在多重 PCR 体系中，不同长度的模板核酸片段、不同的引物对所要求的退火温度不一样。一般来说，在解链温度 T_m 值允许范围内，选择较高的退火温度。多重 PCR 的退火时间比传统 PCR 的稍微延长，有助于引物与模板的完全结合。延伸时间要根据模板核酸的长度决定。

(2) 反应体系的优化。由于多重 PCR 体系中加入多对引物，因此反应体积和反应体系中的各成分也应作相应的调整。多重 PCR 反应体系中，适当多加入一些 DNA 聚合酶，可获得更佳的扩增效果。

反应体系优化的原则是：确保所有的靶位点可以用相同的 PCR 程序在单个反应中得到有效的扩增；平衡多重 PCR 中每对引物的量，使之对每个靶点都能获得足够的扩增量。

2.4 PCR 技术在食品安全检测中的应用

PCR 检测技术发展越来越成熟，其应用领域也越来越广泛，尤其是在食品安全检测中得到广泛的应用，如食源性致病菌检测、转基因食品检测、食品真伪鉴别、掺假鉴别等。

2.4.1 在食源性致病菌检测中的应用

采用传统方法检测食源性致病菌，步骤烦琐、费时费力，并且传统方法无法对那些难以人工培养的微生物进行检测。PCR 技术操作简单、方便，只需数小时就可以完成检测；用 PCR 扩增细菌中保守的 cDNA 片，还可对那些人工无法培养的微生物进行检测。

利用 PCR 技术检测食源性致病菌，首先，要富集细菌细胞，通常经离心沉淀、滤膜过滤等方法可从样品中获得细菌细胞；然后，裂解细胞，使细胞中的 DNA 释放，纯化后经 PCR 扩增细胞靶 DNA 的特异性序列；最后，用电泳法或特异性核酸探针检测扩增的 DNA 序列。利用多重 PCR 技术还可以同时检测多种食源性致病菌。

2.4.1.1 检测沙门氏菌

沙门氏菌（Salmonella）属肠杆菌科，革兰氏阴性肠道杆菌，已发现 1 800 种以上。除可感染人外，还可感染很多动物包括哺乳类、鸟类、爬行类、鱼类、两栖类及昆虫，有时人吃了含菌食物也会引起食物中毒。

Lim 等（2003）根据编码 O4 抗原的 rfbJ 基因、编码 H:i 抗原的 $fliC$ 基因和编码 H:1,2 抗原的 $fljB$ 基因设计 3 对引物对鼠伤寒沙门氏菌进行 PCR 扩增，结果所有鼠伤寒沙门氏菌均出现 663、183、526 bp 的扩增条带，15 株其他沙门氏菌型和 8 株非沙门氏菌均为阴性。邵碧英等（2007）建立了沙门氏菌属特异基因 hut 基因（495 bp）、$hilA$ 基因（490 bp）、$invA$ 基因（284 bp）和 hns 基因（152 bp）间的多重 PCR 检测方法，并进行了灵敏度测试，结果表明，建立的多重 PCR 检测结果与预期一致。

国内盘宝进等（2010）根据 GenBank 提供的沙门氏菌 ttrBCA 基因序列设计引物和探针，建立了食品沙门氏菌实时荧光 PCR 快速检测方法。结果显示，该方法只对沙门氏菌基因呈阳性反应，而对其他常见非阳性菌株（志贺氏菌、金黄色葡萄球菌、大肠杆菌、奇异变形杆菌、普通变形杆菌、绿脓杆菌、单增李斯特氏菌、阴沟肠杆菌、副溶血性弧菌）基因组 DNA 均呈阴性反应，对模拟添加沙门氏菌样品检测，检测低限为 240 CFU（菌落形成单位）/mL 沙门氏菌的 DNA，检测食品样品增菌液，仅需约 3 h。结果表明，该方法适用于食品样品的快速检测。

2.4.1.2 检测单核细胞增生李斯特氏菌

单核细胞增生李斯特氏菌（$Listeria\ monocytogenes$）是一种人畜共患病的病原菌，广泛存在于自然界中。该菌在 4 ℃的环境中仍可生长繁殖，是冷藏食品威胁人类健康的主要病原菌之一，在食品卫生微生物检验中，必须加以重视。

李氏溶血素 O 基因与内化素基因是单核细胞增生李斯特氏菌最主要的致病因子与侵袭因子，这两个致病基因的位点均在染色体上。溶血素由 hlyA 基因编码，且 hlyA 基因在该菌中保守。姜永强和李瑾（1998）根据发表的单核细胞增生性李斯特氏菌的重要毒力基因 hlyA 的全基因序列，设计出引物，建立了该菌的 PCR 诊断方法。孙焕冬和李君文（2002）通过半套式 PCR 的方法检测模拟阳性牛奶的致病菌，在有 10 个活菌存在时即可扩增出特异性产物，灵敏度比常规 PCR 提高了 10 倍，建立起了一套快速检测食物中李斯特氏菌的方法。巢国祥等（2004）通过扩增 hly 基因 PCR 法建立快速检测单核细胞增生李斯特氏菌方法，检测模拟污染生猪肉、水和牛奶，检测限达 10 CFU/5 g（mL）。

2.4.1.3 检测金黄色葡萄球菌

金黄色葡萄球菌（$Staphylococcus\ aureus$）是人类的一种重要病原菌，是革兰氏阳性菌的代表，可引起许多严重感染。金黄色葡萄球菌肠毒素（SE）引起的食物中毒是个世界性卫生难题。在美国，由金黄色葡萄球菌肠毒素引起的食物中毒，占整个细菌性食物中毒的 33%；加拿大则更多，占到 45%；在中国，金黄色葡萄球菌引起的食物中毒事件也时有发生。金黄色葡萄球菌能在食物内增殖并产生体外毒素——肠毒素，葡萄球菌肠毒素是引起食物中毒的主要原因。随着基因探针和 PCR 技术的应用和发展，金黄色葡萄球菌肠毒素的诊断检测发生了一次飞跃。

Johnson 等（1991）在 PCR 方法中设计嵌套引物和普通引物检测了脱脂奶粉中的金黄色葡萄球菌肠毒素基因 seb、sec1 和耐热核酸酶基因 nuc，并对使用这两种引物的 PCR 研究结果进行了比较。结果表明，嵌套引物可以检测到极低浓度稀释液中的基因，检测限度可达 1 fg。吕艳等（2009）根据已发表的金黄色葡萄球菌 16S ~ 23S rRNA 特异性序列设计并合成一对引物，通过优化反应条件建立从牛奶中直接检测金黄色葡萄球菌的 PCR 方法。与细菌的常规分离方法相比，PCR 法敏感性高，与其他型葡萄球菌无交叉反应，特异性达 100%，检测细菌基因组 DNA 最低浓度为 35 ng/μL，能在 5 h 内对送检的牛奶样品直接进行金黄色葡萄球菌的测定，可用于乳制品中金黄色葡萄球菌的检测。Chen 等（2001）对携带 sec1，sec2，sec3 基因的金黄色葡萄球菌进行了 PCR 检测。研究表明，运用 PCR 技术可以有效地确定出 SEC2、SEC3 为金黄色葡萄球菌肠毒素 C（SEC）的主要亚型。李荔枝等（2012）建立了 PCR 方法检测原料乳中金黄色葡萄球菌肠毒素 A 基因型。此方法在退火温度为 58.7 ℃时扩增效果较为理想，灵敏度为 1.357 pg/μL，以大肠杆菌、枯草芽孢杆菌、嗜热链球菌、志贺氏菌、沙门氏菌的基因组 DNA 为模板作为特异性检测对照，结果为阴性。

2.4.1.4 检测大肠杆菌 O157:H7

大肠埃希氏菌（$E.\ coli$）通常称为大肠杆菌，常引起严重腹泻和败血症。它是一种普通的原核生物，是人类和大多数温血动物肠道中的正常菌群。但也有某些血清型的大肠杆菌可引起不同症状的腹泻。根据不同的生物学特性，将致病性大肠杆菌分为 5 类：致病性大肠杆菌（EPEC）、肠出血性大肠杆菌（EHEC）、肠侵袭性大肠杆菌（EIEC）、产肠毒性大肠杆菌（ETEC）、肠黏附性大肠杆菌（EAEC）。现有检测大肠杆菌 O157:H7 的 PCR 方法通常都是扩增 EHEC 的某一段特异性毒性基因或编码某一种特异性蛋白的基因，如 stx 基因（编码志贺样毒素）、eae 基因（编码与细菌黏附作用有关的蛋白）、hly 基因（编码溶血素）或 $uidA$ 基因（编码 β-葡萄糖醛酸酶）等。但是 O157:H7 大肠杆菌的基因型与其他菌型基因之间存在一定程度的交叉现象，因此单纯检测某一基因片段还不能很准确地确定是否有 O157:H7 感染。Paton 等（1998）选择肠出血性大肠杆菌的 stx1、stx2、eaeA、hlyA 进行多重 PCR，特异性扩增出 180、255、384、534 bp 4 条片段，同时根据 O157:H7、O111 rfb 基因设计不同引物，可区分 O157:H7、O111 两种不同血清型的肠出血性大肠杆菌。赵志晶和刘秀梅（2004）以编码 O157:H7 特异性脂多糖生物合成所必需酶的 rfbE 基因、编码鞭毛抗原的 $fliC$ 基因以及编码志贺样毒素的 stx1 和 stx2 基因设计引物，不仅可以特异性地检测食品样品中的大肠杆菌 O157:H7，而且可以同时检测该菌株的产毒情况。

2.4.1.5 多种病原菌的同时检测

Li 等（2005）应用多重 PCR 方法对肉制品中的大肠杆菌 O157:H7、沙门氏菌和志贺氏菌进行检测，结果其敏感性是：牛肉、鸡肉中可达到 0.2 CFU/g，猪肉中 1.2 CFU/g。江迎鸿等（2011）针对水产品中常见霍乱弧菌（$Vibrio\ cholerae$，VC）、副溶血性弧菌（$Vibrio\ parahaemolyticus$，VP）和单核细胞增生李斯特氏菌（$Listeria\ monocytogenes$，LM）3 种致病菌，通过扩增霍乱弧菌（VC）、副溶血性弧菌（VP）和单核细胞增生李斯特氏菌（LM）的特异性核酸片段，建立了 VC、VP 和 LM 的多重 PCR 检测方法，相应的扩增片段分别为 588、450、234 bp。方法特异性强，灵敏度高，简便，快速，可实现对上述致病菌的同时检测，在接种食品中检测灵敏度达到 10^3 CFU/mL。谭贵良等（2010）还运用多重 PCR 方法对冷冻鱼丸生产加工环节中的霍乱弧菌、副溶血性弧菌和单核细胞增生李斯特氏菌进行检测，检测灵敏度为 10^3 CFU/mL，在此基础上对冷冻鱼丸生产加工环节中的这 3 种致病菌进行了检测分析，研究过程中确定了加工污染的关键控制点（CCP）环节。与传统检测方法相比，建立的方法具有特异性高、检测速度快、操作简便的优点，对于冷冻鱼丸生产加工环节中致病菌的监测、企业危害分析和关键控制点体系（HACCP）的有效运作具有重要的意义。

夏慧丽等（2012）建立了快速检测冻虾类海产品中沙门氏菌、副溶血性弧菌和单核细胞增生李斯特氏菌的多重 PCR 方法。根据 3 种致病菌的靶基因，分别设计了 3 对引物，进行 PCR 扩增及反应条件的优化，建立了三重 PCR 检测虾类海产品中沙门氏菌、副溶血性弧菌和单核细胞增生李斯特氏菌的方法，实现了对这 3 种致病菌的同时检测。该方法操作简单，检测周期短，具有灵敏度高、特异性强等优点，能够实现快速地对海产品中多种致病菌的诊断和监控。

2.4.2 在转基因食品检测中的应用

利用分子生物学手段，将某些生物的基因转移到其他物种中去，使其出现原物种不具有的性状或产物，以转基因生物为原料生产和加工的食品称为转基因食品，又称基因工程食品或基因修饰食品（简称"GM 食品"）。为了对转基因食品进行检测，研究者已开发了多种用于转基因食品的检测方法，主要有两大类：一是对外源基因的检测；二是对外源蛋白的检测。前者是在核酸水平上，主要是以 PCR 技术为核心的技术体系，一般检测启动子（如花椰菜花叶病毒的 35S 启动子，$CaMV$ 35S）与终止子（NOS）、报告基因（主要是一些抗生素抗性基因，如卡那霉素、新霉素抗性基因等）和目的基因（抗虫、抗除草剂、抗病和抗逆等基因）。

利用 PCR 技术可进行外源基因的定性和定量检测以及品系鉴定。PCR 检测技术由于灵敏度高、适用范围广泛、操作简便，已经成为转基因食品检测的主要方法。Peano 等（2005）利用荧光定量 PCR 技术实现了对进口抗草丁膦油菜籽中 $Barnase$ 基因进行品系检测。Kim 等（2006）利用 TaqMan 方法建立了鉴定转基因油菜 RT73 品系的方法。国内刘光明等（2002）根据转基因农作物中常用 $CaMV$ 35S 和根癌农杆菌终止子（NOS）序列，设计并合成了 2 对不同引物和相对应的 2 种荧光双链探针（FDCP），分别建立了常规 PCR、应用 FDCP 新型实时荧光 PCR 检测转基因成分 35S 启动子和 NOS 终止子方法。试验结果表明，两种 PCR 方法均能有效检测出 35S 和 NOS 片段，其中常规 PCR 方法具有灵敏度高、特异性好等特点；应用 FDCP 新型实时荧光 PCR 方法则更为简便、快速、准确。陈颖等（2003）采用实时荧光定量 PCR 技术，通过使用特异的引物和探针，对大豆中的内源基因 $Lectin$ 和转基因大豆中 Roundup Ready 的外源基因 $Epsps$ 进行了定量检测，建立了 Monsanto 公司生产的商业化转基因大豆的定量 PCR 检测方法。该方法的检测灵敏度达 0.01% 转基因成分，灵敏度是国际上设定的转基因灵敏度的 100 倍。该课题组还采用实时荧光定量 PCR 技术，通过使用特异引物和探针，对玉米中内源基因 $Invertase$ 和转基因玉米 MON810、Event176 中的外源基因进行定量检测，建立了商业化转基因玉米 MON810（Yield Gard）和 Event176（Maximizer）定量 PCR 检测方法，该方法检测灵敏度小于 0.01%（陈颖等，2004）。

2.4.3 在真伪鉴别检测中的应用

当前，对研究者、消费者、食品工业和政策制定者等各个方面来说，食品的真伪都是一个热点问题，尤其是肉类工业。PCR 技术具有特异性强、敏感性高、操作简便、快速高效等特点，在肉类掺假检测、动植物源性成分检测等方面已经显示出很好的应用价值。目前用于肉类食品成分鉴定的基因通常位于线粒体（mtDNA）上，包括细胞色素 b（*cytb*）基因、12S rDNA、16S rDNA、D – loop 基因等。采用 PCR 技术，从猪肉、羊肉和牛肉等不同生鲜肌肉细胞线粒体中提取 DNA，设计合成引物，进行 PCR 扩增得到目的 DNA 片段，根据 DNA 片段的大小来判断肉种。

PCR 方法已成为国外鉴别肉类物种最成熟的方法。如 Aida 等（2005）使用 PCR 技术建立了检测清真食品中是否含有猪肉或猪油的方法，前者以 *cytb* 基因为目的基因进行扩增，扩增产物用限制性内切酶 *Bsa*JⅠ剪切，得到猪 DNA 的限制性片段长度多态性（RFLP）。后者用物种特异性 PCR 技术分析了线粒体 12S rDNA 基因的保守序列，检测了包含猪肉的 4 种食品：香肠、肠衣、面包和饼干。

国内用 PCR 方法对肉制品的掺假、掺杂检验的研究对象主要集中在市场上常见的羊肉、牛肉、猪肉、鸡肉上。如巩红霞等（2006）用多重 PCR 方法鉴别生羊肉的真假，提取生山羊肉和生绵羊肉的基因组 DNA 后，在同一 PCR 体系内对生山羊肉和生绵羊肉的基因组 DNA 进行扩增，产物分别为 293 bp 和 292 bp。同时以生牛肉和生猪肉以及熟山羊肉和熟绵羊肉做阴性对照，结果显示此方法可应用于生羊肉真假的鉴别。侯东军等（2009）建立了一种鉴定牛肉、羊肉中掺杂猪肉的 PCR 检测方法。作者确定了一对可在牛肉、羊肉中特异并灵敏地检测出所掺杂猪肉成分的引物，以猪细胞色素 b 基因组为模板，特异性扩增出 130 bp 的目的片段，而无其他扩增片段影响。在牛肉、羊肉中分别掺杂 2%、4%、6% 的猪肉，均可灵敏地检测出猪肉成分，无显著性差异。冯海永和韩建林（2010）建立了猪、牛、绵羊、山羊、鸡、马和牦牛种属鉴别的七重 PCR 体系，实现了对这 7 个物种的快速及准确鉴别，其中对 3 个物种（牛、牦牛、山羊）DNA 的检测灵敏度在 2.5 ng 左右，所检测的 10 种羊肉产品中有 2 种并不是包装上所宣称的羊肉，而是混杂有牛肉或完全用牛肉替代。

2.5 应用示例

2.5.1 常规 PCR 法检测牛奶中金黄色葡萄球菌（吕艳等，2009）

2.5.1.1 材料与方法

（1）材料。金黄色葡萄球菌（*S. aurens*）C56005 标准株购自中国兽医药品监察所；临床分离株 *S. aureus* 3006、*S. aureus* 2029、停乳链球菌、沙门氏菌、大肠杆菌和无乳链球菌为本实验室分离鉴定保存；健康牛奶 5 份，临床 30 份牛奶样品 4 ℃保存。*Taq* DNA 聚合酶（含 10×缓冲液）、dNTP、DNA Marker（分子量标准）、蛋白酶 K、溶菌酶、TE 缓冲液、PBS 缓冲液。仪器：核酸电泳仪、凝胶自动成像系统、离心机、PCR 仪等。

（2）引物设计。根据已发表的 *S. aureus* 16S ~ 23S rRNA 核苷酸序列（GenBank No. BX571856、U39769、AJ938182、DQ256396、AP000730、CP000255），用 DNASTAR 软件和 Primer Premier 5.0 软件选取特异性核苷酸序列设计 1 对引物。上游引物 P1：5′- TCTTCAGAAGACGCGGAATA -3′；下游引物 P2：5′- TAAGTCAAACGATACCAT-ACG -3′。

(3) DNA 提取。*S. aureus* 标准菌株、对照菌株以及牛奶样品中基因组 DNA 的提取按常规方法进行。

(4) PCR 扩增。PCR 反应体系（25 μL）：10×缓冲液 2.5 μL，上、下游引物（25 pmol/μL）各 1 μL，dNTP（10 mmol/μL，dATP、dCTP、dGTP 和 dTTP），*Taq* 聚合酶 0.25 μL，DNA 模板 1 μL，ddH$_2$O（双蒸水）补至 25 μL。

PCR 循环条件为：95 ℃预变性 5 min，95 ℃变性 1 min，57 ℃退火 50 s，72 ℃延伸 50 s，扩增 36 个循环，最后 72 ℃延伸 10 min。

(5) PCR 扩增产物凝胶电泳检测。取 PCR 扩增产物 5 μL 进行 1.5% 琼脂糖凝胶电泳，电泳结束后，在紫外灯下观察并用电泳图像分析系统拍照，记录试验结果。

2.5.1.2 结果与分析

(1) PCR 反应特异性。如图 2-6 所示，用相同的引物和反应条件，从停乳链球菌、沙门氏菌、大肠杆菌和无乳链球菌的基因组 DNA 中 PCR 不能扩增出该片段。

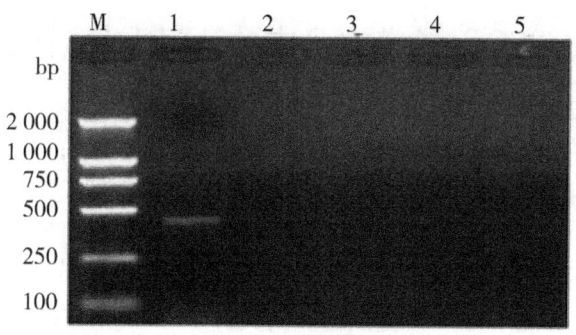

图 2-6 PCR 产物特异性试验

M：DNA 分子量标准；1：以 *S. aureus* DNA 为模板的 PCR 产物；2～5：分别为停乳链球菌、沙门氏菌、大肠杆菌和无乳链球菌基因组 DNA 扩增的 PCR 产物

(2) PCR 敏感性试验。对提取的 DNA 模板用核酸检测仪测定浓度后，进行 10^{-1}、10^{-2}、10^{-3}、10^{-4}、10^{-5}、10^{-6}、10^{-7} 系列稀释，然后对不同稀释度进行 PCR 扩增（见图 2-7），结果敏感度达 30 ng/μL（10^{-4}）。

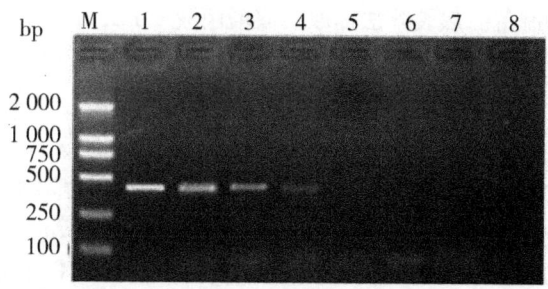

图 2-7 金黄色葡萄球菌 PCR 扩增敏感性试验

M：DNA 分子量标准；1：*S. aureus* DNA；2～8：DNA 模板从 10^{-1}～10^{-7}

(3) 样品检测结果。取临床牛奶样品 30 份，用常规细菌生化鉴定出 4 份 *S. aureus* 阳

牛奶样品；用 PCR 方法检测出 5 份 S. aureus，为防止假阳性，对相应的 5 份阳性样品进行重复扩增，结果仍为阳性，而初呈阴性的样品不能扩增出，说明 PCR 方法能够检测出抗生素治疗后的牛奶样品（见图 2-8）。

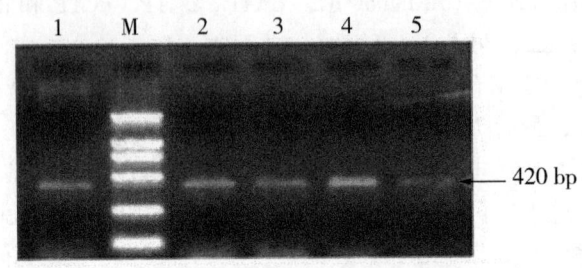

图 2-8　待检牛奶样品 PCR 扩增

M：DNA 分子量标准；1～5：临床牛奶样品 PCR 扩增的阳性 S. aureus

2.5.2　荧光定量 PCR 法检测食品中的沙门氏菌（盘宝进等，2010）

2.5.2.1　材料与方法

（1）材料。阳性标准菌株沙门氏菌以及非阳性菌株志贺氏菌、普通大肠杆菌和金黄色葡萄球菌，购自中国典型培养物保藏中心。非阳性菌株志贺氏菌、奇异变形杆菌、普通变形杆菌、绿脓杆菌、单增李斯特氏菌、阴沟肠杆菌、副溶血性弧菌，为广西检验检疫局技术中心实验室鉴定和保存的菌种。

（2）引物合成。参照 GenBank 提供的沙门氏菌 ttrBCA 保守基因序列设计引物和探针。引物的序列为 S1：5′- CTCACCAGGAGATTACAACATGG -3′，S2：5′- AGCTCAGAC-CAAAAGTGACCATC -3′；探针序列为 FAM - CACCGACGGCGAGACCGACTTT - TAMRA。

（3）取样和增菌。无菌称取食品样品 25 g，加入 25 mL 缓冲蛋白胨水增菌液，8 000～10 000 r/min 均质 1 min，加入 200 mL 缓冲蛋白胨水增菌液，混合均匀，37 ℃培养 4 h。移取 10 mL 缓冲蛋白胨水增菌液加入 100 mL 亚硒酸胱氨酸增菌液中，37 ℃培养 24 h；或移取 10 mL 缓冲蛋白胨水增菌液加入 100 mL 四硫磺酸钠孔雀绿增菌液中，42 ℃培养 24 h，增菌液备用。

（4）模板 DNA 的制备。热裂解法提取：取增菌液 1 mL，置于离心管中，5 000 r/min 离心 5 min，灭菌生理盐水洗涤 2 次，最后用 1 mL 灭菌去离子水悬浮，隔水煮沸 15 min，10 000 r/min 离心 5 min，取上清作为 DNA 模板溶液。试剂盒法：参照 DNA 抽提试剂盒操作程序进行。

（5）荧光 PCR 检验。反应总体积为 25 μL，其中含 10×PCR 缓冲液 2.5 μL，dNTP 1 μL，正向和反向引物各 1 μL，探针 1 μL，模板溶液 2 μL，Taq DNA 聚合酶 0.5 μL，ddH$_2$O 16 μL。反应步骤一：95 ℃ 10 min；反应步骤二：95 ℃变性 15 s，65 ℃ 30 s，同时收集 FAM 荧光，共进行 40 个循环。检验过程分别设阳性对照（添加阳性菌株的基因组 DNA）和试剂空白对照（添加无菌水）。

（6）样品的检测。应用上述建立的沙门氏菌荧光 PCR 法检测未添加和添加沙门氏菌阳性菌株食品样品：咖啡、干姜片、酸姜片、罗非鱼片、罗非鱼肉、冻小鱿鱼（内脏）、冻斑点叉尾鱼片、面包南美白虾、羊肉。

2.5.2.2 结果与分析

（1）荧光 PCR 特异性检测结果。用阳性标准菌株沙门氏菌和非阳性菌株（志贺氏菌、金黄色葡萄球菌、大肠杆菌、奇异变形杆菌、普通变形杆菌、绿脓杆菌、单增李斯特氏菌、阴沟肠杆菌、副溶血性弧菌）制备 DNA 模板，分别进行荧光 PCR 扩增。结果用合成的引物和探针对沙门氏菌标准菌株、非阳性菌株进行荧光 PCR 扩增，仅仅收集到沙门氏菌 FAM 荧光信号，所有对照菌株（非阳性菌株）均未出现 FAM 荧光信号，表明沙门氏菌引物和探针具有很强的特异性。结果见图 2-9。

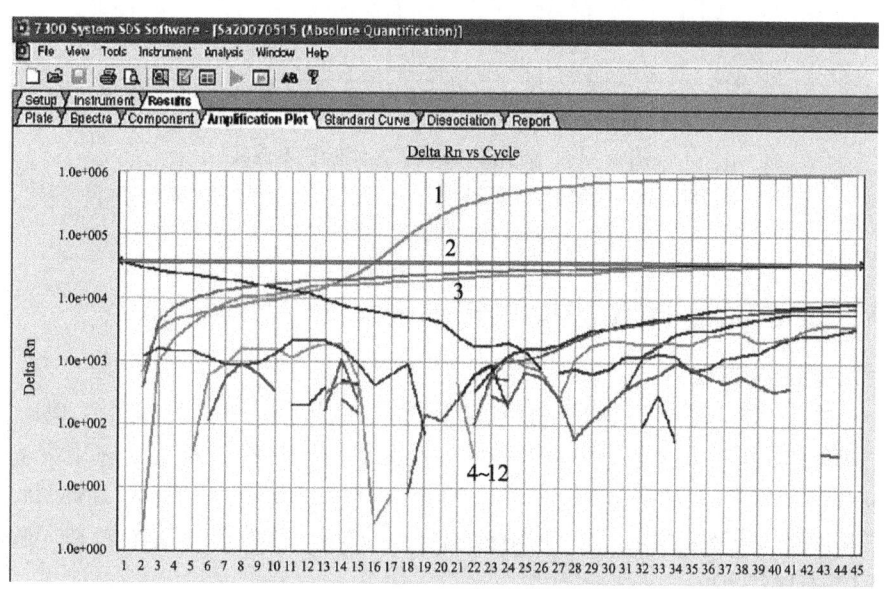

图 2-9 荧光 PCR 特异性试验扩增曲线

1：阳性标准菌株沙门氏菌；2：阈值；3：试剂对照；4～12：非阳性菌株志贺氏菌、金黄色葡萄球菌、大肠杆菌、奇异变形杆菌、普通变形杆菌、绿脓杆菌、单增李斯特氏菌、阴沟肠杆菌、副溶血性弧菌

（2）PCR 敏感性试验结果。取添加阳性沙门氏菌食品样品亚硒酸胱氨酸增菌培养液 1 mL 提取 DNA，作 10 倍梯度稀释，取每个稀释度（2 μL）的 DNA 进行荧光 PCR 检测，沙门氏菌在稀释度为 10^{-5} 时仍然检测到 FAM 荧光信号，表明沙门氏菌荧光 PCR 扩增体系能检测出 240 CFU/mL 沙门氏菌的 DNA（见图 2-10）。

（3）模拟食品样品的检测。应用上述建立的沙门氏菌荧光 PCR 方法检测食品样品：咖啡、干姜片、酸姜片、罗非鱼片、罗非鱼肉、冻小鱿鱼（内脏）、冻斑点叉尾鱼片、面包南美白虾、羊肉，未添加沙门氏菌阳性菌株，全部样品均未检测到沙门氏菌 FAM 荧光信号；添加沙门氏菌阳性菌株，增菌后取增菌液进行荧光 PCR 检测，结果所有样品均检测到沙门氏菌 FAM 荧光信号。

（4）结果判定。检验样本 Ct 值小于或等于 35 时，报告检测到沙门氏菌 DNA；检验样本 Ct 值大于 35 且小于 40 时，重复 1 次，如果 Ct 值仍然小于 40，并且曲线有明显的对数增长期，报告沙门氏菌 DNA 阳性，否则报告未检出沙门氏菌 DNA；样本 Ct 值为零或大于或等于 40 时，报告未检出沙门氏菌。

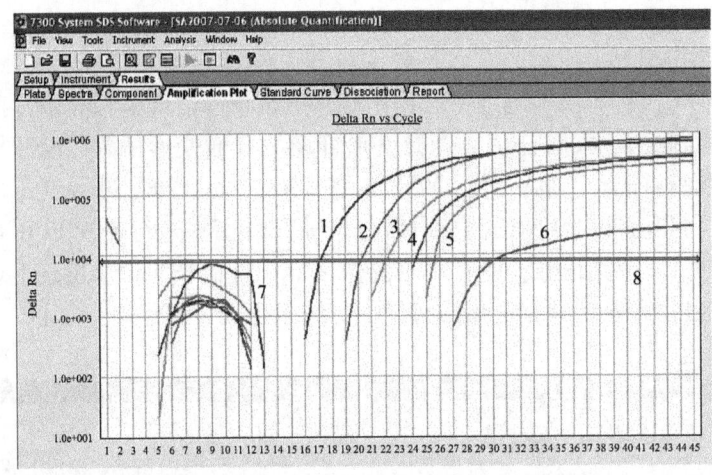

图 2-10　荧光 PCR 敏感性试验扩增曲线

1～6：沙门氏菌培养液分别作 100、10^{-1}、10^{-2}、10^{-3}、10^{-4}、10^{-5} 稀释；
7：试剂对照；8：阈值

2.5.3　荧光定量 PCR 法检测转基因大豆（陈颖等，2003）

2.5.3.1　材料与方法

（1）样品。转基因成分含量（即质量分数）分别为 5.0%、2.0%、1.0%、0.5%、0.1%、0% 的转基因大豆 Roundup Ready 标准品。主要试剂：定量反应用配套试剂盒 TaqMan Universal PCR Master Mix、DNA 提取试剂盒 Wizard Genomic DNA Purification Kit。主要仪器与设备：离心机、旋涡振荡器、恒温箱、核酸蛋白分析仪（BioRad）、定量 PCR 仪（ABI 7700）。

（2）DNA 的提取。按 DNA 试剂盒所述方法提取样品 DNA，经核酸蛋白分析仪测定浓度后，将其稀释为终浓度 50 ng/μL，备用。

（3）内源基因的定性 PCR 检测。大豆内源基因 *Lectin* 检测的引物如表 2-6 所示，反应在 50 μL 的反应体系中进行，其中 PCR 反应缓冲液 5 μL，dNTP（10 mmol/L）2 μL，引物（20 μmol/L）各 1 μL，模板 DNA（50 ng/μL）2 μL，*Taq* 聚合酶 2 U。扩增条件为预变性 94 ℃ 3 min；变性 94 ℃ 45 s，退火 60 ℃ 30 s，延伸 72 ℃ 1 min，后延伸 72 ℃ 7 min，35 个循环。

表 2-6　转基因大豆定量 PCR 扩增所用引物和探针

基因名称	基因性质	引物/探针序列	扩增产物长度/bp
Lectin	内源	5′- ctcttcccgagtgggtgagga -3′ 5′- cgattccccaggtatgtcga -3′	118
Cp4 - Epsps	外源	5′- tgatgtgatatctccactgacg -3′ 5′- tgtatcccttgagccatgttg -3′ 5′（FAM）cccactatccttcgcaagaccct（TAMRA）3′	172

(4) 实时荧光 PCR 检测。定量检测所用引物、探针见表 2-6。实时定量 PCR 扩增采用 ABI 公司提供的试剂盒,反应体系见表 2-7。扩增反应采用两步法,具体条件为:预变性 95 ℃ 10 min;扩增 95 ℃ 20 s,60 ℃ 1 min,40 个循环。

表 2-7 ABI 试剂盒定量扩增体系

试剂名称	贮备液浓度	加入 PCR 反应体系的体积/μL
Master Mix	—	10.0
引物	20 μmol/L	各 0.5
探针	10 μmol/L	1.0
模板 DNA	50 ng/L	2.0
ddH$_2$O	—	补足至总体积为 25 μL

2.5.3.2 结果与分析

(1) 大豆内源 *Lectin* 基因定性。采用特异引物对转基因大豆中的内源基因进行定性 PCR 检测,以确定所提取的 DNA 是否适合于 PCR 扩增。PCR 电泳显示,转基因成分含量分别为 5.0%、2.0%、1.0%、0.5%、0.1%、0% 的转基因大豆,均扩增出了 118 bp 片断(电泳结果未显示),该结果表明,所提取的 DNA 数量和质量均适合于 PCR 扩增。

(2) 检测灵敏度。采用相对检测低限测定转基因大豆 Roundup Ready 的检测灵敏度。通过从不同浓度的转基因大豆标准品中提出的 DNA 进行 *Cp*4 - *Epsps* 基因的检测。结果表明,转基因大豆 Roundup Ready 目的基因 *Cp*4 - *Epsps* 的检测灵敏度小于 0.01%(见图 2-11)。该灵敏度是目前国际上设定的转基因最低标识限量的 100 倍,已经完全能满足转基因检测的需要。

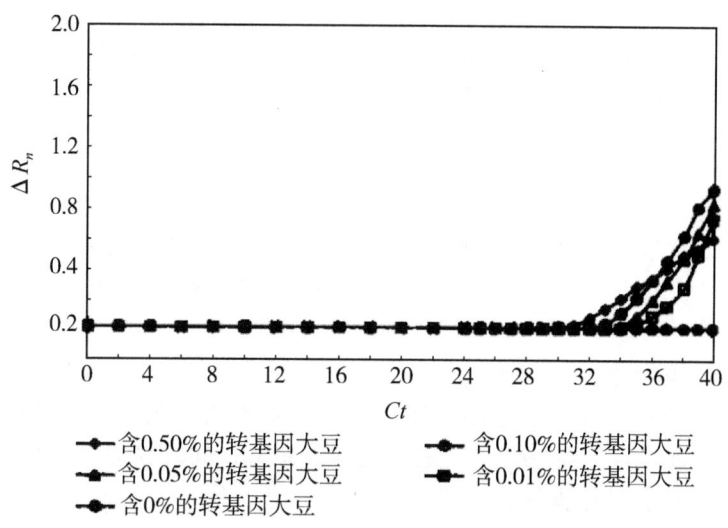

图 2-11 转基因大豆外源 *Cp*4 - *Epsps* 基因定量检测灵敏度测定

(3) 检测精密度。选取转基因成分含量为 0.05%、0.50% 和 2.00% 的 3 种样品进行 $n = 10$ 次测定,通过统计分析得到采用实时荧光 PCR 检测方法的精密度。从表 2-8

中可知，转基因成分含量为 0.05%、0.50% 和 2.00% 的 3 种样品测定结果的变异系数分别为 0.773 5%、3.855 9% 和 6.423 3%，其回收率分别为 105.50%、102.70%、103.36%，说明此方法具有良好的准确性和重现性。

表2-8 转基因大豆定量检测方法精密度

	转基因成分检测值/%		
	0.05	0.50	2.0
1	0.051 1	0.511 3	2.012 4
2	0.047 9	0.549 0	2.112 7
3	0.052 8	0.482 7	1.893 6
4	0.049 2	0.505 3	2.151 3
5	0.057 3	0.513 2	2.168 2
6	0.061 2	0.517 9	2.314 6
7	0.053 3	0.523 5	1.984 3
8	0.048 6	0.537 1	2.031 1
9	0.052 3	0.492 1	2.120 5
10	0.054 2	0.501 9	1.882 9
平均值	0.052 8	0.513 5	2.067 2
标准偏差 SD	0.004 1	0.019 8	0.132 8
变异系数 CV/%	0.773 5	3.855 9	6.423 3
回收率/%	105.60	102.70	103.36

2.5.4 多重 PCR 法检测水产品加工环节中的多种致病菌（谭贵良等，2010）

2.5.4.1 材料与方法

（1）材料。霍乱弧菌（VC）、副溶血性弧菌（VP）和单核细胞增生李斯特氏菌（LM）标准菌株。氯化钠碱性蛋白胨水、APW 和 LB1 增菌液。溶菌酶、蛋白酶 K、Taq 酶、DNA marker、GelRed 核酸染料、dNTPs。主要仪器：DNA PCR 扩增仪（PTC-200 型）、离心机（GL-20G-Ⅱ）、自动凝胶图像分析仪（JS-380A 型）。

（2）样品采集及增菌。选择某冷冻鱼丸生产加工企业 7 个关键生产环节，采集相应的样品，即鱼原料、洗水前鱼糜半成品、洗水后鱼糜半成品、脱水后鱼糜半成品、去骨去鳞后鱼糜半成品、半熟鱼丸、煮熟后冷冻鱼丸，同时也对生产环境（洗鱼水和厂房地下污水）样品进行收集。

样品收集后于 0.5 h 内运达实验室，立即置于 4 ℃冰箱保存，6 h 内进行增菌培养。霍乱弧菌、副溶血性弧菌和单核细胞增生李斯特氏菌的增菌培养基分别为 APW、3% 氯化钠碱性蛋白胨水和 LB1 增菌液。之后，将经过增菌的各个环节样品中的 3 个培养物等量混合。

(3) DNA 提取。将过夜培养的 1 mL 菌液在 1.5 mL Eppendorf 管中离心（12 000 g，10 min），弃上清液。加入 250 μL 0.15 mol/L NaCl - 0.1 mol/L EDTA，加入 50 μL 溶菌酶至终浓度为 20 mg/mL，并置于 37 ℃水浴中温育 1 h，加入 50 μL 蛋白酶 K 至终浓度为 0.1%。加入 300 μL [0.1 mol/L NaCl、0.5 mol/L Tris - HCl、2% SDS（SDS 终浓度为 1%）]，60 ℃温育 1 h。依次用等体积的 Tris 饱和酚、酚—氯仿—异戊醇（25:24:1）和氯仿—异戊醇（24:1）抽提。加入等体积冷的异丙醇沉淀 DNA，置于 -20 ℃ 1 h，然后离心（12 000 g，10 min），小心去掉上清液，得 DNA。加入 1 mL 70% 乙醇淋洗 DNA，离心（12 000 r/min，10 min），小心去上清液。空干。用 30 μL TE（10 mmol/L Tris - HCl、1 mmol/L EDTA，pH 8.0）重悬 DNA，置于 -20 ℃保存。

(4) PCR 操作步骤。PCR 反应体系：10 × PCR 缓冲液 2.5 μL、200 μmol/L dNTP、2 mmol/L $MgCl_2$、0.08 μmol/L 混合引物，0.125 μL Taq 酶，DNA 模板 1 μL，加 ddH_2O 至总体积 25 μL。引物序列见表 2-9。反应程序为：94 ℃ 4 min；94 ℃ 1 min，56 ℃ 1 min，72 ℃ 2 min，共 25 个循环；最后 72 ℃ 10 min。每次扩增均设空白对照一管。

表 2-9 引物序列

致病菌	目标基因	引物	扩增片段大小/bp
霍乱弧菌	ompW	F - ompW：CAC CAA GAA GGT GAC TTT ATT GTG R - ompW：GAA CTT ATA ACC ACC CGC G	588
副溶血性弧菌	tlh	F - tlh：AAA GCG GAT TAT GCA GAA GCA CTG R - tlh：GCT ACT TTC TAG CAT TTT CTC TGC	450
单增李斯特氏菌	hly	F - hly：CGG AGG TTC CGC AAA AGA TG R - hly：CCT CCA GAG TGA TCG ATG TT	234

(5) 扩增产物检测。扩增产物用 2% 的琼脂糖凝胶电泳检查，电泳条件为 95 V，30 min，经 GelRed 染色后的扩增产物条带在凝胶成像系统上拍照。

2.5.4.2 结果与讨论

(1) 多重 PCR 扩增特异性。取 VC、VP 和 LM 3 个标准菌株提取 DNA 模板，然后在单一 DNA 模板加入 3 对引物以及混合 DNA 模板中分别加入 3 对、2 对和 1 对引物进行 PCR 扩增，进行特异性实验，结果见图 2-12、图 2-13。

(2) 3 种致病菌检测结果。如图 2-14 所示，在 3 种鱼丸原料中均能检测到致病菌，而且 3 种原料均受到 VP 的污染；在鱼原料 1 和 3 中还检测到 VC；此外，在鱼原料 3 中还检测到 LM。在洗水前的鱼糜半成品中检测到 VC 和 VP

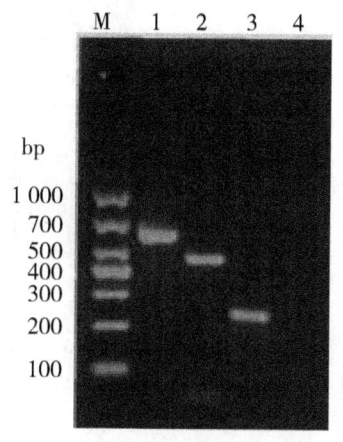

图 2-12 致病菌对引物的特异性

M：DNA 分子量标准；1～3：VC、VP、LM 单一 DNA 模板中分别加入 3 对引物；4：阴性对照

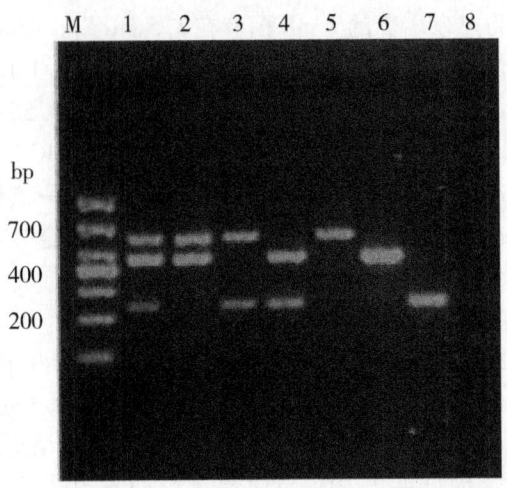

图2-13　引物对致病菌的特异性

M：DNA分子量标准；1：混合DNA模板中加入3对引物；2～4：混合DNA模板中加入2对引物；5～7：混合DNA模板中加入1对引物；8：阴性对照

的存在，但在后续的加工过程中（洗水后鱼糜半成品、脱水后鱼糜半成品、去骨去鳞后鱼糜半成品、半熟鱼丸）VC未被检测到，而仅发现有VP存在，特别是在水煮环节中，仍然有VP的污染。但是在煮熟后冷冻鱼丸中未检测到上述3种致病菌。此外，对洗鱼水和厂房地下污水生产环境中致病菌的污染情况检测结果表明，这些环境中同样含有各种致病菌，尤其是洗鱼水样品中3种致病菌同时存在。

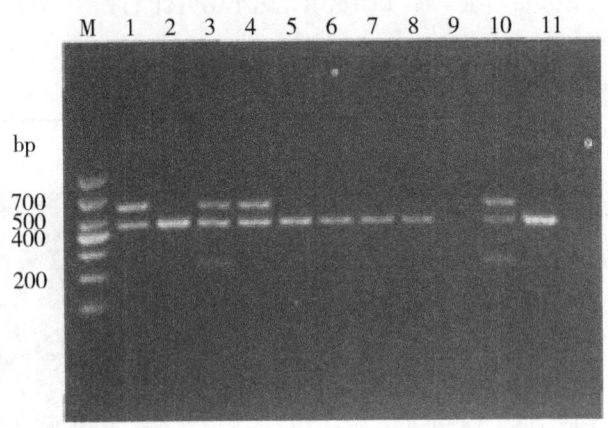

图2-14　冷冻鱼丸生产环节及周围环境中致病菌多重PCR检测结果

M：DNA分子量标准；1～3：鱼原料1、2和3；4～7：洗水前鱼糜半成品、洗水后鱼糜半成品、脱水后鱼糜半成品、去骨去鳞后鱼糜半成品；8～9：半熟鱼丸和煮熟后冷冻鱼丸；10～11：周围环境（洗鱼水和厂房地下污水）

2.5.5 七重 PCR 法检测羊肉产品中若干动物源性成分（冯海永和韩建林，2010）

2.5.5.1 材料与方法

（1）材料。猪、牛、山羊、绵羊、鸡、马和牦牛的基因组 DNA 样品由中国农业科学院—国际家畜研究所畜禽牧草遗传资源联合实验室提供；10 种待检羊肉熟制品均为市购（见表 2-10）。基因组 DNA 提取试剂盒、*Taq* DNA 聚合酶、dNTP、10×PCR 缓冲液、100 bp Ladder DNA Marker。高速冷冻离心机、PCR 扩增仪、紫外分光光度计、高压电泳仪、凝胶成像系统、水纯化系统。

表 2-10 待检羊肉产品的信息

编号	样品名称	生产厂家	生产日期	产品特征	抽样	测序次数
1-XXYP	羊排	宁夏 A 食品有限公司	2009-8-13	1 整块	3 次	1
2-YSZ	五香烧羊肉	北京 B 清真食品有限公司	2009-5-20	1 整块	3 次	1
3-GQ	枸杞羊肉	银川 C 清真食品有限公司	2009-1-20	1 整块	3 次	1
4-ADQ	羊肉手把肉	内蒙古 D 食业有限公司	2009-6-1	1 整块	3 次	1
5-LCY	羔羊肉串	青海 E 食品有限公司	2009-5-18	20 小袋	5 袋	1
6-SLK	羊肉干	内蒙古，散装	未标注	50 小块	6 块	2
7-YRW	羊肉丸	内蒙古，散装	未标注	20 个丸	3 个	1
8-LYR	腊羊肉	西安 F 清真肉类食品有限公司	2009-7-22	1 整块	3 次	1
9-MD	风干羊肉	内蒙古 G 有限公司	2009-8	50 小袋	5 袋	3
10-CYJZ	孜然羊肉粒	内蒙古 H 食业有限公司	2009-6-1	150 小块	7 块	3

（2）引物。引物序列包括（见表 2-11）：可以扩增任何动物 *cytb* 的万能引物 *mcb*398 和 *mcb*869 序列；通用上游引物 SIM 和鸡、牛、猪、马的下游种属特异性引物；山羊和绵羊的引物；牦牛的种属特异性引物。

表 2-11 引物序列

引物名称	序列（5′→3′）	产物大小/bp	备注
*mcb*398	TACCATGAGGACAAATATCATTCTG	472	
*mcb*869	CCTCCTAGTTTGTTAGGGATTGATCG		
SIM（通用上游）	GACCTCCCAGCTCCATCAAACATCTCATCTTGATGAAA	—	
山羊	CTCGACAAATGTGAGTTACAGAGGGA	157	
鸡	AAGATACAGATGAAGAAGAATGAGGCG	227	
牛	CTAGAAAAGTGTAAGACCCGTAATATAAG	274	
绵羊	CTATGAATGCTGTGGCTATTGTCGCA	331	
猪	GCTGATAGTAGATTTGTGATGACCGTA	398	
马	CTCAGATTCACTCGACGAGGGTAGTA	439	
山羊	CTCGACAAATGTGAGTTACAGAGGAA	157	新设计
绵羊	TGAATGCTGTGGCTATTGTCGCAAAT	328	新设计
牦牛	TTGCTGTAATAATAAATGGGAGGATAAAG	517	新设计

(3) 待检羊肉产品 DNA 的制备及提取质量检测。针对不同类型的样品,取样方法和过程稍有区别。羊肉串和羊肉卤制品先用蒸馏水冲洗,然后在 10 ℃ 的蒸馏水中浸泡 1 h,以便去除肉产品中的盐分、调料和油类等杂质,减少对提取效果的影响;羊肉干和羊肉丸产品采取直接从内部取样的方法,并研磨成粉状,备用。

用北京天根 DNA 提取试剂盒提取基因组 DNA,参照使用说明操作。将制备好的 DNA 用紫外分光光度计检测,并将其浓度调整为约 100 ng/μL 备用。

用万能引物 mcb398 和 mcb869 扩增提取的 DNA,作为内源阳性对照检测 DNA 提取的效果。

PCR 反应体系 25 μL:10×PCR 缓冲液 2.5 μL,2.5 U/μL Taq DNA 聚合酶 0.2 μL,2.5 mmol/L dNTP 2 μL,10 pmol/μL 的上、下游引物各 2 μL,模板 DNA 2 μL,灭菌蒸馏水补足 25 μL。反应条件为:95 ℃ 预变性 10 min;95 ℃ 变性 45 s,53 ℃ 退火 60 s,72 ℃ 延伸 60 s,35 个循环;72 ℃ 延伸 7 min。PCR 产物用 2% 琼脂糖凝胶电泳检测,在凝胶成像系统中观察并记录。

(4) 羊肉产品的七重 PCR 检测。对 10 种羊肉产品进行七重 PCR 检测,在凝胶成像系统中观察并记录。

2.5.5.2 结果与分析

(1) 七重 PCR 扩增效果。分别对猪、牛、鸡、绵羊、马、山羊和牦牛的基因组 DNA 样进行扩增,得到 398、274、227、328、439、157 和 517 bp 的目的片段,均无非特异扩增(见图 2-15)。优化后的引物最适配比为 SIM:山羊:鸡:牛:绵羊:猪:马:牦牛 = 1:0.5:0.8:0.6:1:0.6:1:1(1 代表 20 pmol/50 μL)。从 3 个来自不同地区的牦牛样品中也分别扩增出了 517 bp 的目的片段,均无非特异扩增,说明新设计并加入此多重 PCR 体系的牦牛引物特异性较好。但山羊和牦牛条带亮度相对较弱,说明引物配比仍需改进。

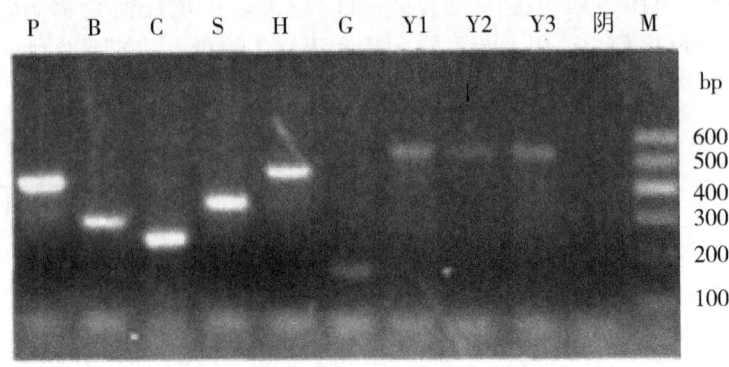

图 2-15 七重 PCR 扩增凝胶电泳

P、B、C、S、H、G、Y1、Y2、Y3 分别为猪、牛、鸡、绵羊、马、山羊、天祝牦牛、甘南牦牛、西藏牦牛;阴为阴性对照;M 为 DNA 分子量标准

(2) 羊肉产品的七重 PCR 检测结果。10 种羊肉产品七重 PCR 产物电泳结果见图 2-16。由图可知,1、8 号样品的 PCR 产物约为 328 bp,判断为绵羊肉;2、3、4、6、7 号约为 157 bp,判断为山羊肉;5 号约为 274、328 bp(条带较暗),判断为牛肉中混有绵羊肉;9 号约为 274 bp,判断为牛肉;10 号约为 157、274(较暗)、328 bp(较

暗），判断为山羊肉中掺杂牛肉和绵羊肉。

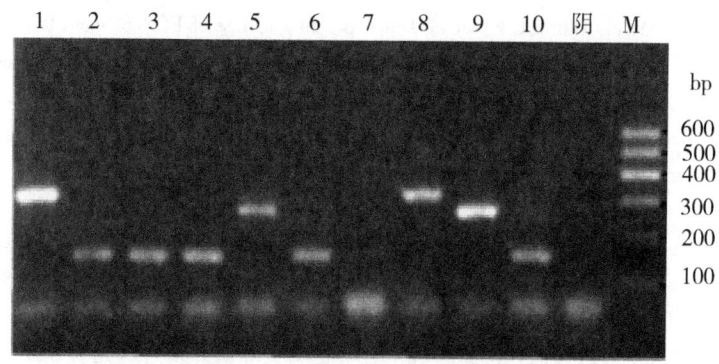

图 2-16　10 种羊肉产品七重 PCR 产物

1~10：1-XXYP、2-YSZ、3-GQ、4-ADQ、5-LCY、6-SLK、7-YRW、8-LYR、9-MD、10-CYJZ；阴：阴性对照；M：DNA 分子量标准

2.5.5.3　小结

以 PCR 为基础的分子生物学方法对肉制品进行检测的前提是待检样品 DNA 的提取。本试验以天根公司 DNA 提取试剂盒提取样品 DNA，并运用万能引物 *mcb*398 和 *mcb*869 进行扩增，结果显示，该方法提取 DNA 的质量较好。通过七重 PCR 检测并经测序验证，结果发现，10 个待检样品中有 2 个并不是包装上所宣称的羊肉，而是混有牛肉或完全用牛肉替代。本试验建立的方法能准确地鉴别羊肉产品中的其他常见动物源性成分，可作为质检部门实验室的常规检测手段。

（陈亚波、谭贵良、周敏、吴小禾）

参考文献

[1] 陈颖. 食品中转基因成分检测指南. 北京：中国标准出版社，2010.

[2] Chamberlain J S, Gibbs R A, Rainer J E, et al. Deletion screening of the Duchenne muscular dystrophy locus via multiplex DNA amplification. Nucleic Acids Res, 1988, 16 (23): 11141-11156.

[3] Wirz B, Tratschin J D, Müller H K, et al. Detection of *hog cholera virus* and differentiation from other pestiviruses by polymerase chain reaction. J Clin Microbiol, 1993, 31 (5): 1148-1154.

[4] Tettelin H, Radune D, Kasif S, et al. Optimized multiplex PCR: efficiently closing a whole-genome shotgun sequencing project. Genomics, 1999, 62 (3): 500-507.

[5] 邵碧英, 陈彬, 汤敏英, 等. 沙门氏菌多重 PCR 检测方法的建立. 食品科学, 2007, 28 (10): 489-492.

[6] 姜永强, 李瑾. 应用 PCR 方法检定单核细胞增多性李斯特菌. 中华预防医学杂志, 1998, 32 (1): 19-21.

[7] 孙焕冬, 李君文. 半套式聚合酶链反应检测牛奶中部分肠道致病菌. 职业与健康, 2002, 18 (3): 43-44.

[8] 巢国祥, 徐勤, 周晓辉, 等. 单核细胞增生性李斯特菌 PCR 快速检测方法建立及应用. 中国人兽共患病杂志, 2004, 20 (9): 797-800.

[9] Johnson W M, Tyler S D, Ewan E P, et al. Detection of genes for enterotoxins, exfoliative toxins, and

toxic shock syndrome toxin 1 in *Staphylococcus aureus* by the polymerase chain reaction. J Clin Microbiol, 1991, 29 (3): 426 – 430.

[10] Chen T R, Hsiao M H, Chiou C S, et al. Development and use of PCR primers for the investigation of C1, C2 and C3 enterotoxin types of *Staphylococcus aureus* strains isolated from food-borne outbreaks. Int J Food Microbiol, 2001, 71 (1): 63 – 70.

[11] Lim Y H, Hirose K, Izumiya H, et al. Multiplex polymerase chain reaction assay for selective detection of *Salmonella enterica serovar* Typhimurium. Japanese Journal of Infectious Diseases, 2003, 56 (4): 151 – 155.

[12] Paton A W, Paton J C. Detection and characterization of shiga toxigenic *Escherichia coli* by using multiplex PCR assays for *stx*1, *stx*2, *eae*A, *Enterohemorrhagic E. coli hly*A, *rfb* O111, and *rfb* O157. J Clin Microbiol, 1998, 36 (2): 598 – 602.

[13] 李荔枝, 杨欣, 胡萍. PCR 法检测原料乳中金黄色葡萄球菌. 食品研究与开发, 2012, 33 (9): 140 – 143.

[14] 赵志晶, 刘秀梅. 食品样品中大肠杆菌 O157:H7 复合 PCR 检测方法的研究. 卫生研究, 2004, 33 (6): 716 – 719.

[15] 江迎鸿, 谭贵良, 陈亚波, 等. 多重 PCR 方法检测食品中霍乱弧菌、副溶血性弧菌和单核细胞增生李斯特氏菌. 广东农业科学, 2011, 38 (10): 135 – 137.

[16] 谭贵良, 李向丽, 陈亚波, 等. 水产品生产加工环节致病菌污染的多重 PCR 检测. 食品研究与开发, 2010, 31 (8): 136 – 139.

[17] 夏慧丽, 楼靓珺, 赵晓祥. 冻虾类海产品中 3 种致病菌的多重 PCR 快速检测技术的建立. 食品科技, 2012 (1): 279 – 282.

[18] 吕艳, 王华, 王君玮, 等. 牛奶中金黄色葡萄球菌 PCR 检测方法的建立与应用. 现代生物医学进展, 2009, 9 (5): 931 – 933.

[19] 盘宝进, 韦梅良, 汪文龙, 等. 食品沙门氏菌实时荧光 PCR 快速检测方法建立. 现代食品科技, 2010, 26 (2): 197 – 199.

[20] 刘光明, 苏文金, 梁基选. 多重 PCR 方法检测食品中转基因成分. 无锡轻工大学学报, 2002, 21 (4): 379 – 383.

[21] 陈颖, 徐宝梁, 苏宁, 等. 实时荧光定量 PCR 技术检测转基因大豆方法的建立. 食品与发酵工业, 2003, 29 (8): 65 – 69.

[22] 陈颖, 徐宝梁, 苏宁, 等. 实时荧光定量 PCR 技术在转基因玉米检测中的应用研究. 作物学报, 2004, 30 (6): 602 – 607.

[23] Kim J H, Song H S, Kim D H, et al. Quantification of genetically modified canola GT73 using TaqMan real-time PCR. J Microbiol Biotechnol, 2006, 16 (11): 1778 – 1783.

[24] Peano C, Bordoni R, Gulli M, et al. Multiplex polymerase chain reaction and ligation detection reaction/universal array technology for the traceability of genetically modified organisms in foods. Anal Biochem, 2005, 346 (1): 90 – 100.

[25] Aida A A, Che Man Y B, Wong C, et al. Analysis of raw meats and fats of pigs using polymerase chain reaction for Halal authentication. Meat Science, 2005, 69 (1): 47 – 52.

[26] 巩红霞, 任永宏, 巩强. 用多重 PCR 方法鉴别生羊肉的真假. 中国畜牧兽医, 2006, 33 (8): 38 – 39.

[27] 侯东军, 杨红菊, 姜艳彬, 等. PCR 鉴定牛羊肉中搀杂猪肉的方法建立. 食品工业科技, 2009, 3: 328 – 330.

[28] 冯海永, 韩建林. 羊肉产品中若干动物源性成分的七重 PCR 检测技术应用研究. 中国畜牧兽医, 2010, 9: 85 – 90.

第3章 基因芯片技术及其在食品安全检测中的应用

基因芯片（gene chip），又称DNA微探针阵列（microarray），是生物芯片的一种。基因芯片技术是指将高密度DNA片段通过原位合成或合成后点样方式，以一定的顺序或排列方式附着于玻璃片等固相表面，以荧光标记的DNA探针，借助碱基互补杂交原理，进行大量的基因表达及监测等方面研究的技术，是在融合了生命科学、化学、微电子技术、计算机科学、统计学、生物信息学等多个学科最新技术的基础上产生的。基因芯片技术具有微型化、高通量、平行化、自动化的特点，是一门基础性、革命性的技术，在基因筛选、蛋白质组学、安全评价和诊断中具有广阔的应用前景。

3.1 发展历程

20世纪70年代，由于DNA分子克隆和测序技术的发展，分子生物学开启了全新的时代。测序技术的出现使研究者第一次产生了测定人类全基因组序列的梦想。而随着PCR技术和自动化测序技术的成熟，产生了一系列探寻人类基因的实验热潮。2000年，人类基因组草图的公布被认为是继原子和基因发现后的最伟大的科学成就。随后，越来越多的物种全基因组序列被测定。由于基因组序列信息数据的膨胀，传统的单独分析单个基因的研究方式已经逐渐被同时研究多个基因的需求所代替，因而，急需发明新的实验技术来支持这种需求。

基因芯片技术的发展最初得益于Southern提出的核酸杂交理论，即标记的核酸分子能够与被固化的与之互补配对的分子杂交，从这一角度而言，Southern blot可以看成是基因芯片的雏形。1989年，Southern提出了利用玻片表面固定的寡核苷酸探针杂交进行基因序列测定的实验设计。随后，多个研究小组开展了类似的研究工作。但真正使基因芯片技术得以大步发展并实用化，得益于两项关键技术的发明：一是非孔的固相支持介质如玻璃片的使用，使得微量和荧光检测的实现成为可能；二是高密度原位合成寡核苷酸方法的出现，推进了基因芯片产品的研究和商业化。

第一张商业化基因芯片由美国Affymetrix公司于1991年推出，是使用光蚀刻原位合成技术将寡核苷酸探针直接合成在硅胶基片上制备而成的高密度基因芯片。1994年，斯坦福大学Brown等采用直接点样方式制备了第一张cDNA芯片，并创造性地将双色荧光杂交系统引入到DNA芯片技术中（见图3-1）。1995年，美国《科学》杂志首次报道了Schena等（1995）使用基因芯片技术研究拟南芥多个基因的表达水平，是有报道的最早的基因芯片研究，该技术允许在使用微量样品的情况下同时大规模研究多个基因的表达水平，第一次把基因芯片技术高通量的优点展现出来。1999年初，在 *Nature*

Genetics 杂志上出现了一系列文章，讨论基因芯片制造和检测，基因芯片在基因表达分析、基因组重测序及突变分析中的应用，以及基因芯片在药物发现及药物基因组学研究中的应用等，基因芯片作为一种新兴技术开始较大规模地应用于实验室研究中。

随着基因芯片制造技术的成熟和生物信息学数据及分析方法的完善，基因芯片技术的检测效率、重现性、灵敏度和特异性不断提升，促使基因芯片研究从基础型研究转向临床和检测型应用研究，出现了大量关于食品安全检测、临床医学诊断、环境监测等的应用型研究文章。国外有不少公司研制出基因芯片产品，包括 Affymetrix、Roche、Agilent、Incyte、Synteni、Clontech 等公司，进一步推进了基因芯片技术的应用。

我国进入基因芯片研究领域的时间相对较晚，我国最早的一张 DNA 基因芯片，是在中国科学院人类基因组项目的支持下，利用国家人类基因组南方研究中心所积累的大量人类基因克隆点制而成。这张基因芯片成功地运用于肝癌及癌旁组织的转录组研究，其成果于 2001 年发表于 PNAS 杂志上（Xu et al., 2001）。随后，多家科研机构开展了基因芯片的研制工作，如清华大学、中国科学院、军事医学科学院和东南大学等多家单位正从事芯片技术的应用和研究性工作。

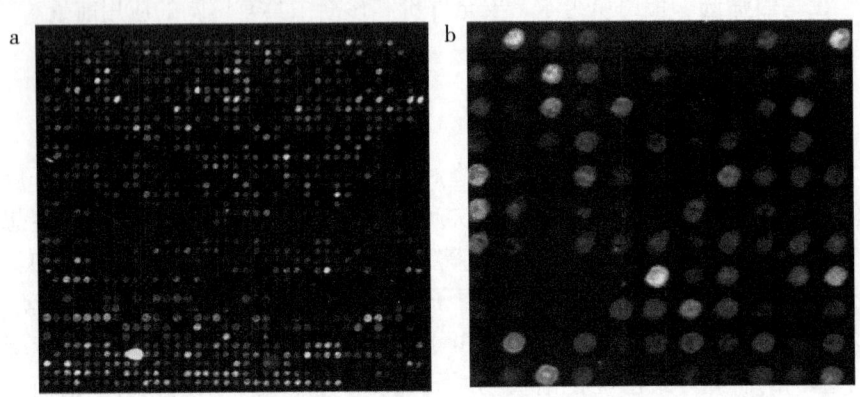

图 3-1　双色荧光系统基因芯片杂交图谱

a：5 500 个鼠基因的 cDNA 基因芯片（Cy3 和 Cy5 双荧光检测系统）；b：11×11 孔放大的杂交图谱

3.2　基本原理

基因芯片是由核酸的分子杂交衍生而来的，即应用已知序列的核酸探针对未知序列的核酸序列进行杂交检测。样品与探针杂交后，再通过激光共聚焦荧光检测系统等对芯片进行扫描，计算机系统对每一探针上的荧光信号作比较得出杂交图谱，通过杂交图谱分析实现基因信息的快速检测。

基因芯片的类型包括：

（1）根据固相支持物的不同将基因芯片分为无机芯片和有机芯片。无机芯片主要包括半导体硅片、塑料片和玻璃片；有机芯片主要包括特定孔径的滤膜，如硝酸纤维膜、尼龙膜、聚偏二氟乙烯膜等。目前，固相支持物中以使用玻璃支持物最多。相比于其他的基片介质，玻璃基片的优势主要表现在：①玻璃基片容易进行氨基化、硅烷化或二硫键等修饰处理，容易将探针 DNA 分子与玻璃产生共价结合；②玻璃基片可以耐受基因杂交过程中高温环境及高盐洗脱液条件；③玻璃介质无孔非渗透，可保持最小杂交液体量，充分保证探针与靶基因序列的杂交；④背景荧光信号不强；⑤可在同一反应中进行双色、多样品的平行杂交。

（2）根据探针核酸种类的不同将基因芯片分为寡核苷酸芯片和双链 DNA 芯片。寡核苷酸芯片的探针长度为 25 bp 或 50～70 bp，适用于包括基因表达、物种检测等多用途分析。Affymetric 公司、GE 公司、印度 Ocimum-Biosolutions 公司均有生产商业化的寡核苷酸芯片。双链 DNA 芯片常使用 PCR 产物，探针的最优长度为 200～800 bp，也有使用 1.3 kb 的双链 DNA 作为探针，该方法制备简便，特异性和灵敏度好，特别适用于所分析物种基因组信息缺乏的情况。Invitrogen、Genome systems、Biodiscovery、Xeno、Affymetrix、Silicon genetics、Genetix 等公司均有提供商业化的 cDNA 芯片。

（3）根据芯片点样方式的不同将基因芯片分为原位合成芯片、微量点样矩阵芯片和电定位芯片 3 类。原位合成芯片是指在芯片上直接合成寡核苷酸探针，最主要的产品有 Affymetrix 公司的光导原位合成芯片 Genechip® 和 Incyte Pharmaceutical 公司的压电打印芯片，其中 Affymetrix 公司的高密度基因芯片可在 1～2 cm² 空间里实现 10^6 个测试位点，在商业用途上应用最广。微量点样矩阵芯片是目前基因芯片公司生产的主流芯片，是指将已合成的许多特定的寡核苷酸片段或基因片段有规律地点样并固定至支持物上，其主要特点是简便易行、技术要求较低，且探针不受分子大小和类别的限制，在国内外生产和研究中有相当的市场。电定位芯片是利用静电吸附原理将 DNA 快速定位在硅基质、导电玻璃上，从而制备成芯片，其特点是在电力推动下可使杂交快速进行，但制作工艺复杂，点样密度低。

（4）根据用途的不同将基因芯片分为基因表达芯片、基因测序芯片、诊断芯片、指纹图谱芯片等。随着基因芯片制备技术和研究的深入，基因芯片所涵盖的内容越来越多，功能越来越强。从最初的表达谱基因芯片，发展到用于外显子研究的外显子芯片和全基因组扫描芯片、用于表观遗传学研究的甲基化芯片和 SNP 芯片等适用于不同用途的多种基因芯片类型，并进一步拓展至诊断领域的应用。

3.3 基本流程

基因芯片技术的基本流程包括探针设计、芯片制备与修饰、样品的制备和标记、杂交、杂交信号的获取和数据分析等（见图 3-2）。

3.3.1 探针设计

探针是决定芯片检测效能的关键因素之一，选择适用于芯片检测的靶基因对于制备基因芯片至关重要。基因芯片中所使用的探针既可以是 cDNA，也可以是寡核苷酸，在实际应用中需要根据研究类型和研究内容确定相应的探针。

探针设计时必须充分考虑其特异性、灵敏度和一致性。第一，所设计的探针必须对目标基因高度特异，与非目标序列不产生杂交；第二，探针必须具有良好的结合能力，以提高方法的灵敏度；第三，各种探针必须具备相似的杂交特性，才可保证在统

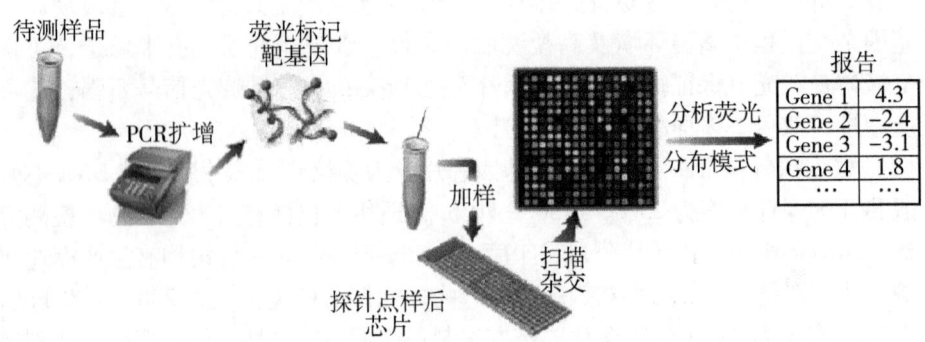

图3-2 基因芯片技术的基本流程示意图

一的杂交条件下产生相近的杂交效果。

3.3.1.1 提高探针特异性的方法

探针特异性是指探针只与靶序列产生杂交,不与靶序列以外的其他任何序列杂交。探针的特异性随着探针长度的增加而增加,最多能增加到100个碱基,之后随着探针长度的增加,探针与靶群体中其他序列随机匹配的概率上升,探针特异性下降。一般来说,短的探针序列更容易区分碱基的错配,但复合物的稳定性要差一些;长杂交序列形成的复合物稳定,而区分碱基错配能力要差一些。在探针设计过程中,可采取多种方式保证探针的特异性。主要有3种方法:①在多个基因或同个基因的多个位点上设计成多套探针,多套探针的联合使用可提高方法的特异性(Loy & Bodrossy,2006)。比如在检测大肠杆菌O157:H7时,使用多个细菌毒力和抗原产生基因的探针(Chizhikov et al.,2001),或通过16S rRNA、23S rRNA及多个毒力基因探针的联合使用(Giannino et al.,2009)来检测牛奶中的微生物,或通过看家基因、毒力基因、耐药基因多个基因探针的联合使用来鉴定引起血液感染的病原菌(Cleven et al.,2006)。②通过多探针的相互竞争来提高特异性。Gharizadeh等(2003)在同一个反应中使用了30种探针相互竞争,通过非目标探针的竞争提高了目标探针结合的特异性。Affymetrix公司的Genechip®基因芯片也是使用探针杂交竞争原理提高特异性,Genechip®芯片的每个探针对包括2个探针池,其中一个为完全匹配(perfect match,PM)的探针,另一个为序列中间有一个碱基错配(mismatch,MM)的探针。PM-MM探针的设计更加有效地扣除了芯片的物理背景信号及非特异性杂交造成的假阳性信号,使芯片结果更加准确可靠。③通过酶促反应提高探针杂交的特异性。使用微测序芯片在进行探针杂交时,加入三磷酸腺苷双磷酸酶可提高反应的特异性。在该酶的作用下,完全匹配的引物扩增速度远远高于不完全匹配引物的扩增速度,从而增强了探针与靶基因的杂交,该方法克服了基因芯片杂交假阳性高的缺点(Gharizadeh et al.,2003)。

3.3.1.2 提高探针灵敏度的方法

探针灵敏度是指可最大限度地检测到探针和靶基因杂交的低信号点。在理想情况下,特异探针检测到的杂交信号反映了样本群体的靶基因丰度。一般来说,较长的探针灵敏性较高,因为探针和靶基因之间的结合力随着长度的增加而增加。通过以下几种方法可提高探针灵敏度:①通过样品DNA杂交前的预片段化提高探针灵敏度。DNA

或 RNA 整体复杂的结构会影响到杂交的效果，因而，为了提高杂交灵敏度，可对总 DNA 或总 RNA 进行片段化处理。片段化处理的方法可以是机械断裂法（Cho et al., 2001），也可以是随机引物扩增法（Vora et al., 2004）、DNase Ⅰ 酶切法（Vora et al., 2004），或是化学断裂法（Small et al., 2001；Bodrossy et al., 2003）等。②通过酶促信号放大增强探针的灵敏度。常用的信号放大技术有酪胺信号放大技术（tyramide signal amplification，TSA）和酶标记荧光信号放大技术（enzyme-labeled fluorescent amplification）。③通过聚合酶链式反应（polymerase chain reaction，PCR）进行预扩增可提高方法的特异性和灵敏度。通过使用 PCR 产物作为靶样品进行基因芯片分析，其灵敏度比普通 PCR 方法高出 32 倍（Call et al., 2001）。通过使用 800 个引物对细菌基因组 DNA 进行预扩增，Palka-Santini 等（2009）将基因芯片的检测灵敏度提高了 100～1 000 倍。

3.3.1.3 提高探针杂交一致性的方法

提高探针杂交一致性是保证各种探针具备相似的杂交特性，以促使在相同的杂交条件下产生相近的杂交效果。探针长度、GC 含量、二级结构的不同均会影响探针的杂交特性。保证探针杂交特性一致的一个方法是设计具有相同溶解温度的探针群（Bodrossy et al., 2003）；另一个方法是在杂交反应体系中添加叔胺盐（如氯化四甲铵），叔胺盐与探针结合后，可使探针的解链温度不受其碱基组成、GC 含量和二聚体的影响，而仅与探针长度线性相关，因而叔胺盐的使用可提高探针杂交特性的一致性（Loy & Bodrossy, 2006）。

3.3.2 芯片的制备和修饰

芯片的制备关系到基因芯片分析的质量和可信度，是基因芯片分析技术中非常关键的一步。因研究目的的不同，制备芯片的方法也不尽相同，但应用最广泛的有原位合成法和合成后点样法两大类。

3.3.2.1 原位合成法

原位合成法分为光导原位合成法和压电打印法。

1. 光导原位合成法（light-directed in situ synthesis）

光导原位合成法是目前构建高密度寡核苷酸芯片最为成功的方法，Affymetrix 公司最早采用光蚀刻原位合成技术（photolithographic techniques）制备了首个高密度寡核苷酸基因芯片。其技术原理是：芯片合成前，预先将基片氨基化，并使用光敏感保护剂将活化的氨基保护起来。同时，用来聚合的单体分子一端按照传统固相合成方法活化，另一端则用光敏保护基进行保护。当开始原位合成时，选择特定的蔽光膜使需要聚合的基片部位透光，不需要发生聚合的位点蔽光，当光通过蔽光膜照射到支持物上时，受光部分生物分子的光敏保护基团脱落，使氨基解保护，从而与单体分子发生偶联反应。由于反应后的生物分子末端仍带有光敏保护基因，因而每次通过控制蔽光膜的透光、蔽光图案来决定被活化区域，并通过所用单体的种类和反应次序就可以实现在待定位点上合成大量预定序列的寡核苷酸探针的目的。合成示意图如图 3-3 所示。光导原位合成法适用于制造寡核苷酸微阵列芯片，具有合成速度快、相对成本低、便于规模化生产等优点。Affymetrix 使用原位合成技术制作的 Genechip® 基因芯片的点阵密度

可达 $10^6 \sim 10^{10}/cm^2$，如此高的点阵密度足以在一张芯片上涵盖整个物种的全基因组信息。但是由于光导原位合成法每步的合成效率较低，该方法合成的寡聚核苷酸较短，一般只有几十个碱基。

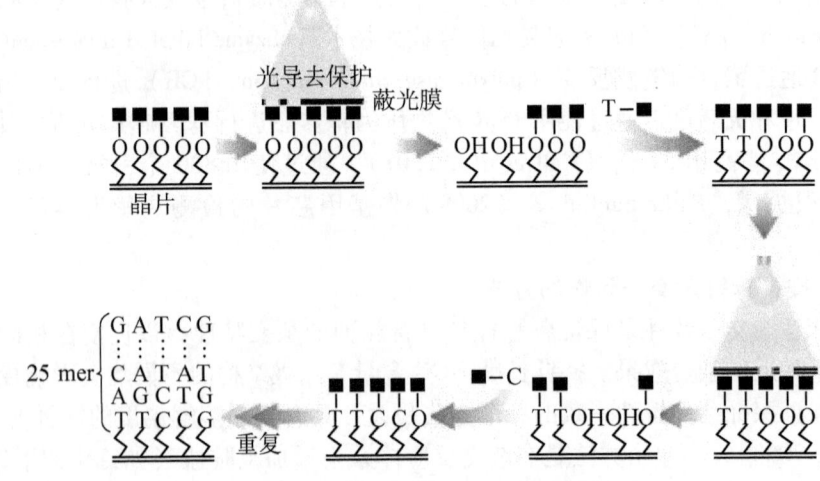

图 3-3 光蚀刻原位合成示意图

2. 压电打印法（piezoelectric inkjet printing）

压电打印法被美国 Incyte Pharmaceutical 等公司采用，其技术原理与喷墨打印机相类似。由打印机将 4 种核苷酸合成试剂分别打印到经包被的支持物的特定区域上，经过冲洗和去保护，再进入寡核苷酸合成的下一循环。压电打印法可以合成 40～50 mer（双链核苷酸单位）的探针，每步合成产率可达 99%，合成 30 mer 的产率可达 74%，相比之下，光导原位合成法仅能合成 30 mer 长度的探针，每步产率为 95% 左右，合成 30 mer 的产率仅为 20%，从这个意义上说，压电打印法的特异性比光刻法高。此外，压电打印法采用的化学原理与传统的 DNA 固相合成一致，因此不需要特殊设备和化学试剂。然而，到目前为止，该项技术仍未获得广泛的应用。

3.3.2.2 合成后点样法

合成后点样法指预先合成好探针，然后用特殊的自动化微量点样设备将其以比较高的密度点样于硝酸纤维膜、尼龙膜或玻片上。与原位合成法不同的是，点样法的探针片段除了可使用寡聚核苷酸探针，也可使用较长的基因片段以及核酸类似物（如肽核酸）探针，其探针的长度可以任意选择，灵活性大，可根据需要自行制备。点样的方式分为两种：一是接触式点样（contact printing），即点样时点样针与固相支持物表面接触，将样品留在支持物上。接触式点样的显著优点是可制备高密度阵列，通常可达到 25 000 dots/cm^2。二是非接触式点样（noncontact printing），即喷点点样（inkjet printing），是以压电原理将样品通过毛细管直接喷至支持物表面。因喷点的斑点较大，故探针密度低，通常只有 400 dots/cm^2，多用于蛋白芯片的制备。目前有两种非接触喷点技术用于 DNA 点样，一种是用压电晶体将液体从孔中喷出的压电技术（piezoelectric technology），喷滴大小一般为 50～500 PI（等电点）；另一种为注射器螺线管技术

（syringe-solenoid technology），这种技术是通过高分辨率注射泵和微螺线管阀门的有机结合精确控制滴液的。使用合成后点样法生产的基因芯片产品有美国 Biodot 公司的点膜产品以及 Cartesian Technologies 公司的 PixSys NQ/PA 系列产品等。合成后点样方法相对于原位合成芯片在价格上更具竞争力，同时由于探针是通过生物方法制得的，探针的长度不像原位合成探针那样受限制，甚至数百个碱基的探针也可制备，该优点使得它有更好的选择性。

3.3.2.3 原位合成法和合成后点样法的适用范围

从目前应用的情况来看，原位合成的基因芯片密度高，重复性好，制备过程中的质量控制比较容易，但是成本较高，多用于商业用途，是高密度芯片的一个发展方向。而合成后点样技术主要应用在部分没有商业化的基因芯片的制备以及检验检测产品的开发，芯片制备的成本较低，在实验室研究中应用较广。通常来说，原位合成方法比较复杂，除了在基因芯片研究方面享有盛誉的 Affymetrix 公司使用该技术合成探针外，其他中小型公司大多使用合成后点样法。

3.3.2.4 芯片的修饰与交联

制备基因芯片时，基片表面与寡核苷酸之间主要采用共价交联方式，通常是将官能团修饰（通常为末端）的寡核苷酸样品转移到经化学处理的活化基片上，使寡核苷酸末端与基片发生共价偶联，从而将探针结合到芯片介质中。基片的表面处理有很多方法，目前，通常应用的基片表面化学处理方法包括氨基化法、二硫键法、异硫氰酸法、戊二醛法、环氧化物法以及溴乙酰丙基硅烷法等，相应的核酸探针末端修饰基团主要有氨基、巯基、活化的羧基、磷酸基等基团，不同方法得到的探针密度及交联特异性有较大区别。目前，基因芯片基片的表面处理主要采用戊二醛法和溴乙酰硅烷法。

3.3.3 样品 DNA 的制备和标记

样品 DNA 包括基因组 DNA、总 RNA、PCR 产物、cDNA、质粒 DNA 或寡核苷酸等。样品 DNA 制备常通过 DNA 提取和 PCR 反应。使用 16S rRNA 通用引物扩增样品基因组 DNA 作为杂交模板，可增加目标 DNA 浓度，提高方法检出限，是对致病菌和病毒进行基因芯片分析的常用方法。

样品 DNA 标记普遍采用荧光标记法，常用的荧光标记物质有荧光素、罗丹明、HEX、FAM、Cy3、Cy5 等。由于 Cy3 和 Cy5 两种荧光标记的化学性质相近，荧光光谱不交叉，荧光信号强，且与芯片基片表面黏附度小，因而在双荧光检测系统中，Cy3 和 Cy5 荧光的应用最为广泛。样品 DNA 的荧光标记有直接标记法和间接标记法。直接标记法是指样品 DNA 或 RNA 经 PCR 或 RT-PCR 扩增，以带荧光标记的 dUTP 或 dCTP 为底物，将荧光标记直接掺入 PCR 产物中。使用直接标记法进行双荧光标记时容易受荧光信号分子大小的影响，如 Cy3 与 Cy5 的分子大小不同，在直接标记时的掺入效率不同，导致在结果分析时需进行荧光信号校正。间接标记法是指以氨基化的 dUTP 或 dCTP 与 NHS（N-羟基琥珀酰亚胺）酯修饰的 Cy3 和 Cy5 标记进行酰胺反应，间接标记法可消除 Cy3 和 Cy5 荧光分子大小的影响，但其实验条件更加严格。随着纳米技术的发展，最近发展的纳米金标记，通过银染放大后可直接在肉眼或普通光学显微镜下进行观察。

3.3.4 杂交反应

芯片的杂交属于固相—液相杂交，其过程与常规的分子杂交过程相似，先经预杂交，再加入含靶基因的杂交液进行杂交，然后经过洗脱和干燥步骤，以待检测。杂交过程中严格控制反应条件是保证检测结果准确性和重现性的重要因素。杂交反应的影响因素有反应时间、反应温度、缓冲液的盐浓度、探针 GC 含量和所带电荷、探针与芯片之间连接臂的长度及种类、检测基因的二级结构等。

（1）杂交温度的选择是影响芯片杂交的最为重要的因素。低杂交温度杂交时，杂交信号增强，但假阳性杂交信号强度会明显增加，信噪比降低。最适宜的杂交温度应在理论最适温度的上下范围内，通过杂交实验，来选择信噪比最高的杂交温度。

（2）探针浓度的适当与否，直接与芯片的检测灵敏度相关，而单位面积芯片基质固定探针的能力是一定的，探针浓度过高会增加探针与目的片段的空间位阻，不利于杂交反应的进行；相反，若探针浓度过低会导致杂交信号趋于饱和，则不能准确反映目的片段的荧光信号强度。

（3）在保证合适的杂交条件的情况下，最佳 PCR 产物的回收浓度能保证得到最佳的杂交信号。芯片反应动力学表明，PCR 产物浓度越高芯片杂交信号越强，所以在一般情况下，尽可能使用较高的 PCR 产物浓度；但探针分子浓度过高，芯片反应信号强度会缓慢下降。因而实验过程中，必须设计 PCR 产物浓度梯度，并选择最适 PCR 产物回收浓度。

（4）杂交后的芯片要经过严谨条件下的洗涤，洗去未杂交的一切残留物。这一过程可在不同条件下进行，对比阳性、阴性杂交信号的强弱来选择优化的洗涤条件。

3.3.5 信号收集和图像分析

基因芯片扫描仪采用荧光检测，即利用激光激发掺入检测点中的荧光生色基团，来读取荧光报告基团发出的光信号，利用光电倍增管或电荷耦合器件（CCD）将其转化为电信号，由软件将电信号还原成图形或相关数据，最后通过图像分析获得信息。目前商业化的基因芯片扫描仪主要有激光共聚焦芯片扫描仪和 CCD 芯片扫描仪两大类，其中以前者使用最为普遍。激光共聚焦芯片扫描仪采用激光作激发光源，使荧光生色基团产生高强度的发射荧光，用光电倍增管进行检测，灵敏度和分辨率较高，可检测每平方微米零点几个荧光分子（孙继勇，2009）。

数据处理是芯片数据采集后的一个重要环节，一个完整的芯片数据处理系统包括芯片图像分析和数据提取、芯片数据的统计学分析和生物学分析、芯片数据库的积累和管理、芯片表达基因的国际互联网上检索和表达基因数据库分析等。为了减少样品操作误差、点样孔误差、探针间杂交效率误差，数据必须进行标准化，必须校正背景值。基因芯片仪如图 3-4 所示，基因芯片数据分析主要的数据库及软件分别见表 3-1 和表 3-2。

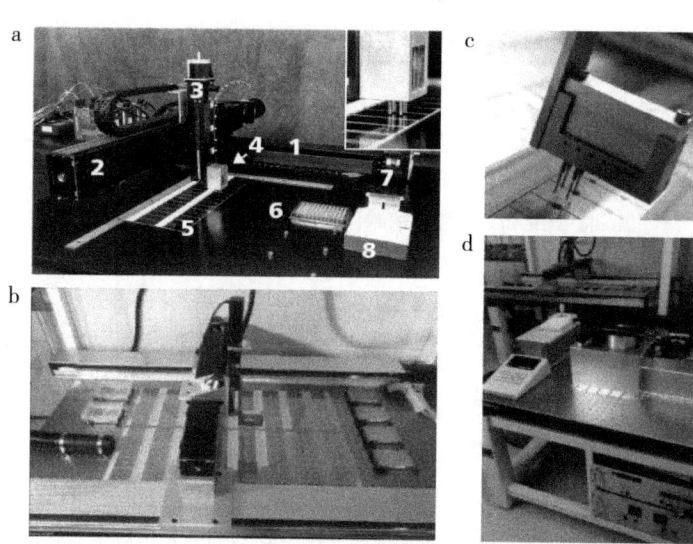

图 3-4 基因芯片分析仪器

a：Penn 基因芯片机器人；b：AECOM 基因芯片机器人；
c：AECOM 打印针；d：AECOM 激光扫描仪

表 3-1 国内外基因芯片主要网络数据库

名称	功能	网络地址
NCBI GEO	美国生物技术信息国家中心高通量基因表达数据库	http://www.ncbi.nlm.nih.gov/geo/
ArrayExpress	欧洲生物信息研究所高通量微阵列基因表达数据库	http://www.ebi.ac.uk/arrayexpress/
NCHGR	美国国立人类基因组研究所	http://www.genome.gov/
ExpressDB	包含酵母和大肠杆菌 RNA 表达数据的关系型数据库	http://twod.med.harvard.edu/ExpressDB/
EPODB	脊椎动物红细胞基因表达数据库	http://www.cbil.upenn.edu/EpoDB/
SMD	基因芯片原始和归一化数据和对应的图像文件存储数据库	http://smd.princeton.edu/
YMD	高通量基因表达分析基因芯片数据库	http://medicine.yale.edu/keck/ymd/index.aspx
ONCOMINE	癌症微阵列数据库和集成的数据挖掘平台	http://www.oncomine.org/
GENEVESTIGATOR	拟南芥微阵列数据库和分析工具箱	http://www.genevestigator.com/

表 3-2 基因芯片相关分析软件

名称	功能
ArrayVision	功能强大的商业版基因芯片分析软件，不仅可以进行图像分析，还可以进行数据处理
Arraypro	Media Cybernetics 公司的基因芯片分析软件
phoretix Array	Nonlinear Dynamics 公司的基因芯片综合分析软件
Array Designer	批量设计 DNA 和寡核苷酸引物工具
J-express	微矩阵基因表达数据分析
ScanAlyze	斯坦福大学开发的基因芯片阅读软件
Cluster	斯坦福大学开发的对大量微矩阵数据组进行各种簇分析与其他各种处理的软件
ArrayDB	提供交互式用户界面挖掘和分析微阵列基因表达数据的软件包
GEPAS	基因芯片数据标准化
Ginkgo	基因芯片数据标准化
CAGED	基因芯片数据聚类分析
DNA-chip analyzer	基因芯片数据聚类分析

基因芯片具有高通量、平行性、自动化的特点。

（1）高通量。由于芯片制造技术的发展，在同一块芯片上已经能放置几千到几十万个基因探针，如 Affymetrix 公司的高密度基因芯片制作的点阵密度可高达 $10^6 \sim 10^{10}/cm^2$，通过合成后点样法生产的基因芯片也可达到 $400 \sim 25\,000\ dots/cm^2$。

（2）平行性。使用一块芯片可检测成百上千个基因，检测效率大大提高。而相比之下，使用多重 PCR 技术也仅能在一次反应中同时检测一种或少数几种基因。

（3）自动化。从基因探针的构建到目的基因的检出都在很大程度上实现了自动化。如应用 PCR 仪快速获得探针，用自动杂交系统将放入其中的基因芯片与荧光标记产物按碱基配对的原则进行固相杂交，用激光共聚焦扫描仪对芯片上的荧光信号进行扫描，以及用计算机系统对每一探针上的荧光信号进行比较和检测等。

3.4 基因芯片技术在食品安全检测中的应用

3.4.1 在食源性致病菌检测中的应用

3.4.1.1 常见食源性致病菌的基因芯片检测

食源性致病菌鉴定的传统方法是使用培养基对微生物进行增菌和选择性培养，再通过菌落形态观察、显微镜镜检、生化鉴定和血清分型等手段联合使用以达到鉴别的目的，其实验周期至少需要 24~48 h，且并非所有致病菌均可培养。使用 PCR 方法，特别是荧光 PCR 方法，缩短了实验时间，但一次性仅能检测一种到少数几种基因。基因芯片可进行高通量检测，大大缩短食源性致病菌的检测周期，在肉制品、水产品、奶制品等食品微生物检测应用中有大量的研究工作。

1. 畜禽肉类产品中食源性致病菌的检测

近几年，食物中毒事件在世界范围频繁发生，肉类产品作为食品中重要的组成部分，其引起的食物中毒现象尤其突出。肉类产品中常见的致病菌有沙门氏菌、大肠杆菌 O157∶H7、金黄色葡萄球菌、单增李斯特氏菌、肉毒梭状芽孢杆菌等。由于肉制品中致病菌种类复杂，建立一套可以同时检测多种常见食源性致病菌的方法非常重要。

Kupradit 等（2013）以线粒体 16S rRNA 和 *fim*Y、*ipa*H、*prf*A、*usp*A 物种特异性基因构建基因芯片，经过预增菌、DNA 提取、PCR 预扩增和基因芯片杂交分析，用于检测新鲜鸡肉中沙门氏菌属、志贺氏菌属、单增李斯特氏菌和大肠杆菌。该方法的检出限为 10^5 CFU/mL，通过对 10 份新鲜鸡肉的测试，所有样品均检出沙门氏菌和大肠杆菌，1 份样品检出单增李斯特氏菌，1 份样品检出志贺氏菌。国内周巍等（2008）通过不对称 PCR 技术和基因芯片技术建立了一种检测牛肉、猪肉、羊肉、鸡肉中常见的致病菌的方法，该方法对金黄色葡萄球菌、肉毒梭状芽孢杆菌、产气荚膜梭菌、宋内氏志贺氏菌、霍乱弧菌、普通变形杆菌、拟态弧菌、单增李斯特氏菌、小肠结肠炎耶尔森氏菌、蜡样芽孢杆菌有高灵敏度和特异性，但对副溶血性弧菌的灵敏度相对较低。然而实验发现河流弧菌同副溶血性弧菌存在弱的非特异性杂交，乙型溶血性链球菌与单核增生李斯特氏菌和蜡样芽孢杆菌也存在弱的非特异性杂交。祝儒刚等（2012）采用多重 PCR 结合基因芯片技术检测肉制品中大肠埃希氏菌、沙门氏菌、金黄色葡萄球菌、志贺氏菌和单增李斯特氏菌 5 种食源性致病菌，方法特异性强，灵敏度为 2 pg DNA。应用该方法检测实际肉及肉制品，在 30 份样品中共有 8 份样品检出目标致病菌，而按传统微生物培养法，样品检出数为 7 份，两种方法结果基本一致。

2. 水产品中食源性致病菌的检测

Call 等（2003）使用通用引物扩增鱼类线粒体 16S rRNA 基因的 529 bp PCR 片段，再使用 Affymetrix 417 基因芯片同时检测鲑鱼肾杆菌、杀鲑气单胞菌、爱德华氏菌、大肠杆菌、柱状黄杆菌、嗜冷黄杆菌、鲁氏耶尔森氏菌、鲑鱼立克次氏体及 Flexibacterium maritmus 共 9 种病原体，结果表明该方法的特异性好。Warsen 等（2004）以 16S rRNA 设计探针，对鱼类 18 种致病菌进行鉴定，鉴定准确率达 100%，其中 15 个致病菌为鱼类致病菌，包括大肠埃希氏菌、金黄色葡萄球菌、嗜水汽单胞菌、鲁氏耶尔森氏菌、海豚链球菌、明亮发光杆菌等。Panicker 等（2004）用多重 PCR 和 DNA 芯片方法来检测和鉴定墨西哥湾地区牡蛎的创伤弧菌、霍乱弧菌、副溶血性弧菌。结果证明，用基因芯片能广泛、可靠、灵敏地分析这 3 种弧菌的 PCR 扩增产物，能成功检测到 1 g 牡蛎组织均浆中 1 CFU 的弧菌。

3. 乳制品中食源性致病菌的检测

乳制品中常见的致病菌分为两类：一类是食品中常见的致病菌，如金黄色葡萄球菌、大肠杆菌、李斯特氏菌、沙门氏菌、空肠弯曲菌、志贺氏菌、蜡样芽孢杆菌等；另一类是人畜共患传染性致病菌，如结核分枝杆菌、布鲁氏杆菌、炭疽杆菌、口疫病毒、疯牛病病毒等。

Kastner 等（2006）购买了市售的火腿、酸奶及益生菌添加剂，并使用传统微生物鉴定方法和基因芯片法对产品中的细菌耐药性进行检测。从产品中共分离出74种乳杆菌属细菌、33种葡萄球菌细菌、6种双歧杆菌属细菌和5种小球菌属细菌，有27个细菌体现出抗药性。Lee等（2008）设计寡核苷酸基因芯片检测牛奶中的7种乳腺炎致病菌，通过对82个牛奶样品的检测，该方法的结果稳定，仅有一例基因芯片分析结果与传统方法鉴定结果不一致，82个牛奶样品中共有16个样品检出乳腺炎致病菌。Giannino等（2009）使用基因芯片技术鉴定牛奶中的14种细菌（含乳酸菌和病原菌），其使用16S rRNA的V3和V6高变区、23S rRNA基因和多个细菌毒力基因设计探针，通过多重PCR反应结合基因芯片技术，14种细菌区分明显，并且表明牛奶中的优势细菌为嗜热链球菌、粪肠球菌、乳酸乳球菌、乳明串珠菌。

4. 水体中致病菌的检测

水中的致病菌包括细菌、病毒和原生生物，细菌产生的毒素，如微囊藻毒素等，也具有致病性。由于水是人类生命活动不可缺少的重要物质，对饮用水中致病菌进行检测是对人体健康的重要保障。

唐晓敏和高志贤（2003）使用基因芯片技术对水中分离的几种常见致病菌进行快速检测，通过20株细菌的检测，该方法与传统鉴定结果的一致性为95%。王大勇等（2010）采用基于单碱基延伸反应的基因芯片方法，对金黄色葡萄球菌、沙门氏菌、单增李斯特氏菌、志贺氏菌、军团菌、肺炎克雷伯菌、肠出血性大肠埃希氏菌O157:H7、幽门螺杆菌、大肠埃希氏菌、霍乱弧菌、结核分枝杆菌、鼠疫耶尔森氏菌、炭疽芽孢杆菌等13种可能存在于水体中的致病菌进行检测，基因芯片检测灵敏度可达0.2 pg DNA，用所制备的基因芯片检测模拟和实际水样，准确率达100%。Zhou等（2011）依据16S rRNA～23S rRNA基因间隔区及 $gyrB$ 基因设计寡核苷酸基因芯片，可同时检测饮用水中嗜水汽单胞菌、肺炎杆菌、嗜肺军团菌、铜绿假单胞菌、沙门氏菌、志贺氏菌属、金黄色葡萄球菌、霍乱弧菌、副溶血性弧菌、耶尔森氏菌和钩端螺旋体，方法特异性强，检出限为0.1 ng DNA（相当于10^4 CFU/mL）。使用该方法对30个市售瓶装饮用水进行检测，发现有一例瓶装水样品污染了嗜肺军团菌和志贺氏菌属细菌，有一例瓶装水样品污染了耶尔森氏菌，与传统微生物鉴定结果一致。

5. 其他食品中食源性致病菌的检测

Rudi等（2002）使用16S rRNA基因芯片检测充氮包装中即食蔬菜沙拉的细菌种类。结果表明，在含挪威生菜或西班牙生菜的蔬菜沙拉中，无论是储存于4℃或10℃，优势菌种均为假单胞菌；但对于储存温度超过10℃的蔬菜沙拉，优势菌种为肠杆菌和乳酸菌。Wang等（2009）使用16S～23S rRNA基因间隔区及O抗原DNA聚合酶基因（wzy）构建寡核苷酸基因芯片，用于分析婴幼儿配方粉的致病菌，该方法可以鉴定婴幼儿配方粉中的阪崎肠杆菌、沙门氏菌、肺炎克雷伯菌、产酸克雷伯菌、黏质沙雷氏菌、鲍曼不动杆菌、蜡样芽孢杆菌、李斯特氏菌、金黄色葡萄球菌、大肠杆菌O157，方法的特异性强，检出限为0.1 ng DNA或10^4 CFU/mL，对21个婴幼儿配方粉样品可准确鉴定。Delgado等（2011）构建了含10种常见耐药性基因的基因芯片，用于检测乳酪中的耐药性肠球菌属细菌。结果显示，所有的乳酪产品的肠球菌属细菌中均发现耐四环素基因，在个别样品中也发现了其他耐药性肠球菌属细菌。

3.4.1.2 基因芯片技术在微生物指纹图谱中的应用

DNA 指纹图谱是指通过酶切或是 PCR 扩增基因组上的高变异 DNA，获得由多个位点上的等位基因组成的长度不等的条带图纹，就像人的指纹是每个人所特有的一样，条带图纹是所分析的物种或个体所特有的，因而称为 DNA 指纹图谱。在微生物鉴别应用中常见的指纹图谱技术有脉冲场电泳（pulsed field gel electrophoresis，PFGE）、扩增片段长度多态性（amplified fragment length polymorphism，AFLP）、随机扩增多态性（random amplified polymorphism DNA，RAPD）、简单重复序列（simple repeated sequence，SSR）、单核苷酸多态性（single nucleotial polymorphisms，SNP）等。DNA 指纹图谱具有多位点性、高变异性以及简单而稳定的遗传性，目前已得到广泛的应用，特别是在研究复杂食品检测、品种鉴定、微生物多样性和未可培养微生物鉴别方面起着重要的作用。

相比于传统指纹图谱技术，通过基因芯片实现的指纹图谱技术具有其独特的优点：①分辨率更高。传统 DNA 指纹图谱技术是通过电泳方式进行条带区分，但当不同 DNA 片段的大小一致或相近时，在电泳图谱上就被认为是同一位点。基因芯片不是依赖于 DNA 片段分子量大小进行区分，而与分子杂交特性相关，分辨率更高。②信息量更丰富。基因芯片技术可同时提供成百上千个探针杂交信号，比传统 DNA 指纹图谱技术提供的信息量更大。③实验周期更短。通过一次或少量几次的基因芯片实验可获得大量 DNA 指纹图谱信息，而传统的指纹图谱技术必须进行大量的重复实验。因而，基因芯片的使用大幅度地拓展了 DNA 指纹图谱技术的精确度和应用范围。

1. 全基因组指纹图谱

依据 DNA 数据库中的物种全基因组序列设计探针，构建全基因组芯片，可用于鉴别亲缘关系相近的微生物物种或亚型。空肠弯曲杆菌是人类细菌性肠胃炎的致病菌，相比于其他肠道病原菌，空肠弯曲杆菌具有更大的种内变异水平。Dorrell 等（2001）构建了包含 1 731 个编码区序列的空肠弯曲杆菌全基因组基因芯片，并对 11 个空肠弯曲杆菌菌株进行测试，发现约 21% 的探针序列有杂交信号差异性，体现出空肠弯曲杆菌的种内基因多态性。使用相同的方法构建微生物全基因组芯片，研究者将基于芯片的 DNA 指纹图谱技术应用于肺炎双球菌（Hakenbeck et al.，2001）、金黄色葡萄球菌（Fitzgerald et al.，2001）、铜绿假单胞菌（Liang et al.，2001）和单增李斯特氏菌（Borucki et al.，2003）的鉴定中。

2. 随机基因组指纹图谱

除了全基因组指纹图谱，在无法获得微生物基因组序列信息的情况下，使用随机基因组芯片更为方便。Cho 等（2001）将假单胞菌属的 4 个菌种基因组 DNA 通过玻璃珠破碎成约 1~2 kb 的 DNA 片段文库，再点样至基因芯片上，构建出随机基因组文库。通过该方法可产生 12 个假单胞菌菌株的指纹图谱，且方法操作简便。

3. 微测序基因指纹图谱

单核苷酸多态性（SNP）是由基因组核苷酸水平上的变异引起的 DNA 序列多态性，包括单个碱基的转换、颠换以及单个碱基的插入、缺失。单核苷酸多态性具有数量多、分布广泛、遗传稳定、易于基因分型、适于快速及高通量检出的特点，是被广泛应用的一种 DNA 指纹图谱技术。SNP 芯片是结合单核苷酸多态性方法和基因芯片技术而开发的，是基于单碱基延伸反应（single base extension，SBE）或称微测序（minisequencing）的技术，适合于精确有效的大规模基因分型。王大勇等（2010）采用基于单碱基延伸反应的基因芯片方法，对金黄色葡萄球菌、沙门氏菌、单核细胞增生李斯特氏菌、志贺氏菌、军团菌、肺炎克雷伯菌、肠出血性大肠埃希氏菌 O157：H7、幽门螺杆菌、大肠埃希氏菌、霍乱弧菌、结核分枝杆菌、鼠疫耶尔森氏菌、炭疽芽孢杆菌等 13 种可能存在于水体中的致病菌进行检测，基因芯片检测灵敏度可达 0.2 pg DNA，用所制备的基因芯片检测模拟和实际水样，准确率达 100%。

3.4.2 在食源性病毒检测中的应用

病毒（virus）是由一个核酸分子与蛋白质构成的非细胞形态的靠寄生生活的生命体，是一类个体微小、结构简单、只含单一核酸、必须在活细胞内寄生并以复制方式增殖的非细胞型微生物。食物中毒事件主要由食源性致病微生物引起，而人类腹泻性传染病大多是源于食源性病毒感染。目前发现的能够以食物为传播载体和经消化道传染的致病性病毒主要有轮状病毒、星状病毒、腺病毒、杯状病毒、甲型肝炎病毒和戊型肝炎病毒等，常见的食源性病毒有 SARS 病毒、禽流感 H5N1、诺沃克病毒、疯牛病病毒、口蹄疫病毒、脊椎灰质炎病毒、猪瘟病毒等。

传统的病毒检测方法是通过病毒的细胞培养和噬斑实验，但由于许多感染性病毒无现成培养方式，该方法的使用有一定的受限范围。电子显微镜和免疫电子显微镜为病毒检测提供了一种活体观察病毒的方法，但该方法的灵敏度不高。同样的，酶联免疫反应（ELISA）也因检出限过高（需要 100 000 个病毒颗粒/mL）而限制了其在病毒检测中的应用。相比之下，使用 PCR 和 RT - PCR 法的灵敏度高，特异性好，在病毒检测中应用广泛。将基因芯片技术与 PCR 技术结合，进一步拓展了在病毒检测方面的应用。

严重急性呼吸综合征（SARS）病毒和禽流感病毒是两种传染能力极强的病毒，并曾经在国内引起严重的呼吸道传染性疾病。Long 等（2004）构建了包含 6 个位点的 SNP 基因芯片，并结合 RT - PCR 和连接酶检测反应（ligation detection reaction，LDR），用于检测 SARS 病毒。通过对 20 个样品的基因芯片和 DNA 测序对比分析，两种方法结果一致，表明基因芯片技术可作为 SARS 病毒检测和基因分型。在禽流感病毒检测方面，Dawson 等（2007）构建了检测 H5N1 禽流感的基因芯片，并使用 2003—2006 年于世界各地收集的 24 个不同亚型的 H5N1 禽流感病毒对基因芯片进行验证，结果表明，在 95% 的置信度上，有 21 个病毒被鉴定为 H5N1 病毒；在 80% 的置信度上，所有的 24 个病毒均被鉴定为 H5N1 禽流感病毒。该芯片特异性好，与 H3N2 及 H1N1 禽流感病毒无杂交信号。

人畜共患烈性传染病口蹄疫和水疱性口炎是世界各国动物检疫部门重点防范的动物传染病。杨素等（2004）使用分子克隆方法获得口蹄疫病毒、水疱性口炎病毒、蓝舌病病毒、鹿流行性出血热病毒和赤羽病病毒各一段高度特异的基因片段，制备成检测芯片，该方法可同时诊断上述 5 种动物传染病。李永强等（2009）实验设计了针对 25 种人兽共患病病毒的寡核苷酸探针并构建了基因芯片技术，对病毒核酸进行随机扩增，并优化杂交动力学条件，初步建立了针对 25 种人兽共患病病毒的基因芯片检测方法。但该方法仍有一些步骤需要进一步完善，如芯片的重复性验证、芯片探针的优化等。

在其他的食源性病毒检测方面，Wang 等（2002）构建了含 1 600 个 70 mer 寡核苷酸探针的随机基因组基因芯片，可通过一次反应测定接近 140 个病毒亚型。陈广全等（2008）构建了可检测 5 种食源性病毒（诺如病毒、轮状病毒、甲肝病毒、星状病毒、脊髓灰质炎病毒）的基因芯片，该芯片具有良好的特异性，在 5 种病毒之间无交叉反应，其灵敏度与荧光 PCR 方法相当。Banér 等（2007）构建了可检测手足口病毒、疱疹性口炎病毒、猪水疱病病毒的基因芯片，芯片检测结果与传统血清学检测结果一致。通过使用 padlock 探针，吴时友等（2005）构建基因芯片，用于检测鸡肉中常见的 14 种病毒，该方法的灵敏度比 PCR 法高 10 000 倍，特异性强。

3.4.3 在食品真实属性检测中的应用

食品的真实属性鉴定是食品安全链条上的重要环节。在国内外，许多食品都是以加工食品、冷冻食品或冷藏食品的形式销售，这些食品很难从外观上确定其真实属性。近几年，食品造假事件的频发，比如欧洲的"马肉风波"，国内的假羊肉、地沟油事件等，表明物种鉴定应成为食品检测中非常重要的一部分。

目前使用比较广泛的食品真实属性鉴定方法有酶联免疫反应（enzyme-linked immunosorbent assays，ELISA）法、聚合酶链式反应（polymerase chain reaction，PCR）法和 DNA 条形码技术（DNA barcoding）。相比之下，PCR 法是检测机构对食品真实属性进行鉴定时使用最多的方法。然而，PCR 法和 ELISA 法无法实现高通量检测，且对于每一个新物种的测定均须通过设计新引物或开发新的抗体来实现。使用 DNA 条形码技术，由通用引物的测序并与数据库序列进行比对分析，可实现对已知或未知样品的属性鉴定，但该方法操作周期长，在实际应用中具有一定的弊端。而基因芯片技术充分利用现有的 DNA 数据库中的序列，可实现高通量检测，也可大大缩短检测周期。

3.4.3.1 动物制品真实属性检测

1. 畜禽肉制品

对畜禽肉类食品的标签作假和产品掺假的识别是食品安全监管部门和检测机构的一个重要任务。为了保证消费者的健康和消费信心，保证畜禽肉制品的产品质量，维护市场健康发展，针对肉制品真实属性的鉴别非常重要。

Peter 等（2004）构建了基于 $cytb$ 基因的基因芯片，对牛、猪、绵羊、山羊、鸡、火鸡实现检测，在混合肉类产品中的检出限为 0.1%。石丰运等（2010）通过对脊椎动物分子标记基因进行序列分析，选择线粒体 16S rRNA 基因，利用 1 对通用引物、4 条特异性探针及 2 条质控探针，对牛、山羊、猪、鸡等 4 种动物源性成分进行检测。该检测方法能实现对上述 4 种动物源性成分同时进行快速、准确的检测，具有很好的特异性，灵敏度均达到 1 pg。Lin 等（2014）将 DNA 条形码技术和基因芯片技术相结合，在细胞色素 C 氧化酶亚基 I（COI）基因上设计出 50～80 mer 的寡核苷酸特异性探针，可通过基因芯片分析鉴定猪、牛、绵羊、马、猫、狗、鼠 7 种哺乳动物源性成分。方法的检出限为 0.5 pg DNA，除了绵羊探针外，其他的探针特异性好。

不少基因芯片生产厂商已经推出了商品化的食品属性鉴别试剂盒。法国 Biometriux

公司的 FoodExpert-ID 基因芯片最早推出肉类产品鉴别的商品化基因芯片，该芯片基于 *cytb* 基因，共设计了包含 33 种脊椎动物共 88 000 个探针，可实现对多种动物食品的品质鉴定（李山云等，2005）。Chisholm 等（2008）对 FoodExpert-ID 基因芯片进行验证，结果表明 FoodExpert-ID 基因芯片可用于常见肉类成分的检测，其中火鸡和鸡肉的检出限为 0.1%，猪、牛、羊肉的检出限为 1%；在烤肉和罐头肉类产品中，含量 5% 以上的猪、牛、鸡肉即可准确鉴定。Iwobi 等（2011）比较了两种商业化的基因芯片试剂盒 CarnoCheck Test Kit 及 MEAT^{species} LCD Array，结果表明两种试剂盒的结果具有一致性，其中 CarnoCheck 试剂盒可检测猪、牛、马、绵羊、山羊、驴、鸡、火鸡 8 种肉类，对混合肉产品的检出限为 0.1%；LCD Array 试剂盒可检测黄牛、水牛、猪、绵羊、山羊、马、驴、兔、草兔、鸡、火鸡、鹅、番鸭、家鸭 14 种肉类，试剂盒的检出限为 0.5%。通过使用 70 个市售肉类产品进行验证并与传统 PCR 鉴定结果比较，两种试剂盒的检测结果与传统方法具有可比性。

2. 水产品

过去 60 年里，全球水产品的生产和销售呈现不断增长的趋势，水产品造假也日益猖狂。最常见的水产品造假手段是品种替代，即以价格较为低廉的品种冒充外形和口感相似的价格较为昂贵的品种，如以油鱼冒充鳕鱼，以养殖鲑鱼冒充野生三文鱼，鱼翅的造假等。除了造成消费者经济损失外，水产品的造假也会对濒危物种生存、渔业监测、食品安全、消费者购买信心产生重大的影响。因而，开发水产品食品真实属性鉴别非常重要。

Teletchea 等（2008）设计了基于细胞色素 b（*cytb*）基因的基因芯片鉴别 71 个商业上或是濒临灭绝的脊椎动物产品，除了斑点舌齿鲈、海鲂杂交无信号外，其他的鱼类产品均可以准确鉴定。Park 等（2010）通过线粒体 *COI* 基因开发了可检测 9 种鲸鱼品种的基因芯片，可分辨小须鲸、小布氏鲸、角岛鲸、长须鲸、座头鲸、抹香鲸、逆戟鲸、伪虎鲸及史氏中喙鲸。使用线粒体 16S rRNA 基因、*cytb* 基因和 *COI* 基因，并结合 DNA 条形码技术和基因芯片技术，Kochzius 等（2010）用此鉴定欧洲市场 50 种鱼类，并比较了 3 种靶基因的优缺点。研究结果表明，使用 *cytb* 和 *COI* 基因进行 DNA barcoding 分析时可清晰分辨 50 种水生鱼类，而使用 16S rRNA 基因进行 DNA 条形码分析时无法分辨亲缘关系相近的两种比目鱼和两种鲂鱼。

3.4.3.2 植物制品真实属性检测

基因芯片在植物制品真实属性检测方面的研究报道相对较少。Rønning 等（2005）以叶绿体 *trnL* 内含子为探针，构建了可同时检测小麦、黑麦、燕麦、大麦、水稻、玉米共 6 种作物的基因芯片，是最早报道的使用基因芯片技术分析植物真实属性的文章。使用该芯片对市售作物样品进行检测，大部分样品的鉴定结果与样品标签相符，但有 10 个样品检测结果与标签不符。

3.4.4 在转基因食品检测中的应用

自 20 世纪 90 年代以来，多种转基因生物进入大规模商业化应用阶段，这对转基因生物的安全性评价提出了新的要求。转基因食品是一把双刃剑，在带给我们利益的同时，也给我们带来了隐患。随着世界各国对转基因食品安全性认识不断深入，如何监测、管理和防范转基因生物的生物性安全问题是现在和未来面临的一项重大难题。

3.4.4.1 转基因食品检测所用靶基因

转基因食品的检测主要针对两类特定的靶基因序列，第一类是非结构基因序列，包括启动子序列、终止子序列以及克隆载体自身序列。其中大部分转基因植物是通过来自花椰菜花叶病毒 35S 启动子（*CaMV* 35S）和来自农杆菌胭脂碱合成酶终止子（*NOS*）的载体所转化，部分转基因植物是由玄参花叶病毒 35S（*FMV* 35S）启动子所转化。质粒所含有的标记基因包括 β-葡萄糖醛酸乙酰转移酶基因（*GUS*）、章鱼碱合成酶基因（*NCS*）、荧光素酶基因（*LUC*）、绿色荧光蛋白基因（*GFP*）、新霉素磷酸转移酶基因（*Npt* Ⅱ）、氯霉素乙酰转移酶基因（*Cat*）等。因此，可通过对非结构基因标志物的鉴定来筛查外源基因。第二类靶基因是外源结构基因序列，外源基因按照其功能可分为两类：①抗除草剂基因，如草丁膦乙酰转移酶基因（*Bar* 和 *Pat*）、5-莽草酸-3-磷酸合成酶基因（*Epsps*）等；②抗虫基因，如苏云金芽孢杆菌杀虫结晶蛋白基因（Bt）、苏云金芽孢杆菌杀虫毒蛋白基因（*Cry*ⅠA）、科罗拉多马铃薯甲虫抗虫毒蛋白基因（*Cry*3A）等。

3.4.4.2 基因芯片技术在转基因食品定性检测中的应用

在转基因食品检测方法上，1999 年 10 月，欧共体公布的转基因食品检测方法有：酶联免疫吸附检测法（ELISA）和聚合酶链式反应（PCR）法。这两种方法都有一定的局限性，酶联免疫吸附检测法中所用的酶会受热失活，其检测的对象蛋白质的抗原性在加工过程中很容易被破坏，从而影响检测结果的准确性。在大部分情况下，酶联免疫法和 PCR 法一次只能检测一种或几种目标基因。而从转基因技术的发展趋势来看，需要同时检测多种目标基因的新技术，尤其是大数量的转基因产品进入商品化生产时，需要更有效的、更快速的检测方法，最近几年出现的基因芯片技术是解决这一问题的新亮点。

Leimanis 等（2006）以 *CaMV* 35S 启动子、*NOS* 终止子和 *Npt* Ⅱ 基因为探针，采用基因芯片技术同时对 8 种转基因作物（包括 RRS 大豆、Bt11、Bt176、T25、MON810 玉米，GT73、T45、OXY235 油菜）进行检测，该方法的特异性好，检测限为 0.1%。Chen 等（2006）构建了可检测大豆、玉米、马铃薯、水稻、番茄、小麦内源基因以及 *CaMV* 35S、*NOS*、*t*35S、*Npt* Ⅱ、*Pat*、*Cp*4-*Epsps*、*Cry*ⅠAb 外源基因的基因芯片，使用 119 个样品进行测试，方法的特异性好，对非转基因与转基因产品鉴别准确，方法的检出限为 0.01%。Xu 等（2007）通过在筛选基因和品系特异性基因基础上设计探针，构建了大豆 GTS40-3-2 及玉米 MON810、MON863、Bt176、Bt11、GA21、T25 的品系特异性基因芯片。由于大多数转基因植物使用 *CaMV* 35S 为外源基因启动子，Tengs 等（2007）从数据库中穷尽搜索并下载 235 个含 *CaMV* 35S 的载体序列设计成寡核苷酸链探针，构建了寡核苷酸基因芯片，该芯片可在无须预知外源基因类型的情况下检测转基因拟南芥和水稻。

肽核酸（peptide nucleic acids，PNA）是一类以多肽骨架取代糖磷酸主链的 DNA 类似物，是丹麦有机化学家 Ole Buchardt 和生物化学家 Peter Nielsen 于 20 世纪 80 年代开始潜心研究的一种新的核酸序列特异性试剂。PNA 可以通过 Watson-Crick 碱基配对的形式识别并结合 DNA 或 RNA 序列，形成稳定的双螺旋结构。由于 PNA 不带负电荷，与 DNA 和 RNA 之间不存在静电斥力，因而结合的稳定性和特异性大为提高。此外，不同于 DNA 或 RNA 间的杂交，PNA 与 DNA 或 RNA 的杂交几乎不受杂交体系盐浓度影响，与 DNA 或 RNA 分子的杂交能力远优于 DNA/DNA 或 DNA/RNA，表现出较高的杂交稳定性、优良的特异序列识别能力，且不被核酸酶和蛋白酶水解的特性，并可以与配基相连共转染进入细胞。这些都是其他寡核苷酸所不具备的优点。鉴于上述诸多优点，近10年来，人们为其在许多高技术领域找到了用途。在转基因食品鉴定的应用研究方面，Weiler 等（1997）构建了肽核酸基因芯片，Germini 等（2005）利用肽核酸基因芯片对转基因大豆进行了检测，方法的特异性好，检出限为5%的 RRS 大豆和5%的 Bt176 玉米。

3.4.4.3 基因芯片技术在转基因食品定量检测中的应用

基因芯片技术在转基因食品定量检测中的研究相对较少，转基因食品的定量检测常常是使用荧光定量 PCR 技术。在基因芯片技术发展过程中，结合使用荧光定量 PCR 和基因芯片技术，可实现高通量定量检测，也可同时提高方法的特异性和灵敏度。

Rudi 等（2003）开发了多重定量 PCR – DNA 芯片方法（MQDA – PCR）来定量分析食品中转基因成分。其方法的步骤为：①使用加尾引物扩增转基因食品 DNA，通过简单的4个 PCR 循环反应获得初始 DNA 模板，用外切核酸酶去除多余引物；②用与加尾引物5'端互补的引物进行后续 PCR 扩增；③使用基因芯片定量检测荧光。加尾引物的使用提高了方法的特异性和灵敏度，实验结果表明含量为0.1%～2.0%的转基因食品可以精准定量。该方法可应用于 Bt176、Bt11、MON810、T25、GA21、CBH351 和 DBT418 等多个品系。

Morisset 等（2008）使用基于核酸序列依赖性扩增（nuclear acid sequence-based amplification，NASBA）的技术对转基因食品进行定量检测。核酸序列依赖性扩增是一项以 RNA 模板进行等温核酸扩增并能实时观测结果的检测方法。该技术的检测反应有赖于 AMV 逆转录酶、噬菌体 T7 RNA 多聚酶、核糖核酸酶 H、两种特别设计的特异性寡核苷酸引物和分子信标探针共同协作而完成。NASBA 方法的基本原理为：①使用特别设计的引物。正向引物的3'端与目标 DNA 匹配，5'端含 SP6 RNA 聚合酶启动子序列；反向引物的3'端与目标 DNA 匹配，5'端含 T7 RNA 聚合酶启动子序列。②反应步骤为：正向引物与模板 RNA 退火，由 AMV 逆转录酶催化合成一条 cDNA 链，形成 RNA – DNA 杂交分子，RNase H 水解杂交分子上的 RNA，留下一条单链 DNA。然后，反向引物与单链 DNA 的5'端退火，由 AMV 逆转录酶催化合成第二条 DNA 链。随后，T7 RNA 聚合酶识别双链 DNA 中的启动子区，催化 DNA 转录为 RNA。如此循环反复，RNA 拷贝数被不断放大。NASBA 方法具有以下特点：操作简单，不需要模板的热变性及长时间温度循环等过程，扩增效率高，PCR 需要约20个循环可将 DNA 模板扩增 10^9 倍。作者将核酸序列依赖性扩增技术与基因芯片技术相结合，实现高通量和自动化分析。检测转基因玉米中的 *IVR* 内源基因，以及 *CaMV* 35S 启动子、*NOS* 终止子、MON810 外源基因，该方法的特异性好，检出限可低至2个 DNA 拷贝，线性定量范围为0.1%～25.0%。

3.4.4.4 商业化的转基因食品检测基因芯片

转基因检测的大多数基因芯片方法仍停留在实验室研究中，只有少数公司开发了适用于常规检测的基因芯片。2001年，德国 GeneScan 公司开发了 GMOChip 试剂盒，可同时检测 14 个基因，包括大豆、玉米、水稻、油菜内源基因、*CaMV* 35S、*NOS*、*Bar*、*Pat* 筛选基因，以及 Bt11、Bt176、MON810、DBT418、RRS 等品系特异性基因。2006 年，德国 Eppendorf 公司开发了 DualChip® 转基因检测试剂盒，可检测 14 种目标基因，2008 年更新的 DualChip 2.0 版本将同时检测的目标基因增加至 30 个。Hamels 等（2009）设计实验验证 DualChip 的有效性，结果表明，Bt176 玉米和 MON810 玉米鉴定准确，而 RRS 大豆与 MON1445 棉花无法区分，Bt11 玉米与多个转基因玉米品系（T25、MON863、MON1507、MON15985、MON531、MON1445）无法完全区分，因而 DualChip 只能作为一种初始的筛选手段，要准确鉴定时还需要其他方法的结合使用。

3.4.5　基因芯片的衍生技术及其应用

3.4.5.1　可视化基因芯片（visual DNA microarray）

可视化芯片是在传统基因芯片的基础上发展起来的，与传统芯片相比，可视芯片通过肉眼就可以观察到芯片杂交的信号，更有利于在基层实验室推广使用，可以广泛地在只有 PCR 仪等基本分子生物学设备的实验室或研究站投入使用。

Jenison 等（2001）开发了一种可视化芯片技术，其方法的原理为：设计一个具有高度反射性能的多层光学涂层的硅表面。在自然光源照射下，该硅基片对蓝光的反射率最低，对红光的反射率最高，未经杂交反应的情况下呈现颜色为金色。将 20 mer 的寡核苷酸探针固定至硅基片中，当探针与样品 DNA 杂交后，再加入 18 mer 的生物素标记的另一寡核苷酸链探针结合。由于生物素标记的存在，当加入含生物素抗体标记的辣根过氧化物酶后，可以与此探针复合物进一步结合，从而形成一个分子薄膜沉积表面。分子薄膜改变了芯片的光反射性能，导致芯片的颜色由金色变为蓝色，通过人眼即可判断芯片杂交结果。

可视化基因芯片目前仍是一门最新的技术，仅有少数的研究者利用可视化基因芯片技术鉴定食品中转基因成分（成晓维等，2013）、食源性致病菌（赵金毅等，2008；Bai et al.，2010）、病毒（彭贤慧等，2012），以及属性成分（Bai et al.，2011）等。

3.4.5.2　微流控芯片（microfluidic microarray）

微流控芯片又称微流控芯片实验室，或芯片实验室（lab-on-a-chip），是指在一块几平方厘米的芯片上构建的化学或生物实验室。它把化学和生物等领域中所涉及的样品制备、反应、分离、检测、细胞培养、分选、裂解等基本操作单元集成到一块很小的芯片上，由微通道形成网络，以可控流体贯穿整个系统，用以实现常规化学或生物实验室的各种功能。核心技术包括芯片材料与制作技术、表面改性技术、微流体驱动与控制技术、进样与预处理技术、微混合与微反应技术、微分离技术、液滴技术和检测技术等。这种集成的直接好处是样品处理时间大幅缩短，检测分辨率和灵敏度显著提高，以及消耗和成本大幅降低。一些微流控分析芯片如图 3 – 5 所示。

理论上讲，微流控芯片可应用于任何涉及流体的学科，其中最直接的是化学、生物学和医学，已经涉及的领域包括疾病诊断、药物筛选、环境检测、食品安全、司法鉴定、体育竞技以及反恐、航天等事关人类生存质量的方方面面。目前，微流控芯片制作的趋势是，被集成的单元部件和技术越来越多，规模越来越大，应用越来越广。从更深远的意义上讲，微流控芯片极有可能使实验设备小型化、家庭化，最终实现检

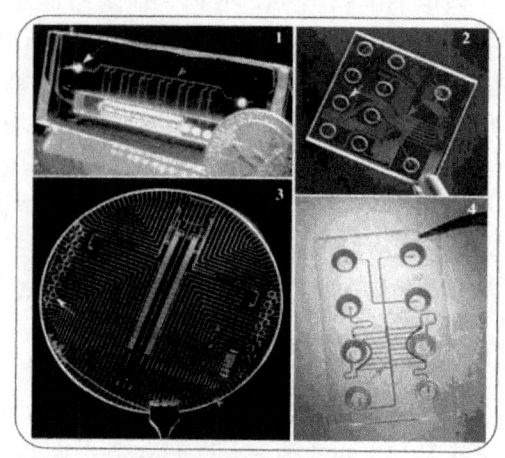

图 3-5　各类型微流控芯片

1号芯片由塑料制成；2号和3号芯片由石英制成；4号芯片由玻璃制成。箭头指示存储各种试剂溶液的储液池、储液池和芯片间的微通道，各种试剂由储液池进入微通道

测等仪器的普及化，从根本上改善人类生存质量。

3.4.5.3　其他生物芯片

基因芯片技术已延伸至糖类、多肽、蛋白组学、细胞学、组织学等的研究领域中，并产生了蛋白质芯片、细胞芯片、组织芯片等种类的芯片。

1. 蛋白质芯片（protein microarray）

蛋白质芯片是指在固相支持物表面固定大量蛋白探针（可以是抗原、抗体、受体、配体、酶、底物等），形成高密度排列的蛋白质点阵。利用这种芯片和含有未知蛋白质的液体（体液、细胞和组织提取物）进行孵育反应，反应后用相应的检测系统进行检测，通过计算机分析和比较获得信息。目前主要分为两种类型生物蛋白芯片：一种为在固相支持物表面高密集排列的探针蛋白质点阵；一种为微型化凝胶电泳板，即样品的待测蛋白在电场作用下通过芯片上的微孔道进行分离，然后经喷射进入质谱仪中来检测待测蛋白质的分子量及种类。蛋白芯片可分为无活性和有活性两种形式：无活性芯片是将已合成好的蛋白质点在芯片上；有活性芯片则是在芯片上点样生物体（如细菌），在芯片上原位表达蛋白质。蛋白芯片还可按其密度分为高、中、低密度芯片。

相对于基因芯片，蛋白质芯片的研究和应用较少，目前也有应用于蛋白质相互作用分析、蛋白质组学、医疗诊断及食品安全检测的相关报道。蛋白质芯片更详细的介绍见第9章。

2. 细胞芯片（cell microarray）

细胞芯片是将细胞按照特定的方式固定在载体上排列成矩阵的微缩芯片，用来检测细胞间的相互影响或相互作用。细胞芯片能通过控制细胞培养条件使芯片上所有细胞处于同一细胞周期，在不同细胞株间生化反应及化学反应使结果更具可比性。细胞芯片的使用在免疫组化和原位杂交研究中引起了科研人员的广泛兴趣。

基于细胞芯片的研究分析是一种具有较高通量的技术，以细胞作为实验平台的细胞芯片至少具有以下2个方面的特点：①在芯片上实现对活细胞的原位监测，可以多参数高通量地直接获得与细胞相关的大量功能信息,这是细胞芯片最重要的特点;②利用显微技术和纳米技术能精确地控制细胞内的生物化学环境,以细胞作为化学反应的纳米反应器,便于详细地研究揭示细胞内一系列过程和原理的本质。

3. 组织芯片(tissue microarray)

组织芯片又称组织微阵列,是将许多不同个体组织标本以规则阵列方式排布于同一载玻片上,进行同一指标的原位组织学研究,可用于研究同一种基因或蛋白质分子在不同的细胞或组织中的表达情况。组织芯片具有平行、高通量的优点。它的最大便利之处在于可以对大量组织标本进行同时检测,缩短了检测时间,减少了不同染色玻片间人为造成的差异,使得各组织或穿刺标本间对某一生物分子的测定更具有可比性。

自 1998 年 Konnonen 等首次描述了组织芯片以来,这项技术目前已成为肿瘤等组织方法学研究中的又一热点,并逐渐成为推动基础研究向临床转换的重要手段。组织芯片技术并不局限于固态肿瘤,还可以应用于异种移植物和血液组织。该技术可以与免疫组化技术(IHC)、荧光核酸原位杂交(FISH)、RNA 原位杂交(RNA *in situ* hybridization,RNA – ISH)等技术相结合,对基因转录和表达产物的不同时期表达水平进行研究。

3.5 应用示例

3.5.1 基因芯片技术检测 3 种食源性致病菌(陈昱等,2009)

3.5.1.1 材料与方法

(1)材料。菌种共 26 株,包括志贺氏菌 6 株、沙门氏菌 6 株、大肠杆菌和大肠杆菌 O157:H7 4 株、副溶血性弧菌 3 株、单增李斯特氏菌 3 株、霍乱弧菌 2 株、金黄色葡萄球菌 2 株。Taq 酶、引物、探针、磁珠法 DNA 提取试剂盒。主要仪器:凝胶成像分析系统、PCR 仪、梯度 PCR 仪、微阵列点样仪、基因芯片扫描仪。

(2)DNA 提取。取 1.5 mL 菌液,13 000 r/min 离心,去上清,沉淀加入 100 μL 50 g/L 溶菌酶,悬浮菌液,37 ℃温育 2 h。加入 385 μL TE 溶液及 15 μL 20% SDS,煮沸 10 min,用等体积的酚—氯仿抽提,充分振荡混匀,13 000 r/min 离心 5 min,取上清。加入 1 mL 无水乙醇,-20 ℃放置 30 min 沉淀 DNA,13 000 r/min 离心 10 min,弃上清,无水乙醇洗涤 1 次,75% 乙醇洗涤 2 次。溶解于 100 μL ddH$_2$O,-20 ℃保存。

(3)多重 PCR 检测及优化。以志贺氏菌的侵袭性质粒抗原 H(*ipaH*)基因、沙门氏菌肠毒素(*stn*)基因和致泻性大肠杆菌 O157:H7 志贺样毒素(*slt*)基因作为靶基因,设计引物和探针,引物和探针序列详见陈昱等(2009)的研究。以标准菌株提取的等量 DNA 为模板,同时加入 4 对引物进行多重 PCR 扩增,对多重 PCR 各反应条件进行优化,建立最优化反应模式。扩增产物经 2% 琼脂糖凝胶电泳检测,并于凝胶成像系统分析结果。

(4)基因芯片的制备和杂交。用点样液将探针稀释至 25 μmol/L,各取 10 μL 置于 384 孔板,用微阵列点样仪点到醛基化玻片上,每点体积约为 0.2 nL,直径约300 μm,间距 400 μm,重复 3 次;同时设立不含寡核苷酸片段点样液的空白对照。点样时保持相对湿度为70%、温度为37 ℃。将点样后的芯片于室温放置过夜。

将PCR产物于PCR扩增仪上95 ℃变性2 min，迅速于0 ℃冰上放置5 min。取变性后的PCR产物7.75 μL、16S rDNA的PCR产物0.5 μL（0.5 μm）与1.75 μL杂交液（1.5 μL 20×SSC，0.25 μL 10% SDS）混匀，将10 μL混合液转移至芯片的杂交区域。将芯片置于杂交盒炉中，45 ℃保温1 h。将杂交后的芯片依次在洗液Ⅰ（2×SSC，0.1% SDS）、洗液Ⅱ（1×SSC，0.1% SDS）和洗液Ⅲ（0.5×SSC）中各洗涤5 min。然后将芯片置于基因芯片扫描仪上，用分析软件GenePix Pro 6.0扫描图像。

（5）芯片特异性、灵敏度。用建立的芯片方法分别对26株实验菌株进行检测，经PCR扩增和芯片检测，验证方法的特异性。取志贺氏菌、沙门氏菌、大肠杆菌O157的标准菌株，分别10倍倍比稀释DNA原液和模拟食品样品的菌液$10 \sim 10^9$倍，判断3种靶细菌检测的灵敏度。

（6）样品检测实验。样品采自上海肉菜市场和超市，随机取样1 g猪肉或1 mL牛奶，接入1 mL已知浓度的志贺氏菌、沙门氏菌、大肠杆菌O157的标准菌株，混匀作为食品样品原样，之后进行10倍倍比稀释原样$10 \sim 10^9$倍，各取1 mL用磁珠吸附试剂盒提取DNA，之后进行芯片检测。

3.5.1.2 结果与分析

（1）多重PCR扩增优化。分别对3对引物之间的浓度、模板量、退火温度和镁离子浓度进行优化。多重PCR扩增最佳反应体系为（50 μL）：10×PCR缓冲液5 μL、2 mmol/L $MgCl_2$、200 μmol/L dNTP、1.25 U *Taq* DNA聚合酶。在3种模板DNA的量相同时，各组分最优参数为：正反向引物比例都为10:1，*ipa*H、*stn*和*slt*基因的3对引物正反向的量分别为0.4/0.04 μmol/L，0.6/0.06 μmol/L，0.4/0.06 μmol/L。扩增条件为：95 ℃预变性5 min；95 ℃变性30 s，55 ℃退火30 s，72 ℃延伸30 s，35个循环；72 ℃延伸10 min。4 ℃下保存。

（2）芯片特异性实验。多重PCR结果表明，26株菌中，6株志贺氏菌均检测到*ipa*H基因，5株沙门氏菌均检测到*stn*基因，3株大肠杆菌O157:H7均检测到*slt*基因，而副溶血弧菌、大肠杆菌、李斯特氏菌、霍乱弧菌和金黄色葡萄球菌等12株菌株均未见特异性条带。将上述PCR产物与芯片杂交，结果显示，除志贺氏菌、沙门氏菌和致泻性大肠杆菌O157:H7能出现各自的阳性荧光信号外，其他细菌均为阴性，结果表明该芯片可以准确地检测出所接种的致病菌，无非特异性扩增（见图3-6）。

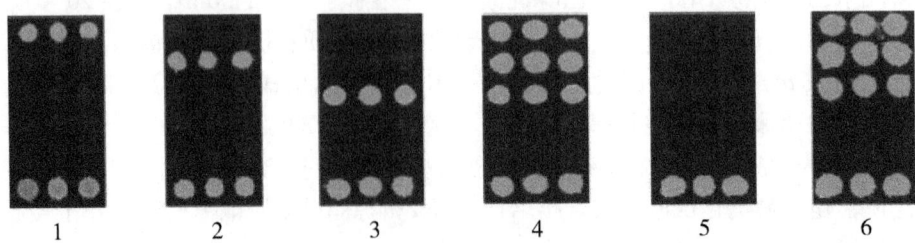

图3-6 芯片特异性实验结果

1：福氏志贺氏菌；2：肠炎沙门氏菌；3：大肠杆菌O157:H7；4：前3种细菌的多重PCR产物；5：阴性对照；6：7种细菌的多重PCR产物

(3) 芯片灵敏度实验。分别将志贺氏菌、沙门氏菌和大肠杆菌 O157:H7 的标准菌株 DNA 等量混合（混合后 3 种菌 DNA 质量浓度都为 800 ng/μL），10 倍倍比稀释 DNA 原液进行多重 PCR。多重 PCR 电泳检测，基因组 DNA 的检测限约为 16 pg，芯片检测结果显示 3 种菌的基因组 DNA 的检测极限为 8 pg。将志贺氏菌、沙门氏菌、大肠杆菌 O157:H7 3 种菌的标准菌株的培养液（平板计数结果为 5×10^8 CFU/mL）等量混合后，做 10 倍梯度稀释，然后将各个梯度稀释液分别接种于 1 g 猪肉和 1 mL 牛奶，充分混匀后用磁珠吸附法提取 DNA，之后进行芯片检测。结果显示可检测的最高稀释度为 10^{-7}，即检测限为 50 CFU/mL。

(4) 样品检测结果。人工模拟样品检测实验证明人工污染的猪肉和牛奶都可以准确地检测出所接种的致病菌，并无非特异性扩增。实际样品检测实验共进行了 29 份实际样品的检测，包括猪肉 18 份（猪肉、猪肝）、牛奶 11 份，结果检测出 1 份样品为志贺氏菌阳性、3 份样品为沙门氏菌阳性、2 份样品为大肠杆菌 O157 阳性。将阳性样品的扩增产物进行测序，显示与 GenBank 中标准菌株的同源性达 98%、99%。并与细菌学与血清学的鉴定结果一致。

3.5.2　可视芯片检测大豆、水稻和玉米中的转基因成分（成晓维等，2013）

3.5.2.1　材料与方法

(1) 材料。抗草甘膦转基因大豆（RRS1/GTS40-3-2）、转基因水稻华恢 1 号、转基因玉米 MON810、耐除草剂大豆 MON89788、转基因水稻科丰 6 号、转基因水稻克螟稻。Premix Ex Taq 2×（Perfect for RealTime）、Ex Taq 酶、DL2000 Ladder Marker、GoldView™ 核酸染料、DR. Chip DIY™ Kit。主要仪器：高速冷冻离心机、梯度 PCR 仪、7500Fast 实时荧光定量 PCR 仪、电泳仪、凝胶成像分析系统、芯片点样仪 Fast Spot；芯片杂交仪 DR. Mini Oven、紫外交联仪 SCIENTZ03-Ⅱ。

(2) 引物及探针设计。采用 Primer Premier 5.0 设计针对每段待测靶基因的备选探针，并注意使各探针的杂交动力学性质相近，长度在 20～40 bp 间。根据芯片的反应原理，下游引物 5′端以生物素标记，探针 5′端标记一段 polyT。实验共设计了 GOS、tRNALeu、Lectin、ZEIN、Wx012、PEP、NOS、CaMV35S、FMV35S、NPTⅡ、Bar、PAT、EPSPS、GOX、Bt63、KF6、KMD、MON810、CTP-CP4、89788、Cry 共 21 个引物和探针。引物和探针序列详见成晓维等（2013）的研究。

(3) 芯片的制备。将合成的探针稀释至 30 pmol/μL，加入等体积的 2×点样缓冲液，按照预先设计好的列阵加入探针溶液盘中，每孔加入约 15 μL。按操作说明使用 DR. Fast Spot 点样仪点制芯片。点制好的芯片室温静置 5～10 min，在紫外交联仪中 254 nm 交联 700 s，加 500 μL 超纯水冲洗 5 min，洗 2 次。加 100 μL 95% 乙醇 20 s 后，放入 50 ℃ 干燥箱中干燥 10 min，4 ℃ 保存备用。芯片阵列设计见表 3-3。

(4) 样品 DNA 的提取。采用 CTAB 法提取纯化样品 DNA。

(5) 样品 DNA 的 PCR 扩增。PCR 反应体系（50 μL）包含：模板 DNA 2 μL、10× Ex Taq 酶缓冲液 5 μL、25 μmol/L 引物各 1 μL、1.25 U Ex Taq 酶。PCR 反应条件：95 ℃ 预变性 5 min；94 ℃ 变性 30 s，55～60 ℃ 退火 30 s，72 ℃ 延伸 30 s，35 个循环；

表3-3 芯片阵列设计示意

	1	2	3	4	5	6	7	8
A	阳性对照	阳性对照	阳性对照	阳性对照	阳性对照	阳性对照	阳性对照	阴性对照
B	阳性对照	Lectin	Lectin	NPT Ⅱ	NPT Ⅱ	Bt63	Bt63	阴性对照
C	阳性对照	GOS	GOS	Bar	Bar	KF6	KF6	阴性对照
D	阳性对照	ZEIN	ZEIN	PAT	PAT	KMD1	KMD1	阴性对照
E	阳性对照	Wx012	Wx012	Cry	Cry	CTP-CP4	CTP-CP4	阴性对照
F	阳性对照	tRNALeu	tRNALeu	EPSPS	EPSPS	89788	89788	阴性对照
G	阳性对照	PEP	PEP	GOX	GOX	MON810	MON810	阴性对照
H	阳性对照	NOS	NOS	CaMV35S	CaMV35S	FMV35S	FMV35S	阴性对照

72 ℃延伸10 min。4 ℃下保存。反应结束后，取5 μL扩增产物用1.5%的琼脂糖凝胶电泳检测，紫外灯下检测电泳结果并拍照分析。

(6) 芯片的杂交和结果判读。吸取1～25 μL PCR扩增产物和200 μL DR. Hyb™缓冲液混合于离心管中，100 ℃变性5 min，迅速冰浴5 min。点样，置于45 ℃杂交箱中杂交45 min。去除杂交液。加250 μL清洗缓冲液到芯片凹槽中，去除洗液，重复2次。加封闭液（0.2 μL Strep-AP与200 μL Blocking Reagent混合液）到芯片凹槽中，室温（25～35 ℃）反应30 min。去除封闭液，加250 μL清洗缓冲液到杂交室，去除洗液，重复2次。将芯片在吸水纸上拍打，以吸出残留的洗液。加显色液（4 μL NBT/BCIP与196 μL检测缓冲液混合液）到芯片凹槽中，避光室温反应5～10 min。去除显色液，用超纯水冲洗芯片，并读取结果。

(7) 特异性、灵敏度和稳定性实验。以靶基因为单位，分别用不同的阳性对照核酸对靶基因进行扩增后与芯片进行杂交，确认检测特异性。利用本研究建立的可视芯片对0.01%、0.1%和0.5%阳性转基因植物标准品进行检测，确认其检测限。随即抽取不同点样批次和同一点样批次的不同芯片各3张，在相同的条件下对转基因植物标准品进行检测，验证芯片的重复性和稳定性。

3.5.2.2 结果与分析

(1) 芯片检测的特异性和灵敏度。各种靶基因PCR产物均与芯片上的探针特异性结合，无交叉反应（见图3-7）。同时该芯片上点制的空白对照、阴性对照和质控探针结果正常，形成了很好的监控体系，说明本方法具有很好的特异性，可以对转基因植物进行准确检测。采用本研究建立的方法对不同含量的转基因植物标准品进行检测，实验结果表明，基因芯片杂交检测灵敏度为0.1%（见图3-8）。

(2) 重复性及稳定性实验。以Bt63基因为例，对3张不同点样批次和同一点样批次的3张不同芯片，在相同的条件下进行杂交试验，分析基因芯片的重复性及稳定性。杂交结果显示芯片不同点样批次之间和相同点样批次之内的芯片的重复性和稳定性好。

3.5.2.3 结论

随着分子生物学技术的快速发展，对转基因食品的检测也衍生出很多种方法，主要可分为基于外源基因与基于表达产物两大类。针对表达产物免疫检测方法的灵敏度

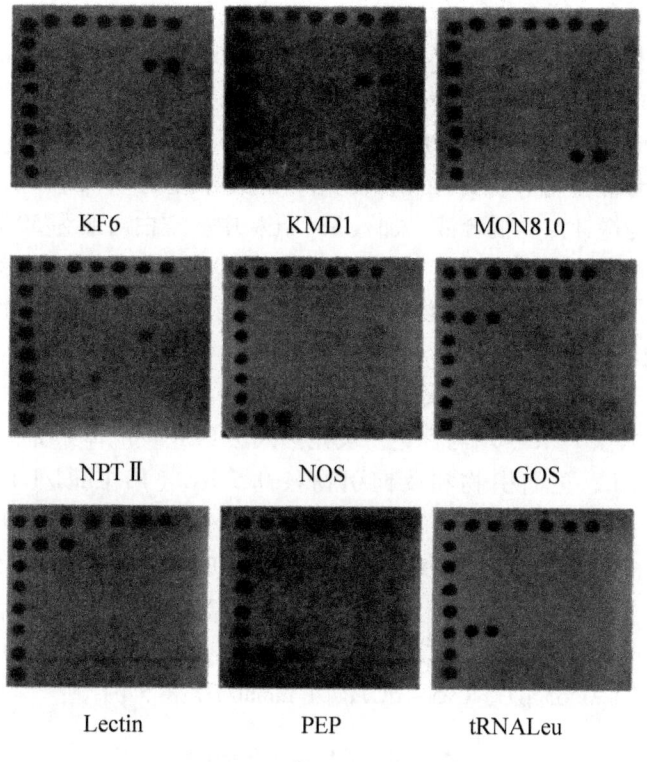

图3-7 芯片特异性杂交

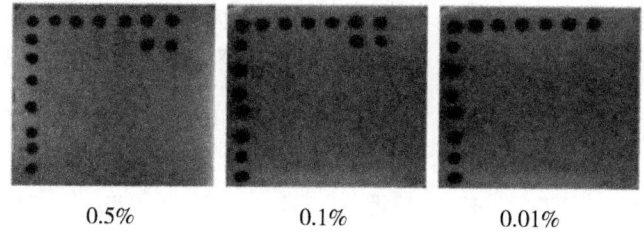

图3-8 芯片灵敏度杂交

与特异性易受到蛋白质降解的影响,故多采用针对外源基因的检测方法。芯片具有高密度、高通量的优点,可同时检测报告基因、抗性基因、启动子和终止子,非常适合于转基因作物及加工品的检测,具有广阔的发展前景。

3.5.3 基因芯片技术检测牛、山羊、猪和鸡源性成分(石丰运等,2010)

3.5.3.1 材料与方法

(1)材料。样品包括牛肉、山羊肉、猪肉、鸡肉、绵羊肉、狗肉、兔肉、鸭肉、鹅肉、鹌鹑肉、火鸡肉、鸽肉、鱼肉、驴肉、鹿肉。细胞/组织—基因组提取试剂盒、*Ex Taq* DNA 聚合酶、醛基化 DNA 芯片基片及盖片、4孔围栏。NANO - PLOTTER2芯片点样仪、GenePix4200A 芯片扫描仪、ABI Verti PCR 仪、凝胶成像系统、烘箱、核酸蛋白分析仪 DU800。

（2）引物和探针的设计。选择线粒体 DNA 16S rRNA 基因为目标基因，在文献提供的通用引物 Universal-Forward/Reverse 的基础上设计出一系列探针，用于检测牛、山羊、猪、鸡源性成分。引物及探针序列详见石丰运等（2010）的研究。

（3）芯片的制备。固相探针用 1×TE 溶解至终浓度为 40 μmol/L，与 50% DMSO 等体积混匀后作为探针点样混合液，加入 384 孔板中，空白对照为 50% DMSO，按预先设计的探针点阵排布顺序（见表 3-4），点样至基片上。点样后基片在湿盒中 37 ℃烘箱中水合 12 h，用 0.2% SDS 洗液漂洗 2 min，去离子水漂洗 3 次，每次 2 min；再放入 0.2% NaBH$_4$ 封闭液中封闭 15 min，中间静置 5 min；去离子水漂洗 3 次，每次 2 min，2 000 r/min 离心 2 min，干燥，4 ℃避光保存备用。

（4）荧光掺入法 PCR 扩增与标记。荧光掺入法 PCR 反应体系为：10×PCR 缓冲液 2.5 μL、Mg^{2+} 2 μL、正向引物和反向引物各 0.5 μL（10 μmol/L）、Taq 酶 0.2 μL（5 U/μL）、Cy5-dNTPs 0.4 μL、DNA 模板（10 ng/μL）1 μL，用 ddH$_2$O 补足总体积到 25 μL。PCR 扩增条件为：94 ℃预变性 5 min；94 ℃变性 30 s，55 ℃退火 30 s，72 ℃延伸 30 s，共 35 个循环；72 ℃延伸 5 min。Cy5-dNTPs 配方为：ddH$_2$O 2.85 μL、dATP（10 mmol/L）1 μL、dCTP（10 mmol/L）1 μL、dGTP（10 mmol/L）1 μL、dTTP（10 mmol/L）0.65 μL、Cy5-dCTP（1 mmol/L）3.5 μL。

表 3-4 芯片阵列设计示意

	1	2	3	4	5	6	7	8	9	10	11
A	阳性对照	阳性对照	阳性对照	阳性对照	阳性对照	阳性对照	阳性对照	阳性对照	阳性对照	阳性对照	阳性对照
B	阳性对照	牛	牛	牛	牛	牛	山羊	山羊	山羊	山羊	山羊
C	阳性对照	猪	猪	猪	猪	猪	鸡	鸡	鸡	鸡	鸡
D	阳性对照	阴性对照	阴性对照	阴性对照	阴性对照	阴性对照	空白对照	空白对照	空白对照	空白对照	空白对照

（5）杂交及扫描。分别取 7 μL 芯片杂交液（5×SSC，0.1% SDS）、6 μL PCR 标记产物、Cy5 标记阳性定位探针互补链 1 μL，混匀后 95 ℃变性 5 min，立即冰浴 5 min。将其按预计排布顺序加入芯片点样区，盖上盖玻片置于杂交盒中 52 ℃烘箱中避光杂交 2 h。杂交后的芯片依次放入 42 ℃预热洗液Ⅰ（0.3×SSC，0.2% SDS）和洗液Ⅱ（0.06×SSC）磁力搅拌清洗，各 3 min，2 000 r/min 离心 2 min，干燥。激光共聚焦扫描仪设置为在 635 nm 的激发波长扫描芯片，激光功率为 60%，PMT 设置为 60% 进行扫描。图像用 GenePix V5.0 软件分析。

（6）特异性及灵敏度实验。选取 15 种不同种的动物组织（见"（1）材料"），进行荧光掺入法 PCR 扩增、杂交和扫描，确认检测特异性。将提取的牛、山羊、猪、鸡的 DNA 模板稀释至 10 ng/μL，再分别进行 10×梯度稀释，进行荧光掺入法 PCR 扩增、杂交和扫描，确认其检测限。

3.5.3.2 结果与分析

（1）靶基因片段荧光掺入法 PCR 扩增结果。分别用 15 种动物源性 DNA 模板和空白对照进行荧光掺入法 PCR 扩增，通用引物 Universal-Forward/Reverse 能有效扩增出以上 15 种动物源性的 DNA 模板，产物序列长度分别在 234～249 bp 之间，与预期扩增产物大小相同（见图 3-9）。同时，用该通用引物对牛源性成分进行灵敏度检测，牛 DNA 的检出限为 10^{-5} 稀释度，即质量浓度为 1 pg/mL。

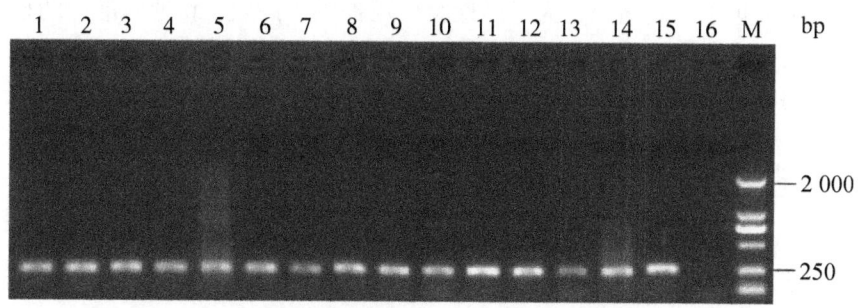

图 3-9 通用引物动物源性 PCR 扩增电泳

M：DNA 分子量 DL 2 000；1～16：牛、山羊、猪、鸡、绵羊、驴、鹿、狗、兔、鸭、鹅、鹌鹑、火鸡、鹧鸪、鱼、空白对照

（2）基因芯片特异性检测结果。用通用引物进行荧光掺入法标记 PCR 扩增，在芯片中进行杂交、扫描，结果表明，阳性质控探针及阴性质控探针杂交信号正常，4 条特异性探针（牛、山羊、猪、鸡）与目的产物有很好的杂交信号，与其余 11 种供试材料之间无杂交信号，不存在交叉反应，这 4 条特异性探针有很好的特异性（见图 3-10）。

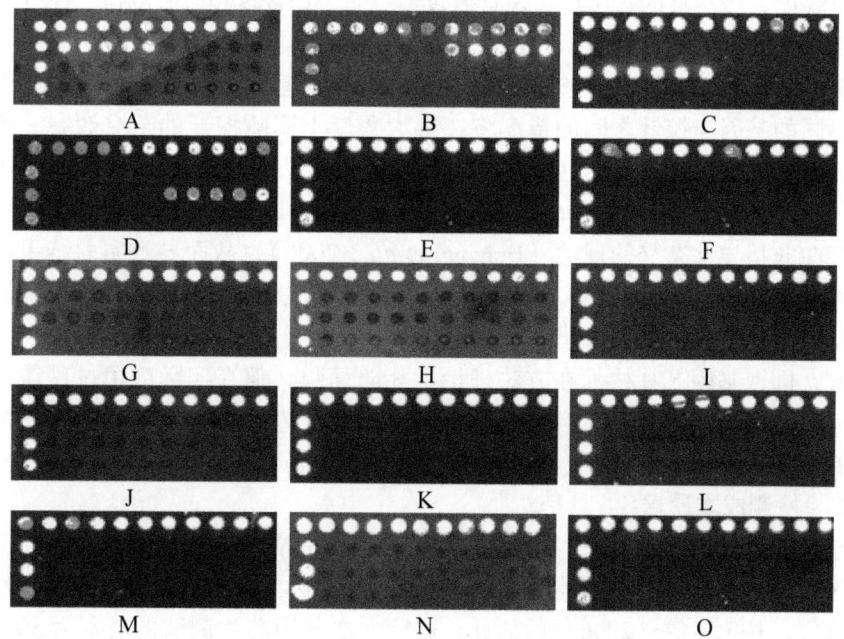

图 3-10 芯片特异性检测杂交结果

A～O：牛、山羊、猪、鸡、驴、鹿、狗、兔、鸭、鹅、鹧鸪、鹌鹑、火鸡、绵羊、鱼

(3) 基因芯片灵敏度检测结果。实验结果表明，牛、山羊、猪、鸡源性成分的基因芯片的最低检测限都达到了 10^{-5} 稀释度。

3.5.3.3 结论

本研究选取通用引物只通过一次 PCR 扩增就可以得到 15 种动物的目的片段，结合 PCR - 基因芯片技术可同时鉴别检测多种动物源性成分，并且具有很好的特异性和灵敏度。通过对牛、山羊、猪和鸡动物源性成分检测方法的初步研究，获得了该体系 PCR 扩增及芯片杂交等步骤的参数，为进一步对其余的动物源性成分的检测奠定了基础。本方法大大地缩短了检测周期，为口岸检验检疫提供了高效、快速、准确的检测手段，为我国进口食品、畜产品快速筛查和种类鉴定提供了有效的技术平台，具有非常广阔的推广应用前景。

3.6 存在的问题及前景展望

3.6.1 存在的问题

基因芯片技术在基因筛选、基因表达分析、蛋白质组学、食品安全评价、医学诊断研究、药物发现和药理学研究中得到广泛研究，但基因芯片技术目前仍局限于实验室研究，将基因芯片应用于食品安全日常检测及医学临床检验仍存在一定的约束，主要体现在如下方面。

3.6.1.1 基因芯片技术仍有待进一步完善

基因芯片技术的非特异性杂交现象仍然存在。由于基因芯片检测是依靠探针和靶序列之间的杂交来实现，因此基因芯片的杂交效果受杂交动力学的影响。杂交反应时间、反应温度、缓冲液的盐浓度、探针长度、探针 GC 含量和所带电荷、探针与芯片之间连接臂的长度及种类、检测基因的二级结构等因素均会影响基因芯片探针与靶序列的杂交效果。此外，基因芯片检测涵盖了不同种类的基因，杂交的最适条件难以完全一致，不同的基因与探针之间的错配将在很大程度上影响探针的杂交效率。即便在优化的实验条件下，仍有为数不少的研究者发现基因芯片探针存在特异性不强的问题（Hong et al.，2004；Teletchea et al.，2008），就连 Affymetrix 公司的商业化基因芯片也被发现存在非特异性杂交的现象（Draghici et al.，2006），从而导致实验结果存在一定的假阳性或假阴性。Draghici 等（2006）认为其大部分是由于探针设计时存在缺陷，或是由于基因序列数据库的注释错误所引起。

因此，即使基因芯片技术在方法理论上相对简单，但在实际应用过程需要细致的实验规划以及对方法的局限性有详细的了解，通过严谨的实验设计和对数据的谨慎分析，才有可能通过基因芯片技术获得稳定可靠的数据。

3.6.1.2 检测成本昂贵

由于芯片制作的工艺复杂，商品化的基因芯片价格昂贵，且需要专门的分析检测设备，因而基因芯片分析的成本较高，一般实验室难以承担其高昂的费用，影响了该技术的推广。按 Loy 等（2006）的估计，进行一次基因芯片测试的成本为 30～100 欧元，不利于在日常食品安全检测工作中的推广。随着芯片技术的发展，对设备要求较低的且操作相对简单的液相芯片、膜芯片、可视化芯片等模式的芯片技术逐渐成为国内外生命科学领域研究的热点。

3.6.1.3　缺乏标准化操作流程和数据分析方法

基因芯片操作复杂、费时，对操作人员的专业素质要求比较高，这极大限制了基因芯片技术的普及应用。基因芯片分析的样品制备及标记比较复杂，没有统一的质量控制标准，以致不同的实验者容易得出不同的结果，实验室不能共享数据和资料库等，这些都在一定程度上限制了基因芯片技术的应用。基因芯片产生的数据量庞大，数据类型各异，其数据分析步骤包括数据获取、图像分析、数据存储、数据搜索、统计学分析、多维可视化分析、与数据库的关联等，均需要强大的分析软件，但目前仍没有统一的数据分析软件。随着近年来分子生物学、计算机科学、半导体微电子技术等相关科学的发展，标准化和普及化的芯片技术也将不断推出和成熟。

3.6.1.4　对基因芯片方法仍缺乏充分的验证

基因芯片技术具有高通量、平行性、自动化的特点，但该方法容易因实验者操作水平、引物设计水平、数据库序列准确性等因素的影响，导致方法的特异性、灵敏度和重现性降低，因而，在开发基因芯片方法时，需要通过严谨的实验设计和对数据的谨慎分析，并对方法进行充分验证的情况下，才可应用于实际的日常检验工作中。

3.6.2　前景展望

基因芯片技术经过20年的发展已经形成了一个系统的平台，从样品制备、芯片制作、芯片杂交、数据扫描，到后期的数据管理、储存以及深度数据挖掘都有了较为标准化的流程，同时也积累了庞大的公共数据库，基因芯片技术正在从实验室的筛选手段，逐步走向产业化的应用阶段。随着基因芯片技术的发展，作为一门基础性技术，基因芯片将在方法和技术的水平上彻底改变基础研究和应用型研究。

为使基因芯片成为实验室研究或实践中可以普遍采用的技术，须从以下几方面着手解决问题：①提高基因芯片的特异性、重复性；②简化样品制备和标记操作；③增加信号检测的灵敏度；④研制和开发高度集成化的样品制备、基因扩增、核酸标记及检测仪器。

基因芯片技术尽管存在一定的不足和局限，但该技术具有检测系统微型化、检测样品微量化的特点，同时兼具检测效率高、能同时分析多种基因的优势，很适于在食品安全检测中的推广和应用。随着研究的不断深入和技术的完善，基因芯片技术一定会在食品科学研究领域发挥越来越重要的作用。

（陈国培、杨国武、林霖、赖心田）

参考文献

[1] 陈广全，曾静，张惠媛，等. 食源性致病病毒基因芯片方法检测. 中国公共卫生, 2008, 24 (5): 635-637.

[2] 陈昱，潘迎捷，赵勇，等. 基因芯片技术检测3种食源性致病微生物方法的建立. 微生物学通报, 2009, 36 (2): 285-291.

[3] 成晓维，王小玉，胡松楠，等. 可视芯片检测大豆、水稻和玉米中的转基因成分. 现代食品科技，2013，29（3）：654-659.

[4] 李永强，康晓平，孙庆歌，等. 基因芯片技术检测重要人兽共患病病毒方法的建立. 中国生物化学与分子生物学报，2009，25（11）：1058-1063.

[5] 李山云，林奇，李维强. 基因芯片技术及其在食品工业中的应用. 食品与机械，2005，22（4）：72-75.

[6] 彭贤慧，刘琪琦，陈苏红，等. 可视化基因芯片技术检测肠道病毒方法的建立. 军事医学，2012，36（4）：299-303.

[7] 石丰运，缪建锟，张利平，等. 运用基因芯片技术检测牛、山羊、猪和鸡源性成分. 生物工程学报，2010，26（6）：823-829.

[8] 孙继勇. 基因芯片核心技术及其最新进展. 国际检验医学杂志，2009，30（5）：467-468.

[9] 唐晓敏，高志贤. 基因芯片快速检测常见水中致病菌的初步应用研究. 解放军预防医学杂志，2003，21（2）：94-96.

[10] 王大勇，方振东，谢朝新，等. 水体中致病菌快速检测的基因芯片技术研究. 解放军医学杂志，2010，35（9）：1117-1122.

[11] 吴时友，尹燕博，郑彤彤，等. 鸡14种病毒基因芯片的研究. 中国动物检疫，2005，22（7）：27-29.

[12] 杨素，花群义，徐自忠，等. 口蹄疫等5种动物病毒基因芯片检测技术的研究. 微生物学报，2004，44（4）：479-482.

[13] 赵金毅，白素兰，黄文胜，等. 应用可视芯片技术检测食品中常见致病菌的方法研究. 食品与发酵工业，2008，34（8）：141-144.

[14] 祝儒刚，李拖平，宋立峰. 应用基因芯片技术检测肉及肉制品中5种致病菌. 食品科学，2012，33（14）：211-215.

[15] 周巍，张伟，袁耀武，等. FTA滤膜用于基因芯片检测肉中常见食源性致病菌的研究. 中国食品学报，2008，8（4）：113-122.

[16] Banér J, Gyarmati P, Yacoub A, et al. Microarray-based molecular detection of *foot-and-mouth disease*, *vesicular stomatitis* and *swine vesicular disease viruses*, using padlock probes. J Virol Methods, 2007, 143: 200-206.

[17] Bai S L, Li S C, Yao T, et al. Rapid detection of eight vegetable oils on optical thin-film biosensor chips. Food Contr, 2011, 22: 1624-1628.

[18] Bai S L, Zhao J Y, Zhang Y C, et al. Rapid and reliable detection of 11 food-borne pathogens using thin-film biosensor chips. Appl Microbiol Biotechnol, 2010, 86: 983-990.

[19] Bodrossy L, Stralis-Pavese N, Murrell J C, et al. Development and validation of a diagnostic microbial microarray for methanotrophs. Environ Microbiol, 2003, 5（7）：566-582.

[20] Borucki M K, Krug M J, Muraoka W T, et al. Discrimination among *Listeria monocytogenes* isolates using a mixed genome DNA microarray. Vet Microbiol, 2003, 92: 351-362.

[21] Call D R, Borucki M K, Loge F J. Detection of bacterial pathogens in environmental samples using DNA microarrays. J Microbiol Methods, 2003, 53: 235-243.

[22] Call D R, Brockman F J, Chandler D P. Detecting and genotyping *Escherichia coli* O157：H7 using multi-plexed PCR and nucleic acid microarrays. Int J Food Microbiol, 2001, 67: 71-80.

[23] Chen T L, Sanjaya, Prasad V, et al. Validation of cDNA microarray as a prototype for throughput detection of GMOs. Botan Studies, 2006, 47: 1-11.

[24] Chisholm J, Conyer C M, Hird H. Species identification in food products using the bioMerieux Food Ex-

pert-ID ® system. Eur Food Res Technol, 2008, 228: 39 - 45.

[25] Chizhikov V, Rasooly A, Chumakov K, et al. Microarray analysis of microbial virulence factors. Appl Environ Microbiol, 2001, 67 (7): 3258 - 3263.

[26] Cho J C, Tiedje J M. Bacterial species determination from DNA-DNA hybridization by using genome fragments and DNA microarrays. Appl Environ Microbiol, 2001, 67 (8): 3677 - 3682.

[27] Cleven B E, Palka-Santini M, Gielen J, et al. Identification and characterization of bacterial pathogens causing bloodstream infections by DNA microarray. J Clin Microbiol, 2006, 44 (7): 2389 - 2397.

[28] Dawson E D, Moore C L, Dankbar D M, et al. Identification of A H5N1 *influenza viruses* using a single gene diagnostic microarray. Anal Chem, 2007, 79: 378 - 384.

[29] Delgado S, Fracchetti F, Mayo B, et al. Development and validation of a multiplex PCR-based DNA microarray hybridisation method for detecting bacterial antibiotic resistance genes in cheese. Int Dairy J, 2011, 21: 149 - 157.

[30] Dorrell N, Mangan J A, Laing K G, et al. Whole genome comparison of *Campylobacter jejuni* human isolates using a low-cost microarray reveals extensive genetic diversity. Genome Res, 2001, 11: 1706 - 1715.

[31] Draghici S, Khatri P, Eklund A C, et al. Reliability and reproducibility issues in DNA microarray mesuarements. Trends Genet, 2006, 22 (2): 101 - 109.

[32] Fitzgerald J R, Sturdevant D E, Mackie S M, et al. Evolutionary genomics of *Staphylococcus aureus*: insights into the origin of methicillin-resistant strains and thetoxic shock syndrome epidemic. Proc Natl Acad Sci USA, 2001, 98: 8821 - 8826.

[33] Germini A, Rossi S, Zanetti A. et al. Development of a peptide nucleic acid array platform for the detection of genetically modified organisms in food. J Agric Food Chem, 2005, 53 (10): 3958 - 3962.

[34] Gharizadeh B, Käller M, Nyrén P, et al. Viral and microbial genotyping by a combination of multiplex competitive hybridization and specific extension followed by hybridization to generic tag arrays. Nucleic Acids Res, 2003, 31 (22): 1 - 12.

[35] Giannino M L, Aliprandi M, Feligini M, et al. A DNA array based assay for the characterization of microbial community in raw milk. J Microbiol Methods, 2009, 78: 181 - 188.

[36] Hakenbeck R, Balmelle N, Weber B, et al. Mosaic genes and mosaic chromosomes: intra-and interspecies genomic variation of *Streptococcus pneumoniae.* Infect Immun, 2001, 69, 2477 - 2486.

[37] Hamels S, Glouden T, Gilard K, et al. A PCR-microarray method for the screening of genetically modified organisms. Eur Food Res Technol, 2009, 228: 531 - 541.

[38] Hong B X, Jiang L F, Hu Y S, et al. Application of oligonucleotide array technology for the rapid detection of pathogenic bacteria of foodborne infections. J Microbiol Methods, 2004, 58, 403 - 411.

[39] Iwobi A N, Huber I, Hauner G, et al. Biochip technology for the detection of animal speices in meat products. Food Anal Methods, 2011, 4: 389 - 398.

[40] Jenison R, Yang S, Haeberli A, et al. Interference-based detection of nucleic acid targets on optically coated silicon. Nat Biotechn, 2001, 19: 62 - 65.

[41] Kastner S, Perrenten V, Bleuler H, et al. Antibiotic susceptibility patterns and resistance genes of starter cultures and probiotic bacteria used in food. Syst Appl Microbiol, 2006, 29: 145 - 155.

[42] Kupradit C, Rodtong S, Ketudat-Cairns M. Development of a DNA macroarray for simultaneous detection of multiple foodborne pathogenic bacteria in fresh chicken meat. World J Microbiol Biotechnol, 2013, 29: 2281 - 2291.

[43] Lee K U, Lee J W, Wang S W, et al. Development of a novel biochip for rapid multiplex detection of seven mastitis-causing pathogens in bovine milk samples. J Vet Diagn Invest, 2008, 20: 463 - 471.

[44] Leimanis S, Hernández M, Fernández S, et al. A microarray-based detection system for genetically modified (GM) food ingredients. Plant Mol Biol, 2006, 61: 123-139.

[45] Liang X, Pham X Q, Olson M V, et al. Identification of a genomic island present in the majority of pathogenic isolates of *Pseudomonas aeruginosa*. J Bacteriol, 2001, 183: 843-853.

[46] Lin C C, Fung L L, Chan P K, et al. A rapid low-cost high-density DNA-based multi-detection test for routine inspection of meat species. Meat Science, 2014, 96: 922-929.

[47] Long W H, Xiao H S, Gu X M, et al. A universal microarray for detection of *SARS coronavirus*. J Virol Methods, 2004, 121 (1): 57-63.

[48] Loy A, Bodrossy L. Highly parallel microbial diagnostics using oligonucleotide microarrays. Clin Chim Acta, 2006, 363: 106-119.

[49] Morisset D, Dobnik D, Hamels S, et al. NAIMA: target amplification strategy allowing quantitative on-chip detection of GMOs. Nucleic Acids Res, 2008, 36 (18): e118-e118.

[50] Palka-Santini M, Cleven B E, Eichinger L, et al. Large scale multiplex PCR improves pathogen detection by DNA microarrays. BMC Microbiology, 2009, 9 (1): 1.

[51] Panicker G, Call D R, Krug M J, et al. Detection of *pathogenic vibrio* spp. in sheltfish by using muhiplex PCR and DNA microarrays. Appl Environ Microbiol, 2004, 70 (12): 7436-7444.

[52] Park J Y, Kim J H, An Y R, et al. A DNA microarray for species identification of cetacean animals in Korean water. BioChip J, 2010, 4 (3): 197-203.

[53] Peter C, Nieweler C B, Cammann K, et al. Differentiation of animal species in food by oligonucleotide microarray hybridization. Eur Food Res Technol, 2004, 219: 286-293.

[54] Rønning S B, Rudi K, Berdal K G, et al. Differentiation of important and closely related cereal plant species (Poaceae) in food by hybridization to an oligonucleotide array. J Agric Food Chem, 2005, 53 (23): 8874-8880.

[55] Rudi K, Flateland S L, Hanssen J F, et al. Development and evaluation of a 16S ribosomal DNA array-based approach for describing complex microbial communities in ready-to-eat vegetable salads packed in a modified atmosphere. Appl Environ Microbiol, 2002, 68 (3): 1146-1156.

[56] Rudi K, Rud I, Holck A. A novel multiplex quantitative DNA array based PCR (MQDA-PCR) for quantification of transgenic maize in food and feed. Nucleic Acids Res, 2003, 31 (11): 1-8.

[57] Schena M, Shalon D, Davis R W, et al. Quantitative monitoring of gene expression patterns with a complementary DNA microarray. Science, 1995, 270: 467-470.

[58] Small J, Call D R, Brockman F, et al. Direct detection of 16S rRNA in soil extracts by using oligonucleotide microarrays. Appl Environ Microbiol, 2001, 67 (10): 4708-4716.

[59] Teletchea F, Bernillon J, Duffraisse M, et al. Molecular identification of vertebrate species by oligonucleotide microarray in food and forensic samples. J Appl Ecol, 2008, 45: 967-975.

[60] Tengs T, Kristoffersen A B, Berdal K G, et al. Microarray-based method for detection of unknown genetic modifications. BMC Biotechnology, 2007, 7 (1): 91.

[61] Vora G J, Meador C E, Stenger D A, et al. Nucleic acid amplification strategies for DNA microarray-based pathogen detection. Appl Environ Microbiol, 2004, 70 (5): 3047-3054.

[62] Wang M, Cao B Y, Gao Q L, et al. Detection of enterobacter sakazakii and other pathogens associated with infant formula powder by use of a DNA microarray. J Clin Microbiol, 2009, 47 (10): 3178-3184.

[63] Wang D, Coscoy L, Zylberberg M, et al. Microarray-based detection and genotyping of viral pathogens. Proc Natl Acad Sci, 2002, 99 (24): 15687-15692.

[64] Warsen A E, Krug M, LaFrentz S, et al. Simultaneous discrimination between 15 fish pathogens by using

16S ribosomal DNA PCR and DNA microarrays. Appl Environ Microbiol, 2004, 70 (7): 4216-4221.

[65] Weiler J, Gausepohl H, Hauser N, et al. Hybridization based DNA screening on peptide nucleic acid (PNA) oligomer arrays. Nucleic Acids Res, 1997, 25 (14): 2792-2799.

[66] Xu X R, Huang J, Wu Z G, et al. Insight into hepatocellular carcinogenesis at transcriptome level by comparing gene expression profiles of *hepatocellular carcinoma* with those of corresponding noncancerous liver. Proc Natl Acad Sci, 2001, 98 (26): 15089-15094.

[67] Xu J, Zhu S F, Miao H Z, et al. Event-specific detection of seven genetically modified soybean and maizes using multiplex-PCR coupled with oligonucleotide microarray. J Agric Food Chem, 2007, 55 (14): 5575-5579.

[68] Zhou G P, Wen S P, Liu Y W, et al. Development of a DNA microarray for detection and identification of *Legionella pneumophila* and ten other pathogens in drinking water. Int J Food Microbiol, 2011, 145 (1): 293-300.

第4章 分子印迹技术及其在食品安全检测中的应用

4.1 概述

分子印迹技术（molecular imprinting technique，MIT），又称分子烙印技术，是指为获得在空间构型和结合位点上与某一目标化合物（模板分子或印迹分子）完全匹配的高分子聚合物的制备技术，是人们对生命体内分子识别现象进行不断研究和探索所取得的必然结果。分子印迹的出现源于免疫学。

在20世纪40年代，由诺贝尔奖获得者Pauling根据抗体与抗原相互作用时空穴匹配的"锁匙"（lock-to-key）现象，提出了以抗原为模板来合成抗体的理论。化学家们由此受到启示而发明了分子印迹技术。到20世纪80年代，分子印迹技术得到迅速发展，涉及化学、食品、生物、材料等多个学科，在化学仿生传感器、模拟抗体、模拟酶催化、膜分离技术、对映体和位置异构体的分离、固相提取、临床药物分析等领域展现了良好的应用前景。

鉴于诸多优势的存在，分子印迹技术吸引了遍布全球的各个领域的研究人员参与这项研究，直接导致了分子印迹技术的蓬勃发展，每年所发表的有关分子印迹技术和分子印迹聚合物的学术论文的数量也呈现直线上升的趋势。1997年，在瑞典Lund大学成立了国际性的分子印迹协会（Society for Molecular Imprinting，SMI），其宗旨在于致力于推动分子印迹技术与科技的全面发展。据SMI统计，目前全世界超过数以百计的研究机构以及企事业单位在从事分子印迹技术或者相关领域的研究与应用，这些研究机构以及企事业单位更是遍布于瑞典、美国、日本、德国、英国、法国、以色列、中国等数十个国家。

2004年7月，瑞典的MIP Technologies AB公司首先向市场推出了第一款基于分子印迹聚合物的固相萃取产品SuPelMIP^{TM}SPE，用于复杂样品中β-激动剂（β-agonist）的选择性固相萃取，并由Sigma-Adrich公司在全世界进行代理和销售。目前，该公司基于分子印迹技术及分子印迹聚合物的产品涉及β-激动剂与β-阻断剂（β-blockers）、苯丙胺类药物（amphetamines）、荧光喹诺酮类药物（fluoroquinolones）、硝基咪唑类药物（nitroimidazole）、三嗪类农药（triazine）、氯霉素类农药（chloramphenicol）、瘦肉精克伦特罗（clenbuterol）、多环芳烃类（polyaromatic hydrocarbons，PAH）、特定的烟草亚硝酸铵代谢产物（NNAL、NNK、NNN、NAB以及NAT）以及核黄素（riboflavin）或称维生素B_2（vitamin B_2）等。该产品一经推出，立即引起了大批相关的检测与分析研究学者的极大兴趣。随后我国的上海捷门保林迈生物工程有限公司也开展了基于分子印迹聚合物的固相萃取小柱的研制与开发，并顺利向市场推出了 4 种产品，用于复杂样品中氯霉素、利血平、瘦肉精、四环素的分子印迹固相萃取。分子印迹聚合物的产品的诞生，标志着分子印迹技术逐渐走向成熟和实际应用的阶段。目前，MIT 在分离、提取、检测等方面显现出其独特的优势，是 21 世纪分析科学发展的一项先进技术。

4.2 基本原理

分子印迹技术实现的过程就是制备对目标分子（也称为印迹分子或模板分子）具有特定选择性的高分子化合物的过程，即为印迹有模板分子空间结构和结合位点的分子印迹聚合物（MIPs），如图 4-1 所示。首先，印迹分子和功能单体通过共价键或/和非共价键形成可逆的化合物或复合物；然后，加入交联剂，并在一定条件下发生聚合反应形成具有三维网络结构的共聚物，将该化合物或复合物固定在这种网络结构中；最后，在一定条件下去除印迹分子，就在网络结构中留下一个与印迹分子在空间结构上完全匹配，并含有与印迹分子具有专一结合功能基的三维空穴。这个三维空穴可以特异性地重新与印迹分子再结合，即对印迹分子具有专一性识别作用。讨论分子印迹方法时通常会涉及两个概念，即组装和自组装。组装就是一个系统的要素按照特定的指令，形成特定的结构或功能的过程；而自组装是指系统的要素按彼此的相干性、协同性或者某种默契形成的特定结构与功能的过程。组装和自组装的区别在于有无外界特定干预或信息来源的不同，自组装不是按照系统内部或者外部的指令完成的，而是根据事物运动变化的规律和特定条件完成的。分子印迹学的一个重要目标是研究组装过程及其组装体，并且通过分子组装构成分子印迹聚合物（MIPs）体系。

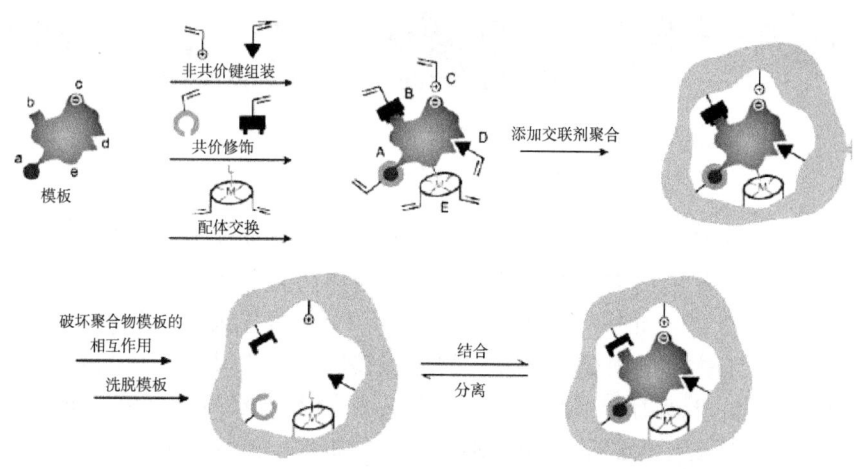

图 4-1 分子印迹聚合物的制备（Alexand et al., 2006）

MIT 通常选择合理的功能单体与模板分子形成复合物，加入适当的交联剂、致孔剂、引发剂，在一定的条件下（如低温光照或加热）引发聚合反应，最后再用如萃取或经酸水解的方法将分子模板去除，这样便得到了在三维空间上与模板分子完全匹配并对其有很好选择性的空穴，从而可以在一定的基质中将模板分子富集。

分子印迹按照模板与功能单体之间作用的形式，主要分为共价法印迹和非共价法印迹，以及衍生的准共价法印迹和金属离子印迹等。

（1）共价法印迹。又称为预组织法或预组装法印迹，是指在分子印迹聚合物形成以前，模板分子通过可逆共价键与功能单体结合形成可聚合的单体，然后与交联剂在一定条件下聚合，聚合完成以后再通过化学方法使共价键断裂以去除模板分子，如图4-2所示。共价法的优点在于功能单体完全与模板分子作用，聚合后可获得空间精确固定排列的结合基团，因而在识别过程中降低了非特异性作用。同时，由于印迹分子和功能单体具有很强的作用，聚合反应可以在一些特殊条件下完成，如水相聚合等。这种方法的不足是在制备聚合物以前模板分子需要和功能单体发生化学反应，因此限制了应用范围；而且由于共价键的作用一般较强，模板分子的回收率低，因此在使用过程中会发生模板泄漏。另外，由于模板与功能单体间的相互作用的高稳定性使得存在大量的非特异结合位点，同时，不容易在一个温和条件下达到随时使共价键形成和消除的效果。此外，该方法形成的共聚物模板分子较难除净，对分离和富集有一定影响。其结合与解离的速度较慢，却可以形成较高的专一识别性。

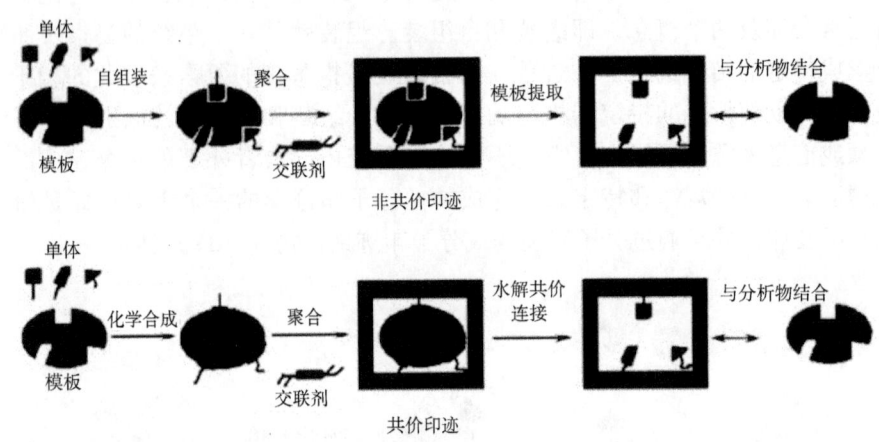

图4-2　共价键与非共价键作用示意（Qiao et al., 2006）

（2）非共价法印迹。又称为自组织法印迹，是指模板分子与功能单体通过非共价键作用，如氢键、静电引力、电荷转移、离子对作用、金属配位作用、疏水作用、范德华力等形成复合物，如图4-2所示。这种作用更接近于天然的分子识别过程，对印迹分子的类型没有太多的限制。该方法的应用较广，主要得益于其试验简单，不同的商用单体几乎适用于所有的模板分子。这种方法制备步骤简单，模板分子易于去除，其识别过程也更接近于天然的分子识别系统，如抗原—抗体、酶—底物等，同时可利用的功能单体范围广泛，印迹分子的种类也较多，是目前比较通用的方法。但也存在不可回避的问题：其特异性选择能力较共价法弱，饱和吸附量较低；功能单体与模板的作用受平衡作用的支配。因此，为了打破平衡而得到模板—单体的混合物，就必须添加大量的功能单体，剩余的功能单体随机地吸附在聚合物上导致形成非选择性的结合位点。

（3）准共价法印迹。即共价作用与非共价作用结合起来进行分子印迹，也即聚合时单体与印迹分子间作用力是共价键，而最终重新进行分子识别时却依赖非共价作用形式。因此，该方法既具有共价分子印迹聚合物亲和专一性强的优点，又具有非共价分子印迹聚合物操作条件温和的优点，构成了所谓的杂化印迹法。最简单的准共价法印迹就是将具有一定功能基团的反应性模板分子先与交联剂共聚形成聚合物，再通过水解的方式去除模板分子，留下功能基团作为识别位点。但是该法存在一些缺点：首先，有些模板的水解比较困难，需要使用 $LiAlH_4$ 进行还原，导致羧酸基团转变为醇基；其次，当利用非共价力（如氢键）进行重新结合时，识别位点会遇到空间位阻（steric crowding effect）。

（4）金属离子印迹。配位印迹聚合物（CIP）是另一种自组装型的分子印迹，由 Fujii 等于 1984 年提出。配位作用分子印迹聚合物的研究多限于氢键作用和离子作用，对金属配位作用研究得较少。这类键的优点是其强度可通过实验条件控制，聚合时有固定的相互作用，不需要过量结合基团，且模板分子与聚合物的结合速度较快。通过金属配位作用结合的识别过程接近于天然分子识别系统，如人体内很多酶都是以金属为桥梁发生作用的。金属配位作用具有结合快速且可逆，热力学稳定性高，易达到动力学平衡等优点。其性质类似于可逆的共价作用，但应用范围更广泛。目前多被应用于手性分离、催化反应、人工酶模拟等领域，在样品前处理中的应用极少。该方法的研究和应用仍处于初级阶段，具有广阔的发展前景。

4.3 操作过程和步骤

分子印迹技术的操作过程主要包括分子印迹聚合物的制备、分子印迹体系的筛选以及分子印迹技术效果评价等。

4.3.1 聚合物的制备

分子印迹聚合物的制备一般包括模板、功能单体、交联剂、溶剂（致孔剂）和引发剂等主要原材料，取料的种类以及引发方式的选择都非常重要，它们都能直接影响印迹聚合物的性能。制备分子印迹聚合物就是合成高度交联的有机聚合物，在达到应有的刚性条件下还可以有较好的吸附效果，满足实验要求。利用电子扫描显微镜对合成的块状印迹聚合物进行分析，从电子扫描显微镜上可以看到，不同功能单体，不同交联剂比率，以及不同的引发方式等，对聚合物所形成的形态均产生不同的影响。

4.3.1.1 模板

模板在分子印迹聚合过程中起决定性的作用，现在合成的聚合物都是带有强极性基团的分子（羟基、羧基、氨基等），如碳水化合物、氨基酸及其衍生物、羧酸类、维生素、蛋白质以及一些生物大分子，因为强极性基团能够和功能单体形成更为稳定的分子复合体系，因此易于制备高效能的聚合物。

选定模板应考虑以下问题：模板是否具有适合聚合的功能基团，功能基团是否具有抑制或阻碍自由基聚合反应的功能，模板在中等温度或暴露于紫外照射条件的情况下是否稳定。

模板的合理选择可以使印迹聚合物发挥更加有效的作用，可以以该种模板的聚合物达到同时检测同一类分析物的目的。Qiao等（2008）以氧氟沙星作为模板合成印迹聚合物，可以同时检测伊诺沙星、氧氟沙星、培氟沙星、诺氟沙星、环丙沙星、恩氟沙星6种药物。以土霉素和四环素分别合成分子印迹聚合物，固相萃取试验对比，土霉素所形成的印迹聚合物对该类药物有高的印迹效率和良好的回收率，适合于该类药物的固相萃取。由此提高了检测的效率，同时节省了检测的前期处理，使检验更加快捷。

选择模板分子时往往还受到模板分子价格或者溶解度等其他方面的限制。当直接选用一种化合物作为模板分子存在问题的时候，可以选择模板分子的类似物作为模板分子，利用分子印迹的交叉反应来达到间接识别模板分子的目的，这就是通常使用的虚拟的分子印迹法（dummy molecular imprinting）。Matsui等人就因为阿特拉津（一种农药）的毒性太大，价格昂贵，而选择了它的结构类似物三乙基三聚氰胺作为模板分子，从而降低了毒性和成本，而且获得了对阿特拉津具有识别性能的MIP。

痕量分析中模板分子渗漏对测定的严重干扰是目前MI-SPE技术面临的最大问题之一，除了发展多种有效的洗脱方法外，采用结构类似物代替模板分子已经成为解决模板渗漏的主要手段。一般来说，替代模板分子的结构与目标分子越接近，MIP的选择性越高。Kubo等（2006）提出片段印迹（fragment imprint）的概念：选择目标物片段结构相似的化合物作为模板分子制备MIPs，如图4-3所示。该课题组以苯的取代物作为替代模板分子（如对叔丁基苯酚、2,6-二甲基苯酚、邻苯二甲酸），分别制备了对双酚A、卤代双酚A及软骨藻酸具有高选择性的MIP，用作SPE吸附剂或色谱固定相，分离效果良好，扩大了替代模板分子的选择空间，有广阔的应用前景。

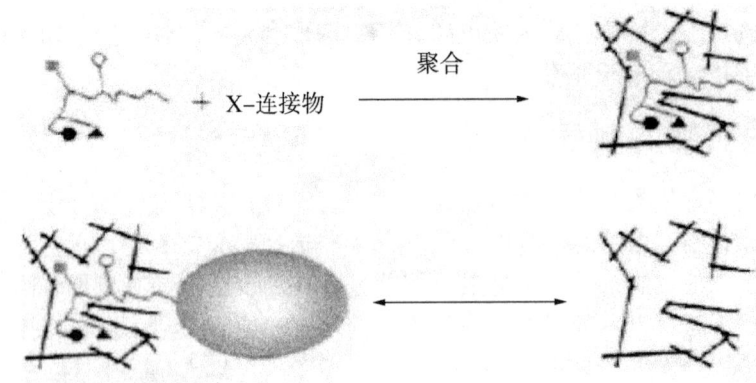

图4-3　片断印迹的原理（Kubo et al., 2006）

4.3.1.2　功能单体

对于给定的模板分子，通过它的结构一般就可以选择出适合的功能单体。碱性模板分子选择酸性功能单体（三氟甲基丙烯酸、甲基丙烯酸等），酸性模板分子选择碱性功能单体（4-乙烯基吡啶等），中性模板分子选择中性或酸性的功能单体（丙烯酰胺、甲基丙烯酸、甲基丙烯酸甲酯等）。

模板分子和功能单体之间作用的强度和取向是使MIP获得好的分子识别性能的关键。例如，甲基丙烯酸既可以作为氢键的供体，也可以作为氢键的受体使用，所以甲基丙烯酸可广泛地用于多种模板分子的功能单体来制备分子印迹聚合物；2-乙烯基吡啶和 4 - 乙烯基吡啶可用来制备含有羟基或酚羟基功能基团的化合物印迹；当模板分子含有羧基或者氨基、酰胺基的时候，利用丙烯酰胺作为功能单体可以提高分子印迹聚合物的选择性。通常情况下，功能单体与模板分子的恰当比例需经实验来确定。由于功能单体与模板分子的结合处于动态平衡，为了有利于模板—功能单体复合物的形成，往往需要加入过量的功能单体。但是，功能单体的用量也不是越多越好，因为过量的功能单体会增加 MIP 中非特异性位点的数目，反而使得 MIP 的选择性下降。

对于有些比较特殊的模板分子就可以考虑使用双功能单体或多种功能单体，因为多种功能单体可以形成多种类型的结合位点。

4.3.1.3 交联剂

在一个印迹聚合物中，交联剂必须满足三大功能的要求：首先，交联剂决定印迹聚合物的形态，不管是凝胶态还是大孔或细小粉末；其次，它有助于稳定印迹结合位点；最后，还要赋予印迹聚合物刚性的结构。很多研究认为交联剂对印迹聚合物的分子识别作用产生影响，但是从聚合的角度来看，为得到能够永久性使用的大孔印迹聚合物和聚合物的良好刚性，人们还是愿意使用较高比率的交联剂。一般规范中交联剂的比率要超过 80%。出于同样的原因，在使用多种功能单体时，交联剂必须满足功能单体反应比率，保证与功能单体充分反应。而同时还存在一个不可忽视的问题就是，交联剂的使用还必须保证形成的聚合物有较好的柔韧性，使模板分子可以容易地进入聚合物孔穴中。

增加交联剂的用量，可减少聚合物在不同溶剂中的溶胀，提高选择性，特别是对结构类似物间的区分能力增强。交联剂用量减少时，可增大聚合物链间的空隙，溶液中或气相中的待测底物可较快地通过扩散作用进入识别位点。用于色谱分析时，分子印迹聚合物需较大量的交联剂以获取足够的机械稳定性和良好的分离能力；作为传感器的识别元件或制备分子印迹聚合物薄层时，交联剂用量小有助于分子印迹聚合物的流动性，缩短识别时间。使用的功能单体及交联剂见表 4 - 1。

表 4 - 1 近年所发表论文中使用的功能单体及交联剂

模板	功能单体	交联剂
茶碱	丙烯酰胺	EDMA
普萘洛尔	甲基丙烯酸（MAA）	DVB 和 TRIM
磺胺甲恶唑	四乙烯基吡啶	EDMA
胆固醇	MAA	EGDMA
17 - β 雌二醇	TFMAA	TRIM
麻黄碱	MAA	EDMA
三萜酸	MAA	EGDMA
24 - 二硝基酚	邻苯二胺	邻苯二胺
豆甾醇	MAA. MMA	二乙烯基苯
槲皮素	四乙烯基吡啶	EGDMA
白蛋白	DMAPMA	TEGDMA

续上表

模板	功能单体	交联剂
双氯酚酸	2-乙烯基吡啶	EGDMA
D-葡萄糖醛酸	[MAH-Cu(Ⅱ)]	EGDMA
咖啡因	MAA	TRIM
姜黄素	甲基丙烯酰胺，MAA	EGDMA

4.3.1.4 溶剂（致孔剂）

溶剂的首要作用就是将所有参加聚合反应的各组分纳入同一状态中，包括模板、功能单体、交联剂、引发剂；它的另外一个重要作用就是在聚合物上形成合适的小孔，这就是被称为致孔剂的一个重要原因，通过选择不同的致孔剂和不同的剂量可以控制聚合物的形态和总的孔容积。

4.3.1.5 引发方式

目前研究中使用的引发方式有热、光、电、射线引发等多种方式，热引发是当前应用最广的一种方法。如果模板具有光或热的稳定性，施以一定的光、热条件就可以引发反应。当络合反应是依靠氢键作用的时候，适合选择较低的温度下聚合。在这种情况下，光引发剂就可以在较低的温度下发挥较高作用。但是这两种方式并不能满足所有的要求，以呋喃为例，其沸点为 31.36 ℃，热、光引发的聚合方式根本不适合。同时，对于生物活性物质，光、热的参与会使其变性失活。伽马射线引发聚合反应时，不需要引发剂，即使是大量的样品也可以保证在时间、空间上同时进行引发，而不需一定的温度要求。

比较不同的引发方式，光聚合得到的 MIP 分离因子均高于热聚合的。这与热聚合方式下，聚合速度快，且受热不均匀，因此模板分子与单体形成的配合物不稳定，造成印迹空穴有所失真有关。对于其他易热分解的物质，光聚合的方式更为合适。在不同温度下，由光聚合和热聚合方式分别合成的 MIP，随着温度的升高，分离因子下降。光聚合方式合成的分子印迹聚合物比热聚合方式合成的拆分能力要高，且聚合的温度越低，聚合物分离效果越好。

4.3.2 聚合方法

分子印迹聚合物按照形态分，有块状、微球、棒状、线状、薄膜状等，同时，分子印迹可以在特定载体表面或者在特定容器内部进行。分子印迹聚合物的形成有多种方法，包括悬浮聚合、多步溶胀聚合、种子溶胀聚合、沉淀聚合、乳液聚合、表面分子印迹等。

4.3.2.1 悬浮聚合（suspension polymerization）

悬浮聚合法也是制备聚合物微球最简便、最常用的方法之一。通常使用的单体是疏水性的，所以连续相常用水或高极性有机溶剂，但水和高极性有机溶剂不适于分子印迹，因为高极性的溶剂会极大地降低功能单体与印迹分子间的相互作用，从而影响聚合物对模板的识别能力。另外，酸性单体在水中的溶解度过高，使单体与交联剂间的无规共聚很难进行，并且水溶性印迹分子会在水相中损失，所以很难用常规的水相悬浮聚合法制备分子印迹聚合物。为了克服水或高极性有机溶剂对印迹过程的干扰，人们提出以全氟化烃为分散相的悬浮聚合法，即在液态全氟化烃中形成非共价印迹混合物乳液，采用氟化的表面活性剂及其他含氟的表面活性聚合物作为稳定剂，得到稳定的含单体、交联剂、印迹分子、致孔剂的乳液液滴。这种方法可以直接制得聚合物微球，解决了聚合物需要研磨的问题，提高了原料的利用率。

4.3.2.2　两步溶胀聚合和多步溶胀聚合（multi-step swelling polymerization）

两步溶胀法的第一步是由无乳化剂的乳液聚合产生种子溶胶，经常使用粒径为 1 μm 的苯乙烯颗粒，将种子微粒和活化剂、引发剂、表面活性剂制备的乳液混合，在一定搅拌速度下经过几个小时，直到乳化的小液滴吸附到种子上，实现第一步溶胀。然后，将这种溶胀的分散体系加入到交联剂、功能单体或添加剂和稳定剂组成的溶液中，再次搅拌几个小时直到含有单体的小液滴吸附到种子微粒上，完成第二步溶胀。最后加入模板分子，通入惰性气体企图去溶解氧，加热聚合 24 h，可得到一定大小的球状印迹聚合物。为得到单分散性好的 MIP 微球，总的来说，该过程主要分为两个步骤聚合完成：第一步采用无皂乳液聚合法合成粒径较小的微球；第二步以此微球为种球，将其用一定的乳液进行多次溶胀，然后再引发聚合得到粒径稍大的微球。这种方法的特点是，聚合反应在水溶液中进行，所得印迹聚合物可应用于极性环境中，这更能够满足诸如酶模拟等实际应用环境的要求，同时产物的规整性和单分散性也很好。Hosoya 等（1996）采用两步溶胀和多步溶胀的方法制得了一系列以苯乙烯为基质的具有均匀尺寸（5.6 μm）的球形 MIP，合成产率达 88%。

4.3.2.3　沉淀聚合（precipitation polymerization）和乳液聚合（emulsion polymerization）

沉淀聚合又称非均相溶液聚合，是指聚合反应所使用的单体和交联剂及引发剂溶于分散剂中，产生的聚合物不溶而易沉淀。由沉淀聚合可制得微球状聚合物，该方法不需要在反应体系中加入任何稳定剂，且组分简单，操作容易。但是沉淀聚合所使用的溶剂需要高度过量，印迹时还需要加入大量模板分子，因此成本较高。Naka 及其领导的小组（1991）最早开展了相关的研究。一般是将模板分子、功能单体、交联剂和引发剂溶于分散溶剂中热引发聚合，聚合反应产物不溶于分散溶剂而沉淀出来，同时捕捉其他低聚物长大成为粒径均匀的球状分子印迹聚合物颗粒。由于沉淀聚合与本体聚合类似，只是聚合反应的产物不溶于单体和分散溶剂从而沉淀出来，所以沉淀聚合可以认为是一种特殊的本体聚合。

乳液聚合是指在乳化剂的作用下，借助于机械搅拌，使单体在大量水溶液中分散成乳状液，由引发剂引发而进行的聚合反应。乳液聚合所得到的粒子多为纳米级别（50~500 nm），因此常被用来合成单步溶胀聚合或多步溶胀聚合的种子。如果将模板分子、功能单体、交联剂溶于有机溶剂中，然后将有机溶剂移入大量水溶液中，搅拌、乳化之后加入引发剂交联、聚合，也可以直接用来制备粒径均一的球状分子印迹聚合物。正是因为用这种方法得到的聚合物粒径通常在纳米级，所以限制了其在固相萃取以及色谱中的应用。然而其比表面较大，吸附能力较强，所以常用于金属离子的印迹聚合物制备中。日本学者利用本方法实现了金属离子印迹聚合物凝胶的制备。研究人员采用油酸作为活性单体，油酸既有可以与铜离子进行配位的端基，也有可以与二乙烯基苯进行自由基聚合的双键（烯基）。在铜离子存在的条件下进行乳液聚合，所得到的聚合物粒子对铜离子的选择性吸附高于钙离子，与非印迹聚合物粒子相比，选择性提高了约1 000倍。

4.3.2.4 表面分子印迹（surface molecular imprinting）

由于传统方法所制得的分子印迹聚合物在制备过程中存在固有缺陷，导致得到的印迹聚合物颗粒较大，不够均匀，而且分子印迹聚合物颗粒高度交联导致模板分子包埋过深或过紧而无法洗脱，再结合过程模板分子可接近性差、吸附容量低。为解决上述问题，表面分子印迹作为一种新的制备方法应运而生。表面分子印迹常用来制备可用于蛋白质识别的分子印迹聚合物，也可以更好地应用于化学物质的分离分析中。表面印迹可以解决使用过程中出现的溶胀问题，尤其是在作为色谱柱固定相使用的时候，表面印迹聚合物就可以避免印迹聚合物溶胀而带来的柱压升高问题。

Sellergren（1994）最早开展了表面分子印迹法的相关研究，研究者采用有机甲硅烷在多孔硅胶表面进行了一系列的表面印迹聚合物的制备。染料罗丹宁蓝和番红O得到的聚硅氧烷共聚物对相应的染料分子具有优先结合的能力。将糖蛋白转铁蛋白在溶液中与硼酸酯硅烷发生作用，然后在多孔硅胶颗粒表面进行聚合，也实现了对转铁蛋白的印迹。高效液相色谱分析显示，该聚合物对转铁蛋白显示出一定的特异性。采用该方法也能够实现对酶等生物大分子的印迹，并且所制得的印迹共聚物具有较好的刚性和机械稳定性。后来，Shi 等（2006）发明了一种新的表面蛋白分子印迹技术。他们首先将蛋白质吸附在分子级别平坦的亲水云母表面，然后在蛋白质上覆盖上一个二糖分子薄层，使得二糖薄层的羟基与蛋白质表面的极性残基之间形成多位点氢键作用，接着利用射频发光放电等离子聚合/沉积作用（radio-frequency glow-discharge plasma deposition，RFGD）在二糖分子表面沉淀上一层含氟聚合物薄膜。最后去除载体云母后，用链霉蛋白质酶分解并洗脱掉蛋白质，就在基质上生成了与蛋白质形状相匹配的印迹孔穴的聚二糖表面印迹膜。利用该方法实现了对白蛋白、纤维蛋白、免疫球蛋白、核糖核酸酶A、溶菌酶、谷氨酰胺合成酶和α-乳清蛋白的印迹。

4.3.2.5 其他一些新颖的MIPs制备方法

抗原与抗体的专一性结合是生物体普遍存在的现象，抗体分子上能与抗原专一结合的特定部位被称为抗原表位或抗原决定簇。表位印迹法是基于将已知序列的生物大分子（包括蛋白质、病毒、细菌和细胞等）表面的一段多肽片段（即抗原表位）作为模板分子，加入功能单体和抗原表位进行分子自组装，通过交联聚合后将自组装的功能单体在空间加以固定，再用化学或者物理的方法去除模板分子，得到表面带有多肽识别位点的分子印迹聚合物。合成的分子印迹聚合物不仅能够识别模板多肽，还能识别含有该段肽链的蛋白质等大分子。抗原表位印迹法的关键在于对蛋白质等生物大分子三级结构的掌握和特异性多肽片段的选取。

Rachkov 和 Minoura（2000）首先提出了表位印迹法，他们以甲基丙烯酸为功能单体，以乙二醇二甲基丙烯酸酯为交联剂，对四肽 YPLG（Tyr－Pro－Leu－Gly－NH_2）进行了印迹。高效液相色谱检测表明，以YPLG为模板分子得到的分子印迹聚合物不仅可以识别YPLG，也可以识别以PLG（Pro－Leu－Gly－NH_2）为抗原表位的催产素分子。Tai 等（2005）以丙烯酸和丙烯酰胺为功能单体，以登革热病毒蛋白质（dengue virus type – Nslprotein）的线性抗原表位十五肽（Thr – Glu – Leu – Arg – Tyr – Ser – Trp – Lys – Thr – Trp – Gly – Lys – Ala – Lys – Met）为模板分子，在压电传感器微晶片表面制备了一层分子印迹聚合物膜，并与蛋白质基质印迹法进行了比较。研究发现，用抗原表位印迹法所制备的分子印迹聚合物对蛋白质模板分子显示出了较高的特异识别性，并且能够直接用于血清中登革热病毒及其他过滤性病毒蛋白质的直接检测。

4.4 分子印迹技术在食品安全检测中的应用

4.4.1 在真菌毒素检测中的应用

近年来，分子印迹技术的出现为真菌毒素的快速提取和检测提供了一种新的方法，通过该技术制备与真菌毒素特异性结合的分子印迹聚合物，具有成本低廉、耐高温、耐酸碱并可重复使用等优点，若将其运用于固相萃取柱中则可替代免疫亲和柱，也可作为识别原件运用于传感器中制备可在线检测、重复使用的生物传感器。

4.4.1.1 黄曲霉毒素的检测

黄曲霉毒素（aflatoxins，AFs）有较多的种类，主要有 AFB_1、AFB_2、AFG_1、AFG_2、AFM_1 和 AFM_2。Serheeva 等（2006）以计算机模拟技术筛选功能单体合成能识别总黄曲霉毒素的分子印迹聚合物，并在多孔渗透薄膜上将 MIP 以网格分布的方式固定，从而制备出能识别总黄曲霉毒素的膜感应器。该研究选用二乙胺基乙基丙烯酸甲酯、N,N – 亚甲基双丙烯酰胺以及丙烯胺作为功能单体，通过计算机模拟筛选出最优的功能单体 N,N – 亚甲基双丙烯酰胺，其与 AFB_1、AFB_2、AFG_1 的结合能力最佳，以此聚合物制备的膜感应器检测总黄曲霉毒素，检测范围可达 1～1 000 ng/mL。

4.4.1.2 赭曲霉毒素的检测

赭曲霉毒素 A（ochratoxin A，OTA）化学性质稳定，但是在受热及紫外照射的条件下容易分解，OTA 价格昂贵，若直接使用 OTA 作为模板分子难以得到与之特异结合的分子印迹聚合物，普通实验室难以承受。通过使用假模板聚合（dummy template polymerisation）技术有效地解决了这个难题，即通过人工合成与模板分子基本结构类似的化合物，该化合物不但保持了模板分子的框架结构，大小和形状也与模板分子相似，并且具有成本低廉、耐热、耐酸等优点。

Claudio 等（2002）选用 L – Phe – CHNA 作为虚拟模板分子的类似物制备 OTA – MIP，首先以氯仿为溶剂加入甲基丙烯酸和 EDMA（ethylendimethacrylate），60 ℃ 热聚合，粉碎聚合体后过筛，选取 30～90 μm 大小的颗粒，溶剂去除模板分子，直到洗脱液检测不到为止。结果显示，OTA 和 L – Phe – CHNA 和 OTA – MIP 的选择系数分别为 1.0 和 0.7，发现 OTA 分子结构中，L – 苯丙氨酸上的羧基、苯羟基结构、氨基桥结构对于分子印迹聚合物的特异性结合具有决定性的作用。Li 等（2006）建立了以 OTA – MIP 为吸附剂，采用固相微萃取净化后检测 OTA。在优化的条件下，分别对咖啡、葡萄汁和人尿样品进行加标回收率实验，测得的回收率为 90.6%～101.5%。在与免疫亲和柱方法的比较实验中，两种方法对同一阳性样品的检测结果没有明显的差异，但

OTA-MIP 可重复使用 15 次,使检测成本得以大大降低。Ali 等 (2010) 选用 POLYIN-TELL 公司制备的 OTA-MIP 和空白印迹聚合物,通过一系列的实验证明 OTA-MIP 作为固相萃取吸附剂时对 OTA 有明显的选择性保留能力,进而建立了谷物中 OTA 的最优提取方法。在小麦样品提取物中分别加入 2.0、2.5、100.0 μg/kg 的 OTA 对照品,应用建立的方法提取净化后,用高效液相进行测定,平均回收率分别为 102.7%、82.5%、86.9%,说明该方法可对小麦样品进行准确的定量分析,并在与免疫亲和柱比较研究中表现出相似的选择性及更高的吸附量。

4.4.1.3 脱氧雪腐镰刀菌烯醇的检测

脱氧雪腐镰刀菌烯醇(deoxynivalenol,DON)又称为呕吐毒素(vomitoxin),是单端孢霉烯族毒素的一种。Pascale 等 (2008) 采用分子模拟的方法研究了各种功能单体与 DON 分子的结合能,从中选出衣康酸为最佳功能单体。通过对聚合体系组成的优化筛选,以 DON 为模板分子,乙二醇二甲基丙烯酸酯(EGDMA)为交联剂,二甲基亚砜为致孔剂,以光引发本体聚合方式合成了 DON 的分子印迹聚合物,并将其制备成固相萃取柱用于 DON 的提取,分别选用了乙腈、乙腈—水、甲苯、水、水-PEG 作为洗脱液,回收率分别为 40%、30%、98%、97%、93%。在意大利面条样品中分别加入 750 ng/g 和 2 000 ng/g DON 标准品,过 DON-MIP 固相萃取柱进行回收,经 HPLC 检测,平均回收率分别为 73%($CV=6\%$,$n=3$) 和 80%($CV=7\%$,$n=3$),最低检测限可达 80 ng/g,效果令人满意,表明 DON-MIP 固相萃取柱对 DON 有很好的特异性吸附。另外,Choi 等 (2011) 以 DON 为模板分子合成分子印迹聚合物薄膜,并将其固定于表面等离激元传感器上,用于 DON 的检测。该传感器对 DON 的检测浓度在 0.1~100.0 ng/mL 的范围内线性良好,其检测限为 1 ng/mL。

4.4.1.4 玉米赤霉烯酮的检测

Urraca 等 (2006) 选用环十二烷-2,3-二羟基苯甲酸(CDHB)作为替代玉米赤霉烯酮(zearalenone,ZEN)的模板分子,1-烯丙基哌嗪(1-ALPP)为功能分子,TRIM(trimethyltrimethacrylate)为交联剂,在乙腈的引发下充分振荡,混合后进行通氮脱氧,在真空状态下密封置于水浴中,热引发聚合反应 24 h,得硬状物体,磨碎过筛后用甲醇加速萃取去除模板分子,HPLC 监测洗脱分子直到检测不到 CDHB 为止,丙酮重悬浮聚合物数次,挑选出 25~50 μm 大小的颗粒,40 ℃真空干燥 24 h,得 ZEN-MIP。以间苯二酚和间苯二酚甲酸作为类似的竞争物,这两种化合物都和 ZEN 结构相似,均含有羟基和苯环,但是它的形状、大小和亲水性都与 CDHB、ZEN 十分不同。实验结果表明,以雷锁辛和间苯二酚甲酸为模板的印迹系数(imprinting factor,IF)和保持系数(retention factor,K)分别为 0.91、3.43 和 0.70、2.41,而以 CDHB 为模板分子的印迹系数和保持系数分别为 10.19 和 3.13。从而可以看出,模板分子的形状、大小和亲水性对 ZEN-MIP 的成功合成起着至关重要的作用。

Mausia 等 (2011) 以 ZEN 为模板分子,1-ALPP 为功能单体,偶氮二异丁腈(AIBN)为引发剂,TRIM 为交联剂,于乙腈中混合,在经过超声处理之后充氮气脱氧密封,置 60 ℃水浴 24 h,所得聚合物过筛后溶剂洗脱模板分子,最后 120 ℃真空干燥 6 h 得到 ZEN-MIP。ZEN-MIP 作为吸附剂应用于固相萃取中表现出对 ZEN 高选择性 (96.9%),对其他镰刀菌属真菌产生的毒素低交叉反应性 (1%~20%)。

4.4.1.5 T-2 毒素的检测

T-2 毒素（T-2 toxin，T-2）分子式为 $C_{24}H_{34}O_9$，属于倍半萜烯化合物，是由镰刀菌所产生的 A 型单端孢霉烯族（trichothecenes，TS）毒素之一。T-2 在室温条件下相当稳定，可直接作为模板分子使用制备 MIP。

Smet 等（2010）报道了采用 T-2 为模板，甲基丙烯酰胺为功能单体，乙二醇二甲基丙烯酸酯（EGDMA）为交联剂，偶氮二异丁腈（AIBN）为引发剂，在溶剂三氯甲烷中混合后，通氮气脱氧密封，置紫外光灯 365 nm 下光引发聚合 24 h，得硬块状聚合物，将其磨碎，然后用丙酮悬浮数次，以甲醇反复萃取模板分子，LC-MS/MS 检测洗萃取液，直到检测不出 T-2 为止，最后聚合物于 50 ℃干燥 4 h，得到（T-2）-MIP。同法制备出不加模板分子的聚合物作为对照。通过 Scatchard 分析法研究该聚合物的选择性能表明形成了高低两类亲和力结合位点，其饱和结合位点数分别为 35.3 μmol/g 和 64.2 μmol/g。在大麦、燕麦、玉米样品中分别加入对照品，经（T-2）-MIP 净化后检测，测得回收率为 60%~73%，最低检测限为 0.4~0.6 μg/kg；进而对 39 份样品进行 T-2 毒素污染水平的检测，结果表明，（T-2）-MIP 对 T-2 毒素有很好的选择性吸附能力，可用于污染样品的前处理净化过程。

分子印迹技术广泛应用于真菌毒素的前提是制备出可特异性吸附真菌毒素的 MIP，但由于作为模板分子的真菌毒素多具有极强的毒性，小剂量的摄入即会对人体产生很大的危害，且价格昂贵等原因，在一定程度上制约了真菌毒素-MIP 的研究。真菌毒素-MIP 也有自身的一些局限性：①作为模板分子的真菌毒素价格昂贵，难以大量地投入使用；②真菌毒素-MIP 的确切立体结构尚难以确定；③聚合物常表现出不理想的吸附等温线以及较慢的质量传递，将限制 MIP 作为分离介质的使用；④当溶剂改变时，MIP 易膨胀从而导致难以恢复的聚合物空腔构型改变，降低了 MIP 吸附特异性。目前，采用替代模板法即选择与真菌毒素结构类似的化合物作为模板制备真菌毒素-MIP，不但可以解决危害大、成本高的问题，同时还可避免直接使用真菌毒素作为模板出现的模板渗漏问题。

4.4.2 在抗生素检测中的应用

样品中抗生素常用的萃取方法有固相萃取法（SPE）、液液萃取法（LLE）、半制备色谱法、微萃取法和凝胶渗透色谱法等。近年来，以分子印迹技术为基础的新型富集分离手段得到了广泛关注。分子印迹基础上的分离介质拥有许多优点，尤其是目标靶定位精准而使其选择性识别能力强，对许多物质的检测都有其潜在的应用空间。具有高特异选择性的 MISPE 使得抗生素残留分析的前处理部分进入了一个新阶段。

He 等（2008）报道了采用溶胶—凝胶法在氨化硅表面印迹磺胺甲嘧啶的方法，所制备的 MIPs 表现出良好的吸附性能和更短的吸附平衡时间。作者将这种 MIPs 成功地与 HPLC 联用实现了猪肉和鱼肉样品 3 种磺胺类药物残留的在线 MISPE 萃取，该方法表现出良好的稳定性和线性。随后 He 等（2010）又对聚合体系进行了改进，引入了离子液体 1-丁基-3-甲基咪唑六氟磷酸盐作为致孔剂，制备了基于 SiO_2 的整体柱，通过性能表征发现，离子液体作为致孔剂可以大大提高液体通过速率，提高印迹效果。

Myriam 等（2009）比较了阴离子交换树脂和环丙沙星分子印迹聚合固相萃取在净

化婴儿食品中喹诺酮和氟喹诺酮的性能。样品经甲醇提取后，分别通过两种不同的固相萃取方法净化：一种是强阴离子交换柱，一种是环丙沙星分子印迹聚合物为吸附剂的印迹固相萃取柱。实验发现，两种方法各有优缺点。前者能同时检测喹诺酮和氟喹诺酮，检测限为 0.03~0.11 mg/kg；而后者仅显示对氟喹诺酮类的选择性，由于不存在喹诺酮类药物的共萃取，使得色谱的检测限降低一个数量级。

4.4.3 在农药残留检测中的应用

除草剂（herbicide）是指可使杂草彻底地或选择地发生枯死的药剂。除草剂又称除莠剂，是用以消灭或抑制植物生长的一类物质。除草剂对人体有极其严重的危害，容易导致急性中毒，据世界卫生组织和联合国环境署报告，全世界每年有 100 多万人因除草剂中毒，其中 10 万人死亡；在发展中国家情况更为严重。我国每年除草剂中毒事故达百万人次，死亡 2 万多人。此外，除草剂还致癌、致畸、致突变，国际癌症研究机构根据动物实验确证，广泛使用的除草剂具有明显的致癌性。分子印迹技术在除草剂检测中也有一定的应用。

Ferrer 等（2000）报道了以特丁津为印迹模板制备出 MIPs 的过程，并将其成功应用于环境水体和沉积物中津类（chlorotriazines）三嗪除草剂选择性富集和测定，研究中他们比对了净类三嗪除草剂（thiotriazines）与津类三嗪除草剂在 MIPs 的选择性，结果表明所制备的 MIPs 对津类三嗪除草剂的选择性远远高于净类三嗪除草剂。Zhang 等（2008）则研究了不同印迹模板分子对印迹效果的影响。他们首先以 2-MPA、MCPA、4-CPA 三种不同的苯氧乙酸类物质为印迹模板制备 MIPs，然后比较苯氧乙酸类物质在 MIPs 的性能，结果表明，以 2-MPA 为模板的 MIPs 对苯氧乙酸类物质具有较好的保留。随后，他们又采用计算机模拟分析了苯氧乙酸类物质在 MIPs 上的保留行为，经过模拟他们得出了保留行为依赖于模板分子与功能单体（4-VP）之间离子对反应的强弱。如果离子对作用较强其保留就强，而具有相似离子对作用强度的物质会有相同的保留。汤凯洁等（2009）采用 Hyperchem 软件计算、核磁共振技术及紫外扫描，以苄嘧磺隆为模板筛选了最佳的功能单体甲基丙烯酸（MAA），并以 TRIM 为交联剂，二氯甲烷为致孔剂，通过单因素实验和响应面优化确定了 MIPs 合成工艺条件，最终建立了 BSM 沉淀聚合体系。核磁共振氢谱和紫外光谱实验证明 MIPs 中的印迹空穴能与被吸附的分子形成双氢键相互作用位点，对 MIPs 的吸附来说起着主导作用，而这磺酰脲结构类似物非作用位点的空间结构对印迹聚合物的识别起着非主导的作用。他们称制备的分子印迹聚合物通过固相萃取的方法成功地用于大米和大豆制品中 4 种磺酰脲类除草剂的 LC-MS 和 LC 分析，且固相萃取显著优于常规的 C18 净化方法。

在杀虫剂残留的检测上，Qian 等（2010）则报道了以四氢呋喃（THF）为溶剂制备速灭威印迹聚合物的方法，通过和 HPLC 联用，可以使卷心菜、黄瓜以及梨子中的速灭威残留测定的检测限达到 7.622 μg/kg、6.455 μg/kg、13.52 μg/kg，这达到了常规 HPLC-MS/MS 方法测定的水平。Li 等（2010）报道了采用量子点技术的硅胶表面印迹纳米 MIPs 微球（Cdse@SiO_2@MIP）用来检测水相中痕量残留的功夫菊酯，其分子识别依赖于分子间氢键作用力。

4.4.4 在兽药残留检测中的应用

Crescenzi 等（2001）采用分子印迹技术，以溴布特罗为模板分子对牛肝中的盐酸克伦特罗进行分离富集，接着采用液相色谱—串联质谱方法进行确证分析，方法的回收率大于 90%，检测限低于 0.1 g/kg。Koster 等（2001）采用硅胶纤维覆盖着可以再生的克伦特罗分子印迹材料，提取苯胺型 B - 肾上腺激素，使克伦特罗、溴布特罗、马布特罗、马愤特罗的回收率达到 61% ~ 79%。马杰（2006）报道了将克伦特罗 MIP 颗粒填充在化学发光流通池中，采用甲醛/高锰酸钾发光体系与印迹聚合物吸附的克伦特罗反应，通过化学发光法建立了测定克伦特罗分子印迹流动注射化学发光分析法。周路等（2007）采用 MIT 制备了甲磺酸帕珠沙星 MIPs，将 MIPs 作为识别物质，所制备的电容型传感器具有选择性好、灵敏度高、再生性能及稳定性能优良等特点，用于实际样品分析，回收率在 94.10% ~ 102.10% 之间。

4.4.5 在防腐剂检测中的应用

防腐剂是指天然或合成的化学成分，用于加入食品、药品、颜料、生物标本等，以延迟微生物生长或化学变化引起的腐败。目前防腐剂的检测一般采用气相色谱法和液相色谱法，而这些方法的前处理工作量大，选择性低，回收率不高，检测时有干扰。采用分子印迹技术，合成防腐剂分子印迹聚合物，优化其合成条件以得到吸附性能较好的聚合物，制成的分子印迹聚合物填充到固相萃取柱中，并用于提取防腐剂。

王会枝和何永福（2012）报道了以食品防腐剂苯甲酸为模板分子，α - 甲基丙烯酸为功能单体，采用本体聚合的方法，通过紫外图谱和吸附性对功能单体进行选择，通过单因素和正交试验对模板分子、交联剂、功能单体 3 种物质的比例及合成温度进行了优化，得出最佳功能单体为 α - 甲基丙烯酸，最佳比例为 1:5:15，最佳温度是 70 ℃。优化条件制取的聚合物的吸附性最强。结果表明，利用以上优化条件合成的聚合物有较好的吸附性能，用于食品中防腐剂的前处理方法，具有简单高效、选择性和重现性好等优点，可以满足分析食品中苯甲酸的要求。

4.4.6 在违禁添加物检测中的应用

4.4.6.1 三聚氰胺的检测

三聚氰胺（melamine），简称三胺，俗称蜜胺，国际纯粹与应用化学联合会（IUPAC）将其命名为 1,3,5 - 三嗪 -2,4,6 - 三氨基（1,3,5 - Triazine -2,4,6 - triamine），是一种三嗪类含氮杂环有机化合物。作为一种重要的有机化工原料，三聚氰胺主要用于生产三聚氰胺—甲醛树脂，并被广泛用于塑料、造纸、皮革、木材加工、医药、电气、涂料等多种行业。由于三聚氰胺分子中含有大量氮元素，因此三聚氰胺常被不法分子用作非法添加剂，以提高待测物中蛋白质的含量。如何测定食品中是否添加了该物质已成为相关质检部门的当务之急。

魏艳玲等（2011）建立了基于分子印迹固相萃取—高效液相色谱同时测定鸡血浆中环丙氨嗪和三聚氰胺残留的方法。以环丙氨嗪为模板分子，甲基丙烯酸为功能单体，合成了对环丙氨嗪和三聚氰胺具有高选择性的分子印迹聚合物。作为固相萃取填料，评价和优化了其分离、富集环丙氨嗪和三聚氰胺的固相萃取条件。血浆用1%三氯乙酸沉淀蛋白，分子印迹固相萃取净化。在辛烷磺酸钠离子对试剂缓冲液（pH 3.0）中，环丙氨嗪和三聚氰胺在240 nm波长处均形成较强紫外吸收峰，实现用离子对反相高效液相色谱紫外同时分析检测。环丙氨嗪和三聚氰胺在 0.10～10.00 μg/mL 范围内线性关系良好，鸡血浆中环丙氨嗪和三聚氰胺的回收率均高于70%，$RSD < 10\%$，检出限达 0.05 μg/mL。

张义根等（2011）使用溶胶—凝胶分子印迹技术，建立了无须分离直接检测三聚氰胺的电化学分析方法，优化了扫描条件，并对可能的氧化机理进行了推测。对三聚氰胺电化学性质研究表明，三聚氰胺在 0.75 V 有一个特征氧化峰。氧化峰电流与三聚氰胺在 $1.0 \times 10^{-7} \sim 1.0 \times 10^{-3}$ mol/L 浓度范围内的对数值呈线性关系，线性回归方程为：$I (\mu A) = 10.78 \lg c(mol/L) + 99.76$，相关系数 $R = 0.9973$。利用该方法直接测定了牛奶、豆奶中三聚氰胺的浓度，回收率为 97.5%～103.3%。

4.4.6.2 苏丹红的检测

苏丹红又名"苏丹"，易溶于苯，溶于氯仿、乙醚、乙醇、丙酮、石油醚等，不溶于水。苏丹红属于一种人工合成的红色染料，常作为一种工业染料，被广泛用于如溶剂、油、蜡、汽油的增色以及鞋、地板等增光方面，禁止作为食品添加剂。苏丹红有Ⅰ、Ⅱ、Ⅲ、Ⅳ号 4 种。经毒理学研究表明，苏丹红具有致突变性和致癌性，苏丹红（Ⅰ号）在人类肝细胞研究中显现可能致癌的特性。

Dai 等（2009）以苏丹红Ⅰ为模板分子，通过沉淀聚合法制备了一种对苏丹红Ⅰ具有特异性吸附的分子印迹聚合物。以甲醇和乙腈的混合液（体积比为 30:10）为致孔剂，甲基丙烯酸（MAA）为功能单体，当功能单体和模板分子的物质的量比为 8:1 时，分子印迹聚合物的印迹因子为 2.32，亲和位点总数（Bt）为 0.50 μmol/g；将其作为固相萃取柱填料用于辣椒粉样品中痕量苏丹红Ⅰ的净化和富集，苏丹红Ⅰ浓度在 10～500 μmol/L 范围内时，呈现良好的线性关系（$R = 0.999$）；检出限为 3.3 μmol/L，加标回收率为 95.87%～98.41%，相对标准偏差低于 3.1%。该方法有望用于辣椒粉样品中苏丹红Ⅰ添加剂的常规检测。Liu 等（2009）采用苏丹红Ⅰ为模板分子，α-甲基丙烯酸为功能单体，乙二醇二甲基丙烯酸酯为交联剂，偶氮二异丁腈为引发剂，在氯仿中采用沉淀聚合法制备了分子印迹聚合物。聚合物的平衡结合试验表明：模板分子/功能单体/交联剂的摩尔比为 1:4:16 时所得的印迹聚合物对苏丹红Ⅰ吸附量最大；合成时溶剂和引发剂用量对聚合物吸附量有很大影响；印迹和非印迹聚合物对苏丹红Ⅰ的平衡吸附量分别为 49.17 μmol/g 和 22.6 μmol/g，选择性结合试验中印迹聚合物对苏丹红Ⅰ和苏丹红Ⅲ的吸附量分别为 26.8 μmol/g 和 5.26 μmol/g，说明印迹聚合物对苏丹红Ⅰ具有特异性吸附；Scatchard 分析表明该印迹聚合物具有两类结合位点。Xu 等（2013）以苏丹红Ⅰ为模板分子，甲基丙烯酸为功能单体合成了苏丹红分子印迹聚合物，作为固相萃取吸附剂，用于食品中苏丹红Ⅰ、Ⅱ、Ⅲ、Ⅳ的测定。样品经乙腈提取，所得提取液分子印迹固相萃取柱，然后用乙醇—正己烷（1:1）溶液作洗脱剂将苏丹红洗下，收集洗出液供高效液相色谱测定。结果表明聚合物对印迹分子具有很好的亲和性和特异选择性。方法的线性范围为 0.5～15.0 mg/L，检出限（$S/N = 3$）为 4 μg/kg。以辣椒粉和辣椒酱为基体，在 3 个浓度水平下做加标回收试验，回收率在

70.3%～85.5%之间，测定值的相对标准偏差（$n=5$）低于6.0%。

4.5 应用示例

4.5.1 分子印迹固相萃取-HPLC法测定蜂蜜中3种氟喹诺酮类抗生素残留（夏环等，2012）

4.5.1.1 材料与方法

（1）材料。氟喹诺酮类抗生素混合标准溶液：准确称取一定量的诺氟沙星（enorfloxacin，NOR）、环丙沙星（ciprofloxacin，CIP）和沙拉沙星（sarafloxacin，SAR），用乙腈配制成质量浓度均为12.5 mg/L的混合标准储备液；甲基丙烯酸（MAA）；乙二醇二甲基丙烯酸酯（EGDMA）；三羟甲基丙烷三甲基丙烯酸酯（TRIM）；甲醇（色谱纯）；乙腈（色谱纯）；偶氮二异丁腈（AIBN）。仪器：Waters 2695型高效液相色谱仪、Sirion 200高分辨场发射扫描电镜、ERTEX 70傅里叶红外光谱仪、12孔固相萃取装置、ASAP 2020M氮吹仪、100 mg Oasis HLB固相萃取柱、Milli-RO4超纯水仪。

（2）诺氟沙星分子印迹聚合物的制备。采用沉淀聚合法，以NOR为模板分子制备MIPs。具体步骤如下：将1.0 mmol NOR和4.0 mmol MAA溶于60 mL甲醇中，加入10.0 mmol EGDMA和40 mg AIBN。将该溶液超声脱气5 min，通氮气除氧5 min后，封口，60 ℃水浴聚合反应24 h。反应结束后，以体积比为9:1的甲醇—乙酸混合溶液索式萃取36 h，再以甲醇为溶剂索式萃取12 h以洗去残留的乙酸，收集所得的聚合物微粒，40 ℃真空干燥至恒重，得到诺氟沙星MIPs。非分子印迹聚合物（nonmolecularly imprinted polymers，NIPs）与MIPs制备步骤相同，但不加入模板分子。

（3）样品提取和分子印迹固相萃取。称取2 g市售阴性蜂蜜样品于50 mL离心管中，加入混合标准溶液，以12 mL甲醇水（体积比为9:11）溶液振荡提取10 min后，3 500 r/min离心5 min，取上清液，在40 ℃氮气保护下吹至近干。最后用乙腈溶解并定容至4 mL。称取约100 mg MIPs（或NIPs）粉末，干法装入体积为6 mL的固相萃取空柱中。分别用3 mL甲醇—乙酸（体积比为9:11）、3 mL甲醇、3 mL乙腈依次活化固相萃取柱；再将4 mL样品溶液以1.0 mL/min的流速流过MIPs（或NIPs）固相萃取柱；然后用3 mL水—乙腈溶液（体积比为12:88）淋洗以去除杂质，真空抽干后，用3 mL水—乙酸—乙腈混合溶液（体积比为14.0:14.3:181.7）洗脱。收集洗脱液，在40 ℃氮气保护下吹至近干并用流动相定容至1.0 mL，供高效液相色谱分析。

4.5.1.2 结果与分析

（1）分子印迹聚合物制备条件的优化。本研究以MAA为功能单体，对分子印迹聚合物制备条件进行优化。结果表明，当MAA与模板分子的摩尔比为4:11时，印迹因子达到最大值。此外，交联剂种类和用量是影响分子印迹聚合物特异性吸附的另一重要因素。实验首先以TRIM和EGDMA作为交联剂分别制备了MIP5和MIP、NOR、CIP、SAR，在MIP5上的印迹因子明显小于MIP2上的印迹因子，这表明以EGDMA作为交联剂制备的分子印迹聚合物的特异性吸附能力优于TRIM。其次，研究了EGDMA用量对聚合物印迹效果的影响，当EGDMA用量为10 mmol时，3种FQs的印迹因子均达到最大值。图 4-4 的扫描电镜图显示聚合物颗粒呈不规则的圆球形，表面较为粗糙且存在一定的团聚现象，能够用于分子印迹聚合物的固相萃取研究。

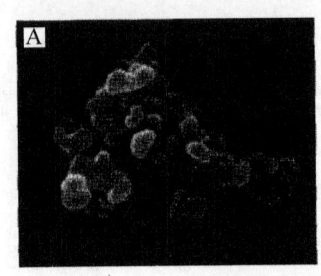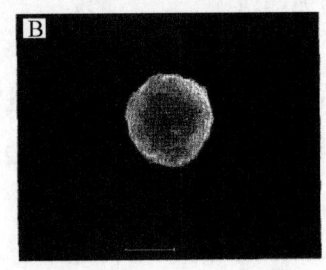

图 4-4　MIPs 的扫描电镜图
A：放大 30 000 倍；B：放大 100 000 倍

（2）分子印迹固相萃取条件的优化。对上样条件、淋洗条件、洗脱条件进行了优化，实验结果表明，乙腈作为上样溶剂时，MIPs 能特异性地结合 FQs，当 NOR 的质量浓度高于 12.5 μg/mL 时，容易出现目标分子在 MIPs 柱上的渗漏。因此，上样溶液的最高浓度为 12.5 μg/mL。当水和乙腈的体积比为 12:188 时，3 种 FQs 在 MIPs 萃取柱上的淋洗回收率依次为 4.4%、5.2% 和 33.4%，而在 NIPs 萃取柱上的回收率依次为 14.0%、17.2% 和 47.4%，说明该洗脱溶液能够有效地破坏非特异性吸附，同时能较好地保留 FQs 与 MIPs 的特异性吸附。当水—乙酸—乙腈（体积比为 14.0:14.6:181.4）混合溶液作为洗脱溶剂时，能有效地将 FQs 从 MIPs 萃取柱上完全洗脱下来，因此选择体积比为 14.0:14.6:181.4 的水—乙酸—乙腈混合溶液作为洗脱溶剂。

（3）蜂蜜样品检测结果。在阴性蜂蜜样品中添加不同浓度 FQs 混合标准溶液，经分子印迹固相萃取后，用高效液相色谱检测。结果表明，3 种 FQs 在 0.125～12.500 mg/kg 范围内浓度与峰面积呈现良好的线性关系，相关系数均大于 0.999。方法的检出限（$S/N=3$）为 9～12 g/kg。由结果可知，3 种 FQs 的加标回收率为 96.5%～104.1%，RSD 为 3.7%～6.2%（$n=5$）。同时评价了该方法的日间精密度，结果表明，日间的 RSD 为 5.2%～7.9%（$n=5$）。可见该方法测定蜂蜜样品中 FQs 残留具有较高的准确度和精密度，完全能够满足蜂蜜产品中 FQs 残留检测的要求。

4.5.1.3　讨论

本实验以诺氟沙星为模板分子，采用沉淀聚合法制备对模板分子及其结构类似物特异性吸附的分子印迹聚合物。在优化的制备条件下，MIPs 的印迹因子为 3.17，亲和位点总数为 3.27 μmol/g，解离常数为 1.93 mmol/L。将其作为固相萃取填料与高效液相色谱联用，建立了一种检测蜂蜜中 3 种 FQs 残留的新方法，方法的加标回收率在 96.5%～104.1% 之间，RSD 不高于 6.2%（$n=5$）。与国家标准方法所用的 Oasis HLB 柱相比，本方法能够选择性地富集 FQs 的同时有效地去除蜂蜜中的干扰物。说明分子印迹固相萃取应用于蜂蜜中 FQs 的净化、浓缩、富集，能够改善检测方法的灵敏度和特异性，达到常规检测的需要。

4.5.2 分子印迹固相萃取 – HPLC 法检测酱油中的苯甲酸（王会枝等，2011）

4.5.2.1 材料与方法

（1）材料。对羟基苯甲酸、甲基丙烯酸（MAA）、乙二醇二甲基丙烯酸酯（EGD-MA）、偶氮二异丁腈（AIBN，化学纯）、水（为二次蒸馏水）。仪器：岛津高效液相色谱仪 LC – 10A、紫外检测器 SPD – 10A、岛津 UV – 2450 紫外可见分光光度仪、80 – 1 型低速离心机（河南智诚科技发展有限公司）、DF – 101D 集热式恒温加热磁力搅拌器（巩义市予华仪器有限责任公司）、电子天平 BS210S（德国赛多利斯公司）、81 – 2 恒温磁力搅拌器（上海司乐仪器有限公司）。

（2）色谱分析条件。色谱柱：SHIMADZU VP – ODS 柱（250 mm×4.6 mm，10 μm）。流动相：甲醇—乙酸铵（20 mmol/L）溶液（体积比为 1∶1）。流速：1.0 mL/min。检测波长：230 nm。进样：5 μL。

（3）分子印迹聚合物的合成。①称取 0.069 0 g 对羟基苯甲酸，量取 0.21 mL 功能单体 α – 甲基丙烯酸溶于 8 mL 氯仿中，在振荡器上振荡 6 min，将此混合溶液磁力搅拌过夜，使模板分子和功能单体充分预聚合。②加入 1.4 mL 交联剂乙二醇二甲基丙烯酸酯和 0.0340 g 偶氮二异丁腈，超声波振荡 15 min，向混合液里通氮气脱氧 10 min，在真空状态下密封。③将密封好的试管放入电热恒温水浴锅中，70 ℃反应 24 h，得坚硬的块状聚合物。将聚合物粉碎研磨后过 200 目筛。④将过筛得到的固体颗粒放入索氏提取器中，用 150 mL 甲醇—乙酸（体积比为 9∶1）溶液连续抽提 60 h，洗脱聚合物中对羟基苯甲酸模板分子，直至回流提取液中紫外检测不到模板分子。⑤最后用甲醇洗聚合物至中性，晾干放入干燥器备用。同样条件制备无模板分子的非印迹聚合物（NIPs）。

（4）分子印迹聚合物吸附性能测试。①称取 8 份等质量的分子印迹聚合物（每份 50 mg），分别加入配制好的 0.001～0.100 g/L 的对羟基苯甲酸溶液 5 mL，在室温下静置吸附 24 h。②移取适量上层清液用 0.45 μm 膜过滤，收集滤液，用紫外分光光度计测定平衡吸附液中对羟基苯甲酸的浓度。③根据结合前后溶液中对羟基苯甲酸浓度的变化，由方程 $Q = (C_0 - C)V/m$ 计算出聚合物对对羟基苯甲酸的吸附量 Q（mg/g），取 3 次测定的平均值，绘出吸附量 Q 与浓度关系的曲线；依据吸附速率和平衡吸附量衡量分子印迹聚合物的特异性吸附性能。

（5）分子印迹聚合物固相萃取柱的制备。①将制取的分子印迹聚合物（200 目）0.2 g 用甲醇湿法装入 SPE 柱中，萃取柱两端以玻璃棉封口以免加液时微粒悬浮起来，并不断敲打，得到填充均匀的 MIP – SPE 柱。②用甲醇洗脱 SPE 柱，分步收集洗脱液并用紫外分光光度计检测，直至检测不到对羟基苯甲酸。③继续用 5 mL 甲醇和 5 mL 水依次洗脱 SPE 柱，使 SPE 得到再生。

（6）样品分析。①样品采集。在市场上购买有代表性的瓶装酱油样品。②样品预处理。对于黏度小的酱油，先称取一定量样品，调 pH 为 6.50 左右，将其适度稀释并定容。经 0.45 μm 滤膜过滤，然后进行测定。对于黏度大的酱油，先称取一定量样品，调 pH 为 6.50 左右，进行适当稀释后，在 5 000 r/min 条件下离心 10 min，精确移取上清液 10 mL，加在已用甲醇活化并用水冲洗过的自制的 MIP – SPE 柱上，然后用 5 mL 水对固相萃取柱进行淋洗，再用 4 mL 甲醇—乙酸铵缓冲溶液（体积比为 1∶1）的溶液冲洗固相萃取柱，将淋洗液经 0.45 μm 滤膜过滤，然后进行测定。

4.5.2.2 结果与分析

（1）吸附试验结果分析。测定了对羟基苯甲酸 MIP 对不同浓度的对羟基苯甲酸溶液的吸附量，绘制成结合等温线。其中对羟基苯甲酸的质量浓度为 0.001～0.100 g/L。比较印迹聚合物（MIP）以及非印迹聚合物（NIP）对对羟基苯甲酸分子的结合等温线可知，MIP 对模板分子的吸附量明显高于 NIP 的吸附量，具有显著的选择性。

（2）吸附速率的研究。测定了聚合物随时间的吸附量，随着时间的增加，聚合物的吸附量逐渐增加，在 7 h 左右聚合物对对羟基苯甲酸的吸附量几乎达到饱和。

（3）分子印迹聚合物的吸附选择性。选用模板分子对羟基苯甲酸和与其结构类似的防腐剂苯甲酸、对羟基苯甲酸甲酯、对羟基苯甲酸乙酯、对羟基苯甲酸丙酯，测定了印迹聚合物和非印迹聚合物的固相萃取柱对 5 种防腐剂的选择性吸附。由图 4 – 5 可知，印迹聚合物对这 4 种防腐剂的结合量明显大于非印迹聚合物的结合量，表现出特异选择性，进一步表明了在聚合物合成过程中模板分子的印记效应发挥了重要作用。

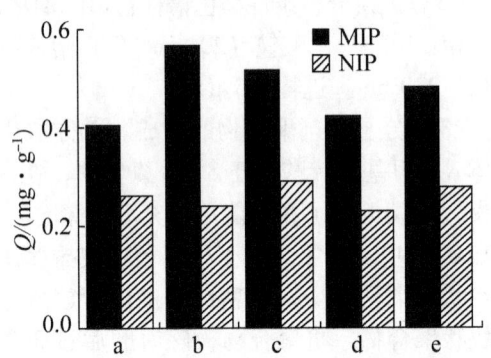

图 4 – 5　MIP 和 NIP 对 5 种防腐剂的吸附选择

a：对羟基苯甲酸丙酯；b：对羟基苯甲酸；c：苯甲酸；d：对羟基苯甲酸甲酯；e：对羟基苯甲酸乙酯；聚合物：30 mg；吸附时间：24 h；溶剂：水；质量浓度：0.01 g/L

（4）实际样品分析。在市场上购买了几种有代表性的瓶装酱油作为样品进行分析，通过调查发现有 95.9% 的酱油中添加了苯甲酸，由于加在酱油中的苯甲酸含量低，有效的提取对于测定至关重要。尽管对羟基苯甲酸分子印迹聚合物对 5 种防腐剂都有很好的吸附选择性，但苯甲酸在食品中的添加还是常见得多，所以本试验采用自制的固相萃取柱直接萃取，达到了很好的对苯甲酸的预分离和富集，从而提高了方法的灵敏度。固相萃取前样品和萃取后收集的洗脱液的色谱见图 4 – 6。

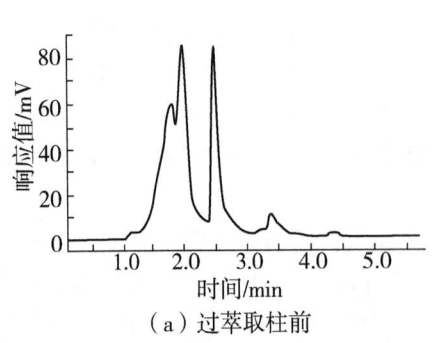

（a）过萃取柱前

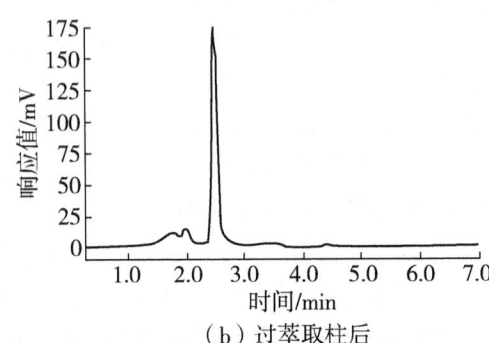

（b）过萃取柱后

图 4 – 6　过对羟基苯甲酸分子印迹固相萃取柱前后酱油中提取物的液相色谱图

4.5.2.3 讨论

本试验以对羟基苯甲酸为模板分子合成的分子印迹聚合物具有很高的选择性和识别能力,而非印迹聚合物不具备此性能。将分子印迹聚合物填充于固相萃取装置,并用于分离、提取食品防腐剂中的苯甲酸,通过精密度考察,苯甲酸的 RSD 为 2.55%。不同浓度的加标回收率为 98.46% ~ 106.10%。结果表明,利用自制印迹聚合物并用于对食品中防腐剂的前处理方法,具有简单高效、选择性好、重现性好等优点,能满足分析要求。

4.5.3 分子印迹固相萃取 – GC – MS 法测定鸡蛋中的三聚氰胺
（贺利民等,2011）

4.5.3.1 材料与方法

（1）材料。环丙氨嗪（CYR,化学纯）、三聚氰胺对照品（MEL,纯度 99.5%）、甲基丙烯酸（MAA,分析纯）、乙二醇二甲基丙烯酸酯（EGDMA,分析纯）、偶氮二异丁腈（AIBN,化学纯）、乙腈、丙酮、甲醇、吡啶、甲苯和氨水等；衍生剂,Sylon BFT™ 为 N,O – 双三甲基硅基三氟乙酰胺 + 三甲基氯硅烷（99 + 1）。仪器：AUTOSYSTEM GC XL – TURBOMASS 型气相色谱—质谱联用仪（美国 Perkin Elmer 公司）、FEIXL 30 E SEM 扫描电子显微镜（荷兰 Philips 公司）、UNIVERAL 32R 离心机（德国 Hettich 公司）、HH – 1 数显恒温水浴锅（金坛市富华仪器有限公司）。

（2）仪器条件。色谱柱：J&W DB – 1MS 石英毛细柱（30 m × 0.25 mm, 0.25 μm）；升温程序：100 ℃ 保持 1 min,以 30 ℃/min 升至 200 ℃,再以 5 ℃/min 升至 205 ℃ 保持 1 min,然后以 30 ℃/min 升至 280 ℃ 保持 3 min；进样口温度 220 ℃；载气（He）流速 0.8 mL/min,进样量 1.0 μL。电子轰击（EI）离子源；电子能量 70 eV；传输线温度 280 ℃；离子源温度 230 ℃；选择监测离子 m/z：99、171、327 和 342,定量离子 327。

（3）三聚氰胺分子印迹聚合物的合成。称取 0.17 g 环丙氨嗪于试管中,加 5 mL 甲醇—水（体积比为 10∶1）溶解,加入 MAA 0.7 mL,超声 5 min,再加入 EGDMA 5.0 mL 和 AIBN 30 mg,超声 5 min,通氮气 5 min,密封。在 60 ℃ 水浴中聚合 24 h,得到块状聚合物。将该聚合物粉碎、研磨、过筛,收集粒度为 38 ~ 75 μm 的颗粒,用丙酮反复沉降以去除细小颗粒,装入 15 mm × 200 mm 玻璃层析柱中,先用 10% 乙酸—甲醇溶液 200 mL 洗涤去除模板,再用甲醇 100 mL 洗涤去除乙酸,真空干燥 24 h,称取收集的颗粒 200 mg 装入空的固相萃取小柱。非印迹聚合物（NIP）的制备除不加模板分子外,均按上述方法制备、处理和装柱。

（4）样品制备。准确称取鸡全蛋匀质样品 1 g 于 50 mL 聚丙烯塑料离心管中,加入 10 mL 提取液（三乙胺∶水∶甲醇为 10∶30∶60）,振荡 20 min 后,于 4 ℃ 下 10 000 r/min 离心 10 min,取出 5 mL 上清液,加无水乙醇 5 mL 混合,旋转蒸干,加水 5 mL 超声溶解残渣,作为上样溶液。依次用甲醇、水各 3 mL 活化自制的 MIP 固相萃取（MISPE）小柱,上样,分别用水、甲醇各 3 mL 淋洗,挤干,用 5% 氨化甲醇溶液 5 mL 洗脱。50 ℃ 下用氮气小心吹干洗脱液,加入 200 μL 吡啶溶解残渣,加入 200 μL 衍生剂,密封后于 70 ℃ 衍生反应 30 min。冷却后,加 600 μL 甲苯混匀,测定。

4.5.3.2 结果与分析

(1) 聚合配方的选择。本研究分别选择了甲醇、二甲基甲酰胺、二甲基亚砜、水及不同含量的甲醇水溶液为致孔剂，MAA 为单体，MEL 及其结构相似物 CYR 为模板，EGDMA 为交联剂进行不同配方的热聚合试验。实验结果表明，只有以甲醇—水（体积比为 10:1）为致孔剂，CYR 为虚拟模板时，热聚合制备的聚合物对 MEL 才显示出高度交叉识别反应，表现出良好的选择特异性；以 MEL 本身为模板，需增加致孔剂中水的含量才能保证模板充分溶解，合成的聚合物脆而粉细，对三聚氰胺没有特异性。图 4-7 是合成 CYR-印迹聚合物颗粒的电子扫描显微镜图片，表面存在大量孔隙，显示可能的吸附特性。

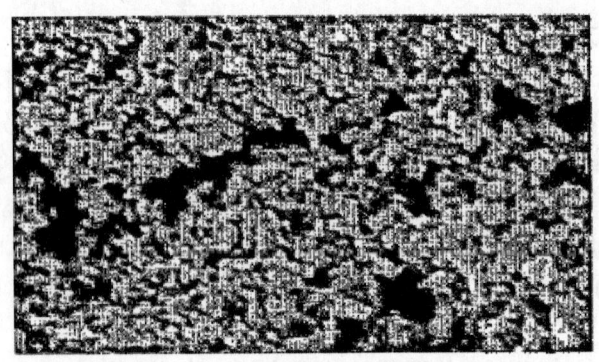

图 4-7　合成 CYR-MIP 电子显微镜图片（×8 000）

(2) 固相萃取条件的优化。①上样溶液的优化。空白鸡蛋提取液旋转蒸干后，添加适量三聚氰胺，分别用不同 pH（pH 为 5、7 和 9）的水溶液和不同含量的甲醇水溶液（质量分数为 5%、10% 和 20%）溶解上样。回收率实验结果见图 4-8。

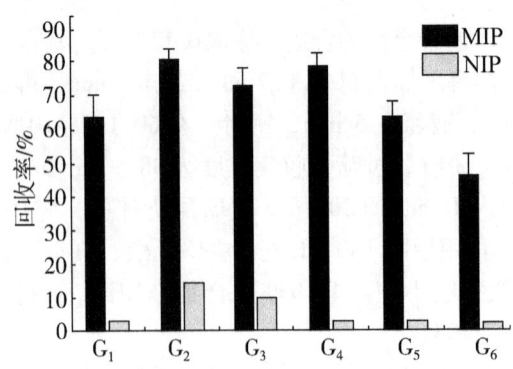

图 4-8　三聚氰胺在不同上样溶液体系中的回收率（上样量 2 μg）
$G_1 \sim G_3$ 分别代表 pH 为 5、7、9；$G_4 \sim G_6$ 分别代表 5%、10%、20% 的甲醇水溶液

由图 4-8 可见，用纯水（pH 7）或甲醇含量低于 5% 水溶液上样，三聚氰胺在 MISPE 柱上回收率都大于 80%，在非印迹聚合物固相萃取（NISPE）柱上回收率小于 20%。在弱酸性和弱碱性条件下，三聚氰胺回收率都有所降低。上样液中甲醇含量增加，MISPE 柱的回收率明显下降。通过对不同溶液体系为上样液的比较，选择纯水溶

解提取的鸡蛋基质,三聚氰胺在制备的 MISPE 柱上可以较好地保留。②洗涤和洗脱液的优化。本研究选择水、纯甲醇作为洗涤液。实验表明,甲醇能将 NIP 柱上非特异性吸附的三聚氰胺去除达 70% 以上,而 MIP 萃取柱上特异性吸附的三聚氰胺损失小于 10%。为了充分洗脱保留在 MISPE 柱上的三聚氰胺,考察了不同含量的氨化甲醇溶液(浓度为 2%、3%、4%、5% 和 8%)的洗脱效果。实验结果表明,3% 以下的氨化甲醇溶液 5 mL 不能完全洗脱三聚氰胺,5% 和 8% 氨化甲醇溶液的洗脱效果差异不明显,为减少洗脱液吹干所需时间,实验选择 5% 的氨化甲醇溶液作为洗脱液。

(3) 方法效能指标。①方法的标准曲线、线性和检测限。分取适量三聚氰胺标准溶液,加 5% 氨化甲醇溶液 5 mL,吹干,按方法衍生后得系列三聚氰胺标准溶液,在 2.50~500.00 ng/mL 范围内线性良好,相关系数大于 0.99,标准曲线方程为 $Y = 1.74 \times 10^4 X - 1.40 \times 10^5$ ($n = 5$)。按 3 倍信噪比(S/N)计算,本方法检测限可达 10 μg/kg。②方法的回收率和精密度。在鸡蛋中分别添加 50、500 及 1 000 μg/kg 3 个水平的三聚氰胺,每水平 5 个重复,MCX 混合型阳离子交换柱回收率大于 90%,MIP 柱大于 80%,NIP 柱小于 20%,MCX 与 MIP 柱相应的相对标准偏差均小于 6%,而 NIP 偏差较大,在 10%~14% 之间。实验结果表明,MIP 小柱整体回收率较 MCX 小柱稍低,是否因基质增强效应产生,值得进一步研究。典型离子流色谱图如图 4-9 所示,从图可以看出,MCX 柱净化的色谱图相对有杂峰,体现了 MIP 的特异性吸附,净化效果更理想。

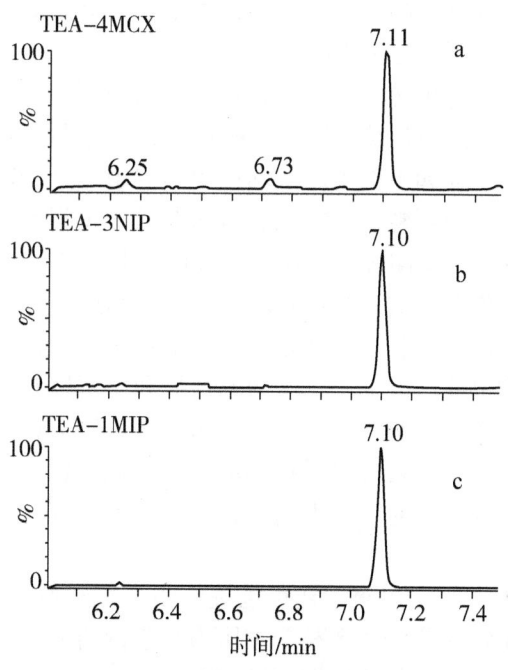

图 4-9 鸡蛋试样添加三聚氰胺典型离子流色谱图(50 μg/kg)
a:MCX 小柱;b:NIP 小柱;c:MIP 小柱

(4) 样品分析。从当地批发、农贸市场及超市抽取 100 批鲜鸡蛋样品,按实验方法处理、检测,并与 Anpelclean MCX 柱(60 mg,3 mL)净化结果比较。有 6 批鸡蛋样品 2 种小柱处理结果三聚氰胺均超过 0.05 mg/kg，其中 1 批鸡蛋三聚氰胺含量达 1.22 mg/kg，MCX 柱的回收率稍高些，结果为 1.34 mg/kg。

4.5.3.3 结论

本实验研究了在甲醇—水体系，以环丙氨嗪为虚拟模板分子，甲基丙烯酸为功能单体，乙二醇二甲基丙烯酸酯为交联剂合成了对三聚氰胺具有良好交叉识别能力的分子印迹聚合物。用其制备的分子印迹小柱较好地净化和富集了鸡蛋中的三聚氰胺，同时防止了因"模板泄漏"对三聚氰胺残留的准确测定。建立的基于分子印迹固相萃取气相色谱—质谱法测定鸡蛋中三聚氰胺的定性定量方法，可有效用于鸡蛋中三聚氰胺的残留监测。

4.6 存在的不足及展望

分子印迹技术作为一门新技术，经过数十年的发展，已经在固相萃取、手性拆分、传感器、催化和有机合成等领域得到了一定的应用，但是目前仍存在很多不足，有诸多难题亟待解决。

第一，分子印迹的基本理论研究仍显肤浅，有待进一步深入。分子印迹的基本理论和基础研究在不断的探索和发展中，目前涉及分子印迹的各个理论方面已有大量的研究。而分子印迹的过程和分子识别过程的机理、表征以及结合位点的作用机理、聚合物的结构和传质机理等方面的研究依然不是很全面，仍需要我们更深层次地去研究和全方位地在分子水平上理解分子印迹和识别过程。

第二，目前使用的功能单体、交联剂以及聚合方法都存在局限性。目前制备分子印迹聚合物的功能单体不能满足某些分子识别的要求，这是因为功能单体的种类太少，由此导致分子印迹技术还远远不能满足实际应用的需求。分子印迹聚合物的高度交联性限制了模板分子在聚合物颗粒中的扩散，所以传质的过程十分缓慢。而且当溶剂的组成发生改变时，会导致分子印迹聚合物发生膨胀，使得印迹空穴发生不可逆的变形，从而失去选择性。因为聚合物的三维结构埋藏了一些结合位点，导致结合位点得不到充分利用，使得分子印迹聚合物出现印迹容量较低的现象。此外，在分子印迹聚合物的制备过程中，聚合物单体、溶剂、交联剂的选择和比例以及操作工艺上的不同都会导致聚合物结构形态方面的差异。另外，分子印迹聚合物大部分是块状的，进行研磨和筛分后才能使用，但是这样处理之后得到的颗粒的规整性、强度以及均匀性都比较差，极大地降低了应用效率。对于以上这些方面的研究大部分还处在半经验状态，需要进一步深入。

第三，分子印迹技术的应用领域还可以进一步拓宽。通过查阅文献等我们发现，酶、蛋白质和多肽等生物大分子甚至整个细胞为模板的研究虽然有报道，但是很少并且没有达到理想的效果。大部分的研究应用都是以染料、金属离子、氨基酸、农药以及药物等小分子物质作为模板。此外，由于气体分子本身体积太小，常温时呈气态且操作中无法控制等原因，使得对于气体小分子的分子印迹技术的研究鲜有人尝试。随着分子印迹技术的发展，对这一项技术的研究逐步深入和应用日益扩大，气相中的分子识别也将成为分子印迹技术研究的一个重要方向。

第四，分子印迹聚合物的制备和识别大部分是在非极性环境中进行，这就局限了分子印迹技术的发展。乙腈、氯仿等有机溶剂在非共价作用中有利于加强氢键和离子作用。目前分子印迹聚合物大部分只能在有机相中制备和应用，天然的分子识别系统大部分是在水溶液中进行的，有机溶剂容易导致生物大分子变形失活，若以生物分子作用和共价作用则会由于强大的作用力导致生物大分子丧失活性。目前面临的一大难题就是研究怎么样利用特殊的分子间作用力在极性溶剂或者水溶液中进行分子印迹和识别，这对于生物产品的分离和纯化起着至关重要的作用。

第五，分子印迹技术的使用成本特别是分子印迹聚合物的制备成本较高，尤其是印迹分子本身价格过于昂贵，对于一些需要使用虚拟或者替代模板进行分子印迹时，常常在替代模板和虚拟分子的设计和合成上耗费大量的成本。

第六，分子印迹聚合物的重现性有待进一步的提高。

表4-2是针对当前分子印迹技术中存在的问题提出的可能的解决方案。

表4-2　分子印迹技术存在问题的可能解决方案

问题	解决方案
水相环境中的应用	1. 分子印迹聚合物表面修饰（RAM-MIP）； 2. 两步法萃取； 3. 亲水性单体在水相聚合或利用非氢键作用（金属螯合或疏水作用）
亲水性化学物印迹	1. 水相印迹法； 2. 虚拟分子印迹（离子对模板）（dummy molecular imprinting）
模板渗漏	1. 纳米印迹聚合物（nanostructured imprinted polymer）； 2. 多孔印迹聚合物（porous imprinted polymer）； 3. 虚拟分子板印迹（dummy molecular imprinting）
蛋白质分子印迹	1. 抗原调节印迹（epitope-mediated imprinting）； 2. 聚丙烯酰胺凝胶印迹（polyacrylamide sol gel imprinting）； 3. 表面分子印迹（固定模板）（surface imprinting）； 4. 金属调和印迹（metal coordination procedure）
异构识别位点	1. 对低亲和位点进行选择性化学修饰； 2. 准共价印迹或共价印迹（semi-covalent or covalent imprinting）

未来分子印迹技术的发展方向主要集中在以下几个方面：

首先，从分子水平上弄清楚分子印迹和分子识别过程的机理，从而更加容易掌握分子印迹聚合物的制备过程和识别过程。

其次，为了满足分子印迹和识别的需要，应该合成更多更有用的功能单体和交联剂，特别是设计和合成出可用于印迹那些无反应功能基团的分子的新单体，真正地实现蛋白质、多肽、核苷酸乃至整个细胞级别等的大分子印迹。

再次，分子印迹和识别过程将从有机相转向水相，以便完全能够达到与天然分子识别系统相媲美的境地；将分子印迹聚合物用于催化合成将引起极大的关注，这是由于MIPs具有特殊的预定型。

最后，分子印迹仿生传感器仍将是一个热门领域，并将向微型化和高选择性的方向发展。

手性分离和固相萃取氨基酸、手性药物甚至将其用于食品安全的分析检测将步入商业化阶段。

总而言之，分子印迹技术作为一门正在发展的科学技术已经得到人们的广泛关注，同时也面临着巨大的挑战。随着这项技术的不断深入发展，上述分子印迹技术所存在的诸多问题也会逐渐得到解决，这反过来又将进一步促进分子印迹技术的长足发展，拓展分子印迹技术的应用领域和创新性研究，使其取得新的应用和发展。

（周敏、谭贵良、陈亚波、刘垚）

参考文献

[1] Naka Y, Kaetsu I, Yamamoto Y, et al. Preparation of microspheres by radiation-induced polymerization. Mechanism for the formation of monodisperse poly (diethylene glycol dimethacrylate) microspheres. J Polym Sci, Part A: Polym Chem, 1991, 29 (8): 1197 – 1202.

[2] Sellergren B. Direct drug determination by selective sample enrichment on an imprinted polymer. Anal Chem, 1994, 66 (9): 1578 – 1582.

[3] Rachkov A, Minoura N. Recognition of oxytocin and oxytocin-related peptides in aqueous media using a molecularly imprinted polymer synthesized by the epitope approach. J Chromatogr A, 2000, 889 (1): 111 – 118.

[4] Tai D F, Lin C Y, Wu T Z, et al. Recognition of dengue virus protein using epitope-mediated molecularly imprinted film. Anal Chem, 2005, 77 (16): 5140 – 5143.

[5] Li Y, Yang H H, You Q H, et al. Protein recognition via surface molecularly imprinted polymer nanowires. Anal Chem, 2006, 78 (1): 317 – 320.

[6] Kubo T, Nomachi M, Nemoto K, et al. Chromatographic separation for domoic acid using a fragment imprinted polymer. Anal Chim Acta, 2006, 577 (1): 1 – 7.

[7] Shi Y, Zhang J H, Shi D, et al. Selective solid-phase extraction of cholesterol using molecularly imprinted polymers and its application in different biological samples. J Pharm Biomed Anal, 2006, 42 (5): 549 – 555.

[8] Choi S W, Chang H J, Lee N, et al. A surface plasmon resonance sensor for the detection of deoxynivalenol using a molecularly imprinted polymer. Sensors, 2011, 11 (9): 8654 – 8664.

[9] Mausia T, De Smet D, Guorun Q, et al. Molecularly imprinted polymers as specific adsorbents for zearalenone produced by precipitation polymerization and applied to mycotoxin production. Anal Lett, 2011, 44 (16): 2633 – 2643.

[10] Pascale M, De Girolamo A, Visconti A, et al. Use of itaconic acid-based polymers for solid-phase extraction of deoxynivalenol and application to pasta analysis. Anal Chim Acta, 2008, 609 (2): 131 – 138.

[11] Urraca J L, Marazuela M D, Merino E R, et al. Molecularly imprinted polymers with a streamlined mimic for zearalenone analysis. J Chromatogr A, 2006, 1116 (1): 127 – 134.

[12] Serheeva T A, Piletsʹka O V, Brovko O O, et al. Aflatoxin-selective molecularly-imprinted polymer membranes based on acrylate-polyurethane semi-interpenetrating polymer networks. Ukrainskii Biokhimi-

cheskii Zhurnal, 2006, 79 (5): 109 – 115.

[13] Ferrer I, Lanza F, Tolokan A, et al. Selective trace enrichment of chlorotriazine pesticides from natural waters and sediment samples using terbuthylazine molecularly imprinted polymers. Anal Chem, 2000, 72 (16): 3934 – 3941.

[14] Zhang H, Song T, Zong F, et al. Synthesis and characterization of molecularly imprinted polymers for phenoxyacetic acids. Int J Mol Sci, 2008, 9 (1): 98 – 106.

[15] 汤凯洁, 顾小红, 朱松, 等. 苄嘧磺隆印迹聚合物的波谱分析及吸附性能研究. 化学学报, 2009, 67 (7): 687 – 692.

[16] Crescenzi C, Bayoudh S, Cormack P A G, et al. Determination of clenbuterol in bovine liver by combining matrix solid-phase dispersion and molecularly imprinted solid-phase extraction followed by liquid chromatography/electrospray ion trap multiple-stage mass spectrometry. Anal Chem, 2001, 73 (10): 2171 – 2177.

[17] Koster E H M, Crescenzi C, den Hoedt W, et al. Fibers coated with molecularly imprinted polymers for solid-phase microextraction. Anal Chem, 2001, 73 (13): 3140 – 3145.

[18] 马杰. 分子印迹化学发光法测定瘦肉精的含量. 矿业科学技术, 2006, 33 (4): 36 – 40.

[19] 周路, 叶光荣, 袁若, 等. 甲磺酸帕珠沙星分子印迹手性电容型传感器. 中国科学: B辑, 2007, 37 (1): 48 – 53.

[20] 王会枝, 何永福. 食品防腐剂苯甲酸印迹聚合物的制备条件优化. 粮食流通技术, 2012 (4): 35 – 37.

[21] 魏艳玲, 张嘉慧, 贺倩倩, 等. 分子印迹固相萃取—高效液相色谱法同时测定鸡血浆中环丙氨嗪和三聚氰胺残留. 分析试验室, 2011, 30 (8): 92 – 96.

[22] 张义根, 齐文静, 刘瑛, 等. 溶胶—凝胶分子印迹检测三聚氰胺. 分析试验室, 2011, 30 (2): 21 – 24.

[23] 夏环, 王妍, 荆涛, 等. 分子印迹固相萃取—高效液相色谱法测定蜂蜜中三种氟喹诺酮类抗生素残留. 分析科学学报, 2012, 28 (3): 297 – 302.

[24] 王会枝, 杨柳, 沈妍铮, 等. 印迹固相萃取 – HPLC 对酱油中防腐剂的选择分析. 河南工业大学学报: 自然科学版, 2011, 32 (2): 40 – 44.

[25] 贺利民, 刘开永, 武力, 等. 分子印迹固相萃取气相色谱—质谱法测定鸡蛋中三聚氰胺. 中国兽药杂志, 2011, 45 (1): 2 – 5.

[26] Alexand C, Andersson H S, Andersson L I, et al. Molecular imprinting science and technology: a survey of thd literature for the years up to and including 2003. J Mol Recognit, 2006, 19 (2): 106 – 180.

[27] Qiao F X, Sun H W, Yan H Y, et al. Molecularly imprinted polymers for solid phase extraction. Chromatographia, 2006, 64: 625 – 634.

[28] Kubo T. Development and applications of fragment imprinting technique. Chromatography, 2008, 29 (1): 9 – 17.

[29] Ali W H, Derrien D, Alix F, et al. Solid-phase extraction using molecularly imprinted polymers for selective extraction of a mycotoxin in cereals. J Chromatogr A, 2010, 1217: 6668 – 6673.

[30] Smet D D, Monbaliu S, Dubruel P, et al. Synthesis and application of a T – 2 toxin imprinted polymer. J Chromatogr A, 2010, 1217: 2879 – 2886.

[31] He J X, Wand S, Fand G Z, et al. Molecularly imprinted polymer online solid-phase extraction coupled with high-performance liquid chromatography-UV for the determination of three sulfonamides in pork and chicken. J Agr Food Chem, 2008, 56: 2919 – 2925.

[32] He J X, Fang G Z, Yao Y C, et al. Preparation and characterization of molecularly imprinted silica monolith for screening sulfamethaxine. J Sep Sci, 2010, 33: 3263 – 3271.

第 5 章 DNA 条形码技术及其在食品安全检测中的应用

DNA 条形码（DNA barcoding）是指利用标准的、有足够变异的、容易扩增且相对较短的 DNA 片段，根据其在物种种内的特异性和种间的多样性而建立的一种新的生物身份识别系统。通过 DNA 条形码技术，可以将一些不宜用形态鉴定方法作出结论的生物在任一发育阶段作出准确的鉴定。

5.1 概述

条形码技术是应现代零售业发展的需求而产生的，在零售业的商品管理与销售中发挥了无法替代的关键作用。生物分类学家从中得到了启示：DNA 分子一级结构上的线性核苷酸排列可以建立类似的生物条形码，应用于快速鉴别生物。1993 年，Aront 等（1993）最先提出 DNA 条形码的概念，但是这篇文章在当时并未引起人们过多的关注。2002 年，Tautz 提出以 DNA 序列为基础建立物种识别体系，利用不同物种 DNA 序列间的差异进行物种的分类，并将此与林奈的生物命名系统一一对应（Tautz，2002）。随后的 2003 年无疑是 DNA 条形码史上重要的纪元，这一年，加拿大动物学家 Hebert 等在对鳞翅目昆虫进行研究中，用线粒体细胞色素 C 氧化酶亚基 I（cytochrome c oxidase subunit I，*COI*）基因作为 DNA 条形码，成功地将 200 种关系密切的昆虫区分开来（Hebert et al.，2003a）。Hebert 不仅明确提出了 DNA 条形码的概念，并将其应用于实际的物种鉴定中，他还倡导将 *COI* 作为通用序列以建立起全球性的物种鉴别系统，因此被称为"DNA 条形码之父"。

与传统物种鉴定方法相比，DNA 条形码技术优势体现在：①技术原理简单，可构建统一的 DNA 条形编码数据；②鉴定结果准确且具有可重复性，可实现从门、纲、目、科、属、种到变种等不同分类水平的鉴定；③使用方便且易于操作，技术人员经过简单的培训即可使用 DNA 条形码数据库完成鉴定工作。

DNA 条形码技术的应用需要具备两个条件：①生物体分子的变异性。这影响着 DNA 条形码技术的分辨率。当生物体具有低的种内多态性可表现出高分辨率，才能从近亲中很好地识别出来。因此条形码区域的选择非常重要。②标准化的高质量的参考条形码数据库。生命条形码联盟（Consortium for the Barcode of Life，CBOL）建立了"数据库工作组（Database Working Group）"与"全球生物多样性信息设备（Global Biodiversity Information Facility，GBIF）"，以及其他机构一同建立的 DNA 条形码记录的数据标准。这些数据将带有"BARCODE"记号，每个 BARCODE 记录均分配了一个被认可的物种名称，并与博物馆等储存机构的凭证标本建立电子链接，每条记录还包括

PCR 引物、DNA 测序峰图文件。以上数据标准可保证 BARCODE 记录成为鉴定生物样本的最佳手段。

过去 10 年来，NCBI 和 BOLD 数据库（www.barcodeoflife.org）存储了动物（包括养殖的）和植物的大量 DNA 条形码序列。目前全球性的 3 个基因数据库（GenBank、EMBL、DDBJ）中均有保存这些记录，可免费使用。

5.1.1 DNA 条形码区域的选择

根据种间差异大、种内差异小的原则，理想的条形码序列应符合以下标准：①目标 DNA 片段应包含足够的系统进化信息，以定位物种在分类系统中的位置。种间具有足够的变异，以区分不同物种；种内变异应足够小，从而具有相对的保守性。②DNA 条形码是一段标准的 DNA 片段，该片段应当尽可能多地鉴别不同的分类单元。③目标 DNA 片段足够短，便于 DNA 提取、扩增和测序，尤其对于发生降解的样品（如保存已久的腊叶标本、处理过的民间药材等）。④目标片段有高度保守的引物设计区，便于设计通用引物。

5.1.1.1 动物 DNA 条形码

与线粒体基因相比，动物的核基因显得太过保守，要解决种以下级别的问题还存在困难。另外，已被广泛用于系统发育研究的线粒体 12S 和 16S rRNA 基因，由于其内部存在大量的插入和缺失（即"indels"），而难以进行多重序列比对，序列分析起来较为困难且极易得到错误的结果。由此，研究者将筛选的目标转移到线粒体中的 13 个蛋白编码基因上：①基于长度差异的考虑，900 bp 左右最为合适，而在这 13 个蛋白基因中仅 *COI*、*cytb*、*nad*4、*nad*5 满足此条件；②基于基因进化速率的考虑，后两者进化较快，不利于设计通用扩增引物，而 *COI* 和 *cytb* 进化速率适中，即使亲缘关系很近，类群的 *COI* 基因也存在几个百分比的碱基差异，因此适合用来对物种进行鉴定。

接下来的问题是如何在 *COI* 序列和 *cytb* 中进行选择。

截至目前，NCBI 中收录的动物线粒体基因数据大部分来自 *cytb* 和 *COI*，在数量上前者约为后者的 2 倍，而 90% 的 *cytb* 序列又来自脊索动物。但相比之下，*COI* 序列有自身的优势：①已知的 *COI* 序列覆盖了更为广泛的分类单元；②*COI* 通用扩增引物性能卓越，能够扩增大多数动物 *COI* 基因 5′端的序列；③虽然 *COI* 基因在进化速率上相对 *cytb* 要慢一些，但其所包含的系统发育信息比 *cytb* 要丰富很多，因此更适合对亲缘关系密切的分类群进行分析。

Hebert 等（2003b）选取 *COI* 基因的一段序列对动物总的 7 个门 8 个目的不同种群及鳞翅目昆虫的 200 个种进行种类鉴定，发现 *COI* 不但能区分门、目，甚至可以区分近缘种，并且准确率达到 99.999 9%。随后他对北美洲 260 种鸟类进行 DNA 条形码编码分析，发现每种鸟都有独特的条形码编码，种间的差异大大高于种内的差异，在 4 种鸟内发现了新的 *COI* 序列，从而发现了 4 种新的鸟类（Hebert et al., 2004a）。另外，Hebert 对属于同一属一个种类的 2 500 万只哥斯达黎加普通蝴蝶进行 DNA 条形编码研究，发现这些蝴蝶分属于 10 个不同种类，这是用常规的形态特征无法区分的（Hebert et al., 2004b）。Heber 的研究结果显示，*COI* 序列无论在哪个分类水平（门、目、种）上都具有良好的识别能力。另外，*COI* 序列还具有下列特点：①绝大多数动物的线粒体

基因组包含 *COI* 基因序列，且能够容易地被通用引物扩增。②细胞内 mtDNA 的拷贝数远高于核基因组，因此前者更容易被扩增。③大部分核基因由父本和母本共同遗传而来，而母系遗传的 *COI* 基因仅来自母体，因此几乎不会发生重组。④*COI* 基因内部不仅没有内含子，还极少发现插入和缺失（indels），仅极少数分布在 3′端，个别发生在 5′端的 indels 已研究得比较清楚。第一种情况是多数动物类群均具有的 indels，在进化早期就已经产生，如袋虫动物 *COI* 第 78 位处的 3 bp 的插入；另一种情况仅出现在个别类群中，表明该类群为新近起源的，如与软体和腹足动物 *COI* 蛋白二级结构中胞外第 2 个环上的氨基酸突变有关的突变。⑤作为蛋白编码基因，其密码子第 3 位碱基不受自然选择压力的影响，可自由变异。

COI 基因序列包含了足够的可用于动物系统发育学研究的信息，并且在相当程度上如实反映了物种间真实的进化关系，因此很适合作为大多数动物门类的标准条形码序列。综上所述，研究者提出以一段 650 bp 长的 *COI* 基因序列为基础的动物条形码识别方法。

另外，Hebert 还提出了种内和种间差异"阈值"的概念，并将其作为物种分类和鉴定的定量指标。基于 *COI* 序列，在一些类群中已部分实现了条形码鉴定，如鸟类、鱼类、鳞翅类和双翅昆虫类。

但是对于近缘关系的物种，单个 *COI* 序列不能解决遗传进化速率、遗传分化、内含子大小变化、杂交和基因渗入等所有问题。因此 DNA 条形码基因的发展趋势是多基因系统（包括 *COI* 序列或/和独立标记）。Sevilla 等（2007）利用 *cytb* 和 *rhod* 成功鉴别了 200 多种硬骨鱼的种类。对于脊椎动物来源食品、濒危物种肉及法医样品往往用 *cytb* 序列来鉴别。因 *cytb* 有大的种间多态性和低的种内多样性，以及保守的侧翼区，因此是典型的 DNA 条形码候选片段。*cytb* 代替 *COI* 主要因为：对大范围食用哺乳动物，公共数据库中存放 *cytb* 基因序列更多，而在 Bold 和 GenBank 仅有少数 *COI* 序列。尽管哺乳动物来源 *COI* 数据缺乏，但是也有不少研究者认为 *COI* 序列仍然是哺乳动物来源食品溯源的可靠方法（Cai et al.，2000；Francis et al.，2000；Luo et al.，2000）。Hebert 等（2004a）认为 *COI* 序列在肉类溯源的应用上虽然有限，但其能有效识别禽流感肉类产品。

5.1.1.2 植物 DNA 条形码

DNA 条形码在植物中的应用稍落后于动物，这主要是因为：①包括 *COI* 在内的植物线粒体基因进化速率较慢，遗传分化程度小，因而线粒体 *COI* 标准序列对植物来说并不合适；②植物核基因通常具有多拷贝的特性，且种内变异显著，引物通用性差。

目前在植物中尚未确定可广泛认同的条形码标准片段。不少学者尝试从叶绿体基因组和核基因组中寻找理想的 DNA 条形码。生物条形码联盟（CBOL）及一些研究者建议使用叶绿体单个基因 *mat*K，*rpo*C1，*rpo*B，*trn*H-*psb*A，*rbc*L 及多基因组合条形码。目前运用最多的是核糖体转录间隔序列 *nr*ITS。

*mat*K 基因需要针对不同类群的物种设计不同的引物进行扩增，因此引物通用性是限制其作为 DNA 条形码使用的主要原因之一。*trn*H - *psb*A 片段两端存在 75 bp 的保守序列，据此设计的通用引物扩增成功率较高，且平均引物间距约为 450 bp，有利于对降解材料进行扩增。目前，*trn*H - *psb*A 使用最大的困难是非同属物种间的比对，由于

该区域存在着较频繁的插入和缺失事件，甚至在近缘物种间也是如此，使得扩增产物存在较大的长度变异。当然，序列比对是否容易并非作为条形码筛选必需的条件，插入和缺失事件本身包含了物种识别所需的额外的信息。综合来说，trnH - psbA 是非常有价值的基因片段之一，即便不可单独使用，也可被作为组合鉴定方案中的一部分。rbcL 具有通用性强、易扩增、易比对等特点，广泛被 GenBank 所收录。然而在种及种以下分类水平的变异并不明显，其主要用于与其他一个或多个片段组合使用，用于种以上水平的分析。nrITS 是核 18S～26S 核糖体 RNA（nrRNA）基因的内转录间隔区（internal transcribed spacer，ITS），具有高度重复的特点，广泛分布于可进行光合作用的真核生物（蕨类植物除外）和真菌中，在 GenBank 中积累了大量的数据。对于裸子植物等有些类群来说，nrITS 不适合作为条形码使用。rpoC1 和 rpoB 具有扩增容易、识别率较高等特点，也经常用到。

目前发现的单个基因片段都无法达到对所有植物进行准确鉴定的目的，因此在理想的单个基因植物条形码被发现之前，多片段组合是目前所认为的较为合适的研究方向，该方法在一定程度上可降低种内变异带来的影响，同时减少种内和种间变异的重叠。考虑到不同植物类群间的进化速率差异较大，多片段应该有进化速率快慢不同的片段组成，编码基因和非编码区组合是较好的选择。

在众多研究者推崇的基于多个基因的组合条形码分析方法中，有 5 种方案得到了广泛的研究和评价：Kress 等（2005）建议的适用于被子植物的"ITS + trnH - psbA"，Chase 等（2005）提出的"rpoC1 + rpoB + matK"和"rpoC1 + matK + trnH - psbA"，以及 Kress 等（2007）提出的适用于陆生植物的"rbcL + trnH - psbA"，韩国植物学家 Kim 等提出的"matK + atpF - atpH + psbK - psbI"和"matK + atpF - atpH + trnH - psbA"。CBOL 推荐"rbcL + matK"作为陆生植物初步的条形码，此组合能在 70% 程度上进行植物物种鉴别（Hollingsworth et al.，2009）。

对植物而言，由于尚不存在类似动物 COI 那样实用性极为广泛的标准条形码序列，因此还处在对各候选基因区域的使用效果进行评估的阶段。

5.1.1.3 其他 DNA 条形码

早在 Paul Hebert 提出 DNA 条形码概念之前，人们已经开始利用 DNA 片段研究细菌和古细菌的分类与系统发育，一般用 16S。COI 在真菌和藻类中的分辨率较高，一般也用于标准序列，有时也用转录间隔区。Min 和 Hickey（2007）证明 600 bp 左右的 ITS 或 COI 序列就足够进行真菌种的鉴定。目前在藻类应用较多的是 COI、ITS、rbcL 基因，它们在不同的物种中各有优势，主要使用的是 COI 序列或其 5'端。当前主要运用的 DNA 条形码见表 5-1。

表 5-1 目前主要运用的 DNA 条形码（Fišer Pečnikar et al.，2014）

基因名称	区域（基因组）	适用生物类群	CBOL 认可？
rbcL	叶绿体	植物、硅藻	植物和硅藻门的 CBL；或者其他任何不能使用 COI - 5P 有效区分的藻类家族的 CBL

续上表

基因名称	区域（基因组）	适用生物类群	CBOL 认可？
*mat*K	叶绿体	植物	植物界的 CBL
*tm*H – *psb*A	叶绿体	植物	植物界的 SBL
ITS	细胞核	植物、真菌	植物界的 SBL
COI	线粒体	动物、真菌、褐藻门和红藻门	动物界和真菌界的 CBL；褐藻门和红藻门的 CBL，或者其他 *COI* 普遍存在，且可提供足够物种分辨能力的藻类家族
LSU Dl/D2	细胞核	真菌	植物界的 SBL
SSU	细胞核	真菌（壶菌门、子囊菌门、担子菌门）	植物界的 SBL
*RPB*1	细胞核	真菌（所有类群）	植物界的 SBL
*RPB*2	细胞核	真菌（所有类群及担子菌门）	植物界的 SBL
*MCM*7	细胞核	真菌（所有类群）	植物界的 SBL
LSU D2/D3	细胞核		为任何可提供足够物种分辨能力的真菌家族的 CBL 或者其他任何可促进真核生物提供环境数据分析的 SBL
*tuf*A	叶绿体	绿藻门	绿藻门的 CBL

5.1.2 DNA 条形码数据库

2003 年 3 月和 9 月，20 多位生物学专家在美国冷泉港召开了两次会议，会上首次提出了国际生命条形码计划（International Barcode of Life Project，iBOL）。2004 年，由 Alfred Sloan 基金会赞助，在美国华盛顿 Smithsonian 国家自然历史博物馆成立了"生命条形码联盟"（Consortium for the Barcode of Life，CBOL），致力于发展鉴定生物物种的全球标准。2004 年秋，美国国家生物技术信息中心（NCBI）与生命条形码联盟签署合作协议，将物种条形码的标准 DNA 序列及其相关数据存档于 GenBank 中。

2007 年 5 月，世界上第一个 DNA Barcoding 鉴定中心——生命条形码数据库系统（Barcode of Life Data Systems，BOLD）在加拿大圭尔夫大学正式成立。BOLD 是一个公开的登录平台（www.boldsystems.org），用于条形码数据的准备和提交，负责"整合生物样品和条形码序列的数据"及"分析数据并鉴定未知物种"两项主要任务。该数据库不仅包括序列信息，也包括完整的物种描述、地理分布信息、标本图片等。BOLD 数据库中已经有超过 30 万个条形码序列。研究人员已经对 3 万多个物种进行条形码描绘，其中多数是鱼类、鸟类和昆虫类。

目前,全球鸟类计划(All Birds Barcoding Initialtive, www. barcodingbirds. com)、全球鱼类计划(Fish Barcode of Life Initiative, FISH – BOL, www. fishbol. org)、全球海洋生物条形码计划(MarBOL, www. marinebarcoding. org)、鳞翅目昆虫计划(All Leps Barcode of Life, www. lepbarcoding. org)、极地生物计划(Polar Barcode of Life, www. polarbarcoding. com)等 DNA 条形码项目正在实施中。

其中,FISH – BOL 是分析鱼类和海鲜产品最广泛的数据库之一。迄今为止,FISH – BOL 收集了来自 10 267 个物种(占 32%)超过 96 000 个条形码序列。FISH – BOL 构思于 2004 年,涉及数百个研究人员,目的是获取参考 DNA 条形码记录在世界上所有鱼类物种。FISH – BOL 数据可作为公共资源电子数据库,其中包含 DNA 条形码序列(免费提供)、图像参考标本和几个采样细节。

条形码计划已经产生了上万种物种的参考条形码序列。这些在不同的类群中进行的不同项目,最终的目的是联合各个类群的 DNA 条形码数据库组建一个全球生物的 DNA 条形码数据库,此数据库设置在 GenBank 中,是一个公众可以登录的 DNA 序列数据库。目前,参考条形码序列中的物种大多具有重要的科学价值、经济价值和社会意义。

5.2 基本原理

DNA 条形码产生的基础是现代商品零售业条形码编码系统(universal product code, UPC)。UPC 一般使用 11 个数字进行排列组合,则共有 10^{11} 种排列方式,每种排列方式对应一种商品,这样来区别各种各样的商品。类似的,在 DNA 序列中每个碱基位点有 A、T、C、G 4 种可能的情况,那么只需要 15 个碱基位点就能出现 4^{15}(大于 10 亿)种编码方式,这个数字是现存物种的 100 倍。由于蛋白质编码基因密码子的简并性,其第三碱基位点通常不受自然选择的作用而自由变化,因此只要考虑 45 个碱基就可以获得近 10 亿种可选择的编码。基于分子生物学技术的飞速发展,在实际研究过程中,要获得一段几百个碱基长度的 DNA 序列已经比较容易,所以根本就没有必要考虑仅仅 45 个碱基长度的 DNA 序列。DNA 条形码工作可以建立在一段长度为几百个碱基的基因 DNA 序列信息的基础之上,从理论上讲,这些碱基所提供的排列组合数目完全可以包括所有物种。

5.3 组成模块和操作步骤

5.3.1 组成模块

DNA 条形码技术操作过程主要分成 3 块:①生物样本处理。新鲜或标本样品的采集和鉴定。②实验室操作。对组织样本进行取样和处理,以获得 DNA 条形码基因序列。③数据管理。在公共数据库中共享、对比 DNA 条形码序列和样本数据。模块组成见图 5 – 1。

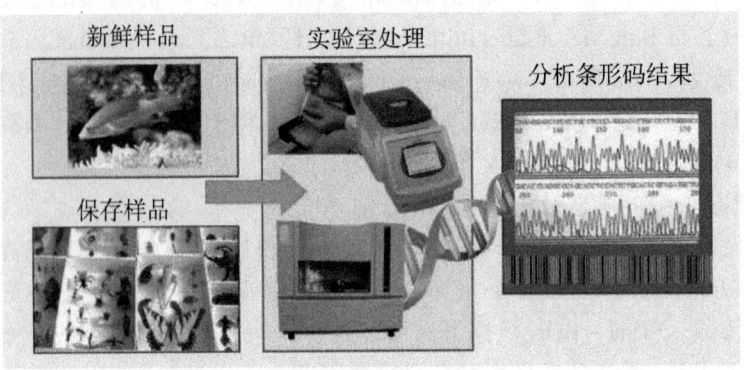

图 5-1　DNA 条形码技术的模块组成（www.dnabarcodes.org）

5.3.2　操作步骤

DNA 条形码的操作流程与传统的分子生物学相似，包括样品的采集与鉴定、引物设计、目标片段扩增、PCR 产物纯化、序列测定与分析、DNA 条形码鉴定等步骤。具体操作流程见图 5-2。主要包括：

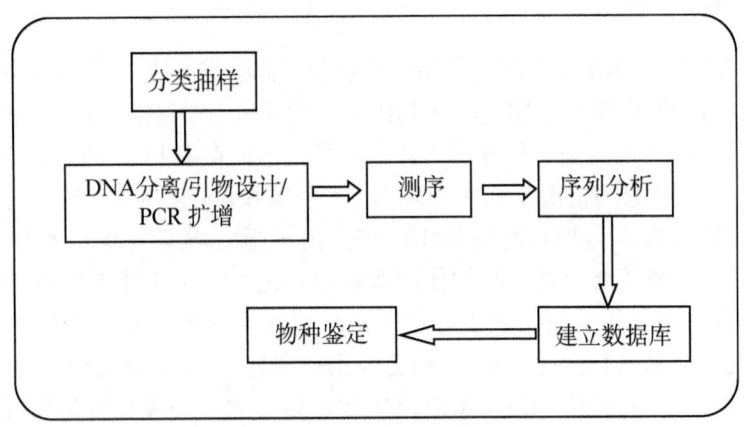

图 5-2　DNA 条形码操作流程

（1）样品的采集与鉴定、总 DNA 的提取：样品的形态学鉴定及采集信息的记录。

（2）通用引物的设计与合成：引物要具有通用性和特异性，在目标类群中容易扩增，条带单一，并且产物大小适宜，一般不要超过 700 bp。

（3）PCR 扩增：优化反应条件，产物纯化。

（4）直接进行 DNA 测序，或者链接质粒载体克隆后测序。

（5）序列加工：根据测序峰图比对序列，进行必要的人工校正，去掉载体和不可靠的核苷酸。

（6）DNA 条形码数据分析：DNA 条形码数据分析没有统一的最好的方法，只有与研究相关的"最好的方法"。表 5-2 列出了相关的数据分析方法。

表 5-2 DNA 条形码数据分析方法概要（Casiraghi et al., 2010）

分类	方法	软件/工具	资源
阈值 （遗传距离）	similarity（相似法）	Blastall-BLASTn	ftp：//ftp.ncbi.nih.gov/blast/
	similarity（相似法）	BLAT	http：//genome-test.cse.ucsc.edu/ ~kent/exe/
	similarity（相似法）	Blastall-megaBLAST	fttp：//ftp.ncbi.nih.gov/blast/
	pairwise distance(两两距离法)	TaxI	axel.meyer@uni-konstanz.de
	pairwise distance(两两距离法)	TaxonDNA	http：//taxondna.sf.net/
	K2P 距离	MUSCLE, MEGA	maurizio.casiraghi@unimib.it
	K2P 距离	BOLD-IDS	http：//www.barcodinglife.org/ views/idrequest.php
	patristic distance(亲缘距离法)	MrBayes, PAUP, APE, Perl scripts	lefebure@univlyon1.fr
系统发育	neighbour joining（邻接法）	MUSCLE, MEGA	marianne.elias@ed.ac.uk
	parsimony（最大简约法）	MUSCLE, TNT	dlittle@nybg.org
	maximum likelihood(最大似然法)	MUSCLE, SPR1, PHYML2	http：//atgc.lirmm.fr/spr/
	Bayesian inference(贝叶斯推测)	SAP	http：//fisher.berkeley.edu/cteg/ software/munch
	coalescent based（溯祖演化）		rasmus@binf.ku.dk
	coalescent based（溯祖演化）	COALESCENCE, FLUCTUATE, PAUP, Seq-Gen	golding@mcmaster.ca
	coalescent based（溯祖演化）	COAL, MESQUITE	knowlesl@umich.edu
	coalescent based（溯祖演化）	general mixed Yule-coalescent （GMYC）model	monaghan@igb-berlin.de
基于性状	diagnostic 诊断	CAOS	http：//www.genomecurator.org/ CAOS/CAOSindex.html
	diagnostic 诊断	MATLAB, local perl scripts	drichardson@rsmas.miami.edu
	diagnostic 诊断	DNA-BAR (degenbar)	http：//dna.engr.uconn.edu/ ~software/DNA-BAR/
	diagnostic 诊断	DOME ID (local perl scripts)	dlittle@nybg.org
复合型	Yule model/coalescence （Yule 模型/溯祖演化）	TCS, MEGA, Arlequin, PAUP, PAUPRat script, Phylip, r8s, R	http：//www.imedea.uib.es/ ~jpons/JPWPhome.htm
	BLAST/parsimony ratchet	BLAST, MUSCLE, TNT	dlittle@nybg.org
	BLAST/SPR	BLAST, MUSCLE, SPR	dlittle@nybg.org
	BLAST/neighbour joining（邻 接树）	BLAST, MUSCLE, neighbour	dlittle@nybg.org

续上表

分类	方法	软件/工具	资源
非比对	tree-based（基于进化树构建） component vector（向量分量） spectrum kernel method 谱核函数方法	ATIM；TNT, local scripts CVTree alpha 1.0 spectrum	dlittle@ nybg. org http：//cvtree. cbi. pku. edu. cn vladimir@ cs. rutgers. edu
网页工具		Web browse Web browser Web browser	http：//www. ibarcode. org http：//www. dnabarcodelinker. com/ http：//www. asianbarcode. org/
其他		ConFind, Python	http：//www. colorado. edu/chemistry/RGHP/software/

DNA 条形码序列分析一般流程如下：利用 CLUSTAL 进行多序列比对（multiple sequence alignment，MSA），然后计算遗传距离，应用 TaxonDNA 进行条形码间隔（barcoding gap）检验，以此作为判定不同条形码优劣的标准之一，也为物种鉴定提供依据。然后计算种内和种间 K2P 距离（K2P 是遗传距离值很小时的最佳模型，是生物条形码联盟推荐使用的遗传距离计算模型），确定遗传距离的阈值（thresholds），该距离可以在 SPSS 软件中或在线进行 Wilcoxon Signed Rank 检测，从而比较不同条形码序列在种内和种间变异的大小。另外，还可通过构建 NJ（neighbour joining）、ML（maximum likelihood）、MP（maximum parsimony）、UPGMA（unweighted pair group methodwith arithmetic mean）等多种系统树来检验相近物种是否聚类在一起，明确类群的单系性（monophyly）、并系性（paraphyly）、多系性（polyphyly），为物种鉴定提供依据。此外，获得的 DNA 条形码序列可以在线或本地进行 BLAST（basic local alignment search tool）分析，以获得与条形码序列最密切相关的物种信息。

（7）样品鉴定：未知样品 DNA 条形码鉴定可采用 BLAST 分析、距离法、建树法、成对序列比对法等方法确保未知样品鉴定的准确性。

1）BLAST 分析：来源于未知样品的 DNA 条形码序列（query sequence）与 DNA 条形码数据库（reference library）进行比对，如果在 DNA 条形码数据库中找到完全一样的序列（reference sequence），那么未知样品就是该 reference sequence 对应的物种；反之，未知样品在数据库中不存在。可利用下面的方法进一步鉴定：在这种情况下，需要重点关注与未知样品 DNA 条形码序列最相关的 10 个序列的物种，或者比对中出现频率最高的物种，可以将未知样品确定为某一科属。同时该方法也可直接与 GenBank 数据库进行比对，以保证利用全球最新的核苷酸数据指导鉴定。

2）距离法：计算未知样品 DNA 条形码序列（query sequence）与数据库中每一个序列（reference sequence）的遗传距离，未知样品应为具有最小平均遗传距离（mean distance）的物种或者具有最小遗传距离（nearest distance）的物种。遗传距离的阈值（thresholds）可以准确反映该物种的遗传变异大小，也有利于更好地确定未知样品的物种。

3）建树法：先应用 CLUSTAL 进行 MSA，选用合适的遗传距离模型（一般用 K2P 距离模型）计算种内和种间的遗传距离，应用 MEGA 或 PAUP 等软件构建 NJ、UPGMA、MP 等系统发育树，检验未知样品的 DNA 条形码序列（query sequence）与数据库中序列（reference sequence）聚类在一起的物种，根据聚类情况进一步确定物种。

第二次 iBOL 会议（中国台北，2007 年 9 月）对几种系统发育分析方法进行了比较，认为 ML 法比基于遗传距离的系统发育分析方法更准确，但 ML 法运算时间较长。此外，所有方法的精确性受取样范围和分类单元内变异程度所影响。Lahaye 等经过研究认为，MP 法和 UPGMA 法得到的物种正确识别率最高，并在最新的论文中只用这两种方法。但目前 DNA 条形码研究使用较多的仍然是基于遗传距离的系统发育分析方法，如 NJ 法。在对大规模数据组进行分析时，NJ 法速度较快，在物种序列同源性较高的情况下，NJ 法的准确性是值得信任的。在结果相差不大时应选择最简单的树（如 NJ 树），这样才能达到条形码快速简便的效果。

4）成对序列比对法：通过以上方法仍不能将未知样品鉴定到种时，可以将未知样品与密切相关的 10 个物种的参考序列进行成对比对，通过分析碱基变异位点来鉴定物种，或判断为新种，或判断为参考序列数据库中尚未收录的物种。

5.4 DNA 条形码技术在食品安全检测中的应用

食品质量与安全是时下大众关注的焦点，任何食物安全问题，尤其是经媒体报道后，都会产生很大的社会影响。随着食品质量控制需求的增加，需要更可靠的分子工具来解决食品分析。

分子诊断技术能够绕过形态识别方法的问题，已被证明是有效的物种鉴定工具。然而，早期的高分子的技术，如电泳和免疫识别，已显示出其自身的局限性。例如，目标蛋白质往往在加热和/或处理的过程中变性、组织特异性、容易产生污染。DNA 分析技术的不断提高，使得以 DNA 为基础的鉴定方法在动物肉产品中成功应用。Lockley 和 Bardsley 等（2000）总结了各种 DNA 基础的方法在各种肉类鉴别中的运用，范围从鱼和家畜到各种野生动物。这些 DNA 基础方法包括 DNA 杂交、种属特异性聚合酶链反应（PCR）引物、限制性片段长度多态性（RFLP）分析、单链构象多态性（SSCP）分析、随机扩增多态性 DNA（RAPD）分析、PCR 产物测序等（Wong et al., 2008）。然而这些方法都有优点和缺点（见表 5-3），首要的问题在于从这些潜在的分析途径选择适当的方法。

DNA 条形码的工作原理是基于 DNA 片段来识别动物、植物或其他生物的类别，它具有迅速和价格低廉两个独特的优点。DNA 条形码采用数字化形式，使样本鉴定过程能够实现自动化和标准化，突破了对经验的过度依赖，并可利用有机体的残片进行快速有效的鉴定，能够在较短时间内建立形成易于利用的应用系统。DNA 条形码技术用于食品安全领域，可实现食品的快速检测和鉴别。

表5-3 以DNA为基础的物种鉴定技术比较（Wong et al., 2008）

	适用于退化或降解材料	仅微量DNA用量	操作简便	混合检测	时间效率	勿需事先学习培训	可在不同实验室间重复	可在广阔的类群标准化
核酸杂交	×			×				
特异引物	×	×	×	×	×		×	
RFLP		×	×		×			
SSCP		×			×			
RAPD		×						
传统测序	×	×	×					
DNA条形码	×	×	×	×	×	×	×	

注："×"表示该技术拥有对应的特性。RFLP：限制性片段长度多态性（restricted fragment length polymorphisms）；SSCP：单链构象多态性（single strand conformation polymorphism）；RAPD：随机扩增多态性DNA（random amplified polymorphic DNA）。

5.4.1 在真假鉴别检测中的应用

5.4.1.1 水产品的检测

随着国际贸易的增加，鱼类和海鲜产品消费的不断上升，加上市场上鱼类多样化的需求和海鲜业的全球化，水产品经济欺诈和食品安全案件也相应增加。海鲜商业欺诈占到了15%~43%，其中75%的欺诈是红鲷鱼，如阿卡迪亚红鱼标称为红鲷鱼；还有寿司中的白金枪鱼用罗非鱼代替等；禁止销售的尼罗河鲈鱼（尼罗尖吻鲈）来自被甲基汞和其他污染物污染的非洲河流，但其往往用作其他物种的替代品。凡此种种，使得鱼类和海鲜产品真伪鉴别和认证已经成为一个重要的社会问题。

"海鲜"通常指可食用的水生生物形式，包括鱼类、软体动物、甲壳类和棘皮动物等。这些产品可在市场上买到整个或加工形式的。海鲜品种鉴定一般是根据它们的原产地和形态描述来进行。一些监管机构，如欧洲联盟，为鱼类和水产养殖产品建立了标签法，要求商品信息具有可追溯性，如物种身份信息、产地及其生产方法等。美国食品和药物管理局（USFDA）、食品安全和应用营养中心（CFSAN）为进口和本土的市售海鲜编写了一个在线的海鲜目录，以促进正确的鱼类和海鲜标签，禁止海鲜替代。但对于加工食品如冷冻鱼片和预煮海鲜，由于不具备原始形态特征，标签法规的执行变得复杂。对于简单初级处理的海鲜，如冷冻新鲜鱼，在运输到冷鲜鱼零售商和餐饮网点，都保持了良好的形态特征，经典识别过程可准确识别。然而，在经过复杂的制造过程（即冷藏、冷冻和制成罐头产品），或者在鱼身体部分（如鱼块、鱼糜、炸鱼排和鳍）销售的情况下，经典的识别过程是无效的。因此，实施标签法和防止产品替代，必须有一个灵敏的分析方法，可用于确定没有原始形态特征的海鲜产品。表5-4为被错贴标签的样品。

FDA推荐DNA条形码作为鱼类产品真伪鉴别的工具。为了调查鱼类错贴标签和/或替代，FDA计划将DNA条形码数据列入监管鱼的百科全书，食用物种名称应与正确的科学名称一起写入，并且参考DNA条形码序列。随着DNA条形码的广泛应用，DNA

条形码技术可能被监管机构（如 FDA）用来作为一个标准的测试工具。

表 5-4　被错贴标签的样品（Wong et al., 2008）

样品编号	商品名称	鉴定物种（BOLD）	备注
EMRKT006-07	Dockside classic sole	*Limanda aspera* 黄盖鲽	美国 FDA 海产品目录中，*L. Aspera* 并不是比目鱼。该物种也未被加拿大 CFIA 有效命名。此样品从美国本土获得
EMRKT008-07	美国野生红鲷鱼	*Pristipomoides sieboldii* 舌齿紫鱼	在美国，红鲷鱼主要是指 *Lutjanus campechanus*
EMRKT014-07	鲈鱼寿司	*Morone chrysops* 白鲈鱼	根据美国 FDA 和加拿大 CFIA 名录，黑鲈鱼并不是 *M. chrysops*
EMRKT016-07	Tobako 飞鱼鱼子	*Mallotus villosus* 毛鳞鱼	*M. villosus* 是香鱼，不是飞鱼
EMRKT021-07	烹饪羊鱼	*Pseudupeneus maculates* 无斑拟羊鱼	在 FDA 海鲜目录中，羊鱼并不是指 *P. maculates*。羊鱼是当作一种地中海鱼类出售的，但是 *P. maculates* 并不属于地中海鱼
EMRKT022-07	熟食黑鲈鱼	*Morone saxatilis* 条纹鲈鱼	在美国 FDA 和加拿大 CFIA 海鲜目录中，"黑鲈鱼"并非 *M. saxatilis*
EMRKT025-07	Tai 鲷鱼寿司	*Pagrus major* 红鲷鱼	"Tai 鲷鱼"并未出现在 FDA 和 CFIA 的海鲜目录中。但是，在鱼类数据库中 Tai 作为当地俗名特指 *P. major*
EMRKT027-07	美国野生红鲷鱼	*Pristipomoides sieboldii* 舌齿紫鱼	在美国，红鲷鱼特指北美红鲷鱼（*Lutjanus campechanus*）
EMRKT031-07	巴沙鱼（越南淡水鱼）片	*Pangasius hypophthalmus* 泰国鲶鱼	在美国 FDA 海产品目录中，巴沙鱼并不是 *P. hypophthalmus*。此物种未被加拿大 CFIA 标注。该样品在美国获得
EMRKT032-07	红鲷鱼片	*Sebastes fasciatus* 拉布拉多鲑鱼/阿卡迪亚鲑鱼	在美国，红鲷鱼特指北美红鲷鱼（*Lutjanus campechanus*）
EMRKT038-07	红鲷鱼	*Pinjalo lewisi* 李氏斜鳞笛鲷	在美国，红鲷鱼特指北美红鲷鱼（*Lutjanus campechanus*）
EMRKT040-07	无骨 baccalo	*Theragra chalcogramma* 阿拉斯加鳕鱼	严格来讲，baccalo/bacalao 是鳕鱼的一种俗称，但是该词条尚有歧义，因为它也用来特指其他鱼类

续上表

样品编号	商品名称	鉴定物种（BOLD）	备注
EMRKT044-07	阿拉斯加大比目鱼	*Hippoglossus hippoglossus* 大西洋大比目鱼	太平洋大比目鱼应该是 *Hippoglossus stenolepis*
EMRKT046-07	意大利鲭鱼	*Dicentrarchus labrax* 欧洲鲈鱼	依据美国 FDA 和加拿大 CFIA，意大利鲭鱼并不是 *D. labrax*，鲭鱼和鲈鱼属于不同的科
EMRKT048-07	国王鱼	*Scomberomorus cavalla* 国王鲭	在美国 FDA 目录中，*S. cavalla* 并未被标注为"国王鱼"。此物种也未被加拿大 CFIA 收录并有效命名。但是此样品美国本土获得
EMRKT050-07	白鲷鱼	*Urophycis tenuis* 白鳕鱼	根据美国 FDA 和加拿大 CFIA 名录，白鲷鱼并非白鳕鱼（*U. tenuis*）。鳕鱼和鲷鱼分属不同的科
EMRKT051-07	红鲷鱼	*Sebastes fasciatus* 拉布拉多鲑鱼/阿卡迪亚鲑鱼	在美国，红鲷鱼特指北美红鲷鱼（*Lutjanus campechanus*）
EMRKT053-07	白金枪鱼寿司	*Oreochromismossambicus* 莫桑比克罗非鱼	白金枪鱼主要指长鳍金枪鱼（*Thunnus alalunga*）
EMRKT055-07	红鲷鱼寿司	*Gadus morhua* 大西洋鳕鱼	在美国，红鲷鱼特指北美红鲷鱼（*Lutjanus campechanus*）
EMRKT064-07	红鲷鱼片	*Lates niloticus* 维多利亚湖鲈鱼/尼罗河鲈鱼	在美国，红鲷鱼特指北美红鲷鱼（*Lutjanus campechanus*）
EMRKT066-07	加州蟹肉寿司卷	*Theragra chalcogramma* 阿拉斯加鳕鱼	该样品情况特殊，鳕鱼主要在人造蟹肉和热早海鲜中使用
EMRKT082-07	智利黑鲈鱼	*Dissostichus mawsoni* 南极洋枪鱼	智利黑鲈鱼主要是指南极小鳞犬牙鱼（*Dissostichus eleginoides*）
EHKWX005-07	大比目鱼科	*Merluccius paradoxus* 深水无须鳕	*M. paradoxus* 属于无须鳕鱼科（Merlucciidae），而非大比目鱼

  von der Heyden 等（2010）运用 mtDNA 16S rDNA 广泛收集南非市场上 178 种冷冻鱼类及其制品，发现将近半数的产品被错误标注，其中问题最多的是 kob（*Argyrosomus* spp.），有 84% 的被其他鱼类冒充，如马鲛鱼、黄花鱼等；在售的红鲷鱼中竟然有河鲷鱼掺加，而后者在南非是禁止交易的；调查中也发现黄鲫冒充剑鱼的现象；通过遗传型分析得出，标注南非本土 30% 的鳕鱼其实来自新西兰。Pappalardo 等（2011）用 *COI*

序列和 5′D–loop 成功鉴别大西洋、印度洋等区域的剑鱼代替地中海剑鱼。FISH–BOL 进行了一次社会调查活动，2 年间收集加拿大 5 个地区的 254 次鱼类样本，通过 DNA Barcode 技术，在绝大多数样品可以直接观察鉴别的情况下，仍发现在加拿大市场上的海鲜有 41% 错贴标签（Hanner et al., 2011）。Maralit 等（2013）利用 *COI* 序列对菲律宾市场上的沙丁鱼、黄麻鲈鱼和甲壳纲海鲜进行了鉴别，结果表明有些鱼肉被加工作为虾等其他海鲜食物出售，诸如此类问题极易引发食品安全问题。Meganathan 等（2013）用 *COI* 序列成功鉴别印度鳄鱼 3 个亚种，通过建立基于这 3 种鳄鱼的 DNA 条形码技术数据，有助于打击当地的非法猎杀鳄鱼现象，有助于维护当地的生物多样性。

DNA 条形码技术在海鲜和淡水鱼类鉴别中的应用是成功的，且具有良好的种系分辨率。目前该技术已经逐渐成熟完善，通过比对数据库重新发现了很多新的物种，Ward 等（2009）的研究显示，该技术可对 5 000 多种鱼类中 98% 的海洋物种和 93% 的淡水鱼种进行成功鉴别，虽然杂交、辐射诱变可能会影响鉴定结果，但是这种情况十分罕见。

寿司中的鱼片由于完全不具形态特征，特别容易出现替代。其中白金枪鱼最容易被替代，白金枪鱼寿司一般使用价值较高的长鳍金枪鱼。Lowenstein 等（2009）对来自纽约曼哈顿、丹佛和科罗拉多州 31 间餐馆中的 8 个金枪鱼寿司样本用 *COI* 序列分析并和 GenBank BLAST 比对，结果其中 19 间餐厅无法澄清他们所卖的种类，9 个长鳍金枪鱼样品中有 5 个不是变种"白金枪鱼"，而是在意大利和日本被禁止的玉梭鱼，9 间餐厅并没有标注菜单中的金枪鱼的种类。

除了鱼翅，鲨鱼肉在部分国家和地区广受欢迎。但是交易中，存在用廉价鲨鱼或者其他非鲨鱼肉冒充鲨鱼肉的现象。在意大利销售的皱唇鲨科星鲨属的宽鼻星鲨（*Mustelus asterias*）和星鲨（*M. mustelus*）有相同的商业名称"palombo"，Barbuto 等（2010）对来自意大利不同鱼市场的 45 个标记为"palombo"的样品用 *COI* 序列分析，结果显示，仅有 3 样品（6.7%）与"palombo"中的星鲨一致，6 个样品（13.3%）属于星鲨属；存在高达 80% 的商业欺诈行为。Ward 等（2008）用 *COI* 序列分析 945 个鲨鱼和鳐鱼的样品，99% 能够有效识别，种间平均 K2P 距离为 0.37%，属间平均 K2P 距离为 7.48%，研究结果显示，*COI* 条形码序列鉴别鲨鱼和鳐鱼有非常高的精确度。DNA 条形码为市售鲨鱼翅的鉴别，以及鲨鱼非法捕杀等提供了一个快速的检测方法。

对熏鱼及鱼干等产品，如鳗鱼、鲷鱼、鳕鱼、鲑鱼、鲭鱼、金枪鱼和马林鱼干等，完整的 *COI* 序列被获得。对于鱼罐头，获得全长 DNA 条形码有些困难。在这种情况下，较短的条形码序列或者多基因组合被认为是一个合适的选择。Nicolè 等（2012）用多个基因 *cob*、16S rDNA 和 *COI*（见表 5–5）分析来自意大利不同市场不同处理方法的 37 个海鲜样品（见表 5–6），也获得了成功。Huxley-Jones 等（2012）对英国西北部 5 个不同超市的 241 个冻鱼条（夹在面包和黄油中的长条鱼）和 30 个海鲜鱼块（煮熟的鱼糜块）用 *COI* 序列分析，结果显示错贴标签的比率小于 1.5%，这可能与便利海鲜中使用的白鱼经济价值较低有关。

表5-5 设计的正向和反向引物（Nicolè et al., 2012）

目的片断	引物编号	引物序列（5′→3′）	T_a/°C
cox1	FishF2	TCGACTAATCATAAAGATATCGGCAC	60
	FishR2	ACTTCAGGGTGACCGAAGAATCAGAA	60
	LCO1490	GGTCAACAAATCATAAAGATATTGG	60
	HCO2198	TAAACTTCAGGGTGACCAAAAAATCA	60
16S rDNA	16Sar-5′	CGCCTGTTTATCAAAAACAT	55
	16Sbr-3′	CCGGTCTGAACTCAGATCACGT	55
cob	GLUDG-1	TGACTTGAARAACCAYCGTTG	60
	CB3-H	GGCAAATAGGAARTATCATTC	60

注：T_a为退火温度。

表5-6 多个DNA条形码分析不同处理方式样品（Nicolè et al., 2012）

编号	产品描述	产地	标签上注明物种	类群	科	加工工艺
16	大青鲨	太平洋，FAO 71	Prionace glauca	鱼	真鲨科（Carcharhinidae）	冷冻生鱼片
15	大西洋鲱鱼	不详	Clupea harengus	鱼	鲱科（Clupeidae）	熏制，真空包装
33	欧洲鳀鱼	不详	Engraulis encrasicolus	鱼	鳀科（Engraulidae）	卤制，植物油罐装
34	大西洋鳕鱼	不详	Gadus morhua	鱼	鳕鱼科（Gadidae）	生鱼片
24	太平洋鳕鱼	不详	Gadus macrocephalus	鱼	鳕鱼科（Gadidae）	dried salted（baccalà）
53	灰鲭鲨	不详	Isurus oxyrhincus	鱼	鼠鲨科（Lamnidae）	冷冻鱼片
9	尼罗河鲈鱼	不详	Lates niloticus	鱼	尖吻鲈科（Latidae）	冷冻鱼片
27	尼罗河鲈鱼	非洲维多利亚湖	Lates niloticus	鱼	尖吻鲈科（Latidae）	生鱼片
21	琵琶鱼	不详	Lophius piscatorius	鱼	鮟鱇科（Lophiidae）	生鱼片
3	南太平洋无须鳕鱼	太平洋西南部及大西洋	Merluccius gayi/productus	鱼	无须鳕科（Merlucciidae）	熟后，冷冻
5	大西洋无须鳕鱼	大西洋东南部	Merluccius hubbsi	鱼	无须鳕科（Merlucciidae）	生鱼片
8	红鳍笛鲷	南非及印度洋	Merluccius capensis/paradoxus	鱼	无须鳕科（Merlucciidae）	熟后，冷冻

续上表

编号	产品描述	产地	标签上注明物种	类群	科	加工工艺
6	Patagonian grenadier	太平洋	*Macruronus magellanicus*	鱼	无须鳕科（Merlucciidae）	冷冻鱼片
29	线纹鳗鲶	不详	*Pangasius hypophthalmus*	鱼	鱼芒科（Pangasidae）	生鱼片
50	线纹鳗鲶	不详	*Pangasius hypophthalmus*	鱼	鱼芒科（Pangasidae）	生鱼片
13	大比目鱼	大西洋东南部	*Paralichthys isosceles*	鱼	牙鲆科（Paralichthydae）	冷冻生鱼片
28	欧洲鲈鱼	不详	*Perca fluviatilis*	鱼	河鲈科（Percidae）	生鱼片
4	欧洲比目鱼	大西洋东北部	*Pleuronectes platessa*	鱼	鲽科（Pleuronectidae）	冷冻鱼片
51	欧洲比目鱼	不详	*Pleuronectes platessa*	鱼	鲽科（Pleuronectidae）	生鱼片
12	虹鳟鱼	意大利饲养	*Oncorhynchus mykiss*	鱼	鲑科（Salmonidae）	熏制，真空包装
19	大西洋鲑鱼	不详	*Salmo salar*	鱼	鲑科（Salmonidae）	熏制，真空包装
30	金枪鱼	不详	*Thunnus albacares*	鱼	鲭科（Scombridae）	生鱼片
36	金枪鱼片	不详	*Thunnus albacares*	鱼	鲭科（Scombridae）	生鱼片
35	金枪鱼片	不详	*Thunnus albacares*	鱼	鲭科（Scombridae）	生鱼片
31	金枪鱼	不详	*Thunnus albacares*	鱼	鲭科（Scombridae）	生鱼片
23	玛拉巴石斑鱼	不详	*Epinephelus malabaricus*	鱼	鮨科（Serranidae）	生鱼片
22	普通比目鱼	不详	*Solea solea*	鱼	鳎科（Soleidae）	生鱼片
17	熏制箭鱼	不详	*Xiphias gladius*	鱼	剑鱼科（Xiphiidae）	熏制，真空包装
32	箭鱼肉片	不详	*Xiphias gladius*	鱼	剑鱼科（Xiphiidae）	生鱼片
37	箭鱼肉片	不详	*Xiphias gladius*	鱼	剑鱼科（Xiphiidae）	生鱼片
2	新西兰绿贻贝	太平洋	*Perna canaliculus*	软体动物	贻贝科（Mytilidae）	冷冻
25	普通章鱼	不详	*Octopus vulgaris*	软体动物	章鱼科（Octopodidae）	生肉
52	大鱿鱼	不详	*Dosidicus gigas*	软体动物	真鱿科（Ommastrephidae）	生肉

续上表

编号	产品描述	产地	标签上注明物种	类群	科	加工工艺
18	大西洋大扇贝	大西洋东北部	*Pecten maximus*	软体动物	对虾科（Penaeidae）	冷冻
11	北方红虾	不详	*Pandalus borealis*	甲壳纲	对虾科（Penaeidae）	冷冻
7	粉红对虾	太平洋和印度洋	*Metapenaeus affinis/monoceros*	甲壳纲	对虾科（Penaeidae）	冷冻
14	白脚虾	不详	*Penaeus vannamei*	甲壳纲	对虾科（Penaeidae）	冷冻

DNA 条形码技术在其他类别海鲜中也有广泛应用。*COI* 序列能够准确鉴别龙虾类、对虾类、真虾类和蟹类，在海参和贝类、腹足类中也有应用。Groeneveld 等（2007）用 *COI* 基因序列对大西洋和印度洋中真龙虾属进行了成功鉴别。辛一（2011）运用 *COI*、*COII* 以及 *cytb* 序列测定中国及日本沿海 5 个皱纹盘鲍（*Haliotis discus hannai*），结果显示上述 3 个基因在鲍类中的构成和遗传多样性都具有一定相似性，且三者都可用于区分皱纹盘鲍、杂色鲍、疣鲍和黑唇鲍。倪乐海（2011）选用 *COI* 与 16S rRNA 基因序列，构建了蛤蜊科贝类的系统发育树，对蛤蜊科贝类的系统进化关系进行了分析研究，表明蛤蜊科贝类可以通过 DNA 条形码技术有效地进行物种鉴定和分类。利用线粒体 *COI* 和 16S rRNA 基因序列构建系统发育树，得出的蛤蜊科系统发育关系与传统的形态分类的结果基本一致。织纹螺味道鲜美，是中国及其他一些亚洲国家沿海地区居民习惯食用的一种水产品。Zou 等（2012）运用 *COI*、16S rRNA 和 ITS-1 分析 22 种织纹螺多态性，成功发现了有毒、无毒和季节变化有毒的织纹螺种，这会有利于食品安全和物种多样性保护。律迎春等（2011）用 *COI* 序列成功鉴别了海参，且在建立海参 DNA 条形码基础上，设计了针对仿刺参的特异性探针进行斑点杂交实验，结果显示，该探针具有很高特异性和较高的灵敏度，能够实现对仿刺参的鉴定。梁华芳等（2012）对中国沿海的 8 种龙虾进行系统发育研究，计算遗传距离并构建分子系统发育树，结果表明种内和种间遗传距离相差约 10 倍，可以将 8 种龙虾分为两支。智利的蟹肉市场被广泛开发，但是市售的蟹肉包装上均未有明显的蟹种标注。Haye 等（2012）利用 *COI* 序列对蟹肉进行了有效鉴别，发现 5 种最被广泛交易的蟹，调查中也发现了错误标注的情形，此研究无疑会有助于蟹肉制品交易的有效管理。

DNA 条形码技术具有物种分辨能力，基因芯片技术具有高通量分析的优点，两种方法的结合可以大大缩短实验时间，提高实验结果的准确度，对于鉴定未知物种非常有效。Kochzius 等（2008）用线粒体 16S rRNA 序列作为探针的基因芯片，Cy5 标记的芯片杂交结果显示，阳性的荧光强度至少比阴性的大一个数量级，表明 16S rRNA 可用来鉴定欧洲市场 50 种鱼类。Park 等（2010）运用 *COI* 序列制作基因芯片，可有效分辨小须鲸、小布氏鲸、角岛鲸、长须鲸、座头鲸、抹香鲸、逆戟鲸、伪虎鲸及史氏中喙鲸等 9 种鲸鱼品种，有助于对韩国海域的鲸鱼非法猎杀以及国内鲸肉交易进行有效监管。

5.4.1.2 肉类产品的检测

肉类通常有较长的生产和销售链，这需要适当的可追溯系统。病理学相关的肉类食品（如疯牛病、禽流感）和生产者的一些舞弊行为使得公众对肉品来源日渐关注，品质意识日渐提高。标签的使用，不能对肉类产品的实际内容提供足够的保证。因此，用准确和可靠的方法来识别肉类食品的组成是必要的。

肉类的 DNA 条形码序列和名称应该进行严格评估，因为肉类产品商业名称可能指不同的分子单位（即分子操作分类单元，或 MOTUS）。例如，Ludt 等（2004）通过对欧亚大陆分布的 51 个马鹿种群进行线粒体 Cyb（cytochrome b）基因序列分析，表明马鹿起源于吉尔吉斯斯坦与北印度之间的区域，发现两个完全不同的马鹿种群，其中西方种群包括 4 个亚种，东方包括 3 个，结果与马鹿不存在亚种的传统观点相悖。

在人们对健康日益关注的今天，天然来源的野生肉类因为没有抗生素、合成代谢类固醇、激素等添加剂，在市场上非常流行。在南非，野生有蹄类动物和鸵鸟肉类因为脂肪低和胆固醇低，经常作为牛的健康替代品。Amato 等（2013）用 *COI* 和 *cytb* 序列对来自南非市场上不同形式的 146 个样品（14 个牛肉和 132 个野味）进行分析，结果显示除了牛肉样品没有出现替代外，76.5% 的野味样品出现替代，涉及家畜、常见的野味、稀有的野味等，很多野味中有世界自然保护联盟（IUCN）濒危物种掺杂。

Bondoc 等（2013）用 *COI* 序列来区分菲律宾国内家鸡（gallus gallus domesticus）、斗鸡和红原鸡（gallus gallus philipensis Hatchisuka），K2P 和 NJ 数据显示，*COI* 序列作为条形码能有效鉴别鸡的品种（杂交鸡不能区别）。在我国，家禽品种市场还欠规范，培育的品种良莠不齐，假冒伪劣、以次充好的现象时有发生，加之目前鉴定家禽品种主要是通过鸡种形态学标记分析和生产性能测定等手段，鉴定周期长，受环境影响大，准确性、科学性欠缺，导致一些品种的知识产权和育种者的权益得不到很好的保护。快速准确地鉴定品种对于鸡品种质量标准化、新品种审定、假冒伪劣品种鉴别、解决产权纠纷均有重要作用。国内屠云洁等（2008）运用 *COI* 基因序列对多个地方鸡品种（如清远麻鸡、白耳鸡、狼山鸡、丝羽乌骨鸡、仙居鸡、北京油鸡等）进行分析，研究结果表明，选择的这段序列有 22 个突变位点，为 13 个单倍型，其中 11 个单倍型为各品种所特有，6 个鸡种有其特异位点，这些特异单倍型和特异位点作为 DNA 条形码可以对其进行分子评估，并可作为辅助各品种鉴定的依据；7 个品种间 Kimura 双参数遗传距离为 0.017～0.389，7 个品种的 DNA 分类和形态学分类基本一致，表明 *COI* 基因可以探讨地方鸡种分类问题。

5.4.1.3 乳制品的检测

乳制品一般指由哺乳动物的乳汁制成的食品。由于涉及经济利益、过敏性疾病和宗教信仰等，乳制品的鉴别成为重要内容。现有分子工具的应用，可能检测价值较高的牛奶的掺假或替代。近年来，DNA 条形码在牛奶原产地和质量等方面检测的应用也时有报道。Nemeth 等（2004）和 Ponzoni 等（2009）发现在牛奶中能够检测到植物 DNA 条形码最普遍的标记——*rbc*L 基因，这标志着 DNA 条形码技术在牛奶和乳制品的可追溯性方面有可观的应用前景。Ponzoni 等（2009）对来自畜牧场和意大利市场上牛奶样品进行 PCR 扩增，发现牛奶中有 *rbc*L 基因，这为鉴别商业饲料喂养的牛或者特异牧场喂养的牛来源的牛奶提供了分析方法。通过验证牛奶中植物质粒 DNA 片段，DNA

条形码技术将来可为原料奶成分特征、奶酪等原产地验证提供可靠的证据。

5.4.1.4 可食用植物及其制品的检测

DNA 条形码具有较高的效益/成本比,可能是替代植物 DNA 指纹图谱的一个可靠的方法。并且 DNA 条码技术不需要每个生物体的完整的遗传基因,只需要用一个或几个通用标记。如今,在植物学研究领域,DNA 条形码研究正从不同标记的分析朝着更加实际应用的方向发展。

橄榄油是一种特别容易掺假的食品。因为其价格比其他植物油高,且其对健康的益处广泛被接受,造成消费需求也与日俱增,导致欺诈行为频繁发生。近年来,橄榄油中混合成本较低的植物来源的油(大豆油、菜油、玉米油、向日葵油、芝麻油)已屡见不鲜。植物油掺假主要用化学方法检测,其检测限大约 5%,因此需要一个可靠的、灵敏的分析方法用来检测植物来源的油或混合性油。Ganopoulos 等(2013)研究显示,*rbc*L 能有效鉴别植物油,联合 HRM(high-resolution melting)可检出初榨橄榄油中混有 1% 的芥花油。

DNA 条形码已被用于香料溯源,可以识别最常见的香料。通过使用核心条形码区域(*mat*K + *rbc*L)和 *trn*H – *psb*A 基因间隔区,能对薄荷、罗勒、牛至、鼠尾草、百里香、迷迭香等种属进行有效鉴别。马郁兰和牛至同属牛至属,由于杂交品种有几个,种内多样性高于种间,不能进行有效鉴别。Christina 和 Annamalai(2014)运用线粒体基因 *mat*K、*rbc*L 和 *psb*A – *trn*H 分析罗勒不同种,结果显示,*psb*A – *trn*H 能高分辨鉴别罗勒种,能够区分商业罗勒和其他罗勒,以及培育的不同罗勒种。

DNA 条形码可区分非食用、食用的植物和有毒物种种属。Bruni 等(2010)认为 *mat*K 是最好的质粒标记,可鉴别有毒物种。栽培的茄属(马铃薯、龙蕃茄红素)、李属(山杏、欧洲甜樱桃、欧洲酸樱桃、杏梅)与它们有毒同属有显著的分子差异。Jaakola 等(2010)根据 DNA 条码技术,结合 DNA 荧光扩增成功鉴别培育浆果(黑莓、醋栗、越桔等不同属)和野生有毒浆果,该方法简便、快速、高通量,非常适合食品原材料的准确鉴定。

DNA 条形码技术也被用来调查野生和栽培植物之间的遗传关系,以及它们的起源。Nicolè 等使用 DNA 条形码观察中美洲豆子(菜豆)和安第斯地区单倍型豆子的不同。对于栽培种,采用通用的条形码标记有明显的缺陷,这主要是因为繁殖的复杂性,造成遗传变异性不大。为了克服这些缺陷,Kane 等(2012)提出超条形码的方法(ultrabarcoding methodology),这是基于整个质体基因组和大部分核基因组的序列。此组合能够提供种属水平足够的遗传多样性信息,明显地区别纯种和杂交种,比传统的 DNA 条形码更敏感。超条形码鉴别可可粉,发现了几个质体和核 SNP 位点,这对于识别不同的栽培种是非常有用的。由于栽培种遗传多样性减少,往往需要分析大部分的基因组,造成成本/效益比非常高;此外,超条形码的方法,与分析短和普遍的 DNA 片段的 DNA 条形码方法相悖。因此,超条形码的方法由于高成本,以及其过度的种特异性,难以适用于规模化。

在大多数植物来源的加工食品中,与线粒体相似的叶绿体基因组更容易被保存。DNA 条形码技术被用来鉴别工业干燥和粉碎后的不同香料。DNA 条形码在鉴别商业茶、奶酪中的水果、果汁、果泥、巧克力、饼干的水果残留物(如香蕉)等也非常有效。

5.4.1.5 混合食品的检测

DNA 条形码区域和 DNA 的扩增所用的引物是通用的。根据这些假设，从混合食品中 PCR 扩增产生的 DNA 样本，可产生来源于不同物种的几个 DNA 条形码片段。因此，对于混合食品，尽管 DNA 条形码是有效的，但基于 Sanger – DNA 测序不是一个可行的方法，除非克隆。但是由于不同个体或种类来源的 DNA 片段共扩增，克隆可能会出现偏差。在测序前，有些技术例如特异性限制性内切酶（RFLP）或电泳分析被用于分离不同的 DNA 片段。然而，只有当食品混合物只有几种，以及 DNA 条形码有相对差异（即不同的限制性内切酶和不同的序列长度）时，这些方法才有效。另外，为了获得单片段，这些扩增产物需克隆到质粒载体，并引入到细菌感受态细胞。到目前为止，此方法已用于研究一些动物的饮食结构，如哺乳动物和鸟类食谱的植物鉴别，或猛犸象等的肠道样品中的植物鉴别。

DNA 条形码技术应用到复杂食品的行之有效的方法是 454 焦磷酸测序方法。从复杂食品中提取的混合 DNA 分子，其每次运行产生相对应的几十万条序列。这种方法可以识别所有原材料，包括污染物，或仅有痕迹条件。几个 DNA 条形码技术分析中都用到焦磷酸测序，包括动物原料食物的鉴别，以及从博物馆标本中提取古代 DNA 的分析。这种方法的缺陷就是减少了条码序列长度，其范围从 250～400 bp。Minibarcodes 可部分解决这个缺陷：150 bp 较短 *COI* 片段，也可以通过 454 焦磷酸测序获得。Minibarcode 方法对不同来源的食物基质包含海鲜产品都能准确鉴别。Botti 和 Giuffra (2010) 运用 *cytb* 的 226 bp 序列分析金枪鱼罐头、鲭鱼罐头、金枪鱼沙拉、金枪鱼酱等 103 个样品，结果显示，对于 DNA 降解比较严重的加工的海产品以及新鲜海产品，该方法很容易发现新的遗传多样性信息，增加了检测品种的范围。

5.4.2 在食源性病原菌及其载体检测中的应用

大多数最严重的人类和动物感染性疾病（如疟疾）都是通过带菌物种（vector species）进行传播的。随着全球贸易的增长，食品携带传染性疾病的可能性也随之增加。DNA 条形码使得非分类学家可以鉴定这些疾病载体，并协助他们了解和控制携带疾病的害虫和病原菌。

动物产品如畜肉类、家禽、海鲜、奶制品和鸡蛋是最容易引起爆发流行疾病的食品。美国每年约有 760 万人由于食用海鲜导致疾病。近年来，菠菜、莴笋和水果也引起食源性疾病。很多情况下是因为存储条件差，导致微生物污染。

在发展中国家和发达国家，住区内昆虫传播食源性疾病是最为常见的。由于家蝇群集和群游在吸引力的位点（如食品），由此高密度苍蝇导致苍蝇表面病原体数相应增加。FDA 鉴定了 22 个食源性疾病传播最高风险的载体"Dirty 22"，这 22 个常见的载体确定是：德国小蠊、棕带蟑螂、东方蜚蠊、美洲大蠊、厨蚁、窃蚁、家蝇、厩螯蝇、夏厕蝇、厕蝇、红头丽蝇、反吐丽蝇、大头金蝇、副旋皮蝇、青蝇、绿蝇、黑丽蝇、长尾肉蝇、家鼠、玻利尼西亚大鼠、挪威大鼠、屋顶大鼠。4 个蜚蠊（即蟑螂）物种和 2 个确定的蚁种携带大肠埃希氏菌、沙门氏菌、志贺氏菌和金黄色葡萄球菌。德国小蠊和美洲大蠊携带感染肠道的阿米巴原虫。12 个蝇物种携带志贺氏菌、沙门氏菌、大肠杆菌、空肠弯曲菌、霍乱弧菌和原虫隐孢子虫。4 个啮齿类动物携带沙门氏菌（见表 5-7）。

表 5-7 "Dirty 22" 携带食源性病原菌（Jones et al., 2013）

俗名	学名（纲/目：科）
German cockroach（德国小蠊）	*Blattella germanica*（L.）（Dicityoptera：Blattellidae）
brownbanded cockroach（棕带蟑螂）	*Supella longipalpa*（Fabricius）（Dicityoptera：Blattellidae）
oriental cockroach（东方蜚蠊）	*Blatta orientalis*（L.）（Dictyoptera：Blattidae）
American cockroach（美洲大蠊）	*Periplaneta americana*（L.）（Dictyoptera：Blattidae）
pharaoh ant（厨蚁）	*Monomorium pharaonis*（L.）（Hymenoptera：Formicidae）
thief ant（窃蚁）	*Solenopsis molesta*（Say）（Hymenoptera：Formicidae）
house fly（家蝇）	*Musca domestica*（L.）（Diptera：Muscidae）
stable fly（厩螫蝇）	*Stomoxys calcitrans*（L.）（Diptera：Muscidae）
little house fly（夏厕蝇）	*Fannia canicularis*（L.）（Diptera：Muscidae）
latrine fly（厕蝇）	*Fannia scalaris*（Fabricius）（Diptera：Muscidae）
cosmopolitan blue bottle fly（红头丽蝇）	*Calliphora vicina* Robineau-Desvoidy（Diptera：Calliphoridae）
holarctic blue bottle fly（反吐丽蝇）	*Calliphora vomitoria*（L.）（Diptera：Calliphoridae）
oriental latrine fly（大头金蝇）	*Chrysomya megacephala*（Fabricius）（Diptera：Calliphoridae）
secondary screw worm（副旋皮蝇）	*Cochliomyia macellaria*（Fabricius）（Diptera：Calliphoridae）
blue bottle fly（青蝇）	*Cynomya cadaverina* Robineau-Desvoidy（Diptera：Calliphoridae）
green bottle fly（绿蝇）	*Lucilia coeruleiviridis*（Meigan）（Diptera：Calliphoridae）
black blow fly（黑丽蝇）	*Phormia regina*（Meigen）（Diptera：Calliphoridae）
redtailed flesh fly（长尾肉蝇）	*Sarcophaga haemorrhoidalis*（Fallen）（Diptera：Sarcophagidae）
house mouse（家鼠）	*Mus musculus*（Mammalia：Muridae）
polynesian rat（玻利尼西亚大鼠）	*Rattus exulans*（Mammalia：Muridae）
norway rat（挪威大鼠）	*Rattus norvegicus*（Mammalia：Muridae）
roof rat（屋顶大鼠）	*Rattus rattus*（Mammalia：Muridae）

Jones 等（2013）用 COI 序列鉴定 FDA 认可的 "Dirty 22"，结果显示 COI 序列能有效鉴别 "Dirty 22"。为了保证食品供应，避免食源菌和疾病的传播，DNA 条形码技术有可能成为鉴别 "Dirty 22" 的有效监管工具。

在热带地区，蚊子是重要的病原体载体。蚊有 41 个属，大约 3 500 个种，但是仅有一个种是有害的，它们是病毒、线虫和原生动物的传播载体。有些种可传递一些致死性很强的人类疾病，如疟疾、登革热（dengue fever）、尼罗河热（west nile fever）、黄热病（yellow fever）、脑炎（encephalitis）、丝虫病（filariasis）等。蚊子以卵和幼虫的形式存在于食品中时，鉴定起来就更为困难。CBOL 所组织的一项全球性的 "蚊子条形码计划（Mosquito Barcoding Initiative，MBI）"，目标是开发一个可准确鉴定当前已知蚊子中 85% 以上种类的系统，其正在建立一个参考条形码数据库以协助公共健康官员更加有效地控制该重要的疾病载体。MBI 将成为一个阻挡携带疾病的蚊子蔓延的无价工具。另外,使用条形码技术进行更加准确的鉴定,还可减少清除计划中对杀虫剂的依赖。

Cao 等(2010)利用 Cy5 标记 DNA 条形码,用三明治夹心法免疫测定禽流感病毒(具体操作方法见图 5-3),结果显示线性反应达到 5 个数量级,敏感性与传统 RT-PCR 等同,整个检测时间少于 2 h。作者提出,以荧光标记 DNA 条形码为基础的免疫测定在监控由禽流感病毒、其他病毒或微生物引起的爆发性流行病方面有很大的应用前景。

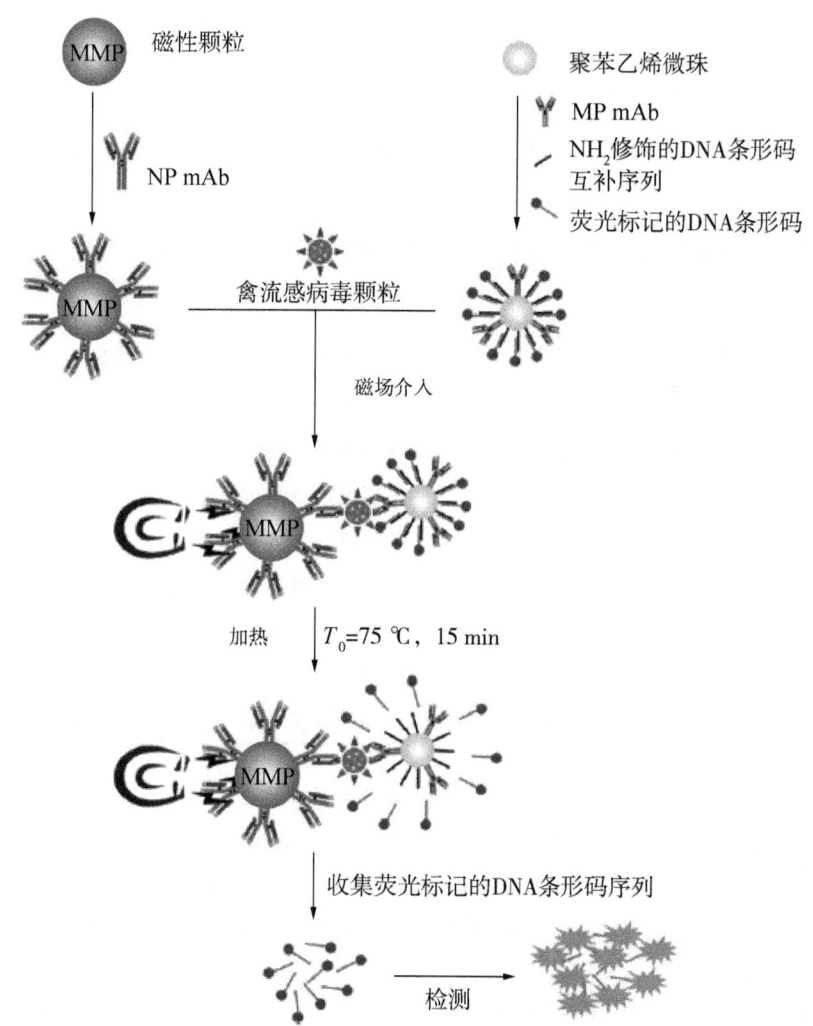

图 5-3　三明治夹心法免疫测定禽流感病毒操作方法(Cao et al., 2010)

5.4.3　在过敏原检测中的应用

DNA 条形码技术的一个重要应用是对过敏原成分的检测。联合国粮农组织(FAO)和欧洲委员会(European Commission)声明(Directive 2003/89/EC.1):过敏原物种必须在食品标签上标注。DNA 条形码技术对声明中列出的所有过敏原成分均可有效检测。

在新鲜食品或加工食品中，存在痕量过敏原都可以通过 DNA 条形码检测。坚果是过敏原的主要来源之一。杏仁（李枣）是一种潜在的过敏原，但因其宜人的口感，经常被用于面包、零食、小吃等加工食品中，但杏仁与其他同属食用品种如樱桃、李子和桃鉴别存在很大困难。Badenes 和 Parfitt（1995）通过分析这些同属物种质体基因组并采用 DNA 条形码技术，很好地解决了杏仁的鉴别问题。Yano 等（2007）用 *mat*K 基因鉴别杏仁、腰果、澳洲胡桃、开心果、榛子、巴西坚果、山核桃和核桃，结果显示，*mat*K 基因对核桃具有高特异性，可用于检测商业食品中的微量核桃。

5.5 应用示例

5.5.1 应用 DNA 条形码技术鉴别海参（律迎春等，2011）

5.5.1.1 材料与方法

（1）材料。实验用干海参来源见表 5-8。海胆作为外群。

表 5-8 海参采样信息

中文名称	拉丁种名	采样地点	样本数	样品代码
仿刺参	*Apostichopus japonicus*	中国及日本海域	10	A. jap
冰岛参	*Cucumaria frondosa*	北大西洋冰岛	8	C. fro
梅花参	*Thelenota ananas*	中国西沙群岛	5	T. nas
加州拟刺参	*Parastichopus californicus*	美国阿拉斯加	7	P. cal
黑海参	*Holothuria atra*	中国西沙群岛	5	H. atr
红腹海参	*Holothuria edulis*	中国西沙群岛	5	H. edu
海地瓜	*Acaudina molpadioide*	中国西沙群岛	3	A. mol
中间球海胆	*Strongylocentrotus intermedius*	GenBank 数据库	1	S. int

（2）海参 DNA 提取。干海参用无菌水 50 ℃ 泡发 5～8 h，取 100 mg 肌肉柱冲洗干净，用滤纸吸干，切碎。加入 400 μL 裂解液（50 mmol/L Tris-HCl pH 7.5、1.5% CTAB、1 mol/L NaCl、15 mmol/L EDTA）和 12 μL 20 mg/mL 蛋白酶 K，置于 55 ℃ 水浴 5～8 h 至样品溶解。加入 600 μL 氯仿，振荡混合 3 min，静置 7 min，12 000 g 离心 2 min。取上清，加入 500 μL 氯仿，颠倒混合 2 min，12 000 g 离心 2 min。取上清，加入 500 μL 沉淀液（1% CTAB、50 mmol/L Tris-HCl pH 7.5、10 mmol/L EDTA）混匀，静置 2 min，65 ℃ 水浴 20 min。12 000 g 离心 10～20 min，弃上清，留沉淀。加入 200 μL 1.2 mol/L NaCl，轻轻混匀至 DNA 完全溶解，再加入 6 μL RNase，置于 37 ℃ 下 30～60 min。加入 1 mL 冰乙醇和 100 μL 3 mol/L NaAc，-20 ℃ 下静置 10 min，15 000 g 离心 10 min，所得沉淀即为 DNA。去除上清，再加入 1 mL 70% 冰乙醇清洗，12 000 g 离心 5 min。将 DNA 沉淀于无菌空气中晾干，加入 20 μL 无菌水溶解，4 ℃ 备用。

（3）海参线粒体 *COI* 扩增。采用 PCR 技术对线粒体 *COI* 基因序列片段进行扩增，引物序列：COIef：5′-ATAATGATAGGAGGRTTTGG-3′ 和 COIer：5′-GCTCGTGTRTC-

TACRTCCAT-3'。PCR 反应体积（50 μL），包含 25 mmol/L 的 $MgCl_2$ 3 μL、10 mmol/L dNTP 1 μL、2 种引物各 1 μL（终浓度 0.2 μmol/L）、Taq DNA 聚合酶 1 μL、10×PCR 缓冲液 5 μL 以及模板 DNA 1 μL、加水补足至 50 μL。在 PCR 扩增仪上经 94 ℃预变性 5 min 后经过 30 个循环，每个循环包括：94 ℃ 50 s，46 ℃ 1 min，72 ℃ 1 min，最后 72 ℃延伸 10 min。PCR 产物进行 1%琼脂糖凝胶电泳，紫外光（300 nm）下观察并照相记录。

（4）PCR 产物测序及数据处理。对 PCR 产物测序，并对测序结果进行人工核对、校正。结果用 DNAMAN、DNAstar 和 MEGA 4.1 软件进行序列比对分析，计算各种海参碱基组成、序列种间和种内的遗传距离，并分别采用邻接法（NJ 法）和最大简约法（MP 法）绘制系统进化树。

5.5.1.2 结果与分析

（1）海参 COI 基因序列特征及其变异。通过 PCR 扩增和测序，得到了海参 7 个品种 43 个个体的线粒体 COI 基因部分序列。本研究获得的序列是 COI 基因 5′端的一段长为 692 bp 的片段。采用 MEGA 4.1 软件分析碱基组成（见表 5-9），A、T、G、C 碱基平均含量分别为 27.9%、28.9%、18.3%、24.9%，其中 A+T 含量（56.8%）明显高于 G+C 含量（43.2%）。7 种海参中，红腹海参 G+C 含量最高，达到 45.1%。表 5-10 显示了不同种类海参间的遗传距离以及同种海参不同个体之间的平均遗传距离。在本研究的 7 个海参品种中，冰岛参的种内遗传距离最大，为 0.010；海地瓜和梅花参的种内遗传距离最小，为 0.002；种内遗传距离平均为 0.007。7 种海参两两比对，最小的种间遗传距离是仿刺参和加州拟刺参（0.101），最大的种间遗传距离是仿刺参和冰岛参（0.272）。种间遗传距离平均为 0.215，大于种内差异的 10 倍以上，符合 Hebert 等推荐的 10 倍种内变异作为标记物种遗传分化的"标准序列阈值"。较小的种内差异（平均 0.007）和较大的种间差异（平均 0.215），表明以海参线粒体 COI 基因作为品种鉴定的 DNA 条形码具备可行性和有效性。

表 5-9　7 种海参 COI 碱基组成

种类	T	C	A	G	G+C
梅花参 Thelenota ananas	26.4	26.4	29.0	18.2	44.6
海地瓜 Acaudina molpadioide	29.8	23.0	30.2	17.0	40.0
冰岛参 Cucumaria frondosa	26.7	26.6	28.4	18.2	44.8
黑海参 Holothuria atra	26.1	25.4	30.3	18.2	43.6
红腹海参 Holothuria edulis	26.2	27.1	28.6	18.1	45.1
加州拟刺参 Parastichopus californicus	31.3	24.1	26.7	17.9	42.0
仿刺参 Apostichopus japonicus	31.5	22.5	27.1	18.9	41.4
中间球海胆 Strongylocentrotus intermedius	33.4	24.2	22.7	19.8	44.0
平均	28.9	24.9	27.9	18.3	43.2

表5-10 7种海参种内遗传距离和两两比对的种间遗传距离

	1 仿刺参 *Apostichopus japonicus*	2 海地瓜 *Acaudina molpadioide*	3 冰岛参 *Cucumaria frondosa*	4 黑海参 *Holothuria atra*	5 红腹海参 *Holothuria edulis*	6 加州拟刺参 *Parastichopus californicus*	7 梅花参 *Thelenota ananas*	种内遗传距离
1								0.009
2	0.210							0.002
3	0.272	0.265						0.010
4	0.243	0.214	0.228					0.009
5	0.248	0.223	0.215	0.152				0.009
6	0.101	0.212	0.268	0.230	0.243			0.007
7	0.205	0.219	0.208	0.174	0.166	0.214		0.002
S. int	0.298	0.292	0.292	0.280	0.289	0.278	0.284	—

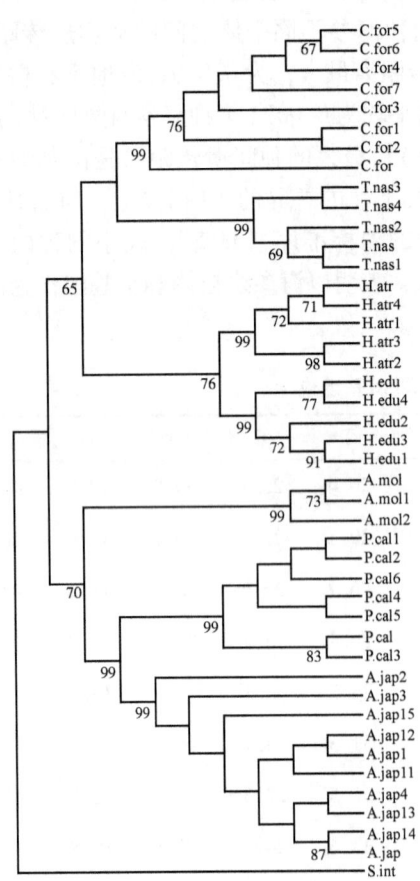

图5-4 利用海参 *COI* 序列构建的 NJ 树

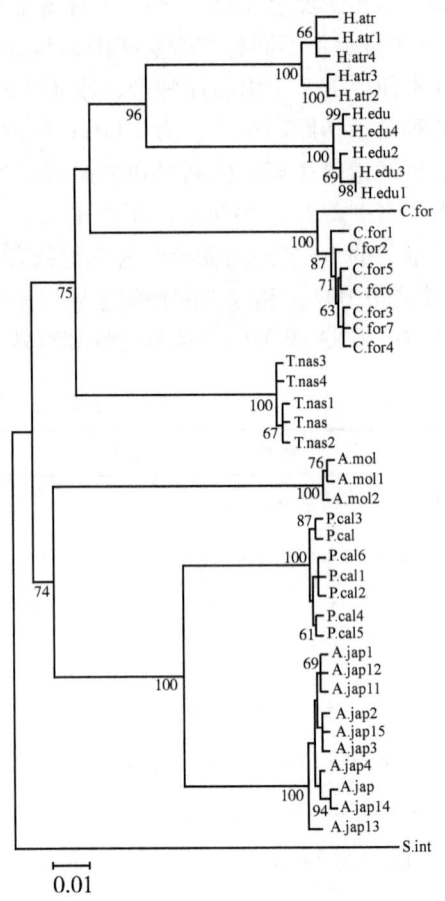

图5-5 利用海参 *COI* 序列构建的 MP 树

(2) 分子系统发育树。利用本研究获得的7种海参43个个体的 *COI* 序列，以海胆作为外群，构建海参的分子系统发育树。分别采用邻接法和最大简约法构建 NJ 树和 MP 树。NJ 树进行 1 000 次自展检验，采用 P-distance 方法计算。NJ 树（见图 5-4）中，同种海参的多个个体各自形成单系，并且节点支持率均为 100%；同为海参科的黑海参、红腹海参互为姐妹群，支持率为 96%；同为刺参科的仿刺参和加州拟刺参为姐妹群，支持率为 100%；MP 树（见图 5-5）与 NJ 树有相似的拓扑结构，每种海参各自形成单系，并且有很高的节点支持率。

5.5.2 应用 DNA 条形码技术对鲍属物种进行鉴定（辛一，2011）

5.5.2.1 材料与方法

为寻找最适于进行鲍属物种鉴定的线粒体基因，测定了中国及日本沿海 5 个皱纹盘鲍（*Haliotis discus hannai*）群体共 16 个个体的线粒体基因 *COI*、*COII* 以及 *cytb* 的完整序列，并结合杂色鲍（*H. diversicolor*）、疣鲍（*H. tuberculata*）和黑唇鲍（*H. rubra*）的线粒体基因信息，比较分析了 3 种基因的 G + C 含量、种间/种内遗传距离和序列多态性等特征。

(1) 材料。选取中国大连、青岛、威海、汕头以及日本宫城 5 个皱纹盘鲍群体共 16 个个体，每个群体至少取 2 个个体，包含在至少 2 个取样点中。所有样本在 -80 ℃冷冻保存，或固定保存于 70%～80% 乙醇中。所有样本的采集地、样本编号、GenBank 序列号等详细信息见表 5-11，其中 3 个杂色鲍的线粒体基因组数据已在之前的相关工作中获得。

表 5-11 样品名录及序列信息

物种名称	拉丁名	编号	采集地	GenBank 序列号		
				COI	*COII*	*cytb*
皱纹盘鲍	*Haliotis discus hannai*	HdisM1	日本宫城	JF748815	JF748814	JF748813
		HdisM2	日本宫城	JF748812	JF748811	JF748810
		HdisL1	中国大连	JF748796	JF748795	JF748794
		HdisL2	中国大连	JF748793	JF748792	JF748791
		HdisL3	中国大连	JF748790	JF748789	JF748788
		HdisL4	中国大连	JF748787	JF748786	JF748785
		HdisL5	中国大连	JF748784	JF748783	JF748822
		HdisL6	中国大连	JF748821	JF748820	JF748819
		HdisL7	中国大连	JF748818	JF748817	JF748816
		HdisS1	中国威海	JF748809	JF748808	JF748807
		HdisS2	中国威海	JF748806	JF748805	JF748804
		HdisS3	中国威海	JF748803	JF748830	JF748829

续上表

物种名称	拉丁名	编号	采集地	GenBank 序列号		
				COI	*COII*	*cytb*
皱纹盘鲍	*Haliotis discus hannai*	HdisS4	中国青岛	JF748828	JF748827	JF748826
		HdisS5	中国青岛	JF748825	JF748824	JF748823
		HdisG1	中国汕头	JF748802	JF748801	JF748800
		HdisG2	中国汕头	JF748799	JF748798	JF748797
		EU595789	GenBank*	ACB73222	ACB73223	ACB73229
杂色鲍	*H. diversicolor*	YN1	越南广义	ADX36048	ADX36049	ADX36055
		YN2	越南广义	ADX36061	ADX36062	ADX36066
		S16	中国福建	ADX36074	ADX36075	ADX36079
疣鲍	*H. tuberculata tuberculata*	NC013708	GenBank*	YP003359427	YP003359428	YP003359434
	H. tuberculata coccinea	FJ605486	GenBank*	ACL99775	ACL99776	ACL99782
	H. tuberculata ssp.	FJ605487	GenBank*	ACL99788	ACL99789	ACL99795
黑唇鲍	*H. rubra*	NC005940	GenBank*	YP026069	YP026070	YP026076
加州海兔	*Aplysia california*	NC005827	GenBank*	AAS67857	AAS67863	AAS67862

注：*表示从 GenBank 中下载的序列；杂色鲍线粒体基因组数据已在相关工作中获得。

（2）DNA 片段的扩增与测序。采用 Sambrook 等介绍的苯酚—氯仿法抽提样本 DNA。根据 GenBank 中皱纹盘鲍线粒体 DNA 序列（EU595789），设计以下引物用于片段扩增：

COI：Hdis – COI – F（5′ – TACCGAGGACTCACAATA – 3′），
　　　Hdis – COI – R（5′ – CTTATCTTCTTCCACGACCA – 3′）；
COII：Hdis – COII – F（5′ – TGGGATGGATGTAGACAC TCGTGCTTAT – 3′），
　　　Hdis – COII – R（5′ – AGCATTATTC – ACCTCCCT – 3′）；
cytb：Hdis – CYTB – F（5′ – AACATCCAGAAGAACAC – 3′），
　　　Hdis – CYTB – R（5′ – CCCACTACCATCACCAAA – 3′）。

反应条件为：起始 94 ℃ 预变性 3 min，然后 94 ℃ 变性 30 s，48～60 ℃ 退火 50 s，72 ℃ 延伸 1～4 min，35 个循环。最后 72 ℃ 反应 10 min。反应体系 25 μL，包括 2 μL dNTP（10 mmol/L），正、反向引物各 1 μL（10 μmol/L），2.5 μL 10×缓冲液（Mg^{2+} plus），0.4 μL r*Taq* 酶，1 μL DNA 模板（50 ng/μL），以及超纯水 17.1 μL。PCR 产物纯化后，利用 ABI 3730xl 测序仪测序，每个碱基至少达到 2 倍的测序覆盖度。

（3）数据分析。原始测序峰文件首先利用软件 Phred 处理，使每个碱基的质量值在 20 以上，然后在默认参数下用软件 Phrap 拼接，拼接结果和序列碱基质量通过 Consed 软件检查。使用 MEGA 4.1 内置的 clustal W 进行序列比对（alignment）和碱基组成，计算基于 Kimura 双参数距离模型（K2P）的种内和种间遗传距离。采用 DNA SP 4.10.7 分析种间及种内的序列多态性。4 种鲍非同义替代率（non-synonymous substitutions，K_a）和同义替代率（synonymous substitu-tions，K_s）比率的计算使用 KaKs_Calculator。

5.5.2.2 结果与讨论

（1）基因特征。*COI*、*COII* 和 *cytb* 全序列的长度在鲍属 4 个物种间相同，分别为 1 542 bp、696 bp 和 1 140 bp。*COI*、*COII* 和 *cytb* 的 G+C 平均含量为 38.2%～45.2%，低于 A+T 的平均含量 54.8%～61.8%，密码子第二位的 G+C 含量在个体间的波动范围最小，其均值与第三位基本接近，而密码子第一位的 G+C 含量波动范围最大，且均值明显偏高。此外通过计算发现，*COI*、*COII* 和 *cytb* 的 K_a/K_s 均值依次为 0.010、0.021 和 0.033，说明 3 种基因都承受强烈的负选择压力，其中 *COI* 所承受的负选择压力最大，表明 *COI* 是上述 3 种基因中最保守的基因。

（2）遗传距离比较。如图 5-6 所示，*COI*、*COII* 和 *cytb* 的种间遗传距离和种内遗

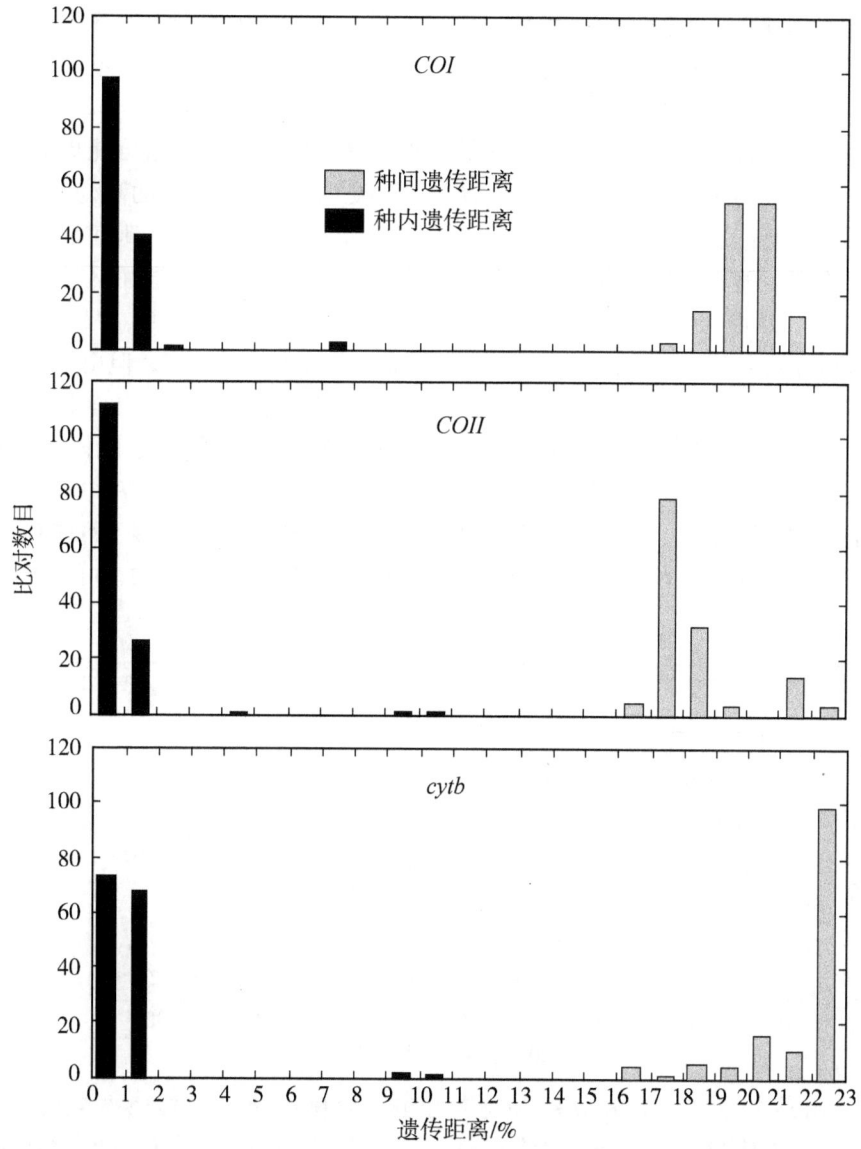

图 5-6 鲍属种间和种内个体间 *COI*、*COII* 和 *cytb* 遗传距离（基于 K2P）分布情况

传距离具有显著差异，根据计算，COI、$COII$ 和 $cytb$ 的种间遗传距离均值与种内遗传距离均值之比依次为 25.6、23.9 和 21.5。Hebert 等认为种内与种间的标准差异阈值（standard divergence threshold value）应为种内平均遗传距离的 10 倍（10 倍法则）。按照这个标准，本研究中上述 3 种基因的鲍属条形码差异阈值应分别为 6.5%、6.1% 和 8.9%，而鲍属种内遗传差异最大值分别为 1.3%、1.2% 和 1.7%，属内不同种间遗传差异最小值分别为 16.4%、16.1% 和 17.7%，因此利用基于 COI、$COII$ 和 $cytb$ 的分子标记能够将本研究涉及的鲍属种类全部有效区分开，证实了本研究所选用的鲍属物种存在种间的条形码间隙。

（3）基因序列多态性分析。比较分析了基于 COI、$COII$ 和 $cytb$ 序列的鲍属种间及种内单核苷酸多态性（single nucleotide polymorphism，SNP）。如图 5-7 所示，4 种鲍的种间与种内单核苷酸多态性形成明显分界。鲍属 COI、$COII$ 和 $cytb$ 的序列多态性水平表明，虽然上述 3 种基因的全序列都可用于区分鲍属物种，但用基因不同区域进行鲍属物种鉴定时，其有效性存在差异。首先，图 5-7 中的基因区域 V1、V2、V4 和 V6 在种内和种间的单核苷酸多态性较其他区域更加丰富，因此这些区域可能更适用于区别鲍属种内和种间的序列差异。其次，$COII$ 中的高变区 V3 和 $cytb$ 中的高变区 V5 在疣鲍亚种内的单核苷酸多态性水平明显高于相应区域内皱纹盘鲍和杂色鲍的地理群体间水平，说明在进行鲍属亚种鉴定时，$COII$ 和 $cytb$ 中可能存在比 COI 通用区域更为有效的 DNA 条形码，从而为鲍的亚种鉴定提供了新的 DNA 条形码参考序列。最后，皱纹盘鲍不同群体的序列多态性水平虽在 COI 和 $cytb$ 的部分区域中相对较高，但由于各群体的取样个数未达到有效的统计学标准，因此无法对皱纹盘鲍群体之间的遗传多样性进行深入调查。为了开发出可靠的皱纹盘鲍群体间 DNA 条形码，需要在今后的工作中增加皱纹盘鲍各群体的样本数，以及扩大对线粒体基因组的探测范围等。在本研究中，遗传距离和序列多态性的结果表明，COI、$COII$ 和 $cytb$ 都可用于区分鲍属物种。鉴于目前 GenBank 中鲍属 COI 的发表序列较 $COII$ 和 $cytb$ 更多，且 COI 具有完善的通用引物，可以更加方便高

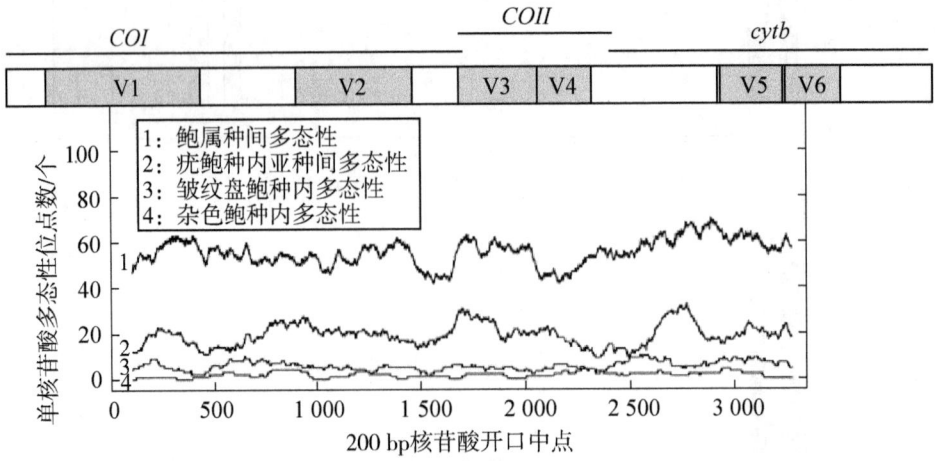

图 5-7　基于 COI、$COII$ 和 $cytb$ 序列的鲍属不同种内及种间核苷酸多态性比较

注：x 轴表示每取 200 bp 核苷酸序列的滑动窗口中点，图上方的条形图指示 COI、$COII$ 和 $cytb$ 的相应位置，灰色色块指示高变区（V）位置。

效地进行研究，本研究建议采用 *COI* 序列作为目前鲍属物种鉴定的 DNA 条形码。

5.5.3 市售鲨鱼食品的 DNA 条形码检测（Barbuto *et al.*，2010）

当前，消费者越来越关注食品成分来源。在食品加工过程中，食品原料的形态学特征容易丧失，客观上给食品假冒提供了机会。本研究中，使用 DNA 条形码技术鉴定意大利俗名标记为"palombo"中的鲨鱼片的物种。

研究对象是皱唇鲨科（Triakidae）星鲨属（*Mustelus* spp.），法律允许贸易的主要是 *Mustelus mustelus*，*M. asterias*，*M. schmitti*，*M. punctulatus*。在当地，"palombo"主要是指 *M. mustelus* 和 *M. asterias*。

5.5.3.1 材料与方法

（1）材料及 PCR 条件。从意大利各地不同的鱼类市场收集 59 份鲨鱼样本，其中 14 份是在意大利销售的鲨鱼种类，且在形态学上可被准确鉴定。剩余 45 份鱼片均来自不同的意大利鱼市或者超市，且外包装均标记为"polombo"。由于这些样品均经过深加工，使得仅从形态上识别样品已不可能，标记这些样品为未知样品。

选用肌肉组织，采用硫氰酸胍和硅藻土法提取组织 DNA。*cox*I 扩增和测序的引物：Fish-R2（5′-ACTTCAGGGTGACCGAAGAATCAGAA-3′），Shark-int（5′-ATCTTTGGTGCATGAGCAGGAATAGT-3′）；PCR 反应体系为 20 μL：1×缓冲液（2.5 mmol/L $MgCl_2$）、0.2 mmol/L dNTP、1 μmol/L 上下游引物、1 U DNA 聚合酶；PCR 条件：94 ℃变性 50 s，54 ℃退火 50 s，72 ℃延伸 1 min，共 35 个循环。目的片段全长约 550 bp。

PCR 产物凝胶纯化后，ABI 技术直接测序。参考 GenBank 数据库的序列，使用 bioedit sequence alignment editor 和 clustal X 进行序列比对。

（2）DNA 条形码数据集定义和 OT 值计算。使用 MEGA 4.0 计算遗传距离。使用 OT 值（optimum threshold）作为条形码技术鉴定结果。分析 Genbank 数据库 100 多种鲨鱼的 482 个 *cox*I 序列，作为形态学分类数据库；加上本研究中选用的属于 9 种鲨的 14 个已知样品，共 496 个序列。OT 值最大化形态学和分子生物学相关性，最小化累计误差。本研究使用 Ferri 开发的生物学分析方法（Ferri *et al.*，2009）。

（3）未知样品的物种鉴定和产品欺诈的估算。使用两种 DNA 条形码技术：基于 BOLD（barcode database）的 IDS（identification engine tool），且相似度达到 98% 以上；OT 计算方法。

5.5.3.2 结果与讨论

（1）DNA 条形码数据集。条形码数据库中包括 496 条 *cox*I 序列，序列长 551 bp。序列来自属于 110 种鲨鱼代表种，8 目，22 科，47 属。14 种 *cox*I 序列来自 9 个形态学组（本组形态学分类学专家进行鉴定）。每种条形码的样品的平均数为 4.51（标准差 3.83，范围 1～28）。标准误差偏大是因为某些物种 *cox*I 的过量表达。

（2）DNA 条形码分析和最优阈。K2P 距离矩阵分析结果如下：鲨鱼种内距离误差 0.19%（标准误差：0.34%；范围：0～2.60%）；种间距离误差 19.55%（标准误差：5.62%；范围：0.40%～30.00%），*cox*I 整体平均变异率为 19.20%（标准误差：1.40%）。总之，基于分子发散阈值（OT）得出，110 种鲨鱼中，79 种（71.8%）分析结果和形态学相同，剩余的 31 种，K2P 值低于 OT 值。

(3) 未知样品的鉴定结果。实验结果见表 5-12。

表 5-12 未知样品的分析结果

凭证号	查询号	BOLD 系统鉴定	遗传最优域值鉴定
MIB: zpl: 00004	FM164426	*Squalus brevirostris*; *Squalus cf. megalops*	*Squalus brevirostris* *Squalus megalops*
MIB: zpl: 00005	FM164427	*Squalus acanthias*	*Squalus acanthias*
MIB: zpl: 00006	FM164428	*Prionace glauca*	*Prionace glauca*
MIB: zpl: 00009	FM164429	*Galeorhinus galeus*	*Galeorhinus galeus*
MIB: zpl: 00010	FM164430	*Mustelus antarticus*; *Mustelus asterias*; *Mustelus lenticulatus*; *Mustelus manazo*	*Mustelus antarticus* *Mustelus asterias*
MIB: zpl: 00012	FM164431	*Alopias superciliosus*	*Alopias superciliosus*
MIB: zpl: 00013	FM164432	*Squalus acanthias*	*Squalus acanthias*
MIB: zpl: 00014	FM164433	*Squalus acanthias*	*Squalus acanthias*
MIB: zpl: 00015	FM164434	—	*Mustelus mustelus*
MIB: zpl: 00016	FM164435	*Squalus acanthias*	*Squalus acanthias*
MIB: zpl: 00018	FM164436	*Squalus acanthias*	*Squalus acanthias*
MIB: zpl: 00019	FM164437	*Mustelus antarticus*; *Mustelus asterias*; *Mustelus lenticulatus*; *Mustelus manazo*; *Mustelus schmitti*; *Mustelus stevensi*; *Mustelus* sp. 2	*Mustelus antarticus* *Mustelus asterias* *Mustelus lenticulatus*
MIB: zpl: 00022	FM164438	*Squalus acanthias*	*Squalus acanthias*
MIB: zpl: 00023	FM164439	*Squalus acanthias*	*Squalus acanthias*
MIB: zpl: 00024	FM164440	*Squalus acanthias*	*Squalus acanthias*
MIB: zpl: 00025	FM164441	*Squalus acanthias*	*Squalus acanthias*
MIB: zpl: 00027	FM164442	*Squalus acanthias*	*Squalus acanthias*
MIB: zpl: 00028	FM164443	*Squalus acanthias*	*Squalus acanthias*
MIB: zpl: 00029	FM164444	*Squalus acanthias*	*Squalus acanthias*
MIB: zpl: 00030	FM164445	*Squalus acanthias*	*Squalus acanthias*
MIB: zpl: 00031	FM164446	*Mustelus antarticus*; *Mustelus asterias*; *Mustelus lenticulatus*; *Mustelus manazo*; *Mustelus schmitti*; *Mustelus stevensi*; *Mustelus* sp. 2	*Mustelus antarticus* *Mustelus asterias* *Mustelus lenticulatus*
MIB: zpl: 00032	FM164447	*Squalus acanthias*	*Squalus acanthias*
MIB: zpl: 00033	FM164448	*Squalus acanthias*	*Squalus acanthias*
MIB: zpl: 00034	FM164449	*Squalus acanthias*	*Squalus acanthias*
MIB: zpl: 00035	FM164450	*Squalus acanthias*	*Squalus acanthias*

续上表

凭证号	查询号	BOLD 系统鉴定	遗传最优域值鉴定
MIB: zpl: 00036	FM164451	*Squalus acanthias*	*Squalus acanthias*
MIB: zpl: 00037	FM164452	*Squalus acanthias*	*Squalus acanthias*
MIB: zpl: 00038	FM164453	*Mustelus antarticus*; *Mustelus asterias*; *Mustelus lenticulatus*; *Mustelus manazo*; *Mustelus schmitti*; *Mustelus stevensi*; *Mustelus* sp. 2	*Mustelus antarticus* *Mustelus asterias* *Mustelus lenticulatus*
MIB: zpl: 00039	FM164454	*Squalus acanthias*	*Squalus acanthias*
MIB: zpl: 00040	FM164455	*Squalus acanthias*	*Squalus acanthias*
MIB: zpl: 00041	FM164456	*Mustelus antarticus*; *Mustelus asterias*; *Mustelus lenticulatus*; *Mustelus manazo*; *Mustelus schmitti*; *Mustelus stevensi*; *Mustelus* sp. 2	*Mustelus antarticus* *Mustelus asterias* *Mustelus lenticulatus*
MIB: zpl: 00042	FM164457	*Squalus acanthias*	*Squalus acanthias*
MIB: zpl: 00043	FM164458	*Prionace glauca*	*Prionace glauca*
MIB: zpl: 00044	FM164459	*Prionace glauca*	*Prionace glauca*
MIB: zpl: 00046	FM164460	—	*Prionace glauca*
MIB: zpl: 00047	FM164461	—	*Prionace glauca*
MIB: zpl: 00050	FM164462	*Isurus oxyrinchus*	*Isurus oxyrinchus*
MIB: zpl: 00053	FM164463	*Isurus oxyrinchus*	*Isurus oxyrinchus*
MIB: zpl: 00055	FM164464	*Squalus acanthias*	*Squalus acanthias*
MIB: zpl: 00057	FM164465	*surus oxyrinchus*	*surus oxyrinchus*
MIB: zpl: 00058	FM164466	—	—
MIB: zpl: 00059	FM164467	*Isurus oxyrinchus*	*Isurus oxyrinchus*
MIB: zpl: 00063	FM164468	*Isurus oxyrinchus*	*Isurus oxyrinchus*
MIB: zpl: 00064	FM164469	*Mustelus antarticus*; *Mustelus asterias*; *Mustelus lenticulatus*; *Mustelus manazo*; *Mustelus schmitti*; *Mustelus stevensi*; *Mustelus* sp. 2	*Mustelus antarticus* *Mustelus asterias* *Mustelus lenticulatus*
MIB: zpl: 00065	FM164470	*Isurus oxyrinchus*	*Isurus oxyrinchus*

运用两种 DNA 条形码方法鉴定 45 个未知样品：在 BOLD 系统中运用 IDS 和 OT 计算方法。DNA 条形码分析得出，45 个未知样品中，34 个样本（75.6%）属于 5 个鲨鱼科，6 个样品只可确定为星鲨属（*Mustelus*），物种不明，另一样品只可确认属于角鲨属（*Squalus*），4 个样品没有明显的数据匹配。选用 OT 进行条形码可准确鉴定 37 例样品（82.2%）。类似 IDS 分析结果，样品属于 5 个鲨鱼科，值得注意的是，实验中发现了类似 IDS 的不可明确确定属种的结果（*Mustelus* 和 *Squalus*），1 个样品（a. n. FM164466）无明显的阈值符合。相比 IDS，OT 可多鉴定 3 个星鲨属（*Mustelus*）物种，这是由于 IDS 的 BOLD 数据库中相应的 *cox*I 数据不足。通过比较两种分析方法，

其中 3 个样品结果保持一致，6 个样品不能确定属于 3 个物种（*M. antarticus*，*M. asterias* 和 *M. lenticulatus*）中的哪一个，这种情况下，IDS 却能与 BOLD 中存储的其他序列（*M. manazo*，*M. schmitti*，*M. stevensi* 和 *M. sp. 2*）进行积极的匹配；另一个不能被确定物种的样品（MIB：zpl：00004，a. n. FM164426），两种方法都显示可能属于 *Squalus brevirostris* 或 *S. megalop*。最后，这两种方法都不能确定样品 MIB：zpl：00058，a. n. FM164466。

（4）商业欺诈的可能。通过用 IDS 和 OT 分析方法得出，45 个样本进行分析，仅 3 个（6.7%）可被明确归为"palombo"，属 *Mustelus mustelus*。另外 6 例（13.3%）可确定 *Mustelus* 属，物种不明。最后，45 份样品中鉴定出 35 份（77.8%）存在欺诈现象，这些样品属于不同于皱唇鲨科（Triakidae）的 4 个科，其中只有 1 个样品（a. n. FM164426）未确定确切物种。由于数据库中缺少匹配的序列，两种方法都无法鉴定的样品（a. n. FM164466））不包含在物种替代中。值得注意的是，所有样品中发现 *Alopias. superciliosus*，该物种不是当局允许交易的。本研究表明 DNA 条形码技术是一种可靠有效的物种鉴别技术。

5.6 结论和展望

DNA 条形码技术可用来作为食品可追溯的通用工具。仅从技术角度来看，这不是完全的创新，但在短短的几年时间里，它已经被广泛使用。这主要是由于几个方面的原因：①分子分析成本的降低；②实验室设备的完善和技能人才的增加；③自由使用的 Web 的资源；④需要高品质食品的消费者的增加。这需要围绕分子化的技术标准化和计算机化。从这个意义上说，DNA 条形码不仅是最新的，而且是 21 世纪的自然产物。

DNA 条形码的工作原理是基于 DNA 短片段来识别动物、植物或其他生物的类别，它具有迅速和价格低廉两个独特的优点。DNA 条形码计划提出了基于基因片段鉴定生物物种的标准及其实施框架。DNA 条形码采用数字化形式，使样本鉴定过程能够实现自动化和标准化，突破了对经验的过度依赖，并可利用有机体的残片进行快速有效的鉴定，能够在较短时间内建立形成易于利用的应用系统。前面所述的案例研究和先进技术清楚地表明，DNA 条形码是一种敏感、快速、廉价和可靠的方法，可鉴别和跟踪食品原料及加工食品（即使是高强度加工食品），及食品中的变应原或有毒成分。

由于它的普适性，在各种情况下，通过不同的操作方法，DNA 条码技术都可使用。负责食品原料和加工产品质量控制的国际机构或组织之间可进行数据交换，因此参考数据库建立的唯一真正的限制是方法。事实上，虽然某些种群（如鱼类）有很好的数据库，但是大多数 DNA 条形码数据是缺乏的。出于这个原因，不久的将来，DNA 条形码技术在许多领域有可能成为一项常规检查，特别是在食品质量控制和可追溯性上。

（赖心田、林霖、陈国培）

参考文献

[1] Arnot D E, Roper C, Bayoumi R A. Digital codes from hypervariable tandemly repeated DNA sequences

in the Plasmodium falciparum circumsporozoite gene can genetically barcode isolates. Molecular and Biochemical Parasitology, 1993, 61 (1): 15 – 24.

[2] Tautz D, Arctander P, Minelli A, et al. DNA points the way ahead in taxonomy. Nature, 2002, 418 (6897): 479 – 479.

[3] Hebert P D, Ratnasingham S, de Waard J R. Barcoding animal life: cytochrome c oxidase subunit I divergences among closely related species. Proceedings of the Royal Society of London Series B: Biological Sciences, 2003a, 270 (Suppl 1): S96 – S99.

[4] Hebert P D, Cywinska A, Ball S L. Biological identifications through DNA barcodes. Proceedings of the Royal Society of London Series B: Biological Sciences, 2003b, 270 (1512): 313 – 321.

[5] Hebert P D, Stoeckle M Y, Zemlak T S, et al. Identification of birds through DNA barcodes. PLoS Biol, 2004a, 2 (10): e312.

[6] Hebert P D, Penton E H, Burns J M, et al. Ten species in one: DNA barcoding reveals cryptic species in the neotropical skipper butterfly Astraptes fulgerator. PNAS, 2004b, 101(41): 14812 – 14817.

[7] Sevilla R G, Diez A, Norén M, et al. Primers and polymerase chain reaction conditions for DNA barcoding teleost fish based on the mitochondrial cytochrome b and nuclear rhodopsin genes. Molecular Ecology Notes, 2007, 7 (5): 730 – 734.

[8] Kress W J, Wurdack K J, Zimmer E A, et al. Use of DNA barcodes to identify flowering plants. PNAS, 2005, 102 (23): 8369 – 8374.

[9] Chase M W, Salamin N, Wilkinson M, et al. Land plants and DNA barcodes: short-term and long-term goals. Philosophical Transactions of the Royal Society B: Biological Sciences, 2005, 360 (1462): 1889 – 1895.

[10] Kress W J, Erickson D L. A two-locus global DNA barcode for land plants: the coding *rbc*L gene complements the non-coding *trn*H-*psb*A spacer region. PLoS One, 2007, 2 (6): e508.

[11] Hollingsworth P M, Forrest L L, Spouge J L, et al. A DNA barcode for land plants. PNAS, 2009, 106 (31): 12794 – 12797.

[12] Min X J, Hickey D A. Assessing the effect of varying sequence length on DNA barcoding of fungi. Molecular Ecology Notes, 2007, 7 (3): 365 – 373.

[13] Fišer Pečnikar Ž, Buzan E V. 20 years since the introduction of DNA barcoding: from theory to application. Journal of Applied Genetics, 2014, 55 (1): 43 – 52.

[14] Casiraghi M, Labra M, Ferri E, et al. DNA barcoding: a six-question tour to improve users' awareness about the method. Briefings in Bioinformatics, 2010, 11 (4): 440 – 453.

[15] Lockley A, Bardsley R. DNA-based methods for food authentication. Trends Food Sci Technol, 2000, 11 (2): 67 – 77.

[16] Wong E H-K, Hanner R H. DNA barcoding detects market substitution in North American seafood. Food Res Int, 2008, 41 (8): 828 – 837.

[17] von der Heyden S, Barendse J, Seebregts A J, et al. Misleading the masses: detection of mislabelled and substituted frozen fish products in South Africa. ICES Journal of Marine Science: Journal du Conseil, 2010, 67 (1): 176 – 185.

[18] Pappalardo A M, Guarino F, Reina S, et al. Geographically widespread swordfish barcode stock identification: a case study of its application. PLoS One, 2011, 6 (10): e25516.

[19] Hanner R, Becker S, Ivanova N V, et al. FISH-BOL and seafood identification: Geographically dispersed case studies reveal systemic market substitution across Canada. Mitochondrial DNA, 2011, 22 (S1): 106 – 122.

[20] Maralit B A, Aguila R D, Ventolero M F H, et al. Detection of mislabeled commercial fishery by-products in the Philippines using DNA barcodes and its implications to food traceability and safety. Food Control, 2013, 33(1): 119-125.

[21] Meganathan P, Dubey B, Jogayya K N, et al. Identification of Indian crocodile species through DNA barcodes. J Forensic Sci, 2013, 58(4): 993-998.

[22] Ward R D, Hanner R, Hebert P D. The campaign to DNA barcode all fishes, FISH-BOL. Journal of Fish Biology, 2009, 74(2): 329-356.

[23] Lowenstein J H, Amato G, Kolokotronis S O. The real maccoyii: identifying tuna sushi with DNA barcodes-contrasting characteristic attributes and genetic distances. PLoS One, 2009, 4(11): e7866.

[24] Barbuto M, Galimberti A, Ferri E, et al. DNA barcoding reveals fraudulent substitutions in shark seafood products: the Italian case of "*palombo*" (*Mustelus* spp.). Food Res Int, 2010, 43(1): 376-381.

[25] Ward R D, Holmes B H, White W T, et al. DNA barcoding Australasian chondrichthyans: results and potential uses in conservation. Mar Freshwater Res, 2008, 59(1): 57-71.

[26] Ward R D, Zemlak T S, Innes B H, et al. DNA barcoding Australia's fish species. Philosophical Transactions of the Royal Society B: Biological Sciences, 2005, 360(1462): 1847-1857.

[27] Nicolè S, Negrisolo E, Eccher G, et al. DNA barcoding as a reliable method for the authentication of commercial seafood products. Food Technol & Biotech, 2012, 50(4): 387-398.

[28] Huxley-Jones E, Shaw J L A, Fletcher C, et al. Use of DNA barcoding to reveal species composition of convenience seafood. Conserv Biol, 2012, 26(2): 367-371.

[29] Groeneveld J C, Gopal K, George R W, et al. Molecular phylogeny of the spiny lobster genus *Palinurus* (Decapoda: Palinuridae) with hypotheses on speciation in the NE Atlantic/Mediterranean and SW Indian Ocean. Mol Phylogenet Evol, 2007, 45(1): 102-110.

[30] 辛一. 线粒体 *COI*、*COII* 和 *cytb* 基因在鲍属物种鉴定中的适用性分析. 海洋科学, 2011, 35(11): 58-62.

[31] 倪乐海. 中国蛤蜊群体遗传结构与蛤蜊科贝类系统发育研究. 青岛: 中国海洋大学, 2011.

[32] Zou S, Li Q, Kong L. Monophyly, distance and character-based multigene barcoding reveal extraordinary cryptic diversity in *nassarius*: a complex and dangerous community. PLoS One, 2012, 7(10): e47276.

[33] 律迎春, 左涛, 唐庆娟, 等. 海参 DNA 条形码的构建及应用. 中国水产科学, 2011, 18(4): 782-789.

[34] 梁华芳, 徐晓鹏, 黄志坚, 等. 中国沿海龙虾属 8 种龙虾 *COI* 基因序列的分子系统学研究. 中山大学学报: 自然科学版, 2012, 50(6): 94-98.

[35] Haye P A, Segovia N I, Vera R, et al. Authentication of commercialized crab-meat in Chile using DNA barcoding. Food Control, 2012, 25(1): 239-244.

[36] Kochzius M, Nelte M, Weber H, et al. DNA microarrays for identifying fishes. Mar Biotechnol, 2008, 10(2): 207-217.

[37] Park J Y, Kim J H, An Y R, et al. A DNA microarray for species identification of cetacean animals in Korean water. Bio Chip Journal, 2010, 4(3): 197-203.

[38] Ludt C J, Schroeder W, Rottmann O, et al. Mitochondrial DNA phylogeography of red deer (*Cervus elaphus*). Mol Phylogenet Evol, 2004, 31(3): 1064-1083.

[39] 屠云洁, 高玉时, 陈国宏, 等. 7 个地方鸡种的分子评估. 家禽科学, 2008, 9: 6-10.

[40] Nemeth A, Wurz A, Artim L, et al. Sensitive PCR analysis of animal tissue samples for fragments of endogenous and transgenic plant DNA. J Agric Food Chem, 2004, 52(20): 6129-6135.

[41] Ponzoni E, Mastromauro F, Gianì S, et al. Traceability of plant diet contents in raw cow milk

samples. Nutrients, 2009, 1 (2): 251-262.

[42] Ganopoulos I, Bazakos C, Madesis P, et al. Barcode DNA high-resolution melting (Bar-HRM) analysis as a novel close-tubed and accurate tool for olive oil forensic use. J Sci Food Agric, 2013, 93 (9): 2281-2286.

[43] Christina V, Annamalai A. Nucleotide based validation of Ocimum species by evaluating three candidate barcodes of the chloroplast region. Molecular Ecology Resources, 2014, 14 (1): 60-68.

[44] Bruni I, de Mattia F, Galimberti A, et al. Identification of poisonous plants by DNA barcoding approach. International Journal of Legal Medicine, 2010, 124 (6): 595-603.

[45] Jaakola L, Suokas M, Häggman H. Novel approaches based on DNA barcoding and high-resolution melting of amplicons for authenticity analyses of berry species. Food Chem, 2010, 123 (2): 494-500.

[46] Kane N, Sveinsson S, Dempewolf H, et al. Ultra-barcoding in cacao (Theobroma spp.; Malvaceae) using whole chloroplast genomes and nuclear ribosomal DNA. American Journal of Botany, 2012, 99 (2): 320-329.

[47] Jones Y L, Peters S M, Weland C, et al. Potential use of DNA barcodes in regulatory science: identification of the US Food and Drug Administration's "Dirty 22", contributors to the spread of foodborne pathogens. J Food Prot, 2013, 76 (1): 144-149.

[48] Cao C, Dhumpa R, Bang D D, et al. Detection of *avian influenza virus* by fluorescent DNA barcode-based immunoassay with sensitivity comparable to PCR. Analyst, 2010, 135 (2): 337-342.

[49] Ferri E, Barbuto M, Bain O, et al. Integrated taxonomy: traditional approach and DNA barcoding for the identification of filarioid worms and related parasites (Nematoda). Frontiers in Zoology, 2009, 6 (1): 1.

[50] Cai Y S, Zhang L, Shen F J, et al. DNA barcoding of 18 species of Bovidae. Chin Sci Bull, 2011, 56 (2): 164-168.

[51] Francis C M, Borisenko A V, Ivanova N V, et al. The role of DNA barcodes in understanding and conservation of mammal diversity in Southeast Asia. PLoS One, 2010, 5 (9): e12575.

[52] Yano T, Sakai Y, Uchida K, et al. Detection of walnut residues in processed foods by polymerase chain reaction. Bioscience, Biotechnology, and Biochemistry, 2007, 71 (7): 1793-1796.

[53] Badenes M L, Parfitt D E. Phylogenetic relationships of cultivated Prunus species from an analysis of chloroplast DNA variation. Theoretical and Applied Genetics, 1995, 90 (7-8): 1035-1041.

[54] Botti S, Giuffra E. Oligonucleotide indexing of DNA barcodes: identification of tuna and other Scombrid species in food products. BMC Biotechnology, 2010, 10 (1): 60: 1-7.

第 6 章　LAMP 技术及其在食品安全检测中的应用

6.1　概述

环介导等温扩增技术（loop-mediated isothermal amplification，LAMP）是 Notomi 等（2000）发明的一种新型的体外等温扩增特异核酸片段的技术。该技术利用两对特殊引物和有链置换活性的 Bst（Bacillus stearothermophilus）DNA 聚合酶，使反应中在模板两端引物结合处循环出现环状单链结构，在等温条件下使引物可以顺利与模板结合并进行链置换扩增反应。一般情况下，LAMP 可以在 60 min 内扩增出 $10^9 \sim 10^{10}$ 倍靶序列拷贝，得到浓度高达 500 μg/mL 的 DNA，其扩增产物既可以通过常规的荧光定量和电泳检测，也可以通过简易的目测比色和焦磷酸镁浊度检测。若在反应体系中加入逆转录酶，LAMP 还可以实现对 RNA 模板的逆转录环介导等温扩增（RT - LAMP）检测。

6.2　基本原理

6.2.1　扩增原理

LAMP 反应中的 4 条引物及其对应的 6 个区域的结构如图 6 - 1 所示，F2 区和 B2c 区是位于靶序列两端的特异序列，F1 区和 B1c 区为分别位于 F2 区和 B2c 区内侧的特异序列，F3 区和 B3c 区为分别位于 F2 和 B2c 外侧的特异序列。4 条引物可以分成 1 对内引物（FIP/BIP）和 1 对外引物（F3/B3），内引物 FIP 包含 F1c（与 F1 区域互补）和 F2 序列，即 5′- F1c - F2 - 3′；内引物 BIP 包含 B1c（与 B1 区域互补）和 B2 序列，即 5′- B1c - B2 - 3′；外引物为 F3 和 B3 序列。

LAMP 的扩增过程分为起始阶段和扩增循环阶段两个阶段。

（1）起始阶段。首先是上游内引物 FIP 的 F2 序列先结合到模板 DNA 的 F2c 上（见图 6 - 2，第 1 步），在链置换 DNA 聚合酶作用下引导合成互补的 DNA 链，进而上游外引物 F3 结合到模板 DNA 的 F3c 上，引导合成模板 DNA 的互补链，释放出由 FIP 引导合成的互补链（见图 6 - 2，第 3 步），被释放出的互补链 5′端的 F1c 和 F1 发生自我碱基配对形成一个环状结构；同时下游内引物 BIP 结合到其 3′端，引导合成该链的互补链，并把 5′端的环状结构打开，以类似于引物 F3 的方式，下游外引物 B3 从 BIP 引物外侧结合到 B3c 上引导合成该链的互补链，同时置换出由 BIP 引导合成的互补链。被置换出的互补链两端分别带有 F1 - F2c - F1c 和 B1c - B2 - B1 互补结构，自然发生碱

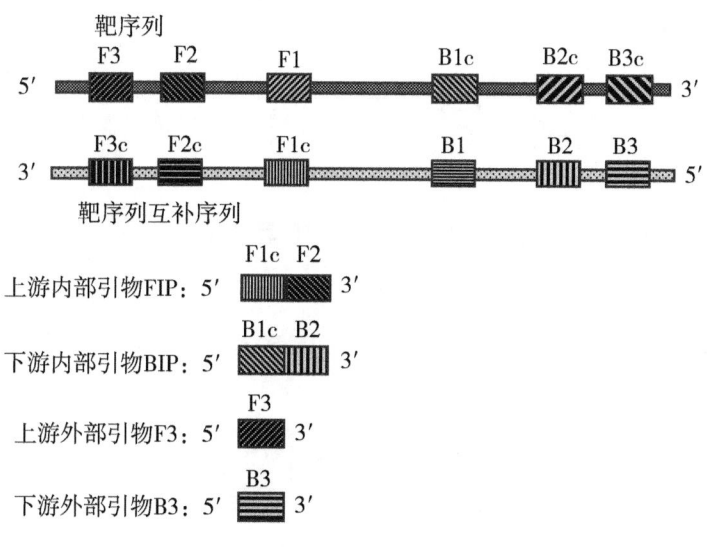

图 6-1 靶序列上 6 个特异区域及引物设计

基配对，形成一条两端环状结构的哑铃状单链结构（见图 6-2，第 5 步）。该结构是 LAMP 法扩增循环的起始结构。

（2）扩增循环阶段。哑铃结构的单链 DNA 通过自我引导延伸迅速生成双链茎环结构，循环反应中，引物 FIP 结合到茎环结构的环状结构上，引导合成新的 DNA 双链，同时置换出与之相同序列的链，解离出的单链再形成一个过渡性茎环结构 DNA。迅速以 3′末端的 B1 区段为起点，以自身为模板进行延伸，使 F2 合成链解离，进而形成哑铃状（见图 6-2，第 7 步），接着引物 BIP 与其杂交，启动新一轮扩增，再经过链解离、环状结构自身扩增、单链置换等过程，最后形成大小不一的茎环结构和多环花椰菜结构的 DNA 片段混合物。

逆转录 LAMP（reserve transcription loop-mediated isothermal amplification, RT-LAMP）是在 LAMP 基础上建立起来的可实现对特异 RNA 分子快速等温扩增的技术，其扩增原理与 LAMP 相同，只是在反应体系中增加了逆转录试剂（逆转录酶），使 RNA 的逆转录和 cDNA 的 LAMP 扩增在同一试管中完成而不需要分步进行。RT-LAMP 扩增的灵敏度比常规的 RT-PCR 检测高 10 倍（Soliman et al., 2006）。

6.2.2 检测模式

LAMP 的产物是一系列大小不一的 DNA 片段混合物，其检测可以分为常规核酸检测和直观检测。

6.2.2.1 常规核酸检测

（1）电泳分析。常规电泳后用溴化乙锭（EB）或 SYBR Green I 染色，在凝胶上出现的是从点样孔开始由大小不同的区带组成的连续阶梯式图谱。

（2）荧光定量检测。利用荧光染料（如 SYBR Green I）与 DNA 双链结合时，发出较原先强 800～1 000 倍的荧光的原理，在反应体系内加入 SYBR Green I，随着合成 DNA 量的增加，荧光信号强度也相应增加。通过荧光检测仪实时检测荧光强度，并与

第一阶段：起始阶段

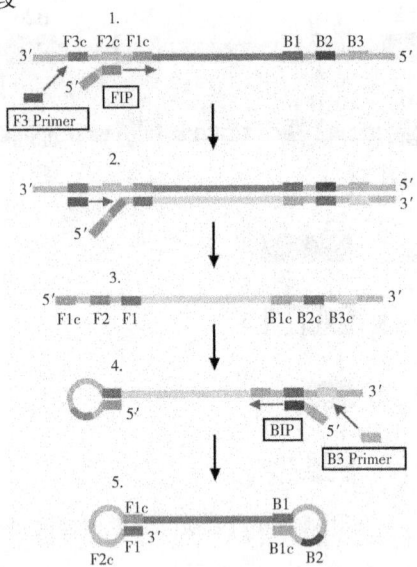

第二阶段：扩增循环阶段

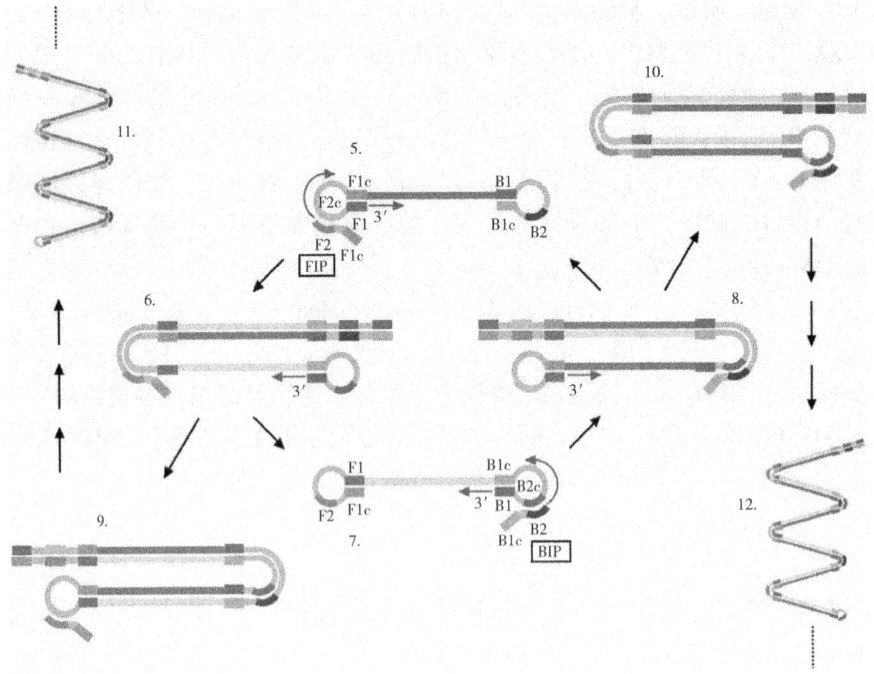

图 6-2　LAMP 的扩增过程（Tomita et al., 2008）

标准模板的扩增比较，可以实现对扩增的实时定量检测。

6.2.2.2　直观检测

（1）副产物——焦磷酸镁浊度检测。在 DNA 大量合成时，从 dNTP 析出的焦磷酸根离子与反应溶液中的 Mg^{2+} 结合，产生副产物——焦磷酸镁白色沉淀，出现肉眼可见的混浊。其浊度的大小与DNA的含量成正比，且具有极高的特异性，因此只要通过肉眼观察其混浊情况，就能够判断是否发生DNA扩增。也可用仪器（如分光光度计）检测其400 nm光的吸收，实现实时定量检测。

（2）荧光目测比色。目前包括3种方法：第一种是直接在LAMP反应体系内加入荧光增补染料，如SYBR Green I，如果存在扩增产物，肉眼可以观察到溶液变绿色，如无扩增，溶液则为橙色，从而直接判断是否发生扩增反应。第二种是在LAMP反应体系中加入靶向扩增产物环状结构的荧光标记探针（如FITC或ROX标记），反应完成后再加入低分子质量的阳离子多聚物聚乙烯亚胺（PEI），利用PEI可以沉淀DNA的原理，经短暂低速离心后，在常规紫外灯照射下（365 nm），PEI-DNA复合物沉淀出现肉眼可见的标记荧光，从而判断发生了目标序列的扩增（Mori et al., 2006）。第三种是在LAMP反应体系中加入预先混合的钙黄素和锰离子，在反应开始前锰离子与钙黄素结合，起淬灭钙黄素的作用。扩增反应产生的焦磷酸根离子可以跟锰离子结合，并把锰离子从钙黄素上释放下来，从而使钙黄素恢复荧光。同时体系中的Mg^{2+}与钙黄素结合，进一步加强钙黄素的荧光。在紫外灯的照射下，发生DNA扩增反应的管可以明显看到钙黄素发出的蓝绿色荧光。

6.2.3 特点

6.2.3.1 LAMP技术的优点

（1）等温扩增。只需要一个恒定温度（60～65 ℃）就能完成扩增反应，不需要像PCR那样循环的温度变化。

（2）快速高效。因没有反复变性复性等耗时过程，LAMP体系从开始到结束都在不停地进行扩增反应，所以LAMP可以实现快速高效的扩增。整个扩增反应可以在30～60 min内完成，扩增出10^9～10^{10}倍靶序列拷贝，DNA产量高达500 μg/mL。

（3）特异性高。4个引物靶向6个区域决定了LAMP的高特异性，其中6个独立的序列在扩增起始阶段决定靶序列的识别，而在后续的扩增反应中，则由4个独立的序列决定靶序列的识别。因此就算在非靶DNA共存的情况下，LAMP的特异扩增也不受影响。

（4）灵敏度高。LAMP能检测到是PCR检测限1/10的拷贝数，扩增模板可达10拷贝或更少；对少至几个细胞的样品也能进行扩增反应。

（5）产物检测方便。因为LAMP反应产生大量的产物，因此可以利用直观的焦磷酸镁浊度检测法或荧光目测比色法对扩增结果进行简便快速的检测。

（6）设备简单。LAMP等温扩增和产物直观检测的特点决定了其不需要复杂的设备，只需一个简单的恒温器，不需要昂贵的PCR和检测设备，这对现场检测或基层应用极其有利。

6.2.3.2 LAMP技术的不足之处

（1）不易区分非特异性扩增。LAMP的结果判读只有扩增与不扩增两种，一旦发生非特异性扩增，则不易区分。

（2）无法用于长片段扩增。因为LAMP要求靶序列长度不能过长，为保证高效率的扩增，一般不超过300 bp，所以不宜用于长片段检测。

6.2.4 技术发展

自 LAMP 技术发明以来，该技术尚在不断的发展中，除了与逆转录酶组合实现对 RNA 模板的 RT – LAMP 快速检测外，目前还在以下几方面进行技术扩展。

6.2.4.1 非变性模板的使用

尽管原始的 LAMP 技术扩增反应可以在等温条件下完成，但需要先对模板 DNA 进行 95 ℃ 5 min 后骤冷的预变性处理。Nagamine 等（2001）对使用非变性处理 DNA 模板进行 LAMP 反应的可行性进行研究，发现无论是使用带有 HBV – DNA 片段的质粒还是临床 HBV – DNA 阳性患者分离的血清样品、λDNA、人类基因组 DNA 等，不进行模板的预变性处理一样可以顺利进行 LAMP 扩增。这一发现使 LAMP 技术在临床检测的应用更加方便可行。

6.2.4.2 环状引物的使用

LAMP 环引物见图 6 – 3。

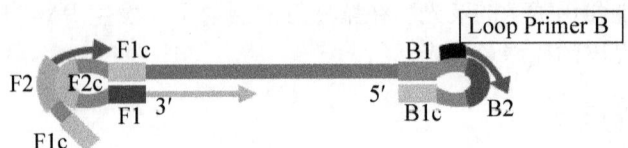

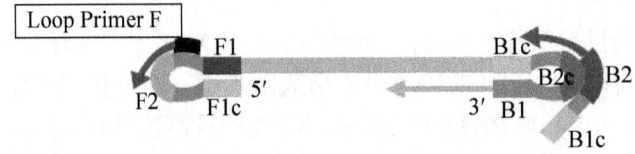

图 6 – 3　LAMP 环引物

为了提高 LAMP 反应的速度，Nagamine 等（2002）在原来 4 条引物的基础上，再增加 2 条靶向扩增反应中形成的环状结构的环引物。2 条环引物 Loop F 和 Loop B 也是通过与茎环结构杂交，启动链置换 DNA 的合成，但它们所结合的环结构与内引物所靶向的结构不一样。Loop F 和 Loop B 结合的区域分别位于 F1 和 F2 间以及 B1 和 B2 间（FLP 和 BLP），而内引物 FIP（5′– F1c – F2 – 3′）和 BIP（5′– B1c – B2 – 3′）靶向的区域分别为 F2c 和 B2c 区（见图 6 – 4）。环引物的加入，不但对原来内引物的结合没有影响，而且可以结合内引物无法结合的其他环结构并引发链置换 DNA 合成，因此保证了扩增反应中所有形成的环状单链结构都有相应的引物与之结合，引发 DNA 合成，从而大大提高 LAMP 反应速度。使用环状引物的 LAMP 反应比原来的 LAMP 反应时间缩短近一半，灵敏度也明显提高（Yoshida et al., 2005）。使用环引物的 LAMP 扩增检测可以在 1 h 内完成。

6.2.4.3 单链 DNA 分离

LAMP 的产物是由大量反向重复的靶序列构成的复杂茎环结构，因此，需要基因芯片等手段进行单链的靶序列后续试验。如何有效地从 LAMP 的产物中分离出单链的靶

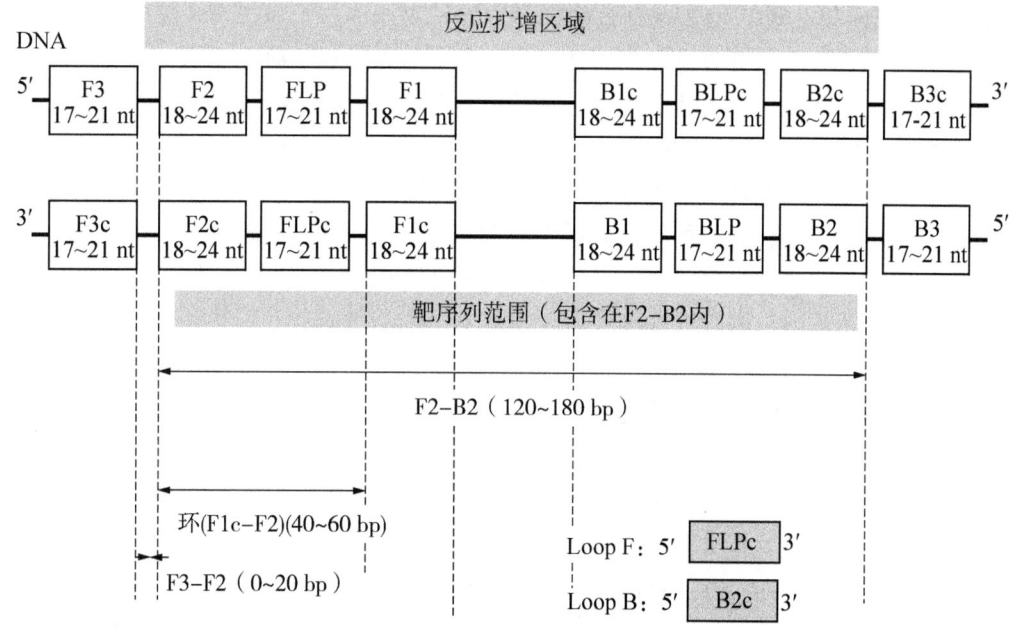

图6-4 引物区域分布及大小（彭涛，2009）

序列对于 LAMP 的应用尤其重要。Nagamine 等（2002）建立了一套从 LAMP 扩增产物中分离单链 DNA 的方法。这种方法是利用设计 LAMP 引物时在内引物 FIP 的 F1c 和 F2 中间及 BIP 的 B1c 和 B2 间引入 TspRⅠ酶切位点序列，LAMP 扩增结束后加入 TspRⅠ酶 65℃进行消化，然后纯化酶切产物，再加入与酶切后形成的黏末端结合的引物 5′-GACACTGCA-3′，并在 Bst DNA 聚合酶作用下进行链置换和扩增，从而置换出一条单链 DNA。整个反应同样可以在恒温下进行。

6.2.4.4 LAMP 原位扩增

近年来，荧光原位杂交（FISH）技术被广泛应用于病原体的检测。FISH 技术可提供在自然环境中待测病原体的形态、所在细胞的大小及生理活性等信息。研究表明，FISH 技术与原位 PCR 技术结合，可有效地提高检测的效率和特异性。然而，原位 PCR 存在需要反复升温降温，造成细胞破坏和扩增产物泄漏，导致出现高背景等局限。针对原位 PCR 的问题，Maruyama 等（2003）将 LAMP 和 FISH 结合，用于检测携带 stxA（2）基因的 E. coli O157:H7，克服了原位 PCR 的缺点。LAMP 原位检测与原位 PCR 相比，由于不需要反复升温，在等温且相对较低的温度下进行反应，可减少对细胞的破坏，有利于应用荧光抗体进行同步细胞鉴定。其次，LAMP 产物含有大量的靶序列及其反向重复序列，这样的特殊结构有效地防止了产物泄漏至细胞外。此外，LAMP 使用的 DNA 聚合酶分子质量小，更容易进入细胞。因此 LAMP 原位检测更有应用优势。

6.2.4.5 产物的检测

简便直观的检测方法对 LAMP 技术的应用至关重要，目前已发展出一系列的直观检测方法，如焦磷酸镁浊度检测、荧光标记探针与 PEI 沉淀结合的荧光目测比色法、钙黄素荧光目测比色法等（见"6.2.2 检测模式"）。最近，美国 3M 公司与广州迪澳生物还相继推出了基于该技术的实时荧光检测系统。

6.2.4.6 商品化 LAMP 检测试剂盒的开发

最早将 LAMP 技术开发成商品化检测试剂盒的是日本荣研化学株式会社（Eiken Chemical Co. Ltd.），它的产品主要用于环境和食品安全方面的检测，包括沙门氏菌检测、大肠杆菌检测、单核细胞增多性李斯特氏菌检测等。此外，它的产品还包括实验室研究专用的 DNA LAMP 检测和 RNA RT – LAMP 检测试剂盒（不带引物）、部分病原微生物的 LAMP 检测引物、用于产物检测的试剂和用于浊度检测的浊度仪。国内商品化 LAMP 检测试剂盒产品线已经比较丰富，如广州迪澳生物的产品线包括致病菌、畜牧水产病害、转基因、肉源性检测等多个系列上百个品种。

6.3 操作程序与技术要点

运用 LAMP 或 RT – LAMP 技术进行核酸检测的基本步骤可分为靶序列选择与引物设计、模板制备、反应条件确定和产物检测四部分。

6.3.1 靶序列选择与引物设计

靶序列一般为特异基因上的保守序列，其长度不宜过长，超过 500 bp 的靶序列会明显降低 LAMP 扩增的效率，最佳的靶序列长度为 120～180 bp。引物设计是个相对复杂的过程，也是 LAMP 技术的核心。日本荣研化学株式会社已开发出专门用于设计 LAMP 引物的软件 Primer Explorer，并提供在线服务（http://primerexplorer.jp/e/）。经典 LAMP 反应的 4 个引物（F3、FIP、B3 和 BIP）以及其对应的 6 个区域的结构见图 6 – 1。后来发展的环引物的结构见图 6 – 3，环引物 F（Loop F）和 B（Loop B）结合的区域分别位于 F1 和 F2 间的 FLP 以及 B1 和 B2 间的 BLP。引物设计时需要考虑的因素主要包括以下几点：

（1）引物的大小及引物结合区之间的距离。引物区的大小由序列的 GC 含量决定，一般 F2、F1、B1c 和 B2c 区长度为 18～24 nt，而 F3、B3c 区和环引物区 FLPC 及 BLPC 的长度为 17～21 nt；F2 区和 B2 区决定产物的大小，所以从 F2 5′端到 B2 5′端的最佳距离为 120～180 bp。F2 到 F3 或 B2 到 B3 的距离为 0～20 bp。F2 5′端到 F1 5′端（或 B2 5′端到 B1 5′端）的距离决定反应中所形成的环的大小，它们之间的最适距离是 40～60 bp。

（2）引物区的 Tm 值。对于 GC 含量丰富的序列，引物区的 Tm 值控制在 60～65 ℃，而对于 AT 含量丰富的序列，引物区的 Tm 值则控制在 55～60 ℃。F1c 和 B1c 的 Tm 值应比 F2 和 B2 的稍高，以利于在单链模板释放时立刻形成环状结构。

（3）引物 GC 含量。对于 GC 含量丰富的序列或一般序列，引物 GC 含量应在 50%～60%，而对于 AT 含量丰富的序列，引物 GC 含量为 40%～50%。

（4）引物二级结构。引物的设计应避免容易出现二级结构，3′端序列应避免高 AT 含量和与其他序列发生互补。

（5）其他因素。如果靶序列在除引物区外带有限制酶酶切位点，这个酶切位点可以用于扩增产物的鉴定。

6.3.2 模板制备

一般情况下，需要先对样品进行 DNA 或 RNA 的抽提以制备反应模板。在快速检测中是否需要进行核酸抽提，决定于具体的样品，需要通过实验确定。

6.3.3 反应条件确定

LAMP 反应体系包含了引物、模板 DNA、*Bst* DNA 聚合酶、dNTP 和反应缓冲液。RT-LAMP 反应体系除模板为 RNA 外，还需额外加入逆转录酶（如 AMV）。通常 LAMP 体系包括：20 mmol/L Tris-HCl（pH 8.8）、10 mmol/L KCl、8 mmol/L $MgSO_4$、10 mmol/L $(NH_4)_2SO_4$、0.1% Tween 20、0.8 mol/L 甜菜碱（Betaine）、1.4 μmol/L dNTP、1.6 μmol/L FIP、1.6 μmol/L BIP、0.2 μmol/L F3、0.2 μmol/L B3、一定量的 *Bst* DNA 聚合酶和 DNA 模板，可选择性地使用环状引物。反应体系中的酶用量和引物用量可进行优化调整，特别是内部引物的用量，但应保证外部引物的浓度为内部引物浓度的 1/10～1/4。此外，引物的纯度也要注意，最好使用 HPLC 纯化的引物。

LAMP 反应程序是：将反应体系置于 60～65 ℃保温 30～60 min，然后在 80 ℃温度条件下反应 2 min，以终止反应，进行产物检测。

一般的操作流程见图 6-5。

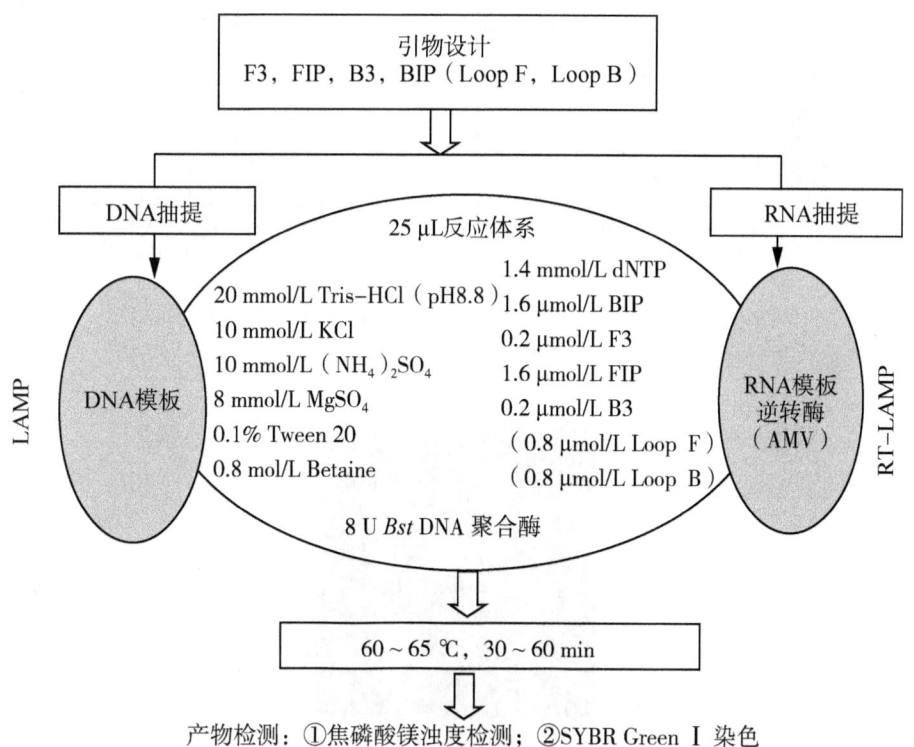

图 6-5　LAMP 操作流程（彭涛，2009）

6.3.4 产物检测

LAMP 产物检测方法包括琼脂糖电泳检测、荧光定量检测、焦磷酸镁浊度检测和荧光目测比色法。其中,琼脂糖电泳检测和荧光定量检测是传统的核酸检测方法,但存在操作较为烦琐且仪器设备要求高、成本高的特点。相反,焦磷酸镁浊度检测和荧光目测比色法是相对简便、成本较低的检测方法。焦磷酸镁浊度检测不需要加入其他试剂,可通过肉眼观察反应前后的混浊情况来判断是否扩增,也可以用分光光度计对其进行 400 nm 光吸收检测。日本 Ter-amecs 公司开发了专门用于 LAMP 产物检测的浊度实时检测仪 LA 系列(LA-100,LA-200),可以实现浊度的实时定量检测,检测结果如图 6-6 所示。最简便的检测方法是荧光目测比色法,即反应结束后,在反应管内加入 SYBR Green I 染料,直接观察溶液颜色变化,如果变绿,表明存在扩增产物,如颜色保持橙色不变,表明没有扩增,如图 6-7 所示。检测方法的选用应根据具体的目的和实际情况进行选择。直观检测方法简便快速,使 LAMP 技术从反应到检测可以在很短的时间内完成,特别适合于现场快速大量的检测,实时浊度则适用于实验条件的优化环节。

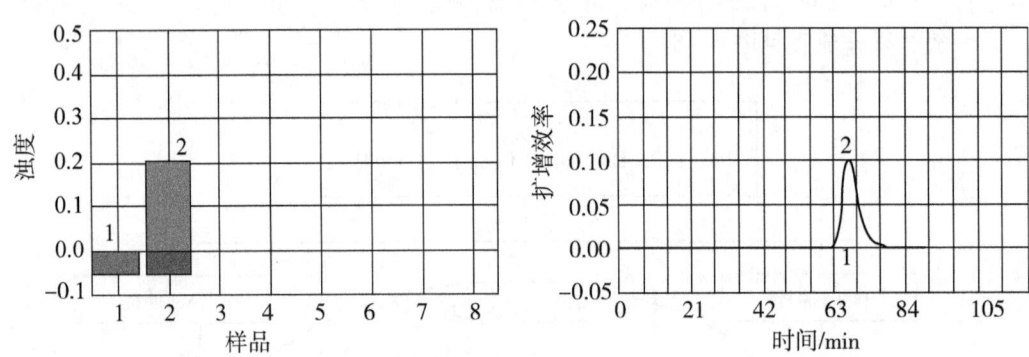

图 6-6 实时浊度仪监测 LAMP 扩增结果示意图
1:阴性;2:阳性

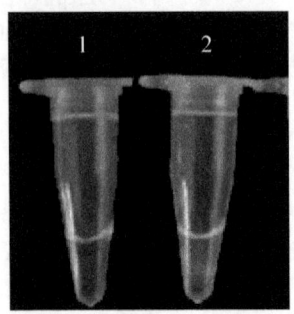

图 6-7 LAMP 扩增加入 SYBR Green I 染料检测结果示意图
1:阴性;2:阳性

6.3.5 注意事项

进行 LAMP 反应的注意事项与 PCR 的相似：①注意防止污染，应把配制反应试剂的地方、添加模板的地方和产物检测的地方分开；②注意各种反应试剂的保存条件，一般反应试剂保存于 -20 ℃，未稀释的引物保存于 -8 ℃，模板 DNA 和引物应该溶于 TE 溶液中（pH 8～9）。

6.4 LAMP 技术在食品安全检测中的应用

6.4.1 在致病菌检测中的应用

病原微生物是一类严重危害人类健康的微生物，主要包括各种细菌和病毒。准确而快速的检测技术对控制病原微生物的传播和治疗其所引起的疾病具有极其重要的意义。目前，对病原微生物的检测主要依靠病原体分离培养法、免疫学方法和各种 PCR 方法。病原体分离培养法虽然是标准方法，但烦琐费时；免疫学方法的特异性和敏感性均较低；PCR 方法灵敏、快速，可代替病原学检测，但由于 PCR 需要较昂贵的仪器设备、较高的检测费用和较复杂的步骤而使其不适用于现场快速检测及基层普及应用。LAMP 技术克服了常规 PCR 技术设备要求高、检测复杂的缺点，并进一步提高了敏感性和特异性，缩短了检测时间，简化了操作过程，更适合食源性致病微生物的快速检测要求，已广泛应用于食品中致病微生物的快速检测领域。

6.4.1.1 金黄色葡萄球菌的检测

金黄色葡萄球菌（*Staphylococcus aureus*）隶属于葡萄球菌属（*Staphylococcus*），是革兰氏阳性菌的代表，可引起许多严重感染。美国疾病控制中心报告，由金黄色葡萄球菌引起的感染排第二位，仅次于大肠杆菌。金黄色葡萄球菌肠毒素引起的食物中毒是个世界性卫生难题，在美国由金黄色葡萄球菌肠毒素引起的食物中毒，占整个细菌性食物中毒的 33%；加拿大则更多，占 45%；在中国，金黄色葡萄球菌引起的食物中毒事件也时有发生。李永刚等（2010）进行了基于 LAMP 技术检测金黄色葡萄球菌的方法的研究。其研究根据金黄色葡萄球菌的 *femA* 基因设计了引物，然后进行 LAMP 反应条件（反应温度和 Mg^{2+} 浓度）的优化、特异性和灵敏度的检测并与实际样品（原料乳）进行检出率的比较。研究发现该方法的最佳反应温度为 61 ℃，设计的引物只对金黄色葡萄球菌进行扩增；灵敏度高，金黄色葡萄球菌为 8～9 CFU/mL 时仍能检出。胡惠秋等（2012）通过荧光染料 PMA 与快速检测技术 LAMP 相结合的方法，研究如何快速、灵敏地检测灭菌乳中金黄色葡萄球菌。其研究根据金黄色葡萄球菌 *nuc* 基因设计引物，优化反应体系的同时还优化了灭菌乳中提取 DNA 的方法。研究发现在纯培养的金黄色葡萄球菌中，PMA-LAMP 方法检测灵敏度为 3.2 CFU/mL，PMA-PCR 方法的检测灵敏度为 $3.2×10^2$ CFU/mL；对人工污染灭菌乳中的金黄色葡萄球菌，PMA-LAMP 方法检测灵敏度为 $5×10^1$ CFU/mL，而 PMA-PCR 方法检测灵敏度为 $5×10^3$ CFU/mL，灵敏度相差 100 倍，并且后者能够对死/活菌进行区分。

6.4.1.2 大肠埃希氏菌的检测

大肠埃希氏菌（*E. coli*）通常称为大肠杆菌，常引起严重腹泻和败血症。根据不同的生物学特性，致病性大肠杆菌共分为 5 类：致病性大肠杆菌（EPEC）、肠出血性大肠杆菌（EHEC）、肠侵袭性大肠杆菌（EIEC）、产肠毒性大肠杆菌（ETEC）、肠黏附性大肠杆菌（EAEC）。目前，涉及应用 LAMP 进行检测的有 3 种：EHEC、EIEC 和 ETEC。

Maruyama 等（2003）用 LAMP 方法检测 *E. coli* O157∶H7（有 1 个 *stx*1 基因和 2 个 *stx*2 基因）的 *stx*2 基因，并用 FITC 标记抗 *E. coli* O157∶H7 的抗体，在紫外线下检测。其研究显示，较 PCR 而言，LAMP 法较温和的渗透性以及等温反应条件能较少引起细胞损伤，并且可以在扩增中使用荧光抗体标记。研究还发现，LAMP 方法还具有较浅的背景颜色，是一种特异性强、敏感性高、省时、省力检测 EHEC 的方法。Song 等（2005）进行了 LAMP 方法对 EIEC 和志贺氏菌的同源基因 *ipa*H 检测的研究。研究从病人的腹泻样便中分离出 38 株肠病原体用于检测 LAMP 方法的特异性，利用一株志贺氏菌 YSH6000 来比较 LAMP 和 PCR 的敏感性。LAMP 方法对所有的志贺氏菌及 EIEC 呈阳性，对其他菌呈阴性；LAMP 最小检测限达到 8 个菌落单位，而作为对比的 PCR 的检测限为 8×10^2 个菌落单位。占利等（2009）建立并优化了产肠毒素性大肠埃希氏菌（ETEC）的 LTⅠ毒素的 LAMP 检测方法。通过设计的特异性引物对 ETEC 标准株 LTⅠ毒素进行 LAMP 扩增，再将扩增产物经短时高速离心，肉眼可见阳性对照管出现明显沉淀，阴性对照未出现沉淀；电泳检测结果显示阳性对照孔出现阶梯状条带，阴性对照未出现条带。研究表明 LAMP 法能有效扩增产肠毒素大肠埃希氏菌的 LTⅠ毒素，为产肠毒性大肠杆菌的检测提供了新的方法依据和思路。王丽等（2011）针对大肠杆菌 O157∶H7 三个特异基因 *rfb*E、*stx*1 和 *stx*2 的 8 个独立靶区域分别设计了外引物、内引物和环引物进行 LAMP 扩增检测，同时将检测结果与 PCR 方法做比较。研究结果表明，*rfb*E、*stx*1 和 *stx*2 基因的 LAMP 方法检测限分别为 100、100 和 10 fg DNA/管，灵敏度是 PCR 方法的 10 倍以上；将建立的环介导等温扩增法用于 417 株食物分离的大肠杆菌的检测，发现 LAMP 检测 *rfb*E、*stx*1 和 *stx*2 基因的灵敏度分别为 100%、95.3% 和 96.3%，对 3 个靶基因的阴性预测率分别为 100%、96.7% 和 97.1%，特异性和阳性预测率均为 100%。

6.4.1.3 志贺氏菌的检测

志贺氏菌（*Shigella*）也称志贺菌或者痢疾杆菌，是一类革兰氏阴性、不活动、不产生孢子的杆状细菌，可引起人和其他哺乳类动物的细菌性痢疾。志贺氏菌是一类具有高度传染性、严重危害性的革兰氏阴性肠道致病菌，由其临床感染所导致的志贺菌性痢疾是世界上，尤其是发展中国家重要的传染病之一，也是发达国家腹泻病的主要病原。志贺氏菌引起食物中毒的多为肉类、乳制品等蛋白质含量多的食品。

马晓燕等（2011）以志贺氏菌侵袭性质粒抗原 H 基因（*ipa*H）作为靶序列，设计引物，优化 Mg^{2+} 浓度、*Bst* DNA 酶浓度等反应条件，建立 LAMP 反应体系。其研究确定了 LAMP 检测志贺氏菌的适宜反应条件，得到方法检测志贺氏菌的灵敏度为 62 CFU/mL。刘光富等（2013）同样以志贺氏菌 *ipa*H 基因为靶序列，设计 LAMP 特异性引物，建立 LAMP 检测方法，并将 LAMP 检测与荧光定量 PCR 检测方法的灵敏度、特异性进行比对。结果显示，LAMP 方法的检出限为 4×10^0 CFU/mL，而荧光定量 PCR 的检出限为 4×10^1 CFU/mL。LAMP 检测志贺氏菌的方法不仅能够达到荧光定量 PCR 方法的准确性，而且检测限低，灵敏度高，实验结果可用肉眼观察。

6.4.1.4 单核细胞增生李斯特氏菌的检测

单核细胞增生李斯特氏菌（*Listeria monocytogenes*）是某些食物（主要是鲜奶产品）中的一种污染物，能引起严重食物中毒。食品中存在的单增李斯特氏菌对人类的安全具有潜在危险。该菌在 4 ℃ 的环境中仍可生长繁殖，是冷藏食品威胁人类健康的主要病原菌之一。人主要通过食入软奶酪、未充分加热的鸡肉、未再次加热的热狗、鲜牛奶、巴氏消毒奶、冰激凌、生牛排、羊排、卷心菜色拉、芹菜、西红柿、法式馅饼、冻猪舌等而感染，占 85%～90% 的病例是由被污染的食品引起的。

袁耀武等（2009）的研究以单增李斯特氏菌的李氏溶血素基因（*hly*）为靶基因，通过 LAMP 技术对该基因进行了扩增，并对反应时间、反应温度、镁离子浓度等扩增条件进行优化。其研究表明，在 Mg^{2+} 浓度为 4.0 mmol/L 时，63 ℃ 孵育 60 min，扩增可达最佳效果。叶宇鑫等（2010）的实验则是针对单增李斯特氏菌中 *gyr*B 基因的 6 个特殊区域设计引物，并建立单增李斯特氏菌的 LAMP 快速检测技术。建立的 LAMP 检测技术能在恒温条件下，1 h 内检测出单增李斯特氏菌，灵敏度达到 3.2×10^4 CFU/mL，并且与其他常见的细菌无交叉反应。此方法对人工感染牛奶样品的检出限达到了 1 CFU/mL，灵敏度非常高。蒋亚男等（2011）建立一种将荧光染料 propidium monoazide（PMA）与 LAMP 相结合的检测方法，用于高效检测活的单增李斯特氏菌。方法利用 PMA 抑制单增李斯特死菌后进行 LAMP 扩增实验，并研究了 PMA-LAMP 方法检测单增李斯特活菌的灵敏度，同时与 PMA-PCR 方法灵敏度进行比较。结果表明，50 μmol/L 的 PMA 处理浓度为 5×10^8 CFU/mL 单增李斯特死菌，即能完全抑制其 LAMP 扩增。PMA-LAMP 方法检测单增李斯特活菌的检出限为 4.9×10^1 CFU/mL，其灵敏度是 PMA-PCR 方法的 10 倍。吕淑霞等（2012）建立了一种将叠氮溴化乙锭（ethidium bromide monoazide，EMA）结合 LAMP 的新分析方法（EMA-LAMP）。方法通过对单增李斯特氏菌 *hly* 基因设计特异性引物，在 63 ℃ 下反应 1 h，检测单增李斯特氏菌的死活细胞。结果表明，在浓度为 2.0×10^8 CFU/mL 的单增李斯特死菌悬液中，EMA 激活光解进入死细胞中，且与 DNA 结合的最佳曝光时间至少为 20 min；不抑制活菌细胞 DNA 的 LAMP 扩增的最大 EMA 质量浓度为 10 μg/mL；而抑制死菌细胞 DNA 的 LAMP 扩增的最小 EMA 质量浓度为 4.0 μg/mL；活菌细胞的检出限为 20 CFU/mL。张体银等（2013）利用 LAMP 技术建立食品中单增李斯特氏菌的检测方法，通过对反应条件的优化，组装单增李斯特氏菌 LAMP 检测试剂盒，用于食品中单增李斯特氏菌的快速检测。该试剂盒在 65 ℃ 条件下，1 h 内可检出单增李斯特氏菌，其灵敏度达 17 CFU/mL，特异性为 100%，无假阳性和假阴性出现。用该方法与国标方法分别检测 120 种样品中的单增李斯特氏菌，两种方法的符合率达 100%。该试剂盒具有高效、特异性强和敏感性高等特点，可满足大批量样品快速筛选的要求。

6.4.1.5 副溶血性弧菌的快速检测

副溶血性弧菌（*Vibrio parahemolyticus*）是一种海洋细菌，主要来源于鱼、虾、蟹、贝类和海藻等海产品。进食含有该菌的食物可致食物中毒，也称嗜盐菌食物中毒。临床上以急性起病、腹痛、呕吐、腹泻及水样便为主要症状。

Han 和 Ge（2008）用 LAMP 方法进行牡蛎弧菌病原体的快速检测，针对弧菌溶血素基因（*vvh*A），设计 4 条特异性引物（2 条内引物和 2 条外引物）进行 LAMP 扩增，对扩增反应进行优化，最佳反应时间为 60 min，反应温度为 63 ℃。对 50 株菌，其中包括多种弧菌属和其他细菌属，进行 LAMP 扩增，无假阳性或假阴性结果发现；比常规的 PCR 灵敏度高 10 倍。方法直接用于牡蛎匀浆时的检测限大约为 107 CFU/g。国内徐芊等（2007）针对副溶血性弧菌不耐热溶血毒素基因（*tlh*）设计 4 条特异性引物进行 LAMP 扩增，对扩增反应进行优化，得到最佳反应时间为 60 min，反应温度为 60 ℃。利用此方法对 12 种细菌共 28 株菌进行 LAMP 扩增，仅 14 株副溶血性弧菌得到阳性扩增结果，证明引物具有很高的特异性。副溶血性弧菌基因组 DNA 和纯培养物的检测灵敏度分别约为 90 fg 和 24 CFU/mL。对模拟食品样品进行直接检测，检测限为 89 CFU/g。张蕾等（2013）采用纳米免疫磁珠分离副溶血性弧菌，建立副溶血性弧菌环介导等温扩增检测方法。方法采用副溶血性弧菌单克隆抗体，制备纳米免疫磁珠，特异性吸附副溶血性弧菌，结合环介导等温扩增技术，建立副溶血性弧菌快速检测方法。研究显示，副溶血性弧菌纳米免疫磁珠在菌体浓度为 10^3 CFU/mL 水平时，对副溶血性弧菌的捕获率达到 74%。免疫磁分离结合环介导等温扩增技术，在纯培养、无须增菌情况下，检测灵敏度达到 140 CFU/mL 菌浊液；通过对 134 株副溶血性弧菌和 74 株非目标菌的测试，环介导等温扩增技术具有良好的特异性。在检测人工模拟样品时，当添加菌体浓度为 2 CFU/25 g 样品时，在增菌时间缩短至 8 h 的条件下，仍可检出阳性反应。

6.4.1.6 溶血性链球菌的检测

溶血性链球菌（*Streptococcus*）在自然界中分布较广，可通过被污染的食品如奶、肉、蛋及其制品对人类进行感染。尹欢等（2010）针对溶血性链球菌的 *scp*A 基因设计 4 条特异性 LAMP 内外引物进行 LAMP 扩增，优化了扩增反应条件，采用包括溶血性链球菌在内的 6 种不同菌株进行 LAMP 的特异性检测，并酶切鉴定。结果表明，方法可快速灵敏地检测出溶血性链球菌，反应特异性高，检出限为 16.7 CFU/mL，牛奶样本的检出限则达 10 CFU/mL。

6.4.1.7 产气荚膜梭菌的检测

产气荚膜梭菌（*Clostridium perfringens*）是临床上气性坏疽病原菌中最多见的一种梭菌，因能分解肌肉和结缔组织中的糖，产生大量气体，导致组织严重气肿，继而影响血液供应，造成组织大面积坏死，加之该菌在体内能形成荚膜，故名产气荚膜梭菌。该菌的特征之一是在牛乳培养基中呈暴烈发酵现象。形成的毒性物质有 12 种，可损伤细胞膜、血管内皮细胞并使糖类分解，导致细胞坏死、组织水肿、充气等病变。根据产生毒素种类和致病性的不同，该菌有 A、B、C、D、E、F 6 个型。有些菌株产生肠毒素，可引起食物中毒。

姜侃等（2011）应用环介导等温扩增技术，针对产气荚膜梭菌特有的 α 毒素（CPα）基因序列分析设计特异性引物，建立食品中产气荚膜梭菌特异性快速检测方法。结果表明，所设计的引物具有良好的特异性，5 株产气荚膜梭菌均能扩增出特异性片段，而 13 株非产气荚膜梭菌均未扩增出相应片段，无假阴性或假阳性情况出现。同时，该方法可在 1 h 内完成反应，且检测灵敏度达到 10 fg/μL。该方法为产气荚膜梭菌的快速检测提供了一种重要的技术手段。刘哲等（2012）建立的方法以产气荚膜梭菌（ATCC13124）的 α 毒素全基因序列为保守序列，设计内、外、环引物，肉眼观察白色沉淀并判断检测结果。研究显示，LAMP 检测产气荚膜梭菌的灵敏度为 2.92×10^2 CFU/mL，人工污染产气荚膜梭菌的全脂乳的检测限为 15.7 CFU/mL，耗时仅 1 h。对照 PCR 检测产气荚膜梭菌的灵敏度为 2.92×10^5 CFU/mL，人工污染产气荚膜梭菌的全脂乳的检出限 1.57×10^5 CFU/mL，该方法灵敏度是 PCR 的 1 000 倍。

6.4.1.8 霍乱弧菌的检测

霍乱弧菌（*Vibrio cholerae*）是人类霍乱的病原体，霍乱是一种古老且流行广泛的烈性传染病之一。霍乱弧菌主要是通过污染的水源或未煮熟的食物，如海产品、蔬菜经口摄入，进行传播的。

匡燕云等（2009）针对霍乱弧菌的管家基因（*mdh*）设计特异性引物，建立快速检测食品中霍乱弧菌的方法，应用该方法对 17 种细菌共 42 株菌进行 LAMP 扩增，并进行确证。结果显示，该方法检测 21 株霍乱弧菌均得到阳性扩增结果，其余 21 株非霍乱弧菌均未扩增出条带，扩增反应最佳反应时间为 60 min，反应温度为 65 ℃。霍乱弧菌基因组 DNA 和纯培养物的检测灵敏度分别约为 40 fg 和 50 CFU/mL。对模拟食品样品进行直接检测，检测限为 70 CFU/g。燕勇等（2011）基于霍乱弧菌 *ctx*A 基因序列，使用 BLAST、GENtle、DNAMan 等相关核酸序列分析软件比对分析确定目标序列，使用 Primer Explorer v 4 软件设计霍乱弧菌 LAMP 引物。以 SYBR Green I 作为荧光剂在荧光定量 PCR 仪上实时检测 LAMP 反应结果。通过优化反应温度、时间、组成浓度等实验条件对 LAMP 检测方法进行改进，并与 PCR 方法进行比较与评价。研究结果表明，从分属不同种属的 20 株实验菌株中分别正确地检出所有 5 株产霍乱毒素的霍乱弧菌菌株，对菌株纯培养物的检出限达到了 5 CFU/μL。

6.4.1.9 阪崎肠杆菌的检测

阪崎肠杆菌（*Enterobacter sakazakii*）是奶粉（乳）制品中的一种致病菌，已被世界卫生组织和许多国家确定为引起婴幼儿死亡的重要条件致病菌。中国在 2005 年 5 月通过《奶粉中阪崎肠杆菌检测方法》行业标准的审定，对奶粉严查此菌。

董鑫悦（2013）以阪崎肠杆菌的 *omp*A 基因为靶基因，设计特异性引物，优化并建立 LAMP 检测乳中阪崎肠杆菌的方法。结果表明，LAMP 检测阪崎肠杆菌纯培养物的灵敏度为 3.7×10^1 CFU/mL，其灵敏度是 PCR 方法的 10 倍。人工污染阪崎肠杆菌灭菌乳的检测限为 4.3×10^1 CFU/mL。对 23 株致病菌进行特异性实验，特异性良好。任立松等（2014）根据阪崎肠杆菌 *omp*A 基因序列，用生物软件设计特异性引物，优化反应条件，建立 LAMP 检测方法。分别用煮沸法、FTA 卡、试剂盒法提取不同浓度细菌的 DNA 模板，用 LAMP 方法检出的最低浓度分别为 10^4、10^3、10^3 CFU/mL。LAMP 技术检测样品中阪崎肠杆菌与 PCR 方法相比，耗时短，结果易判定。颜学伟（2013）研究 LAMP 法和 PCR 法在阪崎肠杆菌快速检测中的差异。研究同样针对阪崎肠杆菌的 *omp*A 基因，设计相关特异性引物，分别建立 LAMP 法和 PCR 法两种检测方法体系，再分别采用两种方法对 45 株阪崎肠杆菌近源菌进行检测。两种检测方法的检测结果显示：LAMP 法对阪崎肠杆菌快速检测的敏感度（10 CFU/mL）明显高于 PCR 法（10^2 CFU/mL），两者比较差异有统计学意义（$P < 0.05$）；在对 45 株阪崎肠杆菌近源

菌的检测中，显示 LAMP 法有 5 株阪崎肠杆菌出现阳性结果，而 PCR 法则显示非特异性条带，表明 LAMP 法检测的特异性明显优于 PCR 法。

6.4.1.10 沙门氏菌的检测

朱胜梅等（2008）以沙门氏菌（Salmonella spp.）为研究对象，根据其特异性的沙门菌属侵袭蛋白基因（invA），设计了一套特异性引物对该基因进行 LAMP 方法检测，同时优化了其反应条件，建立了沙门氏菌的 LAMP 快速检测技术。结果表明，LAMP 的最佳反应条件为外引物浓度 5 pmol/L，内引物浓度 40 pmol/L，Mg^{2+} 浓度 6 mmol/L，dNTP 浓度 0.8 mmol/L，甜菜碱浓度 0.8 mmol/L，Bst DNA 聚合酶 8 U，反应温度 63 ℃，反应时间 1 h。在此条件下，LAMP 检测沙门氏菌 DNA 的敏感度每个反应体系达 10 fg，且与其他常见的细菌无交叉反应。对牛奶样品的检出限为 10 CFU/mL，适合于食品中污染沙门氏菌的快速检测。欧新华等（2008）同样针对 invA 基因序列设计 LAMP 引物，65 ℃保温约 60 min，完成对沙门菌属的扩增，扩增产物经电泳和酶切鉴定。利用 LAMP 和普通 PCR 方法同时检测 4 株沙门氏菌和 9 株非沙门氏菌（对照组）来验证 LAMP 方法的特异性，将肠炎沙门氏菌菌液做一系列 10 倍稀释后用 LAMP 和 PCR 方法进行检测来比较两者的敏感性。结果显示，4 株沙门氏菌扩增出 LAMP 特征性梯状条带，9 株非沙门氏菌没有出现 LAMP 扩增；LAMP 检测沙门菌属的检测下限为 10 CFU/mL，PCR 检测下限为 100 CFU/mL，LAMP 敏感性比普通 PCR 高 10 倍。

6.4.2 在转基因成分检测中的应用

转基因大豆及其制成品是我国市场上最常见的转基因作物及其产品，国内外对于 LAMP 技术应用于转基因成分检测也都选择转基因大豆作为突破口。

Fukuta 等（2004）最早将 LAMP 技术引入到食品中转基因检测上。其研究以花椰菜花叶病毒 35S 启动子（CaMV 35S）为检测对象，针对该启动子序列［GenBank accession No. V00141］设计了 2 条内引物（CaMV - FIP 和 CaMV - BIP）和 2 条外引物（CaMV - F3 和 CaMV - B3），建立了抗草甘膦（Roundup Ready）转基因大豆中转基因成分 CaMV 35S 的 LAMP 检测方法。研究中着重对 FIP、BIP 的浓度进行了优化。结果表明，FIP、BIP 的浓度为 1.6 μmol/L 时，扩增效果最佳，所建 LAMP 方法可检测到 0.5% 的转基因成分。兰青阔等（2008）以转基因大豆为主要研究对象，针对 Cp4 - Epsps 合成酶基因的 6 个区域设计 4 条特异性引物，建立了针对转基因大豆 Cp4 - Epsps 基因的 LAMP 检测方法。结果显示，该 LAMP 方法能够特异性检测 Cp4 - Epsps 基因，其检测灵敏度是常规定性 PCR 方法的 10 倍，方法具有高度的特异性及稳定性，结果可靠，适合转基因抗草甘膦大豆的快速检测。Lee 等（2009）建立了针对转基因大豆中 CaMV 35S 和 NOS 的 LAMP 检测方法，整个反应条件为 55 ℃，反应 2 h，然后 80 ℃失活 10 min。结果表明，方法可以检测到 0.01% 的转基因成分以及低至 10 个拷贝数的质粒，从而也说明了 LAMP 技术在转基因检测方面具有很好的优势。Liu 等（2009）也以抗草甘膦转基因大豆为实验材料，建立了针对外源基因 35S Epsps 基因的 LAMP 检测方法。获得的 LAMP 扩增产物未经过电泳观察，而是直接在反应管中加入 SYBR Green I 染色后肉眼判定。结果表明，LAMP 方法检测灵敏度高，比巢氏 PCR 高 10 倍，达 5 个拷贝质粒。另外，LAMP 方法检测快速，可在 70 min 内完成上机测定，而巢氏 PCR 则需要 300 min。袁瑛娜等（2011）以抗草甘膦转基因大豆为研究对象，针对外源基因 $Cp4-Epsps$ 的保守区域设计特异性引物，建立了转基因大豆的 LAMP 实时浊度检测方法。通过实时浊度法在 63 ℃恒温条件下完成转基因大豆的检测工作。LAMP 实时浊度法能够特异性检测 $Cp4-Epsps$ 基因，其检测灵敏度是常规定性 PCR 方法的 10 倍。肖维威等（2013）则建立一种快速检测 $CaMV$ 35S 启动子基因的环介导等温扩增技术检测方法。该方法特异性强，结果可视，检测灵敏度达 200 拷贝/微升，对 35 种农产品及其加工品的检测结果与 SYBR Green I 荧光 PCR 检测结果一致。

转基因玉米也是市场上主要的转基因作物之一。Chen 等（2011）建立了 7 个转基因玉米（DAS-59122-7、T25、Bt176、TC1507、MON810、Bt11、MON863）的 LAMP 检测方法。该方法最低能检测到 4 个拷贝的转基因成分。陈金松等（2011）建立转基因玉米花椰菜花叶病毒 35S 启动子 LAMP 检测方法。针对玉米表达载体的花椰菜花叶病毒 35S 启动子（$CaMV$ 35S）的 6 个区域设计 4 种特异引物，对 LAMP 反应的 $MgSO_4$、dNTP、Betaine、内引物、外引物各个成分进行了优化，此外还对 LAMP 和 PCR 两种不同方法的特异性进行了比较。张隽等（2012）根据玉米 MON89034 品系外源插入片段与植物基因组序列设计特异性引物，筛选最佳引物并对反应体系和反应条件进行优化，建立了转基因玉米 MON89034 转化体特异性 LAMP 检测方法，并对该方法进行了特异性、灵敏度、稳定性和重复性测试。结果显示，该方法能够特异性检测出 MON89034 玉米，检测灵敏度每个反应体系达到 1 pg；以转基因玉米 MON89034 DNA 标准品质量分数为 1.00%、0.10%、0.05% 的样品为模板，其稳定性好，重复性高，假阴性率为 0。凌莉等（2012）根据转基因玉米品系 Bt176 外源插入片段与玉米基因组序列设计和筛选品系特异性引物，并对反应体系和反应条件进行优化，最终建立转基因玉米品系 Bt176 的品系特异性 LAMP 检测方法，并对该方法进行了灵敏度、特异性和稳定性评价。评价结果表明，该方法定性检测低限为 0.5%，特异性和稳定性均达到 100%。

除大豆和玉米外，市场上其他转基因作物还有番茄、棉花以及我国人民的主粮作物水稻和小麦。吴少云等（2012）采用 LAMP 技术针对转基因水稻 Bt63 品系外源基因与内源基因结合处序列设计 4 条特异性引物，利用浊度仪实时监测扩增过程，建立 Bt63 品系的快速检测技术体系，并对反应温度、灵敏度、特异性、稳定性和实际样品检测能力等进行初步探索。其研究结果表明，LAMP 实时浊度法能够特异性检测转基因水稻 Bt63 品系，其最低检出限为 0.01%，是普通 PCR 方法的 10 倍。后来，Li 等（2013）对水稻中编码 Bt 杀虫蛋白的 $cry1Ab$ 基因进行了 LAMP 扩增分析，结果表明，方法具有较高的特异性和灵敏度，能检测到 300 个拷贝的质粒 DNA 及 0.5% 的转基因成分。

在深加工食品方面，也有不少应用 LAMP 检测的研究报道。刘彩霞等（2009）将环介导等温核酸扩增技术应用于转基因大豆及加工品的检测。针对抗草甘膦（Roundup Ready）转基因大豆及加工品外源基因即 $Cp4-Epsps$ 设计 2 对特异性引物进行扩增，成功建立了定性检测转基因大豆及其加工品（豆粕、豆粉、大豆组织蛋白、豆瓣酱、豆芽、豆腐、豆浆）的 LAMP 检测方法。该方法能快速、灵敏、有效地检测转基因大豆及其加工品中整合的 $Epsps$ 基因，检测限为 0.01%，低于国际现行最低检测量 0.5% 的要求。叶蕾等（2012）通过设计转基因大豆内源基因（$Lectin$）、外源基因（NOS）和 2

个转基因大豆品系(GTS40-3-2、MON89788)特异性 LAMP 引物,建立了检测大豆制品(豆腐、豆皮、豆奶粉、大豆油、腐乳、豆豉、酱油)中转基因成分的定性的LAMP 方法。结果表明,4 个 LAMP 方法均有较好的特异性,除了 *NOS*、GTS40-3-2 的检测限为 0.1% 外,其他 LAMP 方法的灵敏度为 0.01%,均能满足实际检测要求。研究中发现在 22 份豆制品中,8 号(豆奶粉)和 15 号(腐乳)样品含有转基因大豆 GTS40-3-2 成分;16 号样品(腐乳)中检测到含有 MON89788 转基因成分,表明转基因大豆已流入我国日常豆制品的加工过程中。不足之处是,该研究未能有效地对大豆油和酱油中的 DNA 进行提取。最近,李向丽等(2014)采用针对花椰菜花叶病毒 35S 启动子(*CaMV* 35S)设计引物以及有效提取目标 DNA 后,首次建立了食用植物油中 *CaMV* 35S 启动子的 LAMP 检测方法。通过在 DNA 提取过程中加入正己烷乳化和加入共沉淀剂,获得了可以进行 LAMP 扩增的 DNA 片段,并采用 LAMP 实时浊度法和染色法对扩增产物进行比较分析。结果表明,LAMP 方法能够在 56 min 内特异性地检测到 *CaMV* 35S 启动子,检测灵敏度比常规 PCR 高 10 倍,扩增产物可通过观察实时浊度曲线或通过 SYBR Green I 染色后借助肉眼对检测结果进行判断。从以上的研究来看,LAMP 技术在大豆、玉米、水稻等初级农产品检测方面比较成熟,但是在酱油、植物油等深加工食品检测方面,由于样品中 DNA 提取的局限性,研究还有待加强。

6.5 应用示例

6.5.1 食品中沙门氏菌的 LAMP 法检测(朱胜梅等,2008)

6.5.1.1 材料与方法

(1)材料。部分常见的食源性病原菌菌株,共 25 株,用于分析引物的特异性,它们的编号及来源如表 6-1,其中,沙门氏菌 CMCC50051 用于 LAMP 条件优化及其灵敏度分析的实验;*Bst* DNA 聚合酶(New England Biolab)、dNTP(美国 Genview 公司)、DNA Marker(大连宝生物工程有限公司)、琼脂糖(西班牙 Biowest 公司)、溴化乙锭(EB)、甜菜碱(Sigma 公司)。仪器设备:核酸蛋白质分析仪(德国 Whatman Biometra 公司)、DYY-8C 电泳仪(北京六一仪器厂)、超纯水系统(美国 Millipore 公司)、GL200 凝胶成像系统(美国 Eastman Kodak 公司)、Centrifuge 5415R 高速冷冻离心机(德国 Eppendorf 公司)、数显恒温水浴锅 HH-2(国华电器有限公司)、恒温摇床(武汉瑞华仪器设备有限公司)。

表 6-1 试验所用菌株及 LAMP 反应特异性

序号	菌株	菌株编号	来源	LAMP 反应特异性结果
1	*Staphylococcus aureus*	ATCC6538	本实验室保藏菌株	-
2	*S. aureus*(SEA)	HZFS3001	本实验室保藏菌株	-
3	*S. aureus*(SEB)	HZFS3002	本实验室保藏菌株	-

续上表

序号	菌株	菌株编号	来源	LAMP 反应特异性结果
4	S. aureus	HZFS3003	湖北省疾病预防控制中心	−
5	S. aureus	HZFS3004	本实验室保藏菌株	−
6	Shigella flxneri	HZFS4001	本实验室保藏菌株	−
7	Shigella sonnei	HZFS4002	本实验室保藏菌株	−
8	Shigella dysenteriae	HZFS4003	本实验室保藏菌株	−
9	Salmonella enteritidis	HZFS1001	湖北省疾病预防控制中心	+
10	Salmonella choleraesuis	HZFS1002	湖北省疾病预防控制中心	+
11	Salmonella derby	HZFS1003	湖北省疾病预防控制中心	+
12	Salmonella agona	HZFS1004	湖北省疾病预防控制中心	+
13	Salmonella spp.	HZFS1005	本实验室保藏菌株	+
14	Salmonella spp.	HZFS1006	本实验室保藏菌株	+
15	Salmonella spp.	HZFS1007	本实验室保藏菌株	+
16	Salmonella typhimurium	CMCC50051	武汉市疾病预防控制中心	+
17	Escherichia coli	HZFS2001	本实验室保藏菌株	−
18	E. coli	HZFS2002	本实验室保藏菌株	−
19	E. coli O157	HZFS2003	本实验室保藏菌株	−
20	pseudomonas aeruginosa	HZFS5001	本实验室保藏菌株	−
21	Bacillus cereus	HZFS5002	本实验室保藏菌株	−
22	Bacillus subtilis	HZFS5003	本实验室保藏菌株	−
23	Vibrio parahaemolyticus	HZFS5004	本实验室保藏菌株	−
24	Listeria spp.	HZFS5005	本实验室保藏菌株	−
25	Listeria monocytogenes	HZFS5001	湖北省疾病预防控制中心	−

(2)引物的设计与合成。采用引物设计软件 Primer Explorer 4.0，根据沙门氏菌 invA 基因，进行引物设计，得到一套引物，包括外引物 F3 和 B3 以及内引物 FIP 和 BIP，分别如下：

F3（5′～3′）：TGTTACGGCTATTTTGACCA；

B3（5′～3′）：TCGAGATCGCCAATCAGT；

FIP（5′～3′）：AGAGTACGCTTAAAACCACCGATTTCAATGGGAACTCTGCC；

BIP（5′～3′）：TAGCGCCGCCAAACCTAAAA CCTAACGACGACCCTTCT。

引物委托北京奥科生物技术有限公司合成。

(3)细菌 DNA 的提取。将营养琼脂斜面上的细菌接种乳糖肉汤（LB），37 ℃培养 18 h。取细菌培养物 1 mL 于 12 000 r/min 离心 5 min；沉淀用 0.8 mL 1×TE（100 mmol/L Tris–HCl，10 mmol/L EDTA，pH 8.0）洗涤，12 000 r/min 离心 5 min，沉淀

加入100 μL 无菌水，混匀后，于100 ℃沸水浴 15 min，立即冰浴 5 min，12 000 r/min 离心 5 min，上清液即为 DNA 模板。

（4）LAMP 反应条件的优化。以沙门氏菌 CMCC50051 的 DNA 为模板，对 LAMP 反应条件进行优化。初始反应条件（25 μL）包括 10×LAMP 缓冲液［200 mmol/L Tris - HCl，100 mmol/L KCl，20 mmol/L MgSO$_4$，100 mmol/L (NH$_4$)$_2$SO$_4$，1.0% Tritonx - 100］2.5 μL，20 mmol/L Mg^{2+} 5 μL，10 mmol/L dNTP 2.5 μL，0.8 mmol/L 甜菜碱，10 μmol/L FIP 和 BIP 各 2 μL，5 μmol/L F3 和 B3 各 0.5 μL，8 U *Bst* DNA 聚合酶，反应温度 63 ℃，反应时间 1 h。然后根据预实验结果对 Mg^{2+} 浓度、dNTP 浓度、引物浓度比和反应时间等因素进行优化。

（5）LAMP 产物电泳检测。取 2 μL LAMP 扩增产物加 0.5 μL 溴酚蓝混匀，以 DNA Marker 作相对分子质量指示，用 2.0% 琼脂糖凝胶（含 EB 0.5 μg/mL）在 100 V 电压下电泳 30 min，于凝胶成像系统中分析结果。

（6）LAMP 敏感性测定。测定供试菌株 CMCC50051 的 DNA 浓度，分别以超纯水 10 倍梯度稀释，每个梯度各取 2 μL 加入反应管中，使反应体系中沙门氏菌 DNA 的量分别为 100 pg、10 pg、1 pg、100 fg、10 fg、0.1 fg，以双蒸水作为阴性对照，电泳分析 LAMP 的结果。

（7）沙门氏菌污染的牛奶样品的 LAMP 测定。取供试菌株沙门氏菌 CMCC50051 接种至营养肉汤中，37 ℃培养 18 h。1 mL 培养液接种于牛奶样品中，于缓冲蛋白胨水增菌液，摇床 37 ℃ 150 r/min，增菌培养 18 h（GB/T 4789.4—2003）。按照（3）所述提取 DNA，采用 LAMP 分析，以没有接种沙门氏菌的牛奶样品作为阴性对照。同时，稀释平板计数增菌液中的沙门氏菌。

6.5.1.2 结果与分析

（1）LAMP 引物的设计及其特异性分析。以设计的引物对供试菌株（见表 6-1）分别进行 LAMP 扩增。结果显示，供试的沙门氏菌反应管均出现浑浊，电泳后有扩增条带，而其他非沙门氏菌菌株反应管未出现浑浊，电泳也未见扩增条带，表明所设计的引物有较好的特异性。

（2）LAMP 反应条件优化。按反应体系进行 LAMP 反应，在此基础上，分别对 Mg^{2+} 浓度、dNTP 浓度、引物浓度比以及反应时间进行优化。在 Mg^{2+} 浓度为 6 mmol/L 时就可得到均一、稳定、清晰的扩增条带；dNTP 浓度从 0.6~1.4 mmol/L 均能扩增出靶 DNA，但是在 0.8 mmol/L 就能得到均一、稳定的条带；引物浓度在 1:6~1:10 之间时，扩增条带清晰；引物浓度比过高或者过低时，扩增效率不好，不能产生特异条带；反应 45 min 就能观察到特异性电泳条带存在，但在 60 min 才能得到均一、稳定的电泳条带。基于以上分析，优化的 LAMP 反应条件为：25 μL 反应体系含 10×LAMP 缓冲液 2.5 μL、6 mmol/L Mg^{2+}、0.8 mmol/L dNTP、0.8 mmol/L 甜菜碱、引物 FIP 和 BIP 各 40 pmol/L、F3 和 B3 各 5 pmol/L、*Bst* DNA 聚合酶 8 U，反应温度 63 ℃，反应时间 60 min。

（3）LAMP 敏感性测定。将供试菌株 DNA 经 10 倍梯度稀释后，使反应体系含 DNA 浓度为 100 pg、10 pg、1 pg、100 fg、10 fg、0.1 fg，以超纯水作为阴性对照。结果表明，本试验建立的 LAMP 方法能检测到 10 fg 的沙门氏菌 DNA，随着模板 DNA 浓度的降低，条带亮度逐渐变弱。

（4）污染沙门氏菌的牛奶样品的 LAMP 检测。将沙门氏菌接种于牛奶样品制备沙门氏菌污染样品，增菌后系列稀释，然后按上述优化的 LAMP 条件对沙门氏菌进行分析，结果如图 6-8 和图 6-9 所示。同时，以平板计数法测定样品中的沙门氏菌。由结果可以看出，LAMP 对污染沙门氏菌的牛奶样品的检测灵敏度达到 10^2 CFU/mL。

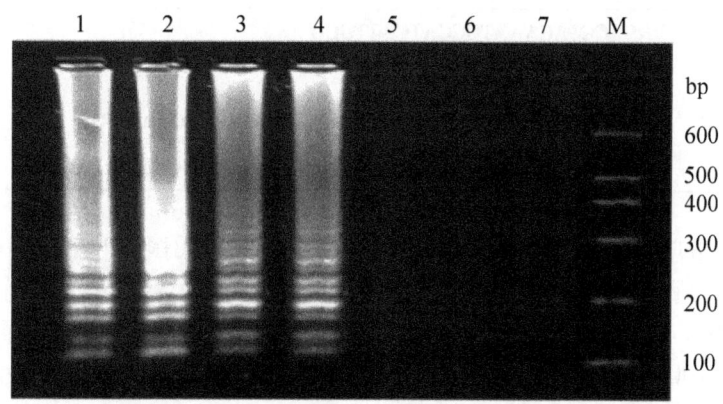

图 6-8　污染沙门氏菌的牛奶样品的 LAMP 电泳结果

条带 1～6 污染沙门氏菌的浓度分别为 10^5、10^4、10^3、10^2、10^1、10^0 CFU/mL；条带 7 为超纯水；M 为 DNA 分子量标准

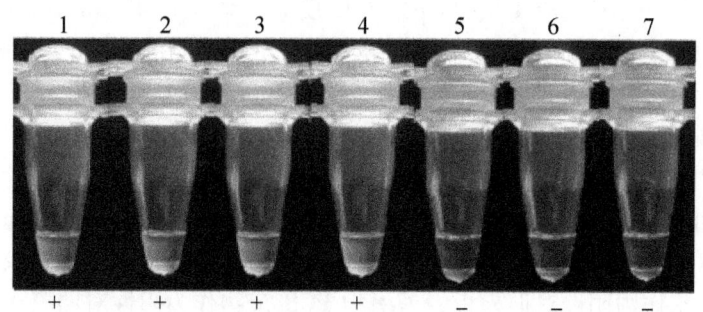

图 6-9　污染沙门氏菌的牛奶样品的 LAMP 浊度检测

条带 1～6 污染沙门氏菌的浓度分别为 10^5、10^4、10^3、10^2、10^1、10^0 CFU/mL；条带 7 为超纯水

6.5.2　转基因大豆 $Cp4-Epsps$ 转基因成分的 LAMP 检测（袁瑛娜等，2011）

6.5.2.1　材料与方法

（1）材料。抗草甘膦转基因大豆（Roundup Ready）标准品、非转基因大豆，由河北农业大学惠赠；Bst DNA 聚合酶，购自 NEB 公司；CTAB、Tris、NaCl、Na_2EDTA、甜菜碱等试剂，购自 Sigma 公司；$rTaq$ 酶、dNTP 等，购自大连宝生物工程有限公司。LAMP 检测实时浊度仪（LA-320C），购自日本荣研化学株式会社。

（2）LAMP 引物。选取 GenBank 发布的转基因大豆的 5-莽草酸-3-磷酸合成酶基因（$Cp4-Epsps$）序列作为扩增模板，根据其序列结构和相似性比对分析，利用专门设计 LAMP 引物的在线设计软件 Primer Explorer Version 4 设计 LAMP 反应的引物。由大连宝生物工程有限公司合成，PAGE 纯化。引物序列见表 6-2。

表 6-2 引物序列

引物	引物序列
F3（5′~3′）	CCTACAAATGCCATCATTGCG
B3（5′~3′）	AGAGGAAGGGTCTTGCGAA
FIP（5′~3′）	TCTTCTTTTTCCACGATGCTCCTCGATCGTTGAAGATGCCTCTGC
BIP（5′~3′）	CGTTCCAACCACGTCTTCAAAGCGATAGTGGGATTGTGCGTCAT

（3）DNA 的提取。取转基因和非转基因大豆粉末至无菌 EP 管，加 CTAB 提取缓冲液，混合均匀后于 63 ℃ 水浴 30～50 min，12 000 r/min 离心 5 min，转移上层液至 EP 管，加入 0.1 倍体积的 3 mol/L 乙酸钠溶液和 0.7 倍体积的预冷异丙醇，离心取沉淀，沉淀加入 200 μL 10% Chelex-100，12 000 r/min 离心 3 min，取上清用于 LAMP 和 PCR 扩增。

（4）LAMP 与 PCR 反应体系的构建。25 μL LAMP 反应体系含有 1.6 μmol/L FIP，1.6 μmol/L BIP，0.4 μmol/L F3，0.4 μmol/L B3，1 mol/L 甜菜碱，6 mmol/L $MgSO_4$，8 U Bst DNA 聚合酶，1.6 mmol/L dNTP，2.5 μL 10× Thermo pol 缓冲液及 DNA 模板 1 μL。反应条件：63 ℃ 反应 1 h。25 μL PCR 反应体系含有 40 μmol/L F3，40 μmol/L B3，10 mmol/L dNTP，2.5 μL 10× PCR 缓冲液，1.25 U rTaq DNA 聚合酶及 DNA 模板 2 μL。反应条件：94 ℃ 预变性 5 min；94 ℃ 变性 30 s，52 ℃ 退火 30 s，72 ℃ 延伸 30 s，30 个循环；72 ℃ 延伸 7 min。

（5）浊度仪检测。25 μL 反应混合物包括各 1.6 μmol/L 的 FIP 和 BIP，各 0.2 μmol/L 的 F3 和 B3，10× 缓冲液，5 mmol/L 甜菜碱，0.2 mmol/L $MgSO_4$，1.6 mmol/L dNTP，0.8 μL Bst DNA 聚合酶（New England Biolabs），2 μL 模板 DNA。浊度仪设置反应温度 63 ℃，以双蒸水作为阴性对照模板、外引物 PCR 产物作为阳性对照模板。打开分析软件（LA-320C），实时浊度仪每 6 s 自动对浊度进行一次测定。测定数值实时显示在电脑中，可以实时监控扩增反应的进行程度。

（6）LAMP 与 PCR 扩增产物检测。LAMP 产物的检测方法：向 LAMP 产物中加入 1 μL 稀释 100 倍后的 SYBR Green I 染料后通过肉眼来观测其颜色变化，如果颜色变绿则是发生了特异性扩增；仍为橙色则为阴性，表示未发生特异性扩增。PCR 产物的检测方法：1% 的琼脂糖凝胶电泳进行检测，加样量 3 μL 上样孔；凝胶置于 EB 中染色然后凝胶成像系统下观察。

6.5.2.2 结果与分析

（1）LAMP 实时浊度仪与 PCR 灵敏度检测结果分析。取转基因成分含量（即质量分数）分别占 0%、0.01%、0.10%、0.20%、0.50%、1.00%、10.00%、100% 标准品提取 DNA 后，分别进行 LAMP 与 PCR 扩增检测，如图 6-10 至图 6-12 所示。由结果可知，LAMP 染色法、LAMP 浊度法、PCR 法均可以检测到转基因成分，对于非转基因成分和阴性对照具有良好的特异性，3 种方法均显示出良好的特异性。LAMP 染色法和 LAMP 浊度法均可以检测到 0.01% 的转基因大豆成分（见图 6-10、图 6-11），而普通 PCR 法可以检测到 0.1% 的转基因大豆成分（见图 6-12），这说明相对于普通 PCR 法，本研究中所采用的 LAMP 扩增法的最低检测限为 PCR 法的 10 倍。LAMP 染色法对 0.01% 转基因大豆成分显示弱阳性，而浊度法则判定为明显的阳性。在 LAMP 浊度法中，随着转基因成分含量的逐渐增大，其出峰时间逐步提前，表明出峰时间与模板 DNA 浓度成线性相关，可以作为标准曲线从而实现对样品的定量检测。

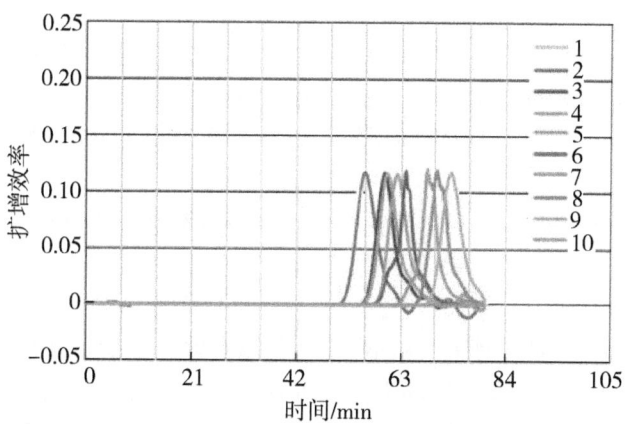

图 6-10　LAMP 实时浊度法检测结果

1：阴性对照；2：阳性对照；3~10：分别含转基因大豆 100%、10%、1%、0.5%、0.2%、0.1%、0.01%、0%

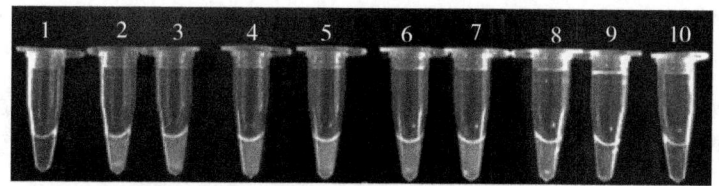

图 6-11　LAMP 染色法灵敏度检测结果

1：阴性对照；2：阳性对照；3~10：分别含转基因大豆 100%、10%、1%、0.5%、0.2%、0.1%、0.01%、0%

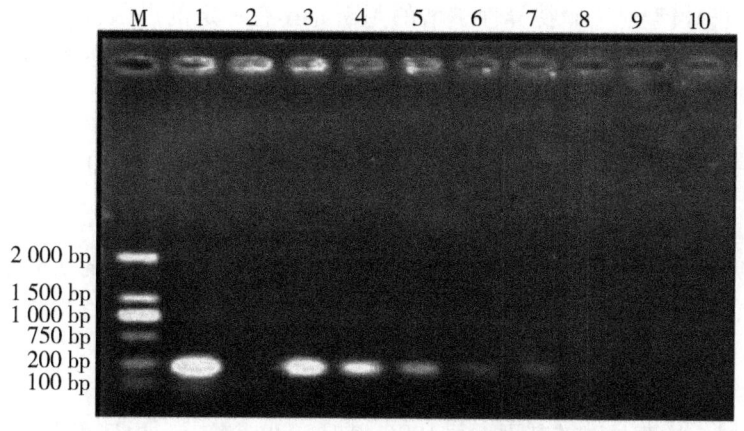

图 6-12　PCR 灵敏度检测结果

M：DNA 分子量标准；1：阳性对照；2：阴性对照；3~10：分别含转基因大豆 100%、10%、1%、0.5%、0.2%、0.1%、0.01%、0%

(2) LAMP 实时浊度法与 LAMP 染色法检测结果比较。由结果可见，LAMP 染色法在 50 min 显示为弱阳性，在 55 min 显出肉眼清晰可辨的阳性结果；而 LAMP 浊度法在 63 min 开始出现浊度累积，在 66 min 系统自动判断为阳性扩增。由此可知，相对于 LAMP 浊度法，LAMP 染色法判定明显阳性的时间比 LAMP 浊度法早 10 min 左右。因此，LAMP 染色法相对 LAMP 实时浊度法所需反应时间短，出现明显绿色的阳性显色时间比 LAMP 浊度法的开始出峰时间节省 10～15 min。

6.5.2.3 讨论

(1) 作为一种经典的核酸扩增方法，PCR 技术的发明大大推进了分子生物学技术和基因工程的发展，而 PCR 在检测中的成功应用也大大推动了社会的发展与进步。作为一种新型的核酸扩增技术，研究和比较 LAMP 法与 PCR 法的检测效果是非常重要和必要的。

(2) 环介导等温扩增技术自问世以来，由于其对仪器设备的低要求和扩增效率的高效，受到了学术界、检验检疫和食品安全等部门的高度关注，这也极大地促进了 LAMP 技术的推广和应用。

(3) SYBR Green I 是一种高灵敏的 DNA 荧光染料，至少可检出 20 pg DNA，高于 EB 染色法 25～100 倍。SYBR Green I 与 dsDNA 结合，荧光信号会增强 800～1 000 倍。SYBR Green I 与双链 DNA 的亲和力非常高，在 LAMP 染色法中，SYBR Green I 通过与双链 DNA 的结合，显出肉眼可见的绿色，该特性为 LAMP 结果的肉眼辨别提供了可能，使得 LAMP 法摆脱了对结果判读设备的依赖；另外，SYBR Green I 与 EB 相比，诱变能力大大降低，降低了对实验操作人员的伤害。

(4) 相对于 SYBR Green I 对扩增过程中产生 DNA 双链的检测，LAMP 浊度法的检测靶标为核酸扩增过程中产生的副产物焦磷酸镁沉淀，而焦磷酸镁沉淀是在 DNA 双链的生成之后才产生，这为染色法和浊度法在显示扩增结果时间上的不一致提供了理论依据。

(5) 目前在 LAMP 的产物检测中，无论是染色法和浊度法均为对扩增产物的非特异性检测，这两种方法均无法避免非特异性扩增所造成的假阳性结果，而 LAMP 浊度法所构建的数理模型对于非特异性扩增的判断亦具有一定的局限性，因此开发一种类似于 PCR 扩增中的 TaqMan 荧光探针，可以特异性检测扩增产物的检测方法具有重要的意义。

6.5.3 转基因大豆加工品的 LAMP 检测（叶蕾等，2012）

针对大豆内源基因 Lectin、NOS 终止子以及转基因大豆 GTS40-3-2 和 MON89788 的靶基因，筛选得到 4 套环介导等温扩增引物，建立转基因成分的实时浊度 LAMP 反应检测体系，对市面上的大豆制品和大豆色拉油的转基因成分进行检测，以评价建立的实时浊度 LAMP 反应是否适合实际应用。

6.5.3.1 材料与方法

(1) 材料。抗草甘膦转基因大豆 100% 纯品，磨成粉末，由广东出入境检验检疫局提供。非转基因大豆，转基因大豆 GTS40-3-2、MON89788，转基因大米 Bt63、KF6，转基因玉米 MON89034、Bt176、MON810 由广东出入境检验检疫局提供。非转基因小麦、玉米、大米、油菜籽，购自广州市某超市，后期样品破碎委托广东出入境检验检疫局完成。豆腐（3份）、豆皮（3份）、豆奶粉（5份）、大豆油（3份）、腐乳（3份）、豆豉（2份）、酱油（3份）共22份豆制品，均购自超市。仪器设备：LAMP实时浊度仪 LA-320CE（日本荣研化学株式会社）、恒温振荡金属浴 MB-102（杭州博日科技有限公司）、高速冷冻台式离心机 FC-16C（方统生物技术有限公司）、连续可调微量移液器（1 000、100、10 μL，德国 Eppendorf 公司）、PCR仪 GeneAmp PCR system9700（美国 ABI 应用生物系统公司）、分析天平 AL104（梅特勒—托利多仪器有限公司）、超纯水机 Milli-Q Biocel（Millipore 公司）、凝胶成像系统 Gel Doc EQ（美国 Bio-Rad公司）。

(2) DNA提取。本研究中采取的 DNA 提取方法为传统的 CTAB 法。将大豆或者大豆制品中提取的 DNA 样品 5 μL 加 495 μL 蒸馏水稀释 100 倍后，于紫外分光光度计下检测其在 260 nm 和 280 nm 下的 OD 值。

(3) LAMP实验方法。选取 GenBank 发布的大豆基因组的序列，利用线设计软件 Primer Explorer Version 3 设计以大豆内源 Lectin 基因、NOS 终止子、转基因大豆 GTS40-3-2和MON89788 为靶序列的引物序列，同时由上海生工生物工程技术服务有限公司合成。并用设计好的引物进行2个阴性对照和2个阳性对照的 LAMP 反应，观察浊度仪上峰图的结果，对引物做一个初步筛选。

(4) LAMP法检测引物特异性。为检测所选引物的特异性，选择不同的样品 DNA 进行 LAMP 反应。针对 Lectin 基因引物，选取不同的植物种子（非转基因玉米、大豆、大米、小麦、油菜籽）的基因组 DNA 进行特异性实验。针对外源基因 NOS 的引物，选取非转基因大豆，抗草甘膦转基因大豆，转基因大豆 GTS40-3-2、MON89788，转基因水稻 Bt63、KF6，转基因玉米 MON89034、Bt176 和 MON810 进行特异性实验，并进行平行实验。而对于转基因大豆品系 GTS40-3-2 和 MON89788 的引物，则选取非转基因大豆，转基因大豆 MON89788、GTS40-3-2，转基因水稻 Bt63、KF6，转基因玉米 MON89034、Bt176 和 MON810 的 DNA 进行特异性实验，并进行平行实验。本研究中的引物序列如表6-3所示。

表6-3 引物序列

靶基因	引物	核苷酸序列（5′~3′）
Lectin	F3	GCCGAAGCAACCAAACATG
	B3	GGGGCATAGAAGGTGAAGTT
	FIP	TGGGGTGCCGTTTTCGTCAACGAGACGCTATTGTGACCTCC
	BIP	CTCTACTCCACCCCCATCCACAAAGGAAGCGGCGAAGCT
NOS	F3	CTCGTTCAAACATTTGGCA
	B3	GCGCTATATTTTGTTTTCTATCG
	FIP	ACATGCTTAACGTAATTCAACAGAAGATTGAATCCTGTTGCCG
	BIP	TGCATGACGTTATTTATGAGATGGCGTATTAAATGTATAATTGCGGGA

续上表

靶基因	引物	核苷酸序列（5′～3′）
GTS40-3-2	F3	GGAGTAGTACACTCACCAGT
	B3	GCATTCGAGCTTCTTCAC
	FIP	ACAACGAGAAGCTATATGTAGATGCGACCCTAATAGGCAACAGC
	BIP	CAAAACTATTTGGGATCGGAGAAGAGAACTTCTCGACGATGGC
MON89788	F3	AGCGCTTCAATCGTGGTT
	B3	TGCATGTGCTGGAACAGT
	FIP	AGAAGCTTGATAACGCGGCCGCGGGAAACGACAATCTGATCC
	BIP	CAGGTCCTGCTCGAGTGGAATGGAGACTCTGTACCCTGA

（5）LAMP 实时浊度法检出限试验。为了检验 LAMP 反应的灵敏性，用阳性样本配制成 100%、10%、（或 5%）、1%、0.2%、0.1%、0.01%、0.001% 等多个浓度梯度，用 CTAB 法提取 DNA 模板，取 2 μL 模板进行 LAMP 反应。

（6）LAMP 实时浊度法反应体系。LAMP 反应体系：20 mmol/L Tris-HCl（pH 8.8）、1.6 mmol/L dNTP、4 mmol/L $(NH_4)_2SO_4$、4 mmol/L $MgSO_4$、10 mmol/L KCl、5 mol/L 甜菜碱、0.8 μmol/L FIP、0.8 μmol/L BIP、0.1 μmol/L F3、0.1 μmol/L B3、0.1% Triton X-100、1.0 μL *Bst* DNA 聚合酶、DNA 模板 25 μL，加双蒸水至 25 μL。反应条件：63 ℃，60 min。

（7）PCR 反应。PCR 反应中用到的引物为 LAMP 反应的外引物。10×PCR 反应缓冲液 2.5 μL，dNTP 1 μL（2.5 mmol/μL），引物（上游）1 μL（10 pmol/μL），引物（下游）1 μL（10 pmol/μL），*Taq* 酶 0.25 μL（2.5 U），DNA 模板 2 μL，补水至 25 μL。PCR 反应条件：95 ℃ 5 min；95 ℃ 30 s，55 ℃ 30 s，72 ℃ 30 s，35 个循环；最后延伸 72 ℃ 7 min。PCR 产物 3 μL 进行 2.0% 琼脂糖凝胶电泳，100 V 电泳 30 min，然后用 0.005% EB 进行染色，紫外灯下观察结果。

6.5.3.2 结果与分析

（1）*Lectin* 基因引物特异性检测结果。对于大豆的内源基因 *Lectin*，只有大豆样品发生了扩增反应，而对于其他的作物（玉米、大米、小麦、油菜籽），没有发生扩增的迹象。表明该套引物的特异性是较强的。

（2）外源基因 *NOS* 终止子实时浊度法特异性检测结果。理论上，Roundup Ready 转基因大豆、转基因大豆 GTS40-3-2、转基因水稻 Bt63、转基因水稻 KF6 和转基因玉米 MON89034 都带有 *NOS* 终止子的外源基因，而非转基因大豆和转基因大豆 MON89788、转基因玉米 Bt176 和 MON810 没有该基因。从检测结果可以看出，该套引物具有很好的特异性，只对含有 *NOS* 终止子的转基因品系发生了扩增，而其他的作物没有发生扩增的迹象。

（3）转基因大豆 GTS40-3-2 实时浊度法特异性检测结果。以 GTS40-3-2 引物检测转基因大豆品系 GTS40-3-2，转基因大豆 MON89788，转基因水稻 Bt63、KF6，转基因玉米 MON89034、Bt176 和 MON810，实时浊度 LAMP 结果显示，转基因大豆品系GTS40-3-2发生了扩增,但是其他的转基因作物均没有出现扩增现象,这表明该套引物具有很好的且较强的特异性。

(4) 转基因大豆MON89788实时浊度法特异性检测结果。以MON89788引物检测转基因大豆MON89788、转基因大豆品系40-3-2、转基因水稻Bt63、KF6、转基因玉米MON89034、Bt176和MON810,实时浊度LAMP结果显示,转基因大豆MON89788发生了特异性的扩增,而其他的转基因作物和非转基因大豆没有发生扩增的迹象,这表明该套引物具有很好的特异性。

(5) LAMP灵敏度检测结果。从图6-13a、b、c、d可以看出,Lectin、NOS、转基因大豆GTS40-3-2和转基因大豆MON89788的检测灵敏度分别为0.01%、0.10%、0.10%和0.01%,均符合欧盟的检测要求。

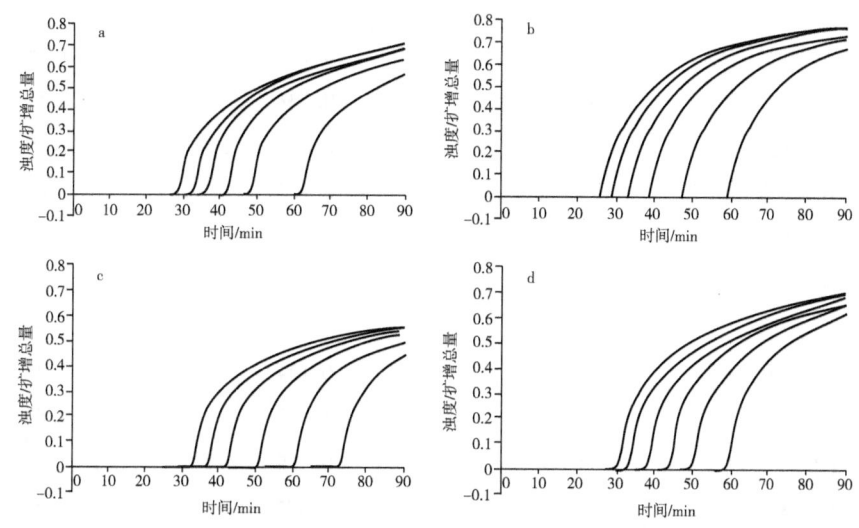

图6-13 LAMP灵敏度检测结果

a:Lectin LAMP灵敏度检测结果,扩增曲线从左到右是:大豆比例分别为100%、10%、1%、0.2%、0.1%、0.01%;b:NOS LAMP灵敏度检测结果,扩增曲线从左到右是:Roundup Ready大豆比例为100%、10%、1%、0.2%、0.1%、0.01%和阴性对照;c:GTS40-3-2 LAMP灵敏度检测结果,扩增曲线从左到右是:GTS40-3-2的比例为100%、10%、1%、0.2%、0.1%、0.01%;d:MON89788 LAMP灵敏度检测结果,扩增曲线从左到右是:MON89788的比例为100%、10%、1%、0.2%、0.1%、0.01%

(6) CTAB方法提取的DNA纯度分析。将大豆制品中提取的DNA样品5 μL加495 μL的蒸馏水稀释100倍后,于紫外分光光度计下检测其在260 nm和280 nm下的OD值(见表6-4)。从表6-4可以看出,随着产品加工程度的增加,DNA的得率明显降低。豆腐、豆皮、豆奶粉、腐乳和豆豉基因组中$OD_{260\ nm}/OD_{280\ nm}$都介于1.7~2.1之间,说明利用文中的CTAB法成功提取到了基因组DNA,得到的基因组DNA没有发生大量的降解,DNA提取质量较高,但当中仍存在少量的小分子或盐等杂质。而酱油由于所提取样品DNA的色泽问题导致紫外分光光度计无法检测到$OD_{260\ nm}$和$OD_{280\ nm}$的值。大豆油中由于其工艺中采用了高温高压等特殊处理手段使DNA基本被破坏。

表6-4 CTAB 法提取 DNA 样品在 $OD_{260\,nm}$ 和 $OD_{280\,nm}$ 处的吸光值

样品编号	OD 值		
	$OD_{260\,nm}$	$OD_{280\,nm}$	$OD_{260\,nm}/OD_{280\,nm}$
1（豆腐）	0.187	0.097	1.93
2（豆腐）	0.168	0.089	1.89
3（豆腐）	0.178	0.093	1.91
4（豆皮）	0.223	0.115	1.94
5（豆皮）	0.209	0.103	2.03
6（豆皮）	0.198	0.102	1.94
7（豆奶粉）	0.189	0.105	1.80
8（豆奶粉）	0.194	0.106	1.86
9（豆奶粉）	0.188	0.104	1.81
10（豆奶粉）	0.178	0.099	1.80
11（豆奶粉）	0.192	0.105	1.83
12（大豆油）	—	—	—
13（大豆油）	—	—	—
14（大豆油）	—	—	—
15（腐乳）	0.230	0.124	1.85
16（腐乳）	0.218	0.120	1.82
17（腐乳）	0.206	0.115	1.79
18（豆豉）	0.146	0.072	2.03
19（豆豉）	0.156	0.075	2.08
20（酱油）	—	—	—
21（酱油）	—	—	—
22（酱油）	—	—	—

（7）豆制品转基因成分检测结果（见表6-5）。在 Lectin LAMP 扩增中，22 份豆制品中有 19 份样品的 Lectin LAMP 检测结果为阳性，说明用 LAMP 法能成功扩增到 19 份样品的大豆 DNA。在 Lectin PCR 扩增中，22 份大豆制品中只有 16 份样品的结果为阳性，而 3 份酱油和 3 份大豆油样本的扩增结果为阴性。对于 NOS 扩增，在 22 份样品中，有 3 份样品（2 份豆奶粉以及 1 份腐乳）的 LAMP 扩增结果为阳性，其他样品显示均为阴性。2 份豆奶粉以及 1 份腐乳样品顺利发生了 NOS-LAMP 扩增，表明检测到了 NOS 基因的存在，而其他样品未检测到 NOS 基因。检测结果与 PCR 一致。对于 GTS40-3-2，在 22 份样品中，仅有 8 号和 9 号（2 份豆奶粉）的结果为阳性，而且这 2 份豆奶粉为 NOS 阳性的样品，而该品系的转基因大豆中是含有 NOS 终止子的，进一步表明了这 2 份样品中含有转基因大豆 GTS40-3-2 的成分。PCR 反应结果显示在 22 份样品

中，仅有 8 号和 9 号（2 份豆奶粉）的结果为阳性，出现扩增，其他样品显示均为阴性，与 LAMP 结果一致。对于 MON89788，有 8 号和 16 号（1 份豆奶粉和 1 份腐乳）样品结果为阳性，而其他的为阴性。在 PCR 反应中，8 号和 16 号（1 份豆奶粉和 1 份腐乳）样品发生了扩增出目标片段，结果为阳性，而其他的为阴性。

表 6-5 22 份豆制品转基因成分 LAMP 检测结果

样品	总数	LAMP			
		Lectin （+）	*NOS* （+）	GTS40-3-2 （+）	MON8978 （+）
豆腐	3	3	0	0	0
豆皮	3	3	0	0	0
豆奶粉	5	5	2	2	1
大豆油	3	0	0	0	0
腐乳	3	3	1	0	1
豆豉	2	2	0	0	0
酱油	3	3	0	0	0
合计	22	19	3	2	2

6.5.3.3 讨论

本研究用 CTAB 法快速简便地提取了豆奶粉、豆腐、豆皮、豆豉、大豆油、酱油、豆豉、腐乳等产品中的 DNA，通过 *Lectin* LAMP 检测到内源基因。22 份豆制品中，19 份豆制品都能顺利提取 DNA，表明除了大豆油，CTAB 法可以成功提取到其他大豆制品 DNA，而且提取 DNA 的纯度可以满足 LAMP 扩增的需要。由于豆制品中含有蛋白质、多糖类物质和油脂，尤其是多糖类物质、多酚化合物和其他一些微量成分，它们与蛋白质、核酸相互作用，加大了 DNA 提取的困难。另外，经过一系列高温和物理化学处理，大豆制品中的 DNA 链断裂、降解甚至被破坏，并且可能含有影响 DNA 纯化和核酸扩增反应的化学物质。本实验从酱油样本中提取到的 DNA，用普通的 PCR 方法来进行扩增时，结果为阴性，而 LAMP 的扩增结果为阳性。可能是因为 PCR 的灵敏度较低，因为已有许多学者研究了 LAMP 与 PCR 的检测限，发现 LAMP 的灵敏度比普通 PCR 至少高一个数量级。

通过转基因大豆品系的特异性引物所建立的 LAMP 方法对 22 份豆制品进行品系判定，发现在 22 份豆制品中，8、15 号样品含有转基因大豆 GTS40-3-2 成分；16 号样品中检测到含有 MON89788 转基因成分。该结果表明转基因大豆已流入我国日常豆制品的加工过程中。本研究发现，3 份豆制品检出 *NOS* 终止子，但是这些豆制品并未进行转基因标识。表明我国在豆制品标识方面的法律法规并不健全，还需要进一步完善。转基因大豆 GTS40-3-2 和 MON89788 是我国批准进口的转基因大豆品系，但是检测出此转基因成分的豆制品并没有标识，说明我国的转基因标识监管还存在一定的空白，给转基因的监管部门敲响了警钟。

6.5.4 LAMP 法检测食用大豆油、菜籽油中的转基因成分 *CaMV* 35S（李向丽等，2014）

6.5.4.1 材料与方法

（1）材料。标有含转基因原料的大豆油和菜籽油购自本地超市。其中，来自不同品牌的转基因大豆油样品 3 个（编号：sample 1、sample 2、sample 3）；转基因菜籽油 1 个（编号：sample 4）。非转基因大豆油和非转基因菜籽油作为实验提取对照。*Bst* DNA 聚合酶购自 NEB 公司；CTAB、Tris、NaCl、Na_2EDTA、甜菜碱等购自 Sigma 公司；*Taq* 酶、dNTP 等购自大连宝生物工程有限公司。仪器设备：LAMP 浊度仪（LA - 320C，日本荣研化学株式会社）、ABI 9700 DNA PCR 扩增仪（Applied Biosystems）、JS - 380A 型自动凝胶图像分析仪（上海培清科技有限公司）、Synergy UV 超纯水系统（美国 MILLIPORE 公司）。

（2）LAMP 引物设计与合成。以 GenBank 发布的转基因大豆的 *CaMV* 35S 启动子序列作为扩增模板，根据其序列结构和相似性比对分析，利用专门设计 LAMP 引物的在线设计软件 Premier Explorer Version 4（http://primerexplorer.jp/lamp4.0.0/index.htmL）设计 LAMP 反应引物。引物由大连宝生物工程有限公司合成，PAGE 纯化。引物序列见表 6 - 6。

表 6 - 6 LAMP 反应引物

引物	引物序列（5′～3′）
F3	GGTGGCTCCTACAAATGC
B3	GTCTTGCGAAGGATAGTGG
FIP	GTCCATCTTTGGGACCACTGTCCATCATTGCGATAAAGGAAAGG
BIP	CACGAGGAGCATCGTGGAAACGTCAGTGGAGATATCACATC
FLP	AGAGGCATCTTCAACGATGG
BLP	AGAAGACGTTCCAACCACG

（3）植物油 DNA 的提取。取 100 mL 油，加入到 500 mL 三角瓶中；然后加入 200 mL 正己烷和 20 mL TE，在摇床上振荡（120 r/min）提取 3 h（25℃），小心去除上层油相。如此反复 4 次。最后将下层的 TE 水相（约 15 mL）转移到 50 mL 离心管。依次加入 1～2 μg 担体（carrier）（鲑鱼精 DNA，Sigma 公司），0.6 倍体积的预冷的异丙醇，0.1 倍体积的 3 mol/L 的乙酸钠，轻轻来回颠倒混匀后置于 -20 ℃沉淀 DNA。沉淀过夜后离心（12 000 g，10 min，4 ℃），小心弃上清液，用预冷的 70% 的乙醇洗涤沉淀，转移到 1.5 mL 离心管，离心（12 000 g，10 min，4 ℃）后用 70% 的乙醇洗涤沉淀 2 次，室温空干 DNA，加入 50 μL 的 TE 溶解 DNA。每个样品做 3 个提取重复，合并 DNA 后置于 -20 ℃保存。

（4）LAMP 反应。LAMP 反应体系（25 μL）含有 1.2～2.4 μmol/L FIP、1.2～2.4 μmol/L BIP、0.2 μmol/L F3、0.2 μmol/L B3、0.8～1.6 mol/L 甜菜碱、4～10 mmol/L $MgSO_4$、1.6 mmol/L dNTP、2.5 μL 10×Thermo pol 缓冲液、8 U *Bst* DNA 聚

合酶及 2 μL DNA 模板。反应条件为 63 ℃，1 h。以双蒸水作为阴性对照。打开 LA-320C 分析软件，实时浊度仪每 6 s 自动对浊度进行一次测定。测定数值实时显示在电脑中，实时监控扩增反应。通过向 LAMP 产物中加入 1 μL 稀释 100 倍的 SYBR Green I 染料肉眼观察扩增情况，颜色变绿表明发生了扩增，橙色表明未发生扩增。

6.5.4.2 结果与分析

（1）FIP/BIP 引物浓度的优化。FIP/BIP 引物与模板 DNA 的杂交可以启动 LAMP 反应。本研究首先优化了不同浓度的 FIP 和 BIP 对反应的影响，共设 1.2、1.6、2.0 和 2.4 μmol/L 4 个梯度。研究结果发现，当引物 FIP 和 BIP 浓度为 1.6 μmol/L 时较早出峰，扩增产物从反应 30 min 后开始增多（见图 6-14）。因此后续试验中选定该浓度作为 LAMP 反应的引物浓度。

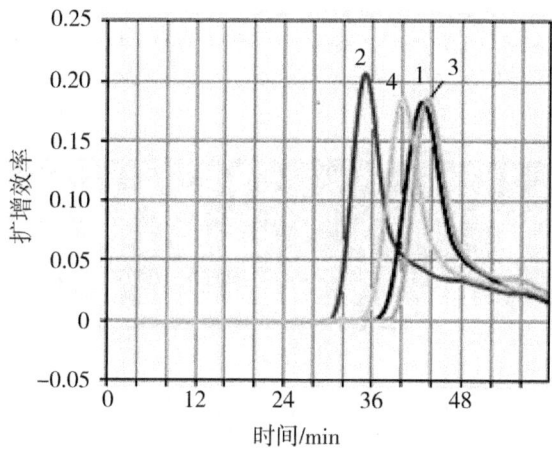

图 6-14 不同 FIP/BIP 引物浓度对 LAMP 反应的影响
1：1.2 μmol/L；2：1.6 μmol/L；3：2.0 μmol/L；4：2.4 μmol/L

（2）甜菜碱浓度优化。试验研究了不同甜菜碱浓度（0.8、1.0、1.2、1.6 mol/L）对 LAMP 扩增效率的影响。结果发现，当甜菜碱浓度为 1.0 mol/L 时出峰最早，降低或增加甜菜碱浓度均会延迟出峰（见图 6-15）。

（3）Mg^{2+} 浓度优化。试验中还研究了不同 Mg^{2+} 浓度（4、6、8、10 mmol/L）对 LAMP 扩增效率的影响。结果发现，当 Mg^{2+} 浓度为 8 mmol/L 时出峰最早，扩增产物从反应 30 min 后开始增多。当 Mg^{2+} 浓度升高或降低，出峰时间出现延迟，36 min 后才开始出峰（图 6-16）。

（4）样品检测。采用上述新建的方法对标注含有转基因原料的大豆油和菜籽油中的 *CaMV* 35S 启动子进行了检测分析，并与采用标准方法（SN/T 1203—2010 食用油脂中转基因植物成分实时荧光 PCR 定性检测方法）所得数据进行了比较。由图 6-17 可以看出，LAMP 方法可以成功地检测到转基因植物油中的 *CaMV* 35S 启动子，扩增信号在反应后 30～36 min 出现。与现有 SN/T 1203—2010 标准方法比较的结果表明，两种方法的检测结果完全一致。至于其中一个转基因大豆油样品（sample 1）和一个转基因菜籽油样品（sample 4）未能检测到 *CaMV* 35S 启动子的原因，推断可能是这些油在生产过程中经过高温高压处理后，核酸已被严重破坏，含量太低以至于提取到的 DNA 不

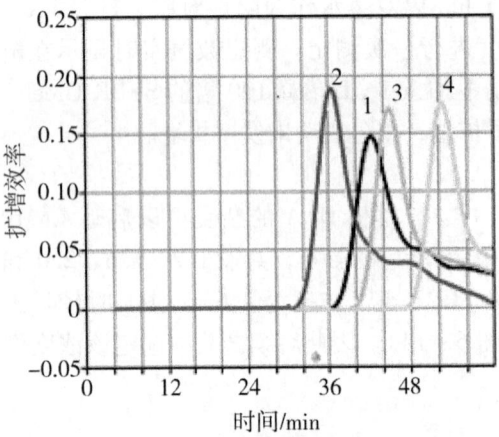

图6-15 不同甜菜碱浓度对LAMP反应的影响
1：0.8 mol/L；2：1.0 mol/L；3：1.2 mol/L；
4：1.6 mol/L

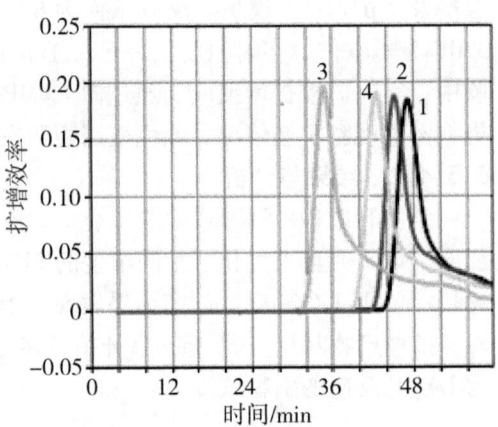

图6-16 不同Mg^{2+}浓度对LAMP反应的影响
1：4 mmol/L；2：6 mmol/L；3：8 mmol/L；
4：10 mmol/L

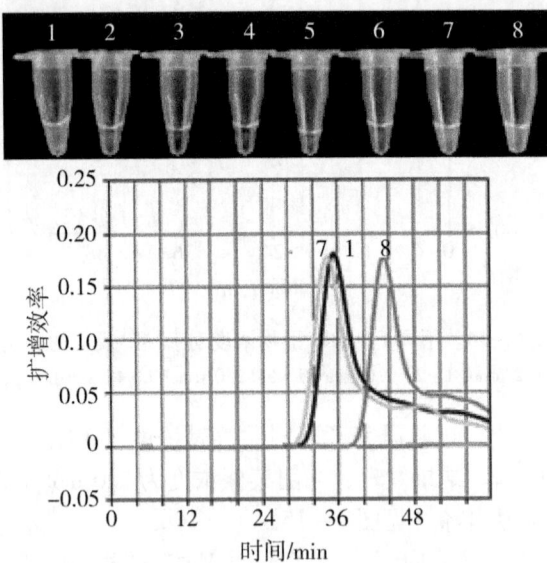

图6-17 食用油样品的LAMP检测结果
1：阳性对照；2：阴性对照；3：提取对照1；4：提取对照2；5：转基因大豆油（sample 1）；
6：转基因菜籽油（sample 4）；7：转基因大豆油（sample 2）；8：转基因大豆油（sample 3）

足以进行LAMP扩增或荧光PCR检测。

6.5.4.3 结论

本研究通过设计特异性的2对LAMP内外引物和2条环引物，建立了利用LAMP法检测转基因植物油中外源基因 *CaMV* 35S 启动子的新方法。通过在植物油基因组DNA提取过程中加入正己烷充分乳化和加入共沉淀剂与目标DNA进行共沉淀，是本实验可以获得用于进行LAMP扩增的DNA片段的关键。对实验参数的优化研究后，本研究最终确定的LAMP反应条件为：LAMP反应体系（25 μL）含有 1.6 μmol/L FIP、1.6 μmol/L BIP、0.2 μmol/L F3、0.2 μmol/L B3、0.8 μmol/L FIP、0.8 μmol/L BIP、

1 mol/L 甜菜碱、8 mmol/L $MgSO_4$、8 U *Bst* DNA 聚合酶、1.6 mmol/L dNTP、2.5 μL 10×Thermo pol 缓冲液及 2 μL DNA 模板。反应条件为 63 ℃条件下反应 1 h。同常规 PCR 检测技术相比，LAMP 技术具有灵敏度较高、检测耗时少、扩增效率高的优点。更重要的是，该技术对仪器的要求不高，操作及结果判断简便，能够在保证检测结果准确的同时，减少检测成本，缩短检测周期。

6.6 展望

LAMP 作为本世纪发展起来的一种新颖的分子生物学技术，其最大的优点在于反应速度快、检测灵敏度高、特异性强、设备简单，而且结果易于判定，尤其适用于基层检验检疫机构。目前，我国已成功开发出几十种 LAMP 检测试剂盒，试剂盒的国产化和商业化，将使检测成本降低，进一步促进 LAMP 技术的推广和普及。值得一提的是，当前该技术方法的研究还在不断深入，已有 LAMP 结合基因芯片技术的开发和应用等。综上所述，我们有理由相信，LAMP 作为一种核酸扩增的快速检测方法，在食品安全检测领域将会有更广阔的应用前景。

（谭贵良、刘垚、江迎鸿、李向丽、石磊）

参考文献

[1] Notomi T, Okayama H, Masubuchi H, et al. Loop-mediated isothermal amplification of DNA. Nucleic Acids Res, 2000, 28（12）: e63-e63.

[2] Tomita N, Mori Y, Kanda H, et al. Loop-mediated isothermal amplification (LAMP) of gene sequences and simple visual detection of products. Nat Protoc, 2008, 3（5）: 877-882.

[3] Soliman H, El-Matbouli M. Reverse transcription loop-mediated isothermal amplification (RT-LAMP) for rapid detection of *viral hemorrhagic septicaemia virus* (VHS). Vet Microbiol, 2006, 114（3）: 205-213.

[4] Mori Y, Hirano T, Notomi T. Sequence specific visual detection of LAMP reactions by addition of cationic polymers. BMC biotechnology, 2006, 6（1）: 3.

[5] Nagamine K, Watanabe K, Ohtsuka K, et al. Loop-mediated isothermal amplification reaction using a nondenatured template. Clin Chem, 2001, 47（9）: 1742-1743.

[6] Nagamine K, Hase T, Notomi T. Accelerated reaction by loop-mediated isothermal amplification using loop primers. Mol Cell Probes, 2002, 16（3）: 223-229.

[7] 彭涛. 核酸等温扩增技术及其应用. 北京: 科学出版社, 2009.

[8] Yoshida A, Nagashima S, Ansai T, et al. Loop-mediated isothermal amplification method for rapid detection of the *periodontopathic bacteria*, *Porphyromonas gingivalis*, *Tannerella forsythia*, and *Treponema denticola*. J Clin Microbiol, 2005, 43（5）: 2418-2424.

[9] Nagamine K, Kuzuhara Y, Notomi T. Isolation of single-stranded DNA from loop-mediated isothermal amplification products. Biochem Biophys Res Commun, 2002, 290（4）: 1195-1198.

[10] Maruyama F, Kenzaka T, Yamaguchi N, et al. Detection of bacteria carrying the *stx*2 gene by in situ loop-mediated isothermal amplification. Appl Environ Microbiol, 2003, 69（8）: 5023-5028.

[11] 李永刚, 王德国, 武建刚, 等. 环介导恒温扩增法（LAMP）检测金黄色葡萄球菌. 食品工业科技, 2010, 1: 388-391.

[12] 胡惠秩,满朝新,董鑫悦,等.PMA－LAMP方法检测灭菌乳中金黄色葡萄球菌的研究.食品工业科技,2012,33(21):300－304.

[13] Song T, Toma C, Nakasone N, et al. Sensitive and rapid detection of *Shigella* and *enteroinvasive Escherichia coli* by a loop-mediated isothermal amplification method. FEMS Microbiol Lett, 2005, 243 (1): 259－263.

[14] 占利,叶菊莲,罗芸,等.LAMP技术快速检测产肠毒素性大肠埃希菌的LT I 毒素.中国卫生检验杂志,2009(11):2572－257.

[15] 王丽,徐振波,赵喜红,等.环介导等温核酸扩增技术快速检测食物中的大肠杆菌O157.食品与发酵工业,2011,37(5):146－150.

[16] 马晓燕,张会彦,宋明明,等.环介导等温扩增技术快速检测志贺氏菌的研究.安徽农业科学,2011,39(14):8191－8193.

[17] 刘光富,关荣发,刘明启.志贺氏菌的LAMP检测方法研究.中国食品学报,2013(8):200－206.

[18] 袁耀武,张亚爽,马晓燕,等.LAMP检测单核细胞增生性李斯特氏菌的研究.中国食品学报,2009,9(3):168－173.

[19] 叶宇鑫,王彬,师宝忠,等.环介导等温扩增技术快速检测单核细胞增生李斯特菌.食品与发酵工业,2010,36(10):149－152.

[20] 蒋亚男,满朝新,赵凤,等.PMA－LAMP检测单增李斯特活菌方法的建立.食品工业科技,2011(7):410－412.

[21] 吕淑霞,徐彬,于晓丹,等.EMA－LAMP方法快速鉴别检测单增李斯特菌.食品与生物技术学报,2012,31(9):951－956.

[22] 张体银,曹以诚,陈润,等.单核细胞增生李斯特氏菌LAMP试剂盒的研制及在食品检测中的应用.中国食品学报,2013,13(1):138－144.

[23] Han F F, Ge B L. Evaluation of a loop-mediated isothermal amplification assay for detecting *Vibrio vulnificus* in raw-oysters. Foodborne Pathogens and Disease, 2008, 5 (3): 311－320.

[24] 徐芊,孙晓红,赵勇,等.副溶血弧菌LAMP检测方法的建立.中国生物工程杂志,2007,27(12):66－72.

[25] 张蕾,张海予,曾静,等.海产品中副溶血性弧菌免疫磁分离和环介导等温扩增快速检测方法的建立.中国食品卫生杂志,2013,25(5):401－405.

[26] 尹欢,李琦,陈江源,等.溶血性链球菌LAMP检测方法的建立.食品科学,2010,31(22):311－314.

[27] 姜侃,张东雷,陈小珍,等.食品中产气荚膜梭菌LAMP快速检测方法的建立.微生物学通报,2011,38(08):1288－1294.

[28] 刘哲,马晓燕,张会彦,等.环介导等温扩增技术快速检测产气荚膜梭菌的研究.中国食品学报,2012,12(4):168－174.

[29] 匡燕云,叶卫翔,吕敬章,等.霍乱弧菌环介导等温扩增LAMP技术检测.中国公共卫生,2009,25(11):1310－1312.

[30] 燕勇,曹家穗,高雯洁,等.利用环介导等温核酸扩增技术(LAMP)快速检测霍乱弧菌.中国卫生检验杂志,2011,21(5):1158－1162.

[31] 董鑫悦,满朝新,卢雁,等.环介导等温扩增法快速检测乳中阪崎肠杆菌.食品工业科技,2013,34(5):318－320.

[32] 任立松,陈梦馨,陈卓,等.环介质等温扩增技术快速检测阪崎肠杆菌的方法.食品科学,2013,34(12):296－299.

[33] 颜学伟. LAMP 法和 PCR 法对阪崎肠杆菌快速检测的对比探究. 中外医学研究, 2013, 11 (5): 1-2.

[34] 欧新华, 张如胜, 宋克云, 等. 环介导等温扩增（LAMP）技术检测沙门菌属方法的建立. 实用预防医学, 2008, 11 (6): 1945-1947.

[35] Fukuta S, Mizukami Y, Ishida A, et al. Real-time loop-mediated isothermal amplification for the *CaMV* 35S promoter as a screening method for genetically modified organisms. Eur Food Res Technol, 2004, 218: 496-500.

[36] 兰青阔, 王永, 赵新, 等. LAMP 在检测转基因抗草甘膦大豆 *Cp4-Epsps* 基因上的应用. 安徽农业科学, 2008, 36 (24): 10377-10378, 10390.

[37] Lee D, La Mura M, Allnutt T R, et al. Detection of genetically modified organisms (GMOs) using isothermal amplification of target DNA sequences. BMC Biotechnology, 2009, 9: 7-12.

[38] 李向丽, 谭贵良, 刘垚, 等. 实时 LAMP 法快速检测食用植物油中的转基因成分 *CaMV* 35S. 现代食品科技, 2014, 30 (2): 244-248.

[39] Liu M, Luo Y, Tao R, et al. Sensitive and rapid detection of genetic modified soybean (Roundup Ready) by loop-mediated isothermal amplification. Biosci Biotechnol Biochem, 2009, 73: 2365-2369.

[40] 张隽, 李志勇, 叶宇鑫, 等. 环介导等温扩增法检测转基因玉米 MON89034. 现代食品科技, 2012, 28 (4): 469-472.

[41] 凌莉, 刘静宇, 易敏英, 等. 转基因玉米 Bt176 品系特异性环介导等温扩增检测方法的研究. 食品工业科技, 2013, 34 (3): 310-313.

[42] 陈金松, 黄丛林, 张秀海, 等. 环介导等温扩增技术检测含有 *CaMV* 35S 的转基因玉米. 华北农学报, 2011, 26 (4): 8-14.

[43] 袁瑛娜, 单潇潇, 王宗德, 等. 应用 LAMP 实时浊度法检测转基因大豆. 现代食品科技, 2011, 27 (10): 1264-1267.

[44] Chen L L, Guo J C, Wang Q D, et al. Development of the visual loop-mediated isothermal amplification assays for seven genetically modified maize events and their application in practical samples analysis. J Agric Food Chem, 2011, 59 (11): 5914-5918.

[45] Li Q C, Fang J H, Liu X, et al. Loop-mediated isothermal amplification (LAMP) method for rapid detection of *cry*1Ab gene in transgenic rice (Oryza sativa L.). Eur Food Res Technol, 2013, 236 (4): 589-598.

[46] 刘彩霞, 梁成珠, 徐彪, 等. 抗草甘膦转基因大豆及加工品 LAMP 检测研究. 大豆科学, 2009, 28 (2): 305-309.

[47] 朱胜梅, 吴佳佳, 徐驰, 等. 环介导等温扩增技术快速检测沙门菌. 现代食品科技, 2008, 24 (7): 725-730.

[48] 吴少云, 唐大运, 李琳, 等. LAMP 实时浊度法检测转基因水稻 Bt63 品系. 食品与机械, 2012, 5: 79-82.

[49] 叶蕾, 沈会平, 闫鹤, 等. 实时浊度 LAMP 法检测豆制品中转基因成分. 食品与发酵工业, 2012, 8: 150-156.

第 7 章 纳米探针技术及其在食品安全检测中的应用

7.1 概述

纳米技术是 20 世纪 80 年代以后兴起的一门多学科交叉融合的技术。随着纳米科技的迅速发展，纳米材料在生物标记中的应用引起了人们的广泛关注。纳米颗粒是由有限数量的原子或分子组成，保持原来物质的化学性质并处于亚稳态的原子团或分子团。通常认为，纳米材料是指基本颗粒为 1～100 nm 的材料。纳米材料的制备及性质研究是纳米科技的基础，也是纳米科技领域中最活跃、最丰富、最接近应用的部分。利用纳米颗粒作为新型标记物，不仅能够有效克服传统标记物的缺陷，还为生物标记技术拓宽了发展的方向。纳米科技与生物技术的结合，不仅为研究和改造生物分子结构提供了新颖的技术手段和思维方式，也为实现纳米科技的最终目标开辟了可行的途径。所谓探针（probe），是指分子生物化学和生物化学实验中用于指示特定物质（如核酸、蛋白质、细胞结构等）的性质或物理状态的一类标记分子，或者一些仪器的探测器，如 pH 探头、离子探头等。分析应用中作为标记物的各类纳米材料即所谓的纳米探针。

纳米探针技术按照其使用的纳米材料类型主要有磁性纳米颗粒、纳米金、量子点、稀土掺杂的发光纳米颗粒（如上转换发光纳米颗粒）、碳点以及碳纳米管等。

7.2 原理及技术要点

纳米技术的飞速发展极大地促进了以材料学为基础的相关学科的发展。纳米技术在食品安全快速检测的应用研究主要是在 2003 年以后才逐渐兴起的，目前发展相当迅速。将高速发展的纳米技术和纳米材料应用到已有的食品安全的检测方法中，改进或研究出全新的具有高灵敏、高通量的快速简易的检测方法，是食品安全检测领域发展的重要方向。随着分析化学的发展，国内外专家也倾向于关注纳米探针技术在分析化学领域的应用研究（朱屯等，2002），由此也出现了基于纳米探针技术的新型分析化学检测技术。

7.2.1 磁性纳米探针

磁性纳米颗粒（magnetic nanoparticles，MNPs）是指含有磁性金属或金属氧化物的超细粉末且具有磁响应性的纳米级粒子，具有独特的超顺磁性能。磁性纳米颗粒的种类很多，较常用的有金属合金、氧化铁、铁氧体、氧化铬等，其中氧化铁（$Y-Fe_2O_3$，

Fe_3O_4）磁性材料应用最多。磁性纳米粒子通过表面共聚和表面改性的方法，能与有机物或高分子聚合物或无机材料相结合形成核壳结构的磁性复合粒子，既具有磁性，又具有表面活性基团，能进一步和细胞、酶、蛋白质、抗体及核酸等多种生物分子偶联（赵晓丽等，2013）。在外加磁场的作用下，磁性粒子能够很方便地和底液分离，具有操作简便和分离效率高的优点。由于其比表面积大、表面活性中心多、表面反应活性高、吸附能力强、催化能力高、毒性低且不易受体内和细胞内各种酶降解等特点，在多个领域具有广泛的应用。

7.2.1.1 磁性纳米粒子的制备

磁性纳米粒子制备的方法有共沉淀法、溶胶—凝胶法、前驱体热解法、微乳法、高温热溶剂法等，这些方法都属于化学方法；此外还有如电镀溅射等物理方法（徐淑坤，2012）。共沉淀法操作简单，原料易获得且反应条件温和，能够完成批量制备，制得的磁性纳米粒子纯度很高，是目前制备磁性纳米粒子最为常用的方法之一；但是由于其也是化学合成方法，有一定的毒性，对人体和环境存在潜在危害。微乳液法制备纳米粒子具有操作简单、纳米粒子粒径小的优点，且由于加入表面活性剂使得磁性纳米粒子不发生团聚而粒径均匀；然而反应过程在低温下进行，因此粒子结晶性一般，且晶型多样，严重影响了磁富集性能。热溶剂法制备的磁性纳米粒子晶型较好，纯度高且尺寸可控；但是反应条件需高温高压，使得制备的磁性纳米粒子分散性与溶解性较差。高温分解法制备的磁性纳米粒子分散性较好，粒径均匀；但成本高且具有毒性，应用于生物医学领域受到极大的限制。以上磁性纳米粒子的合成方法都存在一定缺陷，这就势必影响到接下来利用磁性纳米材料的其他方面的应用研究。因此在可控条件下，应用简单、无毒材料，合成尺寸均匀、分散性好、晶型好、超顺磁且亲水的磁性纳米粒子的研究有重要意义。

7.2.1.2 磁性纳米粒子的表面修饰

磁性纳米粒子由于比表面积很大，表面活性极高，易于发生团聚沉降和氧化，所以在一定程度上影响其应用效果。用共沉淀法和水解法等多种方法合成的 Fe_3O_4 纳米晶表面一般只带有羟基，无法与生物或药物等分子进行连接，所以在实际应用中通常要先对其表面进行包覆修饰，改变其表面性质以适应生物分析等的需要。磁性纳米粒子的表面改性主要有两种途径：一种是依靠化学键合作用，利用有机小分子化合物进行修饰；另一种是用有机或无机材料直接包裹磁性纳米粒子。经过修饰后形成的磁性复合粒子既具有磁性，又具有表面活性基团，能与抗原或抗体结合，成为在免疫化学反应中能特异性结合的磁性纳米粒子，亦称为免疫磁珠（immunomagnetic beads）（喻伟，2010）。免疫磁珠由载体磁珠材料和免疫配基组成。磁性材料表面修饰各种功能化基团，如羟基、氨基、羧基及巯基等，经过功能化修改的磁性纳米粒子可偶联几乎所有具生物活性的单元。

常见的磁性纳米粒子的表面修饰有硅烷化修饰、高分子聚合物修饰和有机小分子修饰 3 种。

（1）硅烷化修饰。硅烷化修饰中被广泛用于包覆磁性纳米粒子的是 SiO_2。首先，在磁性纳米粒子外部包覆硅层后，可以保护 Fe_3O_4 纳米粒子，防止其进一步氧化；其次，无毒的 SiO_2 具有良好的亲水性和生物相容性，可改善磁性纳米粒子的化学稳定性，还能赋予纳米粒子生物相容性，同时减少其毒性；最后，由于 SiO_2 表面含硅烷醇基团，很容易再次与硅烷化试剂发生耦合反应，在其表面引入—NH_2、—COOH 和—SH 等活性基团，与抗体、蛋白质、酶和核酸等多种生物分子发生相互作用。

（2）高分子聚合物修饰。在合成 Fe_3O_4 纳米粒子的过程中或者之后，将其与聚合物偶联，这样既可以阻止 Fe_3O_4 纳米粒子被氧化、团聚，又可以使其直接与生物分子连接，实现其应用。常用的高分子聚合物包括氨基酸类（多肽和蛋白等）、多糖类（葡聚糖、壳聚糖等）以及聚乙二醇、聚丙烯醇等。

（3）有机小分子修饰。在磁性纳米粒子的制备过程中，可加入有机小分子作为分散剂和稳定剂，使合成与修饰同步进行。

7.2.2 纳米金探针

纳米金颗粒又称为胶体金，是指金（Au）的粒径为 1～100 nm 之间的粒子。以胶体金为标记物的免疫金和免疫金银染色法，可以单标记或多重标记，并可以进行大分子的定性、定位以及定量研究。通常所说的免疫胶体金探针，一般是将免疫球蛋白、蛋白质 A、凝集素等结合在金纳米粒子表面上，形成金标记的探针，定量加入牛血清白蛋白和聚乙二醇等物质作为溶液中的稳定剂，以避免探针在盐溶液中发生聚集。由于金胶体在可见区呈特征的红色，在电子显微镜下可清楚地观察抗原—抗体反应。也可以用于免疫印迹和免疫组化检测，与银染色增强技术配合使用，灵敏度可提高 10～20 倍。纳米金溶液随其直径大小而呈现不同的颜色，按其直径从小到大表现为从红色至紫色。纳米金颗粒具有很强的二次电子发射能力。

当纳米金颗粒分散在溶液中时，溶液的颜色会随着纳米金颗粒之间距离的变化而变化，这是由纳米金颗粒的表面等离子体共振引起的。基于这一性质，Mirkin 等（1996）在 1996 年首次利用巯基与纳米金颗粒表面强烈的共价结合力将 3′或 5′连接有巯基的单链 DNA 固定到纳米金颗粒表面，形成纳米金颗粒标记的 DNA 探针，从而建立了用该探针检测特定多核苷酸序列的新方法，为特定 DNA 序列检测的研究和应用开辟了新领域。其原理是将纳米金颗粒标记的寡核苷酸探针与靶序列杂交，从而形成伸展的纳米金颗粒和多核苷酸的聚集体，通过检测溶液颜色的相应变化实现对 DNA 的测定。该检测方法属于光学比色分析法。

以沙门氏菌目标核酸分子的检测为例，其纳米金标记银染技术检测原理（见图 7-1）是在微孔板表面组装包被亲和素，用生物素化沙门氏菌目标 DNA 捕获探针（1）、纳米金标记的巯基化沙门氏菌目标 DNA 显示探针（3）识别沙门氏菌目标 DNA（2），在此基础上，再利用银增强技术进一步放大检测信号，实现可视化检测。在银染过程中，银染试剂中的银离子被还原为银单质，以纳米金颗粒为中心在其表面沉积，生成银黑色的银层。用酶标仪检测银染增强溶液在 630 nm 波长处的吸光度值。在该体系中，银染后溶液颜色变化的程度与形成的金银复合物的数量有关，即与纳米金颗粒的量有关，而纳米金颗粒的量取决于目的菌液的浓度。

7.2.2.1 纳米金探针的制备

纳米金的制备方法总体上分为物理方法和化学方法。物理方法中，最常见的是真空沉淀法、软着陆法、激光消融法等。化学方法中，常见的有化学还原法、晶种诱导

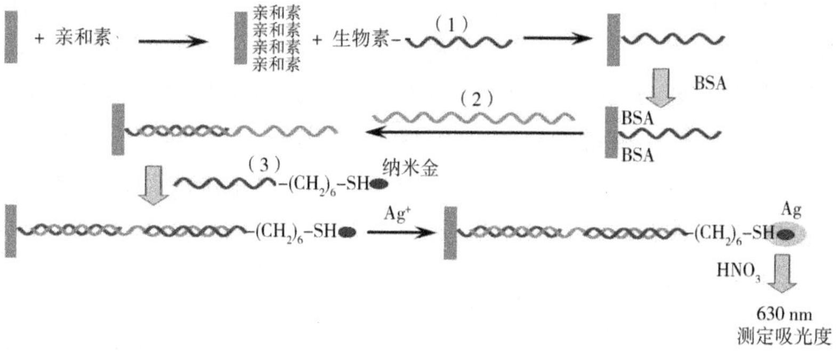

(1) 5'-gagcgtgccttaccgacgata-biotin-3'（捕获探针）；
(2) 5'-tatcgtcggtaaggcacgctcaattgtcgttaaagtcctgttatttcctgcgtggatat-3'（目标DNA）；
(3) 5'-SH-(CH$_2$)$_6$-atatccacgcaggaaaataacaggactt-3'（显示探针）；黑点表示纳米金

图 7-1 纳米金标记—银染技术检测沙门氏菌分子的原理

法、光辅助还原法和相转移法等。

1. 物理方法

（1）真空沉积法。真空沉积法是一种常见的制备方法，在真空高温等离子体中加热将金（Au）原子蒸发，金原子在冷的固体基底（如石英）上冷凝，便可得到纳米尺度的金粒子。该法特点是产品纯度高、结晶组织好和粒度可控，但对技术设备要求高。

（2）软着陆法。软着陆法的基本原理与沉积法相同。不同点在于该法是在氢气流中产生纳米金粒子，金原子沉积在表面有一层氢气的冷的基底上。这样获得的纳米金粒子在外形上更趋于球形，均一性更好。

（3）激光消融法。将置于十二烷基磺酸钠水溶液中的金盘用激光烧蚀获得 Au 纳米粒子，采用十二烷基磺酸钠阻止 Au 纳米粒子的聚集。表面活性剂的浓度增加时，Au 纳米粒子的直径变小；当其浓度大于 10^{-2} mol/m^3 时，能形成稳定的 Au 纳米粒子；直径大于 5 nm 的 Au 纳米粒子可用 532 nm 的激光粉碎成粒径为 1~5 nm 的 Au 纳米粒子。

2. 化学方法

（1）化学还原法。化学还原法主要是用不同的还原剂（如柠檬酸钠、硼氢化钠、鞣酸、草酸、抗坏金属阳离子来制备纳米金粒子。最经典的是产生于 1973 年（Frens，1973）的此法：以柠檬酸钠为还原剂，还原氯金酸制得球形 Au 纳米粒子，柠檬酸钠兼起保护剂的作用，但是所得 Au 纳米粒子的稳定性不好，易随着放置时间的延长而团聚和形成沉淀。为了提高 Au 纳米粒子的稳定性，常用硫醇类物质作稳定剂，用 NaBH$_4$ 还原氯金酸盐制备各种粒径的硫醇修饰的 Au 纳米粒子。此外，高分子聚合物也常作为稳定剂，如在聚乙烯吡咯烷酮（PVP）等存在下，用不同还原剂还原氯金酸盐，制备形貌单一和性质稳定的 Au 纳米粒子。在大分子物质存在下，还原所得的纳米金粒子具有颗粒均匀、形貌单一和性质稳定等优点，而且根据所用大分子物质的极性、结构和官能团等特点，可将所获得的纳米金粒子应用在电子、光学和生物分析等不同领域中。

（2）晶种诱导法。该方法是以先前合成的纳米金粒子为晶种，用还原剂继续在该晶种表面还原金盐离子使粒子生长，通过调节晶种和金盐离子的比例或添加表面活性剂来控制产物的粒径和形状。晶种诱导法操作简便，无须特殊设备，已成为目前常用的一种制备纳米金的方法。

(3) 光辅助还原法。光辅助还原法的机理是在光照条件下金离子被有机物产生的自由基还原。制备过程中，可通过改变稳定剂/还原剂、金离子和 TX-100 的浓度比例，制得直径为 5~20 nm 的球状 Au 纳米粒子，再以其为晶种，以抗坏血酸为还原剂，利用前述光学技术，把新制备的金离子溶液还原到晶种的表面，得到直径为 20~110 nm 的 Au 纳米粒子。光还原法具有简便、快速、反应易控制等优点，但是所得产物粒度分布较宽、均匀性较差。

7.2.2.2 纳米金探针的修饰

纳米金粒子属于亚稳态材料，对周围环境（温度、振动、光照、磁场和气氛等）特别敏感，有可能在常温下自行长大，极易自发团聚，使其固有特性受到限制，而不能得到充分或完全发挥，因而在应用纳米金粒子作为探针标记之前，一般都需对其进行表面修饰处理。表面修饰（又称表面改性），是指通过物理或化学方法改变物质表面的结构和状态，赋予其新的功能，实现对物质表面的控制。纳米金的表面修饰的方法主要分为物理修饰法和化学修饰法，常用的修饰剂有硫醇、胺类、膦、各种聚合物，表面活性剂和天然大分子（如糖类、核酸、蛋白质等），以及无机类聚合物（如硅酸酯或钛酸酯的醇解和缩聚产生的 SiO_2 或 TiO_2）等。

(1) 表面物理修饰法。该方法主要是通过吸附、涂敷和包覆等物理手段对纳米粒子表面进行改性，包括表面吸附和表面沉积。表面吸附是通过范德华力将异质材料（以表面活性剂为主）吸附到纳米粒子表面进而包覆改性。表面活性剂的作用是能在粒子表面形成一层分子膜，避免粒子之间的相互接触，阻止架桥羟基和真正化学键的形成。例如，十二烷基磺酸钠、油酸和柠檬酸等表面活性剂对一些磁性金属纳米粒子的表面吸附作用，可达到稳定分散的目的。表面沉积是在纳米粒子表面沉积一层与表面无化学结合的异质包覆层。例如，纳米 TiO_2 具有强极性，易在极性介质中团聚，不易在非极性介质中分散，影响其优异性能的发挥。为了解决此问题，可利用无机化合物（水合 Al_2O_3、水合 SiO_2 和水合 Fe_2O_3 等）作为修饰剂，通过沉淀反应在纳米 TiO_2 表面上形成包覆层，改善其粒度大小、分散性和稳定性。此外，将 $ZnFeO_3$ 纳米粒子放入 TiO_2 溶胶中，TiO_2 溶胶沉积到 $ZnFeO_3$ 纳米粒子表面形成包覆层，其光催化效率大大提高。

(2) 表面化学修饰法。表面化学修饰法是目前最常用的纳米粒子表面修饰方法，是通过纳米粒子表面原子与修饰剂分子发生化学反应，改变其表面结构和状态，达到纳米粒子分散、稳定、复合和赋予新功能的目的。概括起来，纳米粒子表面发生的化学反应分为 3 种类型：①酯化反应，就是酯化剂与纳米粒子表面原子反应，由原来亲水疏油的表面变成亲油疏水的表面。该法适用于表面为弱酸性或中性的纳米粒子，如 Fe_2O_3、TiO_2 等的改性。②偶联反应，就是用偶联剂处理表面活性高的纳米粒子，使其与有机物具有很好的相容性，如硅烷偶联剂常用于表面具有羟基的纳米粒子的表面修饰中，效果很好。③表面接枝改性反应，分为偶联接枝、聚合生长接枝、聚合和接枝同步。偶联接枝反应是高分子物质与纳米粒子表面官能团直接反应实现接枝。聚合生长接枝反应是聚合物单体在纳米粒子表面聚合生长，形成对纳米粒子的包覆；聚合和接枝同步是聚合物单体在聚合的同时被纳米粒子表面强自由基捕获，形成高分子链与纳米粒子表面的化学连接。该法能大大提高纳米粒子在有机溶剂和高分子物质中的分散性，制备出高质量的复合材料。

7.2.3 量子点探针

量子点（quantum dots，QDs）是一种三维团簇，是由有限数目的原子组成，其3个维度尺寸均在纳米数量级，具有类似于体相晶体的规整原子排布。A族半导体（如CdSe、CdS和ZnS等）和ⅠA、ⅤA族半导体（如InP和InAs等）的纳米晶都是常见的荧光量子点。量子点的粒径较小，其电子和空穴被量子限域，因而表现出许多独特的物理性质，其中以其优异的光学性质最为突出。量子点具有量子化的价带和导带，其能量取决于纳米晶体的粒径大小。量子点的发射光谱可以通过改变量子点的尺寸大小来控制。通过改变量子点的尺寸和它的化学组成，可以使其发射光谱覆盖整个可见光区。以CdTe量子为例，当它的粒径从2.5 nm生长到4.0 nm时，它们的发射波长可以从510 nm红移到660 nm。

一般来说，量子点有如下优异的光学性质：①量子点荧光发射波长不仅可通过控制尺寸调节，还可以通过控制成分调节；②量子点的激发光谱宽且连续分布，可实现"一元激发，多元发射"；③尺寸均一的量子点发射光谱呈对称的高斯分布，半峰宽较窄；④量子点的荧光量子产率高，光稳定性好，可以经受反复多次激发而不易发生光漂白，适合于对标记对象进行实时、长时、动态监测；⑤量子点具有很好的空间兼容性，一个量子点可以偶联两种或两种以上生物分子或配体，从而使制备多功能的成像及检测探针成为可能；⑥量子点可用于多光子荧光显微成像，它是迄今为止截面积（吸收系数）最大的多光子成像探针（梁建功和韩鹤友，2013）。

总而言之，量子点具有激发光谱宽且连续分布，而发射光谱窄而对称，颜色可调，光化学稳定性高，荧光寿命长等优越的荧光特性，生物相容性好，是一种理想的荧光生物探针。

7.2.3.1 量子点的合成

目前，用于荧光探针的量子点的合成大部分采用胶体化学法，该方法是在胶体溶液中进行量子点的合成。主要有有机金属合成法和水相合成法。

1. 有机金属合成法

有机金属合成法通常是在无水无氧的条件下，使金属有机化合物在具有配位性质的有机溶剂环境中生长而形成纳米晶粒，即将反应前驱体注入高沸点的溶剂，然后通过调节反应温度来控制微粒的成核与生长过程。

有机金属合成法是由Murray等（1993）首次报道的，通常是将金属前体物加入到高温有机溶剂中热解成核，再生长成为纳米晶，是目前制备高荧光产率量子点最常用的胶体化学法。但该法也存在一些缺陷，主要有：反应条件较为苛刻，要严格控制在无氧无水的环境下；原料价格昂贵，且具有较大的毒性。为了克服上述缺点，Peng等（2001）对有机金属合成法进行了改进，采用氧化镉来代替二甲基镉，制备出了高荧光产率、窄粒径分布的量子点，达到了降低成本和减少对环境污染的目的。但是有机法制备的量子点需要烦琐的修饰步骤才易与生物分子结合，且修饰所用的试剂会破坏量子点的发光性质，易发生沉淀，从而限制了量子点的后续应用。

最为常用的有机相合成量子点的体系是三辛基膦（TOP）/三辛基氧化膦（TOPO）

组成的混合溶液，其中 TOP 作为还原剂和溶剂，而 TOPO 作为金属离子的络合剂。

2. 水相合成法

水相合成法最早是由 Rajh 等（1993）报道的，由于该法毒性小，操作相对简单，成为目前制备量子点并将其应用于荧光显示探针领域标记的主要方法。应用水相合成法制备量子点过程中，量子点包覆巯基，可以利用此性质将其与生物大分子结合，作为生物探针有更加广泛的应用。水相合成法可分为以下几种：

（1）水相回流法。水相回流法用水溶性巯基羧酸作为稳定剂直接在水相中合成量子点，多选用 Zn^{2+}、Cd^{2+} 作阳离子前驱体，Se^{2-} 或 Te^{2-} 作阴离子前驱体，多官能团巯基小分子作保护剂，如巯基乙醇、巯基乙酸（TGA）、巯基乙胺、谷胱甘肽（GSH）和半胱氨酸等，通过加热回流前驱体混合溶液使量子点逐渐成核并成长。这种方法操作简单、材料价廉、毒性小，标记生物分子时不需要进行相转移，对量子点表面性质影响小。但是巯基羧酸并不是很稳定，容易从量子点表面脱附，从而导致量子点团聚和沉淀、荧光量子产率较低和荧光半峰宽较宽，且难以合成出发红色荧光的量子点。

（2）水热/溶剂热合成法。水热合成法或溶剂热合成法是指在特制的密闭反应器（高压釜）中，采用水或其他溶剂作为反应体系，通过将反应试剂加热至临界温度或接近临界温度，在体系中产生高压环境，从而进行无机合成与材料合成的方法。此方法不仅继承和发展了水相法的全部优点，而且克服了常压下水相法高温回流温度不能超过 100 ℃的缺点。由于合成温度的提高，量子点的合成周期明显缩短，因核与成长过程的相互分离，量子点表面缺陷明显改善，显著提高了量子点的荧光量子产率。水热法已经成为应用于生物领域的荧光量子点的主要合成方法之一。

（3）微波辅助合成法。微波辅助法是利用微波辐射从分子内部加热，避免了普通水浴或油浴局部过热以及量子点生长速度缓慢的问题，制得的量子点具有尺寸分布均匀、半峰宽较窄和荧光量子产率高等特点。微波辅助加热法大大缩短了合成时间，提高了合成效率。采用微波辐射加热技术进行量子点的合成，操作简单，反应快速，但是非热效应和超热效应等一些人们还不甚了解的微波现象，可能会影响产物的均匀性等性质。

除此之外，还有溶胶—凝胶法、微乳液法和仿生法等。

7.2.3.2 量子点的修饰

下面介绍几种纳米量子点的表面修饰方法（陈志斌，2010）。

1. 通过巯基化合物进行修饰

利用量子点表面元素如 Zn、Cd 等与巯基之间较强的络合作用力，让量子点与巯基羧酸络合使其带上羧基，目前较多采用的巯基羧酸类化合物是巯基乙酸（TGA）、巯基丙酸（MPA）、巯基丁二酸（DMSA）、6,8 - 二巯基辛酸（DHLA）等。如利用巯基与金属锌离子络合作用，把巯基乙酸连接到 CdSe/ZnS 外壳上，改善了量子点的亲水性；同时，羧基官能团还可进一步与带有氨基的生物分子（如蛋白、缩氨酸等）进行偶联，且不会破坏所标记生物材料的活性。

2. 通过硅烷化进行修饰

二氧化硅具有化学和光化学惰性、光学透明性，且和有机配体相比形成的保护层更加致密，是一种理想的表面保护材料。表面硅烷化法就是在晶体表面生长二氧化硅层。如利用巯基与量子点表面之间的配位作用,以(巯基丙基)三甲氧基硅烷(MPS)取代 CdSe/ZnS 量子点表面包覆的 TOPO,再将溶液调为碱性,使甲氧基硅烷水解,从而在量子点表面形成一层二氧化硅/硅氧烷的壳,通过量子点外层三甲氧基硅烷之间发生的交联反应,将量子点包覆到一起。由于增加了一层 SiO_2 壳,所以量子点在水相中可溶,同时增加了量子点的稳定性。在水溶液中,如果三甲氧基硅烷的类型不同,稳定量子点的方式也不同。在中性溶液中,表面带有正电荷或者负电荷的硅烷主要是靠静电的排斥力使粒子稳定存在,而带有长链的亲水硅烷分子主要是靠分子之间的空间位阻使量子点稳定存在。因此,通过改变亲水溶液中三甲氧基硅烷的成分,可以获得表面带有不同电荷的水溶性量子点,从而与不同结构的生物分子通过相互作用而连接在一起。

3. 通过聚合物进行修饰

通过聚合物进行修饰,量子点不用做特殊处理,因而其表面结构没有被破坏,荧光性质几乎不受影响,且粒子具有良好的稳定性。如将 CdSe/ZnS 量子点包覆在由聚乙二醇—磷脂酰乙醇胺(PEG - PE)和磷脂酰胆碱形成的嵌段共聚物胶囊中。包覆量子点的能力主要取决于 PEG - PE 共聚物的特征,在胶囊形成时,用氨基 PEG - PE 取代 50% 的 PEG - PE 磷脂,从而在胶囊表面引入伯胺,使量子点胶囊共价连接到氨基修饰的 DNA 上,可作为特异性的 DNA 杂交探针。采用聚合物高分子修饰量子点,克服了原有短链巯基分子(如巯基乙酸)易氧化、易脱落的特点,一方面可以提高量子点的水溶性和稳定性,另一方面可以通过聚合物末端的功能基团(如—COOH、—NH_2 等)与生物分子进行偶联。

7.2.4 上转换发光纳米探针

上转换荧光(upconversion fluorescence)是一种通过多光子机制吸收长波辐射(近红外光)而发射出比激发光波长短的荧光(紫外可见光)的反 Stokes 发光现象(Auzel,2004)。受到能量较低的长波激发时,能够发射能量较高的比激发波长短的荧光的材料称为上转换发光材料。借助上转换发光纳米材料(upconversion fluorescence nanoparticles,UCNPs)可把红外光转换成可见光。上转换发光纳米材料可使用红外激光(如 980 nm)激发,其荧光发射在可见光区(如 500~650 nm),若采用适当的光电倍增管作为光信号收集器(如接收光波范围为 300~650 nm 的光电倍增管),可构建无背景光干扰的更灵敏的上转换激光诱导荧光检测方法。当用稀土发光纳米颗粒标记抗原/抗体以进行免疫分析时,由于其光学和化学性质都很稳定,所以克服了同位素、酶等标记物的缺点。综上所述,稀土发光纳米材料非常适合在复杂的生物体系中被作为标记材料使用。

稀土发光材料的优点有:①稀土离子具有丰富的发光特性。大部分稀土离子的 4f 电子可在 7 个 4f 轨道之间任意分布,从而产生了丰富的电子能级,可吸收或发射从紫外光、可见光到近红外区各种波长的光。②稀土离子的 4f 电子处于内层轨道,由于外层 s 和 p 轨道的有效屏蔽,受到外部环境的干扰小,f - f 跃迁呈现尖锐的线状光谱,发光的色纯度高,且具有较大的 Stokes 位移,激发光谱和发射光谱不发生重叠。③发光寿命从纳秒到毫秒跨越 6 个数量级。长寿命发光是稀土离子的重要特性之一。④通改变掺杂的稀土离子或发光基质,很容易实现多色发光。⑤物理化学性质稳定,可承受大功率的电子束、高能辐射和强紫外线的作用。

7.2.4.1 上转换发光材料

上转换发光材料通常由基质、敏化剂和激活剂三部分组成。敏化剂能将吸收的红外光子能量有效地传递给激活剂。要有效地实现上转换发光过程,需要发光中心的激发态有较长的能级寿命。普通离子的能级寿命只有 $10^{-10} \sim 10^{-8}$ s,而稀土离子激发态的能级寿命较长,可达 $10^{-6} \sim 10^{-2}$ s。因此,目前有效的上转换发光材料绝大多数是稀土离子双掺杂的上转换发光材料。在稀土上转换发光材料中,基质材料有氟化物(如 YF_3、$NaYF_4$)、氧化物(如 Y_2O_3、Lu_2O_3)、硫氧化物(如 Y_2O_2S、Gd_2O_2S)、磷酸盐(如 $LaPO_4$、$LuPO_4$)、钨酸盐[如 $NaY(WO_4)_2$]等。上述众多的基质材料中,$NaYF_4$ 是目前最为理想的上转换发光基质材料,被应用得最多。用作敏化剂的稀土金属离子通常是 Yb^{3+},此外还有 Er^{3+}、Sm^{3+} 等。稀土 Yb^{3+} 的激发光波长是 980 nm,吸收截面大,是最为常用且有效的上转换敏化剂。常作为激活剂的稀土离子有 Er^{3+}、Pr^{3+}、Tb^{3+}、Ho^{3+}、Tm^{3+} 等。由于 $Yb^{3+}-Er^{3+}$、$Yb^{3+}-Tm^{3+}$、$Yb^{3+}-Ho^{3+}$ 离子对组成的双掺杂的上转换发光材料具有很高的上转换发光效率,目前该类材料用得最多,是当前研究的热点。

7.2.4.2 合成方法

合成上转换发光纳米材料的方法主要有水热法、共沉淀法、溶剂热法、热分解法等。其合成材料可分为两类:前驱体和稳定剂(又称配体)。前驱体是生成纳米颗粒的核心部分,配体起到有效防止纳米颗粒聚集、调整颗粒粒径、保护粒子表面、减缓其生长速度的作用。

(1)水热法。该法是以水溶液或水蒸气作为反应体系,通过加热使反应体系产生一定的温度和压力,使得物质在水溶液中进行水热反应,合成分散的纳米颗粒的一种方法。合成反应通常在密闭的反应容器(如高压反应釜)中进行。该方法中用作粒度控制剂的主要有乙二胺四乙酸二钠(Na_2EDTA)、柠檬酸、油酸等。这种方法的优点是反应条件温和、实验装置简单、操作简便、环境污染少,缺点是只适用于对水不敏感的化合物的制备,合成的纳米材料形状各异,且多为微米级别。

(2)共沉淀法。该法是在可溶性混合盐溶液中加入沉淀剂,促使水溶液进行化学反应,生成难溶性物质,从溶液中析出,然后经过过滤、洗涤、干燥或煅烧等过程,得到所需纳米颗粒。Martin 等(1999)最早利用该方法在不添加络合剂的情况下制备合成了 $NaYF_4:Yb,Pr$ 上转换材料。由于该方法获得的材料粒径较大且分布很不均匀,随后的一些研究对此进行了改进,在制备过程中加入了络合剂(如 EDTA、DTPA),控制被沉淀组分在溶液中缓慢、均匀地释放并与沉淀剂发生沉淀反应。该方法具有操作简单、成本低廉、重现性好及合成的颗粒致密等优点,但与其他方法相比,合成的纳米颗粒尺寸还是较宽,颗粒的水溶性差。

(3)溶剂热法。该法是以有机溶剂代替水,采用溶剂热反应进行无机合成制备纳米颗粒的方法。溶剂通常为乙醇—水、乙酸—水等,用到的配体有 EDTA、聚乙烯吡咯烷酮(PVP)、聚乙烯亚胺(PEI)、油酸等。该方法是水热法的一种重大改进,弥补了水热法的不足,具有反应条件温和(反应温度一般不超过 200 ℃)、反应活性高、纳米颗粒纯度高、分散性好、易于控制晶体形貌等优点,是较为理想的上转换发光纳米颗粒合成方法。

(4) 热分解法。热分解法是指在无水无氧的条件下将合成上转换发光纳米颗粒的前驱体注射到高沸点的有机溶剂中,利用高温(250~370 ℃)将前驱体迅速分解成核、生长,从而获得纳米颗粒的方法。该方法中用到由非配位性溶剂和配位性溶剂组成的混合溶剂,如油酸—十八烯(OA/ODE)、油酸—油胺—十八烯(OA/OM/ODE)等。非配位性溶剂起到为反应提供高温环境的作用,而配位性溶剂则能吸附在纳米颗粒的表面,防止颗粒的进一步长大和聚集。此方法中使用的前驱体通常为三氟乙酸稀土盐。热分解法合成的纳米颗粒结晶性好、尺寸均匀、粒度可调及形貌可控,不足之处是反应条件苛刻、过程烦琐、试剂成本高且毒性大、产生有毒副产物(三氟乙酸醋酸酐、羰基二氟化物等)、颗粒的水溶性不好。

7.2.4.3 表面修饰

以上方法合成的上转换发光纳米材料由于通常包覆有憎水性的配体分子(如油酸和油胺),使得纳米颗粒的表面一般是疏水性的,因此还需将其表面的疏水基转变为亲水基团(如—COOH、—NH$_2$、—SH),才能实现纳米颗粒与生物分子的连接和分子标记。目前对上转换发光纳米颗粒进行表面修饰的主要方法有硅烷化法、表面钝化法、配体交换法、配体氧化法、聚合物包覆法及主客体相互作用等。

(1) 硅烷化法。硅烷化法是利用硅烷化试剂在上转换发光纳米材料表面包覆上 SiO_2 层的方法。这种方法比较成熟,用到的方法通常是经典的 Stober 法或反相微乳液法。其中,Stober 方法是利用正硅酸乙酯(TEOS)在碱性条件下的水解及缩合反应使纳米颗粒表面形成 SiO_2 层,再利用氨基硅氧烷的水解及缩合反应对 SiO_2 表面进一步修饰出能与生物分子相偶联的氨基基团。该方法具有稳定性高、水溶性和生物兼容性好等优点,目前正广泛应用于上转换荧光纳米颗粒的表面修饰。

(2) 表面钝化法。表面钝化法即在纳米颗粒表面包覆一层钝化层(如同质稀土层),保护表面裸露的掺杂离子,以有效地避免其激发的能量转移到纳米颗粒表面,从而提高纳米颗粒的发光效率。例如,Mai 等(2007)采用热分解法合成了 $NaYF_4:Yb^{3+}$,Er^{3+} 上转换纳米颗粒,进行 $NaYF_4$ 表面包覆后,制备出的纳米颗粒上转换效率显著增强,$\alpha-NaYF_4:Yb,Er@\alpha-NaYF_4$ 的上转换荧光效率增强一倍,而 $\beta-NaYF_4:Yb,Er@\alpha-NaYF_4$ 的荧光效率也增加了 1/2。

(3) 配体交换法。配体交换法是利用配位能力强、带有亲水基团的多功能有机配体取代纳米颗粒表面的原有配体(如油酸和油胺),最终制备出具有亲水性的上转换纳米颗粒的方法。Yi 等(2006)采用双极性的 PEG600 二酸作为修饰剂,通过配体交换法成功地将油胺为配体的 $\beta-NaYF_4:Yb^{3+}$,Er^{3+} 转化为亲水性的纳米微粒。

(4) 配体氧化法。配体氧化法是用强氧化剂将纳米颗粒表面的不饱和键氧化成活性官能团(如羧基、醛基等)的一种方法。Chen 等(2008)最早提出该方法。研究人员利用 Lemieux-von Rudloff 试剂(0.5 mmol/L $KMnO_4$ + 0.105 mmol/L $NaIO_4$ 水溶液)将 $NaYF_4:Yb^{3+}$,Er^{3+} 上转换纳米颗粒表面油酸配体上的碳—碳双键在 40 ℃ 的温和条件下氧化成两个羧基,获得了亲水性能良好的相当于壬二酸表面修饰的纳米颗粒。该方法对上转换纳米颗粒的形貌、组成和上转换发光性能无明显的不良影响。然而该方法仅仅适合于颗粒表面配体中含有碳—碳不饱和键的情况。由于大多数纳米颗粒的表面包覆有油酸或油胺配体分子，因此该方法可适用于大部分的上转换纳米颗粒的表面修饰。

（5）聚合物包覆法。聚合物包覆法是利用具有两亲性的聚合物（如 PEG）的疏水端与上转换纳米颗粒通过范德华力作用包覆在纳米颗粒表面，亲水端与水相容，形成一个疏水/亲水的有机核—壳结构。该方法可有效解决纳米颗粒的水溶性问题，减弱水对纳米颗粒的荧光淬灭效应。但是这种修饰过程相对比较复杂，包覆后的粒径往往会增大。

（6）主客体相互作用。该方法是利用主体分子与客体分子（上转换纳米颗粒）的相互作用，合成水溶性上转换纳米颗粒。Liu 等（2011）首次将 α-环糊精和 β-环糊精分子与合成的纳米颗粒 $NaYF_4:Yb^{3+},Er^{3+}$ 的油酸分子，通过主客体作用，获得了水溶性的纳米微粒。该方法具有操作简单、修饰效果好的优点，但是只适合对修饰剂与纳米颗粒表面的配体有自主结合作用的纳米颗粒的修饰。

图 7-2 为上转换纳米材料探针技术结合磁分离手段同时检测黄曲霉毒素 B1（AFB1）和赭曲霉毒素 A（OTA）原理。此研究中对水热法合成的 $NaYF_4:Yb,Tm/Er$ 两种上转换发光纳米颗粒进行 TEOS 硅烷化修饰，获得了氨基化修饰的纳米颗粒，最后与毒素抗体结合，制备出了 $anti-AFB_1-NaYF_4:Yb,Tm$ UCNPs（图 7-2a）和 $anti-OTA-NaYF_4:Yb,Er$ UCNPs（图 7-2b）信号探针。此上转换信号探针与经修饰的与人工抗原结合的磁性纳米捕获探针（$AFB_1-BSA-MNPs$、$OTA-BSA-MNPs$）通过免疫识别方

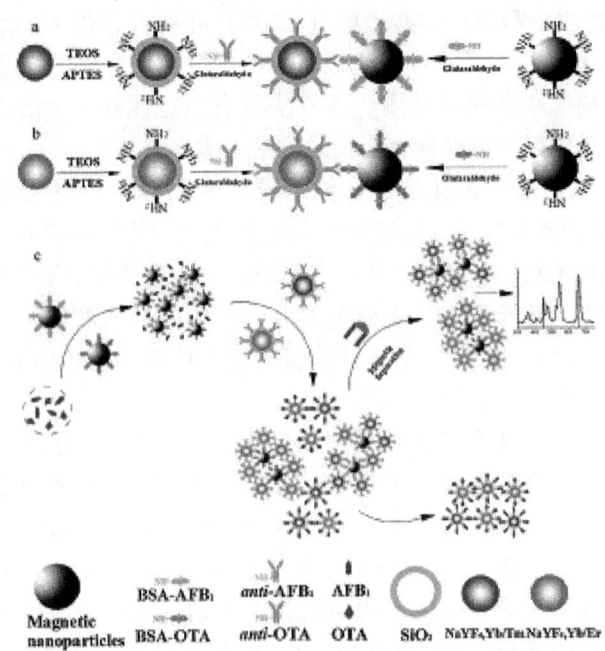

图 7-2　功能化纳米材料的修饰过程和竞争免疫检测方法的原理（Wu *et al.*, 2011a）
a：$anti-AFB_1-NaYF_4:Yb,Tm$ UCNPs 和 $AFB_1-BSA-MNPs$ 的修饰；
b：$anti-OTA-NaYF_4:Yb,Er$ UCNPs 和 $OTA-BSA-MNPs$ 的修饰；
c：基于功能化纳米材料竞争免疫反应模式检测原理

式结合在一起（图 7-2a，b）。检测时加入的 AFB_1 和 OTA 标准品将与人工抗原竞争性地与抗体发生特异性识别反应，导致上转换纳米颗粒—磁性纳米颗粒复合物减少，最后通过外界磁场进行磁分离，将上清液移去，观察复合物的荧光信号，即可实现对目标物的检测分析（图 7-2c）。

7.2.5 碳点探针

碳点是一种近似球形且直径 <10 nm 的零维半导体纳米晶体，由极少分子或是原子组成的纳米团簇。与粒径较大、相对分子质量通常达到了几十万的量子点相比，碳点的粒径一般只有几个纳米，相对分子质量只有几千到几万。碳点通常由 C、H、O、N 4 种基本元素组成，与未经处理、无荧光性能的碳颗粒相比，荧光碳点中各个元素所占的比例有很大不同，如蜡烛灰（91.7% C、1.8% H、1.88% N、4.4% O）与硝酸氧化后的碳点（36.8% C、5.9% H、9.6% N、44.7% O）差异巨大。处理后的碳点表面上含有大量的—OH 和—COOH，以及—NH_2，O、H、N 所占比例相应增加，碳点的反应活性以及在水中的溶解性都有相应的提高（颜范勇，2014）。

荧光碳点是一种新型荧光纳米探针。荧光碳点在紫外区域光谱吸收较强，吸收峰可延伸至可见光区，经微波/超声、电化学氧化、激光刻蚀等方法制备的荧光碳点，其吸收峰在 260~320 nm 之间，经修饰后波长会相应增加。碳点的发光特性主要表现在光致发光和电化学发光，其中荧光性能是碳点最突出的性能。此外，荧光碳点还具有生物相容性好、毒性低、相对分子质量和粒径均小、易实现表面功能化以及无"光闪烁"现象和抗光漂白性等特点。

目前关于碳点发光的理论包括：①表面态，即碳点表面存在能量势阱，经过表面修饰后，其荧光量子产率提高可归因于碳点表面状态的变化；②尺寸效应，即碳点的荧光性能决定于粒径大小。作为一种有潜力在诸多领域发挥重要作用的纳米物质，碳点的优良荧光性质主要有：激发光宽且连续，一元激发，多元发射；荧光稳定性高且抗光漂白；荧光波长可调，有些碳点具有上转换发光性质；碳点是优良的电子给体和受体，具有光诱导电子转移特性。半导体纳米粒子体系的电化学发光光谱相对于其荧光光谱而言，都有红移，表明了它们的发射态是不同的。碳点作为一种半导体纳米粒子，其电化学发光的发射不受粒子尺寸和修饰试剂的影响，而更多取决于其表面态。

制备荧光碳点的碳源来源丰富且价廉，常用的有蜡烛灰、天然气燃烧产生的烟灰、活性炭、西瓜皮、柠檬酸和某些草本植物等。目前，制备荧光碳点的方法主要有表面修饰法、浓酸氧化法、电化学制备法、激光消融法、有机物碳化法以及模板法。

7.2.6 碳纳米管探针

碳纳米管（CNTs）于 1991 年问世（Iijima，1991），是一种新型的一维纳米材料。碳纳米管主要由呈六边形排列的碳原子构成数层到数十层的同轴圆管。层与层之间保持固定的距离，约 0.34 nm，直径一般为 2~20 nm。根据碳六边形沿轴向的不同取向可以将其分成锯齿形、扶手椅形和螺旋形 3 种。其中螺旋形的碳纳米管具有手性，而锯齿形和扶手椅形碳纳米管没有手性。碳纳米管具有比表面积大、吸附力强、导电性好、催化能力强、化学性质稳定及机械强度高等性质，受到研究者的广泛青睐，在食品检测、生物医学、环境监测等领域展现了重要的应用前景。

碳纳米管拥有纳米材料大比表面积、粒子表面带有较多功能基团的特性，能在电化学反应中促进电子传递，对某些物质电化学行为产生特有的催化响应。碳纳米管修饰电极能降低底物过电位，增大电流响应，降低检出限，在电催化研究方面具有独特的优越性。将碳纳米管制成电极或制成修饰电极，应用于电化学分析领域，尤其是与生物学、免疫学、电化学及材料技术相结合，应用到现有检测方法中，是食品安全检测的重要发展趋势（樊志琴等，2009）。

7.3 纳米探针技术在食品安全检测中的应用

7.3.1 磁性纳米探针技术在食品安全检测中的应用

7.3.1.1 在致病菌检测上的应用

免疫磁分离技术普遍应用于致病菌检测研究上游分离阶段，其筛选结果可联用显色反应、酶联免疫吸附测定（ELISA）、聚合酶链式反应（PCR）、生物传感器技术。其中 Fe_3O_4 纳米粒子作为核壳结构磁珠的内核，在检测前对微生物进行分离与富集，可提高检测的灵敏度和高效性。

将磁分离技术与 PCR 技术结合起来应用最多，效果也最好，已经广泛应用于食品中微生物的检测中。翁文川等（2006）根据单增李斯特氏菌溶血素基因 $hlyA$，设计合成引物和荧光探针，结合免疫磁珠筛选，开发出一种简便的 DNA 提取方法，建立适用于检测肉类制品中单增李斯特氏菌的荧光 PCR 方法，并对该方法进行特异性、灵敏度及模拟样品检测效果的研究。对 20 株不同菌属的标准菌株和 30 株野生李斯特氏菌菌株的混合菌液检测结果显示，方法具有良好的特异性。对染菌模拟样本的检测结果表明，经过 24 h 增菌，该方法的检测低限为 1 CFU/g。Taha 等（2010）通过对比免疫磁分离技术分别与 CHROMager 显色、ELISA、PCR 检测技术结合测定鸡肉中沙门氏菌，结果表明，磁分离技术与 PCR 结合的方法灵敏度最高，且检测时间大大减少。利用磁性 Fe_3O_4 纳米粒子对食品中微生物的分离检测避免了传统方法需要长时间的微生物培养和扩增过程，也克服了快速检验方法中假阳性高、食品成分对检测结果有影响等局限性，是一种发展可观的微生物检测方法。

7.3.1.2 在毒素检测上的应用

蓖麻毒素是一种剧毒蛋白质。它主要存在于蓖麻籽中。蓖麻毒素易损伤肝、肾等实质器官，发生出血、变性、坏死病变；并能凝集和溶解红细胞，抑制麻痹心血管和呼吸中枢。郑明金等（2011）开发了一种管式磁微粒化学发光免疫分析法测定玉米样品中黄曲霉毒素 B_1 的方法，该方法使待测玉米样品中的黄曲霉毒素 B_1、辣根过氧化物酶标记的黄曲霉毒素 B_1 与异硫氰酸荧光素（FITC）标记的黄曲霉毒素 B_1 单克隆抗体在均相体系中发生竞争性免疫反应，再加入抗 FITC 抗体包被的磁微粒作分离剂，抗原抗体复合物结合在磁微粒上，在磁场中经分离、洗涤后加发光底物，检测发光强度，测定玉米样品中黄曲霉毒素 B_1 的含量。此方法线性范围为 $0.05 \sim 5.00$ ng/mL，检测限为 0.02 ng/mL，相对标准偏差小于 15%。Yin 等（2012）建立了水和牛奶中蓖麻毒素的检测方法，其检出限为 1 fg/mL，较 ELISA 方法的检出限提高了 6 个数量级。该方法利用蓖麻毒素的多抗及特异 DNA 链标记的金纳米颗粒探针（NP）和蓖麻毒素单抗标记的磁性微球探针（MMP），形成 MMP - 蓖麻毒素 - NP"三明治"式复合物后再利用去杂交将 NP 探针上标记的 DNA 链释放出来，通过 PCR 方法或芯片检测方法检测生物条形码含量来完成蓖麻毒素的定量。

7.3.1.3 在农药、兽药残留检测上的应用

Tudorache 等（2008）通过将磁性纳米粒子与化学发光免疫分析方法相结合，建立了阿特拉津的免疫分析方法。该方法的最低检出限为 3 pg/L，检测灵敏度为 37 pg/L，线性检测范围为 10 ~ 1 000 pg/L 之间。Liang 等（2013）通过将磁性纳米粒子与荧光免疫分析方法相结合，实现了白菜、胡萝卜、菠菜、茄子等样品中三唑磷农药的检测。所建立的免疫分析方法线性检测范围为 0.02 ~ 50.00 ng/mL，平均回收率为 90.6%。

基于 ZrO_2 和有机磷之间的强吸附性作用而制备的 Fe_3O_4 - ZrO_2 复合粒子，对有机磷农药（OPs）的富集倍数达到 20 ~ 50 倍，且可再生重复使用。胡寅（2011）建立了基于 Fe_3O_4 磁性纳米粒子类催化活性的有机磷农药的免疫分析技术，对蔬菜样品添加有机磷农药实验的测定，得到比传统 ELISA 方法更好的效果。Loh 等（2008）制备出除草剂 2 - 4D 的电化学传感器，将磷酸酯酶固定在 Fe_3O_4 粒子上，通过实验确定 Fe_3O_4 的存在对酶的稳定性和活性无影响之后，利用 2 - 4D 抑制磷酸酯酶催化反应而引起电化学信号改变实现对 2 - 4D 的检测，实验证明，Fe_3O_4 的存在使多重电化学催化作用显著放大了相应的电流信号。

在兽药残留检测上，Xu 等（2012）通过将磁性纳米粒子与酶联免疫分析方法相结合，建立了氯霉素的免疫分析方法。该方法检测灵敏度为 0.05 ng/mL，牛奶中的添加回收率为 80% ~ 106%，变异系数小于 15%。

7.3.1.4 在违禁添加物检测上的应用

干宁等（2009）在 Fe_3O_4/Au 复合粒子表面包覆三聚氰胺抗体，将其固定在电极上制备三聚氰胺安培免疫传感器，检测时加入标有氢过氧化物酶的二抗，与电极上的抗体形成三元免疫复合物。测试结果表明，检测电流与三聚氰胺浓度呈良好的线性关系，检测限 0.2 μg/mL，检测时间小于 20 min，高于 ELISA 测定法，可实现现场分离和检测。徐静（2011）将磁性纳米粒子与酶联免疫分析方法相结合，建立了苏丹红的免疫分析方法。该方法检测灵敏度为 1.7 ng/mL，线性范围为 0.5 ~ 13.5 ng/mL。结果显示，苏丹红在辣椒油中的回收率为 82.0% ~ 91.8%，在辣椒酱中的回收率为 59.0% ~ 103.8%，变异系数在 6.5% ~ 8.8% 之间。

7.3.2 纳米金探针技术在食品安全检测中的应用

7.3.2.1 在致病菌检测上的应用

纳米金探针已有应用于单核细胞增生李斯特氏菌、志贺氏菌和大肠杆菌等致病菌检测的报道。例如，王周平等（2010）基于分子信标（MB）识别和荧光纳米粒子、纳米金探针技术，建立了均相体系中李斯特氏菌目标 DNA 的高灵敏检测新方法。作者以 FITC - IgG@SiO_2 荧光纳米粒子和纳米金分别标记单核细胞增生李斯特氏菌序列特异性分子信标探针 5′端和 3′端，成功构建了单核细胞增生李斯特氏菌序列特异性分子信标

荧光纳米探针。将该方法应用于食品样品中单核细胞增生李斯特氏菌的检测，结果与国标法一致。

李向丽等（2011）采用纳米金标记结合银染信号放大技术建立了检测福氏志贺氏菌的新方法，优化了酶标板包被亲和素使用浓度以及分子杂交和化学发光检测实验条件。结果表明，化学发光法比吸光光度法检测灵敏度高15倍，通过银染信号增强后，化学发光检测目标菌DNA的检测限达2 fmol/L，相对化学发光强度与目标菌DNA浓度在5～1 000 fmol/L范围内呈良好的线性关系，相对标准偏差 RSD 为4.2%。

在大肠杆菌检测方面，Su等（2012）提出一种检测大肠杆菌O157：H7的方法。巯基乙胺（MEA）能通过巯基结合到纳米金上，同时MEA能通过静电吸附作用和大肠杆菌O157：H7结合。因此以MEA修饰的纳米金检测大肠杆菌O157：H7，当大肠杆菌O157：H7存在时，MEA-AuNP会聚合到一起，溶液颜色由红色变为蓝色。MEA-AuNP的 A_{625}/A_{520} 与大肠杆菌的浓度呈线性相关。该法在5 min内通过肉眼观察颜色变化即可完成检测，适合于现场即时检测。

7.3.2.2　在毒素检测上的应用

李井泉等（2009）建立了两种基于银增强纳米金标记探针的高灵敏度免疫分析方法。方法一是用黄曲霉毒素 B_1（AFB_1）抗体与金标抗原、待测抗原进行竞争免疫反应，然后加入银增强溶液，以金为核沉积生长银，通过检测光密度来确定待测物中 AFB_1 的含量，该方法的检出限可达到0.01 ng/mL。方法二是在方法一的基础上，将银化学溶出，通过化学发光法检测沉积的银量来确定待测物中 AFB_1 的含量，该方法的检出限可达到0.002 ng/mL。Liu等（2013）制备了山羊抗兔IgG-纳米金探针，并以此为基础制成了检测 AFB_1 的金标记抗体的免疫层析试纸，在食品和饲料中成功地检测出了 AFB_1，检测限为2.0 ng/mL，10 min内即可完成检测。与传统的直接竞争酶联免疫吸附法测定（cdELISA）相比，有着现象更明显、条件更简单、适用性更强等优点。

此外，利用胶体金免疫层析技术检测玉米赤霉烯酮（ZEN）、赭曲霉毒素A（OTA）、黄曲霉毒素 M_1（AFM_1）也有很多报道。

7.3.2.3　在农药、兽药残留检测上的应用

Liu等（2012）提出一种基于罗丹明B（RB）标记的纳米金（RB-AuNP）的分析法，通过荧光和比色两种分析手段来检测有机磷和氨基甲酸酯农药残留。将硫代乙酰胆碱（ATC）和乙酰胆碱酯酶（AChE）加入到RB-AuNP溶液中，AChE催化ATC水解产生硫代胆碱，硫代胆碱与RB相比更易结合到纳米金表面，将部分RB从纳米金表面取代，RB进入溶液中后恢复荧光特性，同时纳米金在硫代胆碱和RB的静电作用下发生聚集，溶液颜色由红色迅速变为紫色。而有机磷和氨基甲酸酯这两类杀虫剂均能抑制AChE的活性，因此阻碍了硫代胆碱的产生，RB-AuNP溶液的颜色仍然为红色，同时RB的荧光性被淬灭。该检测具有较高的灵敏度和选择性，西维因、二嗪农、马拉硫磷、甲拌磷几种农药的最低检测浓度分别为0.1、0.1、0.3、1.0 μg/L。

在兽药残留检测上，杨挺等（2007）根据竞争式胶体金免疫层析试验原理，研制了检测氯霉素的免疫试纸条。该金标试纸条适用于动物源食品中氯霉素残留的快速检测，对虾肉、蜂蜜样品的最低检出限为1.5 μg/L，对鲜奶的最低检出限为3 μg/L，检测时间只需5～8 min。Zhu等（2011）报道了一种通过竞争性表面增强拉曼散射免疫

分析法来检测克伦特罗。该方法在胶体金溶液中纳米金表面修饰 4,4′-联吡啶（DP）和克伦特罗抗体，DP 作为标记分子，将这种纳米金作为增强拉曼散射探针，克伦特罗和固定在基底表面上的克伦特罗-BSA 竞争结合克伦特罗抗体，经洗涤后，通过测试 DP 的拉曼光谱信号强度就可检测克伦特罗浓度，检测限为 0.1 pg/mL。

7.3.2.4　在重金属检测上的应用

Nan 等（2010）提出一种检测 Pb^{2+} 的方法，以鞣酸（GA）作为还原剂和稳定剂一步法合成纳米金，而 Pb^{2+} 的存在会导致 Pb-GA 复合物的形成，致使纳米金发生聚集，溶液颜色由酒红色变为紫色，最终变为蓝色，检测限为 5.8 μg/L。该方法的优势在于无须在金纳米粒子表面修饰配体，在合成纳米金的过程中即可完成对 Pb^{2+} 的检测。

Hui 等（2010）利用溶菌酶作为还原剂和稳定剂制备尺寸为 1 nm 的金团簇，当激发波长为 360 nm 时，在 657 nm 处具有较强的荧光强度，而 Hg^{2+} 会专一性地淬灭此发射峰，以此为依据来检测 Hg^{2+}，检测限为 2.0 μg/L。该方法具有较高的选择性和灵敏度。

7.3.3　量子点探针技术在食品安全检测中的应用

7.3.3.1　在致病菌检测上的应用

由于量子点荧光探针具有较宽的激发光谱和窄且对称的发射光谱，且量子点颜色可根据其大小及材料来调节，因此，可利用不同荧光的量子点标记不同的致病菌抗体，再用免疫学方法来同步检测食品中多种致病菌，这样可缩短检测时间，提高效率。目前已有许多基于量子点荧光标记检测食品中致病微生物的研究报道。

Wang 等（2007）通过免疫磁性分离结合量子点荧光标记技术快速、灵敏地检测培养液中单增李斯特氏菌。在该检测方法中，量子点 QDs 605 和磁性纳米珠分别与链霉亲和素结合，再分别与生物素—抗单增李斯特氏菌抗体偶联。分析样品时，偶联的磁性纳米珠与含单增李斯特氏菌的培养液混合，经过免疫磁性纳米珠分离后，样品中目标菌被富集，结合了单增李斯特氏菌的纳米珠再与偶联量子点混合，经免疫磁性分离去除未结合的量子点，通过荧光分光光度法测定磁性纳米珠—单增李斯特氏菌—量子点结合物的荧光强度达到检测的目的。这种方法能检测纯培养液中浓度低至 2~3 CFU/mL 的单增李斯特氏菌，细菌浓度为 10^0~10^7 CFU/mL 时与荧光强度呈线性关系，样品检测时间为 1.5 h。

Yang 等（2006）利用量子点作为免疫荧光标记同时检测两种食源性病原菌：大肠杆菌（E. coli O157:H7）和伤寒沙门氏菌（S. Typhimurium）。将不同粒径发射波长为 525 nm、705 nm 的量子点分别偶联上 E. coli O157:H7、S. Typhimurium 抗体。待检菌首先利用连有抗体的免疫磁珠分离进行预处理，免疫磁珠—细菌混合物可与偶联量子点结合形成免疫磁珠—细菌—量子点复合体。荧光图像表明，偶联抗体的量子点的荧光稳定，抗体保持较高的生物活性，能特异性识别混合体中相应的生物菌。利用最终复合体的荧光强度对两种病原菌的浓度进行了检测，检测限为 1×10^4 CFU/mL，检测可在 2 h 内完成。

蔡朝霞等（2011）采用水相法以谷胱甘肽为稳定剂合成高稳定性的 CdSe 量子点，利用化学偶联剂的作用使得量子点表面基团与菌体之间成功结合，对偶联的条件进行了优化,并基于荧光分析法建立了一种快速简便的大肠杆菌检测定量分析方法。研究结果表明,合成的量子点具有稳定、荧光性能良好等突出优点。通过偶联剂,量子点能与大肠杆菌结合,其荧光强度与大肠杆菌浓度成正比。基于此,建立了大肠杆菌的快速定量分析方法,检测线性范围为 $1.0 \times 10^3 \sim 1.0 \times 10^9$ CFU/mL,检测限为 1.0×10^2 CFU/mL。本方法可用于食品中大肠杆菌的快速检测。

7.3.3.2 在毒素检测上的应用

Goldman 等(2004)将工程重组蛋白质通过静电作用结合到 CdSe/ZnS 核壳型荧光量子点上,然后再与抗体偶联,用于蛋白质毒素的荧光免疫检测。该课题组用不同粒径 CdSe/ZnS 量子点分别标记抗蓖麻毒素、霍乱毒素、志贺氏菌毒素 1 和葡萄球菌肠毒素 B 的抗体,能在同一块免疫微孔板上实现对蓖麻毒素、霍乱毒素、志贺氏菌毒素 1、葡萄球菌肠毒素 B 4 种毒素的混合物同时监测,通过荧光波长和荧光强度可以获得样品中的病毒种类和含量。李响等(2013)将发光量子点标记技术与磁分离富集技术相结合,基于竞争免疫分析,成功构建了黄曲霉毒素 B_1(AFB_1)免疫检测新方法。首先合成了巯基丙酸包覆的 CdTe 发光量子点,同时采用水热法合成了氨基化磁性纳米粒子,通过 TEM 成像、荧光光谱、XRD、红外光谱等分别对其进行了表征。随后以 AFB_1 人工抗原功能化磁性纳米粒子作为捕获探针,以发光量子点标记免疫球蛋白 G(二抗)作为信号探针,基于磁性纳米粒子表面 AFB_1 人工抗原和样品中 AFB_1 与 AFB_1 单克隆抗体之间的竞争免疫结合,建立了 AFB_1 新型检测方法。实验优化条件下,荧光强度与黄曲霉毒素 B_1 质量浓度在 $0.1 \sim 100.0$ ng/mL 范围内呈良好的线性关系,检测限为 0.03 ng/mL。

7.3.3.3 在农药、兽药残留检测上的应用

Ji 等(2005)采用亲水性基团取代疏水性基团,将油溶性的 CdSe/ZnS 转移到水相,然后通过阴阳离子共轭作用与有机磷水解酶形成生物共轭体,通过该方法研制了一种新型的量子点生物传感器,制备的生物传感器可用来检测对氧磷农药,最低检测限达到 10^{-8} mol/L。Vinayaka 等(2009)建立了基于 CdTe 量子点免疫荧光法分析检测除草剂 2,4-二氯苯氧乙酸(2,4-D)的方法。首先利用 N-(3-二甲氨基丙基)-N′-乙基-碳二亚胺盐酸盐将巯基丙酸修饰于 CdTe 量子点表面,然后通过偶联剂氮羟基琥珀酸与碱性磷酸酶(ALP)结合,再偶联 2,4-D 分子;而抗 2,4-D 抗体固定于以 Sepharose CL-4B 为惰性基质的免疫反应柱上,利用荧光免疫传感器上偶联的 2,4-D-ALPCdTe 和游离的 2,4-D 竞争性结合免疫反应柱上抗 2,4-D 抗体实现对 2,4-D 的检测,检测限达 250 pg/mL。该研究主要利用偶联物中 ALP 和 CdTe 之间的共振能量转移原理构建生物传感器来检测 2,4-二氯苯氧乙酸。

在兽药残留检测上,Chen 等(2009)研制了基于量子点为标记的竞争性荧光酶联免疫吸附法快速检测鸡肉中恩诺沙星残留率。结果发现,该法对恩诺沙星检测线性范围为 $1 \sim 100$ ng/mL,半数抑制浓度(IC_{50})为 8.3 ng/mL,最低检测限为 2.5 ng/mL。Ding 等(2006)利用量子点作为荧光标记偶联二抗制备间接竞争荧光免疫吸附法检测鸡肉组织中磺胺二甲嘧啶,该方法检测限为 1.0 ng/L,变异系数为 $6.9\% \sim 9.6\%$,回收率为 $80.6\% \sim 117.4\%$,检测结果与 HPLC 检测结果接近。

7.3.3.4 在重金属检测上的应用

杜保安等（2013）以巯基丙酸为稳定剂，在水相中合成了 CdTe 量子点，基于 Pb^{2+} 对 CdTe 量子点有显著的荧光淬灭作用，用 CdTe 量子点作荧光探针，建立了水相中微量 Pb^{2+} 的定量检测方法。研究结果表明，在优化的实验条件下，当 Pb^{2+} 浓度在 $1.0\times10^{-8} \sim 1.0\times10^{-6}$ mol/L 范围内时，量子点的荧光淬灭强度（ΔF）与 Pb^{2+} 的浓度之间有良好的线性关系，线性相关系数为 0.997 2，计算此方法的检出限为 9.3×10^{-10} mol/L，相对标准偏差为 5.9%，回收率为 86%～110%。同时研究了常见金属离子的干扰作用，结果表明所建立的方法具有很好的选择性。

7.3.3.5 在转基因检测上的应用

CaMV 35S 基因为来源于花椰菜花叶病毒的 35S 启动子，是转基因植物的一种非常重要的外源启动子基因。谢江坤等（2008）以水热法合成十六烷基三甲基溴化铵（CTAB）修饰的 PbSe 纳米粒子。在碳糊电极表面制备的 PbSe 纳米粒子壳聚糖（CHIT）复合膜上，实现了 DNA 的固定和杂交，并用循环伏安法和电化学交流阻抗法进行了表征。应用电活性分子亚甲紫（MV）作为杂交指示剂，以微分脉冲伏安法对转基因植物 *CaMV* 35S 启动子基因片段进行测定，检测范围为 $5.0\times10^{-11} \sim 5.0\times10^{-6}$ mol/L，检出限为 1.6×10^{-11} mol/L。

7.3.4 稀土上转换纳米探针技术在食品安全检测中的应用

7.3.4.1 在致病菌检测上的应用

王静等（2007）利用上转换磷光标记和双抗体夹心免疫层析技术建立了肠出血性大肠杆菌 O157:H7 的检测方法。制备的上转换磷光（UCP）颗粒采用 EHEC O157:H7 抗体进行标记。结果显示，该法能在 40 min 内完成 O157:H7 检测，通过对 23 种 28 株常见细菌的检测发现，该方法的特异性高，无交叉反应，方法的检测灵敏度为 5×10^3 CFU/mL，每次最低检测拷贝数为 500 细菌。该方法应用于模拟奶粉、咖啡粉、饼干、蛋糕、果冻、燕窝、果汁等固体、半固体、液体食品样品染菌的检测，检测灵敏度最低可达 5×10^3 CFU/mL。Duan 等（2012）采用水热法合成了 $NaYF_4:Yb,Er/Tm$ UCNPs 和 Fe_3O_4 MNPs，利用经典的 Stober 法对 UCNPs 和 MNPs 进行了氨基化修饰，分别将 aptamer 1、aptamer 2 两个适配体与 UCNPs 和 Fe_3O_4 MNPs 进行组装后，建立了基于磁分离富集—核酸适配体识别—上转换荧光纳米探针技术检测鼠伤寒沙门氏菌、金黄色葡萄球菌的方法。该方法的检测线性范围为 $10^1 \sim 10^5$ CFU/mL（$R^2 = 0.996\ 4$），检测限分别为 5 和 8 CFU/mL。马小媛等（2013）利用水热法制备了 $NaYF_4:Yb^{3+},Er^{3+}$ 上转换荧光纳米颗粒，以上转换荧光纳米颗粒为荧光显示探针，结合磁性纳米材料的磁分离富集作用实现了对沙门氏菌目标 DNA 的高灵敏检测，检出下限达 3 fmol/L。目标 DNA 链浓度与荧光强度成正比，在 0.01～10.00 pmol/L 范围内呈现良好的线性关系。

7.3.4.2 在毒素检测上的应用

Wu 等（2011b）采用水热法合成了 $NaYF_4:Yb,Er$ 上转换发光纳米颗粒，一步法合成了 Fe_3O_4 磁性纳米颗粒（MPNs），利用经典的 Stober 方法对上转换发光纳米颗粒进行了氨基化修饰，分别将两个适配体（aptamer DNA 1、aptamer DNA 2）与氨基化的 UC-

NPs 和 Fe_3O_4 MNPs 进行组装后，建立了基于磁分离富集—核酸适配体识别—上转换荧光纳米探针技术的赭曲霉毒素 A（OTA）新型检测技术研究。发现 OTA 在 $1×10^{-13}$～$1×10^{-9}$ g/mL 与荧光值呈线性关系，检出限均为 $1×10^{-13}$ g/mL，相对标准偏差 *RSD* 为 3.29%，回收率为 90.70%～117.98%。与其他方法相比，该方法的检测灵敏度是最高的。接着，Wu 等（2011a）建立了基于抗原抗体免疫亲和识别—磁分离富集—上转换荧光纳米探针的黄曲霉毒素 B_1（AFB_1）和赭曲霉毒素 A（OTA）真菌毒素检测方法。他们通过水热法合成 $NaYF_4$：Yb，Tm/Er 上转换发光纳米颗粒，然后进行硅烷化法修饰，获得了氨基化修饰的纳米颗粒，最后将它们分别与毒素抗体和抗原结合，制备出了上转换荧光纳米信号探针（*anti*-AFB_1-$NaYF_4$：Yb，Tm UCNPs、*anti*-OTA-$NaYF_4$：Yb，Er UCNPs）和磁性纳米捕获探针（AFB_1-BSA-MNPs、OTA-BSA-MNPs），首次建立了基于磁分离富集—免疫亲和识别—上转换荧光纳米探针技术的多色标记 AFB_1、OTA 同时检测技术。结果发现，当 AFB_1 和 OTA 质量浓度在 0.01～10.00 ng/mL 之间时与荧光值呈线性关系，检出限均为 0.01 ng/mL，灵敏度非常高，相对标准偏差 *RSD* 分别为 5.19% 和 2.14%，方法重现性良好。后来，Wu 等（2012）还通过合成 $BaYF_5$：Yb，Er/Tm 上转换荧光纳米颗粒，以这些 UCNPs 为能量供体，氧化石墨烯（GO）作为能量受体，建立了 $BaYF_5$：Yb，Er 和 $BaYF_5$：Yb，Tm 上转换荧光纳米颗粒与氧化石墨烯荧光共振能量转移体系（FRET）的 OTA、FB_1 的适配体传感器检测方法。结果发现，OTA 在 0.05～100.00 ng/mL，FB_1 在 0.1～500.00 ng/mL 浓度范围内呈良好的线性关系，两者的检出限分别为 0.02 ng/mL 和 0.10 ng/mL。该方法应用于被污染玉米的检测。同时，利用荧光共振能量转移模式，Wu 等（2013）还在最近的研究中针对其他真菌毒素如伏马菌素 B_1（FB_1）的检测进行了研究。

作为新一代快速发展的生物标记材料，上转换发光纳米材料具有毒性小、光学稳定性好、穿透能力强、灵敏度高、无背景荧光等诸多优点。虽然对上转换发光纳米材料的研究尚处于起步阶段，还面临材料的有效制备与合成、表面修饰及功能化以及在高通量平台上的应用等很多挑战，但是目前已经取得了令人瞩目的研究成果，引发了广泛关注，近年来发表的论文数量正快速增长。毋庸置疑，上转换发光纳米探针技术已经在生物学、医学和生命科学领域的细胞成像、组织及活体成像、生物检测、光动力治疗等方面取得巨大成功，展现了很好的应用前景。但是在食品安全检测领域的研究还刚开始起步，绝大部分研究还仅仅局限于真菌毒素及个别致病菌的检测，尤其在农药、兽药残留等方面尚未取得进展。在将来的工作中，光谱可分辨的多色上转换纳米颗粒的制备、生物功能化及其检测应用将成为研究重点。我们深信，该技术在食品安全检测领域的应用将会得到极大的发展（李向丽等，2014）。

7.3.5 碳点探针技术在食品安全检测中的应用

碳点由于优良的光学特性（高荧光强度、抗光漂白性、发光颜色可调等）而得到极大的重视，并被广泛应用于食品安全检测中。碳点作为一种新型的金属离子荧光探针，在溶液中易被电子受体高效淬灭，据此能够有效地检测溶液中的金属离子，并在一定范围内确定金属离子的浓度，然后进行痕量分析。

毛小娇等（2010）以实验自制的碳点为探针，基于 Cu^{2+} 对碳点的荧光淬灭作用，

建立了测定 Cu^{2+} 的新方法。在优化的最佳条件下，体系的相对荧光强度与铜离子的浓度呈良好的线性关系，检出限达 1.0×10^{-7} mol/L。Liu 等（2011）在碱性条件下，用蜡烛灰经水热反应制备出粒径为 (3.1 ± 0.5) nm 的碳点。该碳点表面具有大量的羟基，水溶性良好，Cr^{3+}、Al^{3+} 和 Fe^{3+} 等金属离子容易与其表面的羟基结合，使碳点发生聚集，引起荧光淬灭。其中，Cr^{3+} 引起淬灭的 Stern Volmer 常数为 1.03×10^7 L/mol，在 $1.0 \sim 25.0$ μmol/L 范围内碳点的荧光强度与 Cr^{3+} 的浓度呈线性关系，检测限为 60 nmol/L。

7.3.6 碳纳米管探针技术在食品安全检测中的应用

苏丹红是一类具有致癌作用的偶氮系列染色剂。近年来一些不法商人或食品生产企业为强化和保持食品外观效果，将其作为食品色素使用，对人们健康构成严重威胁，因此在世界范围内严禁以任何目的、任何含量将其添加到食品中。目前，国内外大多采用高效液相色谱法（HPLC）和气相色谱—质谱（GC-MS）检测苏丹红，但方法成本高、耗时长，为此，亟待发展一种简便方法实现苏丹红的快速、准确检测。由于苏丹红本身具有电活性，故可用电化学方法进行检测。Gan 等（2008）以玻碳电极为基体电极，制备碳纳米管修饰电极，采用循环伏安法研究苏丹红 I 电化学行为，对苏丹红 I 测量条件进行优化，在最优条件下对苏丹红 I 进行定量测定，得到较好结果；并将该法用于实际样品——番茄制品中苏丹红 I 检测，也得到较好结果。实验结果表明，在 CNTs 修饰电极上，用电化学方法检测苏丹红 I 是一种相对快速、简便、价廉、实用的分析方法。

碳纳米管生物传感器包括酶传感器、微生物传感器、核糖传感器等。由于生物传感器具有选择性高、操作简便、响应快等优点，因而在食品工业中大有用武之地，不仅可用于对食品各种成分的分析，还可监控食品生产过程、发酵工艺过程及微生物浓度。例如，对食品葡萄糖、甜味素、色素、乳化剂、农药和抗生素残留量等进行分析。

刘润等（2007）利用戊二醛交联法将 AChE 和牛血清白蛋白固定在羧基化多壁碳纳米管修饰玻碳电极表面，制备可应用于检测有机磷农药新型安培型生物传感器，并确定最佳工作条件。该法具有良好的重现性和回收率，当辛硫磷及氧化乐果质量浓度分别为 $5.0 \times 10^{-4} \sim 5.0 \times 10^{-1}$ g/L 和 $1.0 \times 10^{-3} \sim 5.0 \times 10^{-3}$ g/L 范围内时，抑制率与其质量浓度对数呈线性关系，检出限按抑制率为 10% 时农药浓度计算，可分别达到 3.6×10^{-4} g/L 和 5.9×10^{-4} g/L，效果令人满意。

7.4 应用示例

7.4.1 纳米金标记—银染信号放大技术检测福氏志贺氏菌（李向丽等，2011）

7.4.1.1 材料与方法

（1）材料。氯金酸（$HAuCl_4$）、牛血清蛋白（BSA）、碳酸钠、氢氧化钠、磷酸二氢钠、磷酸氢二钠、硝酸钠、氯化钠、浓盐酸、浓硝酸、氢醌、硝酸银、柠檬酸、柠檬酸钠等（以上均购自中国医药上海化学试剂公司）；亲和素（Amresco 公司）；luminol（默克公司）。主要仪器：TecnaiG220 高分辨透射电镜（TEM，美国 FEI 公司）、MPI-B 型多参数化学发光分析器（西安瑞迈分析仪器有限公司）、DF-101S 型集热式磁力加热搅拌器（河南巩义市予华仪器厂）、Centrifuge 5804R 台式高速冷冻离心机器（上海安亭科学仪器厂）、TU-1900 紫外可见分光光度计（北京普析通用仪器有限责任公司）、Zenyth 3100 荧光/化学发光仪（奥地利 Anthos）、MK3 酶标仪（美国 Thermo Labsystem）、Synergy UVSystem 超纯水系统（美国 MILLIPORE）。所有寡核苷酸序列由上海生工生物工程技术服务有限公司合成。

寡核苷酸序列为：

Seq1：5′-CCGAAGTTAAGCTAC-biotin-3′（捕获 DNA 探针）；

Seq2：5′-SH-CTActaCTTCTTTTAC-3′（显示 DNA 探针）；

Seq3：5′-GTAAAAGAAGTAGGTAGCTTAACTTCGG-3′（目标 DNA）；

Seq4：5′-GTAAAAGCAGTAGGTAGCTTAACTTCGG-3′（单碱基错配链）；

Seq5：5′-GTGGGAGAAGCCGGTAGCTTAACTTCGG-3′（五碱基错配链）；

Seq6：5′-aca tct gca ttt ccg tta aag tcc cgt tcg taaatg ctg ttg cgg ctt gct ttt ccg cg-3′（随机对照链）。

（2）纳米金的制备与表征。在圆底烧瓶中加入 95.8 mL 超纯水，再加入 4.2 mL 1% 的氯金酸溶液，磁力加热搅拌，持续煮沸 10 min。迅速加入 10 mL 1% 的柠檬酸三钠溶液，煮沸 10 min。将热源除去，继续搅拌 15 min。将圆底烧瓶取下，冷却至室温，得到的红色液体即为纳米金，采用紫外—可见吸收光谱、TEM 对其进行表征。

（3）纳米金标记福氏志贺氏菌核酸探针的制备。纳米金标记参照 Mirkin 等（1996）所述方法进行。将上述制得的纳米金溶液 200 μL 进行离心 13 min（11 000 r/min，4 ℃），弃上清液。加入 50 μL 5′端巯基化的 DNA 探针，混匀，置于 4 ℃ 环境条件下反应 12 h，然后离心 8 min（11 000 r/min，4 ℃），弃上清液。加入 100 μL 1×TE 缓冲液重悬后再次离心，弃上清液，以去除多余的游离寡核苷酸链。加 100 μL 1×TE 缓冲液混匀，置 4 ℃ 环境储存备用。

（4）银增强方法。银染增强液的配制：准确称取 1.7 g 氢醌溶于 15 mL 超纯水中（避光），2.35 g 柠檬酸三钠、2.55 g 柠檬酸溶于 10 mL 超纯水中（避光），0.5 g 硝酸银溶于 2 mL 超纯水中（避光），按照 3:75:25 的比例配制银染增强液，现配现用。在各个酶标板孔内加入 100 μL 银染增强液，在避光条件下或者是弱光条件下反应一定时间后（约 80 s），将酶标条置入超纯水中，终止反应。

（5）信号检测。酶标仪吸光度检测：将银染增强液处理后的酶标板置入酶标仪中，在 630 nm 波长处单波长扫描，可以实时反映溶液颜色改变即溶液 OD 值的变化情况。根据酶标仪记录的 OD 值，对数据进行分析后可建立浓度—反应曲线和时间—反应曲线。银的溶出与化学发光检测：各酶标板孔内加入 100 μL 1:3（体积比）HNO_3 溶解酶标板孔内的银，加入 60 μL 5 mol/L 的 NaOH 来调节其酸度，然后将该溶液转移至含有 200 μL 2%（质量分数）$K_2S_2O_8$、40 μL 5 mmo/L $MnSO_4$ 和 36 μL 1:1（体积比）的 H_3PO_4 的离心管中，混合均匀后立即放入 90 ℃ 水浴中，保温 7 min，流水冷却中止该催化反应，最后用 5 mol/L NaOH 调节溶液的 pH 至 10。取该溶液 50 μL 转移至石英发光管中，然后注射入 200 μL luminol（鲁米诺，1 μmol/L，pH 13.5）。同时在化学发光分析仪上记录发光信号。

该实验中银离子的化学发光强度和金标显示 DNA 探针的浓度成正比（与样品中福氏志贺氏菌的含量成正比），可以得出化学发光信号和待测福氏志贺氏菌的关系。

7.4.1.2 结果分析

（1）纳米金表征。纳米金直径约为 1～100 nm，分散在水中的水溶胶，无毒副作用，相容性好，可以和大分子物质核酸、蛋白质很好地结合，性质稳定而被广泛使用。实验制备的胶体金颗粒清亮透明，经紫外—可见分光光度计测其最大吸收峰波长在 525 nm 处，计算可得胶体金颗粒直径约为 12.5 nm，与 TEM 照片相符（见图 7-3）。据文献报道，12 nm 左右的纳米金适合作核酸标记物。因此，本实验采用制备所得的纳米金来标记寡核苷酸序列。

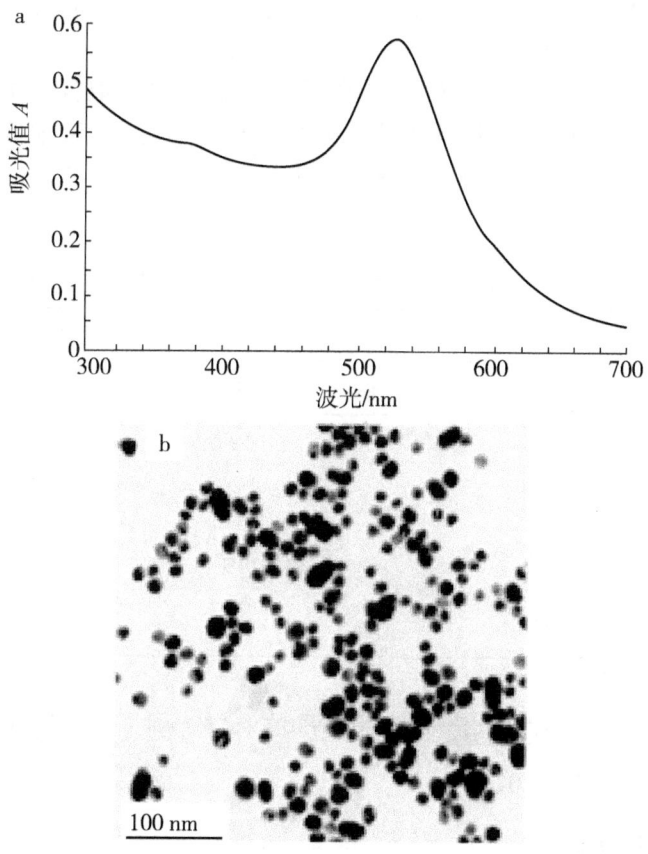

图 7-3 纳米金的紫外—可见光吸收图谱和 TEM 形貌
a：吸收图谱；b：TEM 形貌

（2）银增强效果。银染增强液处理后，酶标板上的纳米金颗粒信号得到放大，用酶标仪在 630 nm 波长处实时记录或者在特定的时间点终止反应，可记录到相应的 OD 值。目的核酸分子与纳米金探针形成杂交产物，可以用纳米金量来间接地反映目的核酸分子的量。目的核酸分子浓度越高，捕获的纳米金探针的量就越多，随着反应时间的进行，颜色变化趋势越明显，在相同的时间点，溶液的颜色变化就越深。对不同浓度的目的核酸分子进行检测,发现在目的核酸分子的浓度为 100 fmol/L 时,仍然能够观察到溶液的颜色变化。在一定的时间控制下,银增强的灰度值变化与不同浓度目标核酸序列(Seq3)杂交体系中固定于酶标孔内的纳米金颗粒的量呈正相关。通过一系列实验优化,选择出最合适的时间段 80 s 终止银染,得出银增强吸光度值与不同浓度目标核酸序列的浓度对数值的良好线性关系。

(3)分析性能。用 HNO_3 溶出的银离子可以催化 $K_2S_2O_8 - MnSO_4 - H_3PO_4$ 体系生成 $K_2Mn_2O_4$,$K_2Mn_2O_4$ 氧化鲁米诺,通过鲁米诺的发光而获得检测信号。本实验对 $K_2S_2O_8 - MnSO_4 - H_3PO_4$ 体系中的 3 个参数($K_2S_2O_8$、$MnSO_4$、H_3PO_4)以及鲁米诺参数进行了优化。试验中将银离子用纯水取代作为对照,结果以相对化学发光强度值表示,3 个重复。在上述最优条件下,得到了吸光度与福氏志贺氏菌目标 DNA 浓度对数值的校准关系,吸光度与目标 DNA 单链在 0.1~1 000.0 pmol/L 浓度范围内可拟合成曲线,检出限为 0.03 pmol/L(30 fmol/L)。7 次重复测量 10 pmol/L 目标 DNA 单链来评价该方法的精密度,相对标准偏差为 3.2%(志贺氏菌)。

(4)样品测定。用所建立的方法和国标方法测定了 40 个取自不同农贸市场的样品中福氏志贺氏菌的污染情况。结果表明,在 20 份熟鸡肉制品和 10 份菠菜中,两种方法均只各检测到 1 份阳性样品,可见所建立方法的准确性良好,与国标法测定结果是一致的(见表 7-1)。

表 7-1 食品样品中采用所建立方法和国标法测定福氏志贺氏菌结果

食品样品	样品测定数/份	阳性数/份(阳性率/%)	
		国标法(GB/T 4789.5—2003)	本试验所建立方法
熟鸡肉肉制品	20	1(5%)	1(5%)
熟猪肉肉制品	10	—	—
生鲜菠菜	10	1(10%)	1(10%)
总计	40	2(5%)	2(5%)

7.4.2 磁分离—发光量子点标记技术检测玉米粉中黄曲霉毒素 B_1(李响等,2013)

7.4.2.1 材料与方法

(1)材料。巯基丙酸、对乙基 - N,N - 二甲基丙基碳二亚胺盐酸盐(EDC)、N - 羟基琥珀酰亚胺(NHS)、黄曲霉毒素 B_1 单克隆抗体、羧甲基羟胺半盐酸盐;黄曲霉毒素 B_1;碲粉;羊抗兔 IgG、SP132582 透析袋;SDS - PAGE 凝胶配制试剂盒;薄层层析硅胶板;氯仿、甲醇、N,N - 二甲基甲酰胺、吡啶、四氢呋喃、水合氯化镉、硼氢化钠、质量分数为 25% 的戊二醛,以及无水乙醇、丙酮、氯化钠、氯化钾、十二水合磷酸氢二钠、磷酸二氢钾等。主要仪器:UV2300 型双光束紫外可见分光光度计(上海天美科学仪器有限公司)、F - 7000 型荧光分光光度计(日本岛津公司)、Zenyth3100 型荧光/化学发光分析仪（奥地利 Anthos 公司）、5430R 台式高速冷冻离心机（德国 Ceppendorf 公司）、Biorad 电泳仪（美国 Bio-Rad 伯乐公司）、Biorad 凝胶成像仪（美国 Bio-Rad 伯乐公司）、DF-101s 集热式恒温加热磁力搅拌器（巩义市予华仪器有限责任公司），另有 Dmax-ⅢB X-射线衍射仪等。

（2）CdTe 量子点的合成与表征。制备 CdTe 发光量子点的具体步骤如下：①碲氢化钠的合成：在 50 mL 的圆底烧瓶中一次加入 0.031 9 g 碲粉（0.025 mmol）、0.038 0 g 硼氢化钠（1 mmol）、5 mL 超纯水，通入氮气，磁力搅拌至变成淡紫色溶液待用；②巯基丙酸—镉配合物的制备：在 250 mL 的三口烧瓶中一次加入 200 mL 超纯水、0.114 2 g 水合氯化镉（0.5 mmol）、0.109 2 g 巯基丙酸（1.2 mmol），充分溶解后，用 1 mol/L NaOH 调节溶液的 pH 至 11.2，之后通氮气约 30 min；③碲化镉量子点的制备：将已经制备的碲氢化钠溶液加至巯基丙酸—镉配合物溶液中，通氮气，120 ℃恒温搅拌回流计时，取 12 h 后的样品，利用透射电镜表征其形貌，通过荧光分光光度计、紫外可见分光光度计对 CdTe 发光量子点光谱性质进行表征。

（3）CdTe 量子点与羊抗兔 IgG 的结合。制备 CdTe 量子点与羊抗兔 IgG 复合物，具体方法为：取 200 μL CdTe 量子点加入 2 mg/mL 的 EDC 50 μL，室温下混合 5 min，37 ℃振荡反应 15～20 min，再加入 2 mg/mL 的 NHS 25μL，室温下振荡反应 15 min，再加入 2 mg/mL 的羊抗兔 IgG 200 μL，37 ℃振荡反应 2 h，6 000 r/min 离心 15 min，弃去上清液。用 PBS 清洗一次，同样条件再次离心去上清液，重悬于 100 μL 超纯水中，以去除未反应的羊抗兔 IgG，4 ℃保存。

（4）氨基化磁性纳米粒子的制备。以六合水氯化高铁为铁源，1,6-己二胺作为氨基功能化试剂，无水醋酸钠为碱，乙二醇为溶剂和还原剂，通过 198 ℃反应制备氨基化磁性纳米粒子（MNPs），并利用透射电镜（TEM）和 Dmax-ⅢB X-射线衍射仪（XRD）对其形貌和组成进行表征。

（5）磁性纳米粒子与人工抗原 AFB_1-BSA 的结合与表征。10 mg 的 MNPs（Fe_3O_4 磁性纳米颗粒）分散在 5 mL 0.01 mol/L 的 PBS 溶液中超声 20 min，加入 1.25 mL 质量分数为 25% 的戊二醛和 100 mg 硼氢化钠，在室温下振荡 1 h，通过外部磁场将 Fe_3O_4 富集，用 PBS 缓冲液冲洗去除未完全吸附的戊二醛，溶于 5 mL PBS。取 2 mg/mL 磁性纳米粒子 150 μL，加入 50 μL 1.4 mg/mL 的 AFB_1-BSA，在室温下振荡 6 h，通过磁力收集产物，并用 PBS 清洗 3 次。用 2 mg/mL 的 BSA 溶液 200 μL 重悬产物，室温下保存 6 h，封闭没有结合人工抗原的结合位点。磁力收集产物，产物重悬于 200 μL 纯水中并保存于 4 ℃待用，用荧光倒置显微镜和紫外可见分光光度计对其进行表征。

（6）黄曲霉毒素 B_1 的检测。取磁性纳米粒子与 AFB_1 人工抗原复合物（MNPs-AFB_1-BSA）溶液 200 μL 置于 1.5 mL 的离心管中，加入标准黄曲霉毒素 B_1 100 μL（空白组中加入 100 μL 超纯水），再加入 200 μL 稀释 1 000 倍的 AFB_1 单克隆抗体，用 0.01 mol/L 的 PBS 溶液定容至 1.0 mL，37 ℃恒温 2 h，外加磁力使磁性纳米粒子富集，弃上清液，并用 PBS 缓冲液冲洗 3 次，磁富集得到沉淀物，用质量分数为 2% 的 BSA 溶液孵育以封闭人工抗原剩余结合位点。加入作者制备的 CdTe 发光量子点与羊抗兔 IgG 的结合物，稀释 2 倍后置于 200 μL 的离心管中，用 0.01 mol/L 的 PBS 溶液定容至 1.0 mL，超声处理 10 min 增大磁性纳米粒子分散度，37 ℃恒温静置 2 h。利用外加磁力使纳米粒子富集，弃上清液，沉淀物用 100 μL 超纯水重悬，测定重悬液的荧光强度。再对标准黄曲霉毒素 B_1 进行梯度稀释，测定最终的荧光强度，作出标准曲线，得出黄曲霉毒素 B_1 与所测荧光强度的线性关系以及最低检测限。

（7）检测方法的应用。取市售玉米粉，加入不同浓度的黄曲霉毒素 B_1，用甲醇水法提取玉米粉中的黄曲霉毒素 B_1，采用上述（6）的方法测定荧光强度，计算黄曲霉毒素 B_1 的含量和收率以评价该方法的准确性。

7.4.2.2 结果与分析

（1）CdTe 量子点的制备与表征。按照实验方法制备 CdTe 发光量子点，并采用 TEM 和荧光光谱对其进行表征。由图 7-4 可知，CdTe 量子点的粒径为 5 nm 左右，呈球形，分散性良好。图 7-5 为反应 12 h 的 CdTe 量子点荧光光谱，在 360 nm 的激发光下，CdTe 量子点的最大发射波长为 560 nm。

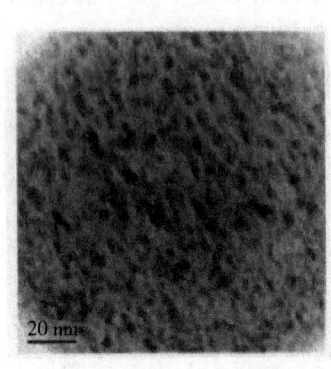
图 7-4 CdTe 量子点的 TEM 形貌

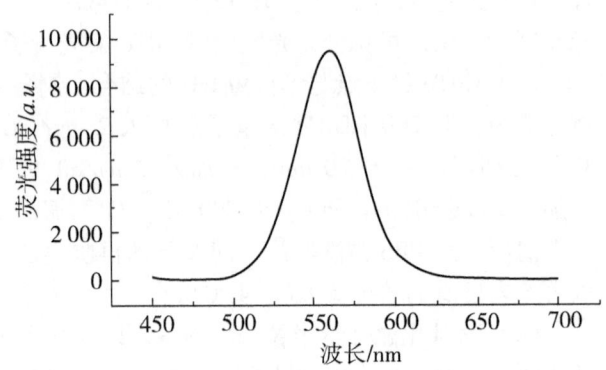
图 7-5 CdTe 量子点的荧光光谱

（2）氨基化磁性纳米颗粒的表征。由 TEM 形貌图（见图 7-6）可知，实验所制备的氨基化磁性纳米颗粒粒径在 35～55 nm，由 X-衍射图（见图 7-7）可知，制备出来的是尖晶石型 Fe_3O_4 磁性纳米颗粒，峰形符合 JCPDS 卡 82-1533，其窄而强的衍射峰说明磁性纳米颗粒具有良好的结晶性。

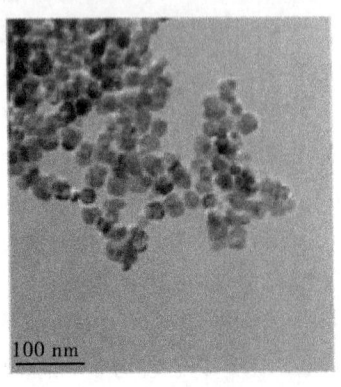
图 7-6 Fe_3O_4 纳米颗粒的 TEM 形貌

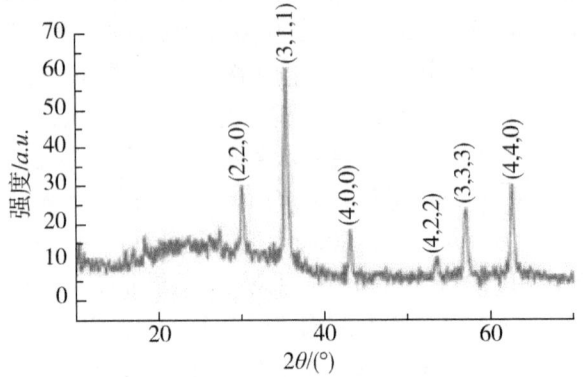
图 7-7 Fe_3O_4 纳米颗粒的 XRD 图

(3) 磁性纳米粒子和人工抗原 AFB_1 – BSA 的结合与表征。黄曲霉毒素 B_1 在紫外线照射下产生荧光,与磁性纳米粒子相连的 AFB_1 – BSA 经过清洗与磁富集,磁珠溶液在荧光显微镜下有荧光显示,表明磁性纳米粒子与 AFB_1 – BSA 成功偶联。如图 7 – 8 所示,在波长 280 nm 和 360 nm 处,200 μL 人工抗原 AFB_1 – BSA 原液紫外吸收和与磁性纳米材料结合富集后上清液紫外吸收相比较有一定差值,表明有部分 AFB_1 – BSA 已经成功连接到了磁性纳米粒子上。

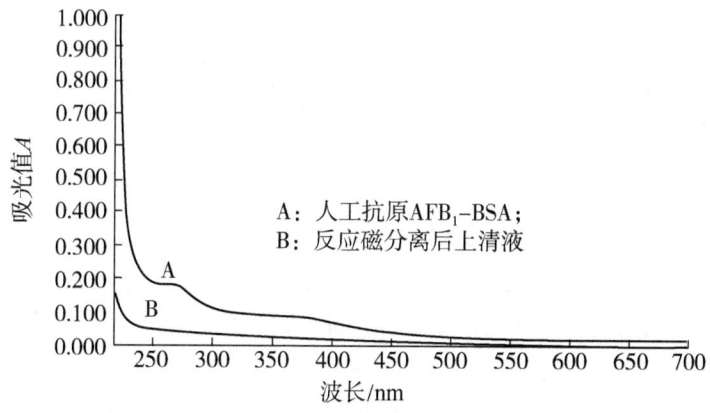

图 7 – 8 人工抗原 AFB_1 – BSA 与磁性纳米颗粒结合前后的紫外可见吸收谱图

(4) 在实验选定的最佳条件下,荧光强度与黄曲霉毒素 B_1 质量浓度在 0.1 ~ 100.0 ng/mL 范围内呈良好的线性关系,线性方程为:$IF = -1\,333.35\,[AFB_1] + 267\,752$ ($R^2 = 0.996\,8$),检出限为 0.1 ng/mL。7 次测量 50 ng/mL 标准黄曲霉毒素 B_1 相对标准偏差为 3.0%。

(5) 玉米粉样品中黄曲霉毒素 B_1 的检测。按照实验部分所述,实验中考察了所建立的方法,由表 7 – 2 可知,玉米粉样品中黄曲霉毒素 B_1 的加标回收率为 88.0% ~ 98.8%,表明本实验所建立的新型检测技术的准确性高,可以用于实际样品中黄曲霉毒素 B_1 的检测。

表 7 – 2 玉米粉样品中黄曲霉毒素 B_1 的检测回收率

编号	初始浓度	加入质量浓度/(ng·mL^{-1})	检出质量浓度/(ng·mL^{-1})	回收率/%
0	0	0.5	0.44	88.0
1	0	5	4.43	88.6
2	0	10	9.21	92.1
3	0	40	38.44	96.1
4	0	70	69.13	98.8
5	0	100	97.57	97.6

7.4.2.3 结论

基于生物功能化磁性纳米粒子的有效分离富集、发光量子点的高效荧光标记，结合竞争免疫分析技术，成功建立了黄曲霉毒素 B_1 的新型检测方法。方法首先在水相中合成 CdTe 发光量子点，并采用水热法合成磁性纳米粒子，以 AFB_1 人工抗原功能化磁性纳米粒子作为捕获探针，以发光量子点标记羊抗兔 IgG 作为信号探针，基于竞争免疫原理，建立了 AFB_1 的新型检测方法。实验优化条件下，荧光强度与 AFB_1 质量浓度在 0.1～100.0 ng/mL 范围内呈良好的线性关系，检测限为 0.03 ng/mL。同时通过检测玉米中 AFB_1 的情况来评价该方法的准确性，显示了该法良好的应用前景。

7.4.3 硒化铅纳米粒子 DNA 电化学传感器检测 35S 启动子（谢江坤等，2008）

7.4.3.1 材料与方法

（1）材料。硒粉（Se，天津市科密欧化学试剂开发中心）；十六烷基三甲基溴化铵（CTAB，济宁市化工研究所）；KBH_4（上海冠戈实业有限公司）；$Pb(CH_3COO)_2 \cdot 3H_2O$（上海化学试剂总厂）；壳聚糖 CHIT（脱乙酰度为90%以上）1 g/L（溶于1% 醋酸溶液）；亚甲紫 MV（北京化工厂），配制 10×10^{-4} mol/L 的水溶液置于暗处保存；2×SSC 溶液（0.3 mol/L NaCl + 0.03 mol/L 柠檬酸钠）；$K_3Fe(CN)_6$ 溶液 [1.0 mmol/L $K_3Fe(CN)_6$ + 0.5 mol/L KCl]；电化学阻抗谱测定支持电解质溶液为 5.0×10^{-4} mol/L $K_3Fe(CN)_6/K_4Fe(CN)_6$ + 0.5 mol/L KCB 石墨粉（上海胶体化工厂，粒度≤30 nm）；高效切片石蜡（上海华灵康复器械厂）；0.2% 十二烷基磺酸钠（SD，上海亨达精细化学品有限公司）；其他试剂均为分析纯。实验用水为 Aquapro 超纯水。主要仪器：CHI 830B 和 CSII 750 电化学工作站（上海辰华仪器公司）；三电极系统以碳糊电极及其修饰电极为工作电极，铂丝为对电极，饱和甘汞电极为参比电极；电化学阻抗谱实验交流电压为 5 mV，电压频率范围为 0.1 Hz～10 kHz；应用电位为 160 mV；透射电子显微镜（TEM，日本 Hitachi 公司）；JSM-6700E 场发射扫描电子显微镜（SEM，日本 JEOL 公司）；pHs-25 型 pH 计（上海雷磁仪器厂）；电热恒温水浴锅（北京市医疗设备厂）；Aquapm 超纯水系统（Aquaphzs AWL-0502/1002P，颐洋企业发展有限公司）；KQ-SOB 型超声波清洗器（昆山市超声仪器有限公司）。

检测 CaMV 35S 基因片一段的材料：18 碱基目标 DNA 序列（T-DNA，即 CaMV 35S 基因序列中的 18 碱基特征序列，也即本研究中的 DNA 探针的互补序列cDNA），DNA 探针（P-DNA），2 碱基错配 DNA 序列（2-base mismatched DNA）和非互补 DNA 序列（ncDNA），由北京赛百盛基因技术有限公司合成。以上 DNA 序列如下：

P-DNA：5'-TCTTTGGGACCACTGTCG-3'；
T-DNA：5'-GACAGTGGTCCCAAAGA-3'；
2-base mismatched DNA：5'-GAAAGTGGTCCAAAAGA-3'；
ncDNA：5'-CTATCGAGCGAGCACCTA-3'。

（2）PbSe 纳米粒子的制备。将 0.2 g Se 粉分散于 30 mL 超纯水中，加入 0.1 g KBH_4，Se 被还原为 KHSe。向此 KHSe 溶液中加入 0.25 g CTAB，搅拌反应 0.5 h 形成均匀溶液。向溶液中加入 1.2 g $Pb(CH_3COO)_2 \cdot H_2O$ 定容至 40 mL，搅拌反应 0.5 h 将

此混合溶液转移至 50 mL 以聚四氟乙烯为衬底的不锈钢高压釜中，密封，在 150 ℃下反应 24 h 自然冷却至室温，过滤，洗涤；50 ℃下真空干燥，得到表面以 CTAB 修饰的 PbSe 纳米颗粒。

（3）PbSe - CHIT 溶液的配制。将适量的 PbSe 纳米粒子分散于 1 g/L CHIT 溶液中，使 PbSe 与 CHIT 的质量比为 1:24，超声 5 min 得到分散均匀的混合液。

（4）碳糊电极的制备及 DNA 的固定与杂交。①取 3 g 石墨粉、0.75 g 石蜡于研钵中，放入烘箱中 80 ℃下加热 2 h，在加热过程中每半小时研磨一次使其混合均匀，然后将其装入玻璃管中，插入铜丝作导线，打磨成镜面备用。②在电极表面均匀滴涂 10 μL PbSe - CHIT 溶液，室温下风干，水洗，即得复合膜修饰电极（PbSe - CHIT/CPE）。控制滴涂 PbSe - CHIT 溶液的体积可以控制修饰膜的厚度。本实验用 10 μL PbSe - CHIT 溶液制备修饰膜。③将 10 μL 1.0 × 10^{-4} mol/L P - DNA 溶液滴涂于 PbSe - CHIT/CPE 电极表面，室温下风干，并用 SDS 溶液浸泡 5 min 后用水冲洗，即得 P - DNA/PbSe - CHIT/CPE。④将 10 μL 一定浓度的 T - DNA 滴涂于以上修饰电极表面，室温下风干，用 SDS 溶液浸泡 5 min 后用水冲洗。

7.4.3.2 结果与讨论

（1）纳米 PbSe 及其 CHIT 复合膜的 SEM 和 TEM 照片及电化学表征。图 7 - 9 为 PbSe 纳米粒子的 TEM 及电子衍射图。由图可知，PbSe 纳米粒子的平均粒径约为 40 nm。图 7 - 10 为 CHIT 中掺杂 PbSe 纳米粒子前后涂层于碳糊电极表面得到的 SEM 图。由图可知，CHIT 不含 PbSe 纳米粒子时，SEM 显示电极表面为块状结构（见图 7 - 10a）；而当 CHIT 中掺入 PbSe 后，PbSe 纳米粒子与壳聚糖缠绕在一起，形成比较均匀的纳米级团簇结构（见图 7 - 10b），电极比表面积显著增大，将有利于提高 DNA 的固定量。

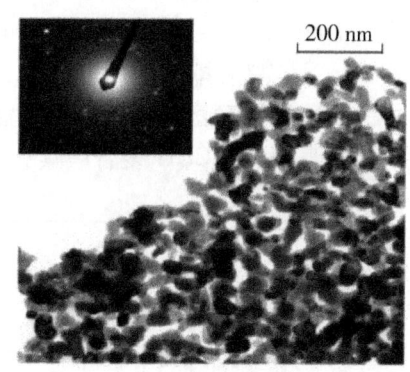

图 7 - 9 PbSe 纳米粒子的透射电镜图与电子衍射图（小图）

 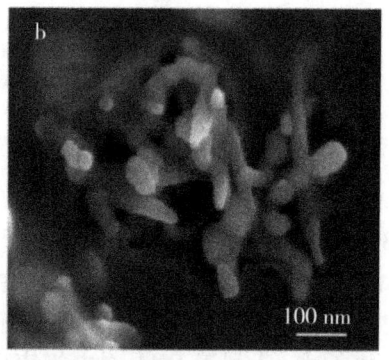

图 7 - 10 CHIT 中掺杂 PbSe 纳米粒子前后电极扫描电镜图
a：壳聚糖修饰；b：复合膜修饰

图 7 – 11 为裸 CPE（曲线 a）、CHIT/CPE（曲线 b）和 PbSe – CHIT/CPE（曲线 c）电极在 $[Fe(CN)_6]^{3-/4-}$ 中的循环伏安曲线。CHIT/CPE 表面 CHIT 的正电荷可使 $[Fe(CN)_6]^{3-/4-}$ 更易于到达电极表面，所以氧化还原电流较裸 CPE 电极增大。PbSe – CHIT 修饰后，不但电极表面积增大，而且纳米 PbSe 表面修饰的 CTAB 阳离子也吸引 $[Fe(CN)_6]^{3-/4-}$，使氧化还原电流进一步增大。

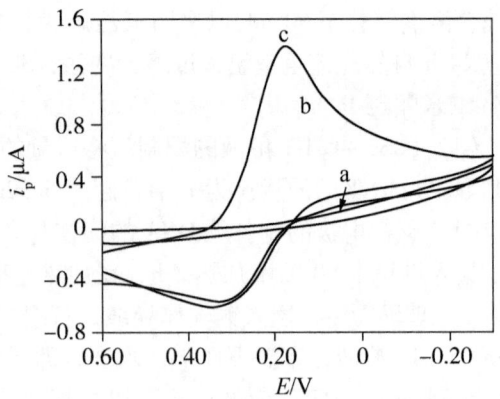

图 7 – 11　电极在 $[Fe(CN)_6]^{3-/4-}$ 中的循环伏安曲线
a：CPE；b：CHIT/CPE；c：PbSe – CHIT/CPE

（2）DNA 在纳米 PbSe – CHIT 复合膜上的固定与杂交。以电化学交流阻抗法对 DNA 在 PbSe – CHIT/CPE 上的固定和杂交进行表征，如图 7 – 12 所示，PbSe – CHIT/CPE 电极的电子传递电阻 R_{et} 较小（曲线 a）；P – DNA 固定以后（曲线 b），电极表面 P – DNA 荷负电的磷酸骨架对 $[Fe(CN)_6]^{3-/4-}$ 有排斥作用，因此，R_{et} 明显增大。P – DNA 杂交以后（曲线 c），表面生成的 dsDNA 上磷酸骨架负电性的增强进一步阻碍电极表面的电子转移，R_{et} 进一步增大。这表明 PbSe – CHIT 复合膜具有良好的 DNA 固定和杂交性质。

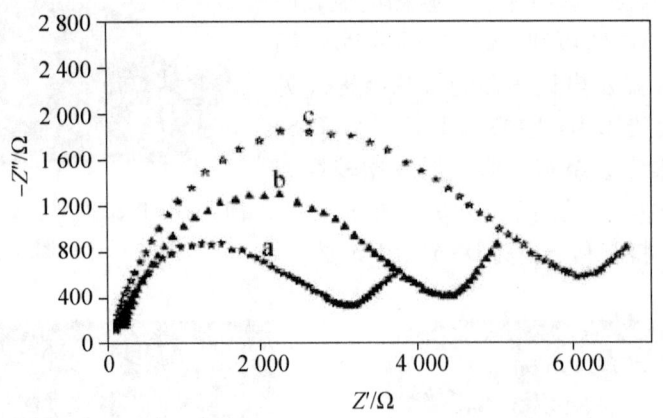

图 7 – 12　在 $[Fe(CN)_6]^{3-/4-}$ 的交流阻抗谱图
a：PbSe – CHIT/CPE；b：P – DNA/PbSe – CHIT/CPE；c：杂交后的 dsDNA/PbSe – CHIT/CPE

（3）实验条件的优化。壳聚糖易于成膜且与 DNA 有着良好的亲和性，可以有效固定 DNA。但当它的比例过高时，可以在电极表面形成一层块状膜，影响电活性物质在电极表面的电子转移。PbSe 纳米粒子有利于促进电子转移进而提高检测灵敏度，但它的比例过高时，不利于 DNA 在电极表面的牢固结合。实验中，改变复合膜中 PbSe 与 CHIT 的组成比例，结果表明，当 PbSe 与 CHIT 的组成质量比为 1:2 时，得到的复合膜最稳定，且用于 MV 检测的峰电流最高。因此，选用质量比为 1:2 的 PbSe 与 CHIT 的复合膜来修饰电极。

亚甲紫（MV）与 DNA 之间同样存在着相互作用，可用作 DNA 杂交指示剂。选用 MV 作为杂交指示剂，以微分脉冲伏安法（DPV）研究 DNA 的杂交检测，MV 的浓度选定为 1.0×10^{-4} mol/L。由图 7-13 可看出，P-DNA/PbSe-CHIT/CPE 和 T-DNA 杂交发生后，MV 的 DPV 峰电流明显减小，说明 MV 可对 DNA 杂交进行识别。以杂交前后电流峰的差值作为测量信号，可以定量检测目标 DNA。

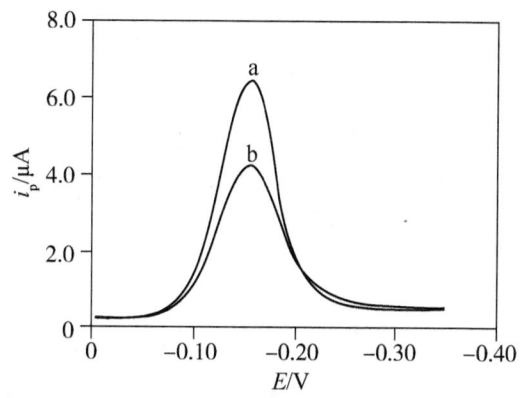

图 7-13 在 1.0×10^{-4} mol/L MV 微分脉冲伏安曲线
a：P-DNA/PbSe-CHIT/CPE；b：P-DNA/PbSe-CHIT/CPE 与 T-DNA 杂交

温度太低，DNA 杂交速度慢，温度到 40 ℃以上，容易使碳糊基底电极产生气泡，故选择 35 ℃作为杂交温度。指示剂的富集时间影响杂交检测的结果，在选定最佳 MV 浓度条件下，以 P-DNA/PbSe-CHIT/CPE 为工作电极，考察富集时间对峰电流的影响。结果显示，随着富集时间的增加，峰电流逐渐增大，至 5 min 后基本恒定，故选择 MV 的最佳富集时间为 5 min。

（4）*CaMV* 35S 基因序列的检测。应用 DPV 方法研究了该 PbSe 纳米粒子 DNA 传感器检测特定 DNA 序列的选择性。图 7-14 为使用 P-DNA 探针电极分别测定相同浓度（5.0×10^{-6} mol/L）的 T-DNA、2 碱基错配 DNA 和 ncDNA 的 DPV 曲线。由图 7-14

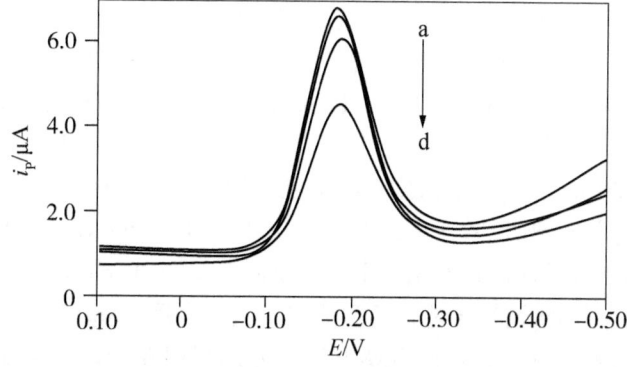

图 7-14 在 1.0×10^{-4} MV 中的微分脉冲伏安曲线
a：P-DNA/PbSe-CHIT/CPE；b：P-DNA/PbSe-CHIT/CPE 与非互补 DNA 序列杂交；c：P-DNA/PbSe-CHIT/CPE 与 2 碱基错配序列杂交；d：P-DNA/PbSe-CHIT/CPE 与完全互补序列杂交

可见，杂交前即 P-DNA 电极上 MV 的 DPV 峰最高，与 T-DNA 杂交后，DPV 峰的降低最大。对于 ncDNA DPV 峰与未杂交前的峰无明显差异，说明 P-DNA 几乎不与 ncDNA 杂交。对于 2 碱基错配 DNA，DPV 峰有所降低，但其降低值远小于与 T-DNA 杂交后的降低值，说明 P-DNA 与 2 碱基错配 DNA 发生了小部分的杂交。该 DNA 传感器检测特定 *CaMV* 35S 基因序列有很好的选择性。

实验结果表明了探针电极杂交前后在 MV 中峰电流的差值与 T-DNA 序列浓度的对数值的关系曲线。峰电流的差值与 T-DNA 序列浓度在 $5.0 \times 10^{-11} \sim 5.0 \times 10^{-6}$ mol/L 范围内的对数值呈良好的线性关系，其线性方程为 $\Delta i_P = 0.2764 \lg C - 0.0613$，回归系数 $r = 0.9872$，检出限为 1.6×10^{-11} mol/L（3σ）。

7.4.4 磁分离—上转换荧光标记同时检测黄曲霉毒素 B_1 和赭曲霉毒素 A（Wu *et al*., 2011a）

7.4.4.1 材料与方法

（1）材料。AFB_1 标准品、OTA 标准品、AFB_1 单克隆抗体、OTA 单克隆抗体、AFB_1-BSA 人工抗原、OTA-BSA 人工抗原（以上均购自美国 Sigma-Aldrich 公司）；AFB_1 和 OTA 商品化 ELISA 试剂盒（江苏苏微微生物研究有限公司）；氧化钇（Y_2O_3，99.99%）、氧化镱（Yb_2O_3，99.99%）、氧化铒（Er_2O_3，99.99%）、氧化铥（Tm_2O_3，99.99%）[以上均购自阿拉丁试剂（上海）有限公司]；硬脂酸、25% 氨水、无水醋酸钠、氢氧化钠、硝酸、异丙醇、25% 戊二醛、1,6-己二胺、六水合三氯化铁（$FeCl_3 \cdot 6H_2O$）、正硅酸四乙酯（TEOS）[以上化学试剂均为分析纯，购自国药集团化学试剂有限公司（上海）]；98% 3-氨丙基三乙氧基硅烷（APTES）（美国 Alfa Aesar 公司）。主要仪器和设备：JEM-2100HR 透射电子显微镜（日本电子公司）、X-射线衍射仪（德国布鲁克有限公司）、F-7000 全波长荧光扫描仪（日本日立有限公司）、980 nm 半导体激光器（北京海特光电有限责任公司）、UV-2300 紫外分光光度计（日本岛津公司）、Nicolet Nexus 470 傅立叶变换红外光谱仪（美国热电公司）、恒温加热磁力搅拌器（巩义市予华仪器有限责任公司）。

（2）双色 $NaYF_4$ 上转换荧光纳米颗粒的制备和修饰。

1）稀土元素硬脂酸盐前驱物的制备。在 Wang 和 Li 等人的研究方法上略作修改。具体操作方法如下：称取 1.129 g Y_2O_3（5 mmol/L）加入适量硝酸混合搅拌加热，并挥发掉多余的硝酸，得到 Y 的硝酸盐粉末。在 500 mL 三口烧瓶中，将得到的粉末和 8.534 g 硬脂酸（30 mmol/L）加入到 60 mL 乙醇溶液中，加热到 50 ℃ 并快速搅拌混合均匀。随后，温度上升到 78 ℃，将 1.190 g NaOH（30 mmol/L）溶于 15 mL 水中，向上述溶液中逐滴加入，保持 78 ℃ 条件下，冷凝回流反应 30 min。反应结束后，将得到的沉淀产物用过滤蒸馏水清洗 3 遍，乙醇清洗 1 遍，之后在 60 ℃ 烘箱干燥 10 h，得到硬脂酸钇的固体粉末，备用。按照上述方法，分别利用 Yb_2O_3、Er_2O_3、Tm_2O_3 制备得到相应的硬脂酸盐产物，用来制备上转换纳米材料。

2）油酸为配体的上转换纳米材料的制备。以制备 $NaY_{0.28}F_4:Yb_{0.7}$，$Er_{0.02}$ 上转换纳米材料为例，在烧杯中加入 10 mL 水、15 mL 乙醇和 5 mL 油酸，快速搅拌后形成均一溶液。然后向其中加入已经制备得到的硬脂酸钇（0.28 mmol/L）、硬脂酸镱（0.7 mmol/L）、硬脂酸铒（0.02 mmol/L）和0.21 g NaF（5 mmol/L）。将此混合溶液快速持续搅拌15 min，随后转移到100 mL带聚四氟乙烯内衬的反应釜中，195 ℃反应24 h。反应结束后，让其自然冷却至室温，离心得到白色沉淀，用乙醇清洗3遍，最后在60 ℃下烘干12 h得到白色粉末即为$NaY_{0.28}F_4:Yb_{0.7},Er_{0.02}$上转换纳米颗粒，贮存备用。按照同样的方法，仅改变稀土元素硬脂酸盐的种类和比例，分别称取硬脂酸钇（0.7 mmol/L）、硬脂酸镱（0.28 mmol/L）、硬脂酸铥（0.02 mmol/L），制备得到$NaY_{0.7}F_4:Yb_{0.28},Tm_{0.02}$上转换纳米颗粒。

③上转换纳米颗粒表面氨基化修饰。称取$NaY_{0.28}F_4:Yb_{0.7},Er_{0.02}$或$NaY_{0.7}F_4:Yb_{0.28}$,$Tm_{0.02}$上转换纳米材料20 mg，加入盛有60 mL异丙醇的圆底烧瓶中，超声30 min完全分散。依次加入20 mL蒸馏水和2.5 mL 25%的氨水，封口快速磁力搅拌。在35 ℃下，继续磁力搅拌15 min后逐滴加入20 mL异丙醇和60 μL TEOS的混合溶液。反应3 h后，再逐滴加入30 mL异丙醇和200 μL APTES的混合溶液，继续反应1 h后停止搅拌，室温下陈化2 h。最后将产物离心分离，水洗多次，60 ℃烘干12 h，得到表面带有氨基修饰的核壳型上转换荧光纳米颗粒。

（3）氨基化Fe_3O_4磁性纳米颗粒的制备。根据Li的研究方法并稍作修改。称取6.5 g 1,6-己二胺、2.0 g无水醋酸钠和1.0 g六水合三氯化铁加入到30 mL乙二醇中，加热至50 ℃下搅拌形成较均匀的胶体溶液。将所得溶液转移到100 mL带聚四氟乙烯内衬的反应釜中，198 ℃条件下反应6 h。取出反应釜后自然冷却至室温，然后利用磁铁分离收集黑色固体，弃釜内上层液体，收集得到的黑色固体用去离子水冲洗至烧杯中，超声分散，然后磁分离收集。按照上述操作再用乙醇洗涤2次，所得黑色固体在60 ℃条件下干燥10 h备用。得到氨基化Fe_3O_4磁性纳米颗粒固体粉末储存备用。

（4）磁性纳米颗粒结合毒素人工抗原和上转换纳米颗粒结合毒素抗体的制备。利用经典的戊二醛交联方法将氨基化Fe_3O_4磁性纳米颗粒分别与AFB_1-BSA人工抗原和OTA-BSA人工抗原连接。类似的操作步骤将毒素的单克隆人工抗体与之前制备的氨基化上转换纳米颗粒连接。

（5）竞争免疫分析方法同时检测AFB_1和OTA。本实验中，采用磁性材料标记毒素人工抗原，上转换材料标记毒素抗体形成免疫复合物，构建一种基于竞争免疫分析的方法，以两种不同荧光特性的上转换材料作为信号，同时检测AFB_1和OTA。根据竞争免疫分析的原理，当AFB_1和OTA被测物浓度增加时，得到的两种上转换荧光强度反而相应减小。

（6）实际样品检测及加标回收率测试。在超市购买15种不同类别的玉米，利用本设计方法和ELISA方法分别测定其中AFB_1和OTA的含量；再选取3组样品，向被测样品中添加不同浓度的AFB_1和OTA标准品，同样利用本方法再次检测其中AFB_1和OTA的含量，计算得到该方法的回收率。通过实际样品和回收率的测定评价该方法的实用性和准确性。对样品处理按照国家标准GB/T 18979和GB/T 23502进行。

7.4.4.2 结果与分析

（1）上转换纳米颗粒及磁性纳米颗粒的表征。以Yb为敏化剂，Er作为激活剂，当Y:Yb:Er摩尔比为0.28:0.7:0.02时，$NaYF_4:Yb,Er$上转换纳米颗粒在980 mm激光激发下得到4组荧光发射谱带。如图7-15a所示,410、525、544和660 nm对应的能级跃迁分别为$^2H_{9/2}-^4I_{15/2}$、$^2H_{11/2}-^4I_{15/2}$、$^4S_{3/2}-^4I_{15/2}$和$^4F_{9/2}-^4I_{15/2}$。若改变稀土元素掺杂种类和比例,以Tm作为激活剂,且当Y:Yb:Tm的摩尔比为0.7:0.28:0.02时,$NaYF_4$:Yb,Tm上转换纳米颗粒在980 nm激光激发下得到5组荧光发射谱带,如图7-15b所示,347、362、452、477和646 nm对应的能级跃迁分别为$^1I_6-^3F_4$、$^1D_2-^3H_6$、$^1D_2-^3F_4$、$^1G_4-^3H_6$和$^1G_4-^3F_4$。通过荧光光谱表征,两种材料荧光强度良好,将两种上转换材料混合后观察混合物荧光光谱,实验发现在980 nm激光激发下,两组荧光发射峰完全分开,互不重叠,见图7-15c。

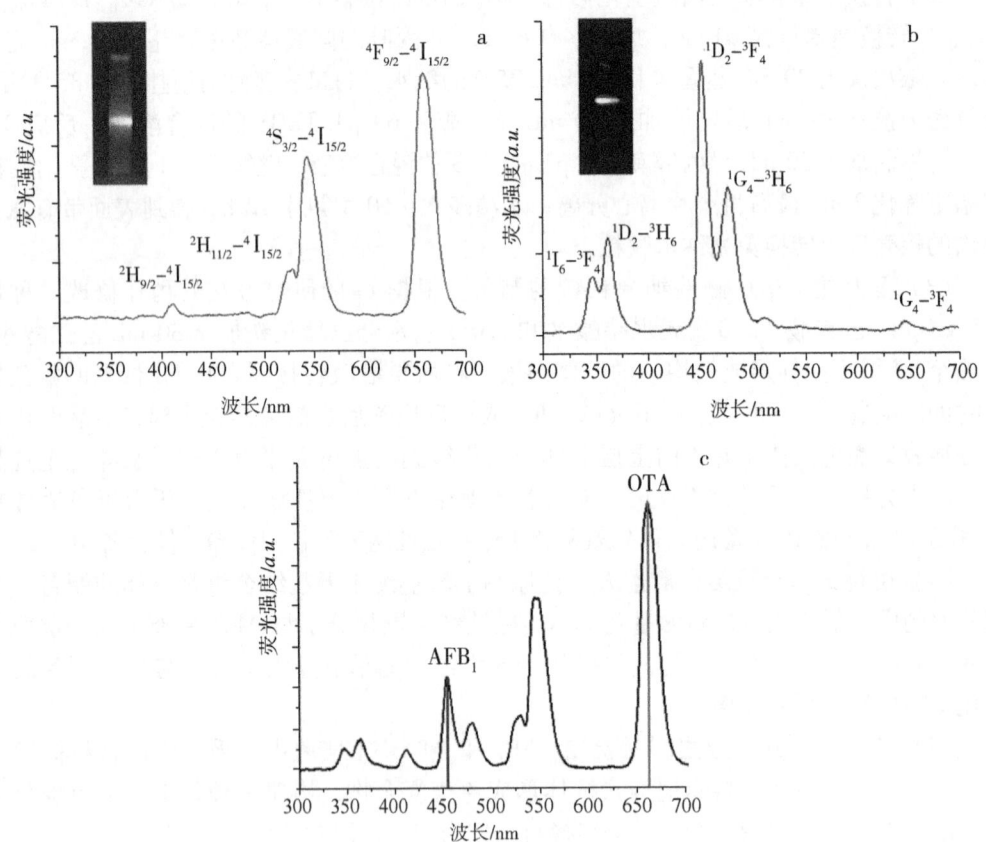

图7-15 上转换荧光光谱图
a:$NaY_{0.28}F_4$:$Yb_{0.7}$,$Er_{0.02}$;b:$NaY_{0.7}F_4$:$Yb_{0.28}$,$Tm_{0.02}$;c:a、b两者的混合物

(2)氨基化Fe_3O_4磁性纳米颗粒的表征。图7-16为氨基化Fe_3O_4磁性纳米颗粒的电镜图、红外光谱图和X-射线衍射图。

(3)竞争免疫法同时检测AFB_1和OTA及性能分析。试验中进一步考察两种毒素浓度与荧光值之间对应关系。结果发现,当AFB_1质量浓度在0.01~10.00 ng/mL之间时,与452 nm处荧光值呈线性关系,符合方程$\Delta I=243.88\lg C+492.02$;当OTA质量浓度在0.01~10.00 ng/mL之间时,与660 nm处荧光值呈线性关系,符合方程$\Delta I=304.37\lg C+678.88$;而对$AFB_1$和OTA的检出限均为0.01 ng/mL,灵敏度非常高,完

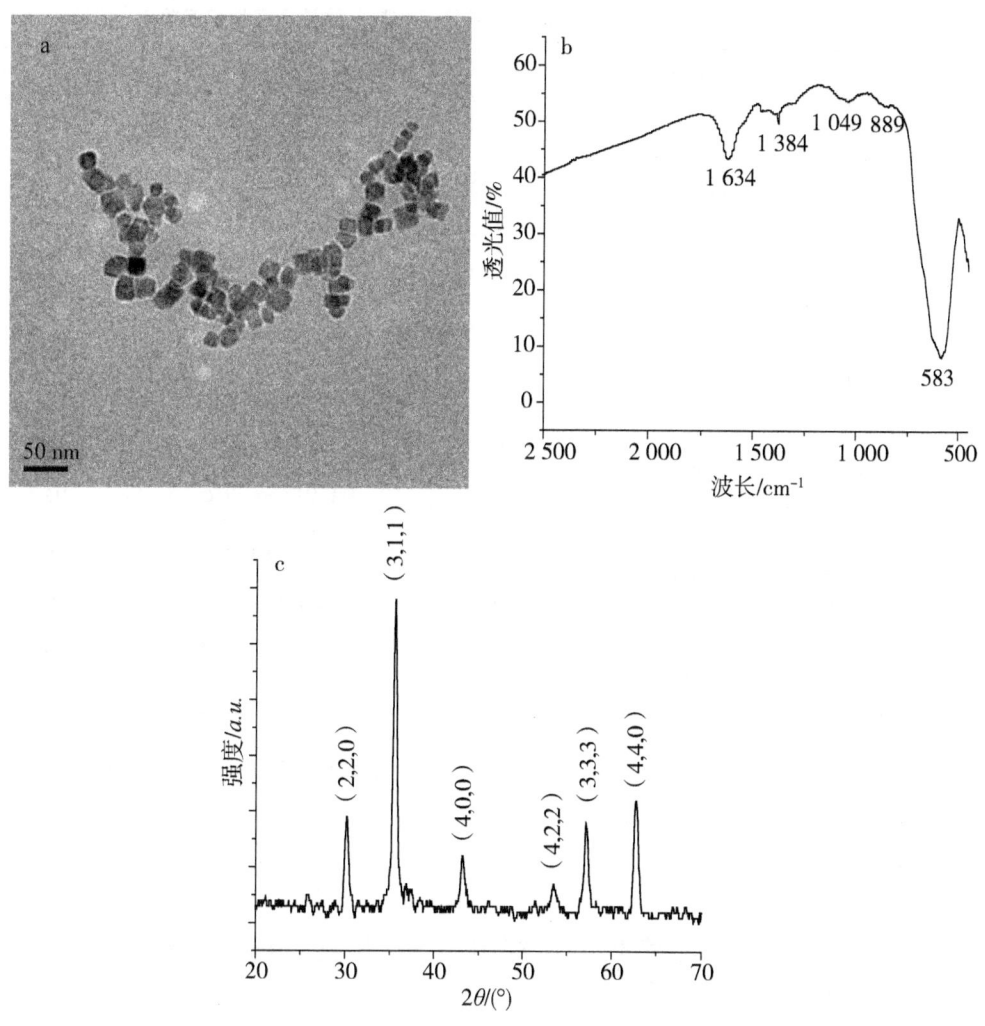

图 7-16 氨基化 Fe_3O_4 磁性纳米颗粒表征
a：电镜图；b：红外光谱图；c：X-射线衍射图

全满足国内外对食品农作物中这两种毒素的限量标准。对质量浓度为 1 ng/mL 的 AFB_1 和 OTA 标准品进行 7 次重复测量来评价该方法的精密度，相对标准偏差（RSD）分别为 5.19% 和 2.14%，此结果证明了本方法具有良好的重复性和准确性。

（4）对实际样品的检测及加标回收率的测试。按照国家标准方法（GB/T 5009.22—2003、GB/T 23502—2009）处理从本地超市购买的 15 种不同类别的玉米，利用本设计方法和 ELISA 方法分别测定其中 AFB_1 和 OTA 的含量。结果发现，新建方法与传统的 ELISA 分别单独检测的方法比较无显著差异，具有很好的相关性（$P <$ 0.0001），而且新建方法在多组分同时分析的角度上占有明显优势。加标回收率见表 7-3。本方法对 AFB_1 检测的回收率在 87.6%～124.9% 之间，对 OTA 检测的回收率在 85.0%～120.3% 之间。由此说明建立的多组分同时检测的方法能够满足对实际样品中黄曲霉毒素 B_1 和赭曲霉毒素 A 的同时检测，且准确可靠（见表 7-3）。

表7-3 本方法对玉米实际样品中 AFB$_1$ 和 OTA 的检测及加标回收率

样品	待测物	本底值/(ng·mL^{-1})	添加量/(ng·mL^{-1})	检测值/(ng·mL^{-1})(mean ± SD)	回收率/%
第一组	AFB$_1$	0.086	0.1	0.181 ± 0.082	95.4
			1.0	0.961 ± 0.141	87.6
	OTA	0.157	0.1	0.246 ± 0.118	88.9
			1.0	1.360 ± 0.593	120.3
第二组	AFB$_1$	0.620	0.5	1.244 ± 0.438	124.9
			1.0	1.572 ± 0.544	92.2
	OTA	0.887	0.5	1.335 ± 0.502	89.7
			1.0	1.917 ± 0.816	103.0
第三组	AFB$_1$	5.545	1.0	6.452 ± 1.032	90.8
			5.0	10.212 ± 1.735	93.4
	OTA	6.162	1.0	7.024 ± 1.122	86.2
			5.0	10.412 ± 1.453	85.0

（刘垚、王周平、谭贵良、吴世嘉、李向丽）

参考文献

[1] 朱屯, 王福明, 王习东. 国外纳米材料技术进展与应用. 北京: 化学工业出版社, 2002.

[2] 赵晓丽, 周琦, 张凯, 等. 磁性纳米粒子在检测中的应用. 检验检疫学刊, 2013, 23 (5): 72-76.

[3] 徐淑坤. 无机纳米探针的制备及其生物应用. 北京: 科学出版社, 2012.

[4] 喻伟. 免疫磁珠的制备及其初步应用. 武汉: 华中农业大学, 2010.

[5] Mirkin C A, Letsinger R L, Mucic R C, et al. A DNA-based method for rationally assembling nanoparticles into macro-scopic materials. Nature, 1996, 382 (6592): 607-609.

[6] Frens G. Controlled nucleation for the regulation of the particle size in monodisperse gold suspensions. Nature Phys Sci, 1973 (241): 20-22.

[7] 梁建功, 韩鹤友. 量子点的水相合成及其生物成像分析研究进展. 科学通报, 2013, 58 (7): 524-530.

[8] Murray C B, Norris D J, Bawendi M G. Synthesis and characterization of nearly monodisperse CdE (E = sulfur, selenium, tellurium) semiconductor nanocrystallites. J Am Chem Soc, 1993, 115 (19): 8706-8715.

[9] Rajh T, Micic O I, Nozik A J. Synthesis and characterization of surface-modified colloidal cadmium telluride quantum dots. J Phys Chem, 1993, 97 (46): 11999-12003.

[10] Peng Z A, Peng X G. Mechanisms of the Shape Evolution of CdSe Nanocrystals. J Am Chem Soc, 2001, 123 (7): 1389-1395.

[11] 陈志斌. 浅议量子点的功能化修饰研究. 河南化工, 2010, 27 (3): 19-20.

[12] Auzel F. Upconversion and anti-stokes processes with f and d ions in solids. Chem Rev, 2004, 104 (1): 139-174.

[13] 李向丽, 谭贵良, 张娜, 等. 上转换发光纳米技术及其在食品安全检测中应用研究进展. 现代食品科技, 2014, 30 (8) (待定).

[14] Martin N, Boutinaud P, Mahiou R, et al. Preparation of fluorides at 80 ℃ in the NaF-(Y, Yb, Pr) F_3 system. J Mater Chem, 1999, 9 (1): 125-128.

[15] Mai H X, Zhang Y W, Sun L D, et al. Highly efficient multicolor up-conversion emissions and their mechanisms of monodisperse $NaYF_4$:Yb, Er core and core/shell-structured nanocrystals. J Phys Chem C, 2007, 111 (37): 13721-13729.

[16] Yi G S, Chow G M. Synthesis of hexagonal-phase $NaYF_4$:Yb, Er and $NaYF_4$:Yb, Tm nanocrystals with efficient up-conversion fluorescence. Adv Funct Mater, 2006, 16 (18): 2324-2329.

[17] Chen Z, Chen H, Hu H, et al. Versatile synthesis strategy for carboxylic acid-functionalized upconverting nanophosphors as biological labels. J Am Chem Soc, 2008, 130 (10): 3023-3029.

[18] Liu Q, Chen M, Sun Y, et al. Multifunctional rare-earth self-assembled nanosystem for tri-modal upconversion luminescence/fluorescence/positron emission tomography imaging. Biomaterials, 2011, 32 (32): 8243-8253.

[19] 颜范勇, 邹宇, 王猛, 等. 荧光碳点的制备及应用. 化学进展, 2014, 26 (1): 61-74.

[20] Iijima S. Helical microtubules of graphitic carbon. Nature, 1991, 354 (6348): 56-58.

[21] 樊志琴, 张君德, 李瑞, 等. 碳纳米管修饰电极在食品分析中应用进展. 粮食与油脂, 2009, 5: 34-36.

[22] 翁文川, 杨汝德, 焦红, 等. 免疫磁分离—荧光 PCR 应用在肉类单增李斯特氏菌的检测. 中国人兽共患病学报, 2006, 22 (6): 547-550.

[23] Taha E G, Mohamed A, Srivastava K K, et al. Rapid detection of *Salmonella* in chicken meat using immunomagnetic separation, CHROMagar, ELISA and real-time polymerase chain reaction (RT-PCR). International Journal of Poultry Science, 2010, 9 (9).

[24] Yin H, Jia M, Yang S, et al. A nanoparticle-based bio-barcode assay for ultrasensitive detection of ricin toxin. Toxicon, 2012, 59 (1): 12-16.

[25] Tudorache M, Tencaliec A, Bala C. Magnetic beads-based immunoassay as a sensitive alternative for atrazine analysis. Talanta, 2008, 77 (2): 839-843.

[26] Liang C, Zou M, Guo L, et al. Development of a bead-based immunoassay for detection of triazophos and application validation. Food and Agricultural Immunology, 2013, 24 (1): 9-20.

[27] 胡寅. 基于磁性纳米粒子的典型农兽药残留免疫分析技术. 上海: 上海交通大学, 2011.

[28] Loh K S, Lee Y H, Musa A, et al. Use of Fe_3O_4 nanoparticles for enhancement of biosensor response to the herbicide 2, 4-dichlorophenoxyacetic acid. Sensors, 2008, 8 (9): 5775-5791.

[29] Xu J, Yin W, Zhang Y, et al. Establishment of magnetic beads-based enzyme immunoassay for detection of chloramphenicol in milk. Food Chem, 2012, 134 (4): 2526-2531.

[30] Zhu H, Hu Y, Jiang G, et al. Peroxidase-like activity of aminopropyltriethoxysilane-modified iron oxide magnetic nanoparticles and its application to clenbuterol detection. Eur Food Res Technol, 2011, 233 (5): 881-887.

[31] 于宁, 王峰, 王鲁雁, 等. 基于纳米磁珠修饰印刷电极的牛奶中三聚氰胺检测安培免疫传感器. 传感技术学报, 2009, 22 (4): 456-460.

[32] 徐静. 恩诺沙星、苏丹红及氯霉素残留的酶联免疫检测方法的建立. 济南: 山东大学, 2011.

[33] 王周平, 徐欢, 段诺. 基于分子信标荧光纳米探针的李斯特菌 DNA 均相检测方法. 化学学报,

2010, 68 (9): 909-916.

[34] 李向丽, 谭贵良, 袁秀金, 等. 纳米金标记—银染信号放大快速检测福氏志贺氏菌. 现代食品科技, 2011, 27 (11): 1387-1392.

[35] Su H, Ma Q, Shang K, et al. Gold nanoparticles as colorimetric sensor: A case study on *E. coli* O157:H7 as a model for Gram-negative bacteria. Sens Actuators, B, 2012, 161 (1): 298-303.

[36] 李井泉, 毛秀君, 王周平, 等. 纳米金标记黄曲霉毒素 B_1 新型检测方法. 食品与生物技术学报, 2009, 28 (5): 675-681.

[37] Liu B H, Hsu Y T, Lu C C, et al. Detecting aflatoxin B_1 in foods and feeds by using sensitive rapid enzyme-linked immunosorbent assay and gold nanoparticle immunochromatographic strip. Food Control, 2013, 30 (1): 184-189.

[38] Liu D, Chen W, Wei J, et al. A highly sensitive, dual-readout assay based on gold nanoparticles for organophosphorus and carbamate pesticides. Anal Chem, 2012, 84 (9): 4185-4191.

[39] 杨挺, 王姝婷, 郭逸蓉, 等. 动物源食品中氯霉素残留速测金标试纸条的研制. 中国农学通报, 2007, 23 (11): 156-161.

[40] Zhu G, Hu Y, Gao J, et al. Highly sensitive detection of clenbuterol using competitive surface-enhanced Raman scattering immunoassay. Anal Chim Acta, 2011, 697 (1): 61-66.

[41] 蔡朝霞, 阮晓娟, 石宝琴, 等. 水溶性 CdSe 量子点的合成及其作为荧光探针对大肠杆菌的快速检测. 分析试验室, 2011, 30 (3): 107-110.

[42] Wang H, Li Y, Slavik M. Rapid detection of *Listeria monocytogenes* using quantum dots and nanobeads-based optical biosensor. J Rapid Methods Autom Microbiol, 2007, 15 (1): 67-76.

[43] Yang L, Li Y. Simultaneous detection of *Escherichia coli* O157:H7 and *Salmonella typhimurium* using quantum dots as fluorescencelabels. Analyst, 2006, 131 (3): 394-401.

[44] Goldman E R, Clapp A R, Anderson G P, et al. Multiplexed toxin analysis using four colors of quantum dot fluororeagents. Anal Chem, 2004, 76 (3): 684-688.

[45] Ji X J, Zheng J Y, Xu J M, et al. (CdSe) ZnS quantum dots and organophos-phorus hydrolase bioconjugate as biosensors for detection of paraoxon. J Phys Chem B, 2005, 109 (9): 3793-3799.

[46] Vinayaka A C, Basheer S, Thakur M S. Bioconjugation of CdTe quantum dot for the detection of 2,4-dichlorophenoxyacetic acid by competitive fluoroimmunoassay based biosensor. Biosens Bioelectron, 2009, 24: 1615-1620.

[47] Chen J, Xu F, Jiang H, et al. A novel quantum dot-based fluoroimmunoassay method for detection of enrofloxacin residue in chicken muscle tissue. Food Chem, 2009, 113 (4): 1197-1201.

[48] Ding S, Chen J, Jiang H, et al. Application of quantum dot-antibody conjugates for detection of sulfamethazine residue in chicken muscle tissue. J Agric Food Chem, 2006, 54 (17): 6139-6142.

[49] 杜保安, 刘澄, 曹雨虹, 等. CdTe 量子点作荧光探针检测微量铅的方法研究. 光谱学与光谱分析, 2013, 5: 1266-1269.

[50] 王静, 周蕾, 李伟, 等. 上转磷光免疫层析检测肠出血性大肠杆菌 O157. 中国食品卫生杂志, 2007, 19 (1): 41-44.

[51] Duan N, Wu S J, Zhu C Q, et al. Dual-color upconversion fluorescence and aptamer-functionalized magnetic nanoparticles-based bioassay for the simultaneous detection of *Salmonella* Typhimurium and *Staphylococcus aureus*. Anal Chim Acta, 2012, 723: 1-6.

[52] 马小媛, 李双, 吴世嘉, 等. 基于上转换荧光标记和磁分离技术的沙门氏菌 DNA 检测新方法. 食品与生物技术学报, 2013, 32 (12): 1303-1310.

[53] Wu S J, Duan N, Zhu C Q, et al. Magnetic nanobead-based immunoassay for the simultaneous detection

of aflatoxin B_1 and ochratoxin A using upconversion nanoparticles as multicolor labels. Biosens Bioelectron, 2011a, 30 (1): 35 – 42.

［54］Wu S J, Duan N, Wang Z P, et al. Aptamer-functionalized magnetic nanoparticle-based bioassay for the detection of ochratoxin a using upconversion nanoparticles as labels. Analyst, 2011b, 136: 2306 – 2314.

［55］Wu S J, Duan N, Ma X Y, et al. Multiplexed fluorescence resonance energy transfer aptasensor between upconversion nanoparticles and graphene oxide for the simultaneous determination of mycotoxins. Anal Chem, 2012, 84 (14): 6263 – 6270.

［56］李响, 李向丽, 谭贵良, 等. 磁分离结合 CdTe 发光量子点标记黄曲霉毒素 B_1 免疫检测新方法. 食品与生物技术学报, 2013, 32 (3): 258 – 264.

［57］Wu S J, Duan N, Li X L, et al. Homogenous detection of fumonisin B_1 with a molecular beacon based on fluorescence resonance energy transfer between $NaYF_4$:Yb, Ho upconversion nanoparticles and gold nanoparticles. Talanta, 2013, 116: 611 – 618.

［58］毛小娇, 郑鹄志, 隆异娟. 以碳点为探针荧光淬灭法测定 Cu^{2+}. 西南大学学报（自然科学版）, 2010, 32 (9): 40 – 43.

［59］Gan T, Li K, Wu K B. Multi-wall carbon nanotube-based electrochemical sensor for sensitive determination of Sudan Ⅰ. Sens Actuators B, 2008, 132 (1): 134 – 139.

［60］刘润, 郝玉翠, 康天放. 碳纳米管修饰电极检测有机磷农药的生物传感器. 分析试验室, 2007, 26 (9): 9 – 12.

［61］谢江坤, 焦奎, 刘鹤, 等. 硒化铅纳米粒子 DNA 电化学传感器检测花椰菜花叶病毒 35S 启动子基因序列. 分析化学, 2008, 36 (7): 874 – 878.

第 8 章 ELISA 技术及其在食品安全检测中的应用

8.1 概述

酶联免疫吸附技术（enzyme-linked immunosorbent assay，ELISA）是一项经典的分析方法，最早可追溯到19世纪末诞生的免疫凝集试验。1896年，Widal发现在伤寒杆菌中加入伤寒病病人的血清可致伤寒杆菌发生特异的凝集现象，利用这种凝集现象可有效地诊断伤寒病，这就是最早的用于病原体感染诊断的免疫凝集试验，亦即著名的肥达试验（Widal test）。但是，以免疫沉淀和免疫凝集反应为基础的免疫检验技术的局限性还是非常明显的，如测定灵敏度低，除少数外，基本上都是定性测定等，这些缺陷大大限制了其在病原体感染诊断及体液中微量生物活性物质测定中的应用价值。

如果我们将免疫沉淀和免疫凝集试验定为经典的免疫测定技术，那么标记免疫测定技术就可以说是现代免疫测定技术，经典的免疫测定技术所不能解决的临床测定问题在标记免疫测定技术前均能迎刃而解。在标记免疫测定技术中，最早使用的标记物是荧光素。1941年，Coons建立的荧光素标记抗体技术（fluorescent antibody technique）为定位组织和细胞中的抗原物质提供了直接而又有效的手段。在20世纪40年代以前，所出现的免疫测定技术基本上都是定性或半定量测定方法，到50年代末60年代初，才出现完全的定量测定方法，即放射免疫试验（radio immnuoassay，RIA）。高灵敏放免测定技术的出现，解决了以前难以测定的微量生物活性物质如激素的临床检测问题，其发明者之一Yalow因此而获得了1977年的诺贝尔生理学或医学奖。尽管放免测定技术的出现是免疫测定技术发展史上的一个里程碑，但由于有试剂半衰期短、实验废液难以处理、污染环境等缺点，使得其现已逐步退出在临床常规检验中的应用，而采用非放射性核素标记物建立标记免疫测定技术成为发展主流。1966年，美国的 Nakane 和 Pierce 以及法国的 Avrameas 和 Uriel 同时报道了酶免疫测定技术。他们将酶替代荧光素，用于抗原在组织中的定位，可通过光学显微镜和电子显微镜来观察。60年代末，在酶免疫组织化学的基础上，Engvall 和 Perlmann 以及 van Weeman 和 Schuurs 等发展了一种酶标固相免疫测定技术，即酶联免疫吸附试验（enzyme-linked immunosorbent assay，ELISA），这种简单方便的免疫测定技术出现后，不但成为了一种非常简便的研究工具，而且迅速地被应用于各种生物活性物质及标志物的临床检测，并在临床应用中逐步取代了放免技术。随着70年代中期杂交瘤技术的发展，出现了单克隆抗体，其应用于免疫测定，极大地提高了免疫测定的灵敏度和特异性，且为各种免疫测定方法的设计提供了广阔的想象空间。各种免疫测定技术相继出现，如一步法双抗体夹心酶免疫测定，各种均相酶标或放射性核素标免疫测定方法等。到了80年代，研究人员又发现胶体金可以作为抗体的标记物，建立了简便快速的免疫渗滤层析试验，即所谓的金标试纸条。进入90年代，使用不同测定原理的各种自动化免疫分析仪不断应用于临床检验，不但为实验室的日常工作带来了很大的便利，而且其测定较之人工操作更为稳定和准确。近几年，基因工程免疫测定试剂和基因工程抗体的发展，又一次拓宽了免疫测定技术的发展途径。

综观免疫测定技术100多年的发展历程，可以看出，这种建立在抗原抗体特异相互作用基础上的临床检验技术，已成为我们认识、了解生命未知物质的一个难以替代的手段，其发展的每一步都来自于对相关学科研究认识的深入。如果说ELISA方法抗原抗体特异相互作用只是免疫测定技术的骨架，那么标记物、单克隆抗体、固相载体等就是这个骨架上的血肉。

8.2 基本原理

ELISA方法的基本原理是：①使抗原或抗体物理性地结合到某种固相载体表面，并保持其免疫活性。②使抗原或抗体与某种酶连接成酶标抗原或抗体，这种酶标抗原或抗体既保留其免疫活性，又保留酶的活性。测定时将待测样品（测定其中的抗体或抗原）和酶标抗原或抗体按不同的步骤与固相载体表面的抗原或抗体起反应。用洗涤的方法使固相载体上形成的抗原抗体复合物与其他物质分开，最后结合在固相载体上的酶量与待测样品中受检物质的量成一定的比例（正比或反比）。加入酶反应的底物后，底物被酶催化变为有色产物，产物的量与待测样品中受检物质的量直接相关，故可根据颜色反应的深浅进行定性或定量分析。由于酶具有很高的催化效率，故可极大地放大反应效果，从而使测定方法达到很高的敏感度。

ELISA可用于测定抗原，也可用于测定抗体。目前根据其基本原理，衍生有众多的检测方法，但总体来说，均包含3种必要的试剂：①固相的抗原或抗体；②酶标记的抗原或抗体；③酶作用的底物。根据试剂的来源、待测样品的性状以及检测具备的条件，可设计出各种不同类型的检测方法。

8.2.1 间接法ELISA

间接法ELISA（见图8-1）是检测抗体最常用的方法，其原理为利用酶标记抗抗体以检测已与固相结合的受检抗体，故称为间接法。操作步骤如下：

（1）将抗原与固相载体连接，形成固相抗原。洗涤去除未结合的抗原及杂质。用高浓度的其他蛋白封闭未结合位点。

（2）加稀释的受检血清。其中的特异抗体与抗原结合，形成固相抗原抗体复合物。经洗涤后，固相载体上只留下特异性抗体。其他免疫球蛋白及血清中的杂质由于不能与固相抗原结合，在洗涤过程中被洗去。

（3）加酶标抗原或抗抗体。与固相复合物中的抗体结合，从而使该抗体间接地标记上酶。该方法需要使用合适的酶标抗体。

（4）加底物显色。颜色深度与待测样品中受检抗体的量成正比。

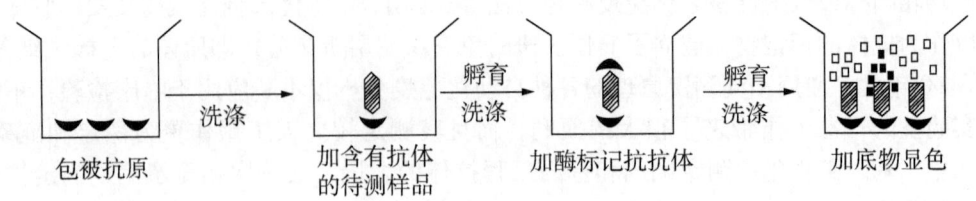

图 8-1 间接法 ELISA 检测示意图

8.2.2 竞争法 ELISA

竞争法 ELISA（见图 8-2）可用于测定抗原，也可用于测定抗体。可分为直接竞争法和间接竞争法。直接竞争法是将酶标记在参与竞争的游离抗原上或者抗体上，而间接竞争法是将酶标记在二抗上。以测定抗原为例，受检抗原和酶标抗原竞争与固相抗体结合，因此结合于固相的酶标抗原量与受检抗原的量呈反比。本法首先将特异性抗体吸附于固相载体表面。经洗涤后分成两组：一组加酶标记抗原和被测抗原的混合液，而另一组只加酶标记抗原，再经孵育洗涤后加底物显色，这两组底物降解量之差，即为我们所要测定的未知抗原的量。这种方法所测定的抗原只要有一个结合部位即可，因此，对小分子抗原如激素和药物之类的测定常用此法。该法的优点是快，因为只有一个保温洗涤过程；但灵敏度较差，特别是检测大分子抗原，该方法灵敏度相对于夹心 ELISA 差 2~3 个数量级。以包被抗体、酶标抗原的竞争 ELISA 为例，其操作步骤如下：

（1）将特异抗体与固相载体连接，形成固相抗体。洗涤。用高浓度的其他蛋白封闭未结合位点。

（2）待测管中加受检待测样品和一定量酶标抗原的混合溶液，使之与固相抗体反应。如受检待测样品中无抗原，则酶标抗原能顺利地与固相抗体结合；如受检待测样品中含有抗原，则与酶标抗原以同样的机会与固相抗体结合，竞争性地占去了酶标抗原与固相抗体结合的机会，使酶标抗原与固相抗体的结合量减少。参考管中只加酶标抗原，保温后，酶标抗原与固相抗体的结合可达最充分的量。洗涤。

（3）加底物显色。参考管中由于结合的酶标抗原最多，故颜色最深。参考管颜色深度与待测管颜色深度之差，代表受检待测样品抗原的量。待测管颜色越淡，表示待测样品中抗原含量越多。

该方法也可包被抗原、酶标抗体。操作方法与上述步骤类似。

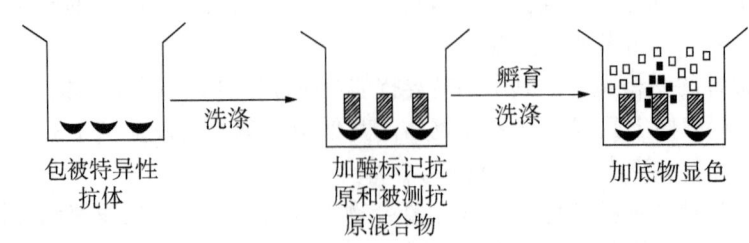

图 8-2 竞争法 ELISA 检测示意图

8.2.3 双抗体夹心法 ELISA

双抗体夹心法 ELISA（见图 8-3）是检测抗原最常用的方法。本法用特异性抗体包被于固相载体，经洗涤后加入含有抗原的待测样品，如待检样品中有相应抗原存在，即可与包被于固相载体上的特异性抗体结合，经保温孵育洗涤后，即可加入酶标记特异性抗体，再经孵育洗涤后，加底物显色进行测定，底物降解的量即为欲测抗原的量。这种方法欲测的抗原必须有两个可以与抗体结合的部位，因为其一端要与包被于固相载体上的抗体作用，而另一端则要与酶标记特异性抗体作用。因此，不能用于分子量小于 5 000 Da 的半抗原之类的抗原测定。

其操作步骤如下：

（1）将特异性抗体包被于酶标板，洗涤去除未结合的抗体及杂质。用高浓度的其他蛋白封闭未结合位点。

（2）加入待测样品，使之与固相抗体接触反应一段时间，让待测样品的抗原与固相载体上的抗体结合，形成固相抗原复合物。洗涤去除其他未结合的物质。

（3）加酶标抗体，使固相免疫复合物上的抗原与酶标抗体结合。彻底洗涤未结合的酶标抗体。

（4）加入酶相对应的底物。夹心式复合物中的酶催化底物成为有色产物。根据颜色反应的程度进行该抗原的定性或定量测定。此时显色的吸光度值与待测样品中受检物质的量正相关。

根据同样原理，将大分子抗原分别制备固相抗原和酶标抗原结合物，即可用双抗原夹心法测定待测样品中的抗体。

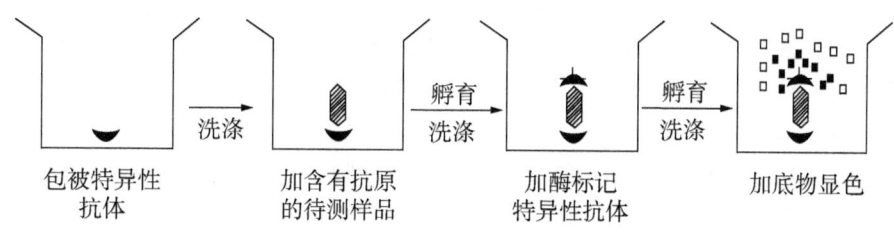

图 8-3 双抗体夹心 ELISA 检测示意图

8.2.4 双位点一步法 ELISA

由于双抗体夹心 ELISA 需要进行样本和酶标抗体的两步反应，时间较长，因此改进的双抗体夹心方法应运而生。在双抗体夹心法测定抗原时，如应用针对抗原分子上两个不同抗原决定簇的单克隆抗体分别作为固相抗体和酶标抗体，则在测定时可使待测样品的加入和酶标抗体的加入两步并作一步（见图 8-4）。这种双位点一步法不但简化了操作，缩短了反应时间，如应用高亲和力的单克隆抗体，测定的敏感性和特异性也显著提高。单克隆抗体的应用使测定抗原的 ELISA 提高到新水平。

在一步法双抗夹心 ELISA 测定中，应注意钩状效应（hook effect），类同于沉淀反应中抗原过剩的后带现象。当待测样品中待测抗原浓度相当高时，过量抗原分别和固相抗体及酶标抗体结合,而不再形成夹心复合物,从而使得酶标抗体在洗涤步骤被除去,所得结果将低于实际含量。钩状效应严重时甚至可出现假阴性结果。所以该方法在出现阴性结果时,应通过进一步稀释排除钩状效应的可能。

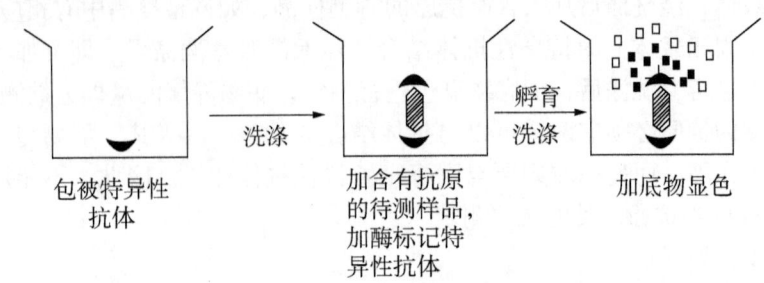

图 8-4 双位点一步法 ELISA 检测示意图

8.2.5 亲和素—生物素 ELISA

亲和素—生物素系统（BAS）是 20 世纪 70 年代末发展起来的一种新型生物反应放大系统。相对于酶标记,亲和素—生物素系统更能提高免疫反应的灵敏度。随着各种生物素衍生物的问世,BAS 很快被广泛应用于各种免疫学方法,是一种亲和力高、灵敏度高、特异性强和稳定性好的信号放大标记技术,具有高灵敏度、高特异性、高稳定性和适用性等特点。生物素易与蛋白质和核酸类等生物大分子结合,再与生物素衍生物结合,将信号多级放大,能保持大分子物质的原有生物活性。

亲和素是一种糖蛋白,可由蛋清中提取。分子量 60 kDa,每个分子由 4 个亚基组成,可以和 4 个生物素分子亲密结合,现在使用最多的是从链霉菌中提取的链霉亲和素。链霉亲和素（Streptavidin）是一种可以从链霉菌属细菌（*Streptomyces avidinii*）中纯化获得的四聚体蛋白,大小为 52 800 Da。链霉亲和素又称链霉抗生物素蛋白。生物素广泛分布于动、植物组织中,以卵黄和肝组织含量较高。亲和素与生物素间的结合具有极高的亲和力,其反应呈高度专一性,特异性强。亲和素与生物素的结合,虽不属免疫反应,由于 1 个亲和素分子有 4 个生物素分子的结合位置,可以连接更多的生物素化的分子,形成一种类似晶格的复合体,因此把亲和素和生物素与 ELISA 偶联起来,就可大大提高 ELISA 的敏感度,而且生物素和亲和素一旦结合,就极为稳定,不受在 ELISA 方法中的保温及多次洗涤影响,而且这种结合反应时间比抗原抗体反应所需时间短;生物素或亲和素与抗体分子或标记物结合后,既不影响前者的亲和力,也不改变后者的特性。亲和素分子的 4 个活性部位并非都和连接在抗体分子上的生物素残基结合,剩下的游离部位尚可作为另一种生物素标记蛋白质的受体。

亲和素—生物素系统在 ELISA 中的应用有多种形式,可用于间接包被,也可用于终反应放大。可以在固相上先预包被亲和素,再加入抗体或抗原与生物素结合,通过亲和素—生物素反应而使生物素化的抗体或抗原固相化。这种包被法不仅可增加吸附的抗体或抗原量,而且使其结合点充分暴露。用于终反应放大的桥联法 ABC - ELISA 夹心法测抗原的操作步骤和双抗夹心法基本相同,过程可参见图 8-4,所不同之处只是用生物素化的抗体替代常规 ELISA 中的酶标抗体,然后连接亲和素—酶结合物,从而使反应信号放大，提高检测的灵敏度。

8.3 技术要点

ELISA 的技术要点包括 3 个方面：ELISA 试剂、反应条件和良好的操作。

8.3.1 试剂

ELISA 试剂主要为抗原、抗体、固相载体、酶标记物和与标记酶对应的底物。另外还有相应的 ELISA 洗涤液、终止液、样品提取液等配套试剂。

8.3.1.1 抗原

在 ELISA 实施过程中，抗原和抗体的质量是实验是否成功的关键因素。本法要求所用抗原纯度高，抗体效价高，亲和力强。ELISA 所用抗原有 2 个来源：天然抗原和人工抗原。天然抗原取材于动植物组织或体液、微生物培养物等，一般含有多种抗原成分，需经纯化，提取出特定的抗原成分后才可应用，因此也称提纯抗原。个别天然抗原因为含量少，提纯工艺复杂，提取难度较大。人工抗原包括重组蛋白质抗原多肽合成抗原和小分子合成抗原，它们使用安全，而且纯度高，干扰物质少。因此，虽然制备合成抗原有较高的技术难度且要求较为昂贵的仪器设备和试剂，其应用仍十分普遍，特别是对那些天然抗原不易得到的试验，更显出其独到之处。下面对这几个抗原的获得策略进行简要介绍。

1. 天然抗原

天然抗原的获得一般经过如下步骤：

（1）前处理。把蛋白质从原来的组织或溶解状态释放出来，保持原来的天然状态，并不丢失生物活性。常用的方法有匀浆器破碎、超声波破碎、纤维素酶以及溶菌酶处理等。超声波破碎法是当声波达到一定频率时，液体产生空穴效应使细胞破碎的技术。超声波引起的快速振动使液体局部产生低气压，这个低气压使液体转化为气体，即形成很多小气泡。由于局部压力的转换，压力重新升高，气泡崩溃。崩溃的气泡产生一个振动波并传送到液体中，形成剪切力使细胞破碎。

（2）粗分级。分离可用盐析、等电点沉淀和有机溶剂分级分离等方法。这些方法的特点是简便、处理量大。

（3）细分级。即样品的进一步纯化。样品经粗分级以后，一般体积较小，杂蛋白大部分已被去除。进一步纯化一般使用层析法，包括凝胶过滤、离子交换层析、吸附层析以及亲和层析等。必要时还可选择电泳、等电聚焦等作为最后的纯化步骤。结晶是最后的一步。

2. 重组蛋白质抗原和多肽抗原

重组蛋白质抗原和多肽抗原属于人工抗原。重组抗原和多肽抗原都是为了获得针对大分子蛋白免疫分析所需的抗体。目前抗体制备常采用多肽抗原及重组抗原，它们各有优缺点，需结合实验需求进行选择。

重组蛋白质抗原上往往带有多个不同的抗原决定簇，其中有些是顺序决定簇，有些是结构决定簇。利用变性的抗原免疫动物获得多克隆抗体是针对各个抗原决定簇的抗体的混合物，在一般应用中能够用于检测天然结构或变性的目标蛋白。利用变性蛋白作为免疫原的一个附带的好处是变性蛋白往往有更强的免疫原性，能够刺激动物产生强的免疫应答。

用作抗原目的的蛋白质一般选择使用大肠杆菌表达体系，因为该体系时间与金钱成本最低。为了提高目标蛋白质表达的可能性与纯化的方便性，人们有时只表达目标蛋白的一个小的片段，如特定的结构域。大肠杆菌系统是欣百诺最早建立的成熟表达体系，有一系列设计完美的表达载体与非常成熟的表达培养条件，能够在较短时间内获得基因表达产物，且所需的成本相对较低。如果制备抗体的目的单纯用于WESTERN - BLOT 检测，合成的小肽作为抗原较为经济并且快速，但是存在由于肽段选择不合适造成的免疫原性弱或者无反应原性的风险。由于抗体制备需要较长的周期，因此利用多肽抗原制备抗体时，常常选取两三段不同的肽段以保证实验的成功率。一般用多肽制备的抗体只能识别顺序决定簇，用于检测非变性状态的抗原时效果很差，特别是制备中和抗体时，需要最大可能地保持抗原的天然结构。重组抗原在免疫原性、表位多样性上远优于多肽。

3. 小分子合成抗原

小分子合成抗原也是一种人工抗原。小分子合成抗原是为了获得针对小分子（兽药、贝类毒素、真菌毒素等）免疫分析所需的抗体。由于小分子本身不能直接从免疫动物获得抗体，需要对其分子进行改造，设计可人工合成的半抗原结构，这种半抗原一般带有氨基、羧基、巯基、醛基等可以和蛋白进行连接的官能团，从而桥联在载体蛋白上构建全抗原。而这种半抗原的设计策略较为复杂。

对于半抗原的设计，如果待测物本身含有 NH_2、COOH、OH 等活性基团，可以利用待测物活性基团加入间隔臂，然后联入载体蛋白就可以成功合成人工抗原，制备特异性良好的抗体。但大部分待测物上并不含有活性基团或活性基团对药物的特异性和极性影响很大，所以大部分用于人工抗原合成的半抗原要经过改造或从头合成。例如，在关于有机磷农药倍硫磷的免疫检测方法的研究中，半抗原物的获得采用的方法并不是从倍硫磷开始合成，而是采用另一途径，从起始物重新合成，这样反而能取得较好的效果，这一点对于制备具有多残留检测能力的抗体来说更为重要，只需合成出几种待测物共有的结构就有可能制备出具有多残留检测能力的抗体。待测物本身的结构有时对建立方法的性能有很重要的影响，在分子量为 111～1 202 Da 的化合物制备的单克隆抗体的亲和系数的试验中，半抗原的分子量在 334～374 Da 之间时，制备的单克隆抗体具有很高的亲和系数。但当要检测的小分子化合物的分子量小于 300 Da 时，产生具有良好灵敏度和特异性单克隆抗体的可能性下降。这说明药物的分子量是影响抗体性能的重要因素。同时，待测物的结构对于制备人工抗原的难易程度有重要影响，有些半抗原经过理论分析能制备出高质量的抗体，但从化学合成的角度，这些化合物可能是合成不出来的或工艺过于复杂，所以半抗原结构能否合成出来，也是半抗原结构设计过程中要考虑的问题。

8.3.1.2　抗体

用于 ELISA 的抗体有多克隆的和单克隆的。抗血清（多克隆抗体）成分复杂，应从中提取 IgG 才可用于包被固相或酶标记。含单克隆抗体的小鼠腹水中的特异性抗体含量较高,有时可适当稀释后直接进行包被。制备酶结合物用的抗体的质量往往要求有较高的纯度。经硫酸铵盐析纯化的 IgG 可进一步用各种分子筛层析提纯,也可用亲和层析法提纯特异性 IgG,如用酶消化 IgG 后提取的 Fab 片段,则效果更好。

多克隆抗体抗原通常是由多个抗原决定簇组成的,由多种抗原决定簇刺激机体,多个 B 淋巴细胞接受该抗原刺激产生相应各个抗原决定簇的单克隆抗体,多个单克隆抗体混杂在一起就形成多克隆抗体(poly-clonal antibody,PAb)。多克隆抗体便宜,稀释度大,但是由于多种抗体释放于血清中,抗血清未经免疫纯化,因此特异性不高,易发生交叉反应。

单克隆抗体作为第二代抗体,是当今免疫学检测主要使用的抗体。当机体受抗原刺激时,抗原分子上的许多决定簇分别激活各个具有不同基因的 B 细胞。被激活的 B 细胞分裂增殖形成效应 B 细胞(浆细胞)和记忆 B 细胞,大量的效应 B 细胞克隆合成和分泌大量的抗体分子分布到血液、体液中。通过选出一个效应 B 细胞进行培养,就可以得到由单细胞经分裂增殖而形成的细胞群,此即单克隆。单克隆细胞将合成针对一种抗原决定簇的抗体,称为单克隆抗体。它性质纯、效价高、特异性强,可以避免血清学上的交叉反应,易于体外大量制备和纯化,但是相对于多克隆抗体价格偏高。

基因工程抗体是指应用 DNA 重组和蛋白质工程技术,在基因水平对抗体进行切割、拼接或修饰,重新组装成的新型抗体分子,主要包括嵌合抗体、单链抗体、人源化抗体、双价抗体和双特异性抗体。嵌合抗体(chimeric antibody)是最早制备成功的基因工程抗体。它是由鼠源性抗体的 V 区基因与人抗体的 C 区基因拼接为嵌合基因,然后插入载体,转染骨髓瘤组织表达的抗体分子。因其减少了鼠源成分,从而降低了鼠源性抗体引起的不良反应,并有助于提高疗效。人源化抗体是将人抗体的 CDR 代替鼠源性单克隆抗体的 CDR,由此形成的抗体,鼠源性只占极少,故称为人源化抗体。完全人源化抗体采用基因敲除术将小鼠 Ig 基因敲除,代之以人 Ig 基因,然后用 Ag 免疫小鼠,再经杂交瘤技术即可产生大量完全人源化抗体。单链抗体是将 Ig 的 H 链和 L 链的 V 区基因相连,转染大肠杆菌表达的抗体分子,又称单链 FV(single chain fragment of variable region,sFV)。sFV 穿透力强,易于进入局部组织发挥作用。双特异性抗体是将识别效应细胞的抗体和识别靶细胞的抗体联结在一起,制成的双功能性抗体。如由识别肿瘤抗原的抗体和识别细胞毒性免疫效应细胞(CTL 细胞、NK 细胞、LAK 细胞)表面分子的抗体(CD3 抗体或 CD16 抗体)制成的双特异性抗体,有利于免疫效应细胞发挥抗肿瘤作用。

动物免疫是获得人工抗体的关键方法。动物的选择常根据抗体的用途和用量来决定,也与抗原的性质有关。供免疫的动物有家兔、绵羊、山羊、马和豚鼠及小鼠等。抗原的免疫剂量依照动物的免疫周期以及所要求的抗体特性而不同。对于可溶性抗原而言,为了增强其免疫原性或改变免疫反应的类型,节约抗原,常采用加佐剂的方法以刺激机体产生较强的免疫应答。一般采用的佐剂有弗氏佐剂、氢氧化铝胶、明矾、降植烷、姥鲛烷(pristane)等。大多数实验采用弗氏佐剂,初次免疫用弗氏完全佐剂以刺激机体产生较强的免疫反应,再次免疫采用弗氏不完全佐剂。有学者认为,研究表明弗氏不完全佐剂优于降植烷,且对动物的毒性很低。弗氏不完全佐剂与 pristane 联用可促进腹水型单抗的生成。硅胶有一定的毒性,2～5 mg/L 的硅胶 H 为无毒性反应的有效剂量，间隔时间以 7 天为宜（曾瑞云等，1994）。

8.3.1.3 固相载体

抗原、抗体和其他生物分子通过疏水键、疏水/离子键的被动吸附，表面改性后的亲水键结合或是引入其他活性基团如氨基和碳基的共价结合等多种机制吸附至载体表面。可作 ELISA 中载体的物质很多，最常用的是聚苯乙烯。聚苯乙烯吸附蛋白质的性能较强，抗体或蛋白质抗原吸附其上后能够保留原来的免疫活性。聚苯乙烯为塑料，可制成各种形式，加之它的价格低廉，所以被普遍采用。在 ELISA 测定过程中，它作为载体和容器，不参与化学反应。

ELISA 固相载体主要有小试管、微球和酶标板 3 种形式。小试管的特点是还能兼作反应的容器，最后放入分光光度计中比色。微球一般为直径 0.6 cm 的圆球，表面经磨砂处理后吸附面积大大增加。如用特殊的洗涤器，在洗涤过程中使圆珠滚动淋洗，效果更好。最常用的载体为酶标板，专用于 ELISA 测定的产品也称为 ELISA 板。现在已有多种自动化仪器用于酶标板的 ELISA 检测，包括加样、洗涤、保温、比色等步骤，对操作的标准化极为有利。根据不同的分类标准，酶标板有着不同的分类：

（1）根据其底部形状的不同，可分为平底、"U"形底、"V"形底等不同的规格。平底的折射率低，适于在酶标仪上检测；"U"形底的酶标板折射率较高，方便加样、吸样、混匀等操作，可以不用放在酶标仪上，直接通过目测观察颜色变化情况，从而判定有无相应的免疫反应；"V"形底的酶标板可以精确地吸取样品。

（2）根据酶标板与蛋白和其他分子结合能力和结合方式的不同，又分为高结合力、中结合力和氨基化酶标板。高结合力酶标板表面经处理后，其蛋白结合能力大大增强，可达 $300 \sim 400$ ng IgG/cm^2，主要结合分子量大于 10 kDa 的蛋白。使用该类酶标板可提高敏感性，并可相对减少包被蛋白的浓度和用量。不足之处为较易产生非特异性反应，抗原或抗体包被后，以非离子去污剂无法有效地封闭未结合蛋白的部位，需使用蛋白作为封闭剂。中结合力酶标板经表面疏水键被动与蛋白结合，适合作为分子量大于 20 kDa 的大分子蛋白的固相载体，其蛋白结合能力为 $200 \sim 300$ ng IgG/cm^2。由于该类酶标板所具有的仅与大分子结合的特性，适用于作为未纯化抗体或抗原的固相载体，可降低潜在的非特异性交叉反应。该类板可以惰性蛋白或非离子去污剂作为封闭液。氨基化酶标板经表面改性处理后拥有带正电荷的氨基，其疏水键由亲水键取代。该类酶标板适合作为小分子蛋白的固相载体。使用合适的缓冲液和 pH，其表面可通过离子键与带负电荷的小分子结合。由于其表面的亲水特性和可通过其他交联剂共价结合的能力，可用于固定溶于 Triton-100、Tween 20 等去污剂的蛋白分子。该类板的缺陷为由于降低了疏水性，一部分蛋白分子无法结合；此外，其表面需有效地封闭。由于亲水和共价的表面特性，所使用的封闭液必须能够与非反应性氨基基团和所选择的交联剂中任何功能基团发生作用。

评估 ELISA 板的优劣应该从以下几个方面进行：吸附性、空白值、孔底透明度、各板之间和同一板各孔之间的性能。聚苯乙烯 ELISA 板由于配料的不同和制作工艺的差别，各种产品的质量差异很大，因此每一批号的聚苯乙烯制品在使用前须检查其性能。常用的检查方法为：以一定浓度的人 IgG（一般为 10 ng/mL）包被 ELISA 板各孔后，每孔内加入适当稀释的酶标抗人 IgG 抗体，保温后洗涤，加底物显色，终止酶反应后分别测每孔溶液的吸光度。控制反应条件，使各读数在 0.8 左右。计算所有读数的平均值。所有单个读数与平均读数之差应小于 10%。为比较不同固相在某一 ELISA 测定中的优劣，可用以下方法加以检验：用其他免疫学测定方法选出一个典型的阳性对照品和一个典型的阴性对照品，将它们分别进行一系列稀释后，在不同的固相载体上按预定的 ELISA 操作步骤进行测定，然后比较测定结果。阳性结果与阴性结果差值最大的载体就是这一 ELISA 测定的最合适的固相载体。

8.3.1.4 酶标记物和对应的底物

ELISA 中所用的酶要求纯度高，催化反应的转化率高，专一性强，性质稳定，来源丰富，价格不高，制备成的酶标抗体或抗原性质稳定，继续保留着它的活性部分和催化能力；最好在受检待测样品中不存在与标记酶相同的酶；另外，它的相应底物应易于制备和保存，价格低廉，有色产物易于测定，吸光度高。ELISA 中最常用的酶为辣根过氧化酶（HRP）和从牛肠黏膜或大肠杆菌中提取的碱性磷酸酶（AP）。

HRP 在蔬菜作物辣根中含量很高，纯化方法也不复杂。它是一种糖蛋白，含糖量约 18%，分子量为 44 kDa；是一种复合酶，是由主酶（酶蛋白）和辅基（亚铁血红素）结合而成的一种卟啉蛋白质。主酶为无色糖蛋白，在 275 nm 波长处有最高吸收峰；辅基是深棕色的含铁卟啉环，在 403 nm 波长处有最高吸收峰。HRP 对受氢体的专一性很高，除 H_2O_2 外，仅作用于小分子醇的过氧化物和尿素的过氧化物。后者为固体，作为试剂较 H_2O_2 方便。许多化合物可作为 HRP 的供氢体，在 ELISA 中常用的供氢体底物为邻苯二胺（orthopenylenediamine，OPD）、四甲基联苯胺（3,3′,5,5′ - tetramethylbenzidine，TMB）和 ABTS。HRP 的纯度用 RZ（ReinheitZahl，意为纯度数）表示，是 403 nm 的吸光度与 280 nm 的吸光度之比，高纯度 HRP 的 $RZ \geqslant 3.0$。应注意的是，酶变性后，RZ 可不变而活力降低，故重用酶制剂时更重要的指标为活力。酶活力以单位表示：1 min 将 1 μmol 的底物转化为产物的酶量为 1 个单位（焦奎，2004）。OPD 为在 ELISA 中应用最多底物，灵敏度高，比色方便。其缺点是配成应用液后稳定性差，而且具有致异变性。TMB 则无此缺点。TMB 经酶作用后由无色变蓝色，目测对比鲜明；加酸停止酶反应后变黄色，可在比色计中定量，因此应用日渐增多。ABTS 虽然灵敏度不如 OPD 和 TMB，但空白值很低。

在 ELISA 中，另一常用的酶为碱性磷酸酶（AP）。从大肠杆菌提取的 AP 分子量为 80 kDa，酶作用的最适 pH 为 8.0；用小牛肠黏膜提取的 AP 分子量为 100 kDa，最适 pH 为 9.6。一般采用对硝基苯磷酸酯（p - nitrophenylphosphate，p - NPP）作为底物。它可制成片状试剂，使用方便。产物为黄色的对硝基酚，在 405 nm 处有吸收峰。用 NaOH 终止酶反应后，黄色可稳定一段时间。在 ELISA 中应用 AP 系统，其敏感性一般高于应用 HRP 系统，空白值也较低。但由于 AP 较难得到高纯度制剂，稳定性较 HRP 低，价格较 HRP 高，制备酶结合物时得率较 HRP 低等原因，国内在 ELISA 中一般均采用 HRP。

除 HRP 和 AP 以外，在商品 ELISA 试剂中应用的酶还有葡萄糖氧化酶、β - 半乳糖苷酶和脲酶等。β - 半乳糖苷酶的底物常用 4 - 甲基伞基 - β - D 半乳糖苷（4 - mehtyumbelliferyl - β - D - galactoside），经酶水解后产生荧光物质 4 - 甲基伞酮（4 - mehtylumbelliferone），可用荧光计检测。荧光的放大作用大大提高了方法的敏感度。其缺点是需要荧光计测定，而且如用固相载体直接作为测定容器，此载体不可发出荧光。脲酶的特点是酶作用后反应液发生 pH 改变，可使指示剂变色；另外，在人体内没有内源酶。

8.3.2 反应条件的选择

ELISA 的反应条件包括包被条件和 ELISA 反应条件。

8.3.2.1 包被条件

我们把抗原和抗体吸附到固相载体表面的这个过程，称为包被（coated）。由于载体不同，包被的方法也不同。如以聚苯乙烯 ELISA 板为载体，通常将抗原或抗体溶于缓冲液（最常用的为 pH 9.6 的碳酸钠—碳酸氢钠缓冲液）中，加于 ELISA 板孔中，在 4 ℃过夜，经清洗后即可应用。如果包被液中的蛋白质浓度过低，固相载体表面不能被此蛋白质完全覆盖，其后加入的待测样品和酶结合物中的蛋白质也会部分地吸附于固相载体表面，最后产生非特异性显色而导致本底偏高。在这种情况下，如在包被后再用 1%～5% 牛血清白蛋白包被 1 次，可以消除这种干扰，这一过程称为封闭（blocking）。包被好的 ELISA 板在低温可放置一段时间而不失去其免疫活性。通常选用 4 ℃过夜进行包被，包被浓度一般在 0.1～10.0 mg/L，如果考虑时间因素，也可选用 37 ℃孵育 2 h。动力学表明，蛋白和固相载体的结合速率在前一小时最高，但是 4 ℃过夜方式包被酶标板孔间差异更小，固相载体—抗原抗体复合物更为稳定。

8.3.2.2 ELISA 反应条件

ELISA 反应条件包括反应时间、抗原或抗体的浓度、显色时间。ELISA 每一步的反应时间一般控制在 0.5～1 h 之间，孵育时间过短，抗原抗体反应不充分，影响检测的灵敏度和结果的稳定性；孵育时间过长，抗原或抗体容易非特异性吸附在固相载体上，造成假阴性或假阳性。抗原或抗体的浓度是影响 ELISA 结果的关键因素，一般通过棋盘滴定法确定。以竞争法检测抗原为例，12×8 的酶标板横排包被不同浓度梯度的抗原浓度，纵排加入不同浓度梯度的抗体或酶标抗体，寻找吸光度值在 1.5～2.2 之间的反应条件后，再进行灵敏度测试。显色时间一般控制在 5～15 min，但使用效价较低的抗体可将时间延长至 20 min，如时间继续延长，会造成非酶催化显色，导致结果不准确。

8.3.3 操作注意事项

8.3.3.1 仪器质控

为使仪器保持最佳工作状态，应建立维护和校正仪器的标准操作程序（SOP）。所要控制的仪器包括移液器（加样枪）、恒温箱、洗板机和酶标仪。

（1）移液器：ELISA 加样量小（20～200 μL），其准确性直接影响实验结果。利用称重法检查：低、中、高 3 个刻度分别吸取指示量的水，天平（精度为 0.000 1 g）称重后计算吸量是否准确，一般应在 ±5% 以内。

（2）恒温箱：经常检查恒温箱温度计所示的温度和水中（或温箱内）实测温度是否一致，允许有 ±1 ℃的误差。

（3）洗板机：洗板机虽然不是 ELISA 的核心仪器，但是其性能往往决定了 ELISA 的准确性。每个厂家设置洗板后的残留液有各自的规定，一般不超过 2 μL；洗涤后人工拍板时，垫纸不湿；洗液如含有吐温（tween），应随用随配，并定期检查管孔是否堵塞。

（4）酶标仪：分为滤光片式和连续波长式。滤光片式酶标仪价格便宜，对特定波长的吸光度值测定较为准确；应该经常维护其光学部分，防止滤光片霉变，定期检测校正，使其保持良好的工作性能。连续波长式酶标仪价格较为昂贵，一般可以测定紫外—可见光范围内的任意吸光度值，但在固定波长的测定稳定性上不如滤光片式酶标仪。

8.3.3.2 试剂盒选择

（1）应尽量选择正规厂家的产品，产品经相应政府部门审核认可；试剂应从灵敏度、特异性、精密度、稳定性、简便性、安全性及经济性等方面全面评价。

（2）灵敏度和检出限：灵敏度为试剂检出被检物质的最低量的能力；检出限为试剂对大量样品中阳性检出的能力。

（3）特异性：常用交叉反应率表示。含有与待测物相近结构部分的物质可能存在交叉反应，使测定结果升高，可能导致假阳性，所以交叉反应率是评价试剂质量的关键指标。

（4）精密度：对于 ELISA 试剂一般指其批内 $CV\%$（变异系数），其值应小于 15%；定量试剂应同时考察线性范围。

（5）准确度：通过添加回收实验进行评价。

（6）简便性：指在不影响试剂的前3项指标的前提下，实验和测定步骤越少越好，在定性实验中结果判断简单明了，定量试验结果计算也应简单。

（7）安全性：指试剂对操作者和环境安全无害无传染性。

（8）经济性：试剂在同等质量条件下通过大规模生产或技术进步降低成本，而市场价格比较合理。

（9）试剂评价：需要有权威的确证方法和确证的样品进行检测。

8.3.3.3 样本前处理注意事项

（1）均质。组织样本：肉、肝食品类切细，用绞肉机反复绞碎，混合均匀。水产样本：去除样品的非食用部分，食用部分切细，用均质器均浆；原料表面较脏时，需适当用蒸馏水清洗。蛋类：鲜蛋去壳，蛋黄和蛋白充分混匀。水果、蔬菜类：先用水洗去泥沙，然后去除表面的水分，取食用部分。

（2）振荡提取。将提取溶剂加入到装有样品的具塞容器中，振荡，使提取溶剂与容器内的样品充分接触以深入到样本组织内部，提取待测组分。振荡方式：在振荡器上进行上下、往返式振荡，手摇式上下振荡。在组织样本中加入有机溶剂提取时，应边加边振荡，防止组织凝结成团，不利于提取。

（3）在用有机溶剂提取的过程中，如果出现乳化现象，解决的方法有：一是用吸头轻轻地搅拌，破坏乳化后，再重复离心；二是再加入适量的提取剂，重新振荡。注意离心后要保证样本的稀释倍数不变。

（4）浓缩。由于净化过程中引入的溶剂可能会降低待测组分的浓度或者不适宜直接分析，需要去除全部有机溶剂。即试剂盒前处理步骤中把样本在 60 ℃氮气下吹干，再用复溶液溶解干燥残留物。浓缩方式：氮气吹干除杂、压缩空气吹干除杂。注意：在吹干样本之前,用甲醇清洗针头,防止杂质干扰;在吹样本时,针头应在液面上空,避免与样本接触,防止产生交叉污染;样本吹干后应立即取下,避免吹的时间过长,影响最终检测结果;不同的药物,吹干后样本的保质期不同,提倡待样本回到室温后立即复溶。

(5) 净化。经过提取的待测组分中通常含有一些会干扰免疫检测中抗原抗体反应的杂质或者是含有与待测物结构相似的杂质。将待测组分与杂质分离的过程,我们称之为试剂盒中样本的净化。在我们现有的试剂盒前处理方法中涉及的最常见的净化方法是液液分配法。

8.3.3.4 酶标分析过程中的注意事项

样本的检测是基于抗原抗体的反应,根据标准曲线,判定样本最终的药物含量。它要求加样的准确性和洗板的一致性。在整个加样的过程中要注意实验室温度的恒定,保证反应在试剂盒所示的温度下进行。

(1) 常见的加样方式:①"吸一打二"(即加样枪在吸液体时只打到第一档,放液时放到第二档);②"吸二打一"(即加样枪在吸液体时打到第二档,放液时只放到第一档)。

在实际操作过程中,提倡用"吸二打一"这种方式,有如下好处:①加样过程中在板孔内不出现或者很少出现气泡;②提高加样速度,缩短前后样本反应的时间差。

在加样的过程中,还应细心注意避免出现下列现象:①加样的过程中漏加或者重加;②加样的过程中忘记更换吸头;③样本重加或者漏加;④忘记记录样本的加样顺序。

(2) 常见的洗板方式:①洗板机洗板;②多道孔加样器洗板;③多孔吸头洗板。

在洗板的过程中,确保每孔所加洗涤液量的均一,按说明书操作,不可过多,避免溢出板孔,污染其他样本;也不可过少,过少,则达不到洗涤的效果,容易不成线性、出现曲线、花板等情况。

(3) 甩板:快速甩尽板孔内的液体,防止板孔里的液体对流或反溅回板孔中产生交叉污染。

(4) 拍板:轻轻地在吸水纸上扣干板孔内的液体,而且吸水纸只能使用一次。

(5) 显色:试剂盒中所规定的显色时间并非是绝对的,环境中的温度、湿度、酶标板反应时所接触到的物品的导热度等因素会影响吸光度值。实验操作人员在加完显色液后,可根据颜色的深浅适当地延长或者缩短显色时间,防止出现吸光值接近或高于酶标仪的最高检测限度(OD 值在 2.5~3.0 之间)的情况,这样会间接影响到检测结果,如出现曲线前半部分梯度不明显或颠倒数值等现象,也就造成了一些假阳性或部分检测结果偏低的现象。

8.3.3.5 检测结果判断

由于 ELISA 方法目前在兽药、贝类毒素、真菌毒素残留检测中主要是用作筛选,其判定标准可以根据下列情况确定:①有现成方法的,采用方法的检测限作为判定标准,如农牧发〔2001〕38 号文规定猪尿中 ELISA 判定标准为 1 ng/mL。②目前没有现成标准的,可采用其他确认方法的检测限作为 ELISA 检测的判断标准,如用 ELISA 检测饲料中的盐酸克伦特罗,可按 NY 438—2001 规定的 HPLC 法的最低检测限

0.05 mg/kg 作为饲料 ELISA 法的判定标准。采用确认方法的检测限作为 ELISA 方法的判定限的依据是筛选方法的阳性结果要采用其他确认方法进行确证,采用低于确认方法检测限的数值作判定值可能会引起假阳性偏高。③在空白样品中添加要测定的药物,看样品基质效应的干扰情况,如用德国 γ-biopharm 试剂盒检测饲料中的己烯雌酚,其推荐判断标准为 20 ng/g。④阳性样品需用其他方法进行确证。ELISA 法是快速筛选方法,由于受多种因素的影响有可能引起假阳性反应,因而对于用该法检测到的阳性样品,一定要用其他方法进行确证,以排除假阳性结果。

8.4 ELISA 技术在食品安全检测中的应用

8.4.1 在兽药残留检测中的应用

由于 ELISA 法是一种既敏感又特异的方法,20 世纪 80 年代后期开始,该方法在兽药残留分析中发展迅速,目前几乎所有重要的兽药残留检测已建立或试图建立 ELISA 方法。ELISA 已经成为一种系列化、微量化、商品化的快速检测方法,是目前应用最广泛的生物检测技术之一。

目前,在欧美等发达国家和地区,ELISA 技术已广泛应用于动物源食品中兽药残留分析,如青霉素、链霉素、四环素、磺胺二甲嘧啶、莫能菌素、盐霉素、阿维菌素等,且已有多种动物性产品兽药残留酶联免疫快速检测试剂盒问世。同时,使用 ELISA 对大规模样品进行初筛结合理化分析(HPLC、TLC)技术进行确证的策略被大量用于贸易检测工作当中,可将免疫技术的高选择性和理化技术的快速分离和灵敏性融为一体,克服了 ELISA 直接测定样本信息量太少,部分样品假阳性等的局限,简化了分析过程。在中国,将 ELISA 技术应用于进出口动物产品中兽药残留检测相对较迟,但近年来发展较为迅速,这不仅是与国际接轨,同时也是对国民食品安全和动物性产品进出口贸易的强有力保证和技术支持。目前已建立 ELISA 残留检测的兽药种类有磺胺类、氯霉素类、苯并咪唑类、氨基糖苷类、四环素类、大环内酯类、内酰胺类、硝基咪唑类、β-受体激动剂类、喹诺酮类、阿维菌素和聚醚类等,其主要包含的动物性产品有肉类及肉类制品、乳及乳制品、动物内脏、蜂产品等,部分已公布国家或行业标准(见表 8-1)。

表 8-1 我国已发布的针对兽药残留检测的 ELISA 标准方法

药物名	ELISA 标准号
克伦特罗	GB/T 5009.192—2003
莱克多巴胺	农业部 1025 号公告—6—2008
泰乐菌素	GB/T 18932.27—2005,SN/T 2060—2008
盐霉素	SN/T 0673—2011
磺胺类抗生素	SN/T 1960—2007,农业部 1025 号公告—7—2008

续上表

药物名	ELISA 标准号
磺胺二甲嘧啶	农业部 1025 号公告—24—2008
二苯乙烯类激素	SN/T 1955—2007
四环素类抗生素	GB/T 18932.28—2005，农业部 1025 号公告—20—2008
呋喃唑酮	农业部 1025 号公告—17—2008
阿维菌素	GB/T 21319—2007
氟喹诺酮类药物	农业部 1025 号公告—8—2008
醋酸甲羟孕酮	SN/T 1959—2007
庆大霉素	GB/T 21329—2007
链霉素	GB/T 21330—2007
氯霉素	GB/T 18932.21—2003，SN/T 1604—2005
己烯雌酚	SN/T 1956—2007，农业部 1163 号公告—1—2009
安定	农业部 1025 号公告—4—2008
吩噻嗪类药物	SN/T 2215—2008

下面介绍 ELISA 在一些常见兽药检测中的应用。

8.4.1.1 β-受体激动剂

β-受体激动剂俗称"瘦肉精"，是指能够抑制动物体脂肪生长，促进蛋白质合成的一类药物的统称。我国农业部 193 号公告和 235 号公告以及食品整顿办函〔2010〕50 号文件明确禁止在食用动物饲养环节使用盐酸克伦特罗、莱克多巴胺、沙丁胺醇等 β-受体激动剂，动物源性肉制品中该类物质也不允许检出。英国和德国公司都开发出了克伦特罗的 ELISA 试剂盒，可用于肉品、饲料中克伦特罗残留的检测。我国在研究酶联免疫分析技术检测克伦特罗方面的起步较晚，但发展迅速。陈继明等用酶联免疫分析法检测了饲料、尿样与脏器中克伦特罗含量，检测结果显示，该方法与高效液相色谱法的结果大体一致。史建国等采用国产 ELISA 试剂盒检测了猪肉中的瘦肉精残留，检测限可达 0.05 ng/g，证实了国产试剂盒已达到进口试剂盒的检测水平。目前，我国已有多个厂家生产出了商品化的克伦特罗 ELISA 检测试剂盒，如由北京望尔、维德维康、杭州迪恩、深圳三方圆等数十个公司开发出了国产瘦肉精 ELISA 检测试剂盒，该试剂盒在灵敏度、准确性上与进口产品不相上下，但价格上低很多，显示了极大的优势。

8.4.1.2 磺胺类药物

磺胺类药物具有共同的母核结构，磺酰胺基团上的氨为 N1，芳香氨基上的氨为 N4，大多数磺胺药物为 N1 端取代。磺胺类药物的骨架结构见图 8-5。通过适当设计半抗原的分子结构，从 R 取代基位置与载体蛋白连接，使磺胺族药物分子中共同的结构暴露出来，采用此种方法所得到的免疫原免疫动物，即能得到可识别多种磺胺族药物的族特异性抗体，从而可建立同时检测磺胺族药物的 ELISA 快速检测方法。

由于芳香环具有较强的免疫原性，磺胺类药物能够更好地获得特异性抗体。目前

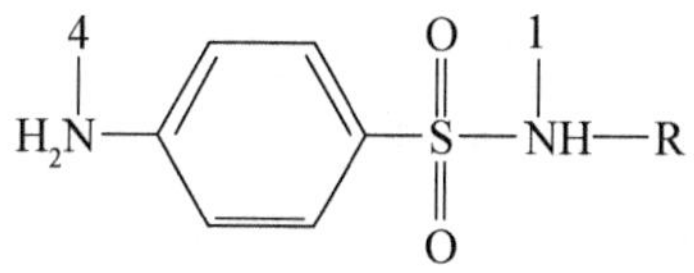

图8-5 磺胺类药物分子骨架

报道的基于单抗或多抗的免疫学方法中，没有一种可以实现对所有的磺胺类药物均具有高度交叉反应，并可同时检测低于最高残留限量（MRL）的方法。Sheth 和 Sporns（1991）最先报道了族特异性抗体的生产，合成了 3 种母核结构半抗原，免疫得到的多克隆抗体对 9 种磺胺药物的 IC_{50}（50% 抑制浓度）均低于 5 mg/L。Spinks 等（1999）采用分子模拟研究了磺胺药物的分子结构，设想抗体会对那些有最大弯曲角度的药物分子产生最大的识别能力。并分别采用弯曲角度最小和最大的连接载体蛋白免疫动物，实验结果未能验证事先的设想。他们还进一步提出了抗体的产生不仅仅针对远离连接点的官能团和磺胺分子的共同结构部分，免疫反应还常常针对分子的中间（可变）结构部分以及在某种程度上会针对 R-基团的产生。但随后的实验亦未证实此设想。德国拜发等公司生产的磺胺类药物检测试剂盒采用单克隆鼠抗磺胺药物特异性抗体包被微孔板，可用于组织、牛奶、蜂蜜、蛋类和尿中 7 种磺胺类药物的筛检。北京望尔生物技术有限公司生产的磺胺"三合一"或"四合一"检测试剂盒采用几种单克隆抗体共包被的方法实现了多种残留检测。

8.4.1.3 硝基呋喃类药物

硝基呋喃类药物是一种广谱抗生素，对大多数革兰氏阳性菌和革兰氏阴性菌、真菌和原虫等病原体均有杀灭作用。它们作用于微生物酶系统，抑制乙酰辅酶 A，干扰微生物糖类的代谢，从而起到抑菌作用。因其具有较好的抗菌作用和药动力学的特性，价格低、效果好，曾被广泛添加于畜禽饲料中。但是发达国家经过长时间研究发现，硝基呋喃类药物及其代谢产物均能够使实验动物发生癌变和基因突变，因此多个国家已禁止使用，近年来又规定动物产品中不得检出硝基呋喃类药。我国也明令禁止呋喃唑酮、呋喃它酮、呋喃西林、呋喃妥因用于动物源性食品生产。由于硝基呋喃在体内代谢快，所以目前的检测方法主要针对其代谢物。但其代谢物分子量较小，免疫原性较低，已报道的硝基呋喃代谢物的实际样品检测，大多基于衍生检测方法。Cooper 等（2004）首次报道了间接检测呋喃唑酮代谢物（AOZ）免疫检测方法，即通过检测 AOZ 的衍生物来确定样品中 AOZ 的含量。他们将 AOZ 与 3-羧基苯甲醛衍生化制备免疫半抗原 CPAOZ，通过抗原制备及动物免疫获得多克隆抗体，该抗体可以特异性识别 AOZ 的 2-硝基苯甲醛衍生物 NPAOZ，而不能识别 AOZ。基于该抗体，该研究小组建立了检测 NPAOZ 的 ELISA 检测方法，通过测定 NPAOZ 来测定样品中 AOZ 的含量。该研究为硝基呋喃代谢物的免疫分析方法奠定了基础。之后，Cooper 等（2007）又报道了呋喃西林代谢物（SEM）的免疫检测方法，同样是通过衍生化制备免疫半抗原 CPSEM，通过检测 CPSEM 或 NPSEM 来测定样品中 SEM 的含量。检测限为 0.21 μg/kg，定量限为 0.25 μg/kg。

8.4.1.4 四环素类药物

四环素类抗生素是一类常用兽药,包括四环素、金霉素、土霉素、多西环素等,在促进畜禽生长、提高饲料利用率、降低养殖成本、疾病防制等方面发挥着重要的作用;但是如果没有得到合理使用,就会在动物体内残留,对动物及动物性食品安全带来巨大的隐患,从而威胁人们的健康。根据我国《动物性食品中兽药最高残留限量》规定,牛奶和肌肉组织中四环素、土霉素及金霉素(单体或复合物)和多西环素最高残留限量为 100 μg/L。因此,如何科学地评价及防制四环素类抗生素的残留,离不开对其含量的分析,四环素类抗生素的残留检测具有十分重要的现实意义。De Wasch 等(1998)用酶联免疫方法测定猪肉和鸡肉中土霉素残留,结果发现其检测线可达到欧洲最高残留量(MRL)值,甚至更低。国产试剂盒厂商通过制备四环素单克隆抗体,研制出四环素类抗生素酶联免疫试剂盒,其检测线可为 3~5 ng/mL,灵敏度 0.05 ng/mL,与同类抗生素的交叉反应率大于 60%,与其他类抗生素无交叉反应。

8.4.1.5 青霉素类药物

动物源性产品中青霉素类药物残留主要引起过敏反应;人们食用残留有青霉素类药物的食品后,还会诱导耐药菌株的产生,当人体发生疾病时,再用同种抗生素治疗则很难奏效,给临床上的治疗带来困难;另外,发酵乳生产中残留的青霉素类药物会抑制乳酸菌的生长,影响乳产品的加工生产。因此,建立针对青霉素类药物残留的快速检测方法对控制畜产品的卫生质量,保障人类健康,保证工业生产等方面都具有比较重要的社会经济意义。Cliquet 等(2003)利用间接竞争 ELISA 法可同时检测到氨苄青霉素、青霉素 G、羟氨青霉素、苯唑青霉素和双氯青霉素,检测灵敏度都在欧盟 MRL 值限度内。陆彦等(2005)进一步应用杂交瘤技术建立能稳定分泌抗氨苄青霉素(AMP)单克隆抗体的杂交瘤细胞株,利用酶联免疫学方法建立氨苄青霉素的快速检测方法。该方法对 AMP 的检测限为 0.3 ng/mL,对市售消毒纯牛奶模拟样品最低检测限为 0.4 ng/mL,均达到了国家的检测要求。用优化后的直接竞争 ELISA 检测方法测得青霉素类药物最低检测限,其中氨苄青霉素 1.58 ng/mL,青霉素 G 0.38 ng/mL,阿莫西林 1.90 ng/mL,氯唑西林 0.13 ng/mL,苯唑西林 0.44 ng/mL,均能达到食品中各青霉素类药物残留检测标准。

8.4.1.6 氨基糖苷类抗生素药物

目前,可用 ELISA 法快速检测牛奶和动物肾脏中新霉素、庆大霉素、链霉素残留,其回收率可大于 80%。其弱点主要表现为:重复性比较差(牛奶样品的 RSD 为 23%~60%,肾脏样品的 RSD 为 10%~38%),精确性也较差(牛奶样品的回收率为 47%~78%,肾脏样品的回收率为 70%~96%),交叉反应率高(新霉素和西索霉素的交叉反应率为 25%,双氢链霉素和链霉素的交叉反应率则高达 150%)(Heering et al., 1998)。按照我国农业部 2002 年发布实施的无公害食品的行业标准,链霉素最高允许残留标准为 200 ng/mL(牛奶),500 ng/mL(猪肉),用本实验建立的方法对链霉素在食品中的残留进行检测是可行的。

8.4.1.7 氯霉素(CAP)

氯霉素是一种有效的广谱抗菌素,对畜禽多种疾病尤其是革兰氏阴性菌感染有很好的控制作用,曾被人们广泛接受和使用。但其在使用过程中存在严重副作用,在动物肉、奶、蛋中的残留严重威胁人畜健康。因此，许多国家限制甚至禁止此药用于生产食品的动物，并对畜产品中 CAP 残留制定了严格的限量标准。但是，由于氯霉素的抑菌效果好，而且价格相对低廉，目前仍有一些国家对氯霉素在动物中的使用不加限制。为了保障我国人民的健康，以及扩大与世界各国动物性食品的贸易往来，测定动物性食品中氯霉素的残留，对于畜禽产品的安全控制具有重要意义。运用酶联免疫法进行水产品中氯霉素残留筛选，能在短短几小时内检测几十至上百个样品，且不需要复杂的仪器设备，样品预处理简单，检测成本低，检测结果准确可靠。本方法检测低限为 50 ng/kg，远低于仪器检出氯霉素最低限 10 μg/kg，作为一种快速筛选手段，配合精密仪器确证使用，在现场监控和日常大批量检测中有着十分广阔的应用前景。

在兽药残留检测方面，新的标记技术和分子生物学技术的发展为生物酶标记分析提供了新的技术思路和方法，弥补了其缺陷和技术局限，使其具有更广泛的检测范围、更高的灵敏度与特异性和更精确的定量能力，从而使 ELISA 技术以新的形式应用于食品检测领域。系列化、标准化、商品化和多功能化的新型 ELISA 试剂盒产品不断被开发出来。该技术未来的发展将呈以下趋势：

（1）多项目标物快速测定。多残留检测是 ELISA 技术发展的一个重要方向，利用 ELISA 同时对待测样本中的多项目标物进行快速测定，可大大节省测定时间，获得横向的更大通量。可通过以下两种方法来达到这一目的：①通过基因工程构建多功能蛋白，可以快速方便地同时检测多项目标物；②在同一免疫反应中采用多种能够催化各自底物产生不同显色反应的酶，分别标记具有不同特异性的抗体或抗原，反应后用各自的酶底物显色，通过几个吸光度波长分别读取结果，从而达到同时检测多项目标物的目的。

（2）自动化的酶联免疫测定技术。近几年出现的全自动酶标测定仪，不但大大减轻了检测人员的工作强度，而且也提高了测定的准确性和重现性，这更有利于 ELISA 技术在检测分析中的进一步商品化推广。

（3）天然酶定向改造和体外分子进化。运用天然酶体外分子进化手段和定向改造技术研究开发的免疫测定标记酶融合蛋白（一种同时具有催化底物显色反应酶活性和特异性抗体或抗原性质的融合蛋白），可以作为结合物直接用于 ELISA 试剂盒。这使得 ELISA 试剂盒在其生产过程中不但避免了烦琐且低效率的酶与特异性抗体或抗原的化学交联过程，而且无须得到纯化的酶、抗体或抗原，从而大大提高了 ELISA 试剂盒产品的稳定性，使其结果具有更好的重现性。

8.4.2　在农药残留检测中的应用

ELISA 用于食品中农药残留检测，具有所需设备简单、样品前处理程序简单等优势。对于液体食品，如牛奶、果蔬汁等通常不需前处理，可直接取样检测；而对于固体食品，如谷物等经抽提剂抽提、浓缩并重新溶于水溶液中即可取样检测，可在几十分钟至几个小时内完成多批次样品检验，检验成本低，非常适合于现场应用。ELISA 不仅可进行定性检测，而且也可以用于定量分析，对很多农药的检测水平可达微克每千克水平甚至更低。自 20 世纪 80 年代开始尝试把 ELISA 应用于食品中农药残留检测以来，到目前，国内外已有大量文献报道。检测的食品范围包括蔬菜、水果、酒类、饮料、鱼、畜禽类肉、动植物油脂、奶及奶制品、蜂蜜、粮食及粮食加工产品等。表 8-2 列出了国外有关食品中杀虫剂、杀菌剂、除草剂、植物（昆虫）生长调节剂等农药残留 ELISA 检测的一些文献报道。

表 8-2 食品中主要农药残留 ELISA 检测（刘凤昝等，2013）

农药类别	农药名称	抗体类型	测定样本	检测限
杀菌剂	多菌灵	多抗	果汁、水	0.1～300 μg/L
	克菌丹	多抗	水果	0.67 mg/kg
	异菌脲	多抗	啤酒、果汁	0.15～10.00 μg/kg
	福美双	多抗	叶类蔬菜	5 μg/kg
	硝基唑	多抗	肝脏	20 μg/kg
	五氯硝基苯	多抗	水、土壤	4.7 μg/L
	三唑酮	多抗	黄瓜、梨	40 μg/kg
	噻菌灵	多抗、单抗	果汁、蔬菜、肉类	9～20 μg/kg
	百菌灵	多抗、单抗	水果	100 μg/kg
	烯菌灵	单抗	水果	5 mg/kg
除草剂	草甘膦	多抗	水	0.076 g/L
	百草枯	多抗	肉制品	2.5 μg/kg
	2,4-D	多抗	奶制品、水	1～50 μg/L
	阿特拉津	多抗	奶、果汁、玉米	0.5～2.0 μg/kg
	麦草畏	多抗	水	0.23 mg/L
	西玛津	多抗	水	1～10 μg/L
	莠去津	多抗	水	0.01 μg/L
	吡草胺	单抗	水	0.05～0.10 μg/L
	扑草净	多抗	水	0.002 ng/L
	氯磺隆	多抗	土壤	0.2 μg/kg
	精喹禾灵	多抗	水、土壤	0.003 mg/kg
杀虫剂	氰戊菊酯	多抗	水	0.1～4.8 μg/L
	右旋反苄呋菊酯	单抗	谷物及其加工产品	10～80 μg/kg
	苯醚菊酯	单抗	谷物及其加工产品	10～80 μg/kg
	氯苯醚菊酯	单抗	谷物及其加工产品	10～80 μg/kg
	菊酯（总量）	多抗	肉类	50～500 μg/kg
	西维因	多抗	奶、蜂蜜、肉类、水	50～500 μg/kg
	呋喃丹	多抗	肉类	0.01 mg/kg

续上表

农药类别	农药名称	抗体类型	测定样本	检测限
杀虫剂	甲胺磷	多抗	蔬菜、谷物	0.032～500 μg/kg
	对硫磷	多抗、单抗	水	0.028～0.020 ng/L
	杀螟松	多抗、单抗	谷物	80～100 μg/kg
	甲基嘧啶硫磷	多抗	谷物	30 μg/kg
	亚胺硫磷	多抗	水果、蔬菜	0.6 g/kg
	甲基对硫磷	单抗	水、土壤、蔬菜	0.000 1 g/L
	杀螟硫磷	单抗	水、土壤、蔬菜	0.000 01 ng/L
	甲基毒死蜱	单抗	水、土壤、蔬菜	0.000 1 g/L
	毒死蜱	单抗	水	0.000 3 g/L
	吡虫啉	多抗	水、土壤	1.2 g/L
	氟虫腈	多抗	水、土壤	0.627 g/L

另外，ELISA 的多残留检测也成为研究的热点。在食品农药多残留分析中应用 ELISA 一般有两种途径：一种是先针对不同农药小分子化合物，分别制备可识别它们的农药抗体，然后将这些不同抗体一起使用，从而一次实验即可检出这些农药有无抑制或抑制率大小。另一种是针对一组或一类化合物共性结构特征设计和合成半抗原，从而得到对于特定一组或一类化合物都具有识别和检测能力的抗体，即具有宽谱特异性（broads specificity），这种抗体便有望用于该类化合物多残留 ELISA 分析。

ELISA 所使用的抗农药抗体对于结构非相关的农药抗原表现出极高的特异性，但与母体结构相类似的农药会产生不同程度的交叉反应。如果样品中存在这些物质，将导致定量检测准确度降低，使该农药的定量检测降为半定量或定性检测或者出现定性假阳性与假阴性，从而大大影响 ELISA 在食品农药残留检测中的可靠性和灵敏度。但从另一个角度看，这种交叉反应又是特别有用的，利用这种交叉反应，可用抗一种农药的抗体对包括母体结构类似的农药在内的结构密切相关的类似物及代谢产物进行多种农药残留的总量检测。另外，有研究者认为，可以把抗几种结构相关或非相关的农药抗体混合，利用这种混合抗体进行几种农药多残留分析，对于检测大批量且农药污染又没有规律的样品，可以节省大量的时间和工作量。由于食品的样本类型复杂，基质效应可能抑制免疫结合反应，不同品种农药性质各异，样本处理方法存在许多不确定性。同时，抗体特异性和稳定性对检测结果影响机制尚不明确，影响其特异性和稳定性的因素还不是很清楚，从而使得 ELISA 在食品农药残留检测中的不确定因素增多且不易控制，难以实现标准化。这在一定程度上限制了 ELISA 在食品农药残留检测上的应用。

为解决上述问题，可以采用以下策略：①组合化学、计算机模拟、立体化学在免疫学上的发展极大地方便了农药半抗原的定向设计，引入该技术有助于设计建立不同农药结构与活性关系的评价模型，进一步提高农药半抗原筛选效率和命中率。②使用质谱、色谱技术对 ELISA 结果进行多维评价，在更大程度上证实 ELISA 方法的准确性、稳定性，为该方法的应用提供更切实可靠的依据。虽然目前 ELISA 应用于食品农药残留免疫检测尚存在一定的局限性，也不可能替代传统的色谱分析技术，但 ELISA 分析技术自身优势和在方法上的不断完善，以及抗体效果的不断进步，特别是随着亲和力强、特异性高的标准化抗体生产技术的突破和免疫传感器技术的日臻完善，ELISA 检测技术将成为农药残留快速检测的有效手段。

8.4.3 在生物毒素检测中的应用

8.4.3.1 细菌毒素的检测

肉毒毒素是目前已知的化学毒物与生物毒素中毒性最强烈的一种，对人的致死量 10^{-9} mg/kg.bw，毒力比氰化钾强 1 万倍。SN/T 1763.1—2006 规定了肉毒素的 ELISA 标准检测方法，该方法适用于食品样品肉毒毒素的初筛，阳性样品需进行血清学和生化实验鉴定。Carlin 等（2004）采用 PCR – ELISA 法检测冷冻食品原材料中的肉毒素，并采用动物实验法对浓缩肉汤中的细胞和毒素进行检测。结果显示，28 个样品中有 15 个样品在动物实验中被检出呈阳性，最大可能数（MPN）在 1～3 之间。

金黄色葡萄球菌污染食品后可引起葡萄球菌肠毒素（SE）中毒。GB 4789.10—2010 附录 B 规定了金黄色葡萄球菌肠毒素的 ELISA 标准检测方法，分为总量和分型检测。德国拜发公司已推出商品化的金黄色葡萄球菌肠毒素总量和分型试剂盒。其中分型试剂盒利用特异性抗体分别包被在不同的孔中，构建双抗体夹心法，可区分金黄色葡萄球菌肠毒素的 A、B、C、D、E 型。

志贺毒素（Shiga-like toxin，SLT）又称 Vero 毒素（VT），1977 年首次报道有大肠杆菌产 Vero 细胞毒素。SLT 可分为两大类：SLT – Ⅰ 和 SLT – Ⅱ。SN/T 1827—2006 规定了产志贺毒素大肠杆菌的检测方法，采用 ELISA 检测志贺毒素，从而对样品进行初筛。该方法不区分 SLT – Ⅰ 和 SLT – Ⅱ，需要对样品进行前增菌，德国拜发公司的 Vero 毒素试剂盒可满足检测要求。

8.4.3.2 真菌毒素的检测

目前已发现的真菌毒素有 200 多种，对农产品、畜产品等有不同程度的污染，其中以黄曲霉毒素、赭曲霉毒素、T – 2 毒素、呕吐毒素和伏马菌素污染最为严重，对食品的安全性构成极大的威胁。近年来，真菌毒素的检测方法特别是 ELISA 法得到迅速发展。国家也相继发布上述 4 个真菌毒素（除赭曲霉毒素外）的 ELISA 标准方法——GB/T 5009.22—2003、GB/T 5009.118—2008、GB/T 5009.111—2003、SN/T 1958—2007。Romer、拜发以及国内的苏微等公司也推出了相关的 ELISA 检测试剂盒，其中对黄曲霉毒素 B_1 的检测限分别为 2 μg/kg、1 μg/kg 和 0.5 μg/kg，均能满足 GB 2761 中对黄曲霉毒素 B_1 的限量要求。ELISA 检测真菌毒素的优点在于操作简单、回收率高、时间短。在对谷物的前处理上，只需要甲醇—水溶液一步提取即可直接用于 ELISA 分析或稍作稀释，这样既减少了前处理的工作量，也降低了因复杂的前处理带来的回收率下降。检测步骤上也是采用包被抗体酶标抗原法，这种方法无须使用二抗，加样短暂孵育后即可显色，缩短了反应时间，减少了操作步骤，结果重复性更好。Zheng 等（2005）使用 Romer 公司的 AgraQuant – ELISA 试剂盒对市面上的高粱、大麦、新鲜咖啡豆、小麦、大豆和玉米进行检测，同时使用 HPLC 法对其检测值进行比较，发现两种方法检测值相一致。

8.4.3.3 食品中河豚毒素的检测

河豚毒素是一种强神经性毒素。2012年6月，我国香港食物安全中心因一款石斑鱼干检出含河豚毒素而发出食物警报。近期，国家食品药品监督管理总局在对即食鱼干制品河豚毒素应急监测中，发现6个样品河豚毒素阳性。辽宁、山东、江苏等地生产的即食鱼干也被曝检出河豚毒素。我国的《水产品卫生管理办法》中严禁餐饮店将河豚鱼作为菜肴经营。李世平等（2004）应用小鼠生物实验和间接竞争抑制酶联免疫吸附实验（ELISA）同步检测17份河豚鱼肝组织和20份河豚鱼肌肉组织中的河豚毒素含量，并对两种方法进行比较。结果表明，ELISA 法与小鼠生物实验测得的结果相符合。ELISA 法由于其测定程序简便易行、速度快、灵敏度高，在河豚毒素的定量检测以及在预防河豚鱼中毒方面具有广泛的应用前景。河豚毒素也有相关 ELISA 标准方法出台，见 GB/T 5009.206—2007《鲜河豚鱼中河豚毒素的测定》，但该标准只规定了对鲜河豚的测定，河豚毒素中毒事件频发的鱼干样品未写入标准。

8.4.3.4 贝类毒素的检测

贝类中毒是由一些浮游藻类合成的多种毒素而引起的，这些藻类（在大多数病例中为腰鞭毛虫，可引起赤潮）是贝类的食物。这些毒素在贝类中蓄积，有时被代谢，一般分为麻痹性贝类毒素、腹泻性贝类毒素、失忆性贝类毒素。其中有20种毒素可引起麻痹性贝类中毒（PSP），它们都是蛤蚌毒素的衍生物。腹泻性贝类中毒（DSP）则大概是由一组高分子量的聚醚引起，这些聚醚包括冈田酸、甲藻毒素等。而一类叫作短菌毒素的聚醚可引起神经毒性贝类中毒（NSP）。失忆性贝类中毒（ASP）是由特殊的氨基酸、软骨藻酸引起，它们是贝类污染物。我国已经发布这3种贝类毒素 ELISA 标准方法——SN/T 1773—2006、SN/T 1996—2007、SN/T 2663—2010。张纹等（2005）采用酶联免疫法检测菲律宾蛤子肌肉中麻痹性贝毒（PSP）含量。结果显示，以标准 PSP 为参照，该检测方法平均灵敏度可达 2 μg/kg，标准溶液测定的变异系数为 2.00%~7.66%，样品精密度测试的变异系数为 2.82%~8.40%，平均添加回收率达 85.35%。该法有快速、灵敏、可靠等特点，适于常规工作中麻痹性贝毒的快速筛选检测。

8.4.3.5 植物蛋白毒素的检测

植物毒素是由植物产生的能引起人和动物疾病的有毒物质，分为植物蛋白毒素和植物非蛋白毒素。国内外常有误食含有植物毒素的食物中毒的报道。国内外学者采用多种分析测试手段对植物毒素进行分离检测，但有关植物毒素 ELISA 法检测的报道并不多。

植物蛋白毒素可以直接免疫动物，免疫血清能有效保护动物和培养细胞而对抗相应引起的中毒。杨运云等（2007）先后建立了双抗体夹心酶联免疫法和间接酶联免疫法检测蓖麻毒素。方法的线性范围在 0.08~1.25 mg/L 之间，相关系数 $r=0.9923$，检出限为 0.02 mg/L，回收率在 60%~98% 之间。而郭建巍等（2006）建立的检测蓖麻毒素的双抗体夹心 ELISA 法，方法灵敏度高，操作简便快捷，但检测自来水样回收率不高。李丽琴和郑晓军（2001）成功制备了相思子毒素抗血清，通过比较几种不同的抗体纯化方法，制备出高纯度抗体，粗提抗血清能有效地预防和紧急救治相思子毒素中毒。

8.4.3.6 植物非蛋白毒素的检测

国内外有对动物疯草中毒的报道,已确认的疯草毒素有苦马豆素等。Apcik 等(2003)合成了香豆雌酚的半抗原和偶联物,建立了免疫分析方法检测香豆雌酚,方法的线性范围为 20～4 000 pg/mL,检出限为 140 pg/mL,回收率为 94.8%,适合微量样品的检测。

8.4.4 在转基因检测中的应用

针对转基因表达的特定蛋白,ELISA 解决了转基因样品检测中核酸制备困难的问题,但是由于缺乏转基因产品的内源蛋白作为对照,ELISA 检测方法不能精确定量测定转基因含量,只能达到半定量测定的水平。目前,已经建立了一些针对转基因产品的 ELISA 检测方法,例如转基因大豆 GTS40 - 3 - 2 中的 CP4 - EPSPS 蛋白、Bt11、Bt176、MON810 玉米的 CryIA(b)蛋白、Starlink 玉米的 Cry9C 蛋白,T25 和 TC1507 玉米的 PAT 蛋白等。

苏云金芽孢杆菌(*Bacillus thuringiensis*,简称 Bt)是一种能产生杀虫晶体蛋白(insecticidal crystal protein)的革兰氏阳性菌,其孢子及伴孢晶体对鳞翅目和鞘翅目的一些害虫具有一定的毒杀作用。Bt 毒蛋白基因是目前应用最为广泛和最有潜力的一个抗虫基因,已有近 70 种植物因被转入了 Bt 毒蛋白基因而获得了抗虫性。目前国内外已经获得转 Bt 基因的作物有棉花、水稻、玉米、小麦和油菜等。目前,转基因产品的检测主要是从两个方面入手:一是核酸水平,即检测遗传物质中是否含有插入的外源基因;二是蛋白质水平,即通过插入外源基因表达的蛋白质产物或其功能进行检测。在转 Bt 基因植物检测中,采用 ELISA 检测 Bt 基因的表达产物——杀虫蛋白是目前公认的一种先进技术,因此国内外均在积极开展此方面的研究。刘光明等(2002)应用纯化的 Bt1 杀虫晶体蛋白作为标准蛋白和免疫抗原,通过抗体—抗原—酶标抗体反应,建立了 ELISA 法,以定量检测转基因玉米中的 Bt1 表达蛋白。用建立的 ELISA 法对 4 种进口玉米产品进行测定,实验结果得到了免疫印迹分析的验证,并与进口试剂盒方法的定量分析结果相一致,因而,建立的 ELISA 法具有操作简便、快速特异、定量准确、经济实惠的优点,特别适合于大批量检测,有着良好的应用前景。顾炜炜等(2007)研制了用于检测转基因食品中 Btcry2Ab/2Ac 杀虫蛋白的直接竞争 ELISA 试剂盒,研究结果表明,该试剂盒的最低检测限为 40 ng/mL,线性检测范围为 40～2 000 ng/mL,可满足实际生产中大批量样品的快速检测。美国 FDA 已研究出用双夹心 ELISA 法检测食品中是否含有转基因玉米成分,EnviroLogix ELISA 试剂盒可用于测定玉米中的 Cry9C 蛋白,在同一实验室和实验室间共测定了 9 种含玉米的食品,测定结果的重现性很好。

8.4.5 在过敏原检测中的应用

食物过敏是食品安全问题的一个重要方面。世界上约有 4%的人口对食物过敏,过敏性食物多达 180 种以上。联合国粮农组织(Food and Agriculture Organization,FAO)报告了 90%以上食物过敏原存在于牛奶、鸡蛋、鱼、甲壳类水产品、花生、大豆、坚果类及小麦 8 大类食物中。为保护易过敏人群的健康,部分国家和地区对食物过敏原的标签标注进行了严格规定,并列入立法范围,因此食物过敏原的检测越来越重要。食物过敏原为食物中引发或激起过敏反应的物质,通常为在特定食物中含有的含量丰富、天然存在的蛋白质。根据过敏原反应的速度及临床特点等将致敏机制分为Ⅰ、Ⅱ、Ⅲ、Ⅳ,其中大部分食物过敏是由 IgE 介导的Ⅰ型超敏反应,包括致敏和发敏两个阶段。

ELISA 方法是目前在食物过敏原的常规检测与筛选领域应用最广的免疫分析技术,特别是检测过敏原中的蛋白成分,ELISA 更是发挥着不可替代的作用。Faeste 等(2008)通过免疫兔子制备抗鳕鱼过敏原小清蛋白的多克隆抗体,利用该抗体包被酶标板,并用生物素标记该多抗,建立了双抗体夹心 ELISA 法,食物中小清蛋白的检出限为 0.01 mg/kg,约每千克食物中可检测 5 mg 鱼肉成分,灵敏度较高。另外,该研究组应用建立的双抗体夹心 ELISA 法对 32 种鱼类及其他物种含有的小清蛋白进行了检测,结果显示该方法特异性强,与其他物种中小清蛋白不存在交叉反应。此外,该方法稳定性好,应用此方法分析食物基质中的鳕鱼小清蛋白回收率达 68% ~ 138%,其区内和批间差分别小于 12% 和 19%,具有较好的应用价值。Blais 等(2003)利用蛋黄中提取的抗体建立了斑点 ELISA 法,可同时检测花生、榛子及巴西坚果中的过敏原,其定性检测限分别为 0.01、0.03、0.03 mg/L,检测时间约为 30 min。国外研究者利用固相载体上的抗体捕捉过敏原,然后用酶标记的二抗形成夹心抗,检测腰果特异性蛋白,检测灵敏度可达 1.0 μg/g,但其他坚果类如美洲山核桃、胡桃、开心果和葵花籽之间存在着交叉反应,限制了 ELISA 法的应用范围。ELISA 方法在检测虾过敏原时,利用原肌球蛋白特异性抗体,检测限为 2.5 μg/g,但虾与龙虾、蟹等其他甲壳类之间存在着显著的交叉反应。脊椎动物原肌球蛋白虽与虾原肌球蛋白几乎存在 55% 的同源性,但虾与含有原肌球蛋白的鸡和猪等脊椎动物无交叉反应。近 10 年来,市场上关于杏仁、大豆、花生、甲壳类、芝麻、芥末、羽扇豆、牛奶等食物过敏原的 ELISA 检测试剂盒均有销售,这些试剂盒可在 30 ~ 60 min 内实现定性或半定量检测,如花生蛋白(0.1 ~ 5.0 μg/g)、榛子蛋白(1 ~ 10 μg/g)、小麦蛋白(1.5 ~ 10.0 μg/g)和大豆蛋白(1 ~ 5 000 μg/g)等。然而 ELISA 试剂盒在检测鱼过敏原时,虽可检测出鱼释放的组胺成分,但并不适用于鱼过敏原蛋白的检测。目前,特异性强、快速和高通量式检测的新型 ELISA 试剂盒已成为食物过敏原快速检测方法的研究热点之一。

8.4.6 在重金属检测中的应用

ELISA 检测重金属残留含量,目前应用较为成熟的主要为双抗体夹心法、间接法、竞争法,虽然如 Dot - ELISA 法、BAS - ELISA 等一些新方法目前并未完全应用到重金属残留含量的检测领域,有些还处在探索阶段,但是国内外不同的研究小组正在开展研究工作,为未来重金属速测技术的研究提供了思路。

竞争法的原理是将待测样品和一定量酶标抗体与固相抗原竞争结合。待测样品中抗原量越多,结合在固相上的酶标抗体就越少,因此阳性反应呈色浅于阴性反应。Darwish 和 Blake(2001)采用一步竞争性免疫检测法检测环境水样中的镉,该检测法对 Cd^{2+} 的灵敏度很高;他们又利用此法将金属硫蛋白与金属离子配位形成无毒络合物,再与载体蛋白质偶联后,形成完整免疫原,对人血清中的 Cd^{2+} 进行检测,利用 1,10 -

邻二氮杂菲-2,9-二羧酸（1,10-phenan-throline-2,9-dicarboxylic acid，DCP）螯合重金属，通过与 KLH 偶联，制备金属离子特异性单克隆抗体。刘功良等（2008）建立了检测濑尿虾中镉残留的竞争法，具有较好的灵敏度和准确性。双抗体夹心法是将特异性抗体包被于固相载体，先后加入待测抗原和酶标抗体，形成固相抗体—抗原—酶标抗体的复合物，加底物显色测定底物的降解量。例如，铜离子对鲤鱼血清热应激蛋白（HSP70）合成具有很大的影响，盛连喜等（2007）采用此法检测鲤鱼血清 HSP70 合成水平，结果表明铜离子能够诱导鲤鱼血清 HSP70 表达。

8.4.7　在食品添加剂、非法添加物以及活性物质检测中的应用

利用 ELISA 技术检测食品中添加剂是否超标，是否添加了违禁用品方面的研究也越来越多了，如苏丹红Ⅰ、Ⅱ、Ⅲ、Ⅳ号具有相应的 ELISA 检测方法。以食品中苏丹红Ⅰ号为例，研究人员将苏丹红Ⅰ号直接用于抗原，以包被抗原（Sudan-C3-OVA）中的载体蛋白（OVA）为链接桥，将 HRP 链接在 OVA 上制成酶标抗原（Sudan-C3-OVA-HRP）；并以单抗为基础建立了测定食品中苏丹红Ⅰ号的直接竞争 ELISA。结果 IC_{50} 为 1.5～3.2 ng/mL，检出限为 0.05～0.17 ng/mL，变异系数小于 13%，加标回收率在 88.4%～113.2% 之间，相对标准偏差小于 14%，线性方程的相关系数 $r=0.9902$。研究人员应用黄原胶抗原免疫的绵羊多克隆抗体，采用间接竞争酶联免疫吸附方法，对黄原胶进行检测分析。结果黄原胶的检测限为 0.1 ng/mL，有效检测区间 0.1～10.0 ng/mL，组间及组内差异均小于 10%。烧烤酱和凯撒沙拉酱中的黄原胶检测限为 50 ng/mL，有效检测区间为 50～5 000 ng/mL。烧烤酱和凯撒沙拉酱中黄原胶回收率分别为 72.0%～89.8% 和 102.6%～119.0%。另外，还有人用 ELISA 技术对食品中的罂粟碱进行可行性分析，获得了罂粟碱标准曲线的线性范围为 0.1～10.0 ng/mL，相关系数为 $r=0.9944$，最低检出限为 0.1 ng/mL。采用样品稀释法排除干扰，稀释 50 倍可排除共存物干扰，按稀释 50 倍计算，最小检出浓度为 5.0 ng/mL，具有十分明显的社会和经济效益。

食品中常含有一些生理活性物质，由于食品成分十分复杂，研究人员一直在寻找快速、准确地检测出这些活性物质的方法。近年来，有关用 ELISA 测定食品中活性成分的报道也陆续出现，在发酵大豆制品的生物活性成分研究中，吴定和路桂红（2002）不仅建立了大豆甙元的 ELISA 法，还建立了竞争 ELISA 测定发酵大豆制品中染料木素含量的方法。植物雌激素在植物中含量很低，但它能帮助治疗一些疾病。通过合成 7 种异黄酮的羟酸半抗原，ELISA 还可用于分析植物雌激素（朱慧莉等，2001）。乳铁蛋白是一种铁结合糖蛋白，具有多种生理活性。以前酶联免疫的国家标准方法主要集中在有害物检测，SN/T 3132—2012 规定的乳制品中牛 IgG 的 ELISA 方法是食品活性物质的第一个标准文件。免疫球蛋白是一类具有抗体活性且能与相应抗原发生特异性结合的球蛋白，也是人类体液的一种免疫因子，能杀死细菌和病毒，增强机体的防御能力。近年来，研究人员将 IgG 用作食品添加剂生产保健食品，如婴儿配方奶粉、乳珍等。常规的蛋白质分析方法无法检测 IgG 的含量和活性，应用 ELISA 可以成功地解决这个问题。

8.4.8 在食品真伪鉴别中的应用

当前食品真伪鉴别的研究主要集中在燕窝的鉴别方面。由于自古以来人们对燕窝的尊崇、燕窝的医学药理功能及供应稀缺,导致燕窝价格昂贵,相关产品利润丰厚,为此国内外一些不法商人利用掺假手段牟取暴利,这不仅给消费者带来经济损失,严重时还可能会危害其身体健康。由于 PCR 技术对掺伪燕窝无法区分,一些学者把目光聚焦在燕窝富含的唾液酸上,将唾液酸作为目标检测物,以期能区别掺伪燕窝。但是目前唾液酸已能进行产业化规模生产,作为食品添加剂、营养强化剂使用,并不是燕窝特有的组分,将唾液酸法作为燕窝制品真伪鉴定的方法,其特异性及可靠程度不高。Zhang 等(2012)在前期对燕窝的蛋白质研究中发现,燕窝中唾液酸糖蛋白为燕窝特征的蛋白质。该蛋白在明胶、猪皮、鱼鳔、银耳等假冒成分中不存在,且不同产地的燕窝中该蛋白含量较为稳定。在后续的加热实验中,发现该蛋白对热稳定,因此通过蛋白分离技术纯化得到该蛋白并作为抗原,制备单克隆抗体,构建针对该燕窝特征唾液酸糖蛋白的 ELISA 方法。该方法前处理简单(超声提取和稀释两步完成),回收率高($81.0\% \sim 92.5\%$),稳定可靠($RSD < 10\%$),灵敏度高(检出限 10 $\mu g/g$),检测周期短(75 min),可对燕窝及其制品进行定量检测。

8.5 应用示例

8.5.1 应用 ELISA 方法检测赭曲霉毒素 A

8.5.1.1 材料与方法

(1) 材料。酶标仪、电动振荡器、500 mL 广口瓶、多通道吸液枪、单通道吸液枪、恒温水浴锅、赭曲霉毒素 A ELISA 试剂盒、甲醇。

(2) 提取。称 20 g 粉碎并通过 20 目筛的试样于干净并可封口的广口瓶中。加 100 mL 70:30(体积比)甲醇—水萃取溶液及 4 g NaCl 溶解并密封广口瓶。振荡或在混合器中混合 3 min。静置样品,用快速定性滤纸过滤,收集待测滤液。注意:确保样品萃取液的 pH 在 $6 \sim 8$,过高或过低均会影响检测结果,可用 NaOH 或 HCl 对样品萃取液进行调整。

(3) ELISA 检测。①将适量稀释孔条放入微孔板架上,每个标准品或样品各对应一个稀释孔。②将等量包被抗体的微孔板放入微孔板架上,对应各个稀释孔。③从装有酶联偶合剂的试剂瓶中各量取 200 μL 酶联偶合剂至每个稀释孔中。④分别移取 100 μL 标准品和样品到各个装有 200 μL 酶标记的稀释孔中。使用换有全新吸头后的 8 道移液枪,反复吸送 3 次,充分混合孔中液体,快速移取每个稀释孔中的液体各 100 μL 至相应的包被有抗体的微孔中。室温下放置 10 min。注意不要摇动微孔板,以免引起孔与孔之间的污染。⑤用力甩掉反应板中的反应液,在吸水纸上拍干。每孔加入 250 μL 蒸馏水或去离子水洗涤,注意洗涤液不得溢出,甩掉洗涤液,在吸水纸上拍干,如此反复冲洗 5 次。注意在冲洗过程中不要将微孔条从微孔板架上取下,每条微孔条应被固定在微孔板架上。用干布或纸巾擦干微孔板底反面的水珠。⑥从装有底物的试剂瓶中移取 100 μL 底物至每个微孔中，室温放置 5 min。⑦向每个微孔中移入 100 μL 终止液，颜色应由蓝变黄。⑧用酶标仪在 450 nm 波长处测定各孔的吸光度 A 值。

8.5.1.2 结果与分析

（1）标准曲线绘制。赭曲霉毒素 A 标准溶液质量浓度为 0、0.4、1.0、4.0、8.0 ng/mL。用酶标仪（450 nm）测定每孔的光密度值（A）。以各浓度标准孔 A 值相对于 0 ng/mL 标准孔 A 值百分数的对数值作为纵坐标，以赭曲霉毒素 A 标准溶液浓度的对数为横坐标，绘制赭曲霉毒素 A 的标准曲线（如图 8-6 所示）。此时标准曲线的线性相关系数应大于 0.99。

计算待测样品孔 A 值相对于 0 ng/mL 标准孔 A 值百分数的对数值，查标准曲线，得到相应待测液浓度（C）的常用对数值，求其反对数，得到待测液的赭曲霉毒素 A 浓度 C。

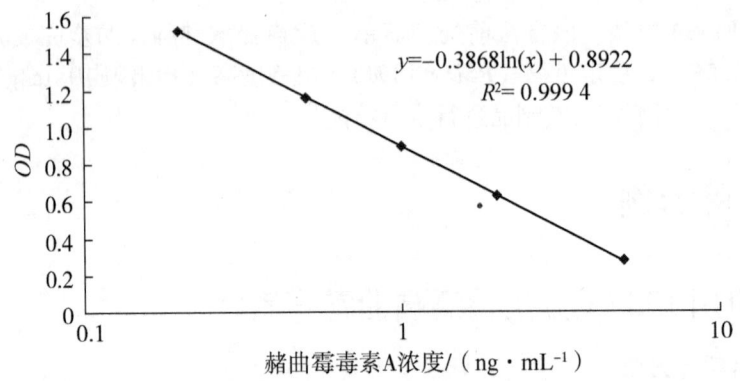

图 8-6 赭曲霉毒素 A 标准曲线示例

（2）结果计算。按下列公式计算出样品中赭曲霉毒素 A 的含量：赭曲霉毒素 A 含量（即质量分数，μg/kg）$= C \times V \times D / m$。式中：$C$ 为待测样品中赭曲霉毒素 A 浓度（ng/mL），V 为样品提取液体积（mL），D 为样品提取液测定时稀释倍数，m 为样品质量（g）。如果该样品的吸光度值小于标准曲线最低浓度的吸光度值，则结果报未检出；如果大于标准曲线最高浓度的吸光度值，则需继续稀释后再次检测。

8.5.2 ELISA 法定量检测转基因玉米中 Bt1 蛋白（刘光明等，2002）

8.5.2.1 材料与方法

（1）材料。由厦门口岸入境的来自美国、加拿大等国的进口玉米随机样；Bt1 玉米标准样品（美国 SDI 公司）；Bt1 晶体蛋白（北京大学生命科学学院许崇仁教授提供）；新西兰大白兔（厦门市药品检验所）。主要仪器：BIO-RAD Model-450 型酶标仪、Sigma 2K15 离心机、CARY3E 紫外分光光度计、国产电动粉碎机；Bt 玉米检测试剂盒（美国 SDI 公司）；PVDF 膜（Promega 公司）；邻苯二胺、BSA 等其他试剂（进口或国产分析纯试剂）。

（2）Bt1 晶体蛋白碱溶解液的制备。称取 Bt1 晶体蛋白 10 mg，加入 5 mL 0.2 mol/L

PBS 缓冲液（pH 7.5），悬浮 30 min，1 000 r/min 离心 15 min，吸取上清液；沉淀用 3 mL PBS 同样悬浮、离心、吸取上清液；沉淀用 2 mL PBS 同样悬浮、离心、吸取上清液；将 3 次上清液混合后于 5 000 r/min 离心 30 min，弃上清液，沉淀用 3 mL 0.1 mol/L NaOH 溶解 1.5 h，其间多次搅拌；5 000 r/min 离心 20 min，吸取上层液用 pH 2.0 盐酸调至 pH 7.0，用生理盐水定容至 5 mL，即为 Bt1 晶体蛋白碱溶解液。浓度测定采用紫外分光光度法。

（3）Bt1 抗体的制备。将 1 mL Bt1 晶体蛋白碱溶解液（约 0.2 mg）与等量弗氏完全佐剂混合、乳化，多点皮内注射免疫大白兔；然后用弗氏不完全佐剂代替完全佐剂，分别于 7、14 和 30 d 强化免疫；用琼脂糖双扩散法测定效价达 1∶100 以上时，采血获兔抗 Bt1 蛋白血清，并用硫酸铵盐析法纯化抗体。

（4）待测样品蛋白的提取。将样品用粉碎机磨碎成粉状后，从中称取 1.0 g 于 10 mL 试管中，加入 5 mL 样品提取液，充分摇匀后于 4 ℃放置 4 h 或过夜，5 000 r/min 离心 15 min，吸取上清液。

（5）ELISA 测定。在酶标板孔中加入 Bt1 蛋白标准和待测样品（100 微升/孔），每个样品重复 3 次，将酶标板放入湿盒中，37 ℃包被 3 h。加入封闭剂（100 微升/孔），37 ℃温育 30 min。取出甩干，加入洗涤液（150 微升/孔），放置 1 min，甩掉洗涤液并吸干，重复洗涤 4 次。加入用抗体稀释液 1∶500 稀释的抗体（100 微升/孔），湿盒中 37 ℃温育 30 min。洗板同上。加入用抗体稀释液 1∶1 000 稀释的酶标二抗（100 微升/孔），湿盒中 37 ℃温育 30 min。洗板同上。加入现配的底物溶液（100 微升/孔），湿盒中 37 ℃温育 15 min；加入 2 mol/L H_2SO_4 终止反应（50 微升/孔）。酶标仪测定样品的 OD_{492} 值。

（6）试剂盒法检测玉米的 Bt1 蛋白。称取 0.2 g 粉状样品于 1.5 mL 管中，加入 1 mL 提取液，充分振摇 5 min，室温静置 30 min，5 000 r/min 离心 5 min，吸取上清液即为样品蛋白。向酶联板孔中加入结合液（100 微升/孔），再分别加入 0%、0.15%、0.50%、2.00% 的 Bt1 玉米标准样品和待测样品（100 微升/孔），每个样品重复 3 次，覆盖封口膜，轻击酶联板 30 s 混匀，室温放置 1 h。加入洗涤液（300 微升/孔），重复洗涤 5 次。加入显色液（100 微升/孔），轻击酶联板 30 s 混匀，室温放置 10 min。加入终止液（100 微升/孔），酶联仪测定样品的 OD_{450} 值。

（7）应用建立的 ELISA 方法对实物进行定量检测分析。应用建立的 ELISA 方法对 4 份实物样品进行检测，并设立无菌双蒸水（空白）、非转基因样品（阴性）和 Bt1 玉米标准样品（阳性）3 份对照。

8.5.2.2 结果与分析

如表 8-3 所示，ELISA 法的检测结果显示，玉米 1 号的蛋白质量浓度和百分比含量（即质量分数）在 4 个检测样品中是最高的，玉米 3、4 号的检测值也都大于 Bt1 蛋白的 ELISA 最低可检值（0.312 μg/mL 和 0.15%），因而可判定为检测结果阳性；玉米 2 号的检测值较低（0.276 μg/mL 和 0.016%），均小于 Bt1 蛋白的 ELISA 最低可检值，因而可判定为检测结果阴性。此外，在 ELISA 法检测实物样品的同时，设立了阴、阳性对照和空白对照，对照实验结果显示本方法的检测结果是可靠的。

表8-3 新建ELISA法与商品化试剂盒法检测实物样品Bt1蛋白

样品编号	平行测定1		平行测定2		平行测定3		样品质量浓度/ ($\mu g \cdot mL^{-1}$)	样品含量/%
	ELISA法	试剂盒法	ELISA法	试剂盒法	ELISA法	试剂盒法		
玉米1号	1.394	1.492	1.245	1.494	1.236	1.475	10.786	0.849
玉米2号	0.156	0.109	0.163	0.096	0.154	0.091	0.276	0.016
玉米3号	0.697	0.772	0.676	0.748	0.642	0.753	5.040	0.845
玉米4号	0.308	0.317	0.327	0.317	0.316	0.328	1.750	0.259
空白对照	0.109	0.103	0.090	0.096	0.105	0.102	<0.100	<0.001

8.5.2.3 讨论

转基因产品的检测方法如分子杂交、PCR扩增和生物学测定等存在操作复杂、成本高及稳定性差的不足,利用ELISA法检测玉米样品中Bt1蛋白具有快速、简单、低耗、结果客观易判定等优点,更为重要的是可对转基因产品的含量进行定量分析。本研究利用Bt1晶体蛋白碱溶解液作为抗原,制备了相应的抗体,建立了检测玉米Bt1蛋白的ELISA定量检测方法,并测定出该法对Bt1蛋白的浓度最低可检值为0.312 $\mu g/mL$和含量最低可检值为0.15%。ELISA检测灵敏快速,但容易出现非特异性吸附及本底过高的问题。为此,采取了以下3个措施将本底减少到最低水平:①加入3%的牛血清蛋白以封闭板孔上非特异结合位点;②在洗涤液、抗体稀释液和底物缓冲液中加入适量的表面活性剂(Tween-20),并在样品包被、抗原—抗体反应和酶—底物反应之后反复洗涤以去除过量的物质;③采用正确的洗涤方法也很重要,洗涤液浸泡时间以3~5 min的效果为好,倾倒板不易去除酶标板孔上黏附的气泡或水滴,要适当用力甩干。

在应用建立的ELISA方法定量分析实物样品时,在微孔板上同时设立了阳性、阴性标准样品和空白对照,并对每个样品作了3个平行检测,这样既便于制作每次实验的定量标准曲线,也有利于提高检测结果的可靠性与准确性。此外,经进口试剂盒和免疫印迹分析试验方法的进一步验证,结果表明建立的ELISA法可以成功地检测转基因玉米中Bt1蛋白,并具有灵敏简便、快速准确、成本低的优点,为转基因玉米中Bt1蛋白的定性和定量检测提供了有效的手段,在出入境产品的检验检疫工作中有较高的实用价值。

8.5.3 应用ELISA方法对市售鸡蛋真伪的鉴别

8.5.3.1 材料与方法

(1)材料。酶标仪、电动振荡器、500 mL广口瓶、多通道吸液枪、单通道吸液枪、恒温水浴锅、预包被卵白蛋白酶标板、抗卵白蛋白抗体、酶标二抗、TMB显色液、2 mol/L硫酸终止液。

(2)鸡蛋样品提取。鸡蛋去壳后搅拌均匀。称1 g样品于50 mL具塞试管中,使用样品提取液定容至50 mL。振荡或在混合器中混合3 min,使用样品提取液稀释至标准曲线的线性范围后用于ELISA分析。

(3)鸡蛋制品提取。食品样品均质。称取2.5 g样品于50 mL具塞试管中,使用样品提取液定容至 50 mL。振荡或在混合器中混合 3 min 后过滤，使用样品提取液将滤液稀释至标准曲线的线性范围后用于 ELISA 分析。

（4）ELISA 检测。①分别移取 50 μL 标准品至欲包被卵白蛋白的酶标孔中。②分别移取 50 μL 样品至上述酶标孔中。③在每个酶标孔中加入 50 μL 抗卵白蛋白抗体溶液，37 ℃孵育 30 min。④用力甩掉反应板中的反应液，在吸水纸上拍干。每孔加入 250 μL 蒸馏水或去离子水洗涤，注意洗涤液不得溢出，甩掉洗涤液，在吸水纸上拍干，如此反复冲洗 5 次。注意在冲洗过程中不要将微孔条从微孔板架上取下，每条微孔条带应被固定在微孔板架上。用干布或纸巾擦干微孔板底反面的水珠。⑤在每个酶标孔中加入 100 μL 酶标二抗溶液，37 ℃孵育 30 min。⑥洗板。⑦移取 50 μL 底物 A 溶液和 50 μL 底物 B 溶液至每个微孔中，室温放置 5 min。⑧向每个微孔中移入 50 μL 终止液，颜色应由蓝变黄。⑨用酶标仪在 450 nm 波长处测定各孔的吸光度 A 值。

8.5.3.2 结果与分析

按"8.5.1.2 结果与分析"中的方法绘制标准曲线并计算鸡蛋中卵白蛋白的含量。据佟平等（2007）报道，鸡蛋中卵白蛋白含量测算值应大于 27.2 mg/g。如果样品中卵白蛋白小于此阈值，则很有可能为人造蛋，应再进行溶菌酶活力等相关指标的测定加以验证。

（张世伟、赖心田、杨国武）

参考文献

[1] 曾瑞云，王红，周芸，等. 单克隆抗体的制备——不同诱导剂预处理小鼠的比较. 上海第二医科大学学报，1994，14（2）：135-137.

[2] 焦奎. 酶联免疫分析技术及应用. 北京：化学工业出版社，2004.

[3] Sheth H B, Sporns P. Development of a single ELISA for detection of sulfonamides. J Agric Food Chem，1991，39（9）：1696-1700.

[4] Spinks C A, Wyatt G M, Lee H A, et al. Molecular modeling of hapten structure and relevance to broad specificity immunoassay of sulfonamide antibiotics. Bioconjugate Chem，1999，10（4）：583-588.

[5] Cooper K M, Caddell A, Elliott C T, et al. Production and characterisation of polyclonal antibodies to a derivative of 3-amino-2-oxazolidinone, a metabolite of the nitrofuran furazolidon. Anal Chim Acta，2004，520（1）：79-86.

[6] Cooper K M, Samsonova J V, Plumpton L, et al. Enzyme immunoassay for semicarbazide-the nitrofuran metabolite and food contaminant. Anal Chim Acta，2007，592（1）：64-71.

[7] De Wasch K, Okerman L, Croubels S, et al. Detection of residues of tetracycline antibiotics in pork and chicken meat：correlation between results of screening and confirmatory tests. The Analyst，1998，1239（12）：2737-2741.

[8] Cliquet P, Cox E, Haasnoot W, et al. Generation of group-specific antibodies against sulfonamides. J Agric Food Chem，2003，51（20）：5835-5842.

[9] 陆彦，吴国娟，王金洛，等. 氨苄青霉素单抗鉴定与酶联免疫检测方法的初步研究. 畜牧与兽医，2005，37（10）：1-4..

[10] Heering W, Usleber E, Dietrich R, et al. Immunochemical screening for antimicrobial drug residues in

commercial honey. Analyst, 1998, 123 (12): 2759 – 2762.

[11] 刘凤昝, 苏海涛, 贾军燕, 等. 酶联免疫法在农药残留检测中的应用. 农产品加工业, 2013, 36 (6): 38 – 42.

[12] Carlin F, Brousslle V, Perelle S, et al. Prevalence of Clostridium botulinum in food raw materials used in REPFEDs manufactured in France. Int J Food Microbio, 2004, 91 (2): 141 – 145.

[13] Zheng Z M, Hanneken J, Houchins D, et al. Validation of an ELISA test kit for the detection of ochratoxin a in several food commodities by comparison with HPLC. Mycopathologia, 2005, 159: 265 – 272.

[14] 李世平, 焦新安, 黄金林, 等. 河豚毒素两种定量检测方法的比较研究. 扬州大学学报, 2004, 25 (2): 58 – 60.

[15] 张纹, 王军, 苏永全. 酶联免疫法在贝类麻痹性贝毒检测中的应用. 海洋科学, 2005, 29 (6): 35 – 37.

[16] 杨运云, 牟德海, 童朝阳, 等. 双抗体夹心酶联免疫检测法测定蓖麻毒素. 分析化学, 2007, 35 (3): 439 – 442.

[17] 郭建巍, 沈倍奋, 冯健男, 等. 蓖麻毒素快速 ELISA 检测法的建立. 细胞与分子免疫学杂志, 2006, 22 (4): 536 – 538.

[18] 李丽琴, 郑晓军. 相思子毒素多克隆抗体研究. 防化研究, 2001, 4: 19 – 21.

[19] Apcik O, Stursa J, Klenova T, et al. Synthesis of hapten and conjugates of coumestrol and development of immunoassay. Steroids, 2003, 68: 1147 – 1155.

[20] 刘光明, 苏文金, 陈向峰. ELISA 法定量检测转基因玉米中 BT1 蛋白. 食品科学, 2002, 23 (8): 217 – 221.

[21] 顾炜炜, 潘家荣. 转基因食品中 Btcry2Ab/2Ac 杀虫蛋白直接竞争 ELISA 试剂盒的研制. 食品科技, 2007, 32 (6): 203 – 206.

[22] Blais B W, Gauderault M, Phillippe L M. Multiplex enzyme immunoassay system for the simultaneous detection of multiple allergens in foods. Food Control, 2003, 14 (1): 43 – 47.

[23] Darwish I A, Blake D A. One-step competitive immunoassay for cadmium ions: development and validation for environmental water samples. Anal Chem, 2001, 73 (8): 1889 – 1895.

[24] 刘功良, 王菊芳, 李志勇, 等. 一种检测濑尿虾中镉残留的直接 ELISA. 陕西科技大学学报, 2008, 26 (4): 21 – 26.

[25] 盛连喜, 于文广, 徐镜波, 等. 温度、铜离子对鲤鱼血清 HSP70 合成的影响. 东北师范大学学报, 2007, 39 (1): 108 – 113.

[26] 吴定, 路桂红. 发酵大豆食品中染料木素含量的 ELISA 测定. 食品科学, 2002, 23 (7): 118 – 120.

[27] 朱慧莉, 黎锡流, 许喜林. 酶联免疫吸附法及其在食品分析中的应用. 食品工业科技, 2001, 22 (2): 80 – 82.

[28] 杨国武, 林霖, 赖心田, 等. 市售鸡蛋蛋白质图谱分析与真伪调查. 食品工业科技, 2010, 31 (1), 380 – 387.

[29] Zhang S W, Lai X T, Liu X Q, et al. Competitive enzyme-linked immunoassay for sialoglycoprotein of edible bird's nest in food and cosmetics. J Agric Food Chem, 2012, 60 (14): 3580 – 3585.

[30] 佟平, 高金燕, 陈红兵. 鸡蛋清中主要过敏原的研究进展. 食品科学, 2007, 28 (8): 565 – 568.

第9章 蛋白质组学技术及其在食品安全检测中的应用

9.1 概述

9.1.1 蛋白质组学技术的产生及发展

蛋白质组（proteome）概念是由澳大利亚 Macquaie 大学的 Wilkins 和 Williams 等于 1994 年在意大利的一次科学会议上首次提出的，该英文词汇由蛋白质的"prote"和基因组的"ome"拼接而成，并且最初定义为"一个基因组所表达的蛋白质"。然而这个定义并没有考虑到蛋白质组是动态的，而且产生蛋白的细胞、组织或生物体容易受它们所处环境的影响。目前认为蛋白质组是一个已知的细胞在某一特定时刻的包括所有亚型和修饰的全部蛋白质。蛋白质组学（proteomics）就是从整体角度分析细胞内动态变化的蛋白质组成、表达水平与修饰状态，了解蛋白质之间的相互作用与联系，提示蛋白质的功能与细胞的活动规律。

目前，蛋白质组学已成为重要的前沿领域之一。美国、加拿大、日本、韩国以及欧盟等国家和地区都已将蛋白质组学作为优先支持发展的领域，相继启动各具特色的大型蛋白质组学研究计划，大力推动本国或本地区蛋白质组学的发展，力图在这场新世纪最激烈的生命科学竞争中取得先机。我国蛋白质组学研究经历了从最初仅国内少数几个单位参与逐步发展壮大到现在走向世界，并在国际上占有一席之地的发展历程。国家自然科学基金委员会于 1998 年设立了重大项目"蛋白质组学技术体系的建立"，在中国科学院生物化学研究所、军事医学科学院、复旦大学与湖南师范大学初步建立了以生物质谱为代表的技术平台，启动了蛋白质组学研究，并在国际上较早提出了功能蛋白质组学的研究策略。在我国中长期科技发展规划中，蛋白质组学研究作为"蛋白质研究计划"的一项核心内容，已明确被列为我国重要的战略发展领域之一，国家将在未来 15 年形成更大规模和更深层次的部署，对蛋白质组学研究予以更大力度的支持。随着我国蛋白质组学研究队伍的不断壮大，我国蛋白质组学研究的重心也逐步从最初以建立技术平台，开展技术方法的研究、整合为主，发展到以高通量蛋白质组学研究技术平台为基础的深入研究。

蛋白质是食品中重要的组成成分之一，赋予食品营养性及功能性等特性。在营养性方面，蛋白质提供给人及动植物所需的能量和必需的氨基酸，蛋白质含量是食品标识的重要内容；腐败微生物分解蛋白质引起食品变质，因此蛋白质组成是食品质量的关键指标之一。在功能性方面，蛋白质是生物体细胞的重要组成成分，在细胞的结构和功能中发挥着至关重要的作用。许多功能性食品，如蜂王浆、燕窝、人参、鹿茸等滋补品或贵重药材中的蛋白质或多肽在其功能活性中都发挥着不可替代的作用。为了保证食品蛋白质组分的生化活性达到预期目的，对食品的生产全程，包括原料种植（养殖）、收获、加工、保存等的控制提出了严格要求。因此，无论是食品生产过程中的质量控制，还是终产品的质量把关，蛋白质检验都是必不可少的，而蛋白质组学技术作为前沿技术，在食品蛋白质研究中也得到越来越广泛的应用。除此之外，在各类功能性食品或高附加值食品的真伪鉴别和品质控制中，利用蛋白质组学相关技术对蛋白质组分进行分析，获得对食品蛋白各种特征的真实认识，具有其他研究方法不可取代的优势，并成为食品功能研究、品质评价、营养分析、安全检测、真伪甄别、新型食品开发的新的研究领域。

9.1.2 研究内容

蛋白质组学旨在阐明生物体全部蛋白质的表达模式及功能模式。因此，蛋白质组学的研究内容主要有两方面：结构蛋白质组学和功能蛋白质组学。结构蛋白质组学主要是蛋白质表达模式的研究，包括蛋白质氨基酸序列分析及空间结构的解析。功能蛋白质组学主要是蛋白质功能模式的研究，包括蛋白质的功能和蛋白质间的相互作用。蛋白质的功能模式的研究是蛋白质组学研究的最终目标，目前主要集中于研究蛋白质相互作用和蛋白质结构与功能的关系，以及基因的结构与蛋白质的结构和功能的关系。

蛋白质组学从整体上对体系内蛋白质进行研究，常见有的3种研究模式：第一种是检测蛋白质组理化参数的"完全蛋白质组学"研究；第二种主要研究蛋白质间的相互作用；第三种是差异蛋白质组学研究，主要通过比较分析不同状态下蛋白质表达图谱，实现对体系内代谢调控的动态监测，从而更易于揭示机体对内外界环境变化产生反应的本质规律（Pandey & Mann，2000）。其中，差异蛋白质组学研究需要完成3个步骤：①有效完全地对所有蛋白质组分进行提取分离；②准确区分差异蛋白质位点，建立差异蛋白谱；③通过计算机网络资源或质谱分析差异表达蛋白的结构功能和实际意义（袁雪宇等，2004）。

在食品科学方面的蛋白质组学研究，主要为利用差异蛋白质组学技术可对多种食品在不同状态下的蛋白质含量及组分的变化进行鉴定，也可对其蛋白的糖基化、磷酸化等翻译后修饰的改变进行特征性描述。差异蛋白质组学已成为食品表达差异分析和翻译后修饰分析的重要工具，对全面揭示不同条件下的食品蛋白质的动态变化具有重要意义。目前在食品品质、食品功能、食品鉴伪、食品营养学等方面均有重要应用（赵方圆等，2012）。

9.1.3 核心技术及其划分

蛋白质组学研究的核心技术为：蛋白质组分分离技术、蛋白质组分鉴定技术以及利用蛋白质信息学进行蛋白质结构、功能分析及预测。

蛋白质组分分离技术主要为电泳技术，其中应用最多的是双向电泳技术，其他还有 SDS‐PAGE、毛细管电泳等。除了电泳外还有液相色谱，通常使用高效液相色谱（HPLC）和二维液相色谱（2D‐LC）；另外还有用于蛋白纯化和除杂的层析技术、超离技术等。

蛋白质组分鉴定技术主要为质谱技术，以及蛋白质和多肽的 N 端、C 端氨基酸序列分析。质谱技术（mass spectrometry，MS）与电泳技术联用已成为当今大规模自动化鉴定蛋白质组的主要方法。其基本原理在于将样品分子离子化后，根据离子间的质荷比（m/z）的差异来分离并确定离子化后的样品的分子量（袁雪宇等，2004）。生物质谱在最近 20 年间得到了迅猛发展，生物质谱技术在离子化方法上主要有两种软电离技术，即基质辅助激光解吸电离（MALDI）和电喷雾电离（ESI）。MALDI 对盐和表面活性剂有较强的耐受力，适合高通量分析，因此在利用肽指纹图谱高通量鉴定蛋白方面有极其广泛的应用。常用的质谱分析仪除了飞行时间（TOF）外，还有四级杆（Q）、离子井，而在串联质谱中通常使用的是 Q - TOF 或 TOF - TOF 等。蛋白酶切消化成肽段后，用 MALDI - TOF/TOF MS 检测肽质量数，通过肽指纹谱进行数据库检索对蛋白鉴定是一项成熟并广泛运用的蛋白鉴定方法（Kang et al.，2006）。生物质谱技术的缺陷在于：①对个别氨基酸如亮氨酸（Leu）和异亮氨酸（Ile）、赖氨酸（Lys）和谷氨酸（Gln）不能区分；②无法区分分子量和带电电荷相同的同分异构体；③仪器昂贵。但由于 MS 实现了高敏感度、高精确性、高通量和自动化鉴定，且可用于翻译后修饰的分析（如糖基化、磷酸化），所以是蛋白质组大规模研究中最重要的鉴定技术。而 N 端氨基酸序列分析技术基于 Edman 降解法。该方法精确性高，但测序速度较慢，且费用偏高，仅适用于分析少量差异表达蛋白质位点。C 端比 N 端更具有专一性，所以用羧肽酶法只需测定出 C 端 3～5 个氨基酸残基，即可通过计算机数据库检索确定该蛋白质（袁雪宇等，2004）。

蛋白质信息学主要包括蛋白质组研究结果的公布、查询及应用等。相应蛋白质数据库及分析软件的出现大大提高了蛋白质组分析的效率，使蛋白质快速鉴定成为可能（Stupka，2002）。将差异蛋白质位点进行鉴定，可分析已知蛋白质的结构、性质、功能，亦可丰富现有蛋白质数据库，进而展开功能蛋白质组学的研究。当被离子化的肽段经过质谱仪时，这些肽段因其分子量的不同而被分离，因此产生了含有不同峰值的肽指纹图谱（PMF）。蛋白质鉴定便是通过对 PMF 的分析实现的，即将所得到的 PMF 与已知数据库中一个蛋白的理论期望蛋白酶肽段进行比较，可以得到一个匹配程度得分，当这个得分高于理论计算的得分时，便认为该蛋白是理论中的蛋白。这些已知数据库在互联网上有很多，其中 NCBI 和 EBI 的数据库是最大的，而且是免费的。在搜索这些数据库时，需要使用搜索软件如 Mascot、PepSea、PeptideSearch 等，其中 Mascot 是最常用的软件。最近开发了一个新的程序 Paragon，该程序克服了 Mascot 被动的、概率的、估计的搜索模式所带来的缺点，被认为是 Mascot 的替代者（Ebert et al.，2005）。

蛋白质组学技术中不同技术方法对蛋白表达水平差异分析的能力和原理是不同的。基于胶的差异分析技术主要由双向电泳技术构成，除了传统的双向凝胶电泳技术之外，还发展了荧光双向差异凝胶电泳技术。虽然双向电泳技术在研究中大量使用，但是非胶差异分析技术成为了定量蛋白质组学技术中的主力军。质谱定量，特别是基于同位素标签的质谱定量技术，是非常有潜力的分析方法，将会在差异比较和修饰研究（如磷酸化）方面产生突破。

9.2 基本原理

9.2.1 双向凝胶电泳

双向凝胶电泳技术（two-dimensional gel electrophoresis，2–DE）由 O'Farrell 等人于 1975 年建立。双向电泳技术作为蛋白质组学三大关键核心技术之一，在蛋白质组学研究领域一直处于核心地位。它是唯一能同时将上千种蛋白质同时分离和展示的方法，也是目前分析复杂组分蛋白质分辨率最高的工具，因此受到人们的广泛关注。

（1）基本原理：第一向为等电聚焦（等电点信息），第二向为 SDS–聚丙烯酰胺凝胶电泳（分子量信息）。双向凝胶电泳根据等电点（PI）和相对分子质量的双向分离，可以将复杂的蛋白质混合物分开，并可以将不同样品或同一细胞的不同状态的表达图谱进行对比，寻求差异。一次双向电泳可以分离几千甚至上万种蛋白，这是目前所有电泳技术中分辨率最高、信息量最多的技术。早期双向电泳中第一向用载体两性电解质产生 pH 梯度。固相 pH 梯度（IPG）等电聚焦技术大大改善了双向电泳的分辨率、重复性和上样量，使得双向电泳真正成为了蛋白组分析的支撑技术。这种胶条目前多为商业产品，是将 pH 梯度凝胶固定在塑料支持模上，有不同 pH 范围的胶条。最常用的 2 种胶条是 pH 3～10 和 pH 4～7 的胶条，并且根据 pH 的分布分为线性胶条以及非线性胶条（王英超等，2010）。

（2）优点：双向凝胶电泳技术的分辨率极高，等电聚焦相可以区分 PI 相差 0.1 的蛋白质，SDS–PAGE 相可以区分分子量相差 1 000 的蛋白质（司英健，2003）。

缺点：双向凝胶电泳技术存在的问题是不易分离极酸或极碱、极大（>200 kDa）或极小（<10 kDa）的蛋白质，不易检测低拷贝（<1 000 拷贝）蛋白质或难溶解蛋白质。疏水性的膜蛋白很难用此法分离，同时，染色技术的灵敏度和线性范围不足以呈现所有分离的蛋白质。

（3）改进：目前对双向电泳技术的改进主要集中在憎水性蛋白样品的制备，分离能力的改善，以及染色方法的改进等方面。Herbert 等（1998）尝试了用不同的表面活性剂增加憎水性蛋白的溶解性。为了分离复杂蛋白样品和低拷贝蛋白，发展了窄 IPG 技术（Wildgruber et al.，2000），即把 IPG 胶条的 pH 梯度范围缩小至 1.0～1.5 pH，提高了等电聚焦的分辨率。对于强碱性蛋白，如核糖体和核蛋白，已经可以用 pH 梯度为 10～12 和 9～12 的 IPG 得到重复性较好的双向电泳图（Görg et al.，1997）。为了得到细胞或组织整个蛋白质组的概貌，Görg 等（1998，1999）尝试了用宽范围 IPG，pH 范围为 3～12，对细胞和组织的提取液以及 TCA—丙酮沉淀蛋白进行了分离，得到了令人满意的结果。Kiose（1999）报道了用增加分离距离的方法提高双向电泳的分辨能力。24 cm 长的 IPG 胶条已经得到成功应用（Görg et al.，1999），用 24 cm 的窄 IPG 胶条即可得到非常高的分辨力。

9.2.2 双向荧光差异电泳

Ünlü 等（1997）提出了差异凝胶电泳（difference gelelectrophoresis，DIGE）的概

念，如图 9-1 所示，此方法应用于两种或两种以上不同的荧光染料标记多个样品，将样品混合进行 2-DE，之后根据不同的波长分别检测荧光。该方法用同一块胶分离多个样品，提高了重复性，而且不影响后续的胶内酶切以及质谱鉴定，并可以通过计算荧光强度来比较样品蛋白质的相对含量。

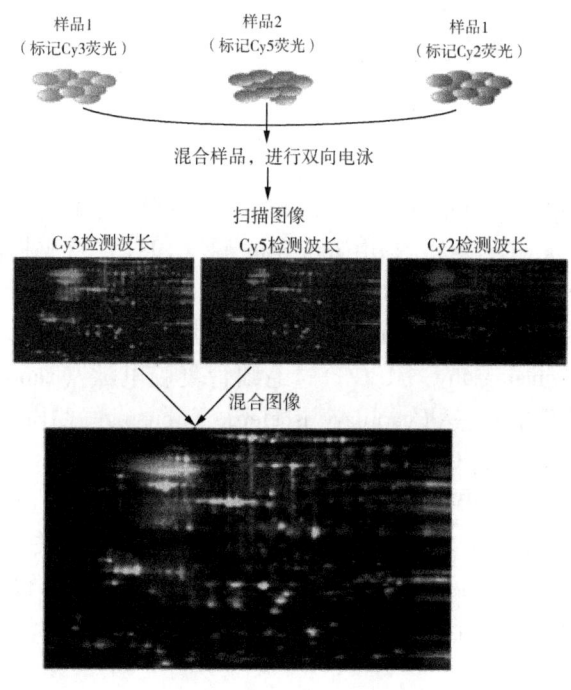

图 9-1 2D-DIGE 原理

DIGE 荧光差异蛋白表达分析系统中引入内标的概念，极大地提高了结果的准确性、可靠性和重复性。在 DIGE 技术中，每个蛋白点都有它自己的内标，并且软件全自动根据每个蛋白点的内标对其表达量进行校准，保证所检测到的蛋白丰度变化是真实的。DIGE 技术可检测到样品间小于 10% 的蛋白表达差异，统计学可信度达到 95% 以上。利用 DIGE 技术还可以对微量（少到 5 μg）样本进行蛋白质组学分析，例如激光捕获显微切割（LCM）得到的样品或者很难获得的珍贵样品。

（1）基本原理：DIGE 系统包括荧光标记物、电泳系统、多功能激光共聚焦扫描仪和差异分析软件。其中，荧光标记物是分子量和电荷匹配的，具有信号强、光谱分开、吸收和发射峰窄等特点。这些特点使不同标记的样品可以在同一块胶上共分离，保证所有样品在完全相同的第一向和第二向电泳条件下分离，消除实验的偏差并保证精确的胶内匹配。

（2）优点：该技术使不同凝胶之间的点的分析和定量更加精确，使不同凝胶之间的匹配更加可信，使实验间的误差与样品之间的差异区分开来。该技术是唯一支持在一张 2D 胶上分析多个样本同时可以分别单独成像的技术，使用内标的实验设计有效消除了胶内和胶间的差异，获得定量保证。使用差异分析软件全自动对蛋白质表达量进行校正，保证所检测到的蛋白丰度变化的真实性，降低由实验因素、数据分析和生物种群间固有的个体差异等引起的系统误差至最小，确保定性的准确性。

（3）缺点：DIGE 本身还有很多技术上的问题，如，只有当1%～2%的蛋白质的赖氨酸残基在荧光标记时修饰，才可以维持被标记的蛋白在电泳时的溶解性；该方法是将荧光染料标记在赖氨酸残基上的，对于不含赖氨酸的蛋白质则难有作为，并且被标记上的蛋白质由于分子量变大而在电泳图上向分子量大的方向移动，给后面的质谱分析带来一定的问题。还有就是该方法所用的仪器和试剂十分昂贵，因此很难普及（李明珠等，2005）。

9.2.3　毛细管电泳

毛细管电泳（capillary electrophoresis，CE）又叫高效毛细管电泳（high performance capillary electrophoresis，HPCE），是由 Jorgenson 等（1981）首先提出的。CE 在生命科学各个领域中的应用十分广泛，短时间内便得到迅速发展。CE 的种类有很多，如毛细管区带电泳（capillary zone electrophoresis，CZE）、胶束毛细管电动色谱（micellar electrokinetic capillary chromatagrahy，MECC）、毛细管凝胶电泳（capillary gel electrophoresis，CGE）、毛细管等电聚焦（capillary isoeletric forcusing，CIEF）、毛细管等速电泳（capillary isotachorphoresis，CITP）、毛细管电色谱（capillary electrochromatography，CEC）、毛细管亲和电泳（affinity capillary electrophoresis，ACE）以及其他各种各样的衍生种类。CE 在蛋白质组分析中用于蛋白质肽图的建立与蛋白质鉴定、物化常数分析、蛋白质动力学研究、样品定性定量检测与微量制备。CE 有很多灵敏的检测技术，如紫外检测、荧光检测、化学发光检测和电化学检测等，CE/MS 联用还能提供组分结构信息和定性分析。

（1）基本原理：在高电场强度作用下，对毛细管（内径 5～10 μm）中的待测样品按分子量、电荷、电泳迁移率等差异进行有效分离。

（2）优点：CE 是经典电泳技术与现代柱式分离技术的结合，具有很多优点，如灵敏度高，速度快，样品需求少，成本低，种类多，分离范围广（李明珠等，2005）。

（3）缺点：CE 还有急需完善的地方，如电渗可造成基线不稳，重复性差，定性定量困难；难以找到理想的填充管或涂层管的涂层材料；不能进行常量制备，进行微量制备时也需要多次收集或采用高浓度的样品；对于复杂样品分离不完全（李明珠等，2005）。

9.2.4　高效液相色谱技术

色谱技术（chromatography）又称层析技术，是目前广泛应用于物质分离纯化、分析、鉴定的最重要方法之一。目前，在蛋白质组学中常用的技术是高效液相色谱（high performance liquid chromatography，HPLC）。按照不同的分离模式，可以分为一维（one-dimension，1D）、二维（two-dimension，2D）和多维（multidimension，MD）液相色谱（赵方圆等，2012）。

（1）基本原理：高效液相色谱是利用高压输液泵驱使带有样品的流动相通过装填固定相的色谱柱，利用固液相之间的分配机理对混合物样品溶液进行分离的方法。二维或多维液相色谱，是将分离机理不同而又相互独立的两支色谱柱串联起来构成的分离系统。样品经过第一维色谱柱进入接口中,通过浓缩、捕集或切割后被切换进入第二维色谱柱及检测器。二维液相色谱通常采用两种不同的分离机理分析样品,即利用样品的不同特性把复杂混合物(如肽)分成单一组分,这些特性包括分子尺寸、等电点、亲水性、电荷、特殊分子间作用(亲和)等。在一维分离系统中不能完全分离的组分,可能在二维系统中得到更好的分离,分离能力、分辨率得到极大的提高。完全正交的二维液相色谱,峰容量是两种一维分离模式单独运行时峰容量的乘积。多维液相色谱与串联质谱联机可以用来分离鉴定双向凝胶电泳技术容易丢失的低丰度蛋白和膜蛋白(王英超等,2010)。

液相色谱质谱联用的多维蛋白鉴定技术(multi-dimensional protein identification technology,MUDPIT)是先将蛋白质混合物进行酶切(可以用一种酶切或几种酶同时切)得到混合肽段,然后通过强离子交换反相色谱柱进行多次分离并连用 LC – MS/MS 分析肽段,通过同位素标记肽段的技术来实现蛋白定量分析。

(2)优点:可分离样品分子尺寸大小差异较大的蛋白、低丰度蛋白质及疏水性蛋白质,易与质谱连接,灵敏度高,分析速度快,自动化程度高(王英超等,2010)。

(3)缺点:成本高。

9.2.5 基质辅助激光解吸电离—串联飞行时间质谱

(1)基本原理:MALDI 为基质辅助激光解吸电离(matrix assisted laser desorption/ionization)的简称。通常的质谱仪一般由样品槽、离子源、分析仪和检测器组成。质谱仪根据离子源的不同,质谱可分为电喷雾离子化质谱(electrospray ionization mass spectrometry,ESI – MS)和基质辅助的激光解吸质谱(matrix-assisted laser desorption ionization mass spectrometry,MALDI – MS),后者常与飞行时间(time of flight,TOF)质谱联用,称为基质辅助激光解吸电离飞行时间质谱(MALDI – TOF MS)。常用的质谱分析仪除了飞行时间(TOF)外,还有四级杆(Q)、离子井,而在串联质谱中通常使用的是 Q – TOF 或 TOF – TOF 等。由于单一地依靠蛋白质分子量并不能对目的蛋白进行理想的鉴定,因此须事先用蛋白酶(如胰蛋白酶)将检测样品酶解成不同长度的肽段。在 MALDI – TOF 质谱中还需要向样品中加入基质,以促使样品离子化(离子化的确切基质目前还不清楚),然后在离子源的作用(激光激发)下使样品变为气相离子。这些被激发的气相离子进入质量分析仪,根据其荷质比而把肽段进行区分。质谱的整个过程都是在真空条件下进行的。ESI 则不需要基质辅助,而是使用具有一定能量的电子直接作用于样品分子,使其电离。MALDI – TOF/TOF MS 在 MALDI – TOF MS 的基础上,时间离子选择装置(timed-ion-selector,TIS)选择母离子后,与一定压力的惰性气体分子发生碰撞得到碎片离子,然后进行 TOF 分离和检测。TIS 具有两种功能:一是可以抑制来自基质和样品中不感兴趣的低质量的离子;二是为串联质谱(MS/MS)分析选择母离子。TIS 选择方式为依据选择离子达到的时间适时地施加电压(关门)偏转离子的飞行轨道或接地(开门)使离子通过。其原理如图 9 – 2 所示。

(2)优点:质谱无须纯化蛋白,可同时鉴定多个蛋白点,具有灵敏度高、准确度高、易自动化的特点,是蛋白质组学的一个重大突破。MALDI – TOF MS 与四级杆质谱联合,具有更高的分辨率、高准确度和飞摩尔级的敏感度,可用于鉴定蛋白质修饰来

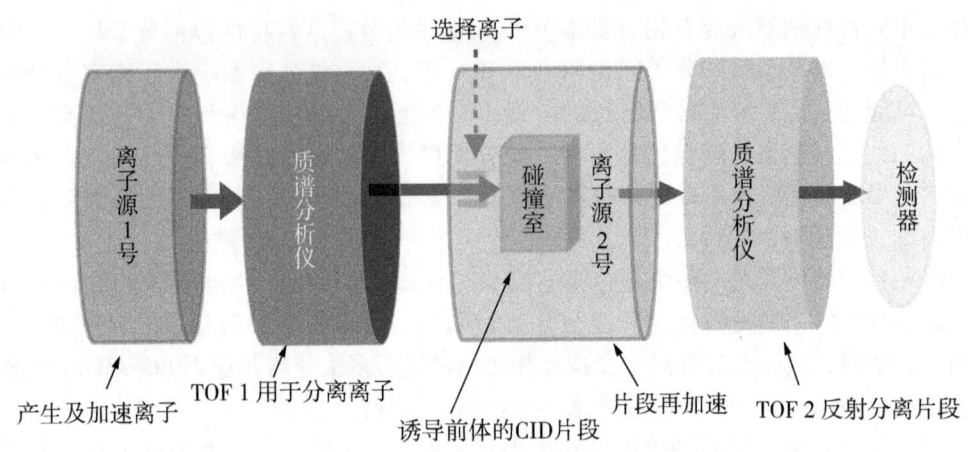

图 9-2 MALDI-TOF/TOF MS 原理

阐明蛋白质结构。同时将 2 个质谱连接在一起构成的串联质谱可以更精确、更灵敏地分析蛋白样品。

（3）缺点：受仪器的限制，费用较高。

9.2.6 蛋白质芯片技术

生物芯片技术是 21 世纪一项革命性的技术，包括基因芯片、蛋白质芯片及芯片实验室 3 个领域，其中蛋白质芯片技术是一种高通量、高灵敏度、高特异性且微型化的蛋白质分析技术。最早研究和发展蛋白质芯片的公司是 Ciphergen Biosystem，但其以化学型蛋白芯片为主，不能用于免疫检测。Uetz 等（2000）首次把蛋白质芯片的概念用于基因组范围内的蛋白质研究，并采用酵母双杂交系统构造了蛋白质芯片。Arenkov 等（2000）采用微型聚丙烯酰胺凝胶作为固相载体固定探针蛋白，却因无法保持探针蛋白的活性，限制了蛋白质芯片的发展。Macbeath 等（2000）的研究成功地解决了这一问题。他们首先在点样的纳升级溶液中加入 40% 甘油，并在玻片表面覆盖一层牛血清蛋白 BSA 膜，提供亲水性表面放置探针蛋白变性。该项研究使得蛋白质芯片制作方面获得突破性的进展。

（1）基本原理：将位置和序列已知的蛋白以预先设计的方式固定在尼龙膜、玻璃、硅片等载体上，组成密集的分子排列，当荧光、免疫金等标记物的靶分子与芯片上的探针分子结合后，通过激光共聚焦扫描或光耦合元件对标记信号的强度进行检测，从而判断样本中靶分子的数量以达到一次试验同时检测多种疾病或分析多种生物样品的目的。实验时，将带有特殊标记（如荧光染料标记）的蛋白质分子（如抗体或配体）与该芯片进行孵育反应，探针可以捕获样品中的待测蛋白质并与之结合，然后通过检测器对标记物进行检测，计算机分析计算出待测样品的结果。蛋白质芯片可分为无活性和有活性两种形式。无活性芯片是将已合成好的蛋白质点在芯片上，有活性芯片则是在芯片上点生物体（如细菌），在芯片上原位表达蛋白质。活性芯片可以提供模拟的机体内环境，对于蛋白质功能分析更有利。

（2）优点：①直接用粗生物样品（血清、尿、体液）进行分析。②同时快速发现多个生物标记物。③小量样品（仅需2 000个样品）。④高通量的验证能力（每个月可进行1 000个样品检测）。⑤发现低丰度蛋白质。⑥可测定疏水蛋白质。与双相电泳加飞行质谱相比，除了有相似功能外，还增加了疏水蛋白质的测定。⑦在同一系统中集发现和检测为一体，特异性高，可以定量，功能广。

（3）缺点：蛋白质芯片技术在应用于寻找差异表达蛋白质时具有局限性，如：待检测的低丰度蛋白往往被高丰度蛋白所掩盖而不能检测出来；蛋白质芯片系统对检测小分子蛋白有效（相对分子质量为10 000~30 000），但是小分子蛋白只占总蛋白的一小部分。

9.2.7 表面增强激光解吸离子化—飞行时间质谱技术

（1）基本原理：表面增强激光解吸离子化—飞行时间质谱技术（surface-enhanced laser desorption/Ionizaion，SELDI – TOF MS）是由美国Ciphergen Biosytems公司研发的，可快速、方便、直接检测异源样品中大量的蛋白质及其信息。该技术将蛋白质芯片和质谱技术相结合，是集分离、纯化、鉴定、检测以及数据分析于一体的工具。其由3部分组成：蛋白质芯片、芯片阅读器和芯片软件。根据芯片表面的物质性质的不同，可将蛋白质芯片分为两大类：即化学芯片（如亲水基团、疏水基团、离子基团）和生物芯片（如金属离子、抗体、受体配体）。复杂的生物样品（如细胞或体液）中的特定蛋白质通过特定的芯片表面被吸附在芯片上。在洗脱去弱结合蛋白质后，加上能量吸收分子（energy absorbing molecular，EAM），利用激光脉冲辐射使被结合的蛋白质解吸形成荷电离子，根据质荷比（m/z），这些离子在真空场中飞行的时间长短不一，由此绘制出一张质谱图，可以直接显示样品中各种蛋白质的分子量、含量等信息。

（2）优点：该方法具有分析速度快、简便易行、样品用量少和高通量等特点，可直接检测各种体液如尿液、血液、脑脊液、关节腔滑液、支气管洗脱液、细胞裂解液和各种分泌物等。

（3）缺点：SELDI技术的应用尚处于起步阶段，其在筛选蛋白标记物方面存在一些缺陷。首先，多数仅限于发现一些差异蛋白质峰和分子量，而在蛋白质的序列、构象、提纯、特性等方面无法给出描述，从而不能进一步鉴定特定的蛋白质。因此，区别特征蛋白，需建立完善的数据库，而发展先进的图像分析和蛋白质结构预测、鉴定软件等生物信息学方法也是其不可缺少的部分。

9.2.8 基于同位素标记的相对和绝对定量技术

（1）基本原理：基于同位素标记的相对和绝对定量技术（isobaric tag for relative and absolute quantitation，iTRAQ）是由美国应用生物系统公司ABI研发的一种多肽体外标记技术。如图9 – 3所示，iTRAQ的8种同位素标记试剂由8种相对分子质量均为305的等量异位标签分子组成，标签分子由相对分子质量分别为113、114、115、116、117、118、119和121的报告基团，相对分子质量为192、191、190、189、188、187、186和184的质量平衡基团，以及一个相同的氨基酸特异性多肽反应基团（amine specific peptide reactive group）组成。没有选择相对分子质量 120 为报告基团是因为该相对分子质量代表了苯丙氨酸脱羧后形成的胺离子质量。肽反应基团将 iTRAQ 标签与肽段的 N 端基团和每个赖氨酸侧链相连，可标记所有酶解肽段，在其上 8 种报告基团通过平衡基团与反应基团相连。报告基团和平衡基团的相对分子质量都为 305，因此改变任一 iTRAQ 试剂，不同同位素在标记同一多肽后在第一级质谱检测，相对分子质量都完全相同。用串联质谱方法对在第一级质谱检测到的前体离子（precursor ion）进行碰撞诱导解离，产物离子通过第二级质谱进行分析。在二级质谱分析过程中，报告基团、质量平衡基团和多肽反应基团之间的键断裂，质量平衡基团丢失，产生低质荷比（m/z）的报告离子。由于二级质谱可分析相对分子质量相差 1 的报告基团，不同报告基团离子强度的差异就代表了它所标记的多肽的相对丰度。同时，多肽内的酰胺键断裂，形成一系列 b 离子和 y 离子，得到离子片段的质量数，通过数据库查询和比较，可以鉴定出相应的蛋白质前体。通过在样本中加入体外合成且经一种 iTRAQ 标记的多肽标准品做内标，还可进行蛋白质的绝对定量（王林纤等，2011）。

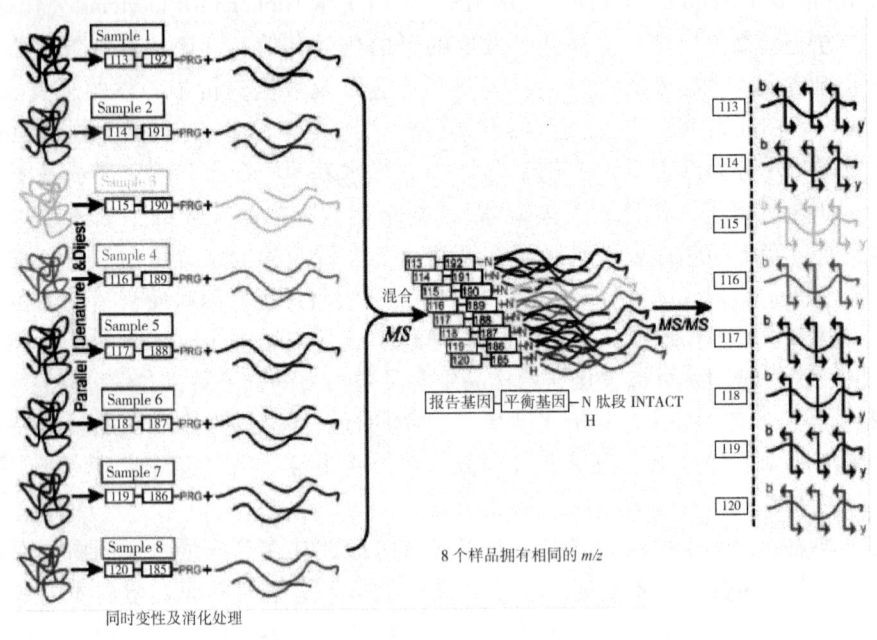

图 9 - 3　iTRAQ 原理（谢秀枝等，2011）

（2）优点：①不同同位素试剂在标记相同多肽后进行第一级质谱检测时的相对分子质量完全相同（定量信息包含在二级质谱中），简化了质谱图的复杂程度，同时在同一峰位上的叠加效应可以提高离子的检测丰度。②肽反应基团将 iTRAQ 标签与肽段的 N 端基团和每个赖氨酸侧链相连，可标记所有酶解肽段，包括发生了翻译后修饰的肽段。由于每种蛋白质有更多的肽段可被分析，提高了蛋白质鉴定的覆盖率和可信度。③报告离子的相对分子质量较低（113～121），低分子量区是质谱定性（质量确定）和定量（丰度比较）较为准确的区域，因此质谱检测更为灵敏可靠。④报告离子所代表的多肽丰度和蛋白质前体序列可在一次串联质谱过程中获得，因此可同时比较和鉴定蛋白质。⑤可同时标记 2～8 个样本，标记过程更简单，标记效率更高。⑥所采用的标本来源广泛。

（3）缺点：iTRAQ 试剂几乎可以与样本中的所有蛋白结合，容易受样本中的杂质蛋白及样本处理过程中缓冲液的污染，需要对样本进行预处理并尽量减少操作过程中的污染。此外，目前 iTRAQ 试剂仍非常昂贵，这也在一定程度上制约了它的广泛应用。

9.2.9 稳定同位素标记技术

（1）基本原理：稳定同位素标记技术（stable isotope labeling by amino acids in cell culture，SILAC）即细胞培养条件下稳定同位素标记技术，采用含有轻、重同位素型必需氨基酸的培养基进行细胞培养，细胞传若干代后，细胞内蛋白被同位素稳定标记，将蛋白质等量混合后进行分离和质谱鉴定，根据一级质谱图中两个同位素型肽段的面积比较进行相对定量如图 9-4 所示（刘伟等，2009）。

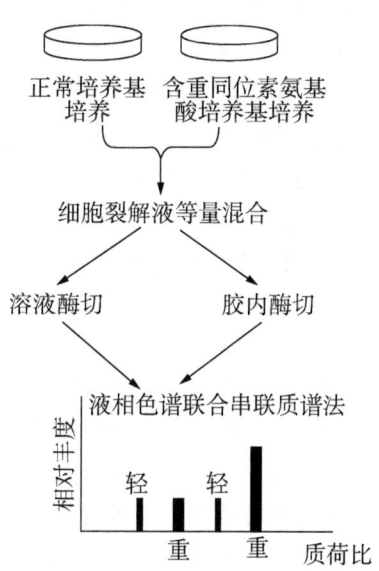

图 9-4 SILAC 技术流程（刘伟等，2009）

（2）优点：①SILAC 技术把时间维度整合到蛋白质组学，从而可以进行蛋白质组的动态变化研究；②灵敏度高，样本量要求少，通常每个样品只需要几十微克的蛋白量；③采用高分辨率质谱定量，定量结果准确且批次变异小、重复性好；④标记是在样品处理前引入，随后进行蛋白质分离、酶切和鉴定，后续实验对样品的影响一致，减少了误差；⑤SILAC 与 SDS-PAGE 或色谱分离技术相结合，兼容疏水性蛋白和偏碱性蛋白，不受蛋白质性质限制；⑥由于该技术属于体内标记，标记高而且稳定，其标记效率不受裂解液的影响，不仅适合于进行全细胞蛋白的分析，还适合于膜蛋白的鉴定和定量，而且最近已经将其应用到动物整体水平的研究上。

（3）缺点：①SILAC 技术不能对组织来源的蛋白质进行分析；②培养细胞在富含稳定同位素的介质中生长，这些介质可能会影响细胞的繁殖和其他生物进场，由此改变蛋白质的表达水平；③由于相同肽段的不同同位素标记形式之间的质量变化依赖于氮原子数目，因此对未知的蛋白质难以进行定量；④这种方法受到同位素材料成本的限制，不可能对整个动物个体进行标记。

9.2.10 蛋白质 N 端测序技术

蛋白质 N 端测序技术经历了从非质谱技术到质谱技术、从小量测序到大规模测序的演变。建立于 20 世纪 50 年代的 Edman 测序法是蛋白质序列分析的一项经典技术，可用于蛋白质 N 端的序列高精度分析，其结果的准确度优于生物质谱法，并能应用于完全未知蛋白质样品的序列鉴定。1955 年，Sanger 采用二硝基氟苯（FDNB）法，首次成功地完成了第一个蛋白质——牛胰岛素的序列分析，在此测序方法的基础上，瑞典有机化学家 Edman 提出了蛋白质 N 端顺序测定方法——Edman 降解法。之后，随着基于此原理的液相、固相及气相自动蛋白质序列分析仪的推出和逐步完善，经典的 Edman 降解法已经广泛应用于蛋白质的 N 端测序。Chen 等（2007）在微流控芯片上进行 Edman 反应，使得肽段测序的灵敏度提高到亚飞摩尔浓度的水平；并利用 Edman 反应 2 次循环得到肽段的串联质谱（MS/MS）图的 b2 离子为内标，获得了更好的二级质量准确度，实现了肽段快速、可靠的测序。但 Edman 降解方法受到以下诸多限制：①用于序列分析的蛋白质或多肽必须是高纯度的；②N 端封闭的蛋白质难以进行 Edman 反应，虽然出现了一些去除 N 端封闭基团的方法，例如用蛋白酶去除 N 端焦谷氨酸和通过酸催化的亲核取代去除 N 乙酰化丝氨酸和 N 乙酰化苏氨酸残基等，但都只适于一定残基的特定修饰，没有普遍适用性，且许多末端残基修饰是无法移去的；③不适于高通量分析，灵敏度不够。但是 Edman 降解对于整体纯化的蛋白的 N 端序列分析仍是很有价值的研究工具。

质谱（MS），尤其是电喷雾（electraspray ionization，ESI）和基质辅助激光解吸电离—飞行时间（matrix-assisted laserd desorption/ionization time-of-fight，MALDI-TOF）的出现，使质谱技术在蛋白质结构分析中的应用发生了革命性的飞跃。高灵敏度、高准确性、高分辨率和高通量的生物质谱技术为蛋白质的 N 端测序提供了一种重要的选择。①阶梯式测序：是间接肽序列测定技术，通过末端酶解或化学降解产生一组相互之间仅差一个氨基酸残基的多肽系列，经 MALDI-TOF MS 鉴定后，根据所得到的肽阶梯图中各肽段的分子量差值确定末端的氨基酸序列，从而用于数据库查询。阶梯测序是最早探索用质谱进行蛋白质测序的例子，经过几个 Edman 反应循环的肽段混合物被 MALDI-MS 检测，原始肽段的序列就可从质谱测得的梯形序列里得到阐明。②化学标记结合质谱：许多对末端肽的研究方法采用的是质谱技术与多种化学方法及生物酶法的结合，通过 N 端的各种化学标记，运用 MS/MS 或多级质谱（MSn）的碰撞诱导裂解（collision induced dissociation，CID）、源后裂解（post-source decay，PSD）等碎裂技术测序，或标记的 N 端肽段先经过选择性的分离，再进行从头测序。③N 端封闭蛋白质的端肽研究方法：蛋白质的 N 端常常发生甲基化、乙酰化、焦谷氨酸环化等各种修饰。各种修饰使得 N 端被封闭，无法进行直接的 Edman 降解测序，也无法结合化学修饰进行质谱鉴定。且去除端封闭基团的方法都不具普遍适用性。如何将这种封闭的 N 端肽从大量自由 N 端肽段中分离出来，降低肽段混合物的复杂程度，提高 N 端肽质谱鉴定的机会，对蛋白质末端信息的获得和分析十分重要。

目前上述方法大多还处于在简单体系中探索的阶段，只有少数已应用于蛋白质组的 N 端分析，操作也很烦琐。N 末端天然封闭的蛋白质测序的方法还需要进一步改进。

9.2.11 生物信息学分析

生物信息学是蛋白质组学研究不可或缺的研究方法。数据库是生物信息学的主要内容，各种数据库几乎覆盖了生命科学的各领域，建立与开发蛋白质组数据库和分析软件是蛋白质组定性和定量分析的重要基础。Mascot、Expasy、PeptideSearch 和 Protein-Prospector 等是目前蛋白质组学中常用的检索数据库。

SWISS – PROT 是对数据人工审读很严格的库。可以说，只有实际存在的蛋白质才会被收入。每一条数据都有详细注释，包括功能、结构域、翻译后的修饰等，以及齐全的引文和与许多其他数据库的链接。一般说，任何蛋白质序列数据的搜寻和比较都应当从 SWISS – PROT 开始（邹清华和张建中，2003）。其网址是 http：//www.expasy.ch/sprot/。

TrEMBL 是从 EMBL 库中的核酸序列翻译出来的氨基酸序列，已经完成了自动注释。它又分成两部分：SP – TrEMBL 的条目已由专家人工分类并且赋予了 SWISS – PROT 库的索取号，但还没有通过人工审读被最终收入 SWISS – PROT；REM – TrEMBL 包含由于某种原因还没有被收入 SWISS – PROT 的条目。其网址是 ftp：//ftp.ebi.ac.uk (/pub/databases/tremble/)。如果想取得 SWISS – PROT 和 TrEMBL 中全部条目的清单，可访问 http：//www.expasy.ch/sprot/sprot-retrive-list.html/。

PIR 是蛋白质信息资源（protein information resource）的缩写。这是一个国际蛋白质序列数据库，它包含所有序列已知的自然界中野生型蛋白质的信息。此库主要目的是提供按同源性和分类学组织的综合的非冗余的数据库。其网址是 http：//www-nbrf.georgetown.edu/pir/。

此外，网上还有许多关于 2 – DE 二维胶的数据库，如 Caulobacter Crescentus：http：//www.pans.org；Wormpepdatabase：http：//www.proteome.com/database；Yeast protein database：http：//www.Proteome.com/YPD home.html/。

9.3 研究策略

目前，主要有 3 种常用的蛋白质组学研究策略，即 2 – DE 分离经胶内酶切后的质谱鉴定技术（2 – DE – MS）研究策略、特异性酶解后多维色谱—质谱联用蛋白质鉴定技术（MudPIT）研究策略、同位素掺入法研究策略。方法的选择取决于研究目的和可利用的仪器设备。虽然发展了几种途径的蛋白质表达分析技术，2 – DE – PAGE 与 MS 结合仍是目前最经典也是应用最广泛的方法。

9.3.1 2 – DE 结合质谱鉴定技术研究策略

蛋白质组研究的手段主要是高通量 2 – DE 进行蛋白质的分离，再用专业计算机软件（如 Melanie 3、ImageMaster 2D 等）进行图像分析，然后通过质谱（mass spectrometry，MS）技术（包括 ESI – MS 和 MALDI – TOF MS）及蛋白质数据信息处理技术对凝胶上的蛋白质进行分析与鉴定。

运用 2 – DE – MS 技术进行分析与鉴定主要包含 3 个步骤：①运用 2 – DE – PAGE 技术分离样品中的蛋白质；②应用质谱技术或 N 端测序鉴定 2 – DE 分离的蛋白质；③应用生物信息学技术存储、处理、比较获得的数据。

2 – DE – MS 的操作过程包括：样品制备—等电聚焦—聚丙烯酰胺凝胶电泳—凝胶染色—挖取感兴趣的蛋白质点—胶内酶切—质谱分析确定肽指纹图谱或部分氨基酸序列—利用数据库确定蛋白。

9.3.1.1 样品制备

样品制备是决定双向电泳重复性和分辨率的关键因素之一，主要通过超声波破碎细胞，再将杂质除去，最后用裂解液溶解蛋白质即可。样品制备时一般要遵循以下原则：①尽可能多地使细胞或组织中的蛋白溶解；②防止蛋白质在提取过程中降解和丢失；③尽量去除干扰物质；④避免蛋白质被修饰而得到错误的关于其等电点的信息；⑤蛋白质样品与第一向电泳相容；⑥为富集特定的蛋白，可以采用不同的样品处理方法（李倩，2009）。

9.3.1.2 第一向等点聚焦

根据支持介质的不同，等电聚焦可以分为以下 3 种方法：①ISO – DALT。此系统是在聚丙烯酰胺凝胶中进行，两性电解质在外加电场作用下形成梯度。使用载体两性电解质的 ISO – DALT 可自由决定等电聚焦电泳规模和 pH 梯度曲线，而且对仪器设备要求不高，费用较低，被广泛应用于蛋白质组学研究。②IPG – DALT。如果第一向电泳使用丙烯酰胺和固相化的两性电解质共聚，可形成具有 pH 梯度的凝胶，这种方法称为 IPG – DALT 系统。IPG – DALT 发展于 20 世纪 80 年代早期，基本上克服了 ISO – DALT 系统的缺点，是现在主要和常用的方法。它具有很多优势：由于固相 pH 梯度（IPG）的出现，解决了 pH 梯度不稳的问题；可以制作线性、渐进性和"S"形曲线，范围宽或窄的 pH 梯度，聚焦准确，精度高，梯度分辨率可以达到 0.001 pH，目前在一块胶上最多可分离 10 300 多个点；没有阴极漂移及碱性蛋白丢失的现象；蛋白上样量大，可以提高低丰度成分的分辨效果；分离结果的重复性好，便于实验室内部及实验室之间数据比较和合作。③非平衡 pH 梯度电泳（nonequilibrium pH gradient electrophoresis，NEpHGE）。主要用于分离碱性蛋白。如果聚焦达到平衡状态，碱性蛋白会离开凝胶基质造成丢失，且鉴于分辨率、重复性的限制以及 IPG – DALT 分离碱性蛋白的优势，NEpHGE 电泳已不用于分离碱性蛋白质。

9.3.1.3 第二向 SDS – PAGE

胶条由一向转移到二向之前，必须进行平衡，目的主要是进行蛋白质的烷基化以及让电泳介质达到与二向 SDS – PAGE 相同的缓冲体系。烷基化的目的是对蛋白质自由巯基进行修饰，使断开的二硫键不会再重新形成。

第二向 SDS – PAGE 在恒温下进行，一般采用 1.5～1.0 mm 厚的聚丙烯酰胺凝胶，进行 5～8 h 左右。起始时用低电流（或低电压），样品在完全走出一向胶条时，再加大电流（或电压），待指示剂达到底部边缘时即可停止电泳。

9.3.1.4 显色

目前实验室最常用的显色方法是考马斯亮蓝染色和银染。其中考马斯亮蓝染色法价格低廉，易于操作，无毒性，重复性好，并且与胶内酶解及质谱鉴定兼容性好；但也存在灵敏度低、难以显色（尤其是低丰度蛋白）等缺点。银染法是非放射性染色方法中最灵敏的，但银离子对质谱仪干扰严重，脱银的方法复杂，不易于掌握，所以银染一般只用于分析。银染还具有重复性较差、动态范围有限、操作费时费力等缺点。鉴于以上两种方法的局限性，又出现了新的染色方法，如荧光染色、同位素标记、负染法等。新方法的出现，改善了两个方面：第一，提高了蛋白检测的灵敏度；第二，增加了与下游质谱鉴定的兼容性。在所有的染色方法中，最灵敏的是同位素标记法；但此方法易污染，易对人体产生伤害，操作也不方便，一般不采用。

表9-1 不同染色方法的比较（孙薇和贺福初，2005）

染色方法	灵敏度/pg	线性范围	与质谱兼容性	试剂耗费	对软硬件要求
考马斯亮蓝染色	10^5	3	++	+	+
银染	200	7	+	+	+
荧光染色	400	104	+++	++++	++++

9.3.1.5 差异分析

2-DE 图像所产生的大量蛋白质点单纯用肉眼分析无法完成。目前有多种图像分析软件可用于胶的图像分析，如 MelanieII（BioRad）、PD Quest（BioRad）、Phoretix 2D Full（又称 2D Image Master Elite, Amersham Pharmacia Biotech）等。这些软件可以完成蛋白质点的识别、匹配等，具有很强的分析功能；但其缺点是需要很多的图像手工校对，一般分析一个图像需要 8~10 h。

9.3.1.6 蛋白质鉴定

蛋白质鉴定主要包含以下方法：

（1）氨基酸组成分析。此法可提供蛋白质一级结构信息，耗资低；但速度较慢，所需蛋白质或肽的量较大，在超微量分析中受到限制，且存在酸性水解不彻底或部分降解而致氨基酸变异的缺点，故应结合蛋白质的其他属性鉴定。

（2）C端或N端氨基酸序列分析。常用 Edman 降解法测定蛋白质 N 端氨基酸序列，常用羧肽酶法、化学降解法测定蛋白质 C 端氨基酸序列。目前均可用自动测序仪测定。

（3）质谱。能清楚地鉴定蛋白质并准确测量肽和蛋白质的分子量、氨基酸序列及翻译后的修饰，因灵敏度高、速度快、易自动化，已成为蛋白质组研究中主要的蛋白质鉴定技术。

9.3.2 多维色谱—质谱联用蛋白质鉴定技术研究策略（厉欣等，2003）

1999 年，Yaets 研究组提出并建立了多维蛋白质鉴定技术（multidimensional protein identification technology, MudPIT），这种技术是将不同分离模式的色谱柱以串联分离的方式合并于同一根色谱柱中进行。这样整个色谱分离过程就包括了一系列依次增加的盐浓度台阶梯度洗脱和有机溶剂的线性梯度洗脱，多肽流出 RPLC 填料后直接进入质谱分析，最后用 SEQUEST 算法从基因组翻译的蛋白质数据库中进行检索，查找确定与多肽序列相匹配的蛋白质。采用这种方法，有效避免了复杂的阀切换系统，减小了系统的死体积，而且由于该技术是将强阳离子和反相液相色谱填料依次装填在一个纳米进样针中，一个分析周期可以检测 100 多种蛋白质，所以该方法可对样品量较少的蛋白质进行快速分析，适用于蛋白质组学中大规模蛋白质的分离鉴定。

MudPIT 技术研究步骤为：先由特异性的胰蛋白酶消化，产生的多肽由强阳离子交换柱和反相 HPLC 分离后经 ESI – MS/MS 分析。同位素亲和标签可标记对照组和处理组样品的蛋白质，从而得到蛋白组的定量信息。而且用 ^{13}C 标记多肽加入到蛋白质消化混合物中，可用于样品制备过程中肽回收率的测定。由于 MudPIT 法采用高速且高灵敏度的色谱分离法来代替耗时的 2 – DE 蛋白质分离法，故其与经典的 2 – DE – MS 法相比，具有快速、样品需要量少和多肽分离的通用性强等优点，但 MudPIT 法不能提供蛋白质异构体和翻译后修饰的相关信息。

多维色谱分离技术是将样品注入呈正交分布的多个分离体系中，样品中各组分以进样点为原点在多维的分离方向上展开。多维液相色谱在不同的分离阶段采用不同的分离模式，而分离阶段的数目多少被称为维度（dimensionality）。多维分离系统提供了比一维系统更多的分离空间，允许组分峰沿着各分离维的坐标方向展开，从而减少了峰重叠。理想的多维液相色谱技术应同时满足以下条件：第一，样品组分必须被两种或两种以上的色谱模式分离，这些分离维应该显示出不同的选择性；第二，经一种模式分离的样品组分不应该在其后续的分离维中被混合。多维液相色谱分离系统的总峰容量是每个分离维各自峰容量的乘积，系统的总分辨率可以简单地估计为每个分离维各自分辨率平方加和的平方根。在实际操作中，多维液相色谱系统中各分离模式的峰容量可以通过以下公式估算：

$$n_c = \frac{L}{4\sigma}$$

式中，n_c 为峰容量，L 为样品在色谱柱中的洗脱时间，4σ 为分离峰的平均标准误差。

多维液相色谱技术可按如下方法分类：

（1）根据对进样样品中完成分析的组分数量分为部分模式和整体模式。部分模式是指将第一维系统馏分中感兴趣的部分注入后续维进行分离，即中心切割法。中心切割法不能得到样品的全部组分信息，不利于对未知样品组分进行操作。为了判断感兴趣组分的切割时机，还需要在各个分离模式下测量单一组分标准品的保留时间，加大了工作量。整体模式即全多维液相色谱（comprehensive MDLC），是对注入第一维色谱柱的全部样品或者是能够代表所有组分的部分样品进行后续维的分离。因此，全多维液相色谱能得到全部组分的保留信息，可以对复杂体系中的未知样品进行分析。

（2）根据对一维洗脱馏分进行后续分离的连续性分为离线操作和在线操作。离线操作是将前一根色谱柱分离的馏分依次收集起来，然后再分别注入第二根色谱柱进行分离。在线操作是将第一维洗脱馏分中感兴趣的部分直接切换注入后续柱上或者是利用收集切换装置交替地收集适量的第一维馏分，并按照特定的时间间隔进行后续柱分离，使样品在第一维与最后维的分离几乎同时结束。与离线操作相比，在线操作具有分辨率高、无样品损失、快速、易于实现自动化等优点。

基于多维液相色谱系统应用的色谱模式的选择及实现方法如下：可以根据样品的性质对液相色谱的分离模式进行灵活的选择和组合。在选择组合方式时，要考虑以下几点：选择性、分辨率、峰容量、柱负载量以及洗脱速度。在分析生物活性样品时还要注意样品的生物活性的回收率。

9.3.3 同位素标记亲和标签法研究策略

同位素标记亲和标签（isotope coded affinity tags，ICAT）技术目前已成为蛋白质组研究的核心技术之一。ICAT 技术的优点在于它可以对混合样品进行直接测试而不需分离，能够迅速地定性和定量鉴定低丰度蛋白质，故可用于快速临床诊断。

ICAT 是一种人工合成的化学试剂，其连接子可由 8 个氢原子（H）或氘（D）分别标记，由不同的原子标记的 ICAT 分子量差正好是 8 Da。ICAT 的化学结构主要由 3 部分组成：专一的化学反应基团（能与蛋白质的 Cys 的 2SH 专一反应）、同位素标记的连接子、亲和反应基团（一种生物素）。当不同生长条件下培养的细胞裂解后，分别加入不同标记的 ICAT 与总蛋白质反应。ICAT 反应基团会专一地与蛋白质中的 Cys 共价结合，待充分反应后，将二者等量混合，再用胰蛋白酶解。经亲和层析后，含生物素 ICAT 的酶解片段就可以进行在线 HPLC 2MS/MS 分析。一对 ICAT 标记来源不同的相同肽段总是一前一后相邻分布在 MS 图谱上，且分子量差值为 8 Da 或 4 Da（肽段带了 2 个电荷）。通过串联质谱（tandemnlas spectrometry，MS/MS）鉴定出该片段属于何种蛋白质后，再计算二者峰值，就能得到在不同细胞状态下蛋白质的表达差异。

ICAT 具有广泛的兼容性，主要表现在：第一，能够兼容分析任何条件下体液、细胞、组织中的绝大部分蛋白质；第二，烷化反应即使在盐、去垢剂、稳定剂（如 SDS、尿素、盐酸胍等）存在下都可进行；第三，只需分析含 Cys 残基的肽段，从而降低了蛋白质混合物分析的复杂性；第四，ICAT 战略允许任何类型的生化、免疫、物理的分离方法，因此能很好地定量分析微量蛋白质。但 ICAT 技术也面临一些问题：无法检测不含半胱氨酸的蛋白质；半胱氨酸残基必须位于易处理的位置上，很难得到蛋白质磷酸化等翻译后修饰的信息，存在特异性吸附、不可逆吸附和容量低的缺点。

ICAT 技术的具体操作流程是（荣举等，2003）：①两种来源密切相关而状态不同的细胞裂解，蛋白质被还原；②两种样品中各加入不同的 ICAT 试剂标记；③标记完全后的两种样品混合，胰酶水解成大小不同的肽段；④固相阳离子柱交换，去除所有残留的胰酶、去垢剂、还原剂和 ICAT 试剂；⑤标记与未标记的肽段经卵白素亲和层析分离；⑥标记的肽段洗脱后经液相色谱（liquid chromatography，LC）再次分离，MS/MS 分析，通过比较峰型完全一样的一对肽段峰的离子强度，可以推断出两种样品中同一种蛋白的相对含量，再将质谱检测数据提交数据库检索，鉴定相对应的蛋白质。

图 9-5 为 ICAT 试剂结构及研究策略图。

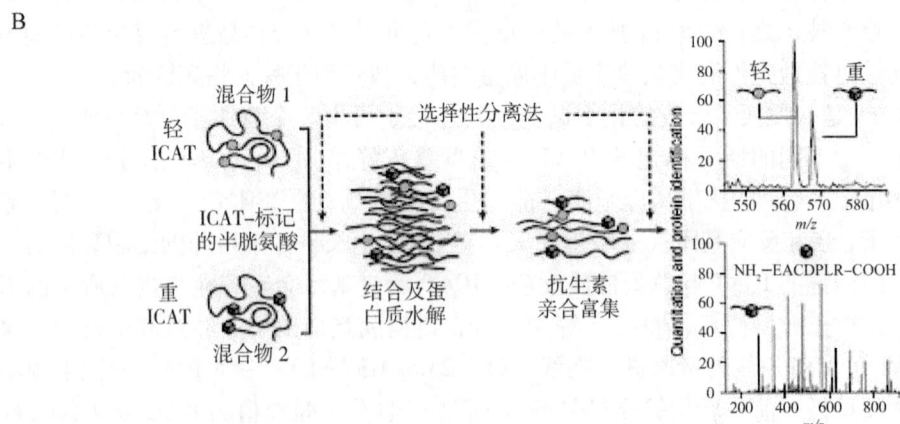

图 9-5　ICAT 试剂结构及研究策略（Shiio & Aebersold，2006）
A：ICAT 试剂结构；B：研究策略

9.4　蛋白质组学技术在食品安全检测中的应用

目前，蛋白质组学在食品科学领域中的应用还处于一个早期阶段，但已有了许多新的发现，表现出了广阔的应用前景。

9.4.1　在鉴伪检测中的应用

随着科技的发展，假冒伪劣的手段也在不断提高，仿真度极高的劣质产品给检验工作带来了巨大的困难。因此，食品鉴伪已成为食品安全领域的关注热点。伴随着 DNA 种质鉴别等其他分子技术、同位素产地溯源技术等在食品鉴伪体系中的应用和发展，蛋白组学也已被证明是该领域的一个有力工具。

9.4.1.1　燕窝鉴伪

燕窝食品的天然原料价格昂贵、价位等级悬殊、利润丰厚，国内外一些不法商人利用掺假或全假燕窝及其制品牟取暴利的行为相当严重。常见的燕窝掺假物有价廉的猪皮、白木耳、银耳、蛋清、明胶、淀粉、豆粉、琼脂和鱼鳔等，甚至用植物枝叶和海藻等伪制而成的加工品也不少。这些掺假做法不仅给消费者带来经济损失，严重时还危害其身体健康。

已有大量研究证明燕窝的蛋白质具有多种药理作用，可能是燕窝药效的物质基础，为此对燕窝水溶性蛋白质进行分离的电泳方法具有真伪鉴定的可行性（乌日罕等，2007）。吴亚军等（2010）构建了14个来自印度尼西亚、马来西亚和泰国等不同国家燕窝样品的可溶性蛋白质2-DE谱图并进行了分析比较，认为它们具有相似的表达模式，尤其是分子量在57 kDa和28 kDa之间的2个蛋白质点群为燕窝特征蛋白群，可作为区分燕窝跟掺假原料银耳的标志，并且证明了利用此方法可以根据燕窝中含有的独特蛋白检测出下限为10%银耳的掺假燕窝。Liu等（2012）分析了15个不同主产地的燕窝样品，构建了燕窝蛋白质2-DE图谱库。以燕窝唾液酸糖蛋白为抗原，制备了抗燕窝唾液酸糖蛋白单克隆抗体，并建立了相应的免疫学方法对25个冻干的燕盏样品进行唾液酸糖蛋白的定量检测，推算出燕盏样品中唾液酸糖蛋白的平均含量为464 mg/g，说明不同来源的燕窝中唾液酸糖蛋白的量是相对恒定的。因此，可以通过燕窝制品中唾液酸糖蛋白的定量，推算出该制品干燕窝的大致用量。

9.4.1.2 冬虫夏草鉴伪

冬虫夏草由于生长环境特殊、资源稀少、价格昂贵，市场上出现大量掺伪品、混淆品。调查发现市场上冬虫夏草存在不少伪品，商品问题严重，包括：以它种虫草加工后冒充冬虫夏草，以古尼虫草充伪最为常见；增重；染色；压模"虫草"等情况。现行《中国药典》（2010年版）对冬虫夏草的鉴别仅规定了来源、性状特征、含量测定等检查项，含量测定以腺苷为指标成分，要求含腺苷不得少于0.010%，现行标准已远不能满足当今市场商品的发展变化。一方面，多种染色、增重冬虫夏草无鉴别依据难以检出；另一方面，含量测定项指标成分——腺苷专属性不强，该成分在动植物体内普遍存在，多种虫草均含腺苷，对该成分的含量测定难以反映样品的真伪和品质优良度。

陈璐（2011）通过2-DE分析技术，获得了10种不同产地冬虫夏草和12种其他虫草蛋白质表达图谱。图谱分析发现，各产地冬虫夏草蛋白质均具有良好的多样性，蛋白质种类丰富，且不同产地蛋白质斑点分布模式相似，显示蛋白质在冬虫夏草种内表达的稳定性。冬虫夏草与它种虫草图谱差异明显，显示利用特征性蛋白质鉴定的可行性。采用ImageMaster 7.0软件对各虫草2-DE图谱进行匹配分析，筛选出26个正品冬虫夏草所特有的特征性蛋白质斑点，并对其中10个表达量大、稳定、斑点清晰的蛋白质点进行MALDI-TOF MS鉴定。选择冬虫夏草特征性蛋白质CSpro-2和CSpro-8作为检测指标性成分，选择SDS-PAGE为检测鉴定方法，建立冬虫夏草快速鉴定新方法。该方法不但能用于冬虫夏草完整药材的快速鉴定，还可进一步研究应用于虫草加工品和虫草制剂的快速鉴定。

9.4.1.3 人参鉴伪

高丽参和花旗参都是传统的中药材料，以往人们利用高效液相色谱法分析人参皂甙或PCR（聚合酶链式反应）法扩增DNA来鉴别人参的品种，但是这些方法不能用来区分样品具体来源于人参哪些部位（如主根、侧根、地下茎或表皮）。Lum等（2002）利用2-DE技术研究了西洋参和高丽参，证明不同种类、不同部位的人参样品的双向电泳图谱包含大量的差异点，从而可以轻易地鉴别样品。他们还鉴定出了人参不同种类及部位样品的共同蛋白点及特殊蛋白点，利用这些标记蛋白可以更加快速地对人参样品进行鉴定。

9.4.1.4 鸡蛋鉴伪

鲜鸡蛋的检测标准为 GB 2748—2003《鲜蛋卫生标准》，而此标准仅靠感官指标验证鸡蛋是否完好，并且对鸡蛋的重金属及农药残留量进行检测，对于"问题鸡蛋"、"人造鸡蛋"的检测已不适用。杨国武等（2010）在对深圳市市场售卖的 18 个鸡蛋样品进行蛋黄蛋白质图谱分析对比，获得了 3 个共有的高丰度点群（共 17 个蛋白质点），分子量分别为 97.2～66.4 kDa、66.4～44.3 kDa、44.3～29.0 kDa，可作为鉴别真假鸡蛋的蛋白质模式图谱。

9.4.1.5 肉类食品鉴伪

由于蛋白质组学技术能区分蛋白质混合物中的各单一蛋白质组分并确定各蛋白组分的特点，所以也被用做肉品鉴伪的有力工具。

Pineiro 等（1999）利用 pH 3.5～9.5 非变性 IEF 和 10%～12% 的梯度 SDS – PAGE 鉴别出 9 种比目鱼的种特异性蛋白，这些蛋白一般存在于酸性端（$PI < 5.2$；$MW < 16$ kDa），可以作为鉴定比目鱼品种的标识。Martinez 等（2004）用二维电泳技术对 5 种高盐腌制鱼的鱼肉抽提物进行试验分析，根据 5 种鱼中轻链肌球蛋白质在凝胶上的差异，区分出各种来源的腌制鱼制品，并用于鱼种属和鱼肉组织的鉴定。

国内廖国周等（2012）以宣威火腿为研究对象，采用三氯乙酸—丙酮沉淀法提取宣威火腿肌肉蛋白，对蛋白定量后，进行一向等电聚焦电泳和二向聚丙烯酰胺凝胶电泳，电泳后的凝胶以考马斯亮蓝染色，ImageMaster 2D Platinum 软件分析凝胶上的蛋白质点，切取 1 个蛋白（MALDI – TOF/TOF MS）获取肽质量指纹图谱，并用 Mascot 软件分析，以建立宣威火腿的蛋白质组学研究方法。结果表明，经双向电泳图谱分析所获得的宣威火腿蛋白点分布于 pH 4.0～7.0 之间，共发现 1 749 个蛋白点，蛋白点清晰，图谱分辨率较好；切取的蛋白质点经鉴定为 Gamma – 2 – 肌动蛋白，Mascot 检索分值为 129 分（阈值为 67 分）。

9.4.1.6 乳制品鉴伪

乳中蛋白质组成、蛋白多态性以及蛋白活性成分的比较研究，对于掺假乳（如复原乳）的检测和鉴别具有较好的效果。Wu 等（2009）利用双向电泳技术研究了生鲜乳、巴氏杀菌乳、超高温处理乳及复原乳中的蛋白质，发现不同样品的 2 – DE 凝胶经过考马斯亮蓝染色后蛋白质点的颜色深浅有很大变化。如与巴氏杀菌乳相比，复原乳样品的 2 – DE 凝胶中有 10 个蛋白点（包括酪蛋白、乳球蛋白）的颜色深度降低一半多；但是差异凝胶法证明在巴氏杀菌乳及复原乳中主要蛋白的含量仍然维持相似水平。因此推测复原乳样品经双向电泳及考马斯亮蓝染色后蛋白质点的颜色变浅是由于由鲜乳转变为复原乳的过程中加热处理导致了其他生化反应（如美拉德反应）而不是蛋白质的降解。但是该研究证明双向电泳结合考马斯亮蓝染色可以很好地用于鉴别鲜乳与复原乳。

水牛奶是我国奶业特别是我国南方奶业的一个重要发展方向，其主要营养成分高于荷斯坦乳牛奶，是未来最具市场竞争力的乳品。国内外对水牛奶的研究越来越多，主要是常规营养成分、理化性质、稳定性、乳蛋白质的组成和特性以及蛋白分离分析等方面的研究。王丽娜等（2012）利用 LTQ – Orbitrap 组合型傅里叶转换质谱仪对水牛奶酪蛋白的酶解肽段进行质谱分析，检测各产物肽的分子量，然后在数据库中检索，寻找蛋白的氨基酸序列，并与乳牛奶酪蛋白和山羊奶酪蛋白相对应组分的氨基酸序列比对，研究其氨基酸序列间的差异性。酪蛋白经胰蛋白酶酶解的肽段，通过 C18 反相柱分离后直接用 LTQ - Orbitrap 质谱仪进行鉴定分析。搜索数据库获得来源于水牛奶的 α_{s1} - 酪蛋白、β - 酪蛋白、κ - 酪蛋白的氨基酸全序列，α_{s2} - 酪蛋白仅分析到与之匹配度最高的来源于乳牛奶的氨基酸序列。同样的方法分析乳牛奶和山羊奶酪蛋白组分的氨基酸序列，并与水牛奶相对应组分的序列比对，结果表明，不同品种的乳源酪蛋白的氨基酸序列均不相同，存在氨基酸替换现象。在酪蛋白的氨基酸序列对比中，水牛奶与山羊奶的差异比与乳牛奶的差异大。

9.4.1.7 蜂蜜鉴伪

蜂蜜相对于蜂王浆是一种更普及的食品，而当今全球市场上蜂蜜掺假现象屡见不鲜。对蜂蜜蛋白的研究主要集中在利用蛋白质组学技术鉴定蜂蜜的产地、蜜蜂的品种的鉴定。Wang 等（2009）利用 MALDI - TOF MS 和蛋白质指纹技术来鉴别来自不同国家、不同地区的商品化蜂蜜的产地，证明该方法是一种快速、简单、实用的鉴定蜂蜜的地理来源的方法。Won 等（2008）的研究证明不同蜂种酿造的蜂蜜，其主要蛋白质的分子质量也不尽相同。通过 SDS - PAGE 及 MALDI - TOF 分析 Apis cerana 和 Apis mellifera 这两种蜜蜂酿造的蜂蜜的主要蛋白，发现两种蜂蜜中均含有 MRJP1（major royal jelly protein 1），MRJP1 在两种蜂蜜中虽然具有相似的结构，但其分子量不同，分别为 56 和 59 kDa。因此，测定蜂蜜中主要蛋白质分子量是鉴定蜂种的有效方法。

9.4.2 在品质分析中的应用

9.4.2.1 肉类食品品质分析

动物营养和饲料工业的发展，使传统的粗放管理、日粮结构、饲喂方式、饲养密度等发生重大改变，在提高了肉类数量的同时，也影响到肉用动物机体的生理学、行为学和生物化学过程，导致了肉品品质的下降。因此，对肉品品质进行评价（并对其进行可能的等级标注）、控制（通过对其生产过程进行）对于现代肉品生产至关重要。

Lametsch 等（2001）首次利用双向凝胶电泳技术来分析对比屠宰后猪肌肉的变化情况。通过比较屠宰后 0、4、8、24 和 48 h 的肌肉样品双向电泳图谱发现，共有 15 处蛋白在储藏过程中发生了显著的变化（这些肌肉蛋白从 5～200 kDa 不等，pH 在 4～9 之间），其分辨率远远超过常规的一维 SDS - PAGE。研究者利用 MALDI - TOF MS 最终确定了可作为肉品质标记的 18 种蛋白质及多肽、分子质量及序列长度证明，这 18 个蛋白质及多肽来源于肉的蛋白质水解活动，其中包括 3 种结构蛋白（肌动蛋白、肌球蛋白和肌钙蛋白 T）和 6 种代谢酶（糖原磷酸化酶、肌酸激酶、丙酮酸激酶等）的水解作用。通过鉴定这些特殊多肽及蛋白质，可以有效地评价肉的品质。Inger 等（2003）利用 2 - DE 技术研究发现，与新鲜的鳕鱼（Gadus morhua）比较，死后鳕鱼肌肉有 11 个蛋白质点的丰度发生了变化，其中 8 个蛋白质点的丰度显著增加，后续分析表明这些蛋白质点是肌原蛋白、肌浆蛋白、肌肉纤维等肌肉组织的分解产物。Martinez 等（2007）发现，与野生的鳕鱼相比，人工养殖的鳕鱼 2 - DE 图上蛋白质分子质量在 35～45 kDa 之间存在显著差异点。由此可见，蛋白质组学技术对评价食品品质具有重要的现实意义。

双向电泳和质谱也已经用来研究不同的肉制品颜色生化机制。比较从两组动物得到的猪 SM 肌的肌浆蛋白质组，颜色深浅表明了 22 个不同的蛋白质点。一组中有 12 个动物，基于极端 L 值，这些动物选自于 1 000 头猪的样品中。然而暗颜色的肌肉增加了线粒体蛋白质的丰度，表明了氧化代谢，轻颜色的肌肉增加了参与糖酵解胞质蛋白质的丰度。蛋白质组分析也用来研究蛋白质在干腌制火腿中的变化。原料肉的肌纤维蛋白质、干腌火腿分别经过 6、10 和 14 个月的成熟过程，双向电泳分析表明，肌动蛋白、原肌球蛋白和肌浆蛋白重链在成熟过程中消失了，12 h 后被完全地水解了。Sidhu 等（2005）在对挪威火腿初步的研究过程中，通过比较不同成熟时间的产品间蛋白质差异，观察到蛋白质降解类型的不同。韩伟等（2008）使用全自动蛋白芯片检测系统对热加工含偶蹄类肉、禽肉类食品，包括不同加热方式、不同加热阶段的半成品与成品样品进行了分析。研究结果表明，加热方式对变性蛋白电泳图谱的影响不大，产品在加热过程中曾经达到的最高中心温度以及相应的维持时间是影响蛋白图谱条带的主要因素。随着加工温度的增高，维持时间的增加，蛋白质的大分子量条带趋于消失，而在小分子量区域的条带不但不变，有时甚至有增多现象，这就提示了加热过程可使大分子可溶蛋白变性而减少。反言之，根据蛋白电泳图谱可提示肉、禽产品是否经过适当有效的加热处理，验证加热效果。

因此，蛋白质组学在分析营养物质品质上具有很大的应用潜力。

9.4.2.2 乳制品品质分析

蛋白质组学技术已被广泛应用于乳及乳制品品质的研究上，并分离出其中的主要蛋白质包括乳清蛋白（α-乳球蛋白、β-乳球蛋白、牛乳清蛋白）、酪蛋白（α_{s1}-酪蛋白、α_{s2}-酪蛋白、β-酪蛋白和 κ-酪蛋白）等。Aslam 等（1994）用 2-DE 技术研究荷兰奶牛在不同泌乳期牛乳中各种蛋白的变化，发现在整个干奶期酪蛋白的比例有所下降，并检测出由酪蛋白降解产生的许多多肽。Ferranti 等（2001）用反相高效液相色谱（RP-HPLC）将绵羊酪蛋白分成 4 个主要的峰，再用 ESI-MS 进行分析，结果显示每个峰都包含属于四大酪蛋白家族之一的组分，并分别鉴定了 13 种 α_{s1}-酪蛋白、11 种 α_{s2}-酪蛋白、7 种 β-酪蛋白和 3 种 κ-酪蛋白组分。Holland 等（2004）将窄范围 IPG 应用于牛乳蛋白质的分析，在第一维电泳中利用 pH 为 4~7 的 IPG 梯度，可以分离和检测到 10 种不同形式的 κ-酪蛋白，其等电点范围是 4.47~5.81。

为了区别牛初乳，采用 iTRAQ 技术对母牛分娩后第 7 天与第 1 天的乳脂肪球膜蛋白表达模式进行比较，发现嗜乳脂蛋白、黄嘌呤脱氢酶、脂肪酸结合蛋白等 26 种蛋白质的表达上调，阿朴脂蛋白 A1 等 19 种蛋白质的表达下调，说明定量差异蛋白质组学在奶牛泌乳机制的研究中具有较大的应用前景。对分娩后初乳中转铁蛋白进行分析，结果显示初乳中转铁蛋白表达丰度增加，表明初乳为新生犊牛矿物元素的供给提供了重要保障。张乐颖等采用二维凝胶电泳结合液相色谱串联质谱的方法研究发现，与初产奶牛第 1 天的乳蛋白表达模式相比，第 3 胎奶牛第 1 天的乳蛋白表达图谱上有 4 种蛋白质表达量上调，而 2 个胎次第 21 天的乳蛋白表达模式无显著差异。这些差异表达的乳蛋白包括免疫球蛋白 G、免疫球蛋白 M、乳铁蛋白及具有运输功能的白蛋白。这些发现为揭示胎次及泌乳阶段对泌乳奶牛乳蛋白表达的影响机制奠定了基础（陈静廷等，2013）。

热处理后乳蛋白含量及组分的鉴定用超高温处理可能导致乳蛋白发生变性。超高温灭菌（UHT）乳与巴氏杀菌乳的毛细管区带电泳图谱相比更为杂乱，表明热处理使乳蛋白发生变性聚集或分解，对其形态结构有较大的影响。乳蛋白含量及组分因热处理的不同而发生一定程度的变化。Chevalier等（2010）研究指出，经90 ℃处理30 min后，牛乳中血清白蛋白、β-乳球蛋白和κ-酪蛋白含量分别减少85%、75%和75%，随着加热时间的增加，单分子的κ-酪蛋白位点也逐渐减少。臧长江等（2012）采用比较蛋白质组学方法研究发现，经75 ℃ 15 s 巴氏杀菌，牛乳中蛋白质含量及组成无显著变化。高温灭菌（135 ℃ 4 s和145 ℃ 4 s）可造成乳中α-乳白蛋白、β-酪蛋白变异体、κ-酪蛋白和免疫球蛋白含量降低。因此，鲜牛乳经巴氏杀菌能够最大限度地保留乳中蛋白质组分和含量。

9.4.2.3　水果存储分析

果实的整个成熟过程因品种的不同而出现差异，非呼吸跃变型果实和呼吸跃变型果实也有不同。跃变型果实如番茄和桃等成熟过程乙烯合成存在两个不同调节系统，即跃变前低浓度的系统Ⅰ乙烯和跃变时启动乙烯自我催化并大量生成的系统Ⅱ乙烯；非跃变型果实如辣椒、柑橘和草莓等，尽管某些感官和代谢过程与跃变型果实相似，但其成熟过程不依赖于乙烯。果实蛋白质组学日渐成为人类营养领域研究的重要组成部分。

苹果（Malus domestica）是重要的呼吸跃变型果实之一，由于其不同品种的感官品质和营养特性而具有很大的消费市场。Guarino等（2007）利用2-DE技术研究了苹果果实的蛋白质图谱，分离到参与能量代谢和成熟胁迫与防御的蛋白（病程相关蛋白），其中能量代谢包括糖酵解途径、磷酸戊糖途径、呼吸作用和发酵作用等。Qin等（2009）利用2-DE技术研究了苹果果实的线粒体蛋白质组学，发现差异表达的线粒体蛋白参与了果实成熟衰老过程中的TCA循环、电子传递和氧化磷酸化等途径，且低氧环境可以显著减少线粒体蛋白的变化；而将苹果果实置于100%高氧环境中，发现抗氧化酶（SOD[Mn]）表达量下调，变性蛋白（碳酰化氧化蛋白）表达量上调。

9.4.2.4　啤酒浑浊度分析

啤酒中含有分子质量为5～100 kDa的蛋白质0.5～1.0 g/L。多数蛋白质与啤酒浑浊的产生和泡沫的维持有关，而这两项指标是消费者评定啤酒质量的重要标准。啤酒清亮、透明是产品得到绝大多数消费者认可的一个重要参数。贾娟等（2011）利用质谱来分析啤酒浑浊蛋白中的蛋白点，以确定啤酒浑浊蛋白主要的组成成分。根据蛋白质组学分析（双向电泳和质谱），发现啤酒中浑浊活性蛋白组分包括两个重要的组成部分：BTI-CMe蛋白和germin E蛋白。这一结果表明了这两种蛋白组分在啤酒浑浊形成中起到至关重要的作用。

9.4.3　在转基因检测中的应用

随着越来越多的转基因生物的研发和推广，转基因生物的检测和研究正成为社会关注和学术探讨的热点之一。转基因生物的检测和研究主要涉及研发和应用过程中转基因生物及其产品的分析鉴定，以及转入基因的直接表达产物及间接调控产物对转基因生物生长发育、生态环境、食物链及人类食品安全的影响。多数外源基因的表达或调控产物是蛋白质，因而在蛋白质水平上对转基因生物进行检测和研究显得尤为重要。Holland 等（2004）采用 2－DE 技术对正常牛乳和转基因牛乳中的 β－酪蛋白和 κ－酪蛋白进行定量比较，结果表明，通过采用转基因方法生产的牛乳中酪蛋白水平更高，因此我们可以将 2－DE 技术对转基因乳品及非转基因乳品进行鉴别。而目前也出现了许多基于常见外源蛋白的商业化胶体金试纸条和 ELISA 试剂盒售卖。

但无论 2－DE 技术、MD－LC 技术、Biosensor 技术及 MS/MS－MRM 技术如何成功地用于过某些样品的研究，在分析转基因生物时，仍需要进行大量的研究积累以建立适宜的分析技术体系，一旦技术体系建立，即可为转基因生物研究开发和安全评估提供新的有效的技术支撑。换言之，借助先进的蛋白质组学技术方法，构建基于蛋白质的转基因生物新的检测评价和研究技术体系，可克服现在常用的转基因检测方法的一些缺点，实现对转基因生物蛋白质变化情况的深入了解，实现对大量样本转基因生物目标蛋白质的精准、高通量和无标记检测，实现无须抗体和纯化蛋白直接对转基因生物所有目标基因表达蛋白质的快速精确检测。

9.4.4　在过敏原检测中的应用

为确保食品标签的准确性和消费者的安全，可靠、定量的过敏原蛋白检测方法是非常必要的。因为食物过敏原在食品中的含量较少并可能包裹于食品基质中，所以食物过敏原的检测十分困难。极少量的过敏原蛋白即可引起消费者严重的过敏反应，这对食物过敏原蛋白定量检测的灵敏度和准确性提出了更高的要求。

以牛奶为例，牛奶中 20% 是乳清蛋白，其中包含 α－乳白蛋白、β－乳球蛋白（A 和 B）、牛血清白蛋白和免疫球蛋白等。Huber 等（1999）第一次运用质谱技术对牛乳清蛋白进行了定量分析，在浓缩液中测得 α－乳白蛋白、β－乳球蛋白 B 和 β－乳球蛋白 A 的质量浓度分别为 0.684、1.839 和 1.599 mg/mL。Monaci 等（2008）在某牛奶果汁的样品中对以上 3 种牛奶过敏原进行了定量测定，最后所得检测限为 4 μg/mL。

Careri 等（2007）使用合成肽段作内标物的方法对某巧克力果仁进行了花生过敏源 Arah2 与 Arah3/4 的分析，其中 Arah2 的检测限达到了 5 μg/g 混合物，Arah3/4 的检测限更是达到了 1 μg/g 混合物。Weber 等（2006）使用同位素标记酪蛋白肽段，通过质谱分析，在饼干中定量检测出 1.25 μg/g 的酪蛋白；Shefche 等使用相似的方法在某香草冰淇淋中定量检测出 10 μg/g 的主要花生过敏原蛋白 Arah1。

王彩霞等（2012）运用 MALDI－TOF/TOF MS 鉴定凡纳滨对虾为 2100 的过敏原组分，利用软件 BLAST、ClustalW 分析甲壳类食物中该蛋白的氨基酸序列同源性，质谱鉴定结果显示，凡纳滨对虾 2100 过敏原为肌质钙结合蛋白；氨基酸序列同源性分析显示，其与斑节对虾、中国对虾、克氏原螯虾、细趾小龙虾、褐虾的 SCP 序列一致性为 81%～100%；Western blot 结果显示，针对 SCP 的特异性多克隆抗体与凡纳滨对虾、刀额新对虾、斑节对虾、口虾蛄、罗氏沼虾、克氏原螯虾、远海梭子蟹、锈斑鲟、中华绒螯蟹粗提液在 SCP 对应的 21 000 左右处均有反应条带。张铁群（2009）以主要海产品过敏原为研究对象，选择南美白对虾（*Penaeus vannamei*）、杂色蛤（*Ruditapes philippinarum*）、鲅鱼（*Scomberomorus niphonius*）等常见水产品为代表，进行过敏原的提取及纯化，采用蛋白质芯片技术建立了过敏原检测的技术体系，主要从南美白对虾、杂色蛤、鲅鱼等主要过敏原的分离纯化、抗体制备、三维蛋白芯片制备、过敏原检测生物探针的制备、芯片检测条件的优化等方面进行研究。

9.4.5 在食源性致病菌及毒素检测中的应用

近年来发生的诸多食品安全事件中，由微生物引起的事件占有相当的数量，由于检测技术滞后，现有的检测能力不能及时有效地对食品的微生物含量进行监控。随着蛋白质研究和相关检测系统的研发，蛋白质芯片技术正在成为一种新兴的微生物检测技术。

生物毒素、污染的致病微生物的检测等工作都可以用蛋白质芯片技术来完成。军事医学科学院卫生学环境医学研究所以葡萄球菌肠毒素为识别分子，研制了检测方法；该研究所对付马毒素的蛋白质免疫微阵列也正在研制之中。Chleicher公司发明了一种可同时进行食品中大肠杆菌检测和调查埃希氏菌的快速检测设备，根据蛋白质微阵列，利用荧光染色，可以对病菌进行定性和半定量的检测。王亚丽等（2012）设计了一种快速检测金黄色葡萄球菌的液相芯片检测方法，并进行了初步的应用，对200份样品的检测结果与国家标准方法一致，检测灵敏度可达到10^3 CFU/mL，且与其他食源性致病菌无明显交叉反应。李鑫等（2012）分析了黄曲霉毒素等粮油主要真菌毒素免疫分析进展，指出液相蛋白芯片在粮油真菌毒素的检测中将有广泛的应用前景。

9.4.6 在农药、兽药残留检测中的应用

食品质量安全监督中，农药、兽药和污染物的残留检测是非常重要的一个环节。目前，各种残留物检测蛋白芯片的研究为食品生产企业对产品出厂的把关，以及相关部门对食品质量安全的快速抽查提供了技术支持。

由博奥生物公司与上海、北京和云南等地的出入境检验检疫局等单位共同研制而成的兽药残留蛋白质免疫芯片，可对猪肉、猪肝、鸡肉及牛奶中包括瘦肉精、磺胺二甲嘧啶、链霉素在内的9种重点兽药进行检测，该芯片系统已在多地进行试用。该芯片方法是利用抗原、抗体特异性结合的免疫学原理，采用竞争免疫荧光标记分析法对样品中的兽药残留量进行测定。通过化学方法在玻片上测定多种蛋白质偶联的兽药，蛋白质偶联的兽药和被检物中的兽药竞相与相应兽药抗体结合，溶液中未与芯片上蛋白偶联体结合的兽药抗体、游离兽药及二者的结合物在洗涤步骤中被除去。再加入荧光标记的二抗进行反应，再次洗涤后，通过芯片扫描仪扫描，荧光强度与待测样品中兽药浓度呈反比。该技术可以进行多项指标检测，检测速度快，检测时间大大缩短，为保障食品安全提供了一个高效便捷的检测平台（陈爱亮等，2008）。

9.5 应用示例

9.5.1 鸡蛋的蛋白质图谱分析与鉴伪（杨国武等，2010）

9.5.1.1 材料与方法

（1）材料。鸡蛋样品18份，其中标称土鸡蛋样品6份，工厂化生产鸡蛋（即饲料

鸡蛋）样品12份，分别来自深圳各农产品批发市场，储存在4 ℃冰箱。真鸡蛋对照品为常德鲜鸡蛋和湖北土鸡蛋，确认为农户家庭自然饲养鸡所生鸡蛋。IPG 胶条（18 cm，pH 4～7）（美国 GE 公司）、IPG 缓冲液（pH 4～7）（美国 GE 公司）、尿素（美国 Amresco 公司）、碘乙酰胺（美国 GE 公司）、CHAPS（美国 Amresco 公司）。主要仪器：等电聚焦仪 GE Ettan IPGphor 3；垂直电泳系统（美国 Bio - Rad 公司）；凝胶扫描分析工作站 Umax Powerlook 2100 XL。

（2）样品制备。取3个鸡蛋，清洗蛋壳，用蛋清蛋黄分离器使得蛋清和蛋黄分开，用超纯水洗涤卵黄膜表面3次，用 5 mL 枪头轻轻刺破膜表面插入蛋黄，尽量吸取全部的蛋黄，将3个鸡蛋所取得的蛋黄混匀（避免起泡）。吸取 5 mL 蛋黄，加入等体积的超声缓冲液（1% NP - 40、50 mmol/L NaCl、50 mmol/L Tris - HCl），冰浴超声 2 min（超声 3 s，间隔 6 s，超声强度 80%），加入 80%（v/v）丙酮 -20 ℃沉淀 2 h，4 ℃ 12 000 r/min 离心 15 min，弃上清液，放入冷冻干燥机冻干过夜。制品在 -80 ℃冰箱储存。

（3）等电聚焦。方法参照 GE 操作手册。取 40～60 μg 样品加入到 340 μL 水化液 [8 mol/L 尿素、2%（w/v）CHAPS、0.002%（w/v）溴酚蓝、15 mmol/L DTT、0.5%（v/v）IPG 缓冲液，pH 4～7] 中混匀，将混匀的水化液加入水化槽中放入 IPG pH 4～7 预制胶条（18 cm）并在胶条上覆盖 3 mL 矿物油，将水化盘置于 20 ℃恒温箱水化过夜（15 h）。聚焦程序为：500 V，1 h；升至 1 000 V，1 h；升至 8 000 V，2 h；升至 10 000 V，1 h；恒定 10 000 V，20 min，总共 38 583 Vh（伏小时）。聚焦过程恒温 20 ℃。聚焦完毕后，胶条放入塑料胶条管中，置于 -80 ℃储存备用。

（4）SDS - 电泳。从 -80 ℃冰箱中取出胶条，放置于室温中 10 min 使其充分融化，取 20 mL 平衡液 [0.05 mol/L Tris - HCl（pH 8.8）、6 mol/L 尿素、30%（w/v）甘油、2%（w/v）SDS] 分两管装，其中一管加 0.1 g DTT，另一管加 0.4 g 碘乙酰胺。加入 10 mL 含 DTT 的平衡液，平衡 15 min，然后加入 10 mL 含碘乙酰胺的平衡液，平衡 15 min。平衡结束后，将胶条取出，在超纯水中轻轻润洗，去除多余的平衡液，放入第二向 SDS - PAGE 凝胶（10%）中，用 0.5% 低熔点琼脂糖封顶液封顶。电泳时先用 1.5 W 恒功率 1 h，再用 4.0 W 恒功率 5 h。

（5）染色。采用硝酸银染色法染色，固定 [60 min，1% 乙酸（v/v），47.5% 乙醇（v/v）]、敏化 [15 min，490 mmol/L 三合乙酸钠，8 mmol/L 硫代硫酸钠，28.5% 乙醇（v/v），0.16% 戊二醛（v/v）]、漂洗（5 min，250 mmol/L 超纯水，重复3次）、预染 [20 min，0.02% 甲醛（v/v），5.9 mmol/L 硝酸银]、显色（4 min，23.6 mmol/L 无水碳酸钠）、终止（50 mmol/L EDTA）。

（6）图像分析。凝胶经过转移用 Umax Powerlook 2100 XL 扫描，利用 BIO - RAD PDQUEST 8.0.1 软件进行分析。

9.5.1.2 结果与分析

（1）条件确定。图9-6为鸡蛋全蛋白图谱（pH 3～10），图上显示有大量的高丰度蛋白，存在严重的拖尾现象，不利于低丰度蛋白点的展示，这是由蛋清中的糖蛋白所致。蛋黄蛋白等电点集中在 pH 4～7 之间，分子量主要分布在 97.2～29.0 kDa 之间。因此，本文分析鸡蛋蛋黄蛋白质图谱确定使用 pH 4～7，18 cm 的胶条进行一向等电聚焦及 10% 丙烯酰胺凝胶进行二向电泳。

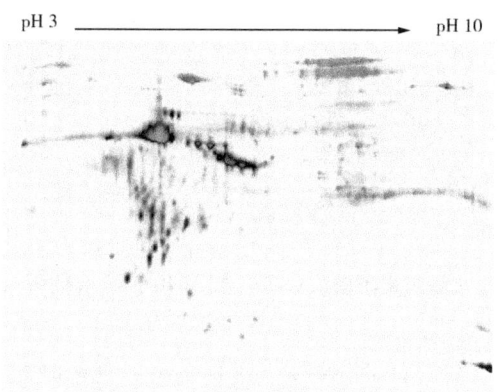

图 9-6　全蛋蛋白质双向电泳图谱（pH 3～10，18 cm）

（2）真鸡蛋图谱。图 9-7 为真鸡蛋蛋黄蛋白质双向电泳图谱。

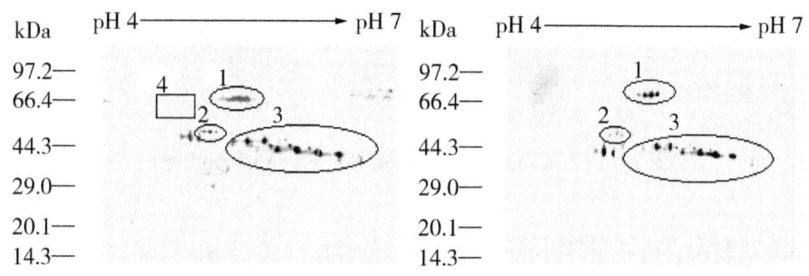

图 9-7　真鸡蛋蛋黄蛋白质双向电泳图谱（pH 4～7，18 cm）
（左边为常德土鸡蛋，右边为湖北土鸡蛋）

（3）样品测试。经分析 18 个鸡蛋样品蛋黄的双向电泳图谱，发现有 17 个蛋白点组成的 3 个蛋白质点群为所有样品共有的高丰度蛋白质点，分别用圆圈 1、2、3 代表（见图 9-8），其中高丰度蛋白点群 1 在 97.2～66.4 kDa 有 4 个蛋白点，蛋白点群 2 在 66.4～44.3 kDa 有 3 个蛋白点，蛋白点群 3 在 44.3～29.0 kDa 有 10 个蛋白点。此外，在部分鸡蛋蛋黄图谱中发现蛋白质点群 4（见图 9-9），分子量为 97.2～66.4 kDa，为差异点群。

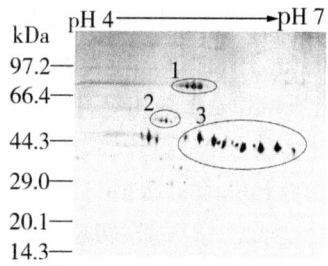

图 9-8　湖南土鸡蛋双向电泳图谱

（4）鉴别真假鸡蛋的蛋白质模式图谱的建立。根据 18 个市售鸡蛋与真鸡蛋的蛋黄蛋白质图谱对比，获得 3 个共有的高丰度点群，建立了一个鉴别真假鸡蛋的蛋白质模式图谱（见图 9-10）。图中展示了鸡蛋蛋黄水溶性蛋白质在 pH 4～7，18 cm 胶条中经过双向电泳，图谱所包含的 3 个蛋白质点群，共 17 个蛋白质点，在 97.2～66.4 kDa 有一个蛋白质点群（4 个蛋白质点），在 66.4～44.3 kDa 有一个蛋白质点群（3 个蛋白质点），在 44.3～29.0 kDa 有一个蛋白质点群（10 个蛋白质点）。

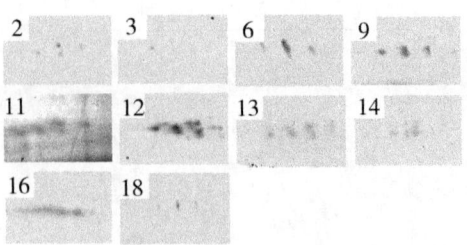

图9-9　市场鸡蛋蛋白质双向电泳图谱中所含有的蛋白质点群4

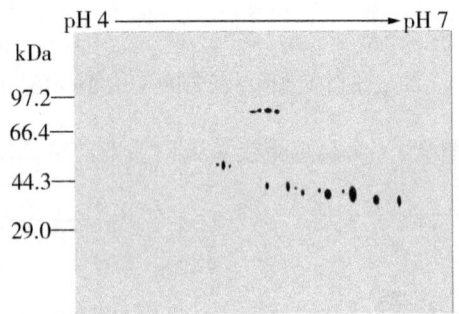

图9-10　鸡蛋蛋黄水溶性蛋白质双向电泳模式图谱

9.5.2　燕窝的蛋白质图谱分析及鉴伪（Liu et al., 2012）

9.5.2.1　材料与方法

（1）材料。燕盏13份，深圳市品佳璟商贸有限公司惠赠；燕盏2份，马来西亚海春燕窝贸易有限公司惠赠。IPG胶条、IPG缓冲液、尿素、硫脲、碘乙酰胺、二硫苏糖醇（DTT）、CHAPS、考马斯亮蓝R-250（蛋白质组学级），以上均购自美国Amresco公司。其他试剂均为国产分析纯。主要仪器：超声破碎仪VCX130（美国Sonics公司）、MicroRotofor液相等电聚焦电泳仪（美国Bio-Rad公司）、Ettan IPGphor 3等电聚焦仪（美国GE公司）、Mini-PROTEAN Tetra Cell垂直电泳仪（美国Bio-Rad公司）、GS-800 calibrated densitometer（美国Bio-Rad公司）。

（2）蛋白质提取。燕盏冻干后充分研磨，每个燕窝干粉样品各称取5份，每份0.2 g，加入10 mL去离子水，冰浴超声破碎30 min（超声3 s，间隔6 s，超声强度80%），4 ℃下12 000 r/min离心10 min，取上清。掺假物质蛋白质提取方法与燕窝一致。

（3）透析及冻干。将上清转移至截留分子量为3 500 Da的透析袋中，4 ℃下搅拌透析24 h，期间更换去离子水3～5次，测透析前后溶液电导率。将透析后的溶液转移至离心管，-80 ℃速冻，真空冷冻干燥（称量干重，计算提取率），-80 ℃冰箱保存备用。

（4）液相等电聚焦（LIEF）预分离。将透析后冻干的干粉以0.02 g/mL溶于裂解液中，裂解液成分：7 mol/L尿素、2 mol/L硫脲、2% CHAPS、100 mmol/L DTT、2%

两性电解质（pH 3～10）。电泳操作流程严格按照仪器使用说明书进行，过程简述如下：取 2.5 mL 裂解的样品，用注射器加至聚焦槽（10 个小室）内，阳性电极液为 0.1 mol/L 磷酸溶液，阴性电极液为 0.1 mol/L NaOH 溶液，装置组装好后用于电泳分析。聚集是在 20 ℃ 恒温且振荡的条件下进行的，聚集条件为恒功率 1 W 电泳至电压恒定，继续电泳 0.5 h 后终止，整个过程 1.5～2.0 h。聚集结束后关掉振荡器及制冷装置电源，将聚集槽内 10 个小室中的样品按从酸端到碱端收集至 1.5 mL 离心管中，并按顺序标号标记为 1～10。

（5）SDS - PAGE。将聚焦槽中的 10 个小室样品分别取 5 μL 进行 SDS - PAGE 分析，具体条件如下：浓缩胶浓度为 4%，分离胶浓度为 10%。电泳条件为 30 V 恒压下预电泳 30 min，随即升压至 60 V 恒压电泳 2～3 h。电泳结束后采用考马斯亮蓝染色法 R - 250 染色，脱色液（50% 甲醇、8% 冰醋酸水溶液）至背景无色为止。

（6）燕窝蛋白和掺假物蛋白 2 - DE。蛋白质裂解：蛋白经液相等电聚焦电泳预分离后，采用单向 SDS - PAGE 检测预分离情况，合并 5～8 小室泳道的蛋白质样品，进行透析及冻干，获得蛋白冻干粉。取蛋白冻干粉加入到 80 μL 裂解液（8 mol/L 尿素、2 mol/L 硫脲、4% CHAPS、100 mmol/L DTT、0.5% 载体两性电解质），涡旋混匀后室温放置 1 h，每隔 10 min 涡旋 1 次。4 ℃ 下 12 000 r/min 离心 10 min，取上清液。采用 Bradford 比色法进行蛋白质定量。

1）等电聚焦。7 cm 线性 pH 4～7 固相 IPG 胶条，上样量为 130 μg。蛋白质样品在 20 ℃ 下被动水化 12 h。一向等电聚焦在 20 ℃ 恒温条件下进行，聚集程序如下：100 V，恒定 1 h；300 V，恒定 40 min；500 V，恒定 40 min；梯度到达 4 000 V，3 h；4 000 V，恒定 2.5 h；梯度到达 5 000 V，1 h；5 000 V，恒定 1 h；最后达到 27 000 Vh 终止等电聚焦。

2）SDS - 聚丙烯酰胺凝胶（SDS - PAGE）与电泳缓冲液的配制。10% 的 SDS - 聚丙烯酰胺凝胶（83×73×1 mm）应在电泳前提前制备：在 100 mL 烧杯中依次加入 5 mL 单体母液（甲叉双丙烯酰胺 0.8%、丙烯酰胺 30%），3.8 mL pH 8.8 的 0.5 mol/L Tris - HCl，150 μL 10% SDS，5.97 mL ddH$_2$O，100 μL 10% 过硫酸铵，10 μL TEMED。混匀，灌入安装好的玻璃板夹缝间，至液面距短板上缘 5 mm 左右，用纯水封住上端液面，室温放置 30 min 以上使其完全凝固。倒去上端液体，用 ddH$_2$O 冲洗 3 遍，然后用纯水灌满上端，保鲜膜封好胶板，4 ℃ 放置备用。

3）二向 SDS - PAGE 电泳。准备两管 5 mL 的 SDS 平衡缓冲液 [6 mol/L 尿素、50 mmol/L Tris - HCl（pH 8.8）、2% SDS、30% 甘油]，解冻后分别加入 0.05 g DTT 和 0.1 g 碘乙酰胺，并使其充分溶解。将聚焦完毕的胶条取出，在 DTT 平衡液中缓慢低速振荡平衡 15 min，然后将胶条取出，放入 IAA 平衡缓冲液平衡 15 min。胶条平衡好后将其取出，于纯水中快速涮洗 3 遍，在滤纸上尽量吸去残存液体，加热熔化 1% 的低熔点琼脂糖溶液，用其灌满事先灌好的 SDS - PAGE 胶上端，将胶条迅速小心地贴着内侧玻璃板放入胶面上，正面朝外，并要避免气泡的产生。5～10 min 后待琼脂糖凝固便可进行第二向电泳。以 80 V 恒压方式电泳，当溴酚蓝正好迁移出凝胶底部时停止电泳，用纯水湿润胶面后卸胶，在胶块一端切角做记号，采用考马斯亮蓝 R - 250 染色 1 h 以上，染色完毕后频繁更换脱色液直至背景透明，蛋白点清晰为止。

(7) 图像扫描与分析。脱色好的凝胶经 GS - 800 calibrated densitometer 扫描仪 Umax Powerlook 2100 XL 软件扫描后保存图像：透射扫描，对比度与亮度取软件的默认值，分辨率为 400 dpi。凝胶扫描后用保鲜膜包好于 4 ℃ 保存，采用 Bio-Rad PDQuest 8.0.1 软件进行分析。

9.5.2.2 结果与分析

（1）燕窝微量蛋白质 SDS - PAGE 分析。按照构建好的 LIEF 体系，预分离 15 个样品，合并聚焦槽 5～8 号小室的微量蛋白质，并进行 SDS - PAGE 分析，结果见图 9 - 11。经 LIEF 制备的微量蛋白质丰度明显增加，而图中 R1 和 R2 蛋白条带含量极少。微量蛋白条带不多，主要存在 4 条蛋白条带，分布在 30～75 kDa 范围内。根据蛋白分子量大小，以 A011 - 1 为参照，将这 4 个蛋白条带分别命名为 a～d。

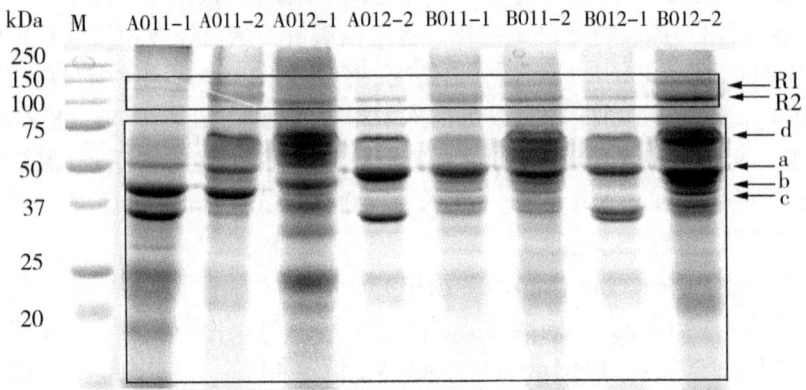

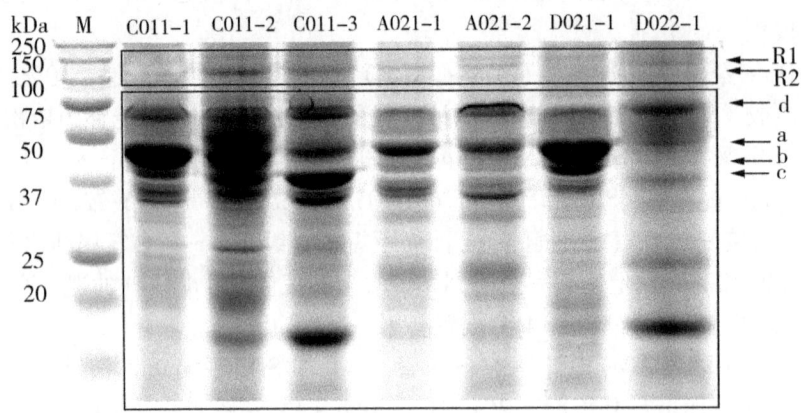

图 9 - 11　LIEF 预分离制备燕窝微量蛋白质 SDS - PAGE 图谱

（2）燕窝微量蛋白质 2 - DE 图谱分析。预分离获得的微量蛋白质，经双向电泳分离后获得 2 - DE 图谱，见图 9 - 12 至图 9 - 15。

PDQuest 分析图谱发现，每个燕盏获得 20～100 个不等的蛋白质点，蛋白点集中分布于分子量介于 70～30 kDa 的区域。以 A011 - 1 为基准，按分子量高低，将每个区域的蛋白分别命名为 a、b、c、d 群，这 4 个蛋白群分别对应单向 SDS - PAGE 中相同分子量的蛋白条带。每个群的蛋白点分子量相同，而等电点不同。各样品间 2 - DE 图谱

第9章 蛋白质组学技术及其在食品安全检测中的应用

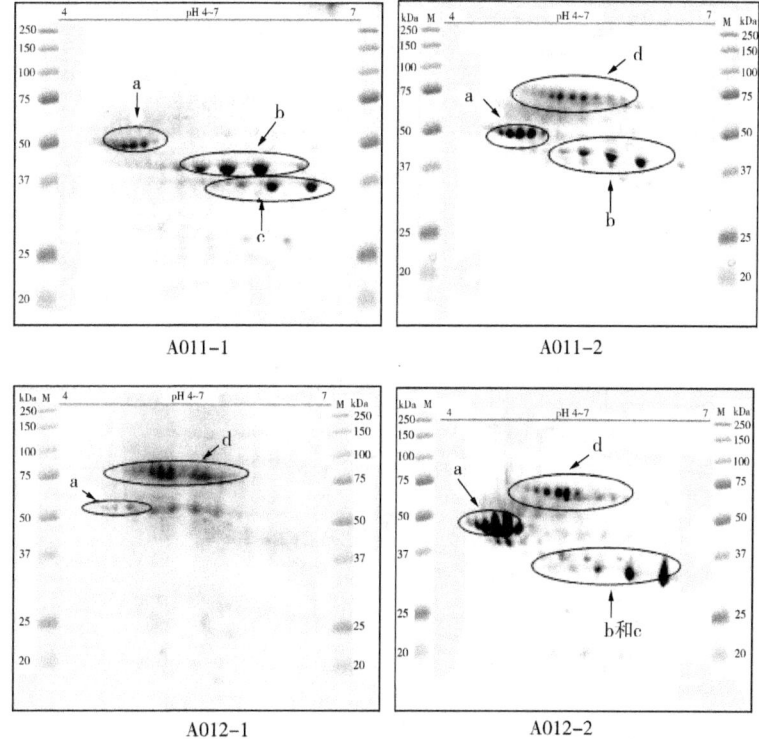

图9-12 印度尼西亚白燕蛋白质2-DE图谱

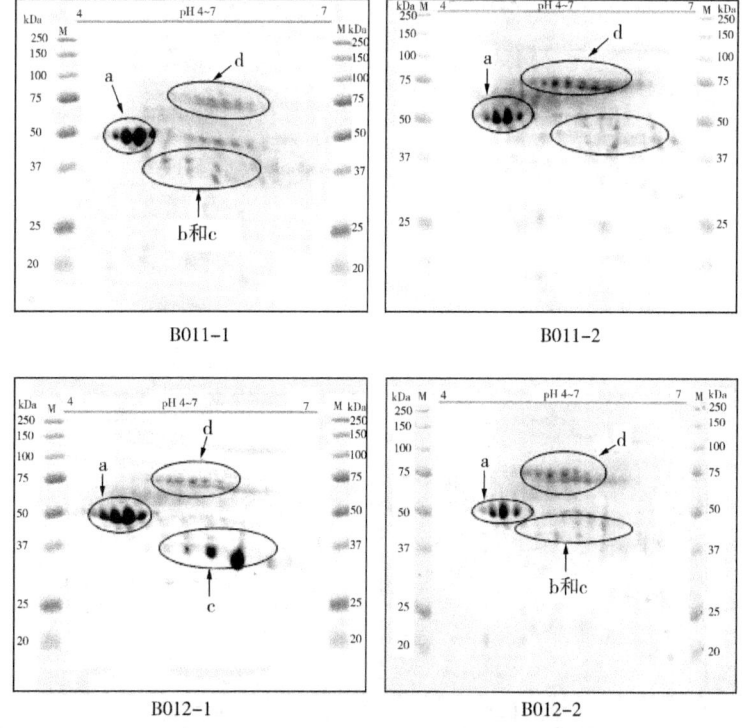

图9-13 马来西亚白燕蛋白质2-DE图谱

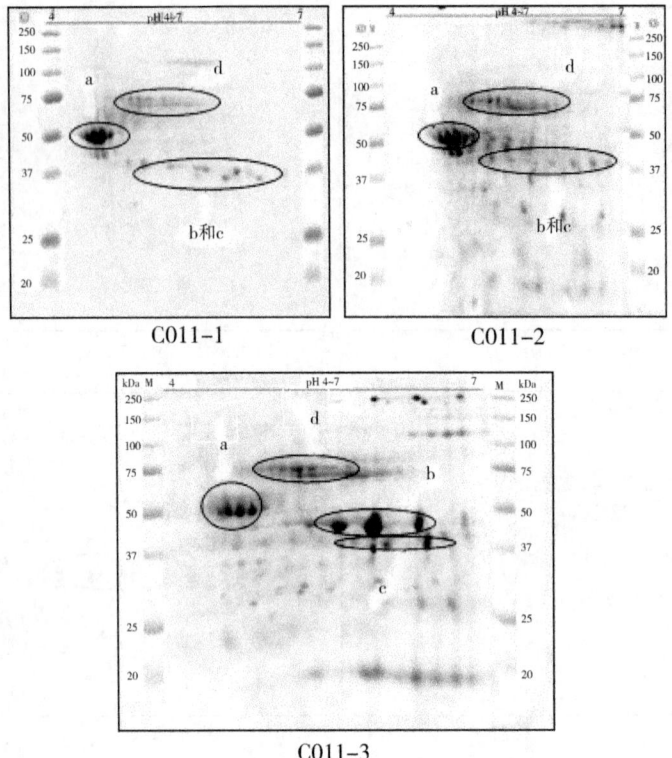

图 9-14 泰国白燕蛋白质 2-DE 图谱

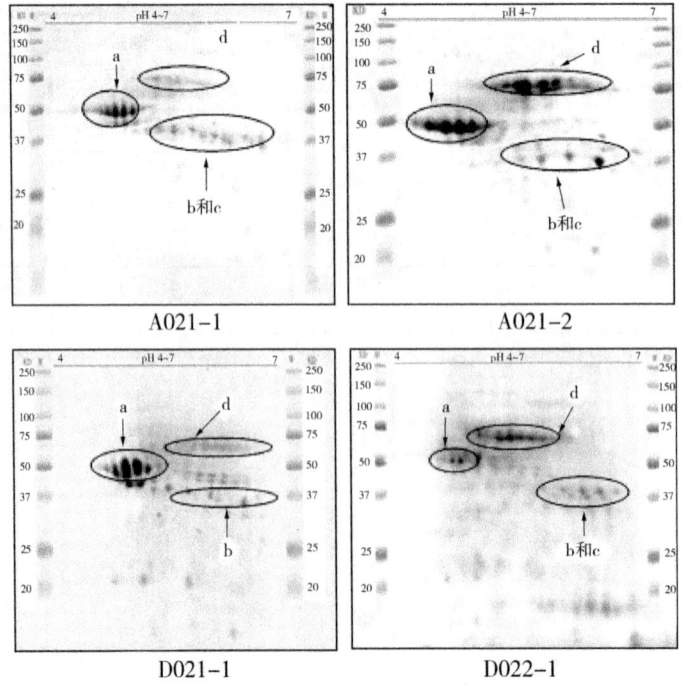

图 9-15 印度尼西亚和越南白燕蛋白质 2-DE 图谱

差别较大，但也有共同之处。a 群分子量约为50 kDa，存在于所有样品中，具有 4～5 个蛋白点，且相对于其他蛋白群属于高丰度蛋白；d 群分子量约为 66 kDa，存在于 14 个燕窝样品中，具有 7～9 个蛋白点；b 群分子量约为 40 kDa，具有 3～5 个蛋白点；c 群约为 35 kDa，具有 3 个蛋白点。

值得注意的是，b 群和 c 群在每个燕盏中的出现频率和表达丰度差异较大，没有明显的规律。b 群在 A011-1、A011-2、C011-3 图谱中分布明显；c 群在 A011-1、B012-1、C011-3 图谱中分布明显；而在其他样品中，b、c 群不具有或以混杂交错的形式存在。

（3）燕窝微量蛋白质 2-DE 鉴别模型的建立。2-DE 图谱与单向 PAGE 图进行比较发现，a 群在 15 个样品中同时出现，d 群在 14 个燕窝样品出现，仅在 A011-1 的 2-DE 图谱中没有看到明显的蛋白点，但在其单向 SDS-PAGE 中 d 群对应的蛋白条带清晰可辨，由此认为，d 群在该样品中也存在。与此同时，采取同样方法分析了在燕窝中常见掺假物质明胶、银耳、鱼鳔、猪皮的 2-DE 图谱，如图 9-16 所示，这些掺假物质的蛋白质与燕窝蛋白质存在明显差异，其中，明胶、银耳的蛋白质甚少，猪皮与鱼鳔蛋白相对多些，在这些掺假物中未发现 a 群和 d 群蛋白的存在，因此，a 群和 d 群为燕窝中的特征蛋白质。将特征蛋白质 a 群和 d 群采用 PDQuest 8.0.1 软件拟合生成燕窝微量蛋白质 2-DE 鉴别模型（见图 9-17），可作为燕窝标识性的特征蛋白质图谱，供燕窝真伪鉴别借鉴。

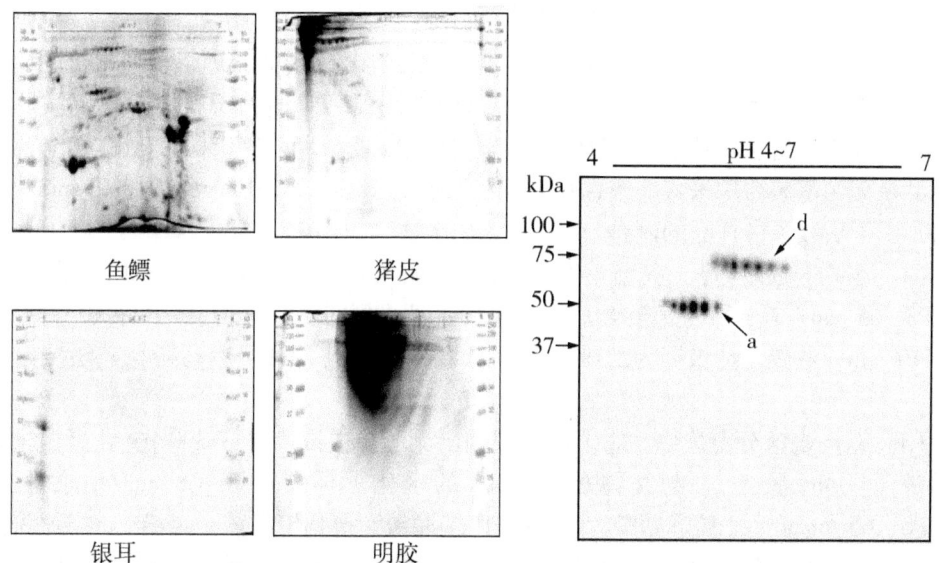

图 9-16 掺假物蛋白质 2-DE 图谱　　图 9-17 燕窝微量蛋白质 2-DE 鉴别模型

9.5.3 双向凝胶电泳分离、质谱鉴定生鲜乳及不同热处理后的乳蛋白变化(臧长江等,2012)

9.5.3.1 材料与方法

(1) 材料。17 cm pH 4～7 固相化 pH 梯度(IPG)预制胶条、矿物油、IPG 缓冲液 pH 3～10；尿素、3-(3-胆酰胺丙基)-二甲氨基-1-丙磺酸(CHAPS)、二硫苏糖醇(DTT)、碘乙酰胺、十二烷基磺酸钠(SDS)、甘氨酸和低熔点琼脂糖、三氨基甲烷、丙烯酰胺、甲叉双丙烯酰胺、过硫酸铵、乙腈(色谱纯)、考马斯亮蓝 G-250、甘油、无水乙醇、测序级胰蛋白酶、磷酸等。主要仪器：乳品加工设备(Armfield, FT74, UHT/HTSTprocessing system, 英国)、均质机(APV-1000, 丹麦)、高速低温冷冻离心机(Sorvall. legend. Mach 1.6R., 德国)；无菌灌装台(GV900A)、PROTEANIEF Cell 等电聚焦系统(Bio-Rad, 美国)、PDQuest 分析软件(Bio-Rad, 美国)、ultraflex TOF/TOF 质谱仪(Bruker, 德国)、光密度扫描仪 GS-800 Calibrated Densitometer (Bio-Rad, 美国)、Milli-Q 超纯水系统。

(2) 牛乳样品的采集。牛乳样品从中国农业科学院北京畜牧兽医研究所昌平试验基地牧场采集。奶牛采用全混合日粮方式饲喂，每天饲喂 2 次(7:00 和 16:00)，自由饮水，挤奶 2 次。于 4 ℃ 奶罐中采集 20 头奶牛的全天混合乳样 50 kg，带回实验室牛奶加工间，生鲜乳用 4 种热处理(75 ℃ 15 s、125 ℃ 4 s、135 ℃ 4 s 和 145 ℃ 4 s)方式进行 3 次独立试验处理，采集 4 种热处理方式下的牛奶样品。

(3) 牛乳的热处理方式。试验参考目前乳品工业中常用的热处理方法，选用 75 ℃ 15 s、125 ℃ 4 s、135 ℃ 4 s、145 ℃ 4 s 共 4 种温度与时间的处理组合。本试验中，液态乳的加工工艺流程为：生鲜乳的采集→预热→均质→杀菌，所有技术规范按照中国奶业标准《无公害食品牛乳加工技术规范》(标准号：NY/T 5050—2001)，组合的乳品样品在无菌灌装台中采集 5 个，每个样品取 2 mL，并 10 000 r/min 离心 10 min 收集乳蛋白，用于后续蛋白样品的制备。

(4) 蛋白样品制备。室温溶解乳蛋白，加入蛋白裂解液(8 mol/L 尿素、4% CHAPS、65 mmol/L 二硫苏糖醇及 0.5% IPG 缓冲液)周期性涡旋 10 min，并 10 000 r/min 离心 10 min，收集上清液即为二维凝胶电泳乳蛋白样品，采用考马斯亮蓝法测定蛋白浓度。

(5) 双向电泳分离蛋白。①上样。根据已测的蛋白浓度，取 300 μg 乳蛋白样品的上样量(17 cm 胶条)，与终体积 350 μL 的水化上样缓冲液(8 mol/L 尿素、4% CHAPS、65 mmol/L 二硫苏糖醇、0.5% IPG 缓冲液和痕量溴酚蓝)混合，周期性涡旋 5 min。混合均匀后将乳蛋白样品均匀加入聚焦盘的聚焦槽内。胶条室温放置 10 min 左右，撕开胶条的保护膜，分清正负极，轻轻地将 17 cm pH 4～7 IPG 胶条胶面朝下置于聚焦盘或水化盘中样品溶液上，确保胶条与电极紧密接触。胶条上方加一层矿物油防止样品蒸发。滴加矿物油后置于等电聚焦电泳仪中进行第一向等电聚焦。②水化。先被动水化 2 h，使小分子蛋白进入胶条，然后主动水化 12 h。③聚焦。其程序为：250 V 快速 1 h，1 000 V 线性 1 h，9 000 V 线性 5 h 及 9 000 V 聚焦 80 000 Vh，所有程序都在 20 ℃ 下运行。④平衡。聚焦结束后，将胶条依次置入含 2.0% 二硫苏糖醇和 2.5% 碘乙酰胺的平衡缓冲液［6 mol/L 尿素、2% SDS、0.375 mol/L Tris – HCl（pH 8.8）及 20%甘油］中，分别缓慢振荡 12 min。⑤SDS – PAGE 电泳。制备 12%的分离胶，把平衡后的胶条用电泳液浸湿，然后用镊子放到分离胶的上方，用低熔点琼脂糖固定，封后进行第二向电泳分离，注意胶条和分离胶之间不能有气泡。循环水浴温度为12 ℃，起始电压 50 V 电泳 0.5 h，等溴酚蓝跑出胶条形成一条线，然后调电压至 200 V，电泳约 5 h 时停止电泳，切角标记。

（6）胶的染色、脱色。电泳结束后，胶用考马斯亮蓝 G – 250 染色液染色 16 h 以上，然后脱色，直至底色脱掉。

（7）图像分析。凝胶用 40%甲醇和 10%乙酸的固定液固定 3 h，考马斯亮蓝 G – 250 溶液染色，用蒸馏水漂洗至无明显背景色时，用 GS – 800 Calibrated Densitometer（Bio – Rad，美国）扫描采集图像。用 PDQuest 图像软件检测、匹配分析表达变化的蛋白点。

（8）蛋白酶解和质谱检测。以蛋白点染色密度的 1.5 倍选择凝胶中的差异蛋白点，手工切割后移至 1.5 mL 离心管中。去离子水漂洗多次，用 50%乙氰和 50%（50 mmol/L）碳酸氢铵溶液脱色过夜，乙氰干燥至凝胶颗粒变白；然后，干燥凝胶颗粒加 10 μL（20 ng/μL）胰蛋白酶，37 ℃酶解过夜，加入 1% TFA 终止反应；最后，样品用 ultraflex TOF/TOF 质谱仪分析。氮气激光为 337 nm，反射模式分析肽指纹图谱，质谱数据用 MASCOT 软件搜索 NCBI 非冗余（http://www.ncbi.nlm.nih.gov）数据库，搜索参数设置为允许漏切 1 个酶切位点，一级质谱的质量误差小于 100 mg/L，串联质谱的质量误差小于 50 mg/L，固定修饰为半胱氨酸的脲甲基化，可变修饰为甲硫氨酸的氧化。

9.5.3.2 结果与分析

用双向凝胶电泳分离生乳和 3 次独立热处理后的乳蛋白，并重复 2 次。这些凝胶图谱用 PDQuest 图像软件分析，以蛋白点染色密度 1.5 倍变化选择凝胶中的差异蛋白点。检测结果表明，生鲜乳蛋白凝胶图谱和牛乳经 75 ℃ 15 s 巴氏杀菌的乳蛋白凝胶图谱中蛋白点染色密度无变化，牛乳经 125 ℃ 4 s、135 ℃ 4 s 和 145 ℃ 4 s 热处理的乳蛋白点的染色密度呈现变化，特别是生鲜乳凝胶图谱中存在 4 个蛋白点的染色密度明显高于 135 ℃ 4 s 和 145 ℃ 4 s 热处理的蛋白点，其在凝胶中的位置如图 9 – 18 所示。这些表达变化的蛋白点经 MALDI – TOF/TOF 质谱仪分析后，用检索软件 Mascot 搜索 NCBInr 蛋白质数据库，发现 4 个蛋白点对应于 4 种蛋白质：α – 乳白蛋白、β – 酪蛋白变异体、κ – 酪蛋白和免疫球蛋白 γ 链。

9.5.3.3 结论

经 75 ℃ 15 s 巴氏杀菌，牛乳中蛋白质含量及组成无明显变化，高温灭菌（135 ℃ 4 s 和 145 ℃ 4 s）可造成乳中 α – 乳白蛋白、β – 酪蛋白变异体、κ – 酪蛋白和免疫球蛋白含量降低，因此，鲜牛奶经巴氏杀菌能够最大限度地保留乳中蛋白组分和含量。

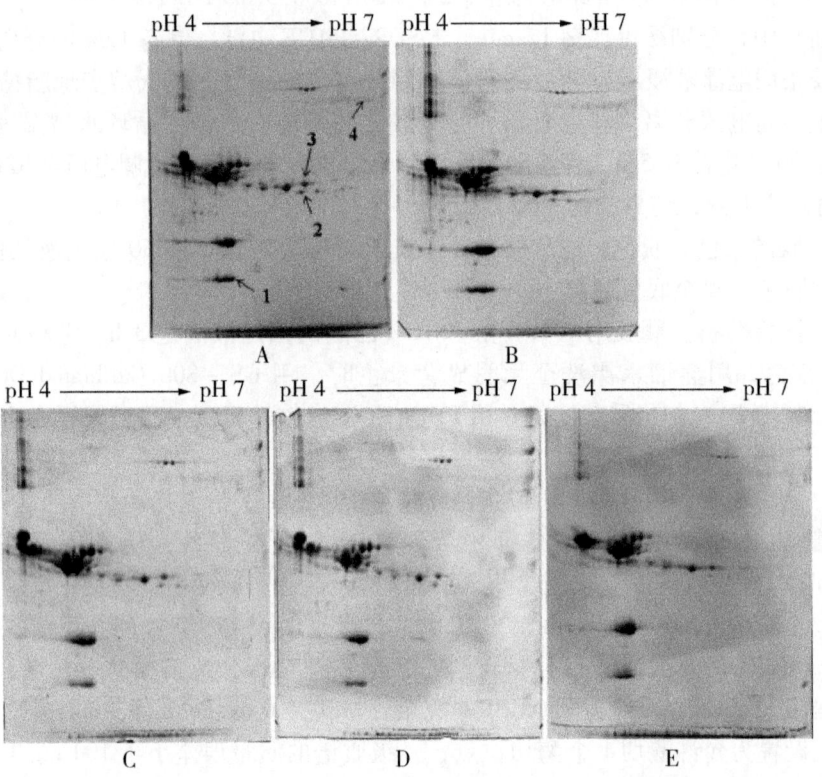

图 9-18 热加工牛乳蛋白 2-DE 图谱

A：生鲜乳蛋白凝胶图谱；B：牛乳 75 ℃ 加热 15 s 乳蛋白凝胶图谱；C：牛乳 125 ℃ 加热 4 s 乳蛋白凝胶图谱；D：牛乳 135 ℃ 加热 4 s 乳蛋白凝胶图谱；E：牛乳 145 ℃ 加热 4 s 乳蛋白凝胶图谱；蛋白点 1～4 表示质谱鉴定的蛋白点

9.6 发展趋势

在过去几年里，蛋白质组研究取得了令人鼓舞的进展。2-DE-MS 途径的自动化，多维色谱整合串联质谱的使用，弥补了一些用双向凝胶电泳分离蛋白质的技术缺陷；从稳定同位素标记到 ICAT 战略的提出，为准确定量在细胞或组织中发挥重要调节功能的低丰度蛋白质提供了一个较为理想的方法。同时，蛋白质芯片技术的不断发展，也极大地丰富了定量蛋白质组学的研究。多维 LC-MS/MS 途径在对细胞的蛋白质组进行研究的同时，对功能蛋白质组研究显得更为重要。因为体内发挥重要调节功能的往往是一些低丰度的蛋白质，如何检测这些蛋白质，并对其准确定量，已成为定量蛋白质组学研究中必须解决的一大难题，也将成为今后蛋白质组技术方法学上的研究重点之一。通过放射性同位素或 15N 代谢标记蛋白，而后经 2-DE-MS 途径，可以大范围地对蛋白质表达定量分析。但由于 2-DE 本身的局限性（一般说来，分析型 2-DE 的上样量至多达到毫克级），使得想通过这一途径来分析定量低丰度蛋白质变得十分困难。

相比而言，ICAT 战略从理论上不受上样量的限制，因此，ICAT 方法对低丰度的蛋白质也能准确地鉴别与定量，这就为蛋白质组学的进一步发展提供了广阔的空间。若是将多维色谱、蛋白质芯片以及质谱技术联用，则形成一种新的蛋白质组自动化分析系统。即通过多维色谱对全蛋白质进行分离，然后将分离后的不同蛋白质用机器人点样在芯片上，形成在一个芯片上包含不同状态细胞的所有蛋白质，再根据目的的不同，选取不同的探针与之反应，反应结束后直接进行质谱分析，最终可得到感兴趣的蛋白质的定量及其功能的数据。如果这一系统得以建立和完善的话，那么留给研究人员的工作就只是加样了。

基因芯片的成功应用为高通量检测开辟了道路，但只凭基因芯片的检测结果不能完全反映生物体内的蛋白质水平，要想获得完整的生物信息，解决办法之一就是直接研究基因的表达产物——蛋白质。因此，作为基因芯片的功能补充而发展起来的蛋白质芯片将会具有广阔的发展前景。然而蛋白质芯片的发展速度与基因芯片相比还很缓慢，其主要问题首先就是在进行蛋白质的纯化、点样以及芯片的保存时如何始终保持蛋白质的完整性和生物活性，其次靶基因可以用 PCR 技术进行大量扩增而方便地获得，但蛋白质则比较困难，例如单抗的获得往往需要进行烦琐、费时并且昂贵的杂交瘤细胞培养过程。这些都使得蛋白质芯片的制作比基因芯片更加复杂和困难，但随着研究的不断深入及相关学科技术的迅速发展，这些制约蛋白质芯片技术发展的瓶颈问题最终会迎刃而解。这些研究表明在不久的将来，蛋白质芯片技术必将成为高通量检测的主体，在食品安全领域得到广泛的应用。

蛋白质组学技术解决了大规模直接研究基因功能的问题，是通过生化途径研究蛋白质功能的重大突破。蛋白质组学能够提供参与决定食品种属、品质、功能与安全性的各种生理机制过程中蛋白质及活性物质的结构和功能等方面的更多信息，作为专门的技术体系已广泛用于食品科学研究领域，为食品科学研究提供了新的思路和技术，并极大地拓展了食品科学的研究领域，促进了食品科学的快速发展，将为食品品质研究提供一个高通量、高灵敏度、高准确性的研究平台。

（林霖、杨国武、赖心田、张世伟）

参考文献

[1] 王英超，党源，李晓艳，等. 蛋白质组学及其技术发展. 生物技术通讯，2010, 21 (1): 139－144.
[2] 赵方圆，吴亚君，韩建勋，等. 蛋白质组学技术在食品品质检测及鉴伪中的应用. 中国食品学报，2012, 12 (11): 128－135.
[3] Pandey A, Mann M. Proteomics to study genes and genomes. Nature, 2000, 405 (6788): 836－846.
[4] 孙薇，贺福初. 差异蛋白质组学研究技术新进展. 化学通报，2005, 68 (6): 401－407.
[5] 袁雪宇，吴国亭，韩玉麒. 差异蛋白质组学技术和应用前景. 同济大学学报：医学版，2004, 25 (4): 349－351.
[6] Kang S K, So H H, Moon Y S, et al. Proteomic analysis of injured spinal cord tissue proteins using 2-DE and MALDI-TOF MS. Proteomics, 2006, 6 (9): 2797－2812.
[7] Stupka E. Large scale open bioinformation data resources. Curr Opin Mol Ther, 2002, 4 (3): 265－74.

[8] Ebert M P, Krflger S, Fogemn M L, et al. Overexpression of cathepsin B in gastric cancer identified by pmteome analysis. Proteomics, 2005, 5 (6): 1693-1704.

[9] O'Farrell P H. High resolution two-dimensional electrophoresis of proteins. Journal of Biological Chemistry, 1975, 250 (10): 4007-4021.

[10] 司英健. 蛋白质组学研究的内容、方法及意义. 国外医学: 临床生物化学与检验学分册, 2003, 24 (3): 167-168.

[11] Herbert B R, Molloy M P, Gooley A A, et al. Improved protein solubility in two-dimensional electrophoresis using tributyl phosphine as reducing agent. Electrophoresis, 1998, 19 (5): 845-851.

[12] Wildgruber R, Harder A, Obermaier C, et al. Towards higher resolution: two-dimensional electrophoresis of *Saccharomyces cerevisiae* proteins using overlapping narrow immobilized pH gradients. Electrophoresis, 2000, 21 (13): 2610-2616.

[13] Görg A, Obermaier C, Boguth G, et al. Very alkaline immobilized pH gradients for two-dimensional electrophoresis of ribosomal and nuclear proteins. Electrophoresis, 1997, 18 (3-4): 328-337.

[14] Görg A, Boguth G, Obermaier C, et al. Two-dimensional electrophoresis of proteins in an immobilized pH 4～12 gradient. Electrophoresis, 1998, 19 (8-9): 1516-1519.

[15] Görg A, Obermaier C, Boguth G, et al. Recent developments in two-dimensional gel electrophoresis with immobilized pH gradients: wide pH gradients up to pH 12, longer separation distances and simplified procedures. Electrophoresis, 1999, 20 (4-5): 712-717.

[16] Ünlü M, Morgan M E, Minden J S. Difference gel electrophoresis. A single gel method for detecting changes in protein extracts. Electrophoresis, 1997, 18 (11): 2071-2077.

[17] 李明珠, 张部昌, 黄留玉. 蛋白质组学中的分离检测技术. 生物技术通讯, 2005, 16 (1): 93-95.

[18] Jorgenson J W, Lukacs K D A. Zone electrophoresis in open-tubular glass capillaries. Anal Chem, 1981, 53 (8): 1298-1302.

[19] 谢秀枝, 王欣, 刘华丽. iTRAQ 技术及其在蛋白质组学中的应用. 中国生物化学与分子生物学报, 2011, 27 (7): 616-621.

[20] 王林纤, 戴勇, 涂植光. iTRAQ 标记技术与差异蛋白质组学的生物标志物研究. 生命的化学, 2010 (1): 135-140.

[21] 刘伟, 贺福初, 姜颖. 蛋白质组体内标记技术——SILAC 技术. 生命的化学, 2009, 3: 427-430.

[22] 邹清华, 张建中. 蛋白质组学的相关技术及应用. 生物技术通讯, 2003, 14 (3): 210-213.

[23] 李倩, 于振, 江帆, 等. 双向电泳技术在蛋白质组学中的应用. 实验室科学, 2009, 5 (2): 81-83.

[24] 厉欣, 陈学国, 孔亮, 等. 多维液相色谱及其在生命科学中的应用. 生命科学, 2003, 15 (2): 95-100.

[25] 荣举, 许丽艳, 李恩民. 同位素亲和标签 (ICAT) 系列技术及其在蛋白质组研究中的应用. 癌变·畸变·突变, 2003, 15 (4): 244-248.

[26] Shiio Y, Aebersold R. Quantitative proteome analysis using isotope-coded affinity tags and mass spectrometry. Nature protocols, 2006, 1 (1): 139-145.

[27] 乌日罕, 陈颖, 吴亚君, 等. 燕窝真伪鉴别方法及国内外研究进展. 检验检疫科学, 2007, 17 (4): 60-62.

[28] Zhang S W, Lai X T, Liu X Q, et al. Competitive enzyme-linked immunoassay for sialoglycoprotein of edible bird's nest in food and cosmetics. J Agric Food Chem, 2012, 60 (14): 3580-3585.

[29] 陈璐. 名贵中药冬虫夏草特征性蛋白质成分与鉴定方法研究. 成都: 成都中医药大学, 2011.

[30] Lum J H K, Fung K L, Cheung P Y, et al. Proteome of Oriental ginseng Panax ginseng C. A. Meyer and

the potential to use it as an identification tool. Proteomics, 2002, 2 (9): 1123 – 1130.

[31] 杨国武, 林霖, 赖心田, 等. 市售鸡蛋蛋白质图谱分析与真伪调查. 食品工业科技, 2010, 1: 110.

[32] Martinez I, Friis T G. Application of proteome analysis to seafood authentication. Proteomics, 2004, 4 (2): 347 – 354.

[33] Pineiro C, Velázquez J B, Sotelo C G, et al. The use of two-dimensional electrophoresis in the characterization of the water-soluble protein fraction of commercial flat fish species. Chemistry and Materials Science, 1999, 208 (5 – 6): 342 – 348.

[34] 廖国周, 王桂瑛, 曹锦轩. 双向电泳分析宣威火腿蛋白质组方法的建立. 食品科学, 2012, 33 (23): 125 – 128.

[35] Wu Y J, Chen Y, Wang B, et al. 2DGE-coomassie brilliant blue staining used to differentiate pasteurized milk from reconstituted milk. Health, 2009, 1 (3): 146 – 151.

[36] 王丽娜, 徐明芳, 成希飞, 等. LTQ – Orbitrap 液—质联用技术对水牛奶酪蛋白的鉴定. 食品科学, 2012, 33 (1): 98 – 102.

[37] Wang J, Kliks M M, Qu W, et al. Rapid determination of the geographical origin of honey based on protein fingerprinting and barcoding using MALDI TOF MS. J Agric Food Chem, 2009, 57 (21): 10081 – 10088.

[38] Won S R, Lee D C, Ko S H, et al. Honey major protein characterization and its application to adulteration detection. Food Res Int, 2008, 41 (10): 952 – 956.

[39] Lametsch R, Bendixen E. Proteome analysis applied to meat science: characterizing post mortem changes in porcine muscle. J Agric Food Chem, 2001, 49 (10): 4531 – 4537.

[40] Inger V H, Kjaersgard I V, Jessen F J, et al. Proteome analysis elucidating post-mortem changes in cod (Gadus morhua) muscle proteins. J Agric Food Chem, 2003, 51 (14): 3985 – 3991.

[41] Martinez I, Slizyte R, Dauksas E, et al. High resolution two-dimensional electrophoresis as a tool to differentiate wild from farmed cod (Gadus morhua) and to assess the protein composition of klipfish. Food Chemistry, 2007, 102 (2): 504 – 510.

[42] 韩伟, 顾鸣, 杨捷琳, 等. 蛋白芯片检测法验证热加工肉及含肉食品的加热效果. 检验检疫科学, 2008, 18 (3): 22 – 24.

[43] 陈静廷, 马露, 杨晋辉, 等. 差异蛋白质组学在乳蛋白研究中的应用进展. 动物营养学报, 2013, 25 (8): 1683 – 1688.

[44] 贾娟, 王德良. 蛋白质组学技术在鉴定啤酒浑浊蛋白中的初步研究. 酿酒, 2011, 38 (5): 27 – 30.

[45] Holland J W, Deeth H C, Alewood P F. Proteomic analysis of κ-casein micro-heterogeneity. Proteomics, 2004, 4 (3): 743 – 752.

[46] 王彩霞, 黄建芳, 向军俭, 等. 凡纳滨对虾次要过敏原肌质钙结合蛋白的质谱鉴定及免疫交叉反应. 细胞与分子免疫学杂志, 2012, 28 (8): 811 – 814.

[47] 张轶群. 海产品过敏原免疫芯片检测方法的研究. 青岛: 中国海洋大学, 2009.

[48] 陈爱亮, 王国青, 王艳, 等. 兽药残留蛋白芯片检测系统的研制和应用. 中国医疗器械信息, 2008, 14 (8).

[49] Uetz P, Giot L, Cagney G, et al. A comprehensive analysis of protein-protein interactions in Saccharomyces cerevisiae. Nature, 2000, 403 (6770): 623 – 627.

[50] Arenkov P, Kukhtin A, Gemmell A, et al. Protein microchips: use for immunoassay and enzymatic reactions. Analytical Biochemistry, 2000, 278 (2): 123 – 131.

[51] MacBeath G, Schreiber S L. Printing proteins as microarrays for high-throughput function

determination. Science, 2000, 289 (5485): 1760-1763.

[52] Edman P. A method for the determination of amino acid sequence in peptides. Archives of Biochemistry, 1949, 22 (3): 475-475.

[53] Chen W, Yin X, Mu J, et al. Subfemtomole level protein sequencing by Edman degradation carried out in a microfluidic chip. Chem Commun, 2007, 24: 2488-2490.

[54] Aslam M, Jiménez-Flores R, Kim H Y, et al. Two-dimensional electrophoretic analysis of proteins of bovine mammary gland secretions collected during the dry period. Journal of Dairy Science, 1994, 77 (6): 1529-1536.

[55] Ferranti P, Pizzano R, Garro G, et al. Mass spectrometry-based procedure for the identification of ovine caseinheterogeneity. Journal of Dairy Research, 2001, 68: 35-51.

[56] Chevalier F, Kelly A L. Proteomic quantification of disulfide-linked polymers in raw and heated bovine milk. J Agric Food Chem, 2010, 58: 7437-7444.

[57] 臧长江, 王加启, 杨永新, 等. 热处理牛乳中乳蛋白变化的比较蛋白质组学的研究. 畜牧兽医学报, 2012, 43 (11): 1754-1759.

[58] Guarino C, Arena S, De Simone L, et al. Proteomic analysis of the major soluble components in Annurca apple flesh. Mo Nutr Food Res, 2007, 51 (2): 255-262.

[59] Qin G, Wang Q, Liu J, et al. Proteomic analysis of changes in mitochondrial protein expression during fruit senescence. Proteomics, 2009, 9 (17): 4241-4253.

[60] Huber C G, Premstaller A. Evaluation of volatile eluents and electrolytes for high-performance liquid chromatography-electrospray ionization mass spectrometry and capillary electrophoresis-electrospray ionization mass spectrometry of proteins: I. Liquid chromatography. J Chromatogr, 1999, 849 (1): 161-173.

[61] Monaci L, Van Hengel A J. Development of a method for the quantification of whey allergen traces in mixed-fruit juices based on liquid chromatography with mass spectrometric detection. J Chromatogr, 2008, 1192 (1): 113-120.

[62] Careri M, Costa A, Elviri L, et al. Use of specific peptide biomarkers for quantitative confirmation of hidden allergenic peanut proteins Ara h 2 and Ara h 3/4 for food control by liquid chromatography-tandem mass spectrometry. Anal Bioanal Chem, 2007, 389 (6): 1901-1907.

[63] Weber D, Raymond P, Ben-Rejeb S, et al. Development of a liquid chromatography-tandem mass spectrometry method using capillary liquid chromatography and nanoelectrospray ionization-quadrupole time-of-flight hybrid mass spectrometer for the detection of milk allergens. J Agric Food Chem, 2006, 54 (5): 1604-1610.

[64] 王亚丽, 蔡阳, 刘韬, 等. 金黄色葡萄球菌液相芯片检测方法的建立及应用. 中国生物制品学杂志, 2012, 25 (10): 1383-1386.

[65] 李鑫, 李培武, 张奇, 等. 液相芯片及其在粮油主要真菌毒素同步检测中的应用. 中国油料作物学报, 2012, 34 (4): 449-454.

[66] 黄秀丽, 赖心田, 林霖, 等. 液相等电聚焦电泳纯化燕窝蛋白质. 食品科学, 2011, 32 (12): 10-13.

[67] 黄秀丽, 赖心田, 林霖, 等. 燕窝蛋白质制备及双向电泳分离条件的研究. 食品科技, 2011, 36 (3): 65-69.

[68] Liu X Q, Lai X T, Zhang S W, et al. Proteomic profile of edible bird's nest proteins. J Agric Food Chem, 2012, 60 (51): 12477-12481.

第 10 章　代谢组学技术及其在食品安全检测中的应用

10.1　概述

如果将人体看作一个与外界息息相关的物质交换系统，一个与外界进行分子交换的系统，那么每天进入这个系统的食品则是一种分子种类高度复杂的混合物，这样来看，食品安全、食品检测应该关注的对象就是通过消化道进入人体这个系统的每一种分子的定性和定量情况。新的或未预料到的分子不论是有意或无意进入食品，即使以微克每千克（升）级甚至更低量的级别进入食品，从食品毒理学的角度来看都是具有健康风险或不可接受的，是各国食品企业生产和食品卫生行政部门监管实践中要努力避免的问题，也更是容易引起消费者和舆论关注的问题。

面对食品这种复杂组分的混合物，如何检测和监测其安全性始终是食品科学研究领域的热点。目前各国的食品安全检测技术和监督管理方法主要是有针对性地选择一些化合物制定其最大限量或完全禁用、不得检出（Castro-Puyana & Herrero，2013），以某些选定的指标"以点带面"地反映食品的质量安全状况，例如用过氧化值、酸价和色香味等感官指标来评价油脂可否食用。这些方法简单、快速、高效，基本能反映正常情况下食品的安全状况。但近些年来层出不穷的影响较大的食品安全事件引起了人们对这种评价方法的反思，这些事件基本是造假和违法行为所造成的，人为地避开或欺骗了常规检验标准方法设定的指标体系。例如，三聚氰胺并非牛奶安全监测的法定指标，地沟油、吊白块、苏丹红、饮料中的起云剂等事件都体现了这种躲避和欺骗的做法。这些食品中无论违法添加的、未预料到的物质浓度有多高，但由于其并不在监督检测指标范围内，所以也能得到检验合格的结果。还有大量的食品掺伪事件利用了检测无标准方法可依的状况。例如在欧洲发现的利用核桃油冒充橄榄油掺伪、廉价的果汁掺伪冒充高值的果汁、果汁含量虚假标示等。还有一些食品安全事件不是人为故意，而是无意识中由环境污染物（人为污染物、真菌毒素或藻毒素等自然毒素）或加工设备转移进入食物链的有害化合物引起的或由加工过程产生的有害化合物引起的。例如，由灌装设备塑料部件的塑化剂转移到白酒中引起的白酒塑化剂风波，可乐饮料焦糖色素中的4-甲基咪唑风波。不断爆出的食品安全事件反映出食品安全检测、监管过程中的深层问题，用既定的指标来评价食品安全和质量的食品安全评价方法越来越显露出弊端。从现代工业实践活动的宏观层面来看，这种局面的出现也有其必然性，因为工业经济活动更关注增加产量、效率和利益，不断将各种新物质用于促进植物或动物生长得更快、更多、更有卖相，因此实际上形成了各国政府对食品中潜在不安全物质的监管措施总是落后于新物质的出现和使用的现实困境。

代谢组学从生物医学领域中被引入到食品安全领域中来，是对这一困境的应付和解决办法。代谢组学（metabolomics）是指对样品内所有有机小分子化合物的分析，通常指的是分子量不超过 1 000 Da 的有机化合物，不包括蛋白质、多糖等生物大分子。特别强调非靶标地、无偏地（对所有化合物没有选择性地）、高通量地定性定量分析样品中尽可能多的小分子物质，以便区别于传统的食品检测那种"人为"地事先选定的"靶"指标的检测方法。代谢组学不限定代谢物的物理化学性质，例如分子量、极性、挥发性、代谢物电荷、化学结构等。但目前为止，还没有单一的技术能够达到如此全面的分析，所以代谢组学现阶段主要是以同时使用多种分析检测技术、多元统计分析软件为特征的。Feihn 等（2006）认为，代谢组学技术与靶标分析技术（target analysis）的区别是：靶标分析技术限定于对一种或少数几种化合物进行分析检测。与指纹谱技术的区别是：指纹谱技术不以分离、分析或测量具体组分为目的，而是单用一种仪器获得样品全组分的图谱，然后利用多元统计分析对谱图进行比较以找出能将样品区分开来的谱区，但一般情况下，该技术不足以鉴定出混合物中的化合物。例如，利用低场核磁共振技术进行牛乳掺假快速检测（姜潮，2012）。

由于技术的相互补充、交叉，有学者将这些"研究尽可能多的代谢物"技术通称为代谢组学技术，并分为非靶标技术和靶标技术两类，研究目的为判别、预测或信息呈现，认为靶标技术着重于有意设定的一组化合物，多数情况下还需要鉴定和定量化合物；认为非靶标技术着重于检测尽可能多组的化合物以获得代谢物组全貌或指纹图谱，不一定要对化合物进行鉴定和定量（Cevallos-Cevallos et al., 2009）。也可使用一个新的名词来专门描述食品中的代谢组学技术，即食品物组学（foodomics）技术。

食品科学中的代谢组学或食品物组学所面临的主要挑战是，食品样品中小分子化合物成分浓度的数量级通常差异很大，食品样品中小分子化合物的分子量、极性、官能团及其他物化特性差异也非常大。样品预处理、检测、数据分析都是代谢组学目前的难点。

表 10-1 综合列举了 2010 以来代谢组学技术在食品科学领域的典型应用研究，应用范围涉及食品中新的不明化合物的监测、掺假检测判别、有机栽种和常规栽种判别、农药残留和毒素高通量检测、转基因食品的安全性评价和非预期效应检测、致病菌快速检测、畜肉性别和品种检测，等等。事实证明，通过代谢组学技术所找到的标记物往往出乎理论和人们的意料（Mannina et al., 2009），进一步揭示了"人为"地事先选定"靶"标的检测方法的缺陷。可以说，代谢组学技术为食品安全科研工作者们打开了一个新世界的大门。

表 10-1 2010 年以来代谢组学技术在食品检测领域的典型应用研究

样品及检测目的	类型	提取和样品制备	分离—检测方法	数据处理方法	主要结果	文献出处
橙汁：检测食品被不明化合物污染和监测食品中新污染物的出现	区分/信息呈现	75% 乙腈 + 1% 甲酸水溶液提取后高速离心取上清液	UHPLC-ESI-TOF-MS	ANOVA、PCA	26 种污染物（真菌毒素、杀虫剂和化学药），LOD 0.4 μg/g	Tengstrand et al., 2013

续上表

样品及检测目的	类型	提取和样品制备	分离—检测方法	数据处理方法	主要结果	文献出处
Bt 抗虫转基因玉米：非预期效应	区分	NMR 样品：70%氘代甲醇 d4（1% TMS 内标）/30%重水缓冲液(100 mmol/L K_2HPO_4/KH_2PO_4，pH 6.5）提取后离心取上清液。GC-MS 样品：冻干玉米粉用甲醇浸泡后，二氯甲烷提取非极性物，甲醇—水（80:20）提取极性物	^1H-NMR、GC-MS	ANOVA、PCA	可检出转基因型玉米代谢物差异，但发现差异小于环境的影响	Eugenia et al., 2010
菠萝、橙子、苹果、西柚、克莱门氏小柑橘、柚子：快速检测廉价果汁掺入高值果汁	区分/预测	榨汁后高速离心、微滤液	UHPLC-ESI-QTOF-MS	PCA、OPLS-DA	可检出1%的掺假量	Jandriá et al., 2014
牛肉：区分判别牛肉的性别和品种	区分/预测	无须样品制备，直接上样	85 MHz NMR、CPMG、CWFP 脉冲序列	SIMCA、KNN、PLS-DA	5 min 可判别，预测准确率 80%以上	Santos et al., 2014
西红柿、辣椒：鉴别有机栽种和常规栽种	区分/预测	无须样品制备，直接上样	DART-TOF-MS	PCA、LDA	判别率：西红柿 97.5%，辣椒 100%，预测准确率 80%以上	Novotná et al., 2012
大曲：区分香型	区分/信息呈现	冰浴水提取，离心取上清液	^1H-NMR	PCA	能将传统工艺制作的大曲按香型分类	Wu et al., 2010

续上表

样品及检测目的	类型	提取和样品制备	分离—检测方法	数据处理方法	主要结果	文献出处
生牛肉和鸡肉：致病菌快速检测	区分/预测	甲醇提取、固相微萃取	GC-MS	PCA、PLS	18 h 可检出致病菌，达到 1 CFU/mL 的检测限，100% 准确	Cevallos-Cevallos et al., 2011
玉米：转基因玉米的安全性评估	区分	冻干样品超纯水提取，甲醇沉淀蛋白质后离心取上清液	UPLC-MS-MS、GC-MS	PCA	14 种非转基因玉米可以根据代谢物 PCA 进行分类，具有一定亲缘关系的品种可以根据代谢物区分	程芳，2013
转基因水稻：安全性评估	区分/信息呈现	水：乙腈：异丙醇（2:1:1）离心取上清液浓缩干燥	GC-MS	主成分分析、聚类分析、偏最小二乘分析、倍数分析	外来基因、生长环境、传代都会引起代谢物组可区分的变化；生长环境对水稻代谢物带来的影响大于基因修饰影响；转基因水稻的代谢物遗传是相对稳定的	王玲，2010
苹果、面粉、葵花籽、辣椒酱：快速检出植物性食品中的农药残留和毒素	信息呈现	水—乙腈提取	UHPLC-ESI-MS-MS	未进行多元统计分析	288 种杀虫剂、38 种真菌毒素，检测限可达 0.8 μg/kg	Lacina et al., 2012
苹果、蓝莓、蔓越莓、西柚、橙子、石榴：果汁种类鉴定和掺假检测	区分	无须样品制备，榨汁稀释 100 倍后直接进样	LC-ESI-TOF-MS-MS	PCA、LDA	可检出 25% 的掺假量	Vaclavik et al., 2013

10.2 基本原理

食品中代谢组学技术的基本原理是，用误差尽可能小的方法处理和无偏检测样品中尽可能多的化合物，再利用多元统计分析等生物信息学方法处理数据，找出有意义的化合物（标志物）并进行阐释，或建立模型用于判别或预测。食品科学领域中的代谢组学主要是分析化学、仪器分析和生物信息学的交叉科学，此外还可能涉及食品、生物和医药等学科领域，生物信息学是贯穿代谢组学研究的主线和关键技术，因此，本文在该部分对代谢组学的主流仪器分析技术（核磁共振和质谱技术）和数据处理原理做重点的阐述。

10.2.1 核磁共振代谢组学技术

核磁共振是有机化合物分子中的原子核的磁矩在恒定磁场和高频磁场（处在无线电波波段）同时作用下，当满足一定条件时，会产生共振吸收现象。在一维氢谱（^1H-NMR）测试中，化合物上不同官能团上的氢原子会有不同的共振频率，在谱图上表现为在不同的化学位移值处（以 ppm 为单位）出现谱峰，各谱峰的强度或积分面积之比等于各种官能团上氢原子数量的比率，这是 NMR 定量的原理。与常规 NMR 分析使用纯品样品不同，代谢组学的样品都是混合物，所得到的谱图重叠十分严重但仍然可使用 NMR 定量原理，而且化合物之间仍具有量的相对关系。

如果设备条件允许也可以使用固体样品，采用高分辨魔角旋转光谱技术（high resolution magic angle spin spectroscopy，HR-MAS）直接测试固体粉末样品、器官组织等半固体样品，甚至可以直接对活体进行测试，无须提取制样。该方法的原理是将样品装入特制的氧化锆转子使样品管在磁场魔角（54.70°）方向上以 5 000 Hz 左右的频率快速旋转，有效平均掉固体样品中各种相互作用和磁化率不均匀引起的谱线变宽，提高分辨率，达到检测目的。

液体或固体样品中的生物大分子如蛋白质、多糖等可产生宽谱线或宽带，而一些小分子在通常的溶液状态下也会与蛋白偶联，致使其谱峰在 NMR 谱图中"不可见"。这个问题可以通过 Carr-Purcell Meiboom-Gill（CPMG）序列得到较好的解决。该方法更接近于理想的无损检测，使得样品的分析测试基本可以排除人为误差，得到的结果更准确。但有研究表明，如图 10-1 所示，可以明显看到，使用超滤膜可以得到更尖锐的谱峰，CPMG 去除宽谱峰的效果仍不够理想。不过要特别注意的是，超滤膜对样品中的某些化合物可能存在特异性的吸附，正确的润洗操作及方法的验证是必不可少的。

代谢组学样品有多种化合物且 NMR 谱峰严重重叠，而且很多化合物谱图的化学位移值容易受溶液的温度、pH、盐度等物理化学性质所影响，解谱极其困难。常规的解谱方法采用多核和多维等多种核磁共振技术来辅助解谱。目前，Chenomx 软件迅速得到了学者们的认可，其定性原理是利用标准谱图进行谱峰去卷积匹配，其定量原理是利用内标物质 TSP 等来计算定量。目前该软件已可提供 300 多种标准物质的谱图进行匹配，如果谱库中没有某个化合物，那么就无法进行定性和定量的鉴定，另外，由于一维氢谱的谱峰重叠，也会偶尔出现同一个谱峰有多个标准谱图都能匹配得上的情况，

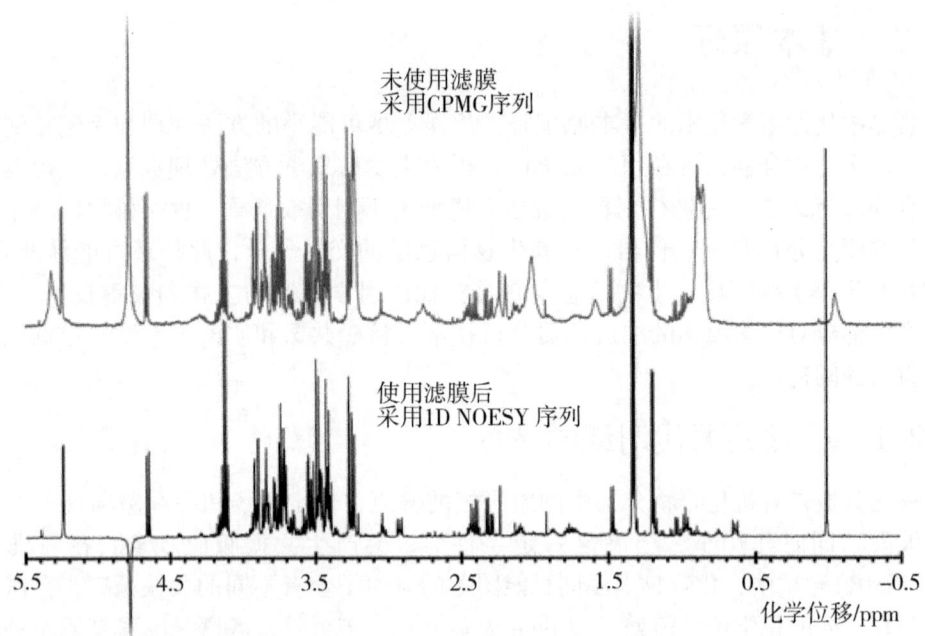

图 10-1　NMR 代谢组学测试过程中 CPMG 脉冲序列和超滤膜样品
处理对消除蛋白质干扰能力的比较

该软件的缺陷是不能给出确定的信息，只是个推断性的结果，最好进行其他的辅助测试，例如质谱、多维核磁共振等。

^{1}H-NMR 的检测限约为 10^{-6} mol/L，而 MS 为 10^{-12} mol/L；植物界中的代谢物估计有 20 万～100 万种，单一物种如拟南芥中约有 5 000 种，但用 ^{1}H-NMR 只能检测出其中的 20～40 种（Barros et al., 2010）。与 MS 相比可见 NMR 灵敏度较低的缺点，不过其优点也是非常明显的，NMR 方法具有无损伤性，样品基本不需要复杂的预处理，不会破坏样品的结构和性质，没有偏向性，对所有化合物的灵敏度是一样的，可避免漏检；而 MS 则有离子化程度和基质干扰等问题。

10.2.2　色谱—质谱代谢组学技术

由于代谢组学样品的组成复杂，为了尽可能多地检测代谢物，最好同时使用 GC-MS、LC-MS 和 NMR 3 个技术平台进行互补，建议首选 GC-TOF MS，因为其得到的物质多，且容易定性。气相色谱、液相色谱或毛细管电泳与串联质谱技术是目前最灵敏而快速的方法。利用 LC-MS-MS 最低的检测可达到 0.8 μg/kg，可以同时检测 288 种杀虫剂和 38 种真菌毒素（Lacina et al., 2012）。GC 的样品需有挥发性或要用化学衍生化，适合 GC-MS 和 LC-MS 检测的化合物见图 10-2。

电子轰击电离（EI）是 GC-MS 最常用的电离技术，重现性好而且不会受离子抑制的影响，离子抑制是指一种化合物能够抑制其共洗脱化合物电离的效应从而影响定量分析。未知物的鉴定可通过 EI 所产生特征性的质谱裂解方式检索 EI 谱库得以实现，使用扣除了背景的 EI 图谱和一个通用 EI 谱库检索，如 NIST 谱库即可，或最好使用包

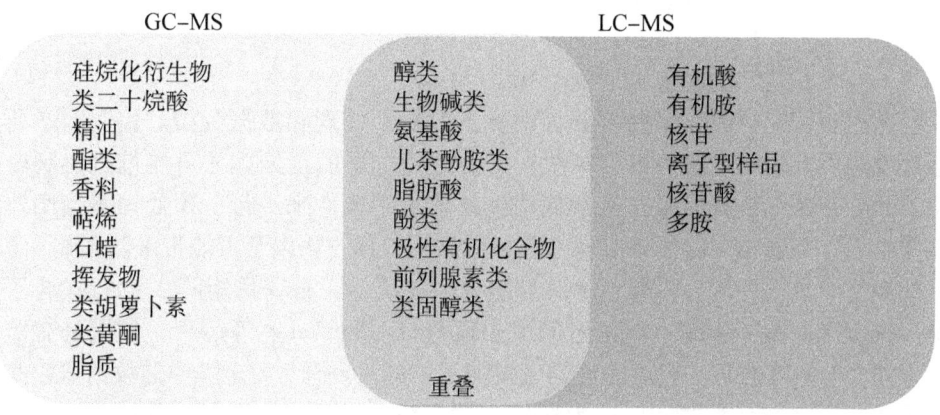

图 10-2　适合 GC-MS 和 LC-MS 检测的化合物（安捷伦科技公司，2009）

含了预期的化合物保留时间和 EI 图谱的特定应用数据库同时对分析物的色谱保留时间和质谱图进行检索。EI 电离经常会导致分子离子的丢失，如果在谱库中找不到匹配的 EI 谱，缺少的分子离子的质量信息将使可能的化合物的数量变得非常庞大。虽然可以用互补化学电离（CI）保留分子离子，却又失去了 EI 裂解所能提供的结构信息。因此，GC-MS 最适合对已知的或预期的代谢物进行分析（安捷伦科技公司，2009）。在电喷雾（ESI）基础上发展起来的二级电喷雾电离（secondary electrospray ionization, SESI）是一种新的挥发性化合物的电离方法，它是用电喷雾带电液滴对气相中的中性样品分子进行去离子化，无须样品预处理。与 ESI 不同的是，SESI 质子转移过程发生在气相中而非溶液中，最适用于检测有机挥发物和气溶胶（Bean et al., 2011）。

LC-MS 可以分离无挥发性和未衍生化的代谢物，化合物种类范围更广。电喷雾和大气压化学电离（APCI）是 LC-MS 最常用的两种电离技术。与 GC-MS 的 EI 不同的是，ESI 和 APCI 都可能出现离子抑制导致低估甚至检测不到共洗脱化合物。所以，对于复杂样品，要得到可靠的 LC-MS 结果，需要进行很好的分离，或者使用同位素内标物进行参照定量。虽然目前没有可用于 LC-MS 鉴定的谱库，但 LC-MS 一般都能得到分子离子，可以用来限定分析物可能的候选化合物数量，可根据分子离子的质量用 METLIN 等代谢物数据库进行检索。此外，精确质量飞行时间质谱仪的出现，可以通过分子离子直接计算出经验式。LC-MS 最适合作为未知代谢物研究中的探索方法，或者在多种目标代谢物由于挥发性问题不能用 GC-MS 进行分析时采用（安捷伦科技公司，2009）。尽管 LC 在多方面适用，但标准的反相分离还不能完全解决代谢组中亲水组分的分离问题。虽然毛细管电泳（CE）对亲水代谢物的分离非常有效，但所用的缓冲液不能与质谱仪的离子源兼容。随着新色谱柱化学的发展，如亲水相互作用色谱（HILIC），可能会替代 CE 在 LC-MS 中应用。

分辨率和准确度、灵敏度、精密度、质量准确度是评价质谱性能的主要参数。质谱仪所能检测的质量范围，四极杆质谱仪为 $1\sim4\,000$ Da，磁质谱为 $1\sim10\,000$ Da，离子阱质谱为 $1\sim4\,000$ Da，飞行时间质谱无上限。傅立叶变换离子回旋共振质谱（FT-

ICR-MS）分辨力可达 200 万，可直接利用准确的分子量进行分子鉴定。

10.2.3 数据处理

代谢组学研究中的数据处理分为两步：数据预处理和数据分析。代谢组学研究通常会产生难以处理的海量数据，对数据需要进行合适的预处理才可能挖掘得到较好的结果。预处理的方法有很多，通常使用生物信息学软件来进行，预处理不当则非常可能误导结果，需要在实验设计时就考虑好数据预处理方法以及可能带来的影响。

代谢组学数据处理分析原理示例如图 10-3 所示，自变量矩阵 X 的行包含了谱图信息，列表示谱图的频率、保留时间或小段（bin, bucket）等信息。如果是有监督的分析方法，X 矩阵的每一行对应着相应矩阵 Y 中的每一行，Y 矩阵中的数据可以是连续的变量或二元（或任意的 n 元人为赋值）逻辑值。经过投影降维，X 矩阵被分解成少数的得分向量 t 和载荷向量 p 以及一个相应的、用于将 X 的行转化到得分空间 T 的权重向量 w。同样地，因变量矩阵也被分解成得分向量 u 和载荷向量 c，t 是 u 的有效估计值。

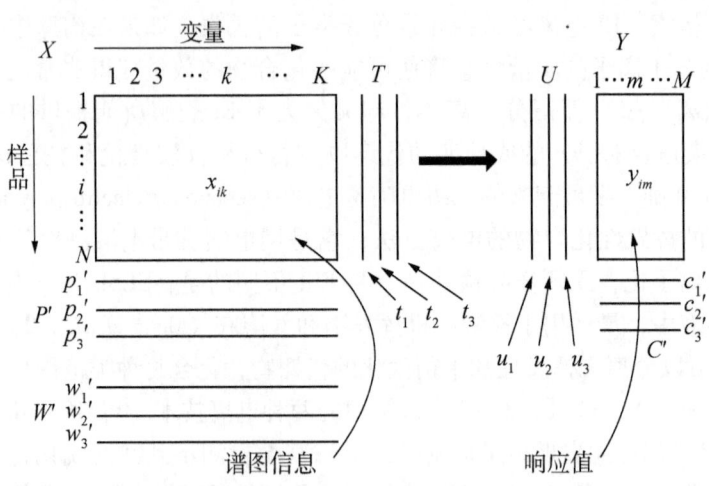

图 10-3 代谢组学数据的结构及投影降维算法的多元统计分析原理示例（Wold $et\ al.$, 2001）

10.2.3.1 原始数据预处理和过滤（raw data preprocessing and filtering）

基于质谱的代谢组学中，每个样品经测试后得到一个原始数据文件，化合物被电离之后进入质谱仪，碎裂之后生成一个数字化的质谱图，其横轴是化合物分子碎片离子的质量电荷比即质荷比 m/z，纵轴是离子强度，因此一个质谱图相当于一个直方图，每个 LC-MS 数据文件均为一个连续记录的直方图的集合，每个直方图代表检测器在时间窗口内检测到的碎片离子，每个直方图包含了许多 m/z 及其强度数据点。这些数据是离散非连续型的，因此数据预处理的首要目的就是将原始数据转换为便于定性观察离子的表现形式，即离子的 m/z、保留时间和响应强度，除此之外，还需能提取出其他信息如离子的同位素分布信息。处理 LC-MS 原始数据的难处在于直方图是典型的非均匀样本，各直方图之间的取样间隔可能不一样。直方图中所有的 m/z 值必须合并为一个修正后的 m/z 值，该修正后的 m/z 值可定义为所有用来进行合并的强度的加和，或从一个连续的图谱中用插值法计算得到。最终，原始数据被转换成为一个二维矩阵，一维表示保留时间，一维表示修正后的 m/z 值，离子强度为矩阵元素。

以上这种处理方法是早期质谱仪设计时由于计算机内存的限制引起的，为了减少原始数据的存储量而以棒状图采集数据。原始数据第一步处理常用的方法是质心模式校正（centroiding），该步骤在数据收集时就已完成，这种设计一直延续到现代质谱仪。利用该步骤可以缩小数据文件和简化后续处理，但可能误导 MS 操作者认为质谱图数据是指特定 m/z 位置的非零强度值的棒状离散数据和其他区域的零强度值数据，并且会造成重要信息的缺失，如噪音水平、干扰离子、相关同位素等信息，以及限制后续特征检测方法的选用。还会因质量分辨率的局限而引入较大质量误差，如单质量分辨率的质谱通常会有 $0.2\sim0.5$ Da 的质量误差。

当前，一种新颖的解决方式 Masswork 应运而生，Cerno 公司的 Masswork 是一款适用于各种质谱仪的计算机处理软件，是基于质谱谱图峰型校正的一种去卷积方法，通过校正峰的质量数位置，将峰校正为可用数学方程表达的线性轮廓图，非常准确地对比测量谱图和理论谱图，利用谱图的准确度（度量测量谱图的整个离子同位素峰簇谱形与其理论谱形相似程度的指标）能够唯一识别未知离子的分子式，准确计算出离子的相对分子质量和相对含量，得到可靠的定量数据，质量误差低至 0.0003 Da。

LC-MS 数据包含化学噪音和随机噪音。化学噪音主要由缓冲溶液中的分子和溶剂引起，并且特别是在色谱洗脱的开始和结束时；随机噪音主要由检测器引起。降噪方法的主要目的在于去除测量信号中的随机噪音，例如对保留时间进行的移动平均窗口、中值滤波，对 m/z 的 Savitzky-Golay 多项式拟合、小波变换。LC-MS 数据可能受化学噪音影响，谱图中间质量范围的基线可能会产生漂移。基线影响的消除通常采用两步法：找出基线形状，从原始信号数据中扣除该形状。例如先提取一个图谱，然后对其最低点进行线性回归。还有多项式 Savitzky-Golay 过滤法等方法。

10.2.3.2 特征检测（feature detection）

特征检测的目的是找出由真实的离子所产生的信号，避开假阳性信号，也可得到离子浓度尽可能准确的定量结果。该步骤是代谢组学数据处理过程中的关键，但实际上目前该步的处理仍不完美，因此，该领域仍是代谢组学方法研究的重点。特征检测有 2 个主要的方法。第一个方法是，在 m/z 和保留时间两个方向上独立地寻找谱峰，在两个方向上找出大于某阈值的强度，符合这些条件的数据点便可认定为谱峰。阈值是使用一个方向所有的强度值计算得到的。第二个方法是，对数据进行切片提取离子色谱图（XIC），每个数据切片是一小段 m/z 范围，因此可以避免在 m/z 方向上搜寻谱峰的问题。

10.2.3.3 数据对齐（alignment）和分段积分（bucketing，binning）

数据对齐较为复杂，对代谢组学数据有相当大的影响，特别是色谱质谱联用时，每次测量间的谱峰保留时间的偏移频繁发生。由于代谢组学中的多数统计分析方法都是为了寻找数据组中最大的变异，因此色谱谱峰保留时间的偏移会产生虚假变异从而影响统计分析结果。为避免该问题的出现，必须谨慎地鉴别偏移的类型。如果色谱峰只是简单的线性偏移，那校正就较为简单，但更复杂的偏移就需要复杂的谱峰对齐技术了。色谱谱峰对齐算法很多并都形成了相应的商业软件，目前已有许多可用的软件来进行数据对齐,如 MetAlign、MultiAlign、COMSPARI、MetaboAnalyst、Pairseqsim、MSFACTs、MathDAMP、OBI - Warp、Sieve、PyChem、MZmine、Specalign、Amix、XC-MS、MarkerLynx、PolyAlign 和 Metabolic Profiler 等软件。

由于 ^{1}H - NMR 化学位移值受温度、pH、离子强度以及其他能影响电环境的因素影响,从而影响到 X 矩阵中的化学位移值的精确性,最终导致 PCA、PLS - DA 等多元分析得到的得分图无法识别出种类间差异,载荷图难以解释。这种由化学位移变动带来的干扰可以利用分段积分(bucketing, binning)的方法减小。分段积分时化学位移值按照设定的宽度(如 0.02 ppm)被分成几百个小段,再对每个小段的谱图进行面积积分作为该段的强度。分段的目的在于将谱峰难以避免的、随机的化学位移值波动合并计入小段内,以便于保持统计结果的稳健性。^{1}H - NMR 谱图分段积分的示例见图 10 - 4,这种处理会减小分辨率,但属于可接受范围内。

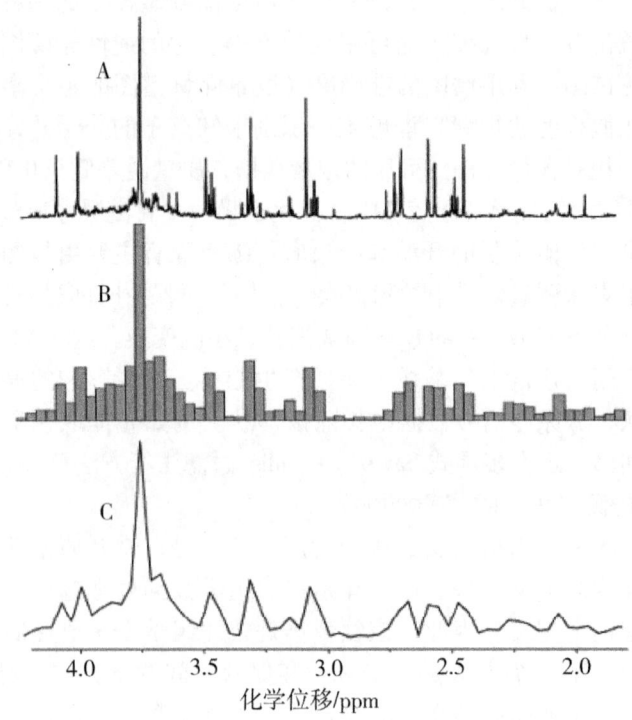

图 10 - 4 对 ^{1}H - NMR 化学位移值进行分段并对谱图进行分段积分示例

A:初始谱图;B:分段积分方法示意;C:分段积分后的谱图。通过该步处理后,变量数从初始的 65 536 个缩减为 312 个,更便于进行多元统计分析,但分辨率降低

分段积分的方法虽然掩盖了轻微的化学位移的变化,过滤去除了谱图中的噪音,但同时也可能隐藏了强峰附近的弱峰的显著变化。另外,统一的分段积分方法也会将一个谱峰分裂成几段,从而影响 X 矩阵的精确性。分段的方法可以根据实际情况进行合理的选择,常用的分段方法有矩形等分分段法、可变尺寸分段法、逐点分段法和谱峰动态分段法,如图 10 - 5 所示。

(1)矩形等分分段法(rectangular bucketing):是目前 NMR 代谢组学中应用最多的方法,即对谱图进行均等地分段并积分。例如,对一张 NMR 谱图在 0 ~ 10 ppm 范围

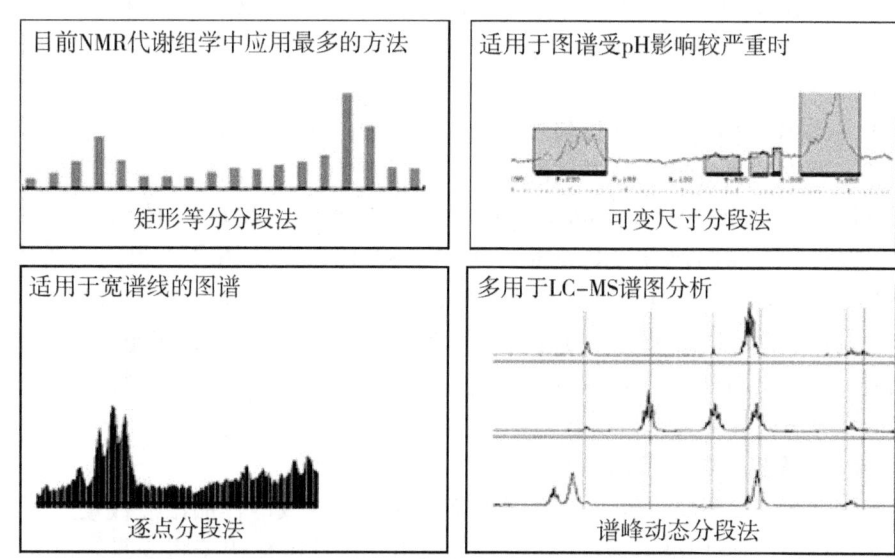

图 10-5 谱图进行分段积分（bucketing）4 种常用的方法（Neidig, 2005）

内进行分段，每段宽度设定为 0.02 ppm。如果对谱图没有太多的信息可了解，通常先使用该方法分析看看结果情况。

（2）可变尺寸分段法（variable size bucketing）：与矩形等分分段法不同的是，该法每个分段的尺寸都可能不一样，因此需要事先设定好积分分段尺寸，如利用各种参照化合物已知的谱峰区间进行分段积分。特别是当谱峰的化学位移值受 pH 影响位移较严重时，可将这些位移的峰面积积分计入一个较宽的分段，这样就可以显著减少由于谱峰大位移所导致的误差。可将每段的积分值除以每段的数据点数，无须再进行缩放。

（3）逐点分段法（point-wise bucketing）：是矩形等分分段法的特例，谱图上的每个数据点都被看作一个分段，这样每段就能较精细地呈现各谱图之间谱峰的细微差异，特别适用于谱线较宽的谱图，例如活体、组织块或细胞样本的 NMR 谱图，固体、半固体样品的 NMR 谱图。

（4）谱峰动态分段法（dynamic peak bucketing）：先使用第一张谱图，根据选定的谱峰进行分段，然后再一张一张地将其他谱图加进来，新加入的谱峰和已存在的谱峰进行对应和匹配，如果无法对应或匹配上，那么就在已有的分段列表中动态地插入一列。这种方法的好处是谱峰强度信息只存在于分段列表的一列中，而其他列均被填充为零，这样就可以提高统计分析的显著性。有时矩形等分分段法会产生上万个小段，分段列表含有上万列，但大多数列所包含的信息其实并没有用处，而利用谱峰动态分段方法就可以只对所需的谱峰建立数据列，也就大幅缩小了分段列表的大小，便于后续统计分析计算。此外，这种方法还可以使用非常精细的分段方法，例如 LC-MS 谱图，可以将质谱的分辨率作为分段尺寸。这种方法通常比矩形等分分段法能得到更好的研究结果，但也存在局限，容易产生严重的错误。例如，当谱峰位置波动较大而所设定的分段尺寸小于谱峰位置的波动范围时，就会得到错误的结果。又如，分段列表实际上取决于谱图选择的先后顺序，原因就在于谱图之间存在着谱峰位置差异而使用了一定尺寸的谱峰分段，因而当所涉及的谱图需要改变时（在研究过程中需要去除异常谱图或进行模型验证时），就必须重新计算建立分段列表，而这种重新计算过程相当复杂，非常容易出错。

对 ^1H-NMR 谱图进行化学位移波动噪音的消除，除了采用分段积分的方法外，还可采用基于数据计算的谱峰对齐方法，类似于处理 LC-MS 的数据，可避免分段积分损失谱图信息的可能性（Wu et al., 2006；Veselkov et al., 2009）。测试之前进行样品酸化也可以将谱峰强制对齐（Beneduci et al., 2011）。不使用分段积分或谱峰对齐，OPLS-DA 被证明也能有效地处理化学位移的波动（Cloarec et al., 2005）。此外，在谱图分段过程中，可根据研究目的指定分段范围或去除不需要的谱峰范围，例如溶剂、残留试剂、pH 指示剂咪唑、乙醇等制样过程中易挥发物等化合物的谱峰，可人为地将这些谱峰从分段列表中去除，以避免对后续的统计分析产生干扰。

10.2.3.4　数据标准化（normarlization）

由于样品水分、颗粒大小、非均质性等稀释因素导致的样品浓度波动，可以对 X 矩阵的每一行进行标准化的方法来处理。代谢组学中标准化用于将变量转换为标准值单位，特别有助于校正浓度波动，也有助于消除仪器波动。例如，将强度最高的谱峰框（bin）的面积设定为 +1，或将整个谱图的总强度设定为 +1，不同的标准化方法会产生不同的结果。虽然这种标准化可以消除浓度稀释波动，但也会掩盖样品真实的相关差异并使得载荷图变模糊，当与其他数据预处理方法同时使用时必须谨慎使用，而且当浓度十分重要时可能会导致错误的结果。标准化也可采用加入内标（如核磁测试时加入的 TSP）的内部标准化法，或采用测量细胞培养物光密度值或蛋白质浓度等外部标准化法来进行计算。

10.2.3.5　缩放（scaling）和权重（weighting）

在代谢组学数据预处理中，缩放从标准化中被分离出来，实际上是一种特殊的标准化。代谢组学数据中的变量通常取值范围大、差异大，质谱强度通常有跨越几个数量级的变化，即使所有变量采用统一的单位，多数的多元统计分析方法都只会偏重于少数的强烈信号，绝对数值大、变异较大的变量在模型拟合中的贡献占主导地位，而绝对数值范围小、变异小的变量对模型的贡献也小。为了消除这种偏重，可以对数据进行合理的缩放或权重，通过 Z 值转化（先求列的均值和标准差，然后每个元素与均值的差除以标准差）使得数据的平均值为零、方差相等，这样多元统计分析考察的就是矩阵 X、Y 的相关性而不是协方差。虽然有多种数据缩放的方法，但各有优缺点，见表 10-2。如何选用缩放方法，应该根据实验研究的目的、数组的特点和所用的统计分析方法来选择。

中心化缩放法（centering）可使新坐标系的原点与样品空间的群点中心重合，在保持数据间原有关系的同时，减小数据的动态范围。等方差法（unit variance）意味着所有变量同等重要，在变量单位不同，彼此之间数值差异非常大的情况下，采用该方法进行主成分分析可能会得到错误的结果，但有利于分析低含量的代谢物；如果变量是可比的，例如样品浓度和试验参数绝对一致时，最好不要进行缩放，因为它可以保留强度的原始差异并突出显著影响。帕累托法介于等方差法和无缩放法两者之间。

表10-2 代谢组学常用数据缩放方法（van den Berg et al., 2006）

方法	计算公式	目的	优点	缺点
中心化法（centering）	$\tilde{x}_{ik} = x_{ik} - \bar{x}_k$	偏重于差异而非相似性	从数据中消除偏移	不适于方差不等的数据
等方差法（unit variance）	$\tilde{x}_{ik} = \dfrac{x_{ik} - \bar{x}_k}{s_k}$	利用相关系数进行代谢物比较	所有代谢物同等重要	会增大测量误差
距离法（range）	$\tilde{x}_{ik} = \dfrac{x_{ik} - \bar{x}_k}{x_{k,\max} - x_{k,\min}}$	对关系到生物响应范围的代谢物进行比较	所有代谢物同等重要，生物相关	会增大测量误差，对异常值敏感
帕累托法（Pareto）	$\tilde{x}_{ik} = \dfrac{x_{ik} - \bar{x}_k}{\sqrt{s_k}}$	减小大数值的重要性，部分保留数据的结构	相对于等方差法来说，更接近于初始测量值	对大倍数变化敏感
变元稳定性法（vast，variable stability）	$\tilde{x}_{ik} = \dfrac{x_{ik} - \bar{x}_k}{s_k} \cdot \dfrac{\bar{x}_k}{s_k}$	偏重于小差异	有稳健性，可使用预先的分组信息	不适用于缺少分组信息的大差异
平均化法（level）	$\tilde{x}_{ik} = \dfrac{x_{ik} - \bar{x}_k}{\bar{x}_k}$	偏重于相关的反应	适用于生物标记物识别	测量误差增大

注：X 矩阵中第 k 个变量表示为 x_k，其方差表示为 s_k。

10.2.3.6 基线噪音去除（noise and baseline removal）

数据缩放的主要缺点是会放大仪器的噪音，使得 PCA 和 PLS 产生较大误差。最简单的办法是根据专业领域的相关知识预选出实验相关的变量，或设定去除基线白噪音的噪音阈值，或删除一部分不要的谱区。

对谱图的各段进行面积积分时也可以进行基线噪音去除。积分的方法有多种，例如对小段内正向强度的谱峰进行积分、对负向强度的谱峰进行积分、对正负向强度的谱峰加和积分、对正负向强度的谱峰取绝对值后加总积分等。考虑到噪音强度围绕基线正负波动，一般都是以正负向强度谱峰加和积分的方法进行积分，以去除基线上的噪声波动。有的时候，如果已知人为操作将产生负向强度谱峰，那么就可以采用正向强度谱峰积分法来排除人为操作的干扰。

10.2.3.7 变量选择（variable selection）

代谢组学研究中通常将所收集的所有数据用于多元统计分析。但是，这种做法会加剧共线性问题，而且会提高数据间伪相关性的可能性，推导出错误的分析结论（Johnstone & Titterington，2009）。在某些情况下，也可以根据专业领域的知识将具有研究意义的一些数据挑选出来进行多元统计分析，即变量选择。例如，^{1}H－NMR 谱图数据可能含有溶剂、缓冲溶液、化学位移标记物的信号，以及噪声区域。这些信号可能会干扰差异分析，可以考虑进行选择性地去除。结构噪音（基线、污染物）影响得分和载荷之间的相关性，不利于 PLS 结果的准确解析。OPLS 虽然能够去除这种结构噪音，但是常产生过于复杂的模型。代谢组学数据组中变量数通常要远多于样本数，去除一些不相关的变量对多元统计分析是有利的。有一些更复杂的方法采用了正交投影或递归算法，支持向量机、遗传算法或随机森林等算法来选择对分类有贡献的变量或特征谱峰。变量选择尤其适用于 MS 代谢组学数据，因为该数据里只有少量的数据是相关的。尽管变量选择在提高多元校正分析模型的稳健性方面起到了越来越重要的作用，但是仅仅直接选取一个或一部分最有效的变量进行多元统计分析，可能会导致信息遗漏。需要注意的是，不使用或过度使用变量选择都可能会出现样本分类不充分的情形或数据组过度拟合的情形。

10.2.3.8　多元统计分析（multivariate statistical analysis）

多元统计分析研究客观事物中多个变量（或多个因素）之间相互依赖的统计规律性，能够在多个对象和多个指标互相关联的情况下分析它们的统计规律，它的重要基础之一是多元正态分析。根据是否有训练集指导，多元统计分析方法分为无监督模式识别和有监督模式识别两种方法。无监督法不研究样本特征量与分类属性模型，如主成分分析（principal component analysis，PCA）直接在描述样本的特征空间中寻找这些属性间最大差别的超平面，其他还有聚类分析（cluster analysis）、奇异值分解法（singular value decomposition，SVD）、因子分析法（factor analysis，FA）。有监督法建立的是一种样本的特征属性描述与样本分类目标之间的关系，在建立这个关系的时候，使用了已知的样本分类知识，如线性判别分析（linear discriminant analysis，LDA）、（正交）偏最小二乘法判别分析［(orthogonal) partial leastsquares project to latent structures-discriminant analysis，(O)PLS－DA]、人工神经网络（artificial neural network，ANN）、支持向量机（supporting vector machine，SVM）、随机森林（random forest，RF）等方法。PCA 算法是很多化学计量学算法的基础，它通过提取最大散度方向的主成分，将高维空间的样本投影到由主成分轴构成的新平面或空间，可以向用户明确展示样本在空间的聚集情况，为分析者提供不同种类的样本的聚集情况，根据物以类聚的特点，起到模式识别的效果。而 PLS 算法不借助于直接分解 X 矩阵求解，而是在分解 X 矩阵的同时，从 Y 矩阵中最大限度地抽取与 X 矩阵中有共同关联的信息，然后从剩余的信息矩阵中再用同样的步骤来获取另外的主成分，直到所有的信息提取完毕为止（丛培盛，2005）。

非线性方法目前在食品代谢组学中暂未见报道，非线性分析方法由于理论较复杂而较少得到使用，但由于在生物样品中非线性规律是普遍存在的，所以具有挖掘出更多隐含信息的作用，如非线性主成分分析法（non-linear PCA）、自组织映射网络（self organizing map，SOM）等。有关代谢组学多元统计方法更多的介绍和详细原理的讲解可以参考化学计量学方法、多元统计方法等相关书籍。必须谨慎解释多元统计分析的结果，始终记住所使用算法的性质和目的；对所得到的结果必须进行确认和尽可能的验证，以排除算法、样品处理或数据处理所导致的人为干扰。

10.2.3.9 得分（scores）

PCA 和 PLS 的得分是 X 向量的行即各样本在数据的超平面（hyperplane）上的投影，表示了 X 的协方差或 X 和 Y 间的协方差。简单来说，各得分是各样本的高度概括。对于 PCA 来说，只有当种类间样本的差异大于种类内样本的差异时才能得到种类间样本的良好的区分，因此，如果 PCA 得分图中出现了错误的分类结果，应该从样品制备、实验偏差、不适当的数据预处理中找原因，而不是算法的问题。相比于 PCA，PLS 和 OPLS 总是容易产生过度拟合的模型，得到分类良好的结果，甚至能将随机数据也进行良好的种类区分（Westerhuis et al.，2008），见图 10-6。样品分组（class）是随机指定的，得分图却表明两组人群样本有"显著"的分离，这容易严重误导研究者。因此，绝不能根据 PLS 或 OPLS 的种类区分情况来推导模型的可靠性，务必进行验证。

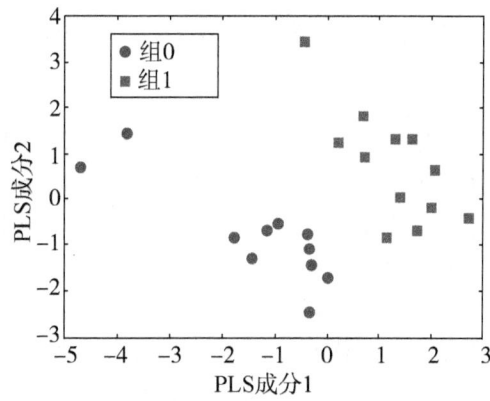

图 10-6 23 个健康志愿者体液 ^{1}H-NMR 谱图的 PLS-DA 得分图（Westerhuis et al.，2008）
注：分组（class）是随机指定的。内部交叉验证 $Q^2 = -0.18$，低于可接受限。

对于 PCA 和验证后的 PLS，要评价得分图中样品分类的情况，应使用定量评价法，仅仅进行分类情况的直观观察是不够的。定量评价法有聚类叠加表（cluster overlap metrics）、统计距离（statistical distances）、聚类分析，此外，通过得分计算出 Hotelling T^2 95% 置信椭圆也可在得分图上直观显示样品的分类情况。

10.2.3.10 载荷（loadings）

PCA、PLS 和 OPLS 的载荷是 X 中初始变量超平面的方向，是变量对模型影响的高度概括。得分和载荷解释的分别是 X 中的行和列，两者可以联合起来进行解释，如图 10-7 所示实例，沿着得分图的实线箭头可以看见左下角有显著偏离的样本点，在载荷图中沿着同样的方向（如实线箭头的标示）可以找到一些载荷点，这些载荷点就解释了该样本点偏离的原因。对图中虚线的方向可以采用同样的分析方法。若要对得分和载荷进行如此的联合解释，需要进行正确的标准化以使得分和载荷在同样的比例上。载荷图上共聚在一起的那些载荷的变量具有相关性，载荷图上在某一既定位置的变量对得分图中同一位置的样本点具有相当大的贡献。载荷图的这种简单的解释方法直接受变量的数量和缩放方法的影响。不同的缩放方法侧重于不同的谱图特征，因此会对模型中的某一特定变量产生不同的影响，从而相应地影响有关的载荷。例如，帕累托缩放法通常用于减小强峰的影响而侧重于弱峰的影响，因此，强峰的相关载荷就会被

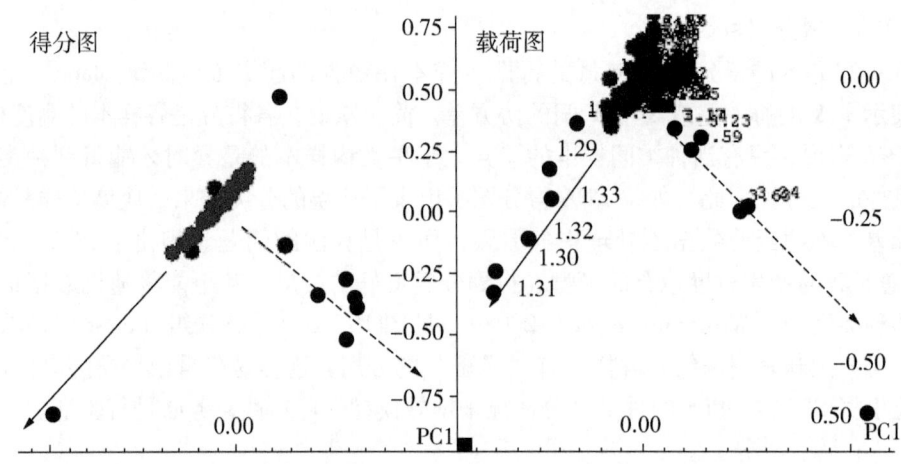

图 10-7　得分图和载荷图进行联合解释示例（Neidig，2005）

减小，而弱峰的载荷就会被增大。

　　载荷图也可表示为一维的形式，即载荷值作为纵轴，谱图变量（ppm、m/z）作为横轴。这种表现形式可以看作是一个谱图或拟谱图（pseudo-spectrum），其作用在于便于一一观察每个变量载荷的正或负值，表示了该变量对样本点分类模型的贡献，便于找出对分类有贡献的代谢物，如图 10-8A2、A3。一维载荷图显示的是变量（bins，buckets）对得分图的影响，载荷图上最强的峰就是对得分图影响最大的变量。在这种情况下，帕累托缩放法具有额外的优势，因为该法较好地保留了载荷假谱图的图谱线型。当然，如果不相关谱区出现了很大的载荷，例如噪音、人为干扰、缓冲溶液、溶剂峰，就需要考虑所得到的模型的意义了。

10.2.3.11　权重（weights）

　　权重向量表达了 X 中的每个观测变量对模型中每个潜结构（latent structure）的相对影响程度，在使用模型进行分类预测时用于将未来测试所得到的新的观测向量转换到得分空间。一个常犯的错误就是在鉴别变量或代谢物对种类区分、分类的贡献时，将载荷误表示为权重。

10.2.3.12　验证（validation）

　　本质上来讲，PLS 和 OPLS 对数据具有难以回避的过拟合倾向，如前所述，即使对完全随机变量进行 PLS 或 OPLS 也可以得到良好的种类分离的结果。因此，验证模型的可靠性是十分关键且不可缺少的一个步骤。验证时需要将数据分成训练集（用于建立模型）和验证集（用于评价模型的预测能力），验证集绝不可用于训练模型的生成。实际情况中，很少有研究者采用这种方法来进行验证，因为样本数量较少，或者由于样品制备、测试、数据采集费用较高。取而代之的是，多数研究者采用的是内部交叉验证法（cross-validation）。交叉验证主要用于建模应用中，例如 PCR、PLS 回归建模中。在给定的建模样本中拿出大部分样本进行建模，留小部分样本用刚建立的模型进行预报，并求这小部分样本的预报误差，记录它们的平方加和。这个过程一直进行，直到所有的样本都被预报了一次而且仅被预报一次。把每个样本的预报误差平方加和，称为 PRESS（predicted error sum of squares）。多数研究者采用的交叉验证法是留一法

(leave-one-out)，就是从数据组中提取大部分样本建模型时，每次留下一个样本数用于预报。然而，留一法的内部交叉验证法被证明具有较大的缺陷，应该予以废弃并应采用一次挑多个的留多法（leave-n-out）（Eriksson et al., 2000）。

在留多法中，数据被分成多个 N 中选 n 的子数据集，然后将每个子集用作验证集。由于留多法交叉验证方法运算过程的效率较低，用蒙特卡罗法交叉验证可加速估算模型的预测能力。交叉验证的结果报告为质量评价统计值（quality assessment，Q^2），可定量评价预测值和原始值的一致性，评价模型的预测能力。Q^2 没有标准值用于比较，也没有界定值用于推断显著性，尽管其理论值最大为 1，但经验上认为生物模型的可接受值需不低于 0.4。但要注意的是，无效或毫不相关的模型也能产生较大的 Q^2 值，因为交叉验证在训练时需从数据集中系统地删除较多的数据。一个解决办法是对种类随机地指定其标记，这样处理后，在进行留多法交叉验证时就不需要删除数据。该验证方法可产生 Q^2 值的分布，用于检验模型的 Q^2 的零假设，即一个可靠的模型的 Q^2 值应该显著高于用同一数据集所产生的随机模型的 Q^2 值。

用交叉验证的目的是为了得到可靠稳定的模型，在建立 PCR 或 PLS 模型时，一个很重要的因素是取多少个主成分的问题。用交叉验证校验每个主成分下的 PRESS 值，选择 PRESS 值小的主成分数，或 PRESS 值不再变小时的主成分数。

PCA、PLS 等多元统计方法为代谢组学提供了关键的分析技术，需要正确地使用预处理转换、优选算法、严谨的验证。虽然多元统计分析可以为数据挖掘提供有力的帮助，但错误地理解和使用多元统计分析将得到错误的研究结论。van den Berg 等（2006）首次阐述了在代谢组学研究中数据预处理方法的选择对分析结果的重要性。如图 10-8 所示为数据预处理方法对 PCA 结果的影响（van den Berg et al., 2006）。图 10-8A1 使用 Range 缩放的方法，从得分图可见样品被良好地分类，许多代谢物对得分有贡献，该结果也符合生物学的预期，Level 缩放也能得到相似的结果。图 10-8B1 为中心化缩放所得到的得分图，样品较分散并且只有少数的代谢物对得分有贡献，这个结果并不符合生物学的预期。图 10-8C1 Vast 缩放得到的载荷图显示有较多的代谢物有贡献，但得分图中的样品分散，几乎没有样品组分类，并有样品组重叠。

以上这些情况清楚地说明了数据预处理方法将显著影响 PCA 分析的结果，务必谨慎对待。

在许多分析软件里，数据预处理方法可被随意打开或关闭。研究者们实际上往往忽视了数据预处理方法的前提假设和局限性，倾向于试错搜寻选用最符合研究者期望的预处理方法。这种做法是不可取的，将使结果不可靠，不建议进行预处理方法的试错搜寻。而且，有时并不知道所预期的是什么，或者最初的假设就是错误的（van den Berg et al., 2006）。

代谢组学中还存在着许多来自数据处理方面的挑战，化学计量学还可为代谢组学提供更多的支持。

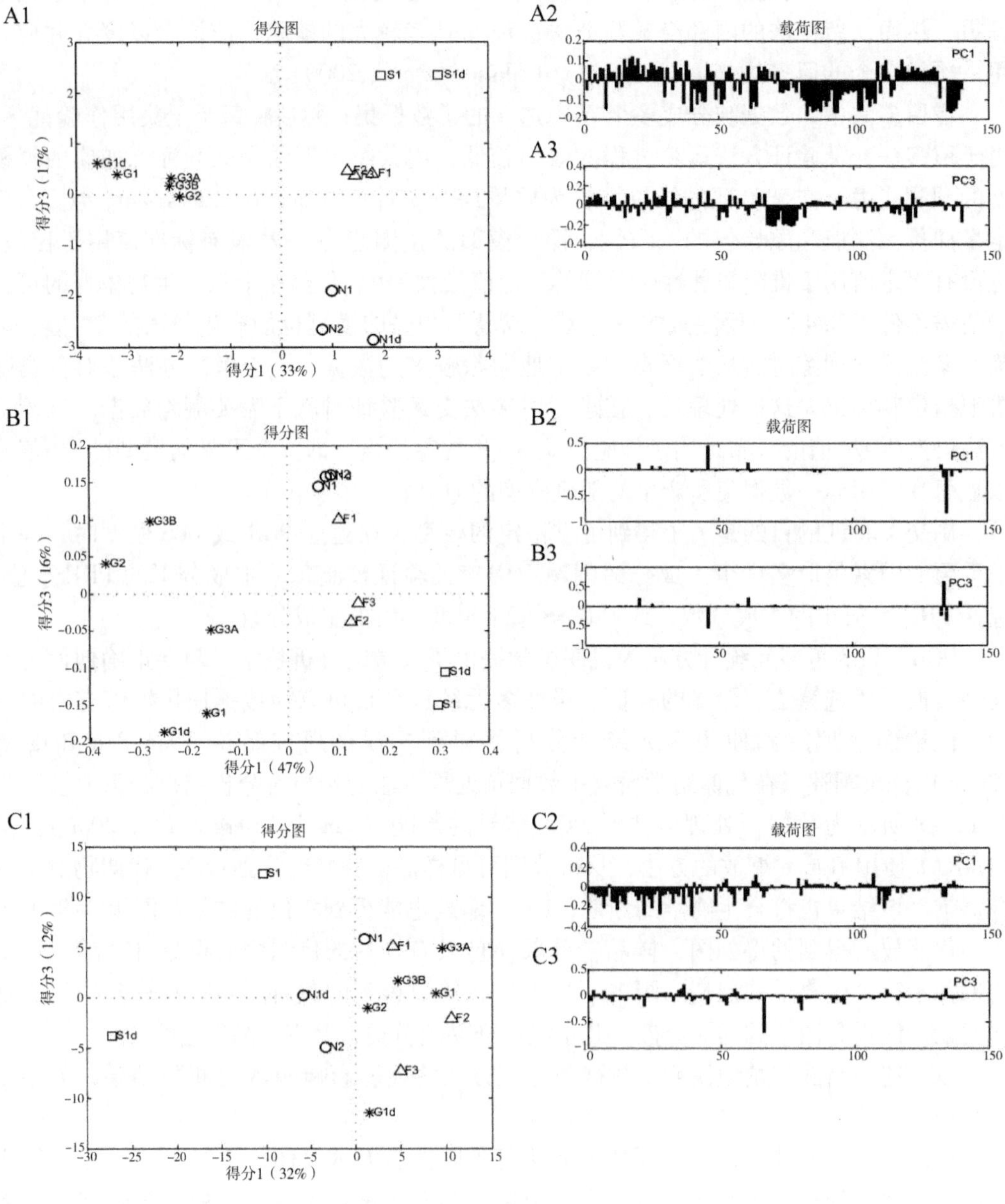

图 10-8 数据预处理方法对 PCA 结果的影响（van den Berg et al., 2006）

A：使用 Range 缩放的 PCA 结果；B：使用中心化缩放的 PCA 结果；C：使用 vast 缩放的 PCA 结果。A_1、B_1、C_1 以及 A_2、A_3、B_2、B_3、C_2、C_3 分别为每种方法所得到的得分图（PC1 vs. PC3）和 PC2 及 PC3 的一维载荷图。（F：△）、（S：□）、（N：○）、（G：*）表示不同的样品组

10.3 操作过程和步骤

代谢组学研究的一般操作过程包括样品采集、样品预处理、化合物分离、检测及鉴定、数据处理分析等步骤，如图 10-9 所示。图中所列的步骤并不是实验实际全部

必需的，例如采用固体核磁共振可以直接使用样品测试，无须任何的样品预处理步骤，采用直接注射进样质谱（DIMS）无须进行分离步骤就可以快速得到结果。

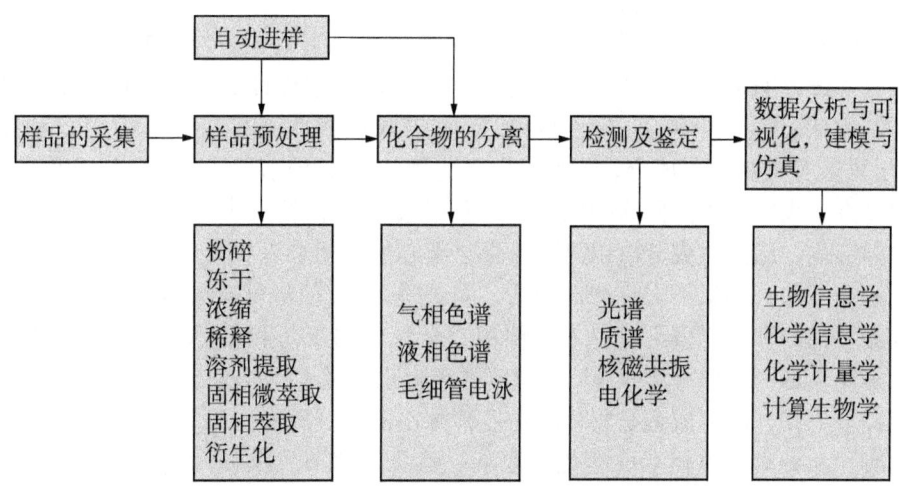

图 10-9　代谢组学研究的一般流程

10.3.1　样品的处理和制备

苹果皮、土豆等固体样品常在液氮中或真空冷冻干燥后磨碎，以充分释放细胞内的代谢物。液氮或冻干处理可以防止样品处理过程中的酶反应和氧化反应，冻干还具有浓缩代谢物的作用，并且能缩小样品间由于水分差异而可能产生的代谢物浓度差异。对于浓缩液体样品，如蜂蜜、炼奶、浓缩果汁果浆等可将稀释作为处理的第一步。但多数情况下，浓缩样品有利于获取更多的信息。例如，葡萄酒中的代谢物、橄榄油中的挥发性成分可分别采用冻干和固态微萃取的方法进行代谢物浓缩。

10.3.2　提取

提取的目的在于获取尽可能多种和高浓度的代谢物，是代谢学研究中最为关键的步骤之一。在非靶标代谢组学研究中，目标化合物及其性质通常都是未知的，因此需要尝试使用多种溶剂和提取方法并进行比较来确定最优的提取方法。众所周知，没有一种提取方法可以同时对所有或多种化合物达到100%的回收率，因此，目前所发表的提取方法都是有其使用前提和背景的，也可以说，食品代谢组学研究领域中目前既没有统一公认的提取方法，也没有对提取方法的评价方法。为了缩减论文的篇幅等原因，国内外多数已发表的论文对于提取方法的比较选用这个环节并没有多少论述。原则上来说，提取方法的优选需要综合考虑研究目的、所使用的检测方法、数据处理方法、实验操作难度以及误差分析等诸多环节，参考文献（Wu，2010）可看到优选提取方法的实例。虽然不同的样品和研究所采取的提取方法各有不同，但是总的原则是进行最小化的样品预处理。

提取步骤应遵循的原则是：①以适当的回收率从样品中提取最大量的代谢产物；②代谢产物不应该遭遇任何物理和化学修饰，降解应控制在最小范围内；③防止代谢产物丢失；④对代谢物无破坏性。能提取到全部或最大量细胞内代谢产物的方法非常重要，但目前还没有一种提取方法能提取样品中全部的小分子化合物，大多数研究仍集中在一定数量的代谢产物。

食品样品的提取方法通常借鉴于植物、微生物代谢组学中经典的甲醇—水—氯仿样品提取方法，冻甲醇—冰水—冻氯仿在非靶标研究中被证实优于其他溶剂方法，它们之间的比例可以适当调整，不仅可以同时提取水溶性（存在于水相中）和脂溶性（存在于氯仿有机相中）成分，而且可以钝化酶、沉淀蛋白质、多糖等大分子。根据后续的检测方法决定是否需要除掉溶剂，水溶性提取物在补加水提高冰点后可以利用冻干法除掉溶剂，脂溶性成分可以氮吹或真空离心快速干燥除掉溶剂。若采用NMR作为后续的检测方法，如果不去除溶剂的话，测试时NMR信号就会大量被用于描述溶剂甚至对代谢物谱峰产生严重干扰；如果使用完全氘代的氯仿和甲醇就可以不必进行溶剂去除。采用色谱—质谱检测，QuEChERS样品处理法就得到越来越多的关注，该流程利用单相提取方式，基本流程是将样品与乙腈按比例进行提取，然后调整pH进行液液萃取、离心、相分离，固相萃取净化萃取液。除了能够节省操作时间和精力外，该法最大的优势在于，最终净化液经简单稀释后可直接用GC – MS或LC – MS – MS分析。对于挥发性成分的提取，固相微萃取法已经成为一种公认的方法。

10.3.3　衍生化

GC分析之前，化合物需要进行衍生化以增强化合物的挥发性。衍生化通常采用两步处理法，先将样品进行肟化（将醛和酮转化为肟）以减少互变异构（特别是单糖），然后进行硅烷化以减小—OH、—SH、—NH基团的亲水性而提高挥发性。有学者比较过一些肟化和硅烷化试剂的性能，Gullberg等（2004）认为甲氧基胺盐酸盐吡啶溶液和N – 甲基 – N – 三甲硅基三氟乙酰胺（三甲基硅化剂）是相对最适合肟化和硅烷化的试剂。在土豆等食品代谢组学中，这些试剂能改善GC的分离情况。特别是在反应初期阶段，衍生化时间和温度都可以影响代谢物，因此需要预先优选衍生化时间和温度以检出最多的有意义的化合物。有些试剂在37 ℃ 90 min就能得到较好的结果。

10.3.4　分离和检测

分离和检测是代谢组学中的关键步骤，主要的分离技术有LC（HPLC、UPLC）、GC、CE、MS、NMR、NIR以及耦合检测仪器，独立或串联使用这些设备有很多的文献论述。食品代谢组学中较多使用的分离技术是LC、GC和CE，对它们的比较和适用性有文献综述过。分离检测技术平台有高压液相色谱（HPLC）、超高压液相色谱（UPLC）、气相色谱（GC）、毛细管电泳（CE）等分离方法，以及紫外（UV）、质谱（MS）、核磁共振（NMR）和近红外光谱（NIR）等检测方法，液质联用（LC – MS）及气质联用（GC – MS）分析较为常见。另外，直接进样质谱法（direct infusion MS）技术不需要分离步骤，可直接进样分析，较快取得结果。非常规方法还有离子淌度质谱（ion mobility mass spectrometry，IMMS）。HPLC – MS、UPLC – MS能检测出的化合物数量无可比拟，UPLC – MS一次检测可同时得到1 560个谱峰（Pongsuwan et al.，2008）。NIR虽然没有其他方法灵敏，但具有无损快速得到指纹图谱的特点，在葡萄酒酵母菌菌种鉴定中有应用。

由于代谢物绝大多数是水溶性化合物，因此核磁共振代谢组学技术一般使用水溶液样品，或将样品经提取制备成水溶液，也可将固体样品溶解于缓冲溶液。如果液体样品在测试时发现信号不够强即浓度不够高的话，需要使用冻干、氮吹等方法浓缩后再溶解于缓冲溶液。不论使用哪种浓缩方法都需要进行方法的验证，研究证明冻干可以引起乙酸、乙醇等多种化合物的损失，而且易引起液体和冻干粉末飞溅产生样品交叉污染。缓冲溶液一般使用 0.1 mol/L 的磷酸盐缓冲液，以稳定各样品的 pH，保证各样品的相同化合物的谱峰在相同的位置，也可以利用咪唑加入缓冲溶液作为 NMR 的 pH 指示剂验证缓冲溶液的有效性。缓冲溶液中常加入 10%（v/v）以上的重水用于锁场，加入 0.5～1.0 mmol/L 的内标物 TSP（3-三甲基硅烷基-2,2,3,3-氘代丙酸）作定量参比及化学位移零点标定，小的标定误差会导致意想不到的统计结果，必须检查标定物质的位置。为避免水峰对谱图的严重干扰，数据收集前一般采用预饱和的方法压制水峰，如今已经有几十种水峰的脉冲序列供使用，但没有哪一种方法具有绝对的优势。精确移取 0.1～0.5 mL 的样品装入常规核磁管后即可进行测试。NMR 谱仪典型参数设置如下：NOESYGPPR1D 脉冲序列、90°核磁共振脉冲、预饱和方式压制水峰、弛豫延迟为 4 s、收集时间为 2 s、扫描次数一般为 128～256 次（过多扫描次数对于提高信噪比检出弱峰效果并不明显，而且延长检测时间）、虚拟扫描 4 次、谱宽为 12 ppm、数据点数为 32 768 点并充零到 65 536 点，设定指数线宽因子为 0.3 Hz，然后由同一个操作者进行傅立叶转换、相位调整、基线校正和化学位移标定，可设 TSP 峰为 0.0 ppm 或依照氯仿（7.93 ppm）等溶剂残留峰进行标定。谱仪操作时匀场好坏对结果有显著影响，一般要求 0 ppm 处的标准物的半峰宽小于 1.5 Hz。

10.3.5 数据处理、分析和结果阐释

代谢组学数据处理和多元统计分析常常合并为一个应用软件，表 10-3 概括了部分单机版和网络版的代谢组学软件。

表 10-3 代谢组学数据处理和分析的软件（Katajamaa & Orešič, 2007; Sugimoto et al., 2012）

名称	主要用途	特点
OpenMS	原始数据处理	MS 数据处理，包括特征识别、蛋白质/多肽鉴定
MSFACTs	原始色谱数据或谱峰数据列表的峰对齐和比较	GC-MS 和 LC-MS 代谢组学数据峰对齐和比较
Metabonomic Package	NMR 数据统计分析	多元统计分析，PCA，PLS，KNN（K 最近邻分类算法），NN
HiRes	NMR 代谢组学数据处理	NMR 数据处理和分析
XCMS	处理 LC-MS 原始数据	数据处理，滤噪，特征识别，峰对齐
XCMS2	导入串联质谱 MS-MS 原始数据	为串联质谱进行代谢物识别和结构定性
MeDDL	LC-MS 和 GC-MS 数据处理	数据处理和多组数据视图化

续上表

名称	主要用途	特点
MetaScape	代谢途径可视化,统计分析	人类代谢网络中代谢组学数据揭示和可视化
MET – IDEA	LC – MS,GC – MS,CE – MS 代谢组学数据处理	为指定的离子/保留时间提取离子强度数据
COMSPARI	LC – MS,GC – MS 代谢组学数据比较	对成对的测量比较差异并可视化
MetAlign	导入多种通用格式文件,包括 Masslynx,Xcalibur,netCDF 以及老式的 HP/Agilent 的 GC – MS,LC – MS 数据	数据处理,包括基线校正、平滑、特征识别、峰对齐
MAVEN	LC – MS 数据处理和代谢途径可视化	数据分析各种工具,特征识别到代谢途径图等多种工具
MZmine	LC – MS,GC – MS 数据处理	滤噪,峰检测,峰对齐,标准化,可视化
MZmine2	MS 数据处理	质谱数据模块和处理,可视化,以及分析分子组成
JDAMP	CE – MS 数据处理	数据处理,峰对齐,差异显示
CytoScape	代谢途径可视化,统计分析	生物代谢网络的可视化和分析软件
metaP – server	统计分析,数据库搜寻,代谢途径可视化	代谢组学分析网络工具
MetDAT	统计分析,数据库搜寻,代谢途径可视化	模块化和流程化的在线网络工具,提供质谱数据处理、分析和解释
ChromaA	峰对齐	色谱质谱联用数据的保留时间对齐
MZedDB	数据处理	m/z 互动注释工具
Pathway projector	代谢途径可视化	基于网络的可缩放的代谢途径浏览器,可浏览 KEGG 数据库
MetPA	代谢途径可视化,统计分析	代谢途径可视化和分析的网络工具
MetExplore	代谢途径可视化	链接代谢组学实验和基因组代谢网络的网络服务器
MSEA	代谢途径可视化	鉴定代谢组学数据中有意义的生物学模式的网络工具
MetabolomeExpress	GC – MS 数据处理和统计分析的流程化工具	数据处理,统计分析,代谢物鉴定和热图呈现
Chromaligner	LC – MS 数据峰对齐	利用 COW 算法对齐 LC – MS 数据

代谢组学结果的阐释需要借助专业领域的知识，更要借助一些专业的数据库，其中主要的代谢组学数据包括了图谱库：NIST、HMDB、Metlin、Fiehn GC – MS Database、BMRB、MMCD、MassBank、Golm Metabolome Database；化合物数据库：PubChem、ChEBI、ChemSpider、KEGG Glycan、LIPID MAPS；代谢途径数据库：KEGG、MetaCyc、HumanCyc、BioCyc、Reactome；药物数据库：DrugBank、PharmGKB、SuperTarget、Therapeutic Target DB、STITCH。

国际代谢组学学会为了规范和统一代谢组学的数据共享与交流，提出了代谢组学报告需遵守的一些标准规范，可以参阅网站http://msi-workgroups.sourceforge.net/。

10.4 代谢组学技术在食品安全检测中的应用

10.4.1 在食源性致病菌及其毒素检测中的应用

食源性致病菌在生长过程所产生的小分子物质类似于指纹图谱，可以用来鉴别细菌的种甚至可以鉴别菌株。在鉴别食品中的致病菌方面，基于 GC – MS 的代谢物指纹谱技术可能比 LC – MS 和毛细管电泳更有效（Cevallos-Cevallos et al.，2011），可以进行致病菌及其代谢物的早期识别，以减少食物中毒和感染事件。通常利用接种了致病菌的样品作为阳性样品与未接种的正常样品作对比，GC – MS 检测之后进行多元统计分析，以检出与致病菌相关的挥发性物质。使用代谢组学技术对洋葱采后病害进行研究，对洋葱顶空挥发成分进行了代谢组学分析和主成分分析，得到了 16 种生物标记物可以准确判别出洋葱在储存过程中腐败菌葱腐葡萄孢霉（*Botrytis allii*）和洋葱伯克霍尔德氏菌（*Burkholderia cepacia*）的生长，该项技术可以用于判别分析（Li et al.，2011）。利用顶空挥发性有机物的指纹谱分析，还可识别出牛肉、鸡肉是否被沙门氏菌污染了（Cevallos-Cevallos et al.，2011）。

通常食品中所发现的大多数毒素是各种真菌的代谢产物，主要是镰刀霉菌、曲霉菌和青霉菌菌属所产生的。这些真菌毒素有各种专门的检测方法。在代谢组学研究中，真菌毒素的检测是通过一次检测尽可能多的毒素的方法来实现的高通量分析，即所谓的多残留物分析（multi-residue analysis）。采用基于 UPLC – MS – MS 技术的代谢组学方法在玉米青贮饲料中检测出 26 种真菌毒素，检测限（LODs）可低至 5 ng/g（van Pamel et al.，2011）。这种灵敏的检测方法对于评价和确定谷物在储存过程中的安全性具有重要意义。利用 LC – MS – MS 技术能同时检测和定量 60 多种真菌毒素以及其他一些有害物质。可利用 ^{13}C 同位素标记的真菌毒素同分异构体来实现一次分析同时检测玉米相关联的所有真菌毒素（Warth et al.，2012）。

10.4.2 在真假鉴别检测中的应用

食品掺假是一个世界性的频发问题，不仅严重影响消费者对食品质量和安全的信心，还不断增加了经济损失。利用代谢组学技术进行真假鉴别检测、掺假检查的论文数量，2003—2007 年有 133 篇，2007 年至今有 121 篇，近 5 年该领域涉及 MS 技术的论文约占 43%，NMR 的约占 35%，振动光谱（红外、拉曼、近红外光谱）约占 45%，其他技术约占17%（Cubero-Leon et al.，2013）。例如，利用UPLC-MS技术研究了菠萝、橙子、苹果、西柚、克莱门氏小柑橘、柚子等水果果汁的掺假问题，廉价果汁掺入高值果汁的量达到1%即可快速被检出，解决了目前果汁掺假的难题（Jandrić et al.，2014）。有机栽种的农产品和常规栽种的农产品目前没有标准的检验鉴别方法，常有被冒充现象，利用MS技术研究了西红柿、辣椒有机栽种和常规栽种的鉴别方法，判别率为：西红柿97.5%、辣椒100%，预测准确率80%以上（Novotná et al.，2012）。"油掺油，神仙愁"，高值的橄榄油中常被掺入常规方法难以区分的核桃油，但利用NMR技术可以准确检出最低10%的掺假量（Mannina et al.，2009）。

10.4.3 在转基因农产品安全性评价中的应用

对转基因农产品的安全性目前国际上还没有绝对明确的评估准则，"实质等同"最初采用的评估方法只对所关注的某几种或几类物质进行研究。近些年，越来越多的人质疑该评价方法的偏向性，不能充分考虑由于基因修饰所引起的非期望效应的发生。于是，以无偏分析见长的"组学"技术，如转录组学、蛋白质组学和代谢组学技术便被广泛应用于转基因食品的安全性评价研究中。英国政府曾采用组学方法全面地、无偏地呈现自然变异、转基因和杂交育种等基因变化所导致的影响，为转基因植物的风险评估和风险管理提供了重要的数据。项目涉及的植物物种包括马铃薯、大麦、番茄和拟南芥。

经过大量的代谢组学研究发现，农产品的代谢物组由于转基因引起的变化甚至不及栽种条件引起的变化大，因此，更证实了转基因农产品与传统品系之间的实质等同性。利用NMR和GC-MS代谢组学技术研究了Bt抗虫转基因玉米的非预期效应，可检出转基因型玉米代谢物的差异，但发现转基因引起的代谢组的变化小于环境的影响（Eugenia et al.，2010）。利用GC-MS代谢组学技术对转基因水稻进行安全性评估，发现外来基因、生长环境、传代都会引起代谢物组可区分的变化，但生长环境对水稻代谢物带来的影响大于基因修饰的影响。利用GC-TOF MS和LC-MS代谢组学技术发现转基因土豆的代谢物均存在于常规的土豆品种的天然成分中，符合实质等同原则，而常规土豆品种间的代谢物组却有显著差异，在常规的育种过程中这些差异是非预期的，而且也并未引起公众对食品安全的关心。

10.5 应用示例

10.5.1 基于GC-MS代谢组学技术检测碎牛肉和鸡肉中的O157：H7和沙门氏菌（Cevallos-Cevallos et al.，2011）

10.5.1.1 材料与方法

（1）菌种制备。实验中使用的菌种包括：米曲霉（*Aspergillus oryzae* ATCC 14895）、大肠杆菌（*E. coli* K12 LJH506）、大肠杆菌O157：H7（*E. coli* O157：H7 PVTS88）、铜绿假单胞菌（*Pseudomonas aeruginosa* ATCC 25619）、酿酒酵母（*Saccharomyces cerevisiae* ATCC 4132和ATCC 26785）、哈特福德沙门氏菌（*Salmonella* Hartford HO778）、慕尼黑

沙门氏菌（*Salmonella* Muenchen LJH592）、鼠伤寒沙门氏菌（*Salmonella* Typhimurium LT2 ATCC 15277）、非致病性鼠伤寒沙门氏菌（NP）、金黄色葡萄球菌（*Staphylococcus aureus* ATCC 29213）。冻存的菌种经过平板划线、培养活化后保存于 4 ℃冰箱，使用时取出，挑取平板上的单菌落接种于 10 mL 大豆肉汤培养基（TSB）和营养肉汤培养基（NB），细菌于 37 ℃培养（24 ± 2）h，霉菌和酵母菌于 28 ℃培养（48 ± 2）h。之后移取 100 μL 上述培养物接种于 10 mL 新鲜的 TSB 和 NB 于 37 ℃培养（18 ± 2）h，制成混合菌液 A：含上述所有菌种，混合菌液 A – O：含上述所有除大肠杆菌 O157:H7 的菌种，混合菌液 A – S：含上述所有除沙门氏菌之外的菌种。该方法中，培养时间（18 ± 2）h 是通过每 2 h 一次的 GC – MS 代谢组学图谱对比确定的，培养（18 ± 2）h 之后，所有菌种的纯培养物或混合培养物的代谢组学图谱都没有统计学意义的差异。

（2）食品样品接种。利用 1 mL 上述各菌种加入 9 mL 无菌磷酸盐 BPB 缓冲溶液做 9 个梯度稀释，每个梯度的菌落数采用各菌种相应的显色鉴别培养基平板来计数，取菌数约为 1 CFU/mL 的稀释液来接种食品样品。由超市购买的碎牛肉和鸡肉，每 25 g 样品加入 1 mL 稀释液，使得样品中大肠杆菌 O157:H7、鼠伤寒沙门氏菌、慕尼黑沙门氏菌或哈特福德沙门氏菌的浓度各达到约 1 CFU/25 g。未接种的肉样品作为阴性对照以表征肉中自然存在的微生物。接种后晾干 20 min，之后将肉样品加入 225 mL BPB 缓冲溶液中拍击均质 2 min，取 1 mL 样液接种到 10 mL TSB 中于 37 ℃培养（18 ± 2）h，用该培养物作为代谢组学研究的阳性样品。该样品中目标致病菌的存在可用相应的显色鉴别培养基平板验证。阴性样品中自带的大肠杆菌 O157:H7 和沙门氏菌用相应的显色鉴别培养基进行计数。

（3）样品制备。每个样品采用顶空分析和液体取样分析。向 10 mL 的 37 ℃培养（18 ± 2）h 的 TSB 和 NB 单一菌种、混菌以及肉样品培养基中加入 50 mg 苹果酸作为内标 1（IS1）和 20 μL（E,E）- 2,4 壬二烯醛（IS2）。IS1 和 IS2 作为衍生化和顶空提取质量的对照物，便于 GC – MS 分析和谱库匹配。IS1 和 IS2 是样品中不存在的物质，也不干扰色谱峰的流出和检测（将加有内标和不加内标的色谱图进行对比可确定）。移取 1 mL 被标记的样品加入 3 mL 甲醇，然后在冰浴条件下用超声波提取 10 min，提取液存于 – 20 ℃ 24 h。甲醇提取物不做进一步的清洗，因为离心或过滤操作都可能使检测到的峰数量减少。提取物进行衍生化，剩余的标记过的样品用于顶空分析。

（4）培养物提取物的衍生化分析。540 μL 甲醇提取物移入 2 mL 气相色谱瓶用氮气吹干。30 μL 甲氧胺吡啶溶液加入到干燥的提取物中室温反应 17 h。加入 80 μL N – 甲基 – N – 三甲硅基三氟乙酰胺（MSTFA）在室温下硅烷化反应 70 min。其他量的 MSTFA 和反应时间会减少出峰数量或重复性。取 0.3 μL 衍生化的样品分流进样到 GC – MS。进样温度 250 ℃，炉温最初为 70 ℃保持 1 min，然后以 10 ℃/min 速率升温至 315 ℃后保持 10 min 结束。8 min 的溶剂延迟之后，总离子流记录范围 50 ~ 650 amu。其他条件同顶空分析。各代谢物的峰面积用于多元统计分析建立预测模型。

（5）顶空分析。采用 Supelco 公司的固相微萃取（SPME）纤维 50 μm DVB/Carboxen™/PDMS StableFlex™手动装载器 57328 – U，首次使用前置于 270 ℃保温 1 h，日常使用置于 240 ℃保温 5 min。对于肉样品阳性培养物，移取 10 mL 装入 50 mL 玻璃瓶中于 47 ℃边搅拌边平衡 30 min。经过预处理过的 SPME 纤维暴露于经平衡后的样品的顶空中于47 ℃保持40 min，之后进样到HP5890气相色谱—HP5971串联质谱，配有ChemStation B.02.02数据收集软件和Wiley 138K质谱数据库。顶空分析所使用的色谱柱为DB5-MS 60 m×0.25 mm。进样温度250 ℃，炉温最初为55 ℃保持1 h，以7 ℃/min速率升温至300 ℃后保持5 min结束，载气超纯氢流速0.8 mL/min。质谱调到电子轰击模式并设为最大灵敏度、正极性、总离子流记录范围25～650 amu。GC和MS接口温度设定为318 ℃。各代谢物的峰面积用于多元统计分析建立预测模型。

（6）化合物鉴定。直观检验质谱图每个谱峰的开始、中间和尾部宽度，表明没有任何色谱峰共洗脱（coelution）。利用Wiley谱库和内部数据库对质谱图进行匹配鉴定。当匹配度大于70且保留时间与标准品在同一条件下也相一致时，即可鉴定化合物。

（7）建立预测模型。利用自有的峰对齐软件对GC-MS谱峰进行对齐以校正谱图间保留时间的偏差。主成分分析和偏最小二乘回归分析用于比较每个菌种代谢物组谱。PCA和PLS使用MATLAB R2008a来进行。使用每个菌种纯培养物以及混合菌种TSB培养物的代谢物组作为自变量来建立PLS预测模型，因变量采用人为指定的方法赋值，1或-1表示样品中含或不含目标致病菌。对大肠杆菌O157:H7和沙门氏菌各建立一个PLS预测模型，并使用TSB纯培养物以及肉阳性样品来验证模型，每个PLS模型使用54个训练样品建立并使用10个以上样品进行验证。为评价预测模型的质量，采用分类准确率、灵敏度（阳性样品被区分的准确率）、特异性（阴性样品被区分的准确率）、假阳性数量、假阴性数量来进行评价。

10.5.1.2 结果与分析

（1）检测和培养物分析。当评价TSB和NB培养物时发现TSB中可以检测出更多的代谢物，NB中所有检出的化合物都能在TSB的培养物中检出，只是浓度较高而已。可能TSB营养更丰富，因此后续的研究全采用TSB培养基。

（2）培养物提取物衍生化GC-MS分析。衍生化的样品GC-MS检出了62种化合物，对这些化合物数据进行PCA分析之后发现，各菌株单独培养物和混菌培养物并没有被良好地区分开，因此本文略去此部分不做引述（编者注）。

（3）顶空分析。顶空分析鉴别出39个化合物，而在培养基提取物衍生化样品中均未检测到。该研究中所用到的沙门氏菌的挥发性物质经鉴别都相同，也没有发现有化合物专属于某菌，因此，该研究没有找到大肠杆菌O157:H7和沙门氏菌的专一生物标记物。数据经过峰对齐和参照总谱图面积标准化之后进行PCA，结果如图10-10A所示，除了大肠杆菌O157:H7没有与沙门氏菌区分开外，所有样品均可被区分，说明这两种致病菌之间具有很强的相似性。另外，混菌样品A-S的重复样在得分图上脱离了样品组，可能是由生物差异较大引起。图10-10B的载荷图中可鉴别出8个具有较大PC1和PC2载荷绝对值的化合物，其中只有5个化合物在组间具有统计学差异，如图10-10C所示。

（4）预测模型的建立和肉样品的验证。虽然没有找到沙门氏菌和大肠杆菌O157:H7的专一化合物，但用所有检出的代谢物组数据可能可以提高微生物检出的专一性。又由于图10-10A的PCA结果显示这些菌种能够被较好地区分，所以使用顶空分析的代谢物组数据作为训练集对沙门氏菌和大肠杆菌O157:H7各建立了一个PLS预测模型。使用沙门氏菌或大肠杆菌O157:H7以1 CFU/mL分别接种10个独立的样品：TSB（组

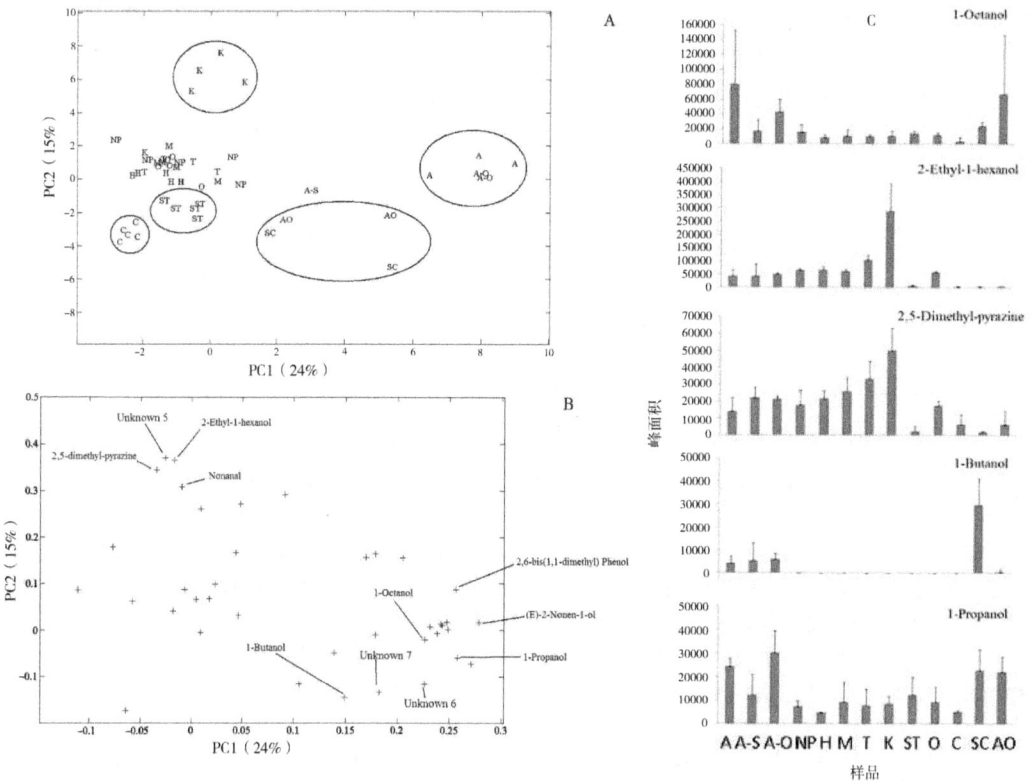

图 10-10 顶空 SPME 样品的主成分分析
A：得分图；B：载荷图；C：部分 PCA 载荷较大代谢物

图中代码：TSB（C），大肠杆菌 O157:H7（O），哈特福德沙门氏菌（H），鼠伤寒沙门氏菌（T），慕尼黑沙门氏菌（M），非致病性沙门氏菌（NP），大肠杆菌 K12（K），金黄色葡萄球菌（ST），酿酒酵母菌（SC），米曲霉（AO），以上所有菌混合（A），除大肠杆菌 O157:H7 外所有菌混合（A-O），除沙门氏菌外所有菌混合（A-S）。

1）、碎生牛肉（组2）和生鸡肉（组3），用来作为模型的检验集。训练集的数据进行峰对齐和参照谱图总面积标准化后进行 PLS 回归分析。如果数据未经标准化只能得到很弱的预测模型。图 10-11 表示了大肠杆菌 O157:H7 的预测模型，图 10-12 表示了沙门氏菌的预测模型，若模型预测值大于零，则表明样品中存在沙门氏菌或大肠杆菌 O157:H7。

大肠杆菌 O157:H7 的模型包含 13 个 PLS 成分，这些成分对自变量最小平方误差（MSE）共计贡献率为 86%，对预测变量的 MSE 共计贡献率为 99%，回归系数 R^2 为 0.86。TSB 盲样中（组1），只有含有大肠杆菌 O157:H7 的样品有大于零的预测值（如 O、A 和 A-S），见图 10-11A。说明预测模型对于 TSB 样品（组1）中大肠杆菌 O157:H7 的检出是 100% 准确的。然而，当测试碎牛肉和鸡肉样品时（组2和组3），大肠杆菌 O157:H7 的检出只有 80% 的准确率，有 10% 为假阴性（未附数据图）。可能是这些生肉样品中存在较多数量的细菌并未包含在训练集中所导致的。为了矫正这一差异，两个碎生牛肉样品和两个生鸡肉样品接种了大肠杆菌 O157:H7 之后加入训练集并建立新的 PLS 模型。碎生牛肉的新模型包含 11 个 PLS 成分，生鸡肉的新模型包含 8 个

PLS 成分。两个新模型对自变量的最小平方误差（MSE）的贡献率均为 70% 以上，对预测变量的 MSE 的贡献率为 97% 以上，回归系数 R^2 高于 0.8。预测碎牛肉或鸡肉中的 1 CFU/mL 的大肠杆菌 O157：H7 都能达到 100% 的准确度、灵敏度和专一性，没有假阴性或假阳性样品。

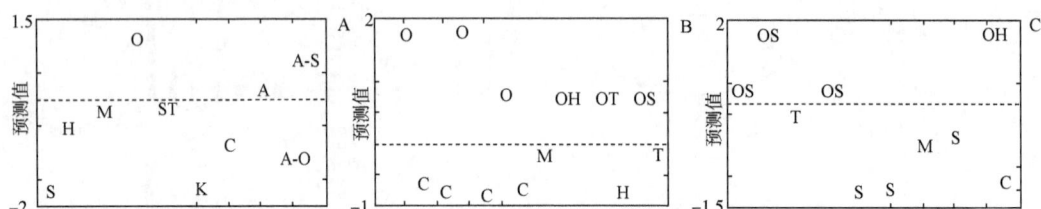

图 10－11　大肠杆菌 O157：H7 的 PLS 预测模型
A：TSB 纯培养物验证结果；B：矫正后的生碎牛肉的预测模型；
C：矫正后的生鸡肉的预测模型

图中代码：未接种对照样（C），大肠杆菌 O157：H7（O），哈特福德沙门氏菌（H），鼠伤寒沙门氏菌（T）、慕尼黑沙门氏菌（M），非致病性沙门氏菌（NP），大肠杆菌 K12（K），金黄色葡萄球菌（ST），酿酒酵母菌（SC），米曲霉（AO），以上所有菌混合（A），除大肠杆菌 O157：H7 外所有菌混合（A－O），除沙门氏菌外所有菌混合（A－S），大肠杆菌 O157：H7＋鼠伤寒沙门氏菌（OT），大肠杆菌 O157：H7＋哈特福德沙门氏菌（OH），大肠杆菌 O157：H7＋鼠伤寒沙门氏菌＋哈特福德沙门氏菌＋慕尼黑沙门氏菌（OS）。

同样的，对沙门氏菌建立了类似的 PLS 模型，见图 10－12。如果只采用 TSB 样品作为训练集，会出现与上述相同的假阴性的问题。为此，也加入了两个碎牛肉样品和两个鸡肉样品作为训练集并建立了新的预测模型。碎牛肉的新模型包含 34 个 PLS 成分，鸡肉的包括 33 个 PLS 成分，两个新模型对自变量 MSE 的贡献率均为 98% 以上，对预测变量的 MSE 的贡献率为 99% 以上，回归系数 R^2 高于 0.98。预测碎牛肉或鸡肉中的 1 CFU/mL 的沙门氏菌都能达到 100% 的准确度、灵敏度和专一性，没有假阴性或假阳性样品。

利用 PCR 或免疫磁珠的方法虽然也可达到 1 CFU/mL 的检测限，但是需要约 24 h。

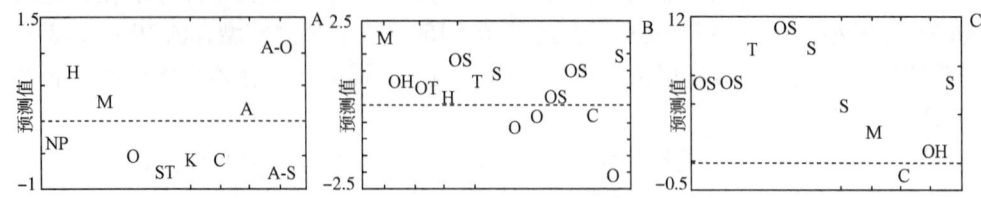

图 10－12　沙门氏菌的 PLS 预测模型
A：TSB 纯培养物验证结果；B：矫正后的生碎牛肉的预测模型；C：矫正后的生鸡肉的预测模型

图中代码：未接种对照样（C），大肠杆菌 O157：H7（O），哈特福德沙门氏菌（H），鼠伤寒沙门氏菌（T）、慕尼黑沙门氏菌（M），非致病性沙门氏菌（NP），大肠杆菌 K12（K），金黄色葡萄球菌（ST），酿酒酵母菌（SC），米曲霉（AO），以上所有菌混合（A），除大肠杆菌 O157：H7 外所有菌混合（A－O），除沙门氏菌外所有菌混合（A－S），大肠杆菌 O157：H7＋鼠伤寒沙门氏菌（OT），大肠杆菌 O157：H7＋哈特福德沙门氏菌（OH），大肠杆菌 O157：H7＋鼠伤寒沙门氏菌＋哈特福德沙门氏菌＋慕尼黑沙门氏菌（OS），非致病性鼠伤寒沙门氏菌（NP）。

本研究所采用的代谢组学方法只需18 h，说明该方法有望在食源性致病菌快速检测中使用。但本研究还是初步的探索，还需使用更多数据，包括来源于不同地区、不同季节的样品来建立预测模型。

10.5.2 基于^{1}H–NMR代谢组学技术对精炼橄榄油中掺杂精炼核桃油的鉴伪检测（Mannina et al.，2009）

欧洲是橄榄油主要产出地，据报道，在欧洲，每年由核桃油掺入橄榄油引起的经济损失约为400万欧元。各国政府也在加紧研究橄榄油中掺杂核桃油的检查方法并制定检测标准。从化学成分角度来看，两种油脂的化学成分十分相似，现有的检测方法基本无法检测掺假。本研究采用一维氢谱核磁共振（^{1}H–NMR）代谢组学技术进行研究，并建立了NMR检测指南。

10.5.2.1 材料与方法

（1）取样。3组共92个核桃油和橄榄油样品及两者混合物：训练组用于建立计量方法，检验组用于验证方法，验证组用于盲样试验和同行比对。根据文献（Benitez-Sanchez et al.，2003）报道过的采用化学成分信息的方法从不同品种和产地进行样品收集。

根据假想的掺假方法来进行油样制备，即对初榨橄榄油和粗核桃油下脚油一起精炼，或简单地将初榨和精炼橄榄油用粗或精炼的核桃油进行勾兑。训练组和检验组的橄榄油样品来自于同一品种但不同产地。为了克服提取过程的影响，初榨和精炼橄榄油以及核桃油被纳入了训练组。同时进行一些常规方法的化学分析（脂肪酸、固醇和甘油三酯分析）。

（2）材料和样品制备。油样（50 μL）加入装有700 μL氘代氯仿（$CDCl_3$）的NMR管中，手动摇匀3 min。高纯氘代氯仿（99%）用前需要使用银箔进行稳定化并需要存储于冰箱中。容积式移液器需要使用相应的油和溶剂按照标准的程序进行校准。

（3）样品储存。样品储存于温度稳定（13~18 ℃）的黑暗处以防止油脂氧化降解。

（4）仪器。本操作指南是使用600 MHz核磁共振谱仪建立而成（Bruker avance AQS600型核磁共振谱仪，5 mm探头），配有Bruker XWIN NMR软件包。同行比对实验室所使用的仪器是600 MHz INOVA Varian谱仪，配有Bruker WIN NMR软件包；一台是500 MHz Bruker Avance AV500型核磁共振谱仪，配有Bruker XWIN NMR 3.1软件包；另一台是400 MHz Bruker Avance DPX400型核磁共振谱仪，配有自动上样器和Bruker XWIN NMR 2.6软件包。

NMR数据的统计分析使用SPSS 6.0和Statistica 5.1软件包进行主成分分析（PCA）、线性判别分析（LDA）和线性多元回归建模（D'Imperio，2007）。PCA用于概括性地了解样品间的成分差异，LDA用于分类建模以预测核桃油加入量，线性多元回归建模用于对不同场强的谱仪进行建模。

方法的重复性使用600 MHz谱仪和检验组样品进行检验，用相对标准方差（RSD）来表示。预测模型的可靠性，以600 MHz的数据为例，用一个600 MHz谱仪的数据来建立模型，用其他600 MHz谱仪的数据作为检验组数据，用预测数据的RMSEP（预测误差均方根）来表示。

（5）^{1}H-NMR 谱数据收集。在测试样品之前，NMR 谱仪需要匀场至最佳状态。每个样品^{1}H-NMR 谱的质量必须依靠谱图分辨率来评价，方法是：使用 4.33 ppm 处的信号，该信号是甘油三酯 α'CH_2 基团所产生的，见图 10-13 所示，峰 A 和峰 B 之间最小的强度不得超过峰 B 信号强度的 25%。

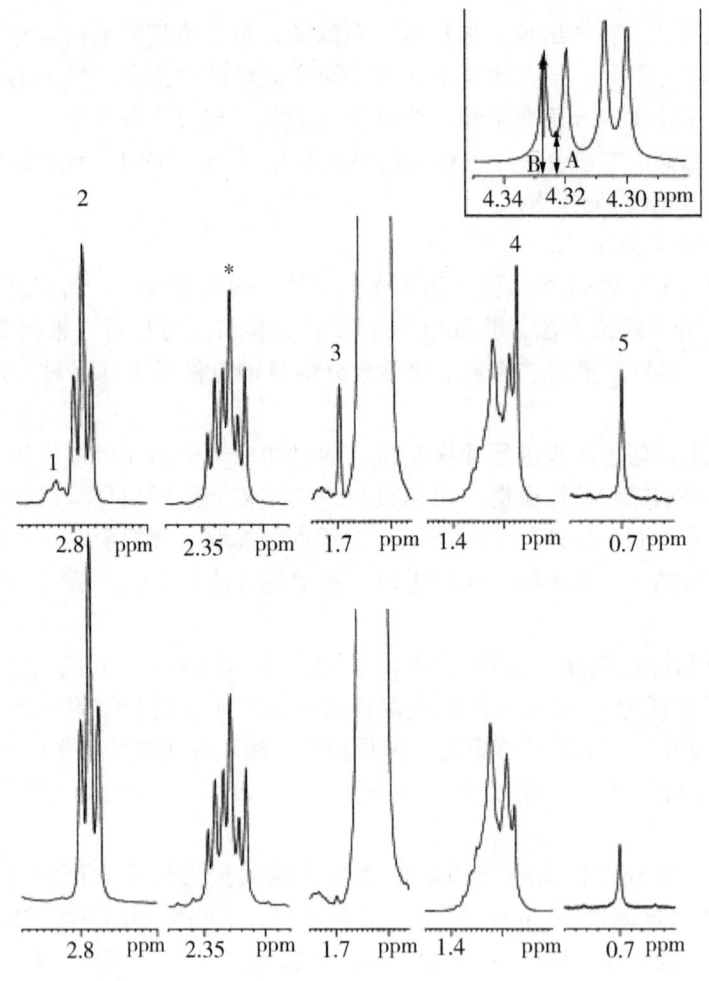

图 10-13 用于统计分析选定的 5 个 ^{1}H-NMR 谱峰
上：橄榄油；下：核桃油

峰 1：亚麻酸 2.82 ppm 处的双烯丙基化氢。峰 2：亚油酸 2.78 ppm 处的双烯丙基化氢。峰 3：鲨烯 1.69 ppm 处的 CH_3-17 和 CH_3-29。峰 4：棕榈酸、硬脂酸所有饱和脂肪链于 1.27 ppm 处的亚甲基氢。峰 5：β-谷甾醇 0.70 ppm 处的 CH_3-18。2.32 ppm 处的参照峰用 * 标记。插图中，用于估算分辨率的谱区：峰 A 和峰 B 之间最低的峰高不能超过峰 B 强度的 25%。

^{1}H-NMR 必须使用以下参数进行检测：90°翻转角、32 768 数据点、弛豫延迟 1 s、谱宽 12 ppm、16 次虚拟扫描之后进行 256 次扫描。在该条件下，每个样品的实验时间约为 30 min，包括人工或自动上样、锁场、调谐、匀场和数据收集。探头处样品温度设为 300 K。

根据探头实际的灵敏度可以增加扫描次数以得到最优的信噪比。使用 0.68～0.72 ppm 范围内即 β-植物甾醇的 CH_3-18 谱峰的信号（见图 10-13）和 0.30～0.35 ppm 的噪音信号强度来计算信噪比，谱图的信噪比必须大于 600。

(6) ^1H-NMR 数据的处理。自由衰减信号（FID）经过傅立叶转换之后，充零和线宽因子 0.3 处理后得到 ^1H-NMR 谱。

(7) 相位校正。最终的 ^1H-NMR 谱必须使用 0 级和 1 级相位校正的方法进行手动调整，使所有的谱峰都有良好的对称性。

(8) 化学位移校准。化学位移的校准可以确保准确的 ^1H-NMR 谱峰指认和基线校准的良好重现性。氘代溶剂中微量的 $CHCl_3$ 残留溶剂峰的化学位移设定为 7.28 ppm，其他所有谱峰的化学位移值都参照这一信号进行校准。

(9) 基线校准。使用多点校准的方法对基线进行校准以定量比较谱图。特别的，Bruker TOPSPIN 软件中的 Cubic Spline Baseline Correction 的校准方法能获得较好的效果。为了正确地使用该方法并且避免基线的扭曲，应尽量选择靠近目标峰的点并且在整个谱图中统一地分布选取点。

(10) 信号强度。本实验指南需要测量 5 个选定信号的强度（见图 10-13），即通过 ANOVA 方差分析得到的最能区分核桃油和橄榄油的 5 个谱峰：峰 1，亚麻酸 2.82 ppm 处的双烯丙基化氢，相对于橄榄油，核桃油具有极低的亚麻酸；峰 2，亚油酸 2.78 ppm 处的双烯丙基化氢，相对于橄榄油，核桃油中含较高亚油酸脂肪链；峰 3，鲨烯 1.69 ppm 处的 CH_3-17 和 CH_3-29，相对于橄榄油，核桃油有极低的鲨烯；峰 4，棕榈酸、硬脂酸所有饱和脂肪链于 1.27 ppm 处的亚甲基氢，相对于橄榄油，核桃油几乎不含饱和脂肪链；峰 5，β-谷甾醇 0.70 ppm 处的 CH_3-18，相对于橄榄油，核桃油有较低的 β-谷甾醇。

这 5 个谱峰的强度按照该法进行报告：2.32 ppm 的信号是所有酰基链的 α-羧基氢产生的，以之为内标并设定为 1 000，5 个选定谱峰的强度相对该谱峰进行测定。由于选定了 2.32 ppm 的谱峰作为内标，因此 2.19～2.46 ppm 范围内的基线校准极其重要。

10.5.2.2 结果与分析

(1) 方法的验证和检验。使用 92 个油样品及其混合物建立检测方法，采用一组包含 10 个突尼斯橄榄油样品，分别被掺入了土耳其精炼核桃油，掺入量分别为 0、10%、15% 和 20%，使用 2 台独立的 600 MHz 谱仪分别进行方法的检验。根据 2 个谱仪所得的 ^1H-NMR 计算出 5 个选定谱峰的强度并进行 PCA，如图 10-14A，B 所示。2 个谱仪的样品均按照核桃油掺入量而被显著区分，掺入量为 0、10%、15% 和 20% 的样品在 PCA 得分图上明显分为了 4 组。第一个谱仪所得到的结果是，第一主成分的贡献率为 98.9%，第一、第二主成分的贡献率共为 99.7%，第一主成分的各变量具有显著的区分能力，这可从它们相似的载荷值看出（峰 1 为 1.00，峰 2 为 -0.99，峰 3 为 1.00，峰 4 为 0.99，峰 5 为 0.99）。峰 1、3、4、5 具有正载荷值，可认为是橄榄油中相对核桃油而言具有显著高的成分，峰 2 可认为是核桃油中相对高的成分。

第二个谱仪所得的结果如图 10-14B 所示，第一主成分的贡献率为 94.04%，第一、第二主成分的贡献率共为 97.3%，第一主成分的变量也具有显著的区分能力，这可从它们相似的载荷值看出（峰 1 为 1.00，峰 2 为 - 0.94，峰 3 为 0.98，峰 4 为 0.98，峰 5 为 0.96）。证明了用另外一台 600 MHz 的谱仪也能得到同样的结果，从而证明了本研究所得方法的可靠性。

将两个谱仪所得的谱图汇总进行 PCA，见图 10 - 14C。由图可见，根据掺入量的不同，样品可被显著地区分。第一主成分的贡献率为 92.8%，第一、第二主成分的贡献率共为 96.4%，第一主成分的变量也具有显著的区分能力，这可从它们相似的载荷值看出（峰 1 为 0.97，峰 2 为 - 0.96，峰 3 为 0.97，峰 4 为 0.98，峰 5 为 0.94）。

为了评价方法的重复性并验证其适用性，用同一个谱仪对同样的 10 个样品（掺入量为 0% 的样品 2 个，10% 的 3 个，15% 的 2 个，20% 的 3 个）反复测试 5 次。所得到的数据用 $RSD\%$ 表示，结果 $RSD\% < 2.5\%$，表明各种混合样品的所有信号均具有良好的重复性。

（2）统计模型。建立了两种模型来预测橄榄油中核桃油的掺入量，第一种模型以 600 MHz 谱仪数据建立了 LDA 模型及判别方程，第二种模型采用了多元回归分析。选定的谱峰的强度作为输入变量以预测核桃油的加入量。需要重点指出的是，所有的模型在本文所指定的测试条件下都是可靠的，需要严格按照本文所载明的方法。

图 10 - 14D 是 LDA 模型，其判别方程为：根 1 = 4.672［峰 1］- 10.628［峰 2］+ 26.343［峰 3］+ 0.193［峰 4］+ 130.98［峰 5］- 340.130，根 2 = 18.619［峰 1］+

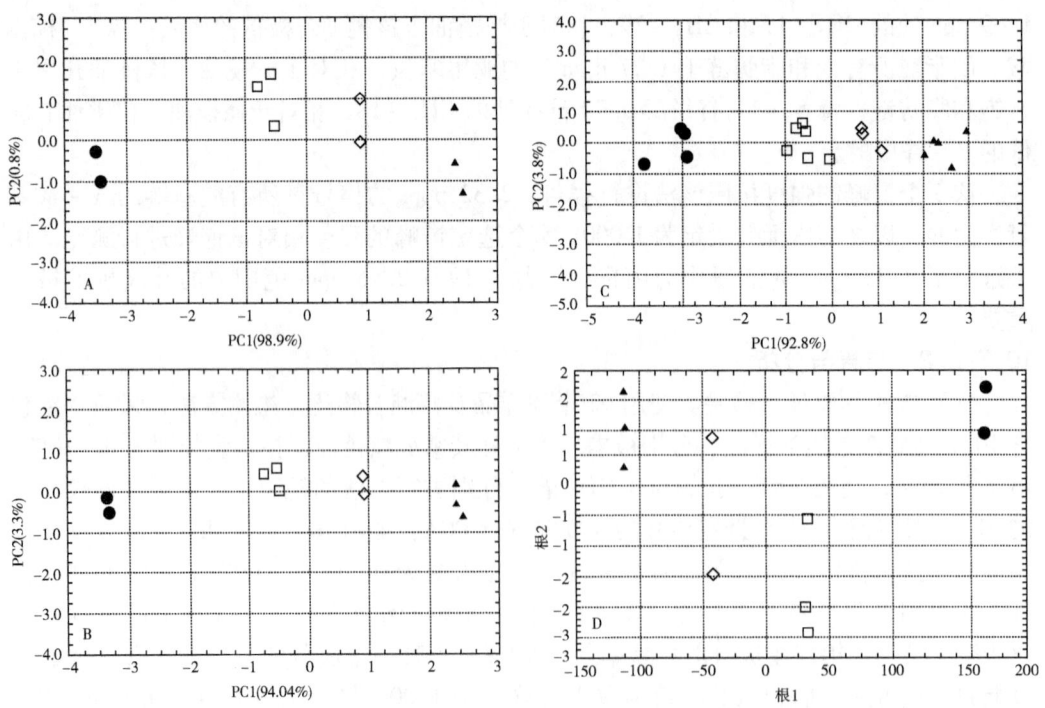

图 10 - 14　对 10 个油样的 ^{1}H - NMR 的 5 个选定信号的 PCA 和 LDA

A、B：两台独立的 600 MHz 的 NMR 谱仪；C：两台谱仪的数据合并 PCA，有核桃油加量为 20% 的样品完全重叠；D：对 10 个油样的 ^{1}H - NMR 的 5 个选定信号的 LDA。向橄榄油中添加核桃油的添加量为 0%（●）、10%（□）、15%（◇）和 20%（▲）

0.204［峰2］+17.670［峰3］-0.064［峰4］-5.266［峰5］+116.551，显示了油样品中核桃油的含量可明显地被判定，甚至仅以峰2（亚油酸脂肪酸链）和峰3（鲨烯）就能很好地判定核桃油的加入量。为评价预测模型的可靠性，用一台600 MHz谱仪的数据建模，用另一台检验模型的可靠性，计算其预测误差均方根值（RM-SEP），其他以此类推。两台600 MHz谱仪预测模型的预测误差均方根值分别为0.881 1和0.654 1，R^2值为0.986 0和0.991 6，高R^2值和低p值表明该模型极其可靠。

本研究表明一维氢核磁共振技术可以作为橄榄油中掺入核桃油的鉴伪方法，最低可以检测出核桃油10%的加入量。本文所建立的NMR方法简单、灵敏、快速和重现性好，无须样品提取。与其他谱分析技术相比，该技术没有信号定量的烦琐问题，只需简单的主要成分的定量。该技术被同侪实验室检验，证明可通用于600 MHz和500 MHz的谱仪。400 MHz的谱仪分辨率较低，也不能建立回归模型，不建议用于检测。

该技术主要的缺陷是NMR方法的耗费高，但NMR谱仪由于其广泛的用途，在越来越多的实验室和工业公司被使用。需要强调的是，目前还没有官方认可的橄榄油中掺入核桃油的检测鉴伪方法。本技术虽然得到了极佳的结果，但还远没达到完美，每种方法都有优点和缺点。按照该研究者的建议，由于掺假问题的复杂性，最好将该方法配合其他方法一起使用进行确证，例如挥发性成分顶空分析GC-MS、酯化固醇LC分析、甘油三酯组分检测、FT-IR、拉曼光谱法等。

10.5.3 转基因土豆和常规土豆实质等同性的代谢组学研究
（Catchpole et al., 2005）

本研究的目的在于评价转基因土豆和常规土豆间代谢物成分的相似性，以确定转基因土豆的代谢物是否发生了异常的变化。

10.5.3.1 材料与方法

（1）材料。2001年和2003年栽种季节栽种的转基因土豆和常规土豆Agria、Linda、Granola、Solara和Desiree系，其中Desiree系采取栽种的两系，一系由组织培养繁殖栽种而成（De2），另一系采用块根繁殖栽种。每个品种随机分配栽种在4块试验地里，收获时随机从每块地里选取约48个土豆。在制样前，收获的土豆于4 ℃保存了4周。制样时，垂直于土豆的主轴方向从每个土豆皮下3 mm处切片取鲜重200 mg的土豆圆片，立即在液氮里速冻，之后保存于-80 ℃冰箱直至提取。

（2）均质和提取。参照文献（Roessner-Tunali et al., 2003；Fiehn, 2006）的方法，向装有200 mg土豆片的样品管加金属珠后，利用Retsch球磨机进行均质，球磨机装样器在液氮中预冷，以25次/秒的频率均质30 s后取出样品管立即浸入液氮。向样品管中加入1 mL新配制的、经超声脱气、预冷的水—甲醇—氯仿（-15 ℃，体积比为2:5:2，HPLC-MS超纯试剂）进行提取，每管加入200 ng内标物^{13}C全标记山梨醇，在4 ℃振荡样品5 min后，20 800 g离心2 min，取上清液装入新离心管，弃去沉淀。如要保存，需氮吹脱氧后保存于-80 ℃。加入400 μL超纯水涡漩振荡10 s，20 800 g离心2 min，取上层液相（极性相，水和甲醇混合物）于新离心管，在Heraeus快速真空浓缩仪中干燥，并氮吹脱氧后储存于-80 ℃。

（3）衍生化。取出样品升至室温至少15 min后打开盖子，加入20 μL盐酸甲氧胺溶液（20 mg/mL 吡啶作溶剂），28 ℃振荡 90 min，14 000 r/min 离心 30 s。加入 180 μL 新启封的 N-甲基-N-(三甲基硅烷)三氟乙酰胺（MSTFA）甲硅烷基化剂，在 37 ℃ 保温振荡 30 min。将样品移取至 GC-MS 玻璃瓶，立即拧好带特氟隆密封圈盖子。保持 2 h 再进样到 GC-MS 中。

(4) GC-TOF-MS 分析。参照 Weckwerth 等(2004)文献所述，利用 HP 5890 气相色谱仪分析非极性提取物，色谱仪配填有玻璃棉的标准衬管，进样器温度 230 ℃，1:25 分流模式，每 50 个样品更换衬管。氦气作载气，流速恒定为 1 mL/min，长 40 m、内径 0.25 mm 的 RTX-5 色谱柱，10 m 一体化的预柱，初始温度 80 ℃保温 2 min，15 ℃/min 升至 330 ℃后恒温 6 min。Pegasus Ⅱ TOF-MS 进行数据采集，采集软件 CHROMATOF，采集速度 20 次/秒，m/z 采集范围 85~500，$R = 1$，轰击电压 70 kV，自动调谐。样品与对照色谱图进行比较，对照色谱图以信噪比 $S/n > 20$ 选定了数量最多的可测谱峰。为便于鉴定和指认，依靠保留指数和谱图相似性将谱峰比对参照谱库。从共流出化合物中优选出的痕量离子来进行相对定量。

(5) 流动注射电喷雾串联质谱法 (FIE-MS)。利用 Micromass LCT 质谱进行 FIE-MS 分析。均质后的极性提取物按 1:50 稀释在水—甲醇（体积比为 60:40）中，取 40 μL 进样到 Waters Alliance 2690 液相色谱，流动相为水—甲醇（体积比为 60:40），流速为 100 μL/min。在离子源前处进行分流以保持 50 μL/min 的流速。每秒进行正离子和负离子模式数据收集（0.9 s 扫描，0.1 s 间隔），每个样品收集 2 min，m/z 范围 65~1 000。离子化条件设定为 1 000 V 毛细管电压，80 ℃离子源温度，120 ℃解吸温度，RF 透镜电压 100 V，样品锥电压 30 V，提取锥电压 10 V。

(6) LC-MS 分析。参照文献（Zywicki, 2004）方法，茄碱和低聚果糖的 LC-MS 靶标分析使用 ThermoFinnigan LCQ Quantum 三重四极杆质谱仪，配有 XCALIBUR 1.3 软件。由 Ecoinert ESP 氮气发生器产生的氮气作为鞘气和辅助气，Spectron Argon 5.0 产生的氩气用作裂解气。电喷雾界面用直径为 34-Guage 的金属针进行离子化。HPLC 色谱柱为 100×2 (mm) Hyperclone ODS (C18) 反相色谱柱，Phenomenex 填料粒径 3 μm。室温下使用二元梯度洗脱进行分离：水 (A) 和乙腈 (B)，均混有 0.1% 的甲酸。进样量 3 μL。洗脱程序此处略。质谱使用 MRM 正极性检测模式，鞘气压 10 相对单位 (a. u.)，辅助气 20 相对单位，喷雾电压 3.5 kV，热输送毛细管温度 270 ℃，裂解气压力 1.5 mTorr①，离子源表压力 8×10^{-6} Torr，Q1 和 Q3 的分辨率为 0.7 质量单位，MRM 扫描宽度为 0.3 质量单位，裂解能量为 60 eV，色谱图使用 XCALIBUR Lcquan 处理。

(7) 亲水作用色谱串联质谱 (HILIC-MS) 检测。1-蔗果三糖是转基因土豆中预期的新化合物。Solara、Linda、SST 和 SST/FFT 系中所含有的 1-蔗果三糖使用 HILIC-MS 检测。使用 Surveyor HPLC 和 ThermoFinnigan LCT 线性离子阱质谱，XCALIBUR 软件 1.4 SR1。氮气做鞘气（设定：40）和辅助气（设定：5），氦气作碰撞气（输入压力 40 psi②）。土豆样品提取物（10 mL 进样体积）使用 TSK Gel Amide 80 柱 [250 × 2.0 (mm), 5 mm 粒径]，流动相乙腈 (A) 和 6.5 mmol/L 醋酸铵 (B)（用醋酸调

---

① 1 Torr（托）= 133.322 4 Pa。

② 1 psi（磅/平方英寸）= 6.895 kPa。

pH 5.5）在室温下进行分析。洗脱程序：100% A 流速 150 mL/min 保持 5 min，10 min 内梯度升到 20% B，45 min 内升到 60% B，1 min 内升到 100% B，之后等度保持 15 min。喷雾电压设为 4.5 kV，传输毛细管保持 380 ℃。用三重四极杆 MS 在 MRM 模式下分析母离子 m/z 522 碎裂成 m/z 325、163、145、127 和 85 的情况。色谱图使用 LCQUAN（XCALIBUR 1.3 软件）处理。

（8）数据分析。FIE-MS 原始数据首先进行对数转换，然后对总离子流进行标准化。所有 GC-TOF 数据对总谱峰面积进行标准化，然后进行对数转换。由于低于检测限或由于软件自动去卷积和峰检测失败，导致 GC-TOF 的数据包含 15.4% 的缺失值。由于 1-蔗果三糖与棉籽糖的保留时间十分接近，故所有的 2253 个色谱图中的 1-蔗果三糖区采用人工检查和校正的方法。未检出的谱峰在单变量分析（如 t-检验）中被排除。

首先确定由 GC-TOF 观察到的常规品种中每种代谢物的相对浓度范围，然后将转基因样品中相应的代谢物的浓度与该范围相比较。根据常规品种中每种代谢物浓度的频数分布设定"安全值"的上限和下限。通常情况下，食物中的代谢物浓度在平均值加减一个标准偏差（1σ）的浓度范围波动。因此，对每种代谢物，计算出其距离该品种平均值正负 1σ 的浓度值作为最大值和最小值，以保守估计可接受度。进而，转基因土豆某系的平均值与其他土豆品种每一系的平均值是否有显著差别可以被判定。样本组数不等情况下的无参数多重比较（nonparametric multiple comparisons）参照文献方法进行（Zar，1984；Gentleman，2004），利用 R 语言进行计算求出 Q 值。

为进行多元统计分析，初始数据被随机分为训练组和检验组，分别占 2/3 和 1/3。这种分组的方法便于利用 McNemar's 检验直接比较任何模型的准确度。一些多元统计方法，如 PCA，需要完整的数据矩阵，因此，必要时，由训练组得到的峰强度的总平均值被用于填充训练组和验证组的缺失值。用 MATLAB 6.5 对训练组均值中心化（mean-centered）处理后的协方差矩阵进行 PCA。训练组仅用于建立 PCA 模型。按照文献方法利用 MATLAB 进行 LDA。对原始数据矩阵（未进行缺失值填充）进行决策树分析，在经平均值充填后的数据矩阵中使用 R 语言 RPART 软件包中的 C4.5 算法。对初始数据的分析结果，用两个数据组可得到总分类的准确性。

10.5.3.2 结果与分析

（1）土豆的每种基因型具有固有的代谢物组。从 4 块试验地里随机选取各基因型共 600 个样品，进行 FIE-MS 指纹谱分析。PCA 表明代谢物组的差异主要由 3 种基因型决定：Cultivars、SST 和 SST/FFT，见图 10-15A。进而使用两种有监督的多元统计法：LDA 和决策树进行分析。从 2 个判别方程（DFs）可以明显看到更清楚的分类（图 10-15B，C）。

在评价 LDA 模型预测能力的时候，不可见样品（检验组）的分类关系可以通过混淆矩阵（confusion matrix）显示出来（见图 10-15D）。在基因型的判别分类中，只有约 4% 的 SST 样品被误分类为 Desiree 品种，误分类基本限定在 3 种主要基因型之间。常规品种组中，只有 2 个 Desiree 基因型的分类发生了显著的混杂，说明每个品种有固有的代谢物组。虽然决策树采用不同的机制对原始的 FIE-MS 指纹谱建立了模型，但样品分类情况几乎与 LDA 一致（见图 10-15E）。

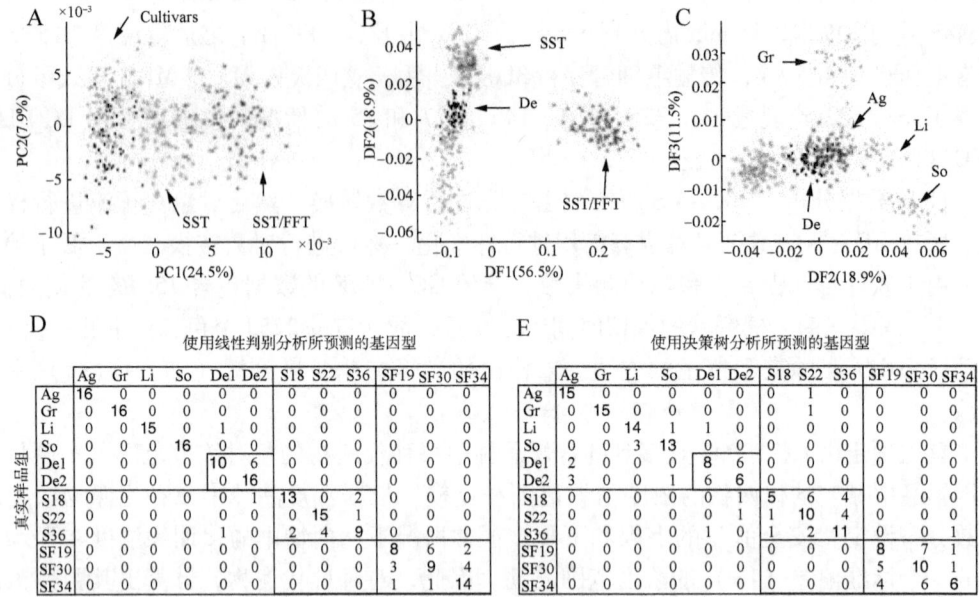

图 10-15　5 种常规品种土豆与 2 种转基因土豆（SST、SST/FFT）的
FIE-MS 代谢物组的多元统计分析

A：主成分分析，Desiree 黑色，其他品种绿色，SST 红色，SST/FFT 蓝色；B：线性判别分析，DF1-DF2；C：线性判别分析，DF2-DF3；D：利用检验组样品进行 LDA 聚类预测的 confusion 矩阵；E：利用检验组样品进行决策树预测的混淆矩阵。矩阵行中的数字表示检验组样品被正确预测的频数，预测正确的频数的字体被加粗。Ag：Agria；De：Desiree（1 和 2）；Gr：Granola；Li：Linda；So：Solara

（2）最主要的差异离子来自于果糖。转基因土豆经基因工程操作后可合成新的代谢物，因此，在 PCA 得分图中所见到的转基因和非转基因土豆明显地被区分是在意料之中的，PC1 的载荷显示了 15 个离子对此具有显著的贡献（见图 10-16A）。所有的这些高载荷的离子都与果糖分子不断增加的 DP 有关（见图 10-16B）。图 10-17A 为一个色谱图的例子。当从数据组中去除这些高载荷离子（PC1 的载荷 >0.05）再次进行同样的分析时，虽然在向量的主要差异方向 PC1 方向上不再能得到转基因和非转基因基因型的分离，但在 PC2 方向上仍然能明显地看到 3 大类基因型的差异（见图 10-16C）。利用决策树分析法对缩减后的数据进行分析，结果表明单个品种的区分、SST/FFT 和其他基因型的区分仍然十分明显（见图 10-16D），但在 SST 和 Desiree 之间的判别分类有显著混杂的趋势（McNemar's 检验 =7.2，$P=0.007$）。当从数据中移除这些离子后分类模型仍具有稳定性，说明可能存在更深层次的代谢物差异，可利用更全面的表征方法来揭示。

（3）转基因土豆中只发现了预期的代谢物。从试验地随机栽种的 12 个基因型土豆中选取 2 182 个样品进行了再次分析。GC-TOF MS 自动检测出了 252 个代谢物谱峰（90 个鉴定出，89 个确定为某特定的代谢物种类，73 个为未知）。图 10-17B 显示了几张代表性色谱图中主要的二糖和三糖的保留时间和色谱图。由于每种常规品种都有食用历史被认为是安全的，所以需要特别地对转基因土豆进行代谢物搜寻以发现超出安全范围的代谢物，见图 10-18A、B。转基因土豆中发现 2 种在常规品种中未检出的代谢

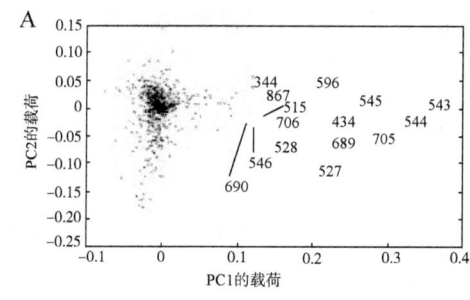

图10-16 对多元统计模型中区分基因型分类最重要的一些代谢物

A：根据FIE-MS指纹图谱PCA分析（图10-15A）得到的PC1-PC2载荷图，可判定转基因土豆与非转基因土豆的差异代谢物；B：PC1方向上具有高载荷（＞0.1）的15个离子的m/z，所有离子均为具有不同DP的果聚糖；C：FIE-MS数据中去除PC1高载荷（＞0.05）离子后进行PCA；D：FIE-MS数据中去除PC1高载荷（＞0.05）离子后所进行的决策树分析

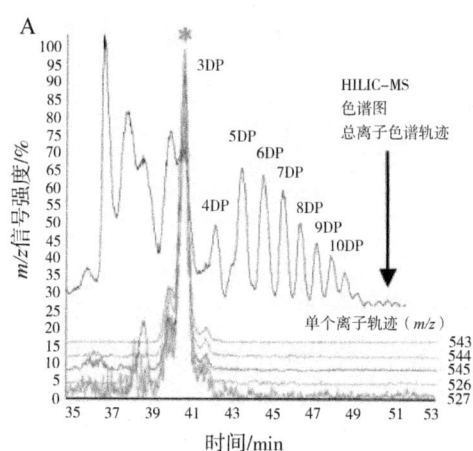
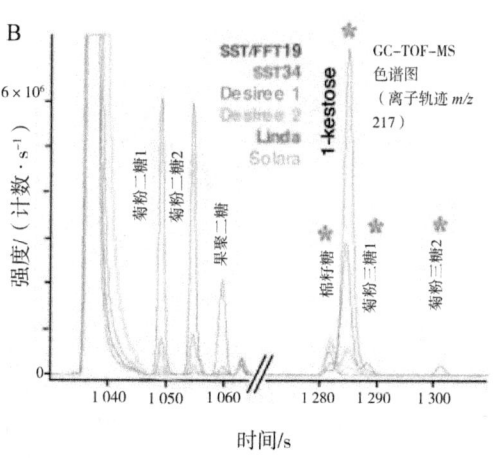

图10-17 LC-MS和GC-MS鉴定转基因土豆中所发现的差异代谢物

A：高载荷变量单离子色谱叠加图。以HILIC-MS分析SF30样品的提取物为例显示了由3DP果聚糖形成的主要的离子峰为m/z 543、544、545、526、527，总离子流色谱图中保留时间为3DP果聚糖处用星号表示，DP递增的果聚糖谱峰在图中均进行了标记显示。B：GC-TOF-MS中转基因和非转基因土豆代谢物中的m/z 217离子色谱图。区分了主要的二糖（菊粉二糖1、菊粉二糖2、果聚二糖）和三糖（1-蔗果三糖和棉籽糖与菊粉三糖1、菊粉三糖2）。转基因系中的2DP果聚糖、3DP果聚糖浓度显著增加，Linda和Solara品种中产生了1-蔗果三糖，但在转基因土豆的直接对照物Desiree品种中并不存在

物，并有4种代谢物超出了常规品种安全范围 1σ 的上限范围（图10-18B）。利用进一步的靶标分析，利用质谱和色谱的保留指数将这6个谱峰定性为含果糖的三糖（1-蔗果三糖和菊粉三糖）、二糖（果聚二糖、菊粉二糖）。比较转基因土豆与常规品种土豆中代谢物的平均浓度，只有同样的这6个代谢物谱峰具有显著差异（$Q \geq 3.72$，$P \leq 0.001$）。

对GC-TOF数据进行PCA、LDA和决策树分析，显示了与指纹图谱分析中相似的基因型分类/区分的模式，并发现是同样的果寡糖导致了分类。当将这些果寡糖从数据中去除后，PCA不能区分任何基因型，LDA仍能区分常规品种土豆，但很难将转基因土豆从两个Desiree土豆中区分开来，见图10-18C。决策树分析得到与LDA相似的结果，见图10-18D。

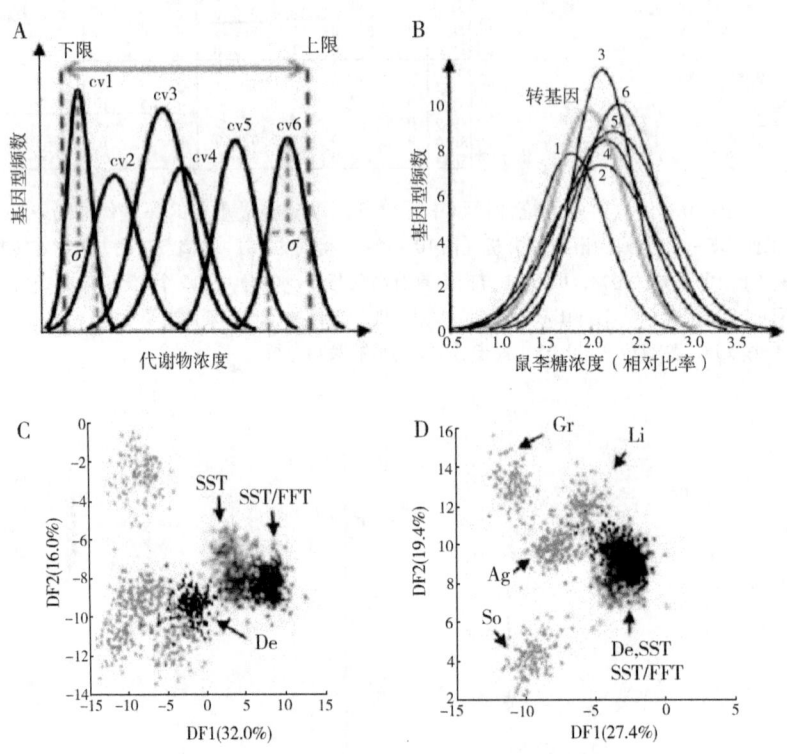

图10-18 转基因土豆中超出安全浓度范围 1σ 的代谢物的检测和评价

A：实质等同分析中代谢物浓度超范围评价的原理示意图。6个品种（cv）土豆中某代谢物浓度的频数分布，处于上限（UL）和下限（LL）范围中被认为是安全的。B：以鼠李糖浓度（代谢物谱峰面积相对于总谱峰面积的百分比）为例说明超安全范围判别法的原理，每个系取约150个样品进行频数分布分析，S22系中鼠李糖平均浓度显著高于Desiree父本系，但在典型的土豆品种浓度范围内。1：Linda；2：Desiree 1；3：Desiree 2；4：Solara；5：Granola；6：Agria；GM：S22。C：GC-TOF MS数据的LDA得分图。D：同数据中删除果聚糖（果聚二糖、1-蔗果三糖、菊粉二糖、菊粉三糖）6个谱峰后的LDA得分图

(4) 转基因土豆中的茄碱浓度水平是正常的。通过上述包含多种分析技术的代谢组学的研究得出，只有6个重要的果糖基谱峰与转基因土豆相关。

（吴小禾、谭贵良、李向丽、王周平）

参考文献

[1] Barros E, Lezar S, Anttonen MJ, et al. Comparison of two GM maize varieties with a near-isogenic non-GM variety using transcriptomics, proteomics and metabolomics. Plant Biotechnol J, 2010, 8 (4): 436 – 451.

[2] Bean D, Zhu J, Hill J E. Characterizing bacterial volatiles using secondary electrospray ionization mass spectrometry (SESI-MS). J Vis Exp, JoVE, 2011, 52: 2664.

[3] Beneduci A, Chidichimo G, Dardo G, et al. Highly routinely reproducible alignment of ^{1}H – NMR spectral peaks of metabolites in huge sets of urines. Anal Chim Acta, 2011, 685 (2): 186 – 195.

[4] Castro-Puyana M, Herrero M. Metabolomics approaches based on mass spectrometry for food safety, quality and traceability. Trends Anal Chem, 2013, 52 (12): 74 – 87.

[5] Cevallos-Cevallos J M, Danyluk M D, Reyes-De-Corcuera J I. GC-MS based metabolomics for rapid simultaneous detection of *Escherichia coli* O157:H7, *Salmonella* Typhimurium, *Salmonella* Muenchen, and *Salmonella* Hartford in ground beef and chicken. J Food Sci, 2011, 76 (4): 238 – 246.

[6] Cevallos-Cevallos J M, Reyes-De-Corcuera J I, Etxeberria E, et al. Metabolomic analysis in food science: a review. Trends Food Sci Technology, 2009, 20 (12): 557 – 566.

[7] Cloarec O, Dumas M E, Trygg J, et al. Evaluation of the orthogonal projection on latent structure model limitations caused by chemical shift variability and improved visualization of biomarker changes in ^{1}H – NMR spectroscopic metabonomic studies. Anal Chem, 2005, 77 (2): 517 – 526.

[8] Cubero-Leon E, Peñalver R, Maquet A. Review on metabolomics for food authentication. Food Res Int, 2013, 66 (6): 95 – 107.

[9] D'Imperio M, Mannina L, Capitani D, et al. NMR and statistical study of olive oils from Lazio: a geographical, ecological and agronomic characterization. Food Chem, 2007, 105 (3): 1256 – 1267.

[10] Eriksson L, Johansson E, Muller M, et al. On the selection of the training set in environmental QSAR analysis when compounds are clustered. J Chemom, 2000, 14 (5 – 6): 599 – 616.

[11] Eugenia B, Sabine L, Mikko J A, et al. Comparison of two GM maize varieties with a near-isogenic non-GM variety using transcriptomics, proteomics and metabolomics. Plant Biotech J, 2010, 8 (5): 436 – 451.

[12] Fiehn O. Metabolite profiling in *Arabidopsis*. Methods Mol Biol, 2006, 323: 439 – 447.

[13] Jandrić Z, Roberts D, Rathor M N, et al. Assessment of fruit juice authenticity using UPLC-QToF MS: A metabolomics approach. Food Chem, 2014, 148 (4): 7 – 17.

[14] Johnstone I M, Titterington D M. Statistical challenges of high-dimensional data. Phil Trans R Soc A, 2009, 367 (1906): 4237 – 4253.

[15] Katajamaa M, Orešič M. Data processing for mass spectrometry-based metabolomics. J Chromatogr A, 2007, 1158 (4): 318 – 328.

[16] Lacina O, Zachariasova M, Urbanova J, et al. Critical assessment of extraction methods for the simultaneous determination of pesticide residues and mycotoxins in fruits, cereals, spices and oil seeds employing UPLC tandem MS. J Chromatogr A, 2012, 62 (12): 8 – 18.

[17] Li C, Schmidt N E, Gitaitis R. Detection of onion postharvest diseases by analyses of headspace volatiles using a gas sensor array and GC-MS, LWT-Food. Sci Technol, 2011, 44 (4): 1019 – 1025.

[18] Mannina L, D'imperio M, Capitani D, et al. ^{1}H NMR-based protocol for the detection of adulterations of refined olive oil with refined hazelnut oil. J Agric Food Chem, 2009, 57 (11): 11550 – 11556.

[19] Neidig K P. Amix-Viewer & Amix Software Manual (Version 3.6). Bruker BioSpin, 2005.

[20] Novotná H, Kmiecik O, Galazk M, et al. Metabolomic fingerprinting employing DART-TOF MS for authentication of tomatoes and peppers from organic and conventional farming. Food Addit Contam Part A, 2012, 29 (9): 1335-1346.

[21] Pongsuwan W, Bamba T, Harada K, et al. High-throughput technique for comprehensive analysis of Japanese green tea quality assessment using ultra-peformance liquid chromatography with time-of-flight mass spectrometry (UPLC/TOF MS). J Agri Food Chem, 2008, 56 (22): 10705-10708. .

[22] Roessner-Tunali U, Urbanczyk-Wochniak E, Czechowski T, et al. De novo amino acid biosynthesis in potato tubers is regulated by sucrose levels. Plant Physiol, 2003, 133 (2): 683-692.

[23] Santos P M, Corrêa C C, Forato L A, et al. A fast and non-destructive method to discriminate beef samples using TD-NMR. Food Control, 2014, 38 (4): 204-208.

[24] Sugimoto M, Kawakami M, Robert M, et al. Bioinformatics tools for mass spectroscopy-based metabolomic data processing and analysis. Curr Bioinform, 2012, 7 (1): 96-108.

[25] Tengstrand E, Rosén J, Hellenäs K E, et al. A concept study on non-targeted screening for chemical contaminants in food using liquid chromatography mass spectrometry in combination with a metabolomics approach. Anal Bioanal Chem, 2013, 405 (2): 1237-1243.

[26] Vaclavik L, Lacina O, Schreiber A, et al. Authenticity assessment of fruit juices using LC-MS-MS and metabolomic data processing. Planta Med, 2013, 5 (79): 139-144.

[27] van den Berg R A, Hoefsloot H C J, Westerhuis J A, et al. Centering, scaling, and transformations: improving the biological information content of metabolomics data. BMC Genomics, 2006, 7 (1): 142.

[28] van Pamel E, Verbeken A, Vlaemynck G, et al. UPLC tandem MS multimycotoxin method for quantitating 26 mycotoxins in maize silage. J Agric Food Chem, 2011, 59 (18): 9747-9755.

[29] Veselkov K A, Lindon J C, Ebbels T M D, et al. Recursive segment-wise peak alignment of biological ^{1}H NMR spectra for improved metabolic biomarker recovery. Anal Chem, 2009, 81 (1): 56-66.

[30] Warth B, Parich A, Atehnkeng J, et al. Quantitation of mycotoxins in food and feed from Burkina Faso and Mozambique using a Modern LC-MS-MS multitoxin method. J Agric Food Chem, 2012, 60 (36): 9352-9363.

[31] Weckwerth W, Loureiro M E, Wenzel K, et al. Differential metabolic networks unravel the effects of silent plant phenotypes. Proc Natl Acad Sci USA, 2004, 101 (20): 7809-7814.

[32] Westerhuis J A, Hoefsloot H C J, Smit S, et al. Assessment of PLSDA cross validation. Metabolomics, 2008, 4 (1): 81-89.

[33] Wold S, Sjostrom M, Eriksson L. PLS-regression: a basic tool of chemometrics. Chemometr Intell Lab, 2001, 58 (2): 109-130.

[34] Wu W, Daszykowski M, Walczak B, et al. Peak alignment of urine NMR spectra using fuzzy warping. J Chem Inf Model, 2006, 46 (2): 863-875.

[35] Zywicki B, Catchpole G, Draper J, et al. Comparison of rapid liquid chromatography-electrospray ionization-tandem mass spectrometry methods for determination of glycoalkaloids in transgenic field-grown potatoes. Anal Biochem. 2004, 336 (2): 178-186.

[36] 安捷伦科技公司. 代谢组学: 基于质谱的研究方法. 中国: 安捷伦科技公司, 2009.

[37] 程芳. 十种常见食品过敏原基因复合PCR检测方法的建立和不同玉米品种代谢组学差异分析. 上海: 上海师范大学硕士学位论文, 2013.

[38] 丛培盛. 同济大学化学计量学算法平台. http://cal.tongji.cn/Cnetcalc/index.jsp, 2005.

[39] 姜潮. 基于低场核磁共振技术的牛乳掺假快速检测研究. 杭州: 浙江工商大学硕士学位论文, 2012.

［40］王玲. 转基因水稻的代谢组学研究. 北京：北京化工大学硕士学位论文, 2010.

［41］吴小禾. 金黄色葡萄球菌浮游和生物被膜生长模式中的核磁共振代谢组学研究. 北京：中国农业大学博士学位论文, 2009.

［42］Catchpole G S, Beckmann M, Enot D P, et al. Hierarchical metabolomics demonstrates substantial compositional similarity between genetically modified and conventional potato crops. PNAS, 2005, 102 (40): 14458 – 14462.